基金项目：中建股份科技研发课题“四型机场建设关键技术研究与示范”CSCEC-2021-Z-34

中建八局匠心营造系列丛书

四型机场　匠心营造

航站楼与场道低碳建造关键技术

Low Carbon Construction Technologies of Terminal and Airfield

主　编　李永明　亓立刚　马明磊　张家诚
副主编　许向阳　李　彪　刘　鹏　曹　浩

中国建筑工业出版社

图书在版编目（CIP）数据

四型机场　匠心营造：航站楼与场道低碳建造关键技术 = Low Carbon Construction Technologies of Terminal and Airfield / 李永明等主编；许向阳等副主编. —北京：中国建筑工业出版社，2018.8
（中建八局匠心营造系列丛书）
ISBN 978-7-112-21976-6

Ⅰ.①四…　Ⅱ.①李… ②许…　Ⅲ.①民用机场—航站楼—建筑施工—中国　Ⅳ.① TU248.6

中国版本图书馆CIP数据核字（2018）第050128号

四型机场先进理念是我国率先在国际上提出的。中建八局承建了七十余项航站楼和场道工程，走高质量发展道路，建设新时代民航强国，责任在肩。本专著基于近年承建的青岛胶东国际机场、成都天府国际机场、杭州萧山国际机场、呼和浩特敕勒川国际机场、乌鲁木齐国际机场、重庆江北国际机场、兰州中川国际机场、西安咸阳国际机场等当代重大机场项目，中建八局匠心营造四型机场精品工程。本专著由七篇组成，第一篇展示重大机场项目形象；第二篇总结航站楼项目绿色低碳关键技术；第三篇介绍航站楼地基基础工程技术；第四篇详解航站楼主体结构工程关键技术；第五篇阐述航站楼大型屋面及综合施工技术；第六篇提炼出民航特色的专项技术和不停航施工组织与管理；第七篇共享机场场道工程施工关键技术。本书内容全面，具有较强的指导性和可操作性，可供建设行业从业人员参考使用。

书中未注明单位的，长度单位均为“mm”，标高单位均为“m”。

责任编辑：王砾瑶　范业庶
责任校对：刘梦然

中建八局匠心营造系列丛书

四型机场　匠心营造

航站楼与场道低碳建造关键技术

Low Carbon Construction Technologies of Terminal and Airfield

主　编　李永明　亓立刚　马明磊　张家诚
副主编　许向阳　李　彪　刘　鹏　曹　浩

*

中国建筑工业出版社出版、发行（北京海淀三里河路9号）
各地新华书店、建筑书店经销
北京点击世代文化传媒有限公司制版
北京富诚彩色印刷有限公司印刷

*

开本：880毫米×1230毫米　1/16　印张：27　字数：706千字
2023年12月第一版　2023年12月第一次印刷
定价：**395.00**元

ISBN 978-7-112-21976-6
（31869）

如有内容及印装质量问题，请联系本社读者服务中心退换
电话：（010）58337283　QQ：2885381756
（地址：北京海淀三里河路9号中国建筑工业出版社604室　邮政编码：100037）

书法作者简介：

吴硕贤，建筑技术科学专家，中国科学院院士，华南理工大学建筑学院教授，亚热带建筑科学国家重点实验室第一任主任。

序

PREFACE

随着我国综合国力的不断提升，民航强国战略扎实推进，中国有望在2030年成为全球最大航空市场。根据民航局规划，2030年我国民航机场总量将超过2300座，其中包括将大量兴建的小型城镇机场。机场及其配套基础设施的大力建设，也将有力地促进区域经济的发展。

为顺应新时代民航发展趋势，我国在国际上率先提出四型机场的先进理念，即融合平安、绿色、智慧、人文四个方面的要求打造先进的现代化机场。四型机场的理念是构建现代化国家机场体系的主要标志。遵照这一理念，通过大量的工程实践，包括既有机场的加速升级改造，中国将成为国际航空业发展的引领者。

机场航站楼及场道工程的建造技术，在工程建设领域具有鲜明特征。航站楼属于超大型公共建筑，也有交通建筑的属性，部分航站楼还与地铁、高铁、高架无缝接驳。航站楼建筑多采用大跨空间结构，且造型复杂、构件类型多、异型节点多，制作和安装的难度都很大；此外，还要同时协调多个专业，对项目施工管理也提出了更高的要求。因此可以说，四型机场的建造反映了我国建筑科技和建造能力的最高水平。

中建八局作为建筑领域的铁军，享有“机场建设专业户”的美誉，已承建了七十余项机场航站楼和场道工程，积累了丰富的机场建设经验。多年来，研究掌握了超长混凝土结构裂缝控制、超长减隔震结构变形控制、复杂异型钢管柱施工、大体积清水混凝土施工、高铁地铁下穿航站楼施工、不停航施工管理、超大复杂曲面金属屋面施工等一系列关键技术，充分展现了企业在机场建设领域的技术积累和竞争实力。

每项机场工程都有独特的设计特点，建造技术因地制宜。随着四型机场建设的全面开展，中建八局的科技工作者对近年来承建的重大航站楼项目进行总结，从中提炼不同阶段的关键施工技术，编撰成著，出版发行，无私奉献给行业共享，让读者品读四型机场航站楼和场道工程的建造技术精华，体现了铁军的使命担当，展现了优秀的企业文化。

相信本书的出版发行，必将为进一步推动我国四型机场建设的技术进步作出重要贡献。

沈世钊

中国工程院院士、哈尔滨工业大学教授

2023年8月

前 言

FOREWORD

2019 年，我国在国际上率先提出平安、绿色、智慧、人文“四型机场”的先进理念。平安机场是安全生产基础牢固、安全保障体系完备、安全运行平稳可控的机场；绿色机场是在全生命周期内实现资源集约节约、低碳运行、环境友好的机场；智慧机场是生产要素全面物联，数据共享、协同高效、智能运行的机场；人文机场是秉持以人为本，富有文化底蕴，体现时代精神和当代民航精神，弘扬社会主义价值观的机场。

根据民航局发布的《四型机场建设行动纲要》和《四型机场建设导则》MH/T 5049-2020 等文件，2020 年是四型机场建设的顶层设计阶段；2021 年到 2030 年是四型机场建设的全面推进阶段。2031 年到 2035 年是四型机场建设的深化提升阶段。民航“十四五”规划，2019 ~ 2025 年中国民航客运量 CAGR 为 5.9%，2025 年客运量将达到 9.3 亿人次。当前，中国民航业仍处于成长阶段，伴随经济的增长，人均乘机次数有较大的提升空间。在双循环经济发展格局下，党中央提出要加速形成内外联通、安全高效的物流网络，借此东风，新一轮航空枢纽建设计划将会进入各级地方政府的“十四五”规划蓝图，在全国掀起机场建设的热潮。

中建八局始建于 1952 年，企业发展经历了“兵改工、工改兵、兵再改工”的过程。作为世界五百强企业中国建筑股份有限公司的核心成员、中国建筑的排头兵及行业发展的先行者，中建八局实施“大科技”的科技兴企战略，传承红色基因，弘扬铁军文化，在国际建设市场奋勇拼搏，企业取得了长足发展。

在机场航站楼建设领域，中建八局在建筑行业有“机场建设专业户”的美誉。从 1955 年 2 月至 2023 年 9 月，中建八局承建大型机场航站楼 78 座；从 2010 年 10 月至 2023 年 9 月，承建场道工程 70 项。国内 31 个省会机场，中建八局参与了 28 个；国内十大机场中建八局参与了 8 座。在海外承建了阿尔及利亚布迈丁国际机场、毛里求斯国际机场、泰国素万那普国际机场等。

2008 年，中建八局承建当时世界第一大单体隔震项目、国内第四大枢纽机场——昆明长水国际机场航站楼；1999 年和 2011 年承建东北地区最大的空中交通枢纽——沈阳桃仙国际机场；2004 年承建当时国内第一大枢纽机场、最大单体清水混凝土工程——北京首都国际机场 T3 航站楼 GTC；国内第三大枢纽机场——广州白云国际机场航站楼；2015 年承建环渤海地区国际航空枢纽——青岛胶东国际机场；2017 年承建的成都天府国际机场，是国家“十三五”期间规划建设的最大民用运输枢纽机场项目，中国第四个国家级国际航空枢纽；2019 年承建的杭州萧山国际机场航站楼三期工程，是目前最大的改扩建航站楼工程；2020 年承建的重庆江北 T3B 是全球建筑面积最大的单体卫星厅，以及全国首个枢纽机场 PPP 项目——乌鲁木齐国际机场；2022 年承建全球少见的海岛型机场——厦门新机场；2023 年承建海上丝绸之路的门户枢纽机场——福州长乐国际机场 T2 航站楼工程，中建八局在机场建设领域持续贡献铁军力量。

此外，中建八局下属的北京金港场道工程建设有限公司（简称金港场道公司）是目前中国建筑集团唯一的具备场道级资质的场道建设专业公司。金港场道公司前身为海军机场工程建设局，1999 年从海军航空兵部队移交到地方，2010 年正式成立金港场道公司，2020 年由中建八局完成股权收购和资质平移工作，成为中建八局下属的全资子公司。金港场道公司以打造具有中建特色的"场道建设王牌军""场道市场突破急先锋"为目标，业务范围包括民航运输机场建设、军用机场建设、通用航空机场建设、机场工程投资建设四个板块，专注地基处理、道面、排水、消防、围界及附属等多项施工内容。

机场航站楼工程具有技术、组织、环境等多方面的复杂性。大型及超大型机场工程的特点有：距离市区远、设计理念新、外观造型独特、标段划分多、施工难度大、建设标准高、建设周期长、专业协调多、运维集成高等。工程难点有：体量大、工期紧；平面接驳、立面交叉多；超长、大跨空间多；异型、复杂节点多；创新技术工艺多；专业资源整合难；不停航施工管控严；联合调试要求高等。机场航站楼及其场道、能源中心、配套酒店、轨道交通等工程，工程特点和工程难点交织，使得每项机场工程都具备地标属性。

中建八局在机场建设过程中，不断总结和提炼技术重难点的攻克经验。例如在青岛新机场项目，研发了高铁地铁下穿航站楼主体结构、高铁穿越结构与减震隔震、不规则大跨度网架结构双向旋转提升、大面积超纯铁素体不锈钢屋面、弧形门式大板块玻璃幕墙、高大空间吊架钢结构转换平台、文形综合管廊机电安装等关键施工技术；在成都天府国际机场，形成航站楼下穿高铁工程专项技术、钢管混凝土柱与 V 形撑施工技术、重型钢结构天窗施工技术系列创新技术等。在全国最大的改扩建机场杭州萧山机场，研发了超大面积双曲钢网架屋盖结构制作及安装技术，解决了航站楼大屋盖的施工难题；研发了不停航关键施工技术，解决不停航施工中交通导改优化、管线保护、障碍物清理等系列难题。

2020 年底，中建八局和中建西南院联合申报并成功立项中建股份科技研发课题《四型机场建设关键技术研究与示范》CSCEC-2021-Z-34。旨在通过该课题的研究，把握重大战略机遇，及早掌握关键技术并抢占理论高地，全面研发四型机场总承包管理及规划、设计、施工领域的关键技术，课题成果将极大提升中建集团在民航机场设计及施工板块的项目承接能力，为机场行业健康可持续发展提供有益的技术参考，为全球机场建设贡献中国智慧。本课题的两项示范工程：重庆江北国际机场 T3B 和烟台蓬莱国际机场 T2，备选的有济宁机场、长沙黄花机场 T3 航站楼。

在标准引领方面，中建八局和中建西南院联合主编了《绿色航站楼建筑评价标准》，该标准依据《绿色建筑评价标准》GB/T 50378-2019，与现有的民航局相关标准互有补益，基于航站楼这类超大型公共建筑的独特属性设定相关得分条款，助力我国四型机场建设。

关于绿色施工、绿色建造和低碳建造。中建八局早在 2006 年开始系统探索实践绿色施工，成为行业绿色施工标杆企业。连续承担"十二五"国家科技支撑计划的课题一项（建筑工程绿色施工方向）、"十三五"国家重点研发计划的项目一项及课题两项（新型外围护材料和绿色施工方向），正在承担"十四五"国家重点研发计划项目一项（建筑外围护结构方向）。在绿色低碳领域，主编了国家标准《建筑工程绿色施工评价标准》GB/T 50640-2010，并作为第一参编完成了国家标准《建筑工程绿色施工规范》GB/T 50905-2014。2014 年，在中国工程院肖绪文院士的带领和指导下，我局进一步强调"以人为本"和"可持续发展"理念，促进绿色施工向绿色建造转型升级，参编了《建筑工程绿色建造评价标准》T/CCIAT 0048-2022。2021 年，为贯彻国家“双碳”战略，促进建筑全生命期的碳减排，中建八局将碳减排作为绿色建造核心内容之一，树立“环境保护、资源节约、品质保障、健康与安全、技术适应性”的绿色低碳发展理念，努力成为世界一流投资建设领域绿色低碳发展的示范引领者，将绿色建造全面升级为低碳建造，深入开展低碳建造相关科技研发与工程实践。

历年来，中建八局科技系统围绕国家高质量发展要求和创新驱动发展战略，基于“双碳”目标，开展的所有创新技术研发均以“绿色低碳”为第一要务，各类新技术、新材料、新工艺、新设备的研发成果，追求实质性的降碳效果。机场航站楼作为特大型公共建筑，具有广阔的新技术研发空间和降本增效潜力。

四型机场，建设正酣。“机场建设专业户”愿为我国民航强国建设持续奉献铁军力量。

最后，感谢诸多建设单位、行业专家、设计院同仁的大力支持，一起建设国际先进的各项机场工程。部分专项工程由专业分包单位完成，在此一并予以感谢。本企业总承包建设的航站楼项目，每项技术都因地制宜，仅供行业同仁参考，旨在探索和促进四型机场建造技术进步。对于书中的问题，读者可发邮件至 zhang_shiwu@cscec.com 邮箱交流咨询。

由于大型机场航站楼工程内容量大面广，工程覆盖面宽，本书内容无法全面覆盖，水平所限，不当之处在所难免，还望广大读者批评指正。

中建八局四型机场低碳建造课题组

2023 年 9 月

目录

CONTENTS

第一篇　四型机场航站楼和场道项目介绍

2020 年，民航局印发《中国民航四型机场建设行动纲要（2020—2035 年）》，提出全面建成安全高效、绿色环保、智慧便捷、和谐美好的“四型机场”，为全方位建设民航强国提供重要支撑。

本篇介绍近八年中建八局承建的大型机场航站楼和场道工程，按承建的时间顺序排列。后文介绍的绿色低碳、建筑物理仿真分析，以及地基基础、主体结构、屋面工程和民航特色工程系列技术，大部分基于本篇介绍的项目载体。其他机场项目如深圳宝安机场、广州白云机场、西宁曹家堡机场、泰国素万纳普国际机场、拉萨贡嘎机场等，也有部分关键技术归集到对应章节。

大型机场航站楼的结构形式。地基主要形式为桩基。主体结构多采用混凝土框架结构，一般地下一层，地上二层，局部有夹层。屋盖主要采用大跨度的钢屋盖，且绝大部分采用桁架形式。

第 1 章　四型机场大型航站楼项目介绍

本章遴选自 2015 年起承建的重大航站楼工程，如青岛胶东国际机场、北京大兴国际机场停车楼及相关工程、成都天府国际机场、泰国素万纳普国际机场、杭州萧山国际机场等，以及最新承接的长沙黄花国际机场 T3、厦门新机场 T1、福州长乐国际机场 T2 等，按承建的时间顺序排列。

本章介绍项目设计理念、概况、功能定位和其他基础参数。每项重大工程都凝聚着建设单位和建筑师的匠心，为推进新时代民用机场高质量发展和民航强国建设贡献智慧和力量。

大型机场航站楼一般设有主楼、连接楼以及指廊，指廊与登机桥连接；小型机场则将登机桥直接与主楼连接。航站楼主楼一般是地下一层（局部功能为地下通道和设备房），地上二层（有些局部有三层）；连接楼和指廊为地上二到三层。

机场航站楼在设计上具有外观新颖、结构奇特、跨度大等特点，对新材料、绿色建筑、智能建筑的要求越来越高，给建筑设计和总承包施工带来了巨大挑战。

1.1　青岛胶东国际机场 T1 航站楼

项目地址：山东省青岛市胶州市胶东镇

建设时间：2015 年 11 月至 2020 年 6 月

建设单位：青岛国际机场集团有限公司

设计单位：中国建筑西南设计研究院有限公司

工程奖项：2022 ~ 2023 年度中国建设工程鲁班奖；2021 ~ 2022 年度中国安装之星；2021 年中国钢结构金奖；2023 年第十九届中国土木工程詹天佑奖

图 1.1-1　工程效果图

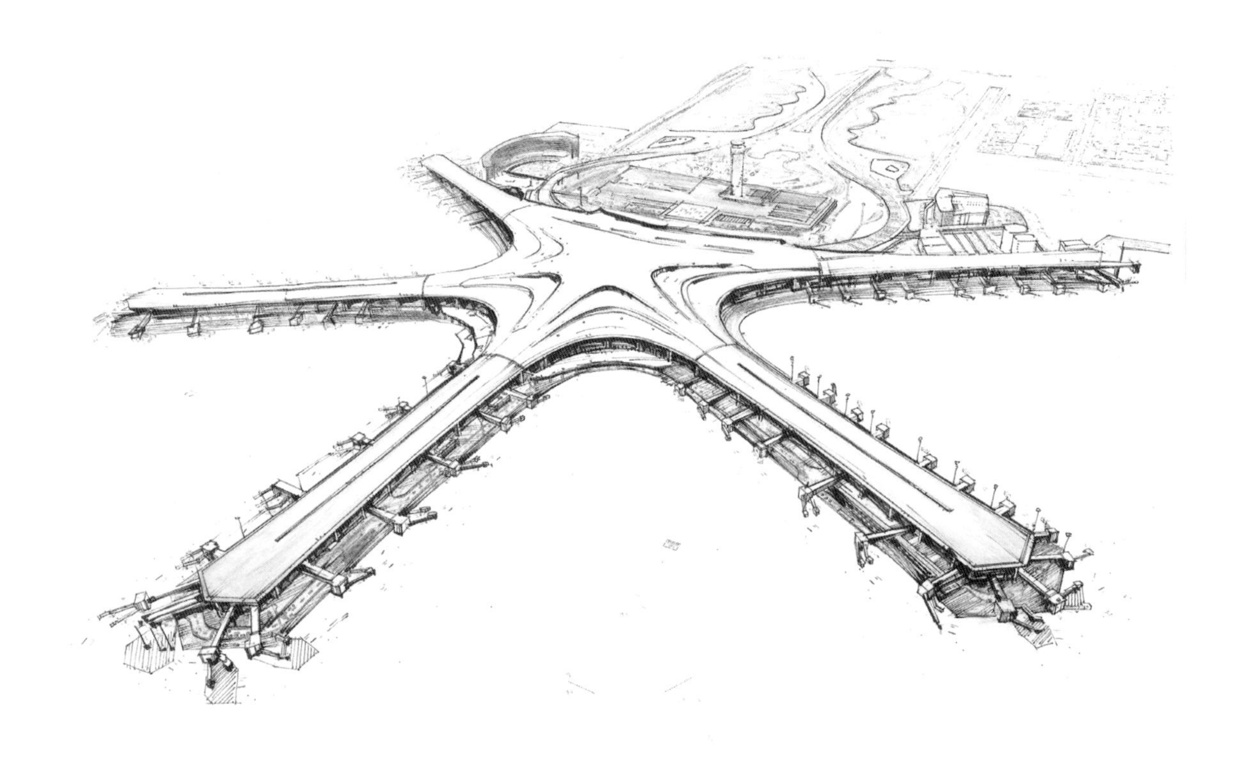

图 1.1-2 青岛胶东国际机场手绘（中建八局装饰设计院王星格）

图 1.1-3 青岛胶东国际机场效果图

1. 整体介绍

工程位于青岛市胶州市，是世界首个单体集中式五指廊造型的航站楼，国内首个全通型、立体化、零换乘的综合交通中心，是中国民航首批“四型机场”示范项目及“国家低能耗绿色建筑示范工程”。已作为面向日韩地区的门户机场及“世界一流、国内领先”的东北亚国际综合交通枢纽。

工程总建筑面积 74.2 万 m^2，设计目标为 2025 年旅客吞吐量 3500 万人次。航站楼工程建筑面积 53.2 万 m^2，建筑高度 42.15m，屋面面积 22 万 m^2，为国内首个全球最大焊接不锈钢屋面。

航站楼大厅与五指廊融为一体，旅客步行距离短。国际指廊居中，中转高效、流程便捷。综合交通中心工程建筑面积 21 万 m^2，建筑高度 20.85m，地上二层、地下二层，其中停车楼面积 13.8 万 m^2，换乘中心面积 4.3 万 m^2，停车位 3747 个。高铁、地铁下穿航站楼并在 GTC 设站，形成集航空、铁路、公路、城市轨道交通于一体的立体综合交通中心。国内原创设计首个单体集中式五指廊构型“海星”航站楼。

2. 缘起海洋，一气呵成

航站楼设计灵感源自波动起伏的海洋；海星状的航站楼由外至内一气呵成，简洁大气。航站楼造型融合仿生学设计理念，采用富有张力的连续曲面将极具向心力的五个指廊与大厅融为一体，犹如岸边的一颗海星。鱼鳃状的侧天窗将自然光线引入室内；大厅的室内吊顶顺应空间形态，以渐变的波浪形式在整个室内空间延续（图 1.1-4）。

3. 运行高效，中转便捷

六条高铁、地铁轨道线路贯穿航站楼下部，国内首次高铁运行不减速穿越。下穿结构长 373m，宽 62m。见图 1.1-5。

图 1.1-4　青岛胶东国际机场航拍图

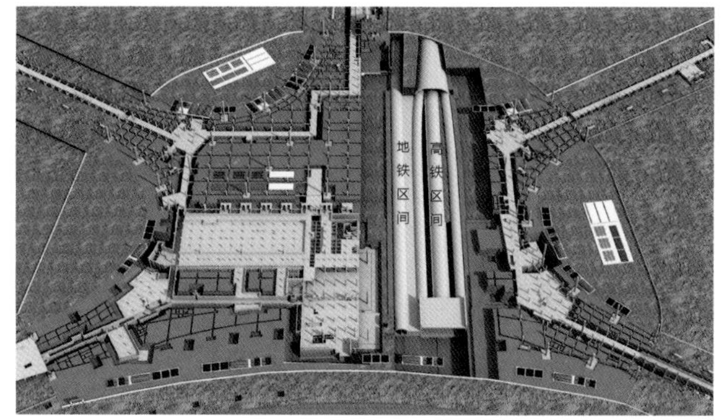

图 1.1-5　高铁、地铁下穿航站楼示意图

设计以综合高效为根本出发点。采用单元式与集中式综合的方式向心布局。基本单元将旅客从值机厅至登机口的步行距离减至同等规模机场最小（<500m）；各单元可灵活分配，便于各基地航空公司独立运营，方便快捷；向心布局整合形成中央航站功能区，最短的中转流程，有力提升了机场的枢纽竞争力（图 1.1-6 ~图 1.1-8）。

图 1.1-6 海绵机场设计理念

图 1.1-7 海星主题灯光设计

图 1.1-8 青岛胶东国际机场规划效果图

1.2 北京大兴国际机场停车楼

项目地址：北京市大兴区

建设单位：首都机场集团有限公司

工程奖项：2023 年第十九届中国土木工程詹天佑奖（航站楼及换乘中心、停车楼）

建设范围：中建八局在大兴国际机场承建了停车楼及综合服务楼、东航基地、地下人防、地源热泵等 11 个项目。2016 年 6 月承建停车楼及综合服务楼工程，2018 年 4 月承建人防工程。

图 1.2-1　北京大兴国际机场整体效果图

2019 年 9 月 25 日，习近平总书记出席北京大兴国际机场投运仪式，对民航工作作出重要指示，要求建设以“平安、绿色、智慧、人文”为核心的四型机场，为中国机场未来发展指明了方向。

北京大兴国际机场总占地面积 4.1 万亩，北距北京首都国际机场 67km、南距雄安新区 55km，为 4F 级国际机场、世界级航空枢纽。新机场将充分发挥其作为国际交往中心服务雄安新区、“一带一路”、京津冀协同发展等国家战略的支撑作用，是国家发展新动力源。

北京大兴国际机场停车楼及综合服务楼建筑面积 50 万 m^2，是北京大兴国际机场这个大型综合交通枢纽得以实现的关键工程。停车楼东西两个停车单元对应两侧航站楼旅客服务；到达机场的高铁、地铁在航站楼地下二层设站，旅客通过电梯或扶梯直接到航站楼，实现了空陆侧交通“无缝衔接”和“零距离换乘”。从综合楼酒店与办公区到达航站楼中心位置最远仅 600m，在世界同等规模机场中最近。停车楼整体设计智能化程度高，是国内机场第一次引入 AGV 智能机器人停车，增大空间使用率，智能调度管理，给旅客带来“一站式智能”体验。

停车楼整体为二元式构型，在停车楼南北道路标高以上部分分为东西停车楼，中间是作为航站楼整体构型延伸的第六指廊即综合服务楼，地下部分连为一体、东西停车区在地下一层相互连通。

除停车功能外，地下一层还包括了东西两部分人防工程及两处航站区制冷站。

在停车楼地下一层停车区之下是轨道交通的各条线路的站台，为此，停车楼地下一层还组合布置了北出入口站厅、通风口、机房、疏散通道等轨道交通工程设施用房。

主体结构采用现浇钢筋混凝土框架（少墙）结构，钢筋混凝土柱均为圆柱。结构地上（-2.0m）分为 8 个单元。钢筋混凝土框架的抗震等级为二级，抗震墙为三级。主楼混凝土结构楼板均采用钢筋混凝土无次梁大板楼盖体系（图 1.2-2 ~图 1.2-4）。

图 1.2-2 北京大兴国际机场停车楼总平面图

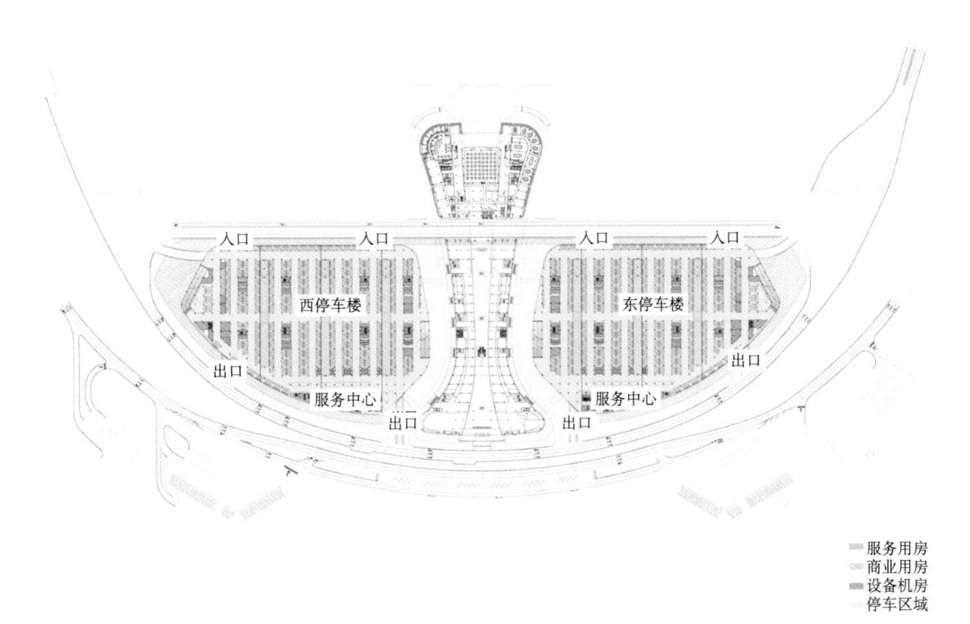

图 1.2-3　北京大兴国际机场停车楼功能分区

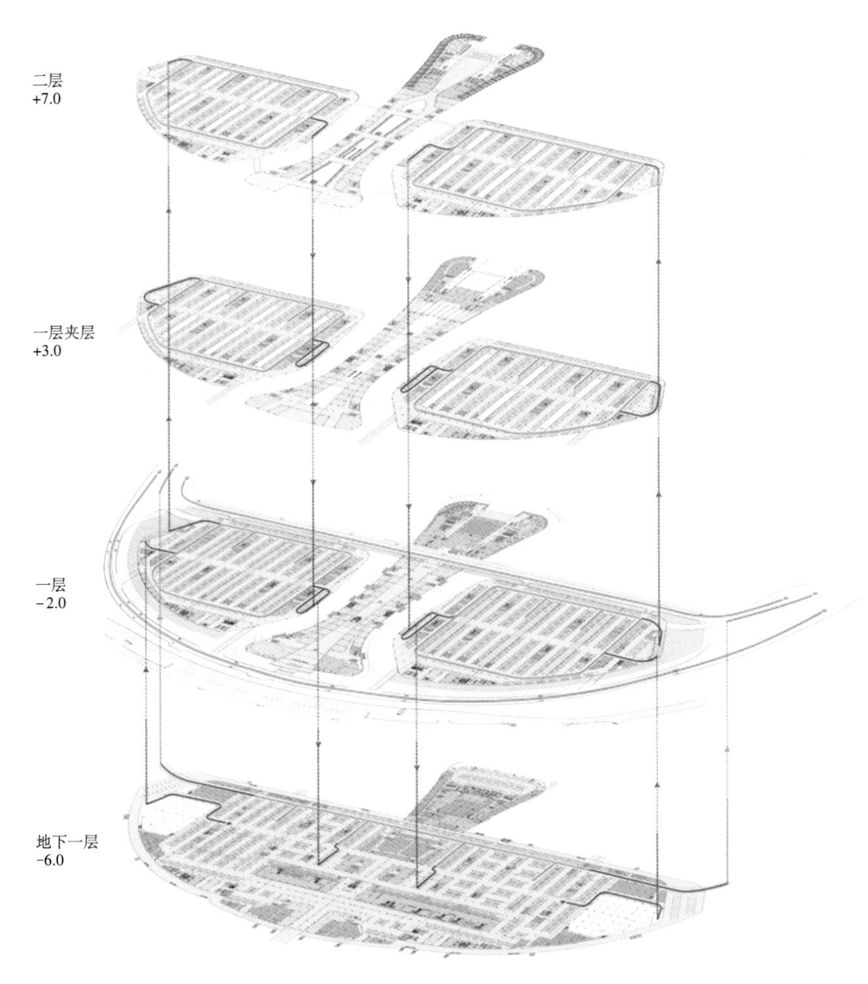

图 1.2-4　北京大兴国际机场停车楼立体交通组织

1.3 海口美兰国际机场二期扩建航站楼

项目地址：海口美兰国际机场二期扩建

建设时间：2017 年 7 月至 2020 年 8 月

建设单位：海口美兰国际机场有限责任公司

设计单位：北京市建筑设计研究院有限公司

图 1.3-1　海口美兰国际机场二期扩建工程夜间效果图

1. 整体介绍

海口美兰国际机场距海口市区直线距离约 15km，是国内大型机场和区域枢纽机场。伴随着海南国际旅游岛的国家战略以及经济发展的需求，海口机场现有规模已经难以满足使用需求。新建飞行区等级指标为 4F，新建一条长 3600m 的跑道、2 条平行滑行道及联络道系统。建成后美兰国际机场将形成南、北两个飞行区，飞行区等级分别为 4E、4F。

海口美兰国际机场二期扩建工程以 2025 年旅客吞吐量 3500 万人次为设计目标，建设第二跑道、T2 航站楼以及相应配套设施，将打造成为国际旅游岛、自贸岛的门户机场以及未来通往东南亚地区的中转机场。

图 1.3-2 海口美兰国际机场效果图

2. 多式联运，互联互通

海口美兰国际机场二期工程全部建成后将集航空、高铁等多元化交通于一体，成为国内一流枢纽机场：包括 1 条轨道交通、1 条机场高速公路，形成“1 机场 +1 高速”的立体综合交通体系，让机场与周边地区的衔接更快速、更顺畅。

旅客换乘步行距离短，T1、T2 与 GTC 的距离分别仅为 120m；到达旅客零层联系，通过地下通道，实现航站楼到达旅客和交通中心旅客在下穿层直接联系，零层转换。

3. 功能分区

航站楼地上四层，地下一层，包含国内和国际功能。

地下一层：标高 -6.0m，主要功能为航站楼前端主楼的设备机电用房、库房以及附属后勤用房，以及一条航站楼的货运后勤服务通道，并设有联通现状火车站的旅客通道。

一层：标高 0.0m，主要功能为国内、国际旅客行李提取大厅、国际入境联检区及行李处理机房、国内国际远机位出发厅、国内国际远机位到达口等。在东西侧分别设置 CIP 功能区，以及办公、机房等。

二层：标高 4.5m，主要功能为国内、国际到港通道、国内中转通道、国际中转国内通道、国内中转国际通道和行李分拣夹层等。前区设有陆侧商业餐饮夹层以及国内无行李到港旅客快捷通道。

三层：标高 9.5m，主要功能为主楼值机大厅、陆侧商业及国内出发安检现场，中央商业街等（图 1.3-3）。

四层：标高 13.5m，北侧主要功能为国际出港联检通道、国际商业区、国内空侧高舱位休息室等（图 1.3-4）。

图 1.3-3　值机大厅效果图

图 1.3-4　国际出港联检通道、高舱位休息室效果图

1.4 成都天府国际机场 T1 航站楼

项目地址：四川省简阳市芦葭镇天府国际机场

建设时间：2017 年 11 月至 2021 年 3 月

建设单位：四川省机场集团有限公司

设计单位：中国建筑西南设计研究院有限公司

工程奖项：2022 ~ 2023 年度中国建设工程鲁班奖；2021 年第十四届中国钢结构金奖；2021 年度四川省科学技术进步奖二等奖

图 1.4-1　工程实景图

成都天府国际机场位于简阳市芦葭镇，距离成都市中心天府广场 51.5km，总用地面积 52km^2，是国家“十三五”期间规划建设的最大民用运输枢纽机场项目，是国家推进“一带一路”和长江经济带、全面融入全球经济的重大战略布局。规划到 2025 年，建设约 70 万 m^2 单元式航站楼、“两纵一横”3 条跑道，满足旅客吞吐量 4000 万人次，货邮吞吐量 70 万 t，飞机起降量 35 万架次（图 1.4-2、图 1.4-3）。

成都天府国际机场总建筑面积 110.86 万 m^2，由 T1 航站楼、T2 航站楼、GTC 综合换乘中心、旅客过夜酒店组成和运行指挥大楼（ITC）及现场服务大楼组成，其中 T1 航站楼 38.74 万 m^2，T2 航站楼 31.85 万 m^2，GTC 综合换乘中心 27.27 万 m^2，旅客过夜酒店 13 万 m^2。见图 1.4-4。

成都天府国际机场 T1、T2 航站楼采用“手拉手模式”，通过空侧连廊连为一体，呈镜像布置。综合交通枢纽位于两者之间，形成高效便捷的换乘系统，含有高铁、地铁、APM、PRT 等多种轨道系统，PRT 为全球第二条、国内首条机场个人捷运交通线。成都天府国际机场设计合理，造型新颖，取意驮日飞翔的神鸟，寓意着古蜀文明在成都这片神奇的土地上历经 3000 余年的延续、传承和生长（图 1.4-5）。

图 1.4-2 工程效果图

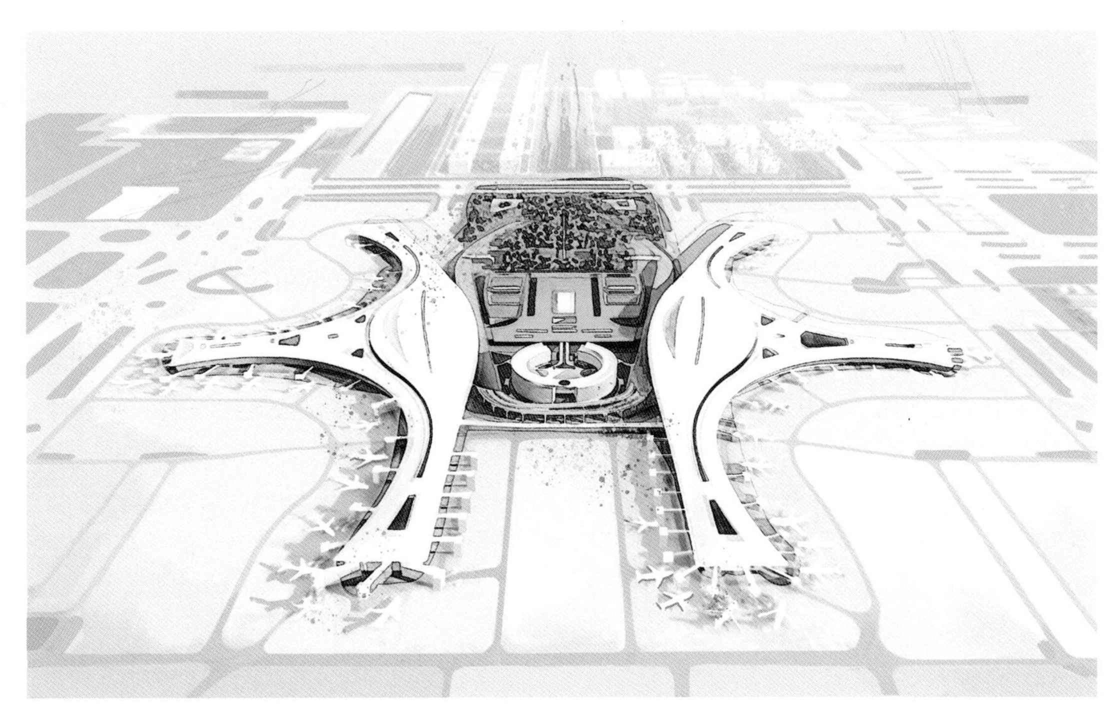

图 1.4-3　手绘效果图（中建八局装饰设计院任悦之）

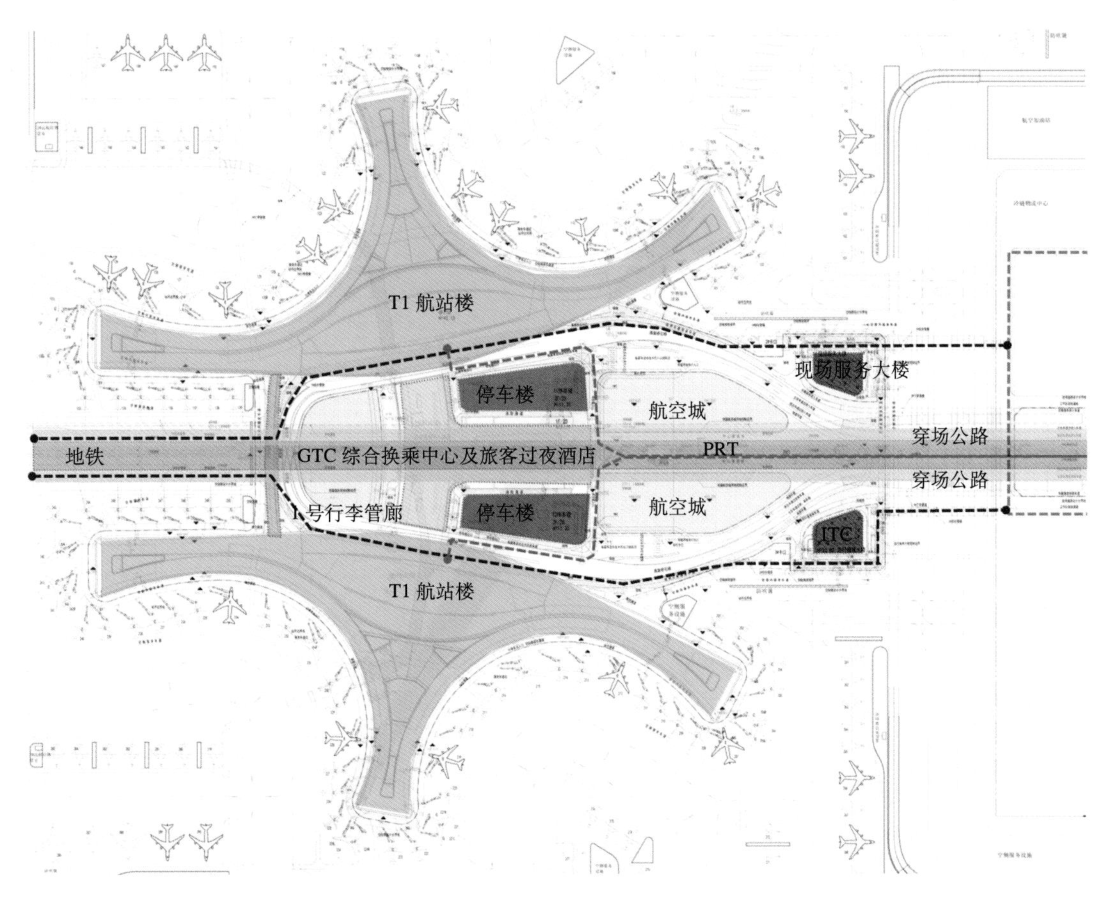

图 1.4-4　工程划分示意图

图 1.4-5 工程建设实景图

1. 登机桥

成都天府国际机场航站楼共设登机桥 83 座，采用国际领先的登机桥设计理念，以箱形桁架和钢拉杆相结合的结构形式，采用大量高强材质组合而成的四层登机桥。钢桁架腹杆贯通，弦杆分段，箱形构件截面规格少，截面尺寸间差值小，充分保证成型后整体观感。登机桥最大跨度 59.5m，桁架最重为 115t，单座桥最重达 390t，是国内跨度最大、层数最多的登机桥。见图 1.4-6。

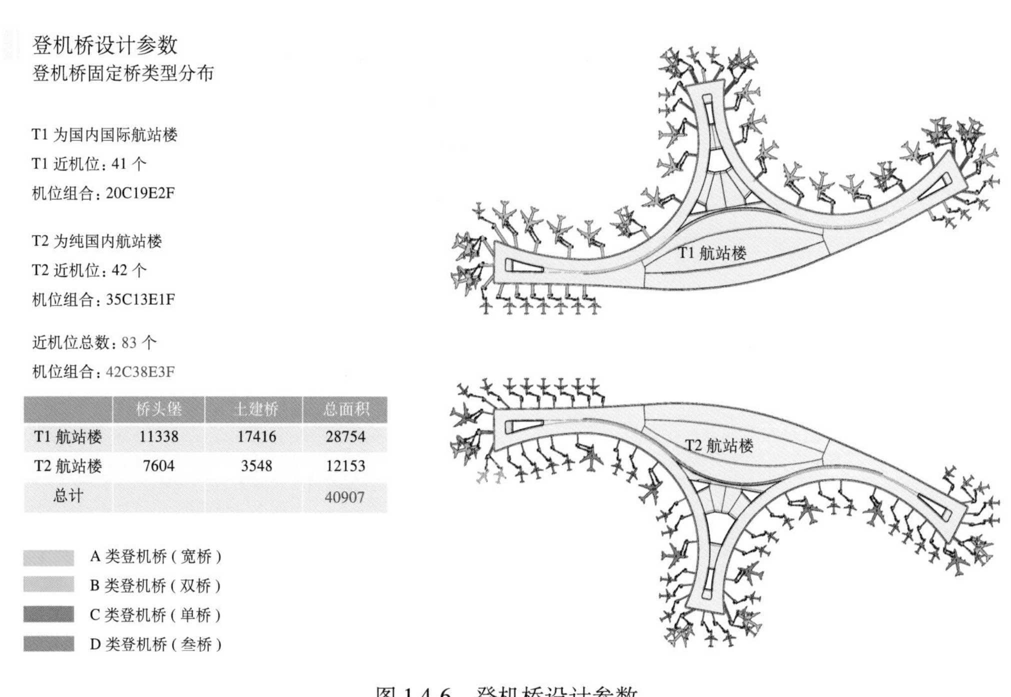

	桥头堡	土建桥	总面积
T1 航站楼	11338	17416	28754
T2 航站楼	7604	3548	12153
总计			40907

图 1.4-6 登机桥设计参数

2. 近 3 万 m^2 太阳神鸟羽毛吊顶

成都天府国际机场航站楼近 3 万 m^2 的羽毛状吊顶与天府机场“太阳神鸟”的整体造型相呼应，“大天花吊顶为菱形蜂窝铝板拼接而成，羽毛状吊顶的设计灵感来源于太阳神鸟羽毛，再配以彩色的灯光，如神鸟展翼亮翅一般”。同时，为更好地贴近自然，航站楼墙面采用了木纹蜂窝铝板，在第三层两舱区域采用了菱形木纹吊顶，同时与天花吊顶遥相呼应（图 1.4-7）。

图 1.4-7　太阳神鸟羽毛吊顶

3. 玻璃幕墙为“神鸟”披上绿色外衣

成都天府国际机场航站楼玻璃幕墙，在满足幕墙功能遮风挡雨、绿色节能需求的基础上，根据鸟的形状、轻盈，羽毛、力量和线条等元素，将之作为幕墙设计的语言，以此来呼应太阳神鸟的寓意。对幕墙外表皮，迎合飞鸟羽毛的力量和轻盈感，强调整个航站楼的横向线条，整个幕墙系统是采用“横明竖隐”幕墙系统，玻璃材料全部使用了中空夹胶三银 Low-E 超白钢化玻璃，外幕墙整体显现出浅绿色，仿佛为神鸟披上了一件绿色的外衣（图 1.4-8）。

图 1.4-8　航站楼外幕墙效果图

4. 大气典雅高质感金属屋面

成都天府国际机场航站楼金属屋面，采用 3 系铝镁锰合金 65/300 型直立锁边金属屋面板（局部扇形板），满足屋面抗风揭性能的同时，更好地拟合航站楼屋面流畅的双曲造型。屋面防水采用相互独立的上下两层屋面构造，达到规范要求的 I 级防水等级和两道防水设防的设防要求；在上层金属屋面防水局部失效的极端情况下，下层卷材屋面仍具有独立防水能力，保证屋面整体的防水安全（图 1.4-9、图 1.4-10）。

图 1.4-9 航站楼金属屋面

图 1.4-10 航站楼檐口实景图

5. 旅客过夜酒店

（1）“便捷与安静”的完美统一

天府国际机场旅客过夜酒店项目建设用地总面积 52223.251m^2，由一座高星级（按五星级酒店标准）和一座次高星级（中档经济型酒店标准）旅客过夜用房以及围合的 2 层公用裙楼构成。时速 350km 的高铁、地铁 18 号线及机场穿场公路从酒店下方穿过，隔震静声技术确保旅客在静谧之中安然入睡，真正做到了“便捷与安静”的完美结合（图 1.4-11）。

图 1.4-11 工程实景图

(2) 空中连廊“天府之眼”

天府国际机场旅客过夜酒店两栋主楼之间有跨度约 48m 的大跨钢连廊飘顶，其下以 32 根钢拉杆悬挂一个空中连廊。屋盖采用空间管桁架结构，四榀主桁架通过固定铰和滑动铰支座的弱连接形式与主体结构相连，支承于两侧主楼的柱、墙顶端（图 1.4-12、图 1.4-13）。

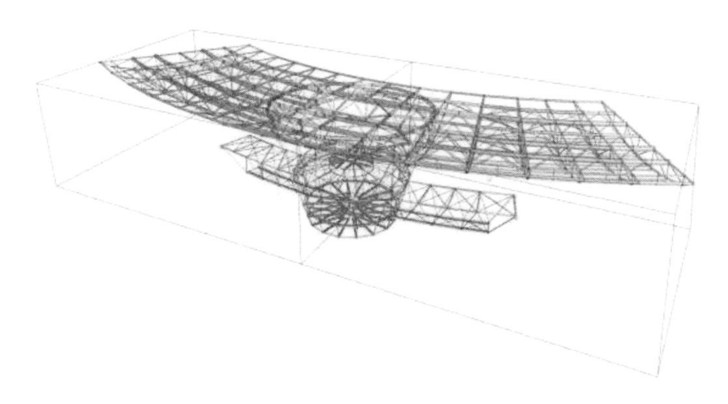

图 1.4-12　空中连廊“天府之眼”工程实景图

图 1.4-13　项目透剖视图

1.5 泰国素万那普国际机场航站楼

项目地址：泰国素万纳普国际机场航站楼南侧

建设时间：2018 年 8 月至 2021 年 2 月

建设单位：泰国机场公司（AOT）

设计单位：PMC2 联合体

工程奖项：2021 年十四届第一批中国钢结构金奖；ISA Awards Certificate - 英国安全协会国际安全奖

图 1.5-1　工程总体效果图

素万纳普国际机场航站楼发展项目是截至 2021 年，中资企业在泰国市场承接的最大项目，是中建集团践行国家“一带一路”倡议的重大成果，对集团在泰国以至整个东南亚市场的开拓具有重要意义。

机场航站楼年设计客流量 4500 万人次，新航站楼设计客流量 1500 万人次。本项目完工后，新机场年总客流量达到 6000 万人次。本项目是泰国政府又一标志性民生工程，是当地航空港接纳能力的扩容，可为当旅游经济消除发展瓶颈，社会及经济效益非常显著，对当地发展意义重大。

新航站楼（SAT-01）总建筑面积约为 21.6 万 m^2，航站楼上部主体长度尺寸约为 1070m，分为地下 1 层半、地上 3 层，两边均匀对称分布共计 28 个停机位，可容年旅客流量 1500 万人次。航站楼竖向结构为钢筋混凝土结构与型钢结构，楼层板为后张预应力无梁板，局部为预制空心板，屋面主要采用钢结构双曲管桁架屋面。

地下南管廊（SOUTH TUNNEL）实为两个航站楼之间的地下摆渡轻轨及行李传输共用通道，分为已存在的管廊及新管廊，分别位于新航站楼（SAT-01）北侧和南侧，总长约为 1453.8m，与新航站楼十字交叉，总面积约为 9.36 万 m^2，建成后将新老航站楼连接起来共同发挥作用。

D 大厅（CONCOURSE-D）实为一个摆渡地铁起始端大厅，属于改造项目，位于老航站楼端，分为地下 2 层，地上 2 层，总面积约为 0.43 万 m^2（图 1.5-2、图 1.5-3）。

图 1.5-2 工程实景图

图 1.5-3 室内效果图

1.6 杭州萧山国际机场 T4 航站楼

项目地址：浙江省萧山区

建设时间：2018 年 10 月至 2022 年 4 月

建设单位：杭州萧山国际机场有限公司

设计单位：华东建筑设计研究院有限公司、浙江省建筑设计研究院、上海市政工程设计研究总院（集团）有限公司、中铁第四勘察设计院集团有限公司

工程奖项：2023 年中建八局科技进步成果奖一等奖；2022 年度浙江省钢结构金刚奖

图 1.6-1　杭州萧山国际机场效果图

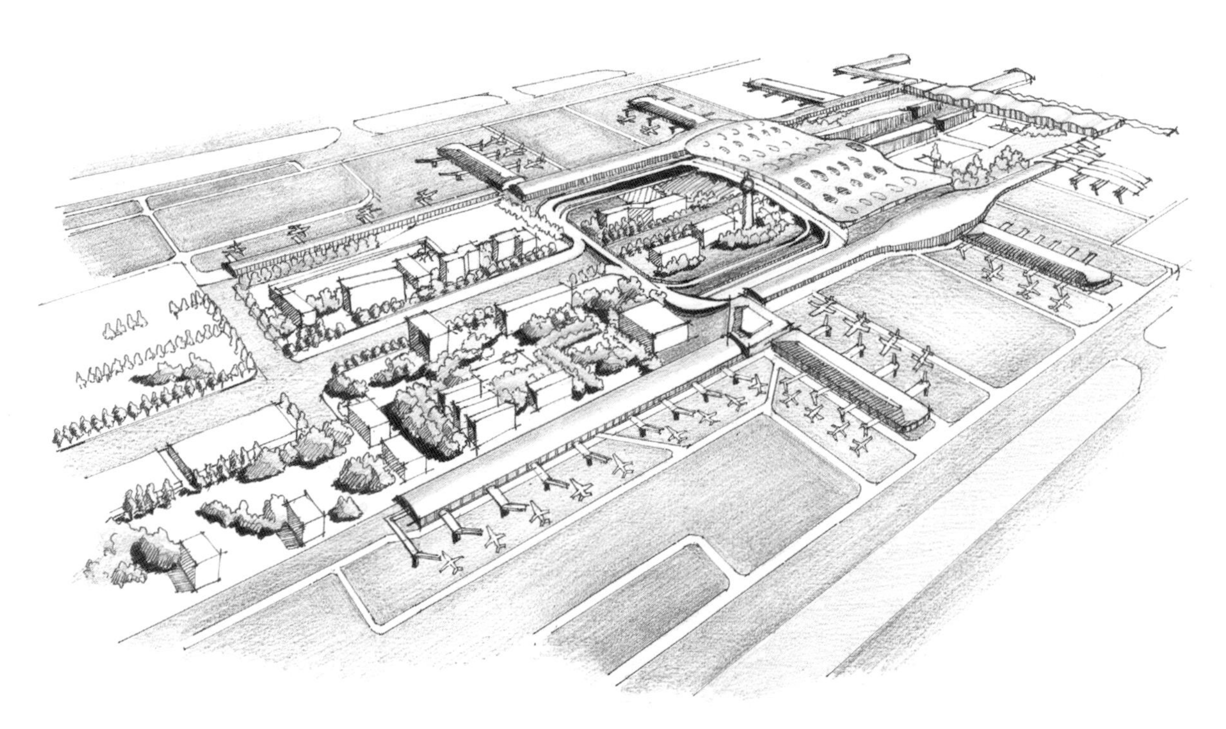

图 1.6-2 杭州萧山国际机场手绘图（中建八局装饰设计院冯晴翔）

1. 整体介绍

杭州萧山国际机场位于浙江省杭州市东部萧山区，钱塘江以东，距离市中心 27km，机场基准点的地理坐标为东经 120° 26′ 18.46″，北纬 30° 14′ 10.86″，为 4F 级民用运输机场，是国内 10 强、华东地区第三大机场，世界百强机场之一，国际定期航班机场、对外开放的一类航空口岸和国际航班备降机场，是浙江省第一空中门户。杭州萧山国际机场作为长三角机场群中仅次于上海的城市机场，具有成为机场群核心机场之一的发展潜力。

本工程 T4 主航站楼区东西长 261m，南北宽约 466m，地下 2 层，挖深 7 ~ 18.85m，地上四层（局部 6 层），最高点高度 44.55m；本期北侧有三条指廊，长度均为 22m，宽为 42m；南北两侧设置了长廊，北长廊东西长 1062m，宽 28m，地下一层，地上三层；南长廊东西长 793m，宽 28m，地下一层，地上二层。本工程包括航站楼地下空间开发（高铁站）东西长 888.24m，地下三层，挖深约 21.12 ~ 28.06m（图 1.6-3）。

2. 莲之花——异型大吊顶

杭州萧山国际机场三期项目航站楼大厅吊顶为复杂形态双曲三维大吊顶，面积达 12.5 万 m^2，主要采用异型弯曲蜂窝板吊顶面板，形态较复杂，弯曲弧度不断变化且外观要求整齐、连续、完整，施工难度大（图 1.6-4、图 1.6-5）。

同时针对航站楼“荷叶柱”顶玻璃采光顶遮阳膜体系，进行计算分析。采取安装方案因地制宜地总体部署，解决了膜材的张拉、焊接、物料提升安装检修维护通道预留等难题，最终“接天莲叶”独特异型吊顶完美呈现（图 1.6-6）。

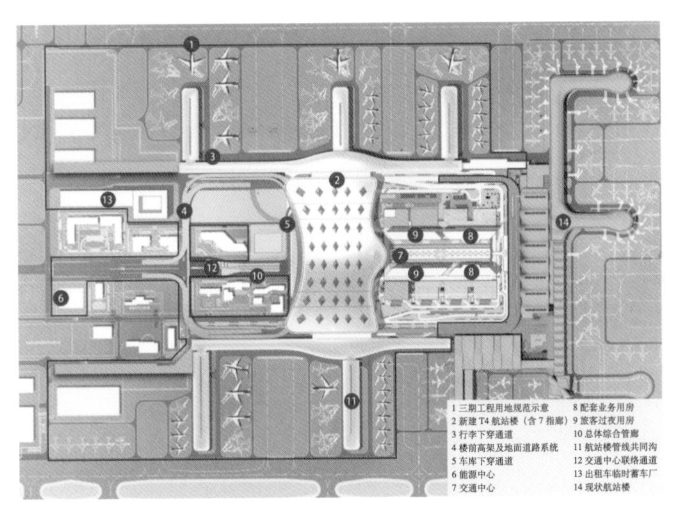

图 1.6-3　T4 航站楼及周围设施平面布置图

图 1.6-4　杭州萧山国际机场室内图

图 1.6-5　杭州萧山国际机场室内仰视

图 1.6-6　杭州萧山国际机场“荷叶柱”实景图

1.7　深圳宝安国际机场卫星厅

项目地址：深圳市西南部，T3 航站楼北侧
建设时间：2019 年 1 月至 2021 年 5 月
建设单位：深圳市机场股份有限公司
设计单位：广东省建筑设计研究院有限公司

图 1.7-1　深圳机场卫星厅夜景效果图

1. 整体介绍

深圳宝安国际机场卫星厅项目位于深圳市西南部，T3 航站楼北侧，是机场的中心建筑，沟通 T3、T2 航站楼的纽带，代表着机场及城市的形象，体现深圳的城市特色及文化气质，是一座多样化旅客体验机场，一座绿色机场，一座智慧型机场。

深圳宝安国际机场卫星厅是深圳机场集团贯彻落实市委、市政府决策部署，倾力打造的重点民生工程项目，是前海合作区扩区后首个建成投用的百亿级项目，也是深圳机场“十四五”期间首个建成投运的重要设施。

设计年旅客吞吐量 2200 万人次，新建设 42 个廊桥，进一步提高了深圳机场的保障能力，提升了深圳国际航空枢纽的发展能级，在粤港澳大湾区的中心位置，打造一座现代化国际航空港（图 1.7-2）。

图 1.7-2　深圳宝安国际机场卫星厅效果图

2. 功能布局清晰，空间通透，旅客引导性强

卫星厅采用国内分流的模式，综合考虑机位布置和登机桥坡度的舒适性，国内到港通道布置于二层（建筑标高 4.4m），国内出港候机厅布置于三层（建筑标高 8.8m）。

从负一层捷运站到二层、三层出发大厅，设置多个通高空间串联，所有楼层转换位置的竖向交通核一目了然，旅客可以随着这些中庭空间，快速从地下一层到达三层，通过商业区主流线引导，分流到 4 个候机指廊。

二层到达大厅采用通高设计，从二层平台延伸至屋面的幕墙，使其是一个具有充沛采光、环境舒适的空间。旅客跟随幕墙的弧线，即可到达中央捷运站台，乘坐捷运到 T3 提取行李。

3. 功能分区

航站楼地上四层，地下一层，均为国内出发及到达。

四层：标高 13.8m，高舱旅客候机区。

三层：标高 8.8m，主体功能为出发候机大厅、值机大厅、双子星广场及商业区。共设有 42 个登机口，前列式值机岛，共有人工值机柜台或自助行李托运柜台 56 个，并设有充足的自助值机设施（图 1.7-3、图 1.7-4）。

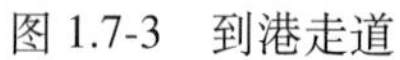

图 1.7-3 到港走道

图 1.7-4 中庭效果

二层：标高 4.4m（国内到达指廊）主要功能为国内到港通道、多功能大厅及业务用房。

一层：标高 0.000m，主要功能为行李分拣大厅和贵宾厅，国内远机位以及机电用房和业务用房等。

地下一层：-5.62m，主要功能为行李机房及旅客捷运车站（图 1.7-5）。

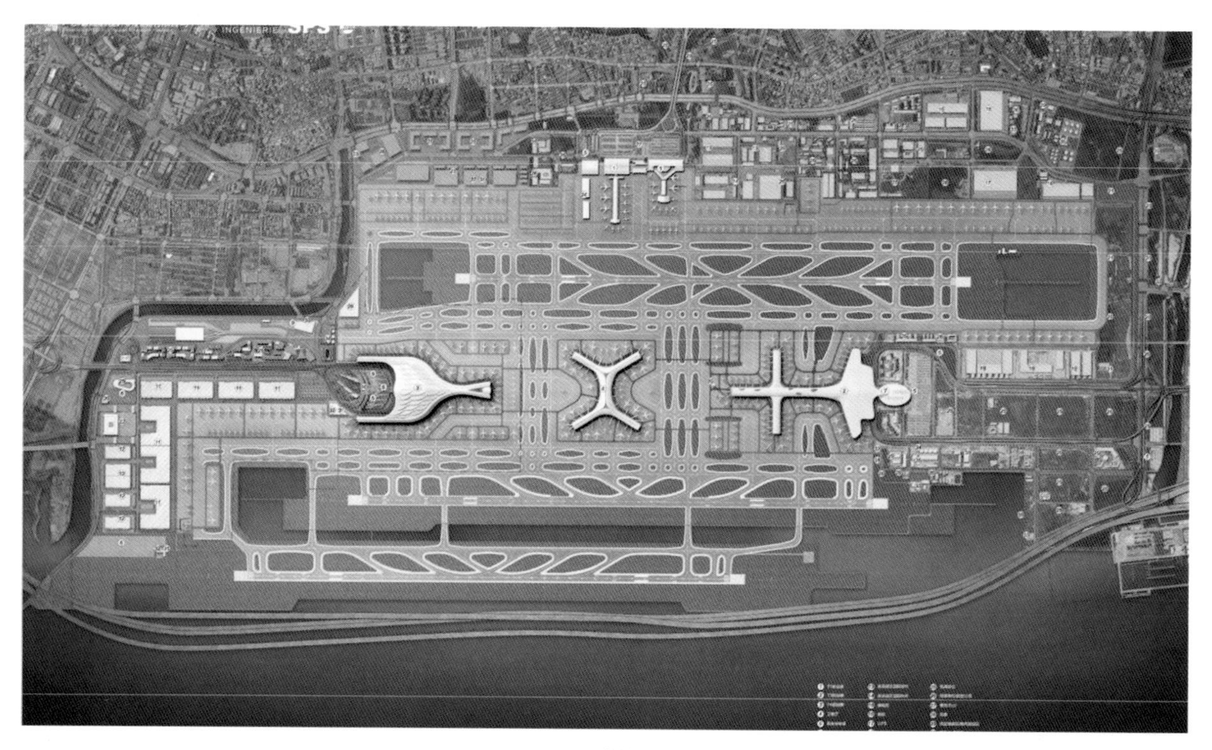

图 1.7-5 总体平面图

1.8 呼和浩特敕勒川国际机场航站楼

项目地址：呼和浩特市和林格尔县巧什营镇

建设时间：2020 年 7 月至 2023 年 12 月

建设单位：呼和浩特机场建设管理投资有限责任公司

设计单位：华东建筑设计院有限公司

工程奖项：2022 年内蒙古自治区建设工程优质结构金奖

图 1.8-1 呼和浩特机场效果图

1. 整体介绍

工程位于内蒙古自治区呼和浩特市和林格尔县巧什营镇，距离市中心 32km，是国内重要的干线机场、区域性枢纽机场、一类航空口岸机场和首都机场的主备降机场，是内蒙古自治区第一空中门户。

航站楼建筑面积约 26 万 m²，地下一层、地上三层，自上而下分别是出发值机办票及国际出发候机层、国内混流及国际到达层、站坪层、地下机房及设备管廊层。航站楼国内国际旅客分离，国内旅客的出发和到达在同层混合，国际旅客的出发、到达旅客上下分层，出发层在上，到达层在下。航站楼首层标高为 ±0.000m（绝对标高 1033.6m），出发值机办票及国际出发候机层标高为 10.200m，国内混流及国际到达层标高为 5.100m；站坪层的航站楼主楼部分主要是行李处理机房，指廊部分除了远机位的出发和到达、可转换机位，还有设备机房、站坪维修间、业务用房等功能。

2. 马鞍造型

航站楼设计采用“马鞍”造型（图 1.8-2）。

图 1.8-2 空侧轴侧效果图

3. 哈达飘带

四翼为洁白的“哈达”造型（图 1.8-3）。

4. 屋面天窗

候机楼天窗的灵感也来自传统的马鞍雕花纹饰，隐喻马背上民族腾飞的美好愿景（图 1.8-4）。

5. 出发大厅

大厅通过现代建筑技术，表达大跨度的空间和灵动的造型。4 个大天窗 4 组小天窗给室内带来充足而均匀的光线。吊顶采用斐波那契数列控制，使得大厅的空间统一在理性的模数体系下。

菱形渐变的 PTFE 膜材，结合办票岛木色的点缀以及地面舞动的曲线划分，形成了整个航站楼的视觉高潮（图 1.8-5）。

图 1.8-3　陆侧轴侧效果图

图 1.8-4　天窗效果图

图 1.8-5　出发大厅效果图

6. 到达大厅

节奏的吊顶菱形划分使得空间充满韵律感，同时有力地呼应出发大厅的吊顶设计。双层通高店铺时尚大气，结合灵动的菱形肌理，符合当代审美。曲线舞动的地面设计导向性强，巧妙地指引旅客的前进方向（图 1.8-6）。

7. 行李提取厅

45° 布置的菱形发光灯膜，大小相间、错落布置，形成层次丰富、秩序统一的设计语言。

墙面设计简洁干练，采用宽窄缝划分，强调横向线条。地面设计点缀曲线元素，丰富空间氛围的同时增加旅客导向性（图 1.8-7）。

图 1.8-6 到达大厅效果图

图 1.8-7 行李提取厅效果图

8. 远机位候机厅

远机位候机区：墙、顶、地的设计语言着力表现国际范、现代化设计。动感的菱形灯膜，与富有设计感的吊顶线条，搭配灵动地面图案丰富了旅客的空间体验（图 1.8-8）。

图 1.8-8 远机位候机厅效果图

9. 三角商业区

三角商业区是具有节点性的空间，商业空间的围合感是其主要特征。

轻薄的天窗檐口现代感强。

天窗带来柔和均匀，轻松愉悦的商业氛围（图 1.8-9、图 1.8-10）。

图 1.8-9　三角商业区效果图

图 1.8-10　10.2m 层南指廊商业

1.9 乌鲁木齐国际机场 T4 航站楼

项目地址：乌鲁木齐市新市区地窝堡乡
建设时间：2020 年 6 月至 2023 年 12 月
建设单位：乌鲁木齐临空开发建设投资集团有限公司
设计单位：华东建筑设计院有限公司
工程奖项：2023 年中国钢结构金奖

图 1.9-1　乌鲁木齐国际机场效果图

乌鲁木齐国际机场改扩建项目是国家门户枢纽机场、国家民用一级机场、中国国际航空枢纽机场、中国八大区域枢纽机场之一，国家“一带一路”倡议重点建设工程。乌鲁木齐国际机场规划近期可满足 2025 年旅客吞吐量 4800 万人次、货邮吞吐量 55 万 t 需求；终端可满足年旅客吞吐量 6300 万人次、货邮吞吐量 100 万 t 需求（图 1.9-2、图 1.9-3）。

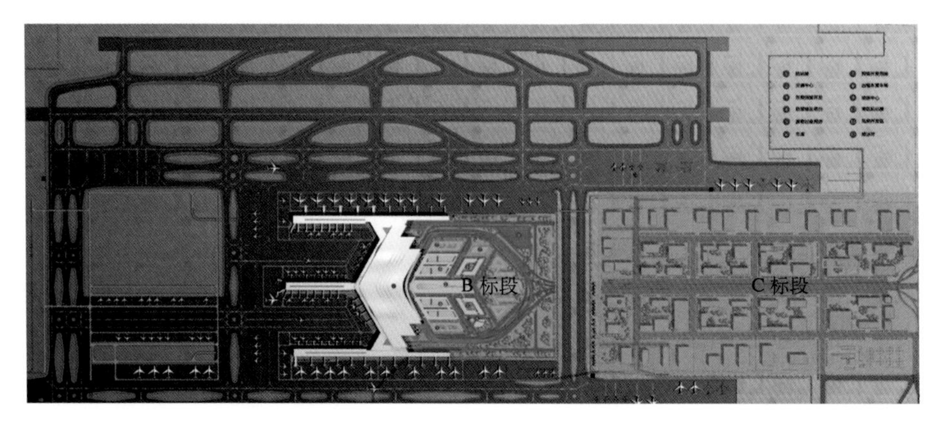

图 1.9-2　项目整体规划平面图

图 1.9-3　项目中轴透视图

A 标段采用 PPP 模式运作，投资、建设及运营一体化，是全国首个枢纽机场 PPP 项目。

航站区包括航站楼和站前高架。航站楼设计以“天山”为主题，凸显新疆雪山、大漠特有景观。以“丝路”为灵感，形成丝带掀起般的灵动效果。航站楼按绿色建筑三星级标准设计，总建筑面积约 50 万 m^2，包含主楼区、国内三角区、国际三角区、南指廊、中指廊以及北指廊。航站楼地下一层、地上四层（含夹层），主要包括隔震层及设备管廊（-8.0m、-13.5m）、设备机房及远机位层（首层）、旅客候机及到达层（5.5m）、国际旅客出发层（9.05m）、值机办票层（13.3m）等。航站楼基础为钻孔灌注桩，主体采用钢筋混凝土框架结构 + 钢结构，外围护系统为金属屋面及玻璃幕墙（图 1.9-4 ~图 1.9-6）。

图 1.9-4　航站区设计效果图

图 1.9-5　航站区外观效果图

图 1.9-6　航站楼陆侧透视图

1.10　重庆江北国际机场 T3B 航站楼

项目地址：重庆江北国际机场东航站区

建设时间：2020 年 11 月至 2024 年 6 月

建设单位：重庆机场集团有限公司

设计单位：中国建筑西南设计研究院有限公司

图 1.10-1　工程效果图

1. 整体介绍

新建 T3B 航站楼位于重庆江北国际机场东航站区 T3A 航站楼北侧约 2km 处，与 T3A 航站楼遥相呼应，平面呈“X”造型。T3B 作为 T3A 国内旅客的卫星厅，将满足 3500 万人次年旅客吞吐量，主要为候机功能，和 T3A 国内航班一体化运行。T3B 与 T3A 通过地下捷运系统和空侧地下服务车道连接。

T3B 航站楼总建筑面积约 36 万 m^2，是全球建筑面积最大的单体卫星厅。南北总长 846m，东西总长 590m，地上四层，地下二层。

2. 平安机场，流程安全

重庆 T3B 卫星厅高峰小时设计客流量达到 11900 人次，设计采用出发和到达分流模式，能高效有序地引导方向，减少客流交叉干扰。

重庆 T3B 卫星厅设置有误走和航班取消旅客流程，旅客从出发层扶梯点位，直接下至到港捷运站台，乘坐捷运返回 T3A 航站楼（图 1.10-2）。

3. 绿色机场，高效用地

卫星厅南北垂滑之间的航站区用地有限，T3B 卫星厅采用高效集约的“X”构型，达到 T3B 共布置近机位 80 个，其中 3F12E65C（含 11 个组合机位），远机位 24 个（3E21C，主要为 T3A 航站楼服务），调配机位 22C，合计 126 个机位。卫星厅结合适宜的机位周转次数，确保达到较高的整体使用率。E 类机港湾与 C 类机港湾相对独立设置，港湾宽阔开敞。调配机位就近布置，提高飞机靠桥率（图 1.10-3、图 1.10-4）。

图 1.10-2 室内效果图（一）

图 1.10-2 室内效果图（二）

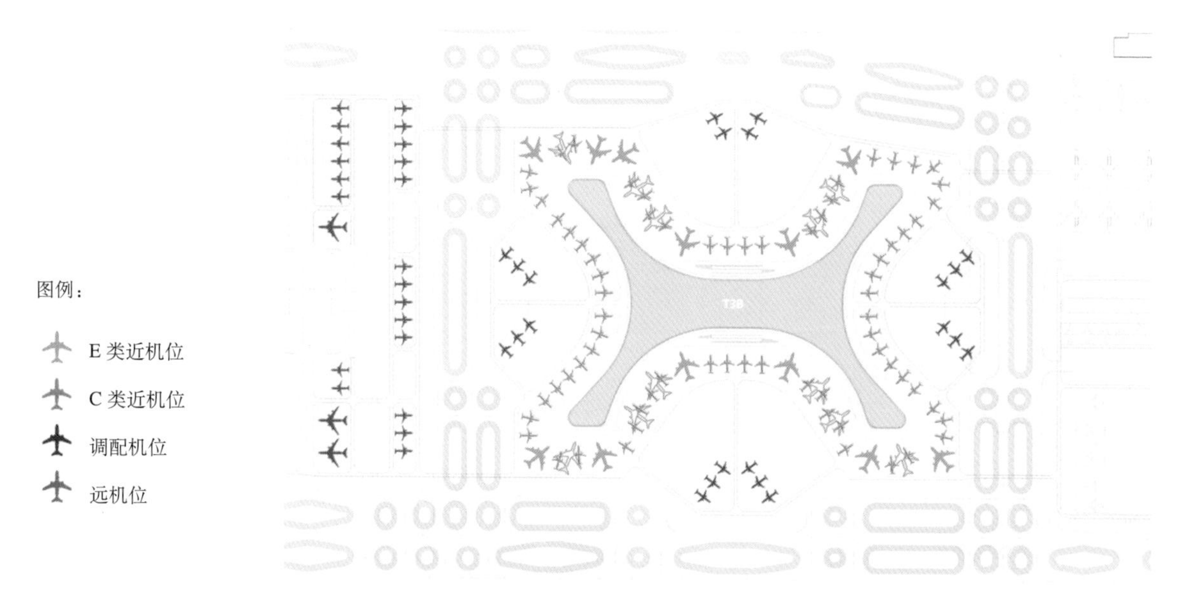

图 1.10-3 机位布置图

图 1.10-4　项目剖视图

4. 智慧机场，智慧运行

构建“全域覆盖、全时可用、全程监控”的智慧运行平台，实现可视协同一体化指挥控制。通过前端高清视频采集、智能分析、全景拼接于一体，联合接入机场既有信息系统，完成多源异构数据的关联整合，实现航班信息电子挂牌、进离机位智能检测、开关舱门智能检测、飞行区车辆及人员轨迹实时描绘显示等智能应用，有效帮助机场管理人员掌握全局态势，保障机场航班全流程可视化分析（图 1.10-5）。

图 1.10-5　项目总体规划图

1.11 烟台蓬莱国际机场 T2 航站楼

项目地址：山东省烟台市蓬莱区

建设时间：2020 年 12 月至 2023 年 12 月

建设单位：山东省机场管理集团烟台国际机场有限公司

设计单位：中国建筑西南设计研究院有限公司、上海民航新时代机场设计研究院有限公司

图 1.11-1　工程效果图

1. 整体介绍

烟台蓬莱国际机场位于烟台市经济技术开发潮水镇，距离烟台市中心直线距离约 43km，公路距离约 48km，为山东省干线机场，属国家一类航空口岸。

机场二期扩建工程项目占地 1370 亩，项目位于现有航站楼西南侧，主要新建 T2 航站楼 17.2 万 m^2、33 个近机位、1 座机坪塔台及交通中心、地面停车场等，配套建设供电、给水排水、消防、通信、航站楼前高架桥等设施。以 2030 年为规划目标年，按年旅客吞吐量 2300 万人次、年货邮吞吐量 20 万 t、年起降 17 万架次设计。

2. 高效运行，空铁联运

航站楼采用平行于跑道的浅港湾布局，兼顾空侧飞机运行与陆侧旅客进出港高效。港湾平行于跑道布置，飞机运行距离短，油耗低；浅港湾布局，指廊进深短，机位相互干扰小，旅客步行距离短。

机场规划与城市轨道交通、潍烟高铁规划同步开展，利用地铁 4 号线将潍烟高铁在大季家站与机场接驳，地铁与机场无缝衔接：地铁 4 号线由北向南沿空港二路敷设，在机场 T1、T2 航站楼分别设站（间距 1020m）。T1 站距离 T1 航站楼约 62m，T2 站距离 T2 航站楼 50m（图 1.11-2、图 1.11-3）。

3. 功能分区

航站楼地上四层，地下一层，包含国内和国际功能（图 1.11-4、图 1.11-5）。

四层：标高 16.5m，主要功能为陆侧餐饮夹层，塔台办公、休息区。

三层：标高 12m，主楼接驳陆侧高架桥，旅客通过 5 座门斗可进入航楼，主体功能为值机大厅、国内安检大厅、国际出港联检大厅、国际商业区以及国际候机区等。共设有 6 组前列式值机岛，共有人工值机柜台或自助行李托运柜台 42 个，并设有充足的自助值机设施。

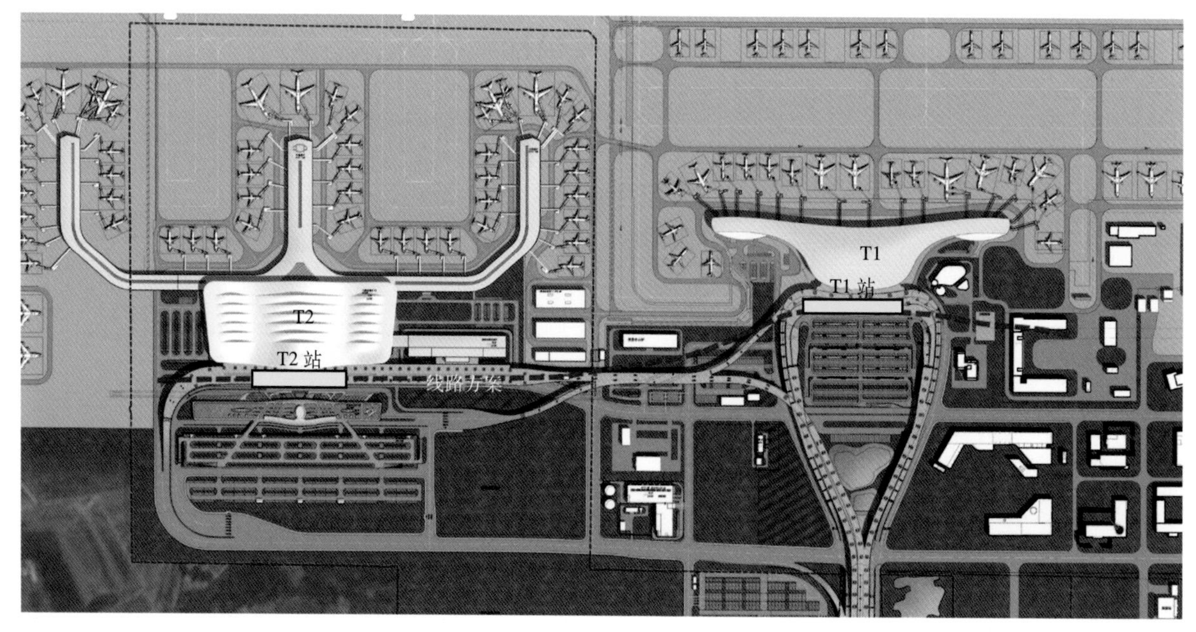

图 1.11-2 空铁联运规划平面图

图 1.11-3　空铁联运剖视图

图 1.11-4　室内设计效果图

二层：国内出发到达混流区，联程非联程中转区，标高 6m；设备区，标高 5.1m；出租车大巴车候车区，标高 4.8m；无行李旅客到达通道。

一层：大厅、中指廊标高 0m，北指廊标高 -0.5m；主要功能为：行李处理用房，国内行李提取厅，国际行李提取厅，国际到达联检，非联程旅客中转区，迎宾厅，国际国内远机位候机，贵宾区，办公及设备用房。

地下一层：标高 -5.5m，面积 395m^2，为航站楼消防水泵房。

图 1.11-5 室外效果图（一）

图 1.11-5　室外效果图（二）

1.12 兰州中川国际机场三期 T3 航站楼

项目地址：甘肃省兰州市兰州新区中川镇 232 乡道

建设时间：2020 年 12 月至 2023 年 12 月

建设单位：甘肃省民航机场集团有限公司

设计单位：同济大学建筑设计研究院（集团）有限公司

工程奖项：荣获中国建筑业 2022 年建设工程项目施工工地安全生产标准化学习交流项目；甘肃省绿色施工示范工程；甘肃省建设工程文明工地；甘肃省 BIM+ 智慧工地

图 1.12-1　工程效果图

1. 整体介绍

工程建筑面积 397328m^2，采用“主楼 + 指廊”构型，其中主楼地上三层、局部地下二层，A 指廊地上三层（局部夹层），B、C、D 指廊为地上二层。航站楼主体采用钢筋混凝土框架结构，局部大跨度框架采用预应力混凝土梁，屋盖采用钢结构；结构安全等级一级，抗震设防类别乙类，抗震设防烈度 7 度（抗震措施按 8 度设计），结构安全使用年限 50 年。

兰州中川国际机场，位于中国甘肃省兰州市兰州新区中川镇，跑道磁方位为 180° ~ 360°，基准点标高为 1947.2m，距市中心路程约 67km，直线距离约 55km，为 4E 级国际机场，是西北地区主干机场之一，甘肃省省会兰州市的空中门户、西北地区的重要航空港、国际备降机场。

项目建成后，将全面提升兰州中川国际机场基础设施保障能力、运行效率和服务水平，对于甘肃省打造面向东盟的国际陆海贸易新通道和面向中西亚的“进疆入藏通道”两个战略发展通道具有十分重要的意义（图 1.12-2）。

图 1.12-2 工程夜景效果图

2. 国铁隧道下穿

兰州中川国际机场 T3 航站楼采用“空铁联运”设计理念，兰州至张掖三四线铁路从兰州新区站引出连接线由南至北下穿主航站楼，延伸至 T2 航站楼中川机场站形成环线。国铁隧道贯穿主航站楼，隧道长 245m，宽 14m，深度约 22m（图 1.12-3、图 1.12-4）。

图 1.12-3　国铁下穿隧道示意图

3. 航站楼大跨度钢屋盖

本工程钢结构主要分布于航站楼主楼、四个指廊、南侧雨篷、房中房、登机桥等，钢结构的主要形式为框架梁柱、倒三角桁架、平面桁架、屋面网架、钢支撑等，主要截面形式为圆管（热轧无缝管、焊接直缝管、圆管柱等）、焊接矩形管、十字柱、焊接 H 型钢等。

主楼屋盖结构体系：双曲三管桁架结构 + 网架 + 平面桁架结构（图 1.12-5 ~图 1.12-7）。

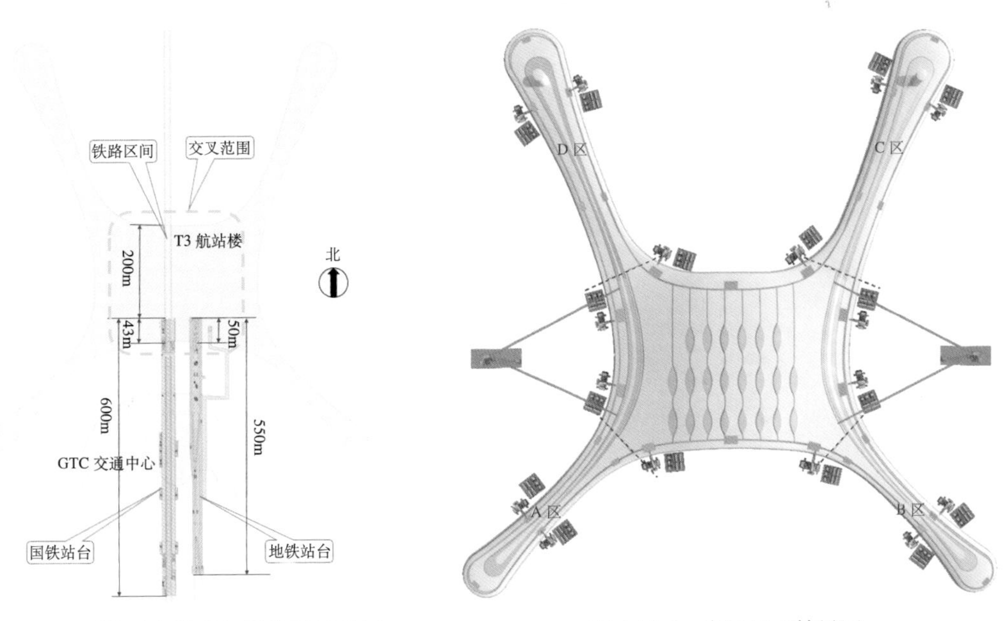

图 1.12-4　国铁下穿隧道空间位置示意图　　图 1.12-5　金属屋面效果图

图 1.12-6　落客车道效果图

图 1.12-7　值机大厅效果图

1.13 西安咸阳国际机场三期东航站楼

工程名称：西安咸阳国际机场三期扩建工程东航站楼

项目地址：咸阳市秦都区北部底张镇西安咸阳国际机场

建设时间：2021 年 7 月 1 日至 2024 年 6 月 29 日

建设单位：西部机场集团有限公司

设计单位：中国建筑西北设计研究院有限公司

图 1.13-1　工程效果图

1. 整体介绍

工程位于咸阳市渭城区，是陕西省委、省政府确定的全省民航发展“头号工程”，也是民航局支持建设的全国民航“标杆示范项目”，建成后将构建“丝路贯通、欧美直达、五洲相连”的国际航空枢纽。

本工程东航站楼建筑面积 70 万 m^2，按照满足近期 5000 万旅客吞吐量进行设计，剖面流程采用两层出发，两层到达的模式，由一个集中式的主楼以及六个指廊构成，平面功能和工艺流程与六指廊构型紧密结合。航站楼三层（14.5m）主要功能包括国内国际值机、国际出发联检区及国际候机区；二层（7.5m）为国内出发到达混流层，主要功能包括国内安检区、国内候机厅、两舱值机及两舱专属安检通道；夹层（2.2～4.2m）为国际到达通廊；一层（0.5m）主要功能包括国际到达联检区、行李机房、国内国际到达行李提取厅、国内远机位候机厅以及国际远机位候机等；地下一层（-6.5m）主要功能包括国内行李提取厅（预留卫星厅行李提取）；地下二层（-11.5m）为行李机房；地下三层（-18.12m）为捷运系统站台。

综合交通中心由旅客换乘中心、停车楼两部分组成。

2. 古都文化，城市华章

航站楼 14.5m 层综合出发大厅。提取丝路、绸缎、帐幔的意象元素。室内大空间吊顶的设计通过简洁的装饰线条造型组合覆盖建筑内部屋顶，如绸缎般连续、飘逸，轻盈通透，充满动感。简练的线条构造出具有视觉冲击力的空间形态，刚柔并重，力度与美感兼具，整体造型现代大气，独特创新。屋面内吊顶采用金属条形板有序留缝排列，东西两侧低点与中央天窗高点区域降低条板的排布密度，形成疏密对比变化。吊顶造型犹如在室内屋面覆盖了一张巨大而轻盈透亮的帐幔，流畅、飘逸，凸显了建筑空间的特点，稳重大气，尽显素雅之美（图 1.13-2、图 1.13-3）。

图 1.13-2 工程效果图

图 1.13-3　航站楼内部效果图

候机指廊的设计从传统建筑文化符号提取造型元素，利用现代的装饰材料和设计手法，构筑个性和功能兼具的室内空间。吊顶采用条形蜂窝板，排列造型装饰灯带形成空间序列感。候机座椅地面区域采用橡胶地板，中间通道区域采用整体浇筑艺术地面（图 1.13-4）。

图 1.13-4 航站楼指廊内部效果图

航站楼 7.5m 层国内候机商业区。结合中庭园林打造具有西安特色的商业区。

航站楼 0.5m 层行李提取厅。设计理念与综合出发大厅吊顶相呼应，延续丝路、绸缎、帐幔的意象元素，通过条形铝板和铝方管造型构造出具有视觉冲击力的独特空间形态。

3. 交通集约，中转高效

采用国际领先的设计理念，采用双层到发流程布局，科学分流旅客、优化组织流线。融合最新机场运营模式，打造便捷、舒适的旅客流程设计，进一步提升旅客感受。前瞻性地合理设置远期发展空间与设施，为机场未来的发展提供充分灵活性。航站楼采用主楼 + 六指廊平面构型布局，保证充足近机位的同时最大程度缩减指廊长度，从而极大缩短旅客步行距离，合理的构型方案保证旅客步行距离最远不超过 600m，平均不超过 400m。双层出发、双层到达的设置，利用垂直空间解决了远期 7000 万旅客的车道边、值机及行李提取相关设施的布局。

助力打造中国最佳中转机场，整合流线、简化流程、合理布局，保证所有中转旅客“一站式”办理完成中转手续、“一步到位”完成中转楼层转换，最大程度地保证中转流程顺畅、高效。

4. 智慧运维，低碳绿色

空间组织与工艺流程高度融合，形态多样、层次丰富，包括景观峡谷、生态长廊、阳光大道、共享中庭、商业广场等，在适应旅客流程模式基础上展现鲜明空间特色，充分体现人文关怀，注重细节，运用现代科技反映人性化设计；充分利用自然光，营造舒适的室内光环境，降低照明与空调能耗，合理组织自然通风，改善室内空气品质，降低空调能耗。

采用各类节能措施，实现能耗降低，通过多能互补的供能方式，通过建立全局能源管控平台，提高新能源设备和车辆使用比例、APU 替代设施使用率，地面空调系统采用双冷源机组方案等措施，实现低耗运行的“绿色机场”的相关要求；西安咸阳国际机场三期工程坚持“安全可靠、经济可行、多能互补、绿色环保”的基本原则，结合西安机场供热实际，最终形成了供热以热电厂余热 + 中深层地热供热为主，天然气锅炉调峰为辅的方案，采暖可再生能源占比达到 30%（图 1.13-5）。

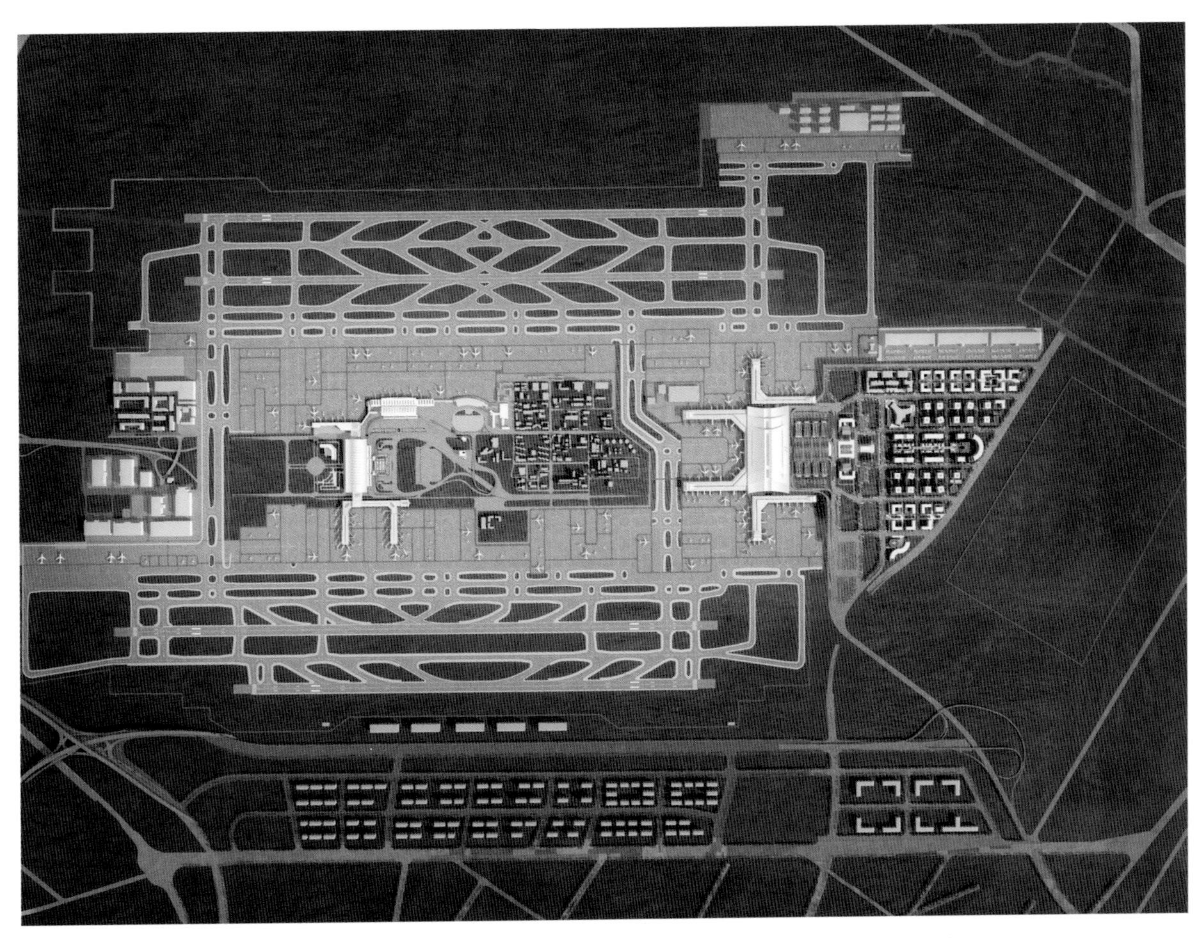

图 1.13-5 工程规划平面图

1.14　长沙黄花国际机场 T3 航站楼

项目地址：湖南省长沙市长沙县黄花镇

建设时间：2022 年 2 月 28 日至 2025 年 6 月 30 日

建设单位：湖南省机场管理集团有限公司

设计单位：中国建筑西南设计研究院有限公司、中铁第六勘察设计院集团有限公司

图 1.14-1　工程效果图

1. 整体介绍

工程位于长沙市，是国家和湖南省“十四五”发展规划重点项目，集“空运、高铁、地铁、磁浮、常规地面运输”五位一体的区域综合交通枢纽。2030 年目标年旅客吞吐量 6000 万人次，年货邮吞吐量 60 万 t。T3 航站楼为当前湖南省最大的单体建筑工程。

本工程基底面积 196323.04m^2，建筑面积 53.2 万 m^2；建筑层数为地上四层（含夹层），地下一层，建筑高度为 44.65m；建筑密度为 22.53%。

2. 造型优美，“长沙之星”

T3 航站楼作为彰显城市魅力的门户与窗口，深厚历史内涵与独特城市印象在这里呈现。方案设计构型以“长沙之星”为造型基础，充分体现长沙独特悠久的历史文化。

主航站楼建筑外部造型以硬朗的直线为基调，由中央的大厅向五指廊舒展，若即将起航的飞机匍匐在大地之上，气势非凡。

新航站楼南北长 1200m，东西宽近 1000m，进入主航站楼，巨大的屋顶下层叠的吊顶向中央抬升。恢宏大气的空间，通过高侧窗进入的自然柔和的光线，及舒适宜人的设施，共同构成了充满动感活力的建筑空间（图 1.14-2）。

图 1.14-2 值机大厅效果

3. 优化流程，快捷中转

创新性提出“双中转区”的规划理念，包括“联程快捷中转区”“有行李再值机中转区”，国际指廊就近规划“联程中转区”并协同运作，国际旅客联程中转最短衔接时间小于 40min，大幅领先国内同类机场；国内候机区采用出发到达混流模式，可实现国内旅客同层就近中转。便捷的中转设计可有效提升长沙机场作为中部国际枢纽机场的核心竞争力。

创新的五指廊构型提供了更多的近机位 [73（52C 20E 1F）~ 84（74C 10E）个]，更优的步行距离；提供 90° 机位滑行港湾，提升站坪运行效率（图 1.14-3 ~图 1.14-6）。

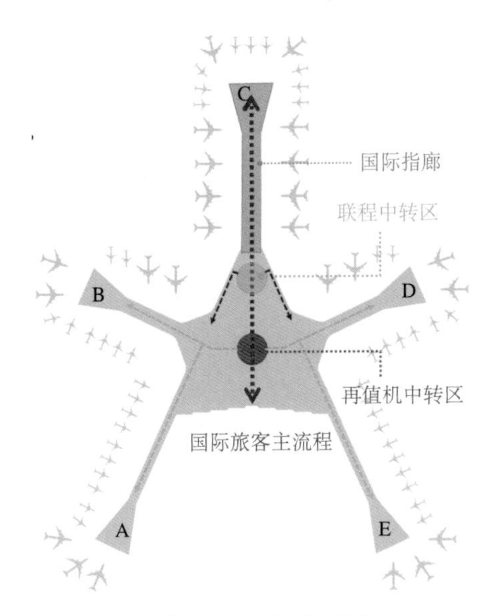

图 1.14-3　双中转区

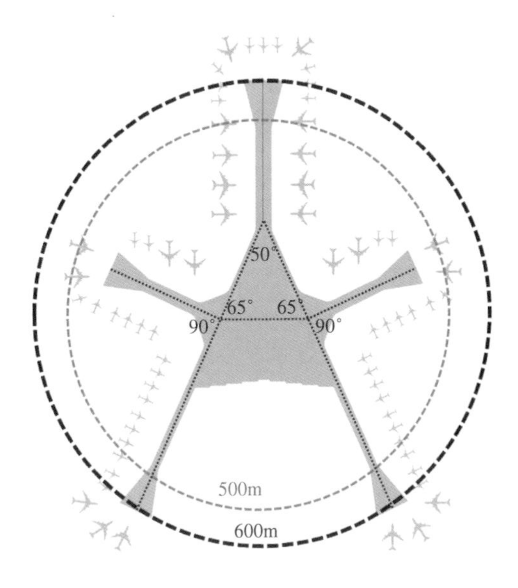

图 1.14-4　80% 近机位登机口步行距离小于 500m

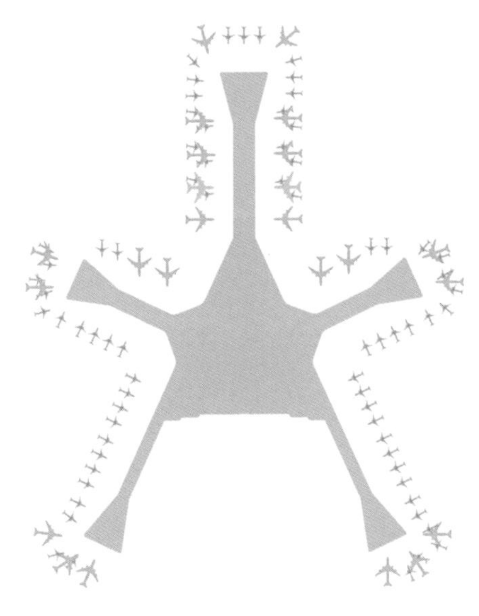

图 1.14-5　近机位布置图

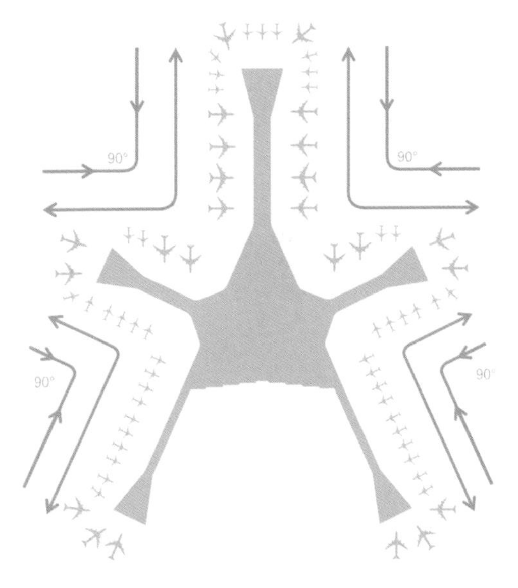

图 1.14-6　90° 机位滑行港湾

4. 绿色机场，低碳节能

T3 航站楼采用多层次高侧窗系统提升自然采光通风效果，减少照明和空调能耗。指廊端头和中央商业区域设置 5 处生态人文景观区，打造国内生态航站楼典范。工程从给水排水、电气、暖通和弱电等多方面，采用新型材料及技术，打造“绿色”“可持续”“以人为本”的节能环保型机场与科技人性化机场。旅客智能通关设施：60% 自助行李托运；80% 毫米波安检门；100% 自助登机；50% 自助边检（图 1.14-7、图 1.14-8）。

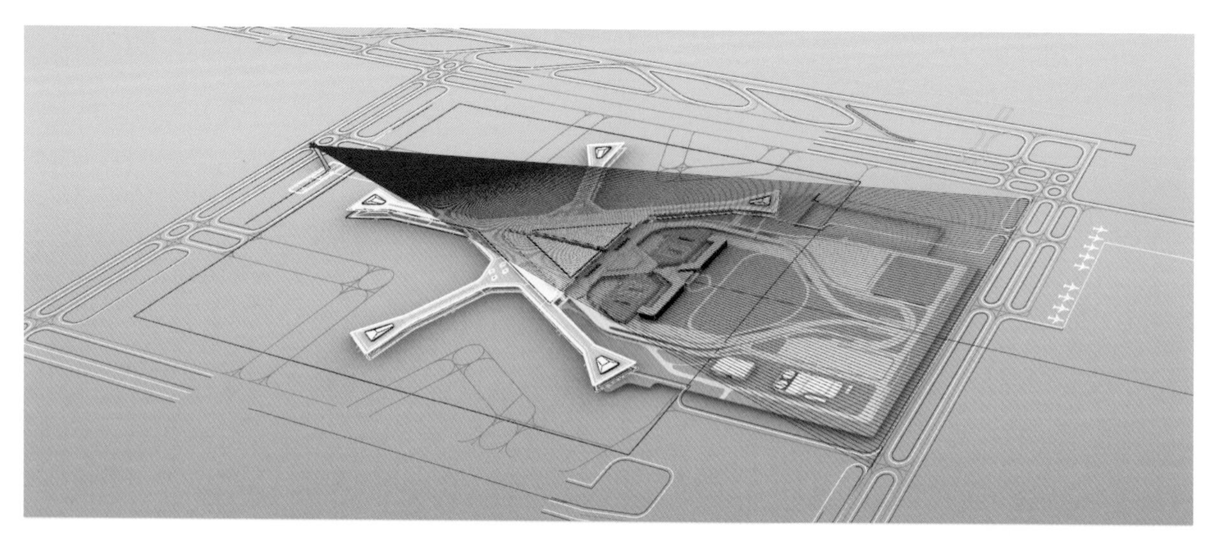

图 1.14-7 空管塔台通视分析

图 1.14-8 长沙机场远景规划

1.15 厦门翔安国际机场 T1 航站楼

项目地址：福建省厦门市翔安区

建设时间：2022 年 5 月 1 日至 2025 年 12 月 16 日

建设单位：厦门翔业集团有限公司

设计单位：中国建筑设计研究院有限公司

图 1.15-1 厦门新机场效果图

1. 整体介绍

工程位于福建省厦门市翔安区，距市中心（五一广场）25.2km。该机场作为全球少见的海岛型机场，既是国家“一带一路”倡议的需要，也是福建经济社会发展、产业优化升级的需要，更是辐射闽台、联系南洋，打造“新丝路”，通达全世界的重要交通枢纽。

本工程建设包括T1航站楼、航站楼前高架桥、航站区道路（机场巴士道路、南北工作地面道路）、地下设备管廊、航站楼于GTC间管廊、出租车专用下穿通道、局部交通中心、制冷站、登机桥固定端、东工作下穿通道、人行通道及室外工程（含架空外廊、高架桥雨篷）、高架桥出发层车道边及摆渡车停靠区、室外周边道路及绿化等。总建筑面积约55.0万m^2，建筑高度47.95m。本期（2025年）工程建成投运后，年飞机起降可达35.4万架次，年旅客吞吐量4500万人次，年货邮吞吐量75万t，高峰小时79架次。远期（终端年）年旅客吞吐量8500万人次，年货邮吞吐量200万t，年飞机起降量58.8万架次，高峰小时127架次。

2. 多式联运，立体互通

工程按照多元化、立体化、一体化的要求进行设计，衔接各个方向各种类型的交通工具及交通服务设施，结合紧凑的航站楼楼面布局，辅以直观的内部动线路径，保证旅客和工作人员的最短步行距离，体现了不同交通方式“便捷换乘”以及与航站楼“无缝衔接”的设计理念。

机场综合交通枢纽不仅是城市交通体系的重要组成部分，更是整个区域最综合最重要的立体交通节点。其中，机场的GTC交通中心工程是衔接城际铁路（R1线）、轨道交通（地铁3、4号线）、长短途巴士、旅游巴士、市政公交等多种交通方式的中心。

机场当前拟建设2条远距平行跑道，将能够满足大型飞机的起降要求，远期规划再新增2条跑道，形成北一、北二和南一、南二四跑道格局。

建成后的主航站楼分为地下一层（局部两层），地上三层，其中，航站楼内负一层设有出租车专门候车厅，二层经过中央连廊迅速到达停车楼、公交站、大巴站，通过扶梯可直达地铁和城际候车厅，从航站楼到换乘交通工具的最远步行距离不超过170m。减少旅客垂直转换，实现平层进出，打造国内机场无障碍环境标杆（图1.15-2）。

图1.15-2 工程夜景效果图

3. 功能分区

航站楼平面布局采取了几何逻辑感较强，简单易读的直线形构型设计，采用“主楼＋六指廊构型”，共设有 77 座固定登机桥，97 个（组合机位按 C 类计）或 81 个（组合机位按大机位计）近机位。航站楼与交通中心及车库之间设连廊。

航站楼整体场地平坦，六条指廊与主楼标高保持一致。航站楼国际到发分流，国内到发混流；航站楼主楼及 C、D 指廊（近端）设置 12 个转换机位，采用上下双层叠加式候机厅布局，4.8m 层设置国际到达走道。C、D 指廊远端为到发分流的布局方式，C 指廊远端近期为国内候机，远期转换为国际候机区，D 指廊远端为国际候机区，B、E 指廊为国内出发到达混流区（图 1.15-3）。

图 1.15-3　工程指廊

主航站楼地下一层（局部两层），地上三层。

地上三层夹层：标高 20.5m，出发餐饮商业夹层，该夹层西侧主要功能为陆侧旅客餐饮设施，东侧主要功能为空侧两个独立的国际高舱位、金银卡旅客休息室。

地上三层：标高 14.8m，出发值机办票及国际出发候机层，出发车道边对接航站楼的 14.800m 层，主要功能为办票大厅，国内、国际值机岛分区设置。旅客进入航站楼办理值机手续后，国际旅客经过出发联检查验后，到达空侧集中免税店、商业区、餐饮区，并前往相应的国际候机区候机。国内旅客值机后，经位于“船形”天窗下的扶梯下至 7.800m 层国内安检。

地上二层：标高 7.8m（B、E 指廊 6.5m），国内出发到达层，国内旅客到发混流，出发旅客安检后经过集中商业区后到达相应的候机区候机，C、D 指廊的国内机位平层到达，B、E 指廊的旅客经坡道下至 6.5m 标高候机。到达旅客经商业区下至首层提取行李或直接经本层综合会客大厅去往交通中心（图 1.15-4、图 1.15-5）。

图 1.15-4　连廊区域

图 1.15-5　中庭区域

1.16 福州长乐国际机场 T2 航站楼

项目地址：福建省福州市长乐区

建设时间：2023 年 8 月至 2026 年 6 月

建设单位：元翔（福州）国际航空港有限公司

设计单位：北京市建筑设计研究院有限公司、民航机场规划设计研究总院有限公司、福州市规划设计研究集团有限公司

图 1.16-1　长乐机场夜景效果图

1. 整体介绍

福州长乐国际机场二期扩建工程机场航站区位于福建省福州市东南区，距市中心（五一广场）47.5km，是国家综合交通枢纽的重要设施之一，是海西建设对台空中直航主通道、主枢纽的重要机场，是福建省北部区域的枢纽机场，是海上丝绸之路的门户枢纽机场。

本工程建设包括 T2 航站楼、综合交通中心及停车楼，陆侧道桥系统、其他附属设施等，总建筑面积约 47.99 万 m^2。建设完成后，机场（含原航站设施）可满足 2030 年年旅客吞吐量 3600 万人次，年货邮吞吐量为 45 万 t 需求（图 1.16-2）。

图 1.16-2 长乐机场效果图

2. 多式联运，互联互通

福州长乐机场二期工程全部建成后将集航空、铁路、地铁、公交等多元化交通于一体，成为国内一流枢纽机场：包括 3 条轨道交通、2 条机场高速公路，形成“1 机场 +2 高速 +3 轨道”的立体综合交通体系，让机场与周边地区的衔接更快速更顺畅。

旅客换乘步行距离短，T1、T2 与 GTC 的距离分别仅为 190m；到达旅客零层联系，通过将楼前道路局部下穿的方式，实现航站楼到达旅客和交通中心旅客在地面层直接联系，零层转换。

3. 功能分区

航站楼地上四层，地下一层，包含国内和国际功能。

四层：标高 16.00m/16.60m（平塔台），主要功能为陆侧餐饮夹层、办公区、空平塔台。

三层：标高 11.00m/8.75m（指廊），主楼接驳陆侧高架桥，旅客通过 6 座连桥可进入航站楼，主体功能为值机大厅、国内安检大厅，国际出港联检大厅，国际商业区以及国际候机区等。共设有 4 组前列式值机岛，共有人工值机柜台或自助行李托运柜台 108 个，并设有充足的自助值机设施。国际候机区标高 8.75m，通过缓坡与主楼及商业区联系。

二层：标高 5.75m/4.80m（国际到达指廊）主要功能为国内商业区及候机区，国际到达通道、入境联，以及国内国际中转通道、行李分拣等；陆侧设计有国内无行李到达通道以及联通交通中心和停车楼的联系厅（图 1.16-3、图 1.16-4）。

图 1.16-3　候机大厅效果图

图 1.16-4　庭院

一层：标高 0.00 m，主要功能为行李提取大厅和行李处理大厅、迎候大厅、贵宾厅、国内国际远机位以及机电用房和站坪设施用房等（图 1.16-5）。

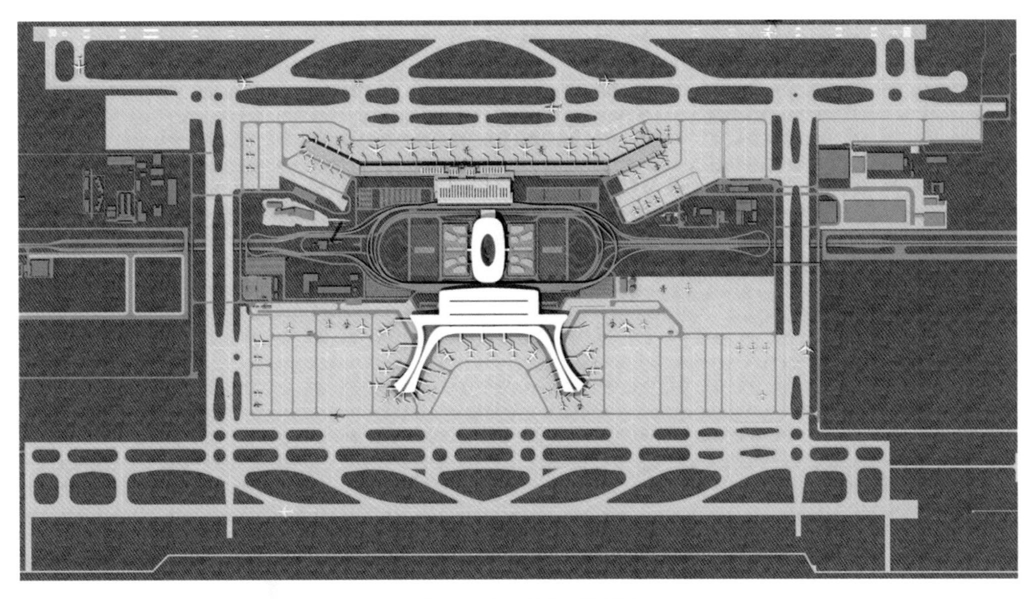

图 1.16-5　总体平面图

1.17 济南遥墙国际机场二期 T2 航站楼

项目地址：济南市历城区遥墙镇荷花路以北

建设时间：2023 年 9 月 17 日至 2027 年 12 月 25 日

建设单位：济南国际机场建设有限公司

设计单位：中国建筑设计研究院有限公司

图 1.17-1　济南遥墙国际机场效果图 1

1. 整体介绍

济南遥墙国际机场地处山东腹地，位于我国最繁忙的京沪、京广航路的中部，且属沿海地区和西部地区接合部分，是我国重要的干线机场及空中交通枢纽。位于济南市东北方向，距济南市区约 30km，现占地面积 6200 亩，服务配套设施达到国际先进水平，是中国重要的入境门户和干线机场之一，更是山东中西部济南、淄博、泰安、聊城、德州、滨州、济宁、菏泽等地市联用的具有国际通航条件的航空港，是山东航空、中国东方航空和深圳航空的基地机场。

本工程建设包括 T2 航站楼、T2 航站楼范围内的 8 号下穿通道及管廊、职工食堂、导改工程等，不含民航工程、高低压变配电系统。精装修专业工程为暂估价工程等，其中 T2 航站楼工程，含主楼 424077.7m^2、A 指廊 14483.73m^2、B 指廊 27116.67m^2、C 指廊 30516.97m^2、D 指廊 37663m^2、E 指廊 29907.97m^2、F 指廊 11164.24m^2、登机桥固定端 31230.3m^2。建成投运后济南遥墙国际机场将形成集航空运输、高铁、地铁、城际轨道和高速公路多种交通方式于一体的综合交通中心和换乘枢纽，真正成为与国际接轨的大型枢纽中心（图 1.17-2）。

图 1.17-2 济南遥墙国际机场效果图 2

2. 工程布局

T2 航站楼项目为集国内旅客、国际旅客需求为一体，包含出发、到达、中转、经停等各类旅客功能流程的综合航站楼。

航站楼地下二层，地上三层，局部五层（含夹层），建筑总高度 43.8m（不计室内外高差），建筑面积约 60 万 m^2。

T2 航站楼项目单体范围有航站楼主楼及 6 条指廊及登机桥固定端。

航站楼从上到下依次是 21.6m 高的国际空侧上夹层，主要功能为国际两舱室以及国际空侧商业区（图 1.17-3）。

图 1.17-3　商旅服务中心效果图

15.6m 层主要是出发大厅，B 区国际、国内出发，AC 区国内出发，国际旅客经国际联检流程进入同层国际商业区；国内 B 区旅客经过国内安检区后下至 8.4m 国内候机区；国内 AC 区旅客则值机托运后通过扶梯下至 8.4m，经过安检后进入国内候机区。

地面二层（8.4m 标高）为航站楼国内出发到达混流层，国内旅客出发到达混流，可在本层等候登机以及行李提取，北侧部分区域为国际旅客候机区，B 区出发方向设置了 10 个可转换机位，通过组合机位设置提供更多灵活的选择。

地面一层夹层（4.8m 标高）为国际到达夹层。国际旅客到达后乘坐扶梯至 0m 层通过联检后入境。

地面一层（0.0m 标高）为站坪层，主要设置的功能为行李处理区、国际到达联检、国际行李提取大厅、国际到达迎客大厅、远机位候机厅、站坪办公、设备机房等功能。

同时地下一层为设备管廊、地下行李传输区、设备管廊通道，及市政道路（图 1.17-4、图 1.17-5）。

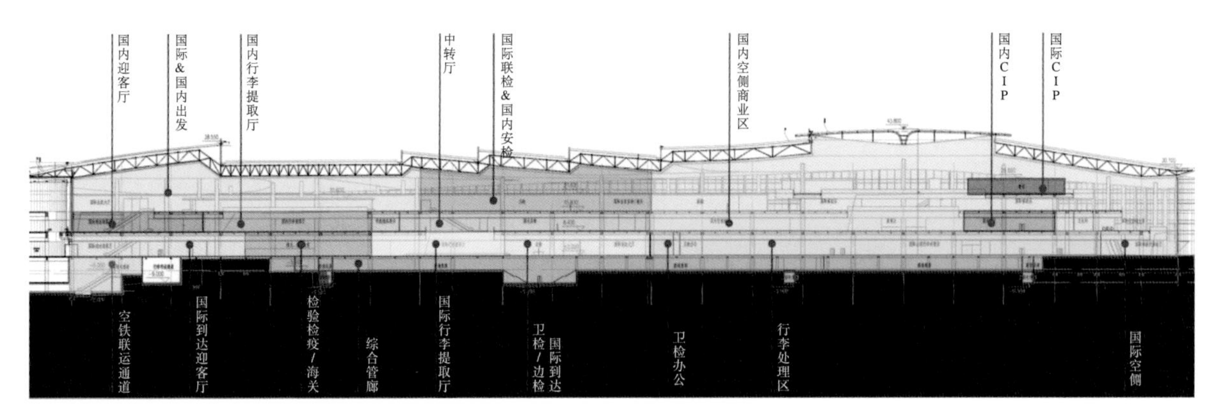

图 1.17-4 项目剖面视图

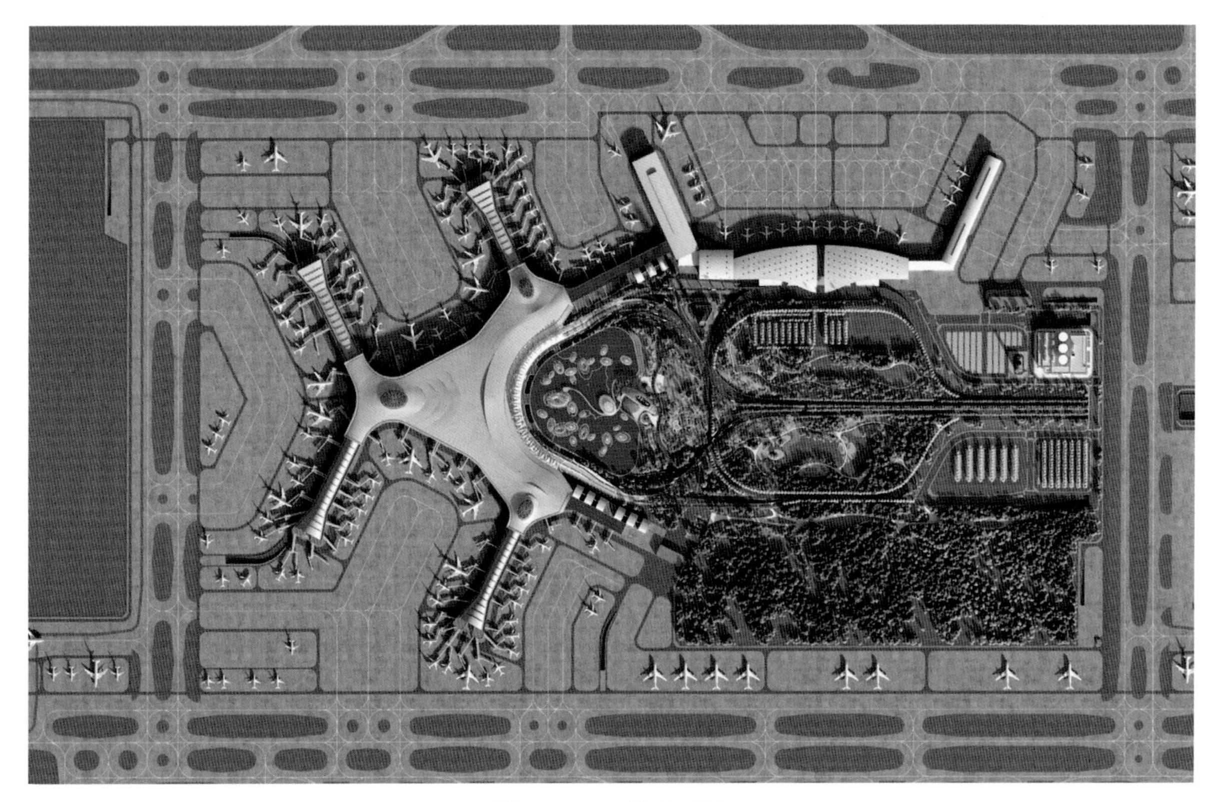

图 1.17-5 整体平面图

第 2 章　四型机场大型场道项目介绍

本章介绍金港场道公司承建的大型场道工程项目，介绍项目概况、场道规划、道面构造等。内容侧重于场道的道面构造，希望为同类工程项目提供技术参考。

机场跑道工程是机场建设工程的重要组成部分，其建设规模和标准根据机场等级和规模而定。

机场跑道是机场的基础设施之一，它用于飞机起飞、降落和地面滑行。跑道的性能和安全性对飞行安全至关重要。机场跑道工程建设包括以下方面：

（1）跑道建设：跑道是机场的基础设施之一，它用于飞机起飞、降落和地面滑行。跑道的性能和安全性对飞行安全至关重要。

（2）滑行道系统建设：滑行道系统是连接跑道和停机坪的必要通道，用于飞机在地面滑行。

（3）停机坪建设：停机坪是机场的重要组成部分，用于停放飞机和进行地面维护。

（4）塔台建设：塔台是机场的空中交通管理设施，用于指挥和管理机场的空中交通。

（5）辅助设施建设：辅助设施包括消防、救援、供电、供水、供气、通信等设施，用于保障机场的正常运营和飞行安全。

2.1　重庆江北国际机场飞行区场道工程

机场等级：4F

项目地址：重庆市渝北区

建设时间：2021 年 9 月至 2024 年 9 月

建设单位：重庆机场集团有限公司

设计单位：民航机场规划设计研究总院有限公司

结构形式：混凝土道面

1. 整体介绍

重庆江北国际机场扩建部分主要包括：在第三跑道东侧 380m 处，新建长 3400m、宽 45m 的第四跑道及相应的滑行道系统；新建 35 万 m^2 的 T3B 航站楼和 148 个机位的站坪，改造 T1 航站楼；新建 13 万 m^2 的停车楼、3.74 万 m^2 的国际货运设施、2.17km 的捷运系统以及相关辅助生产生活设施；配套建设空管工程、供油工程和地面加油站工程（图 2.1-1、图 2.1-2）。

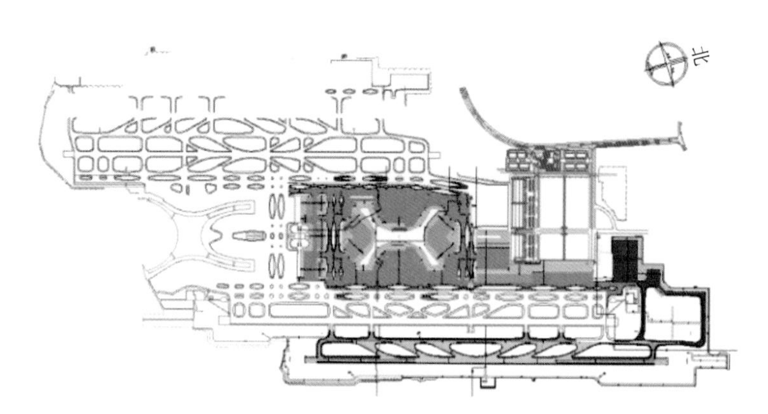

图 2.1-1 重庆江北国际机场 T3B 航站楼及第四跑道工程飞行区场道工程平面图

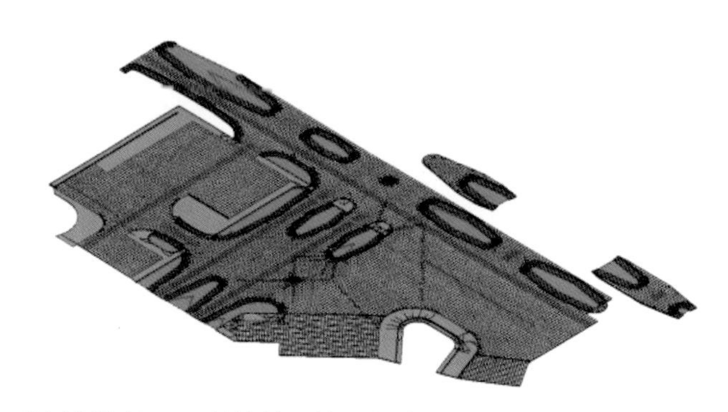

图 2.1-2 重庆江北国际机场 T3B 航站楼及第四跑道工程飞行区场道工程 001 标段 BIM 模型图

2. 地形地貌与地质构造

重庆机场原始地形为构造剥蚀浅丘斜坡地貌，场地地形标高介于 350 ~ 445m，地形总体上呈中间地势较高，东、南、北三侧地势较低。

拟建 T3B 卫星厅及机坪位于第二、三跑道之间，该区域已在前期工程（东航站区及第三跑道建设工程）中基本平整至设计标高，地形较为平坦，为零填少挖区。第四跑道位于 T3B 卫星厅东侧，南部及东部的高填方边坡区域在前期工程中进行了预先填筑，中、北部区域大部为原始地形地貌，主要为坪状丘陵及沟谷地貌，植被茂盛，地形坡度一般 5° ~ 30°，局部较陡，坡度超过 60°，沟谷宽缓，局部地段经后期人工改造为稻田、鱼塘等。

场区地形起伏较大，存在多个大面积的挖方区和填方区，本期工程道面影响区最大填方高度约 60m。填挖至设计标高后，地基土均匀性差异较大，存在岩石地基、土质地基、土岩组合地基、压实填土地基，其间存在较大的刚度和变形差异。

综合考虑不停航施工、净空、素填土密实程度等因素，对于飞行区道面影响区、边坡稳定影响区范围内的素填土采用换填、换填 + 冲击碾压或强夯的方法进行处理，具体处理方案如下：

（1）对于临近既有道面范围和既有综合管廊范围内的素填土采用换填法，换填深度为 2m。开挖时应按照换填边线向四周按照 1 : 2 开挖台阶放坡，台阶宽度不得小于 1m。

(2) 对于现有围界以外受到净空限制无法实施强夯范围内的素填土，采用换填 + 冲击碾压处理。应先开挖 3m 地基土，对底部进行冲击碾压后进行分层碾压回填。开挖时应按照 1 : 2 开挖台阶放坡，台阶宽度不得小于 1m。

对于其他道面影响区和边坡稳定影响区素填土，根据上部松散层厚度采用 3000kN · m 和 6000kN · m 能级强夯处理。填方区强夯面为清表后的原地面，挖方区应先进行场平并预留夯沉量。

粉质黏土主要分布在场地北、东侧区域。勘察钻探揭示最大厚度为 5.30m。飞行区道面影响区粉质黏土处理目的主要是满足地基变形、强度的要求。边坡稳定影响区处理目的是满足边坡稳定性要求。

飞行区道面影响区填方区和填方边坡稳定影响区处理方式分为垫层 + 强夯处理和换填处理两种。

填方边坡单级坡比一般采用 1 : 2，单级坡高 10m，两级边坡间设置 3m 宽马道（局部马道宽度 9m），马道 1% 坡度外倾，马道上设置排水沟。四跑道预填区及一、二跑道北端绕滑外围放坡受限部分坡段坡比为 1 : 1.7 ~ 1 : 1.8。挖方边坡坡比一般采用 1 : 2，局部放坡受限的坡段采用 1 : 1 或 1 : 1.5，单级坡高 10m，两级边坡间设置 3m 宽马道，马道 1% 坡度外倾，马道上设置排水沟。

机场岩土工程监测应包括以下任务：为信息化施工和优化设计提供依据；监测施工与使用期间的安全；研究变形规律，预测沉降量，为合理确定道面施工时间提供依据；为工程建设评价与使用状况评价提供依据（图 2.1-3）。

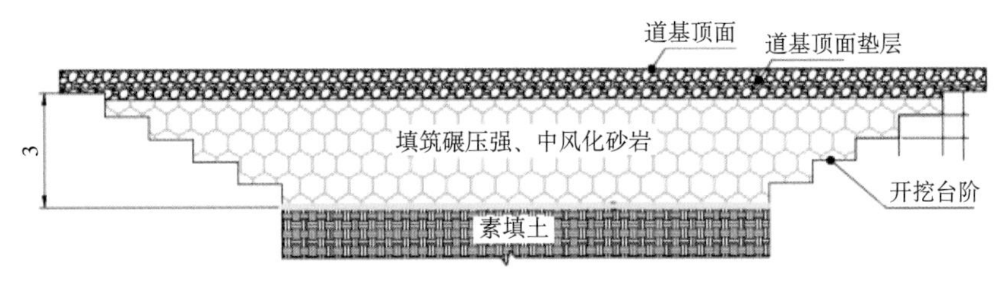

图 2.1-3 地基处理工程结构图

3. 混凝土道面工程

水泥混凝土道面：由水泥混凝土面层、基层、垫层（有时不设）组成的构筑物，直接承受荷载的结构层，见图 2.1-4 和图 2.1-5。

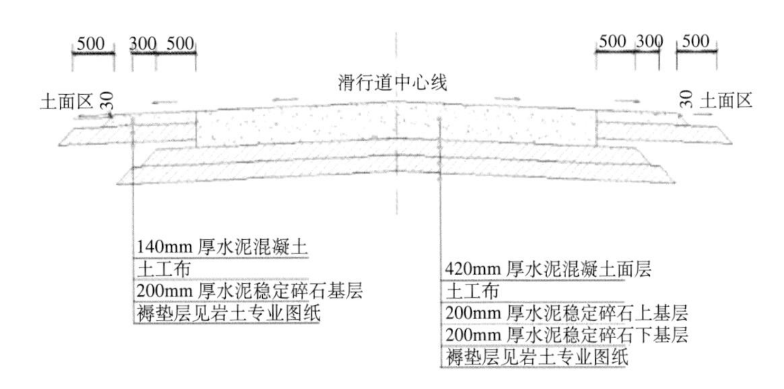

图 2.1-4 道面构造图

图 2.1-5 飞行区道面工程

道肩：与跑道、滑行道、机坪道面相接的经过整备作为道面与邻近部位之间过渡用的场地。

根据《民用机场水泥混凝土道面设计规范》MH/T 5004-2010、重庆江北国际机场未来预测数据、结合当地建筑材料以及未来地基可能的不均匀沉降和现有机场水泥混凝土道面使用情况并采用 FAA 道面设计程序进行复核来，确定不同部位的水泥混凝土道面板厚度。

2.2 北京大兴国际机场飞行区场道工程

机场等级：4F

项目地址：北京市大兴区

建设时间：2012 年 9 月至 2016 年 7 月

建设单位：首都机场集团有限公司

设计单位：中国民航机场建设集团有限公司

结构形式：混凝土道面 + 沥青路面

北京大兴国际机场飞行区工程是由北京金港场道工程建设有限公司、民航机场建设工程有限公司、中国水电十六局、北京中航空港等多家单位共同承建的国内首次一次建成 4 条跑道的机场工程。

北京新机场飞行区工程占地面积约 18km^2，按 2025 年旅客吞吐量 7200 万人次设计，飞行区指标为 4F，本期建设四条跑道，总机位数 220 个，相应建设滑行道系统、各类道面、飞行区排水、助航灯光、站坪照明、机务供电、下穿通道和安防工程等设施，一次建成道面面积 960 万 m^2。

飞行区工程设计中首次应用“空地一体化”全流程仿真技术，辅助设计方案论证、定量评估和精细化决策，国内首次应用“全向型”跑道布局，国内首个采用 760m 中距跑道构型，最大限度利用空域，优化运行效率，实现航班起降低碳运营。

飞行区工程在施工中以技术创新、绿色建造为纲领，积极采用四新技术。运用了建筑业 10 项新技术中的 10 个大项 45 个子项，国内首个在地基处理、土石方填筑及水稳施工全面应用数字化监控技术，全面实时监控并追溯施工质量参数，严格把控道面基础施工质量。在工程施工中，先后开展了道面混凝土滑模施工、道面纤维混凝土、机场下穿通道模板台车、绿色搅拌站建设等多项新工艺新技术研究，通过多维度的技术创新，良好助力项目管理提质增效。如图 2.2-1 和图 2.2-2 所示。

图 2.2-1　北京大兴国际机场整体效果图

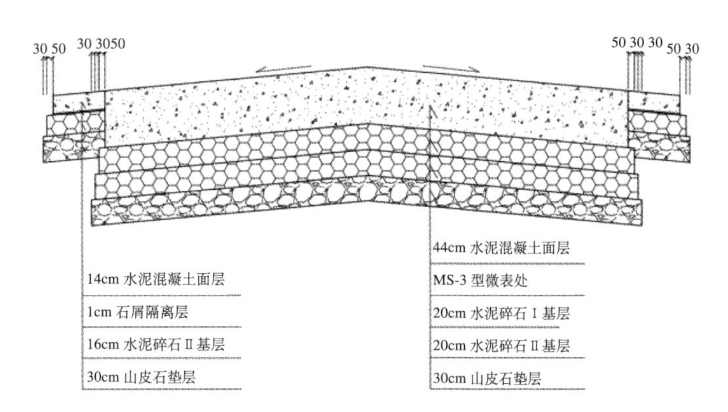

图 2.2-2　北跑道西侧、西一跑道端部水泥混凝土道面构造

2.3　乌鲁木齐国际机场飞行区场道工程

机场等级：4E

项目地址：新疆维吾尔自治区乌鲁木齐市

建设时间：2021 年 5 月开始

建设单位：乌鲁木齐临空中建机场建设运营有限公司

设计单位：民航机场规划设计研究总院有限公司、上海市政工程设计研究总院（集团）有限公司

结构形式：混凝土道面 + 沥青道面 + 下穿通道 + 滑行道桥

工程总体设计目标年为 2030 年，飞行区设施按满足 2030 年旅客吞吐量 6300 万人次、货邮吞吐量 75 万 t 的目标一次建成，航站区按满足 2025 年旅客吞吐量 4800 万人次、货邮吞吐量 55 万 t 的目标建设，预留发展条件。

改扩建在机场现有设施基础上，建设第二跑道、第三跑道和北航站区及配套设施。飞行区工程新建第二、第三两条跑道及配套的滑行道系统。第二跑道长 3600m，宽 60m，与现有跑道等长，跑道间距 1830m，跑道西端向东错开 400m。第三跑道长 3200m，宽 60m，第二跑道与第三跑道东端对齐，西端错开 400m，跑道间距 380m。

现有跑道与新航站区间设置两条平行滑行道及一条站坪滑行通道，标准为 E 类。第一平滑距跑道 185m，第二平滑距第一平滑 80m，站坪滑行通道距第二平滑 80m。

现有跑道与北侧第一平滑间主次降方向各设置三条快速出口滑行道，标准为 E 类。主降方向的快滑定位点距离跑道端的距离分别为 1600m、2000m、2500m。次降方向的快滑定位点距离跑道端的距离分别为 1700m、2100m、2600m。

新建机坪机位包括 T4 航站楼近机位、远机位、货运机位、维修机位以及除冰机位。如图 2.3-1 ~ 图 2.3-4 所示。

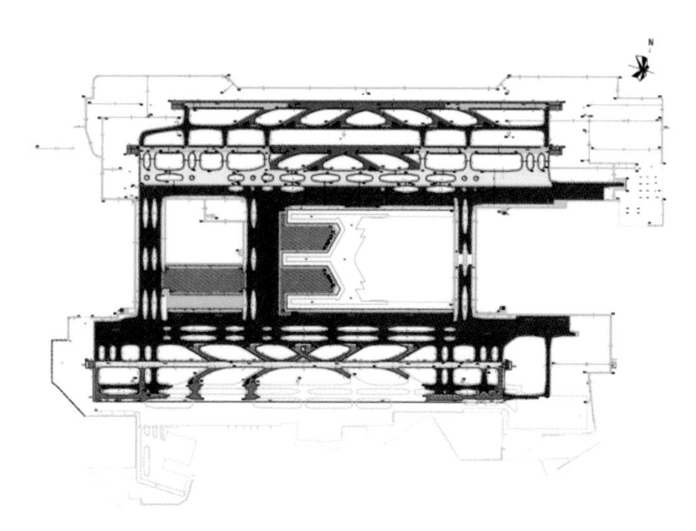

图 2.3-1 乌鲁木齐国际机场改扩建工程飞行区场道工程平面图

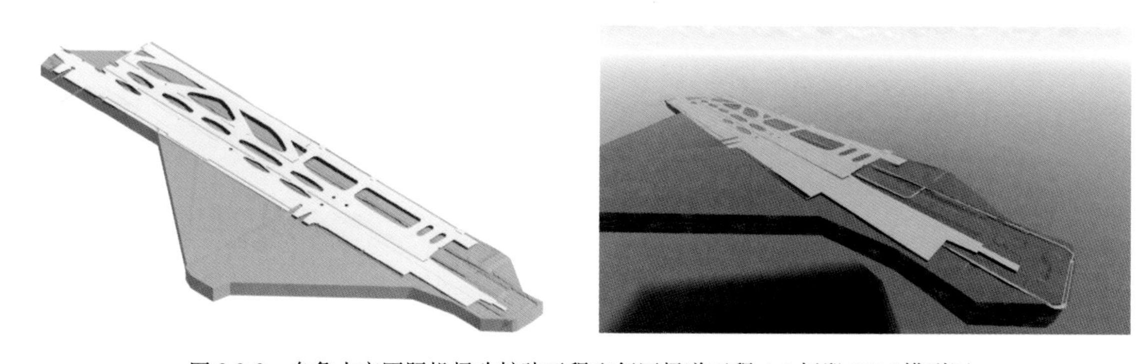

图 2.3-2 乌鲁木齐国际机场改扩建工程飞行区场道工程 4-5 标段 BIM 模型图

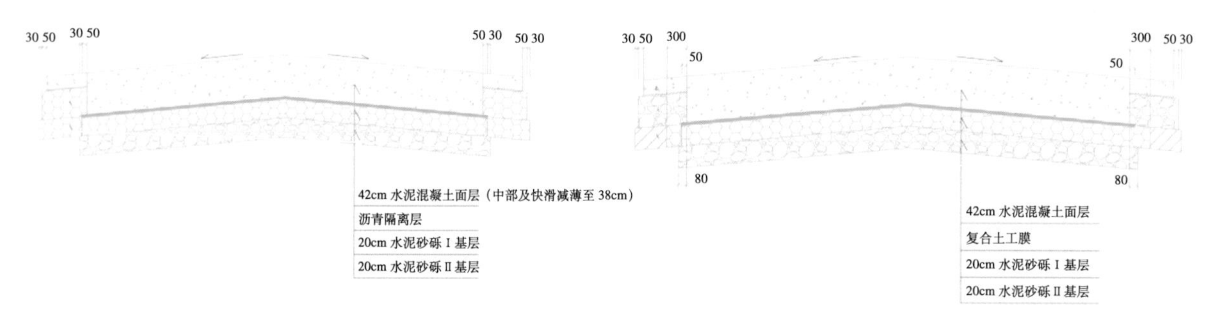

图 2.3-3 新建第二跑道及快滑构造图

图 2.3-4 新建 F 类平滑及道口构造图

2.4　呼和浩特新机场飞行区场道工程

机场等级：4F
项目地址：内蒙古自治区呼和浩特市
建设时间：2020 年 11 月开始
建设单位：呼和浩特机场建设管理投资有限责任公司
设计单位：民航机场规划设计研究总院有限公司
结构形式：地基处理 + 混凝土道面

呼和浩特新机场工程包括航站区工程、飞行区工程、货运区工程、生产辅助设施工程及市政配套设施工程。此外还有空管工程、供油工程、航空公司等配套工程。

机场本期建设一组相距 2000m 的远距平行跑道。北一跑道考虑 B747-8 及以下机型运行，长 3400m，宽 45m；南一跑道按照 4F 标准设计，长 3800m，宽 45m。两跑道东端平齐。跑道主降方向为由东向西，可实现双跑道独立运行。

建设南一跑道与其一平滑间距 180m，一平滑与二平滑间距为 91m，一、二平滑行道基本与南一跑道等长，采用 F 类标准设计。北一跑道与其一平滑间距 180m，一平滑与二平滑间距为 80m，一、二平滑基本与北一跑道等长，考虑 B747-8 及以下机型的运行。如图 2.4-1 ~图 2.4-4 所示。

图 2.4-1　呼和浩特新机场飞行区场道工程 BIM 模型图

图 2.4-2 呼和浩特新机场飞行区场道工程 6 标段 BIM 模型图

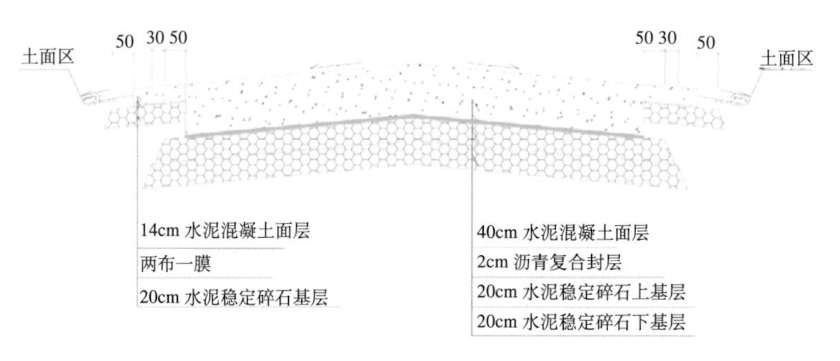

图 2.4-3 跑道端部、E、F 类滑行道构造

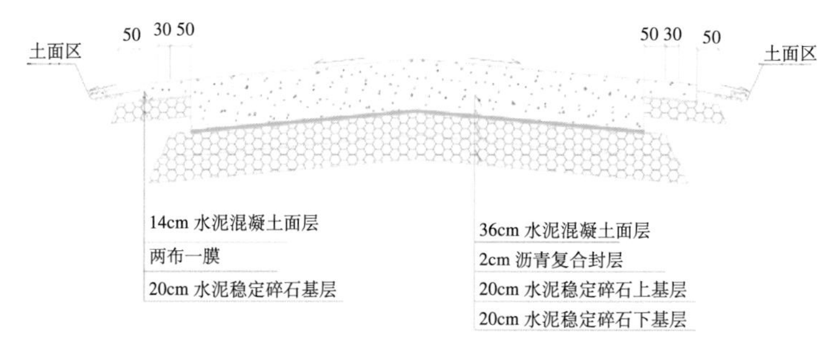

图 2.4-4 跑道中部、快滑、C 类滑行道构造

2.5 济南遥墙国际机场二期飞行区场道工程

机场等级：4E
项目地址：山东省济南市
建设时间：2023 年 4 月开始
建设单位：济南国际机场建设有限公司
设计单位：民航机场规划设计研究总院有限公司
结构形式：地基处理 + 混凝土道面 + 下穿通道

新建东一跑道二平滑延长区域；东飞行区跑滑系统相关联络道；货运区滑行道；站坪机位滑行道；南垂滑部分区域。新建机位 22 个（11C1D10E）或 31 个（28C2D1E）、4 个综合小区。

新建空侧 3 号下穿通道、陆侧通道：5 号下穿通道局部。本次工程新建空侧 3 号下穿通道及陆侧 5 号下穿通道。空侧 3 号下穿通道连通新建货运区与 T1 航站楼，双向 2 车道，可供货运区与 T1 航站楼近机位腹舱带货使用。陆侧 5 号下穿通道连通南工作区与航站区，双向四车道。如图 2.5-1 ~图 2.5-4 所示。

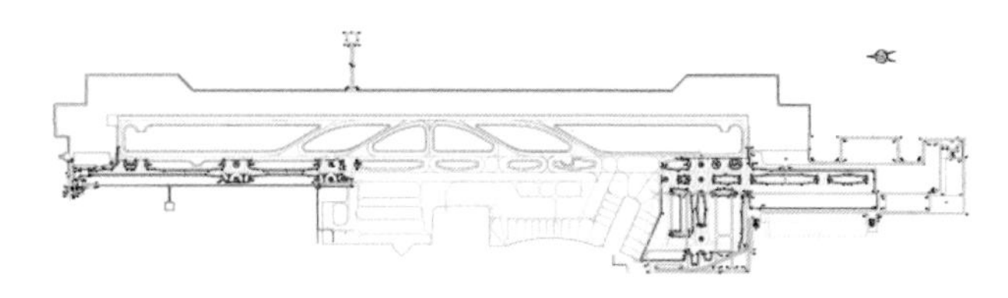

图 2.5-1　济南遥墙国际机场二期改扩建工程飞行区场道工程总平面图

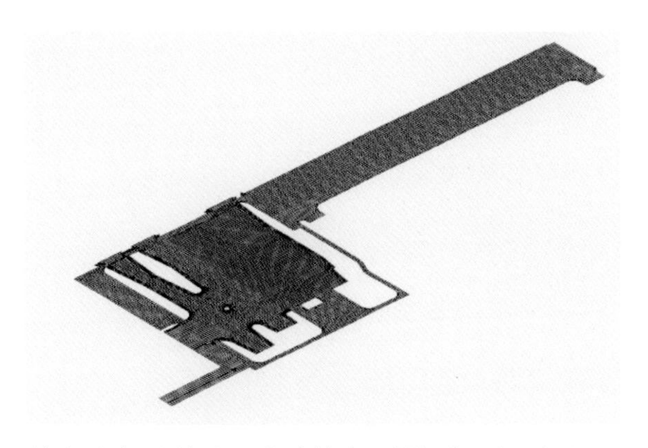

图 2.5-2　济南遥墙国际机场二期改扩建工程场道工程二标段 BIM 模型图

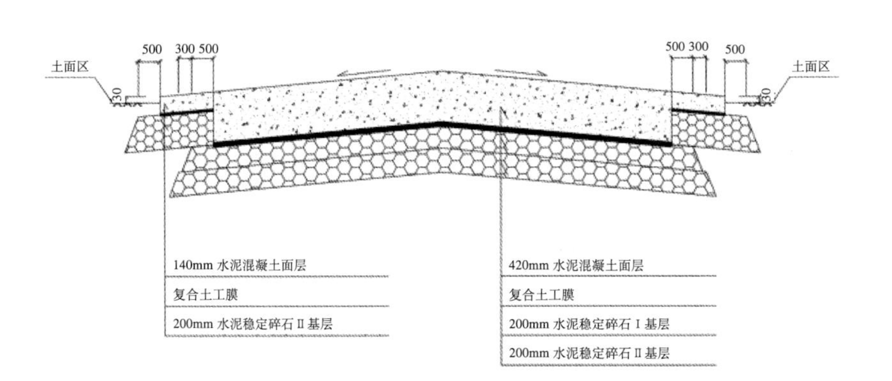

图 2.5-3　E 类滑行道构造

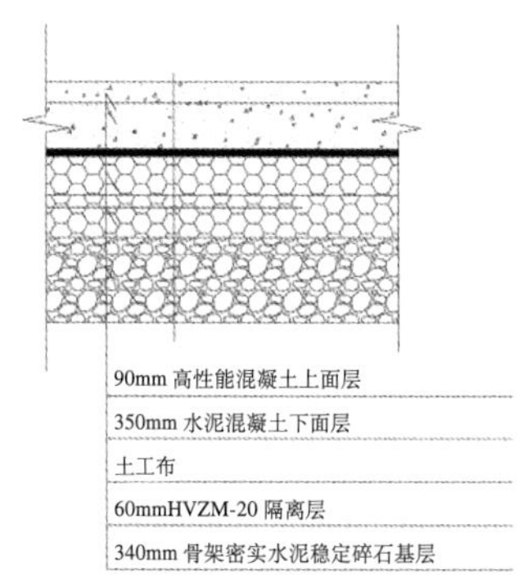

图 2.5-4　长寿面道面构造

第二篇　航站楼建造碳计量和建筑环境分析

本篇主要介绍绿碳管家系统，该系统是中建八局自主研发的针对建筑工程建造阶段碳排放计算的软件平台，能够直观地显示机场航站楼建造阶段的碳排放强度和各个细分阶段的碳排放值，为绿色施工提供基础数据。

另外以重庆机场 T3 航站楼为例，对机场航站楼的碳排放及全年能耗和室内物理环境进行模拟分析，为机场航站楼的低碳建造提供碳减排优化措施，为四型机场的低碳建造贡献力量。补充分析了消防疏散流线分析，为大型公共建筑的疏散深化设计提供数据支撑。

第 3 章　绿碳管家系统应用与碳排放计算

绿碳管家系统可实现项目施工碳排放整体预估、过程碳排放实时监测、碳减排技术量化比较等功能。该系统的建立，是中建八局在绿色低碳领域推进数字化转型和智慧管理的一大举措。

绿碳管家系统的成功落地，为实现“全局碳排放一张网”奠定终端基础，对于全过程碳减排、碳数据互通共享、延展监测范围和凸显示范引领意义重大。

通过绿碳管家对航站楼碳排放计算，以获取机场航站楼建造阶段的碳排放强度和各个阶段的碳排放比例，为机场航站楼的低碳建造提供碳减排优化措施。

3.1　绿碳管家系统在航站楼建造中的应用

1. 概况

当前机场碳排放主要分为机场建造过程中的物化碳排放和建造活动碳排放，以及运营阶段中的航空器碳排放和机场建筑能源消耗碳排放。其中，运营碳排放的研究最多，但是机场建造阶段的碳排放尚未有相关研究，机场航站楼建造过程中的碳排放主要包括建材生产碳排放、建材运输碳排放和建造活动消耗能源产生的碳排放。

通过绿碳管家对重庆 T3B 航站楼进行建造碳排放计算，以获取机场航站楼建造阶段的碳排放强度和各个阶段的碳排放比例，为机场航站楼的低碳建造提供碳减排优化措施，为四型机场的低碳建造贡献力量。

2. 绿碳管家简介

（1）客户端

客户端是基于计价文件对项目碳排放预算值进行自动计算的软件，可实现不同计价文件的自动读取，材料、机械等碳排放因子和运输碳排放因子的自动匹配，基于碳排放因子与材料计量单位的单位换算系数的自动计算，建筑材料、机械用具碳排放量的分部分项工程自动划分等，如图 3.1-1 所示。

（2）WEB 端

WEB 端是基于客户端提交的碳排放预算值进行实际碳排放采集的网络平台，可实现碳排放实际值计算、施工进度数据采集、材料消耗数据采集、碳排放估算、碳排放评估、碳排放预警、碳排放综合查询、碳排放指标查询、减碳措施查询、碳排放数据维护等功能，如图 3.1-2 所示。

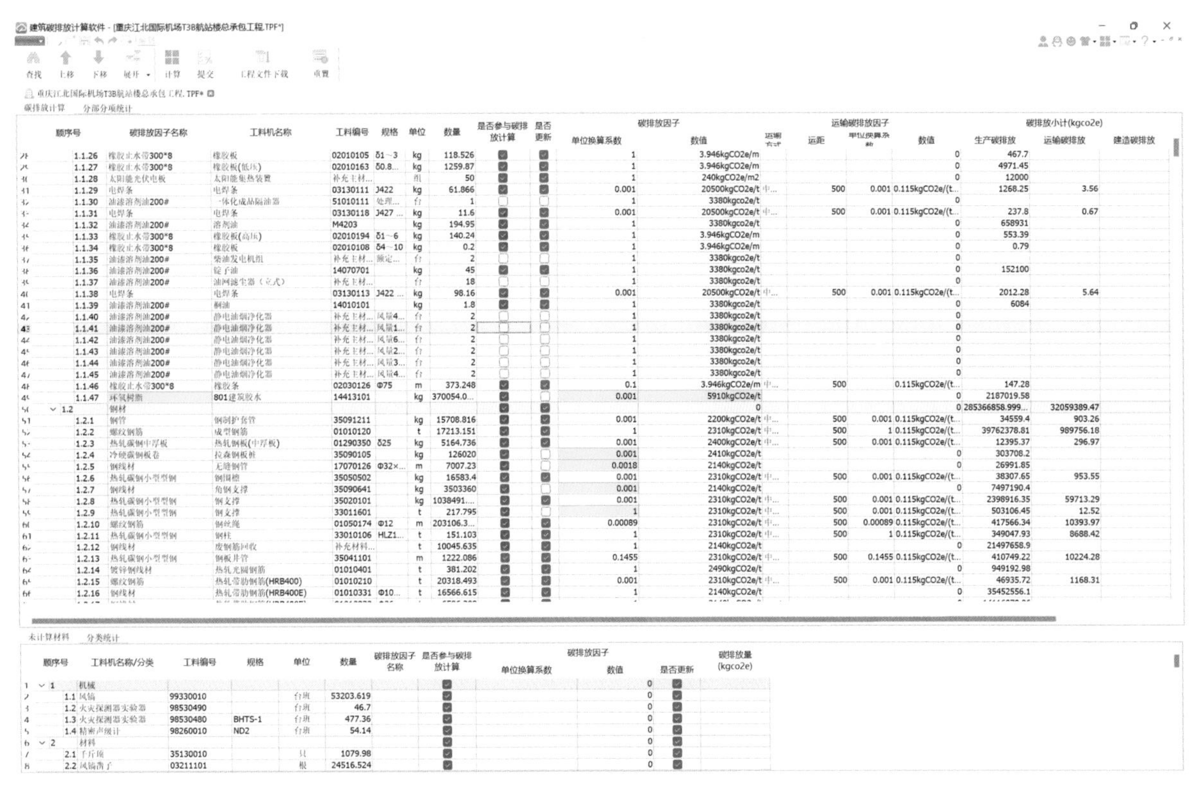

图 3.1-1　绿碳管家客户端计算界面

中建八局绿碳方舟平台　　管理员

绿碳方舟 / 碳排放驾驶舱 / 碳排放预估值计算 / 碳排放实际值计算 / 施工进度数据采集 / 材料消耗数据采集 / 物化阶段实际值及... / 运维阶段实际值及... / 碳汇管理 / 碳排放管理与查询 / 碳排放估算 / 碳排放评估 / 碳排放预警 / 碳排放综合查询 / 碳排放指标查询 / 减碳措施查询 / 碳排放数据维护 / 绿色建筑 / 系统管理

工程名称：　工程类别：　查询　重置

新增　删除　本系统根据内置碳排放因子库，以基于过程的清单分析法进行计算碳排放，新增项目后，请先通过碳排放计算软件提交初始数据　碳排放计算软件下载

备注：必填项未填

工程名称	工程编码	工程类别	完工状态	所属分公司	碳排放量(tCO_2)	操作
深圳市体育中心改造提升工程项目（一期）主体工程	0502	房建 / 房屋建筑 / 场馆	未完工	中国建筑第八工程局有限公司南方分公司		编辑 删除 项目工作台 驾驶舱 项目分配
华强北甘泉路近零碳社区公园项目	0503	房建 / 其他工程 / 其他	未完工	中国建筑第八工程局有限公司南方分公司		编辑 删除 项目工作台 驾驶舱 项目分配
杨浦区平凉社区C090102单元02I8-01地块商办项目施工总承包	0102	房建 / 房屋建筑 / 办公楼	未完工	中国建筑第八工程局有限公司上海分公司		编辑 删除 项目工作台 驾驶舱 项目分配
上海美的全球创新园区	0105	房建 / 房屋建筑 / 办公楼	未完工	中国建筑第八工程局有限公司上海分公司		编辑 删除 项目工作台 驾驶舱 项目分配
临港新片区PDC1-0401单元K01地块	0104	房建 / 房屋建筑 / 办公楼	未完工	中国建筑第八工程局有限公司上海分公司		编辑 删除 项目工作台 驾驶舱 项目分配
上海徐汇区黄浦江南延伸段WS3单元xh130E街坊项目	0206	房建 / 房屋建筑 / 商业综合体	未完工	中国建筑第八工程局有限公司上海分公司		编辑 删除 项目工作台 驾驶舱 项目分配
中海成都天府新区超高层项目	2080922001	房建 / 房屋建筑 / 超高层	未完工	中国建筑第八工程局有限公司西南分公司		编辑 删除 项目工作台 驾驶舱 项目分配
深圳国际交流中心（一期）B303-0064地块施工总承包	0504	房建 / 房屋建筑 / 会议会展	未完工	中国建筑第八工程局有限公司南方分公司		编辑 删除 项目工作台 驾驶舱 项目分配
西部（咸阳）科技创业港一期项目	2110021007	房建 / 房屋建筑 / 办公楼	未完工	中国建筑第八工程局有限公司西北分公司		编辑 删除 项目工作台 驾驶舱 项目分配

图 3.1-2　绿碳管家 WEB 端计算界面

3. 碳排放源分析

（1）碳排放量化理论：在相关文献资料的基础上，对碳排放量化的实测法、过程分析法、投入产出分析法，以及混合法进行总结，重点针对建筑建造阶段的碳排放特点，对建造现场可能存在的碳排放源进行分析。

（2）建造碳排放因子系数：以现场实测碳排放系数为重点收集对象；条件不足时，依据国家标准《建筑碳排放计算标准》GB/T 51366-2019 附录中给出的缺省值进行替代；条件不足时，以我国的能源热值和含碳量数据为基础，结合国际通行方法计算得出适合我国能源情况的碳排放系数；在此基础上，搜集并整理国内外相关文献资料、研究数据，以及规范标准，通过对生产能耗碳排放及直接碳源的分析，得出适合我国生产现状的常用建筑材料碳排放系数。

（3）碳排放源分析：根据实际工程情况，依据本书给定的碳排放量化理论和建造现场碳排放系数，在《建筑碳排放计算标准》GB/T 51366-2019 的基础上进行建造现场碳排放源的梳理和计算。一方面，将建造碳排放分为建材生产碳排放、建材运输碳排放和建造活动碳排放。另一方面，将建造现场碳排放分为两个部分，分别是分部分项工程碳排放和措施项目碳排放，其中分部分项工程包括土石方工程、地基处理与边坡支护工程、桩基工程、砌筑工程、混凝土工程、钢筋工程、金属结构工程、木结构工程、门窗工程、安装工程、屋面及防水工程、装饰装修工程、保温隔热防腐工程等；措施项目包括混凝土模板及支架、临时设施、脚手架工程、垂直运输、大型机械设备进出场及安拆、施工降排水等。

4. 建造碳排放计算与分析

（1）建材生产碳排放：以机场航站楼建造过程所消耗的主要建材为对象（主要建材是指占所有建材碳排放 95% 以上的建材的集合），统计并计算机场航站楼的建材碳排放，如图 3.1-3 和图 3.1-4 所示，碳排放量最高的是钢材，其后依次是混凝土、水泥、门窗、其他材料、砌体砌块、保温防水材料、装饰涂料、其他金属材料、砂浆、建筑陶瓷、砂石和土、木材等，其中钢材碳排放占比最高，达到 33.44%，混凝土其次，占比 15%。

（2）建材运输碳排放：以机场航站楼建造过程所消耗的主要建材为对象，统计并计算建材生产基地到项目所在地的运输距离以及采用的运输方式，计算得出建材运输的碳排放，如图 3.1-5 所示，建材运输碳排放最高的是钢材，其后依次是水泥、砌体砌块、混凝土砂浆、砂石和土、装饰涂料、其他金属、其他材料、木材、保温防水材料、建筑陶瓷、塑料管材和门窗等，其中钢材运输产生的碳排放占比高达 62.5%。

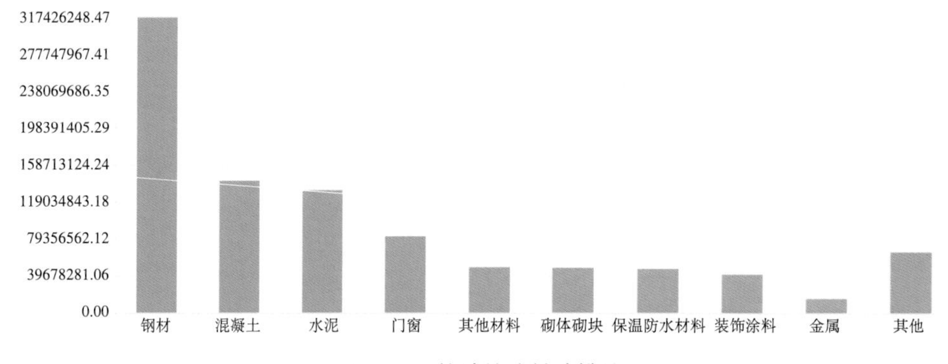

图 3.1-3 航站楼建材碳排放

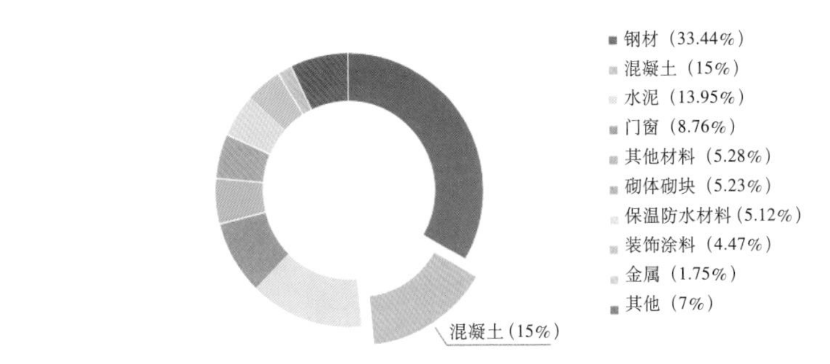

图 3.1-4 航站楼建材碳排放占比

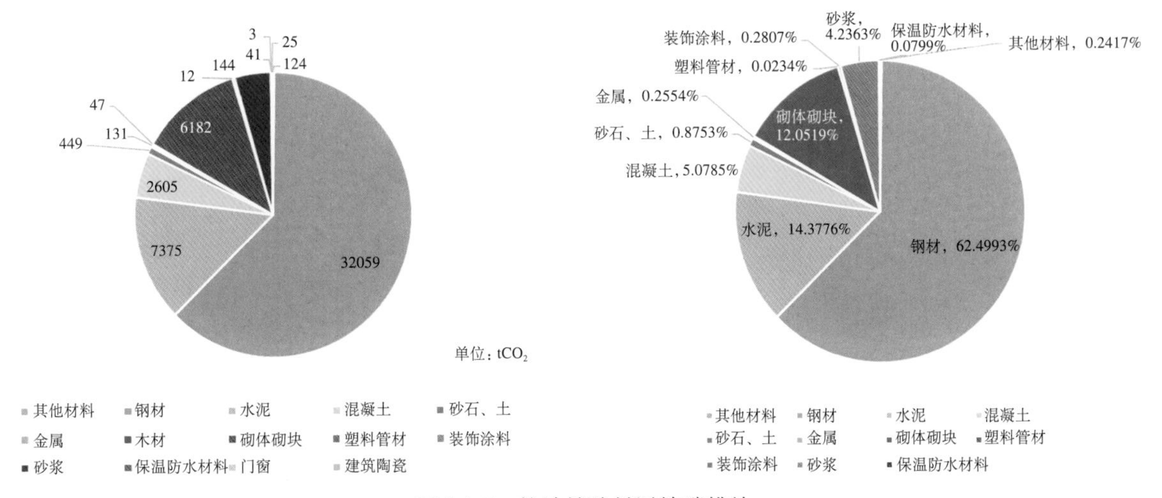

图 3.1-5 航站楼建材运输碳排放

（3）建造活动碳排放：建造过程碳排放主要包括现场施工设备消耗燃油产生的直接碳排放和现场消耗电能产生的间接碳排放，一般以机械设备的台班统计数据为基础进行计算，如图 3.1-6 所示，本项目建造机械主要包含泵类机械、打桩机械、地下工程机械、动力机械、起重机械、焊接机械、水平运输机械、土石方及筑路机械、混凝土及砂浆机械、加工机械、垂直运输机械和其他机械，其中水平运输机械的碳排放最高，占比达到 34.06%，如图 3.1-7 所示。

（4）建造阶段碳排放总览

项目碳排放总览包括项目概况、项目碳排放总体情况、单位面积碳排放量数据、材料生产实际碳排放情况、材料运输实际碳排放情况、建筑建造实际碳排放情况、减排措施排行、碳排放趋势和分部分项工程碳排放情况，如图 3.1-8 所示，该机场航站楼建造阶段碳排放强度为 $2645.95kg/m^2$。

5. 小结

从现有研究结果来看，该机场航站楼的碳排放强度达到了 $2645.95kg/m^2$，高于其他类型的公共建筑，其中主要碳排放来自于建材生产碳排放，占比达到 90.98%，运输碳排放占 5.56%，建造碳排放最少，占比 3.46%。因此，在机场航站楼的低碳建造中，尤其是要注意材料损耗的减少，其次是能源消耗的减少，在以后的施工中，加强现场管理，注意减少施工中钢筋和混凝土的损耗，合理安排施工组织、机械使用，减少电力和汽油的消耗，合理使用资源。

顺序号	碳排放因子名称	工料机名称	工料编号	规格	单位	数量	是否参与碳排放计算	是否更新	碳排放因子 单位换算系数	碳排放因子 数值	运输碳排放因子 运输方式	运输碳排放因子 运距	运输碳排放因子 单位换算系数	运输碳排放因子 数值	碳排放小计(kgco2e) 生产碳排放	碳排放小计(kgco2e) 运输碳排放	碳排放小计(kgco2e) 建造碳排放	碳排放合计(kgco2e)	碳排放量占比(%)
1	材料						☑	☑		0				0	857940505.6799999	51375029.05		909315534.7300001	95.8
1.1	其他材料						☑	☑		0				0	49989039.02	123793.55		50112832.57	5.28
1.2	钢材						☑	☑		0				0	285366858.9999999	32059389.47		317426248.47	33.44
1.3	水泥						☑	☑		0				0	125069021.32	7375694.59		132444715.91	13.95
1.4	混凝土						☑	☑		0				0	139799482.08	2605213.94		142404696.02	15
1.5	砂石、土						☑	☑		0				0	4820649.78	449409.93		5270059.71	0.56
1.6	金属						☑	☑		0				0	16444003.7	131834.04		16575837.74	1.75
1.7	木材						☑	☑		0				0	294674.22	47049.15		341723.37	0.04
1.8	砌体砌块						☑	☑		0				0	43499097.2	6182661		49681758.2	5.23
1.9	塑料管材						☑	☑		0				0	2912262.49	12183.47		2924445.96	0.31
1.10	装饰涂料						☑	☑		0				0	42303444.48	144215.81		42447660.29	4.47
1.11	砂浆						☑	☑		0				0	7384942.21	2173577.42		9558519.63	1.01
1.12	保温防水材料						☑	☑		0				0	48579779.66	41689.83		48621469.49	5.12
1.13	门窗						☑	☑		0				0	83155553.67	3229.02		83158782.69	8.76
1.14	建筑陶瓷						☑	☑		0				0	7688450.71	25087.83		7713538.54	0.81
1.15	金属管材						☑	☑		0				0	633246.14			633246.14	0.07
2	燃油、水电						☑	☑		0				0			456474.67	456474.67	0.05
2.1	液体燃料						☑	☑		0				0			456474.67	456474.67	0.05
3	机械						☑	☑		0				0			39436936.58	39436936.58	4.15
3.1	泵类机械						☑	☑		0				0			2839341.93	2839341.93	0.3
3.2	打桩机械						☑	☑		0				0			3471261.26	3471261.26	0.37
3.3	地下工程机械						☑	☑		0				0			4136945.24	4136945.24	0.44
3.4	动力机械						☑	☑		0				0			4637607.58	4637607.58	0.49
3.5	起重机械						☑	☑		0				0			3419365.81	3419365.81	0.36
3.6	焊接机械						☑	☑		0				0			3964812.49	3964812.49	0.42
3.7	水平运输机械						☑	☑		0				0			13433876.79	13433876.79	1.42
3.8	土石方及筑路机械						☑	☑		0				0			2260139.1	2260139.1	0.24
3.9	混凝土及砂浆机械						☑	☑		0				0			1117687.28	1117687.28	0.12
3.10	加工机械						☑	☑		0				0			130717.77	130717.77	0.01
3.11	垂直运输机械						☑	☑		0				0			14439.71	14439.71	
3.12	其他机械						☑	☑		0				0			10741.62	10741.62	

图 3.1-6 航站楼建材、燃料和机械碳排放

名称	碳排放量(kgco2e) 生产过程	碳排放量(kgco2e) 运输过程	碳排放量(kgco2e) 建造过程	碳排放占比(%)	碳排放合计(kgco2e)	是否参与计算 生产过程	是否参与计算 运输过程	是否参与计算 建造过程	手工设置	清单前缀
分部分项工程	840904479.68	51952838.47	31376322.09	94.68	924233640.24	☑	☑	☑	☐	
砌筑工程	15525188.95	6385592.73		2.24	21910781.68	☑	☑	☑	☐	0104
混凝土工程	93525996.47	1557880.33	984369.22	9.84	96068246.02	☑	☑	☑	☐	010501-010514
园林绿化工程						☑	☑	☑	☐	05
木结构工程						☑	☑	☑	☐	0107
桩基工程	79560789.82	5123964.93	3570836.40	9.04	88255591.15	☑	☑	☑	☐	0103
钢筋工程	98317530.97	1081389.11	816008.47	10.27	100214928.55	☑	☑	☑	☐	010515-010516
装饰装修工程	59925146.99	2046078.50	27469.84	6.35	61998695.33	☑	☑	☑	☐	011101-011208,011210-011508
门窗工程	29351253.37	78995.70	6613.07	3.02	29436862.14	☑	☑	☑	☐	0108
安装工程	223401016.82	1084521.34	1785765.93	23.18	226271304.09	☑	☑	☑	☐	03
幕墙工程						☑	☑	☑	☐	011209
土石方工程	185715.03	292325.60	13112776.49	1.39	13590817.12	☑	☑	☑	☐	0101
保温、隔热、防腐工程	10941321.23	201119.59		1.14	11142440.82	☑	☑	☑	☐	0110
屋面及防水工程	6311909.62	90350.77	2202.62	0.66	6404463.01	☑	☑	☑	☐	0109
地基处理与边坡支护工程	78749275.89	3315563.84	5423453.72	8.96	87488293.45	☑	☑	☑	☐	0102
市政工程	53529297.87	678566.05	2657625.39	5.83	56865489.31	☑	☑	☑	☐	04
金属结构工程	91580036.65	30016489.98	2989200.94	12.76	124585727.57	☑	☑	☑	☐	0106
措施项目工程	9089173.77	157427.08	2651106.15	1.22	11897707	☑	☑	☑	☐	
混凝土模板及支架（撑）	7501685.88	7770.05	273101.53	0.8	7782557.46	☑	☑	☑	☐	011702
临时设施						☑	☑	☑	☐	011707
超高施工增加						☑	☑	☑	☐	011704
脚手架工程	949144.41	102560.55	28244.21	0.11	1079949.17	☑	☑	☑	☐	011701
垂直运输						☑	☑	☑	☐	011703
大型机械设备进出场及安拆						☑	☑	☑	☐	011705
施工排水、降水	638343.48	47096.48	2349760.41	0.31	3035200.37	☑	☑	☑	☐	011706
未分类	34236248.32	125480.61	5718719.91	4.11	40080448.84	☑	☑	☑	☐	

图 3.1-7 航站楼各分部分项碳排放

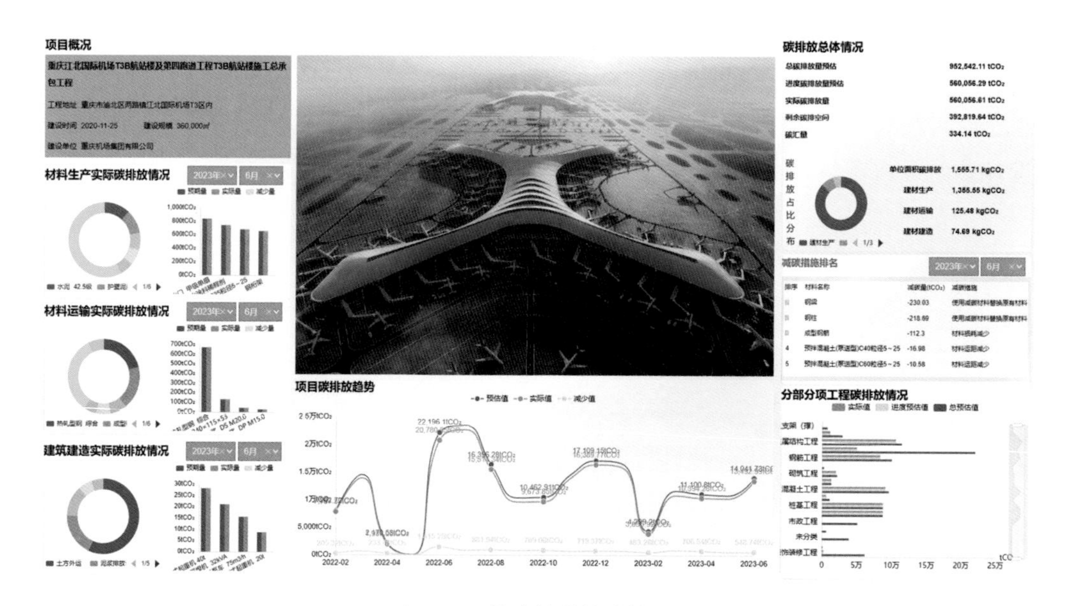

图 3.1-8 航站楼总体碳排放

3.2　重庆机场 T3 航站楼碳排放计算与分析

1. 标准依据

《建筑碳排放计算标准》GB/T 51366-2019；《建筑节能与可再生能源利用通用规范》GB 55015-2021；《民用建筑绿色性能计算标准》JGJ/T 449-2018；《公共建筑节能设计标准》GB 50189-2015。

2. 软件介绍

《建筑节能与可再生能源利用规范》GB 55015-2021 第 2.0.3 条提出：

新建的居住和公共建筑碳排放强度应分别在 2016 年执行的节能设计标准的基础上平均降低 40%，碳排放强度平均降低 7kgCO_2/（m^2·a）以上。

本部分内容由建筑碳排放 CEEB 2023 软件计算并输出，建筑碳排放 CEEB 以 CAD 为平台，与建筑节能模型无缝对接，以国家标准《建筑碳排放计算标准》为主要依据，支持《建筑节能与可再生能源利用规范》GB 55015-2021 第 2.0.3 条设计建筑运行减碳的对比计算（其中参照建筑参数满足 2016 年国家和行业节能标准规定值）。

3. 典型围护结构

屋顶构造一：铝 1mm ＋玻璃棉板、毡 30mm ＋合成高分子防水卷材 1.5mm ＋岩棉板（垂直纤维）150mm ＋玻璃棉板、毡 30mm ＋建筑钢材 0.8mm。

外墙构造一：水泥砂浆 15mm ＋蒸压加气混凝土砌块 426 ~ 525（外墙灰缝≤ 3mm）300mm ＋水泥砂浆 10mm。

外墙构造二：建筑钢材 0.8mm ＋岩棉板（垂直纤维）150mm ＋建筑钢材 0.8mm。

挑空楼板构造：钢筋混凝土 100mm ＋岩棉板（垂直纤维）80mm ＋水泥砂浆 5mm ＋普通抹灰石膏 5mm。

幕墙：隔热铝合金型材多腔密封 K_f =5.0[W/（m^2·K）]（窗框窗洞面积比 20%）（6 中透光 Low-E+12Ar+6 透明）：传热系数 1.500W/（m^2·K），太阳得热系数 0.450。

外窗：隔热铝合金型材多腔密封 K_f =5.0[W/（m^2·K）]（窗框窗洞面积比 20%）（6 中透光 Low-E+12Ar+6 透明）：传热系数 2.100W/（m^2·K），太阳得热系数 0.450。

4. 设计建筑（表 3.2-1 ~表 3.2-4）

采暖空调　　表 3.2-1

类别	负荷（kWh/a）	系统综合性能系数	耗电（kWh/a）	碳排放因子（kgCO_2/kWh）	碳排放量（tCO_2/a）
供冷	20570434	3.5	5877268	0.581	3414.693
供暖	3354311	2.3	1458397		847.329
合计					4262.022

照明 表 3.2-2

房间类型	单位面积电耗 [kWh/（m^2·a）]	房间个数	房间合计面积（m^2）	合计电耗（kWh/a）	碳排放因子（$kgCO_2$/kWh）	碳排放量（tCO_2/a）
办公 - 普通办公室	15.12	209	310842	4699931	0.581	2730.660
办公 - 走廊	11.81	1	6222	73493		42.700
总计						2773.360

直梯 表 3.2-3

名称	特定能量消耗（mWh/kgm）	额定载重量（kg）	速度（m/s）	待机功率（W）	运行时长（h/d）	年运行天数	数量	全年电耗（kWh）
直梯 1	1.26	3000	1	200	6	365	39	1213505
总计								1213505

电梯碳排放 表 3.2-4

电梯	电耗（kWh/a）	碳排放因子（$kgCO_2$/kWh）	碳排放量（tCO_2/a）
直梯 1	1213505	0.581	705.047
合计			705.047

5. 计算结果（表 3.2-5）

建筑运行碳排放 表 3.2-5

电力	类别	设计建筑碳排放量 [$kgCO_2$/（m^2·a）]	参照建筑碳排放量 [$kgCO_2$/（m^2·a）]
供冷（Ec）		8.21	12.08
供暖（Eh）		2.04	2.23
照明		6.67	6.67
其他（Eo）	电梯	1.70	1.70
	生活热水	0.00（扣减了太阳能）	0.00
	合计	1.70	1.70
化石燃料	类别	设计建筑碳排放量 [$kgCO_2$/（m^2·a）]	参照建筑碳排放量 [$kgCO_2$/（m^2·a）]
无	生活热水（扣减了太阳能）	0.00	0.00
燃气可再生	类别	设计建筑碳减排量 [$kgCO_2$/（m^2·a）]	参照建筑碳减排量 [$kgCO_2$/（m^2·a）]
可再生能源（Er）	光伏（Ep）	0.00	—
	风力（Ew）	0.00	—

续表

碳排放合计	18.61	22.67
相对参照建筑降碳比例（%）	17.91	
相对参照建筑碳排放强度降低值 [$kgCO_2$/（m^2·a）]	4.06	

6. 结论分析

本分析报告以重庆机场 T3B 航站楼项目作为分析目标，根据《绿色建筑评价标准》GB/T 50378-2019 以及《建筑节能与可再生能源利用规范》GB 55015-2021 中关于碳排放的条文进行模拟分析。设计建筑年碳排放量为 18.61$kgCO_2$/（m^2·a），相对参照建筑降碳比例达到 17.91%，相对参照建筑碳排放强度降低值 4.06 $kgCO_2$/（m^2·a）；主要降碳技术为空调制冷能耗，暂未考虑电梯节能技术，照明控制节能技术，碳汇以及碳排因子减少带来的减碳效果。整体设计目标基本可满足《建筑节能与可再生能源利用规范》GB 55015-2021 相关要求。

3.3　重庆机场 T3 航站楼全年能耗模拟分析

1. 建筑概况

本项目为重庆江北国际机场 T3B 航站楼，总建筑面积约 35 万 m^2。

2. 计算依据

《绿色建筑评价标准》GB/T 50378-2019；《民用建筑绿色性能计算标准》JGJ/T 449-2018；《建筑能效标识技术标准》JGJ/T 288-2012；《建筑节能与可再生能源利用通用规范》GB 55015-2021；重庆市工程建设标准《公共建筑节能（绿色建筑）设计标准》DBJ50-052-2020；《民用建筑热工设计规范》GB 50176-2016。

3. 气象数据

气象地点：重庆，《中国建筑热环境分析专用气象数据集》。

4. 典型围护结构

（1）围护结构做法简要说明

1）典型屋顶构造：

铝 1mm ＋玻璃棉板、毡 30mm ＋合成高分子防水卷材 1.5mm ＋岩棉板（垂直纤维）150mm ＋玻璃棉板、毡 30mm ＋建筑钢材 0.8mm。

2）典型外墙：

花岗石、玄武岩 25mm ＋水泥砂浆 15mm ＋蒸压加气混凝土砌块 426 ~ 525（外墙灰缝≤ 3mm）300mm ＋水泥砂浆 10mm。

3）热桥梁：

水泥砂浆 10mm ＋钢筋混凝土 200mm ＋蒸压加气混凝土砌块 426 ~ 525（外墙灰缝≤ 3mm）100mm ＋水泥砂浆 10mm。

4）幕墙：隔热铝合金型材多腔密封 K_f=5.0[W/（m^2·K）]（窗框窗洞面积比 20%）（6 中透光 Low-E+12Ar+6 透明）：传热系数 1.500W/（m^2·K），太阳得热系数 0.652。

（2）体形系数：0.11

(3) 窗墙比（表 3.3-1）

窗墙比 表 3.3-1

朝向	立面	窗面积（m^2）	墙面积（m^2）	窗墙比
南向	南－默认立面	6953.35	12175.48	0.57
北向	北－默认立面	6869.13	11688.01	0.59
东向	东－默认立面	15594.39	24187.49	0.64
西向	西－默认立面	15576.43	23872.34	0.65

5. 围护结构概况（表 3.3-2）

围护结构概况 表 3.3-2

项目					
屋顶传热系数 K[W/（m^2·K）]			0.27（D：3.43）		
外墙（包括非透明幕墙）传热系数 K [W/（m^2·K）]			0.66（D：4.62）		
屋顶透明部分传热系数 K [W/（m^2·K）]			—		
屋顶透明部分太阳得热系数			—		
底面接触室外的架空或外挑楼板传热系数 K [W/（m^2·K）]			0.61		
外窗（包括透明幕墙）	朝向	立面	窗墙比	传热系数	太阳得热系数
	南向	南－默认立面	0.57	1.54	0.45
	北向	北－默认立面	0.59	1.53	0.47
	东向	东－默认立面	0.64	1.52	0.43
	西向	西－默认立面	0.65	1.52	0.45

6. 照明（表 3.3-3）

照明 表 3.3-3

房间类型	单位面积电耗（kWh/m^2）	房间个数	房间合计面积（m^2）	合计电耗（kWh）
办公－其他	25.99	28	4921	127879
办公－普通办公室	21.26	66	25687	546170
办公－高级办公室	25.20	2	1512	38112
商场－一般商店	40.15	60	33050	1326945
机场大厅	32.12	19	161762	5195795
空房间	0.00	212	85377	0
总计				7234901

7. 计算结果（表 3.3-4、表 3.3-5）

负荷分项统计　表 3.3-4

分类	围护传热	室内得热	窗日射	新风 / 渗透	热回收	合计
供暖需求（kWh/m^2）	-6.95	9.51	1.19	-15.27	0.00	-11.52
供冷需求（kWh/m^2）	8.96	18.02	2.51	15.12	0.00	44.60

全年能耗　表 3.3-5

能耗分类	能耗子类	设计建筑（kWh/m^2）	备注
建筑负荷	耗冷量	44.60	
	耗热量	11.52	
	冷热合计	56.12	
热回收	供冷	0.00	
	供暖	0.00	
	冷热合计	0.00	
供冷电耗（Ec）	中央冷源	8.46	
	冷却水泵	0.00	
	冷冻水泵	1.50	
	冷却塔	0.00	
	多联机 / 单元式空调	0.07	
	供冷合计	10.02	
供暖电耗（Eh）	中央热源	3.37	
	供暖水泵	0.74	
	热源侧水泵	0.00	
	多联机 / 单元式热泵	0.03	
	供暖合计	4.15	
空调风机电耗（Ef）	新排风	2.83	
	风机盘管	0.63	
	多联机室内机	0.02	
	全空气系统	1.05	
	风机合计	4.52	
照明电耗		16.91	
插座设备电耗		12.81	
其他电耗（Eo）	电梯	3.07	
	独立排风机	3.48	
	生活热水	0.07	扣减了太阳能热水
	其他合计	6.61	

续表

能耗分类	能耗子类	设计建筑（kWh/m^2）	备注
可再生能源（Er）	太阳能热水（Es）	0.00	
	光伏发电（Ep）	0.00	
	风力发电（Ew）	0.00	
	合计	0.00	
建筑总能耗（E1）：电耗（kWh/m^2）		55.03	E1=Ec+Eh+Ef+Eo-Er

8. 结果分析

本报告对重庆江北国际机场T3B航站楼全年8760h能耗模拟分析，建筑全能耗中包括了供暖、通风与空调系统能耗与照明、插座设备、排风机、生活热水、电梯等主要能耗单位，分析结论如下：

空调供冷能耗10.02kWh/m^2，空调采暖4.15kWh/m^2，空调风机4.52kWh/m^2；照明16.91kWh/m^2，插座12.81kWh/m^2，其他6.61kWh/m^2；其中照明与插座采用功率密度法进行计算，照明及插座占总体建筑能耗的54%；供暖空调通风系统，占总体建筑能耗的34%；由于本项目室内得热较大，因此冬季供暖能耗相对较小。

第 4 章　重庆 T3 航站楼室内建筑环境分析

四型机场的平安、绿色、智慧、人文要素，均与室内建筑环境相关。航站楼的室内建筑环境不仅扮演着枢纽的角色，更是旅客、员工和各方利益相关者的重要体验场所。航站楼室内环境的设计和管理对于旅客的舒适度、效率和健康有着直接而深远的影响。航站楼室内建筑环境分析技术是一种综合性的方法和工具集，旨在通过对航站楼室内环境进行监测和分析，为航站楼提供舒适、安全和节能的室内环境。本章节内容主要包括室内大厅人体热舒适分析、风速场分析、温度场分析、隔热模拟分析、结露分析、消防疏散模拟分析等。

这些模拟分析技术的应用可以为航站楼的深化设计及运营提供重要的数据支持和决策依据。

4.1　航站楼室内大厅人体热舒适分析

1. 分析背景

主要对重庆机场 T3B 航站楼二层大厅的室内热舒适指标，PMV/PDD 等指标进行分析。

2. 计算依据

《健康建筑评价标准》T/ASC 02-2016；《公共建筑节能（绿色建筑）设计标准》DBJ50-052-2020；《绿色建筑评价标准》DBJ50/T-066-2020；《民用建筑室内热湿环境评价标准》GB/T 50785-2012；

3. CFD 计算原理

（1）湍流模型

湍流模型反映了流体流动的状态，在流体力学数值模拟中，不同的流体流动应该选择合适的湍流模型才会最大限度模拟出真实的流场数值。

（2）边界条件

围护结构：外围护结构采用传热系数作为边界条件，内围护结构根据实际情况可选择传热系数或者绝热边界条件；

送风口：采用温度和风速作为边界条件；

回风口：采用绝热和定压边界条件。

4. PMV 与 PDD 计算分析

（1）L2 大厅人行高度 PMV/PDD 分析图，如图 4.1-1、图 4.1-2 所示。

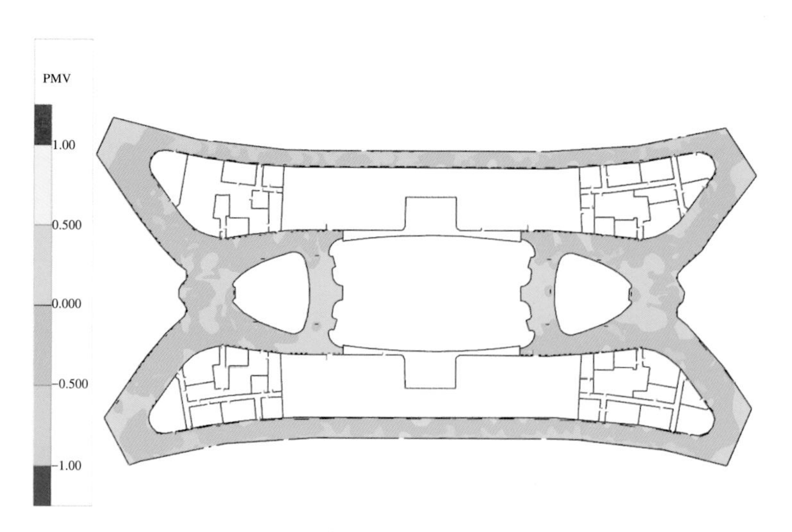

图 4.1-1 L2 大厅人行高度处 PMV 分布

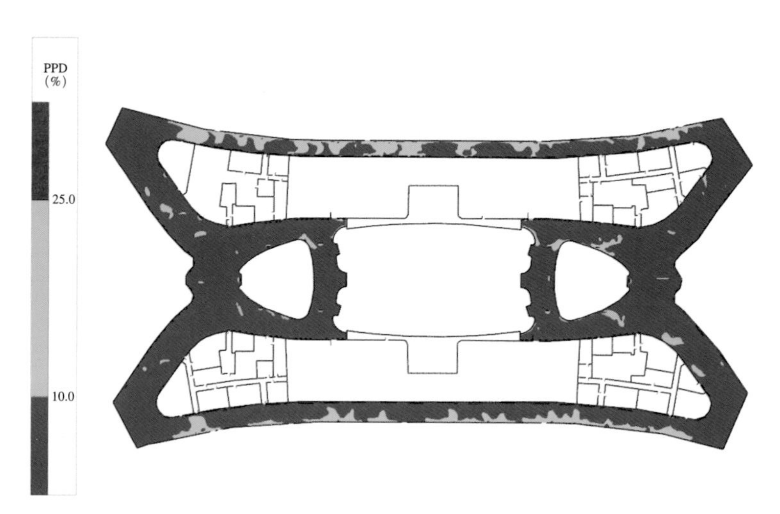

图 4.1-2 L2 大厅人行高度处 PPD 分布

（2）PMV 与 PPD 达标判定

《民用建筑室内热湿环境评价标准》GB/T 50785-2012 中给出如下评价标准。软件依据该标准对各个主要功能房间进行 PMV 以及 PPD 的达标面积统计，并且按照主要功能房间面积加权平均计算得出建筑的 PMV-PPD 整体评价结果，见表 4.1-1 和表 4.1-2。

PMV-PPD 整体评价指标 **表 4.1-1**

等级	整体评价指标	
Ⅰ级	PPD ≤ 10%	-0.5 ≤ PMV ≤ + 0.5
Ⅱ级	10% < PPD ≤ 25%	-1 ≤ PMV < -0.5 或 + 0.5 < PMV ≤ + 1
Ⅲ级	PPD > 25%	PMV < -1 或 PMV > + 1

L2 大厅 PMV-PPD 整体评价指标　　表 4.1-2

层号	户型	房间编号	房间名称	面积（m^2）	PMV 值	PPD 值
2 层	L2 大厅		房间	10139.45	0.24	6.92
建筑 PMV-PPD 整体评价指标				10139.45	0.24	6.92

说明：房间的 PMV-PPD 值按照其绝对值在房间内的分布进行面积加权平均，建筑整体的 PMV-PPD 值按照建筑各主要功能房间的计算值进行面积加权平均得出。

5. 室内热湿环境局部评价指标

（1）L2 大厅局部热湿环境分析图（图 4.1-3）

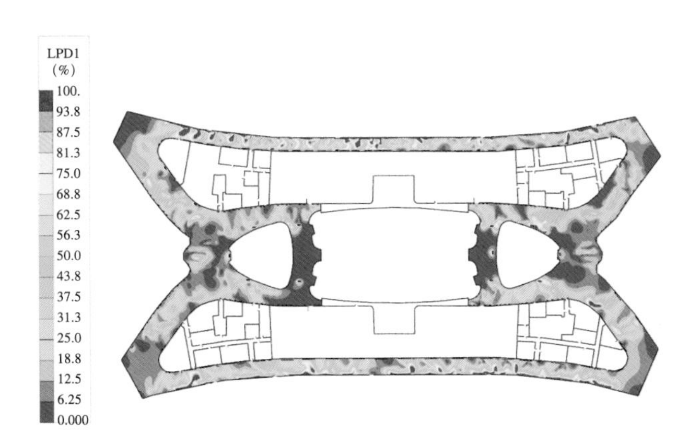

图 4.1-3　L2 大厅 LPD1 分布

（2）室内热湿环境局部评价指标

《民用建筑室内热湿环境评价标准》GB/T 50785-2012 中给出如下评价标准。软件依据该标准对各个主要功能房间进行局部评价指标的计算，并按照主要功能房间面积加权平均计算得出建筑的评价指标，见表 4.1-3 和表 4.1-4。

局部评价指标　　表 4.1-3

等级	局部评价指标		
	冷吹风感 LPD1	垂直空气温度差 LPD2	地板表面温度 LPD3
Ⅰ级	LPD1 ＜ 30%	LPD2 ＜ 10%	LPD3 ＜ 15%
Ⅱ级	30% ≤ LPD1 ＜ 40%	10% ≤ LPD2 ＜ 20%	15% ≤ LPD3 ＜ 20%
Ⅲ级	LPD1 ≥ 40%	LPD2 ≥ 20%	LPD3 ≥ 20%

L2 大厅局部热湿环境指标评价　　表 4.1-4

层号	户型	房间编号	面积（m^2）	LPD1（%）	LPD2（%）	LPD3（%）
2 层	L2 大厅		10139.45	25.12	0.34	5.52
建筑局部评价指标			10139.45	25.12	0.34	5.52

说明：房间的 LPD 值按照其在房间的分布进行面积加权平均，建筑整体的局部评价指标值按照建筑各主要功能房间的计算值进行面积加权平均得出。

6. 小结

本项目大厅风口较多，整体分析体量大，分析时对部分风口进行简化，根据上述分析，得出如下结果：《健康建筑评价标准》T/ASC 02-2016 相关的热舒适大厅部分热湿环境整体评价指标 PMV 和 PPD 达到整体评价 I 级；大厅部分热湿环境局部评价指标 LPD1、LPD2、LPD3 达到 I 级；本项目室内热湿环境设计良好。

4.2 航站楼室内大厅风速场分析

1. 分析背景

重庆机场 T3B 航站楼一层主要为窗墙体系，二至四层为幕墙体系，主要开窗为登机口门以及相应的进风口 3000mm × 4000mm，庭院部分幕墙设置开启扇以及电动排烟窗，以及相应的门开启。

2. 室外风环境分析

（1）分析工况（夏季、过渡季）

本结果基于以下几种工况进行计算，见表 4.2-1。

季节风速风向表　　表 4.2-1

序号	季节	风速（m/s）	风向	风向（°）
1	夏季	1.10	ENE	22.5
2	过渡季	1.39	EN	45

（2）夏季风环境分析

图 4.2-1、图 4.2-2 为整个计算域内风速分布云图，本项目由于本身起始风速偏低，仅 1.1m/s，建筑本身体量较大，场地内存在部分无风区，但在建筑形体上通过局部架空已较好地改善了场地风环境。场地内风速主要分布在 0 ~ 0.9m/s 之间。计算域内没有明显的旋涡产生，本项目建筑布局基本合理。

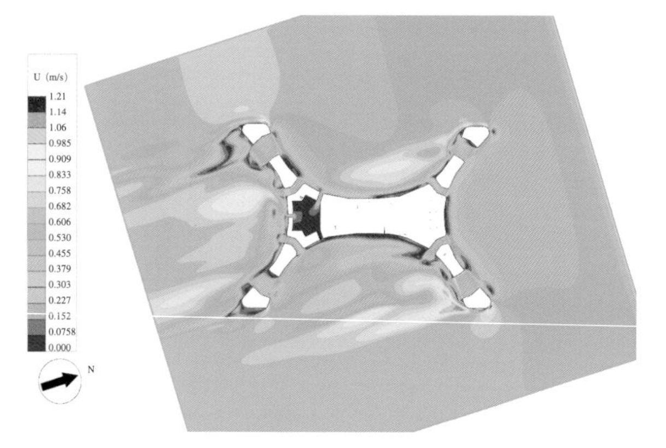

图 4.2-1　夏季室外人行高度风速云图

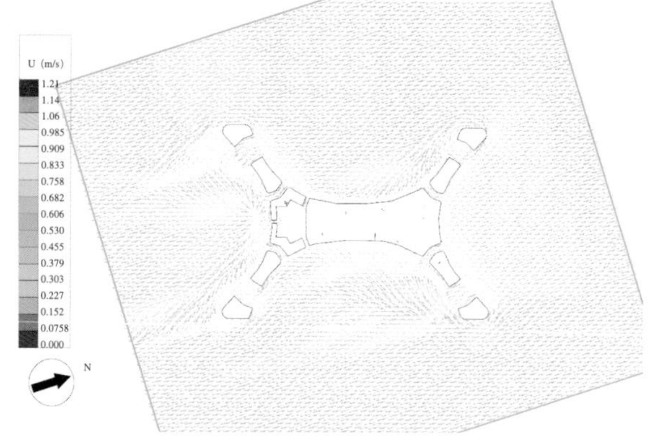

图 4.2-2　夏季室外人行高度风速矢量图

图 4.2-3 为夏季工况下，建筑迎风面和背风面对应外窗表面的风压分布图，结合图例数值可对外窗表面风压进行分析；本项目由于室外风速较小，所以建筑表面风压较小，大多数区域风压均小于 0.5Pa，不利于室内通风。

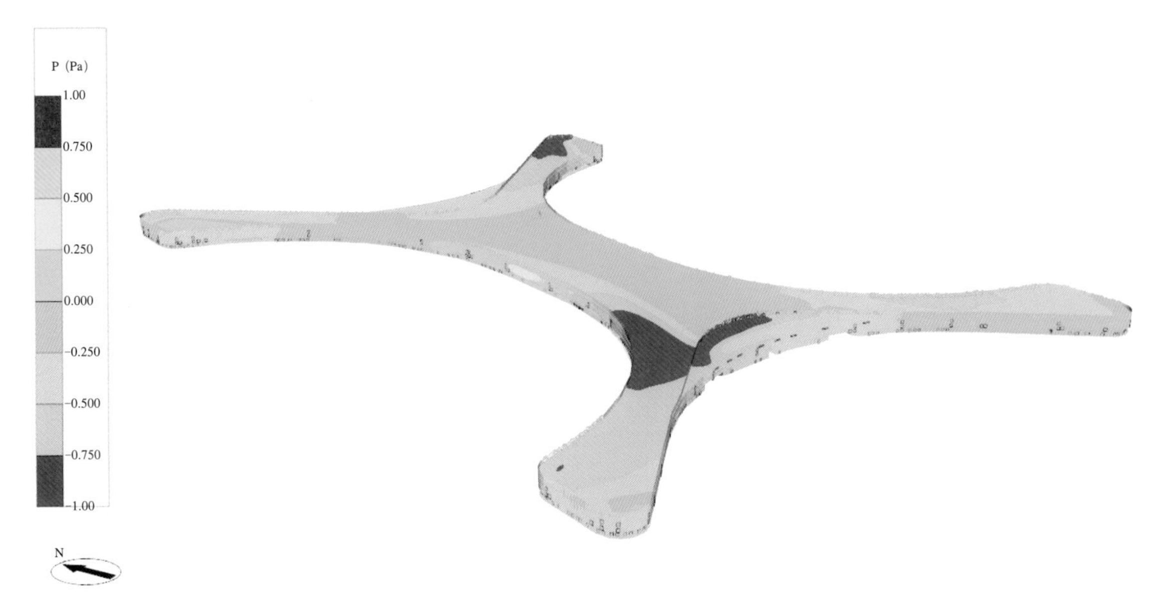

图 4.2-3　夏季建筑迎风面外窗表面风压云图

（3）过渡季风环境分析

图 4.2-4、图 4.2-5 为整个计算域内风速分布云图，本项目由于本身起始风速偏低，仅 1.39m/s，建筑本身体量较大，场地内存在部分无风区，但在建筑形体上通过底层局部架空已较好地改善了场地风环境。场地内风速主要分布在 0 ~ 1.22m/s。计算域内没有明显的旋涡产生，本项目建筑布局基本合理。

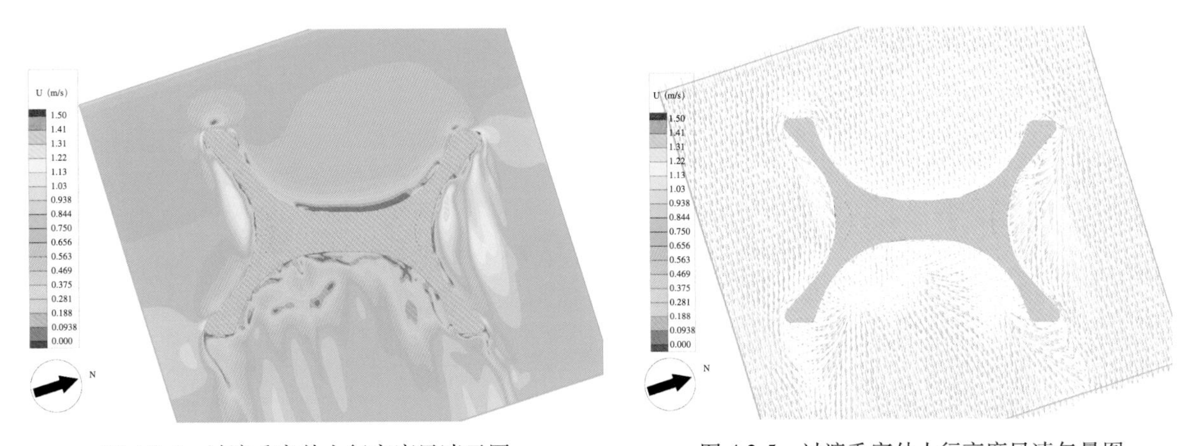

图 4.2-4　过渡季室外人行高度风速云图　　图 4.2-5　过渡季室外人行高度风速矢量图

图 4.2-6 为过渡季工况下，建筑迎风面和背风面对应外窗表面的风压分布图，结合图例数值可

对外窗表面风压进行分析；本项目由于室外风速较小，所以建筑表面风压较小，但大多数区域风压还是满足大于 0.5Pa 的要求。

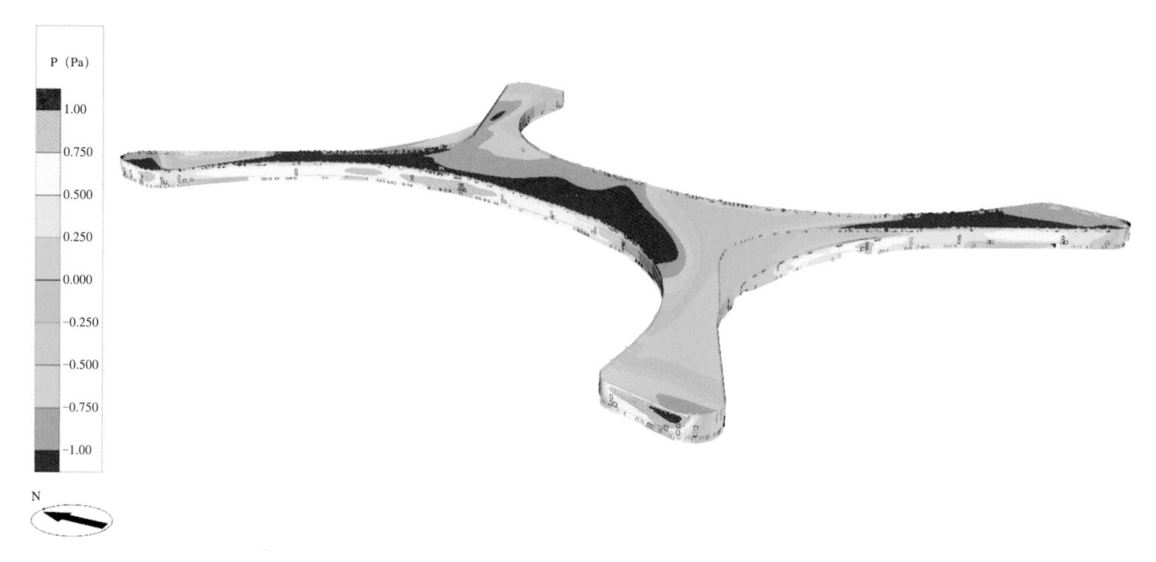

图 4.2-6 过渡季建筑迎风面外窗表面风压云图

3. 室内风环境模拟分析

（1）室内风环境评价标准

指标 1：风速，评价室内人活动高度风速情况，按照不同的风速等级及对应的舒适度进行室内风速的评价。

指标 2：空气龄，空气质点自进入房间至到达室内某点所经历的时间。通常认为，空气龄小于 300s，则室内空气品质较好，空气新鲜。尽量保证主要功能房间人员主要活动区域空气龄不大于 300s。

指标 3：换气次数，按照《绿色建筑评价标准》GB/T 50738 对自然通风的要求，公共建筑过渡季主要功能房间平均自然通风换气次数不小于 2 次 /h 即可满足要求。

（2）L2 大厅室内风速分析，见图 4.2-7 和图 4.2-8。

（3）L3 大厅室内风速分析，见图 4.2-9。

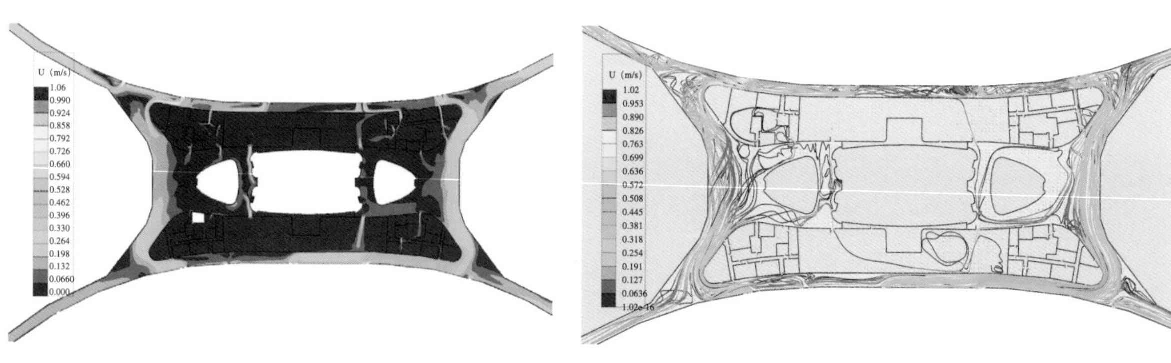

图 4.2-7 L2 大厅风速云图

图 4.2-8 L2 大厅通风流线图

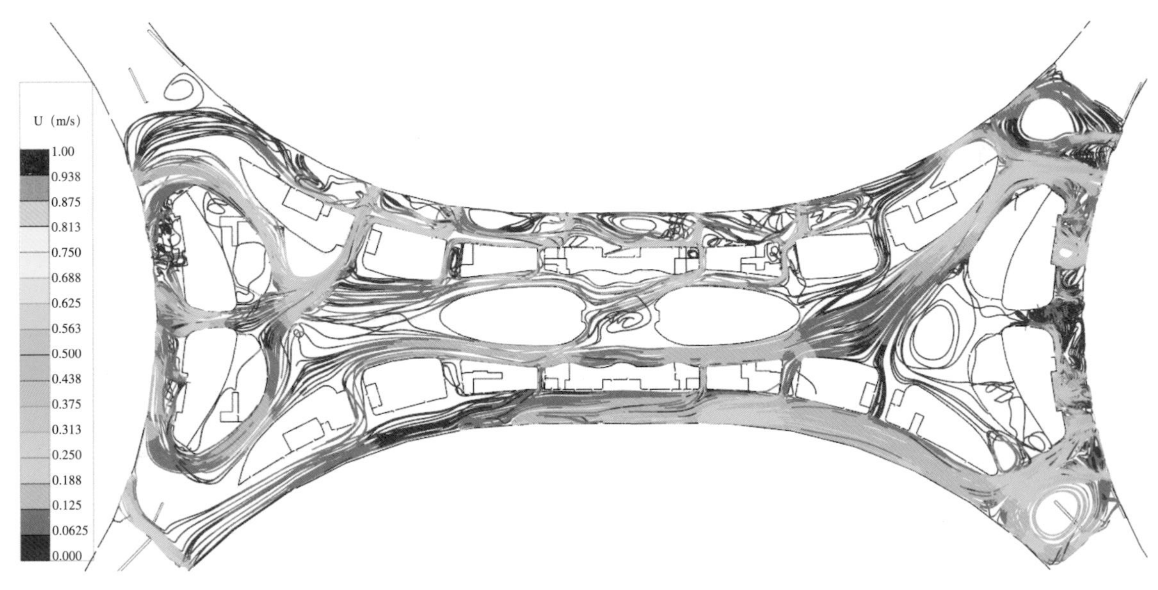

图 4.2-9　L3 大厅通风流线图

4. 小结

根据夏季与过渡季的室外风环境分析，可知本身场地室外风环境不佳，受到室外风环境影响，建筑外立面风压较小，幕墙机相应开启处风压与室内压差小，不能很好地形成室内风压通风；再加上项目自身体量大，外窗可开启面积小，室内通风条件不利，在考虑自然通风的情况下，仍需补充相应的新风。

大厅内风环境分析：由于 L2、L3 层大厅属于幕墙体系，外侧可开启部分较少，主要为登机口门，自然通风条件相对不佳，过渡季仍需通过新风来满足室内通风以及新风的基本需求。项目体量较大，幕墙外窗开启面积比例较小，相应的门窗均开启的工况下，室内整体风速基本分布在 0.1 ~ 0.2m/s 之间，大部分区域属于无风区；靠近登机门的位置风速相对较大可达到 1.0m/s；大厅内整体风压基本维持一致，压差小，不足以形成自然通风。

综合考虑上述分析情况，大厅在夏季过渡季无法仅通过自然通风满足设计需求，自然通风可作为辅助降低能耗的措施，并考虑其他的过渡季节能措施，各季节均需要新风系统的运行。

4.3　航站楼室内大厅温度场分析

1. 分析背景

主要对重庆机场 T3B 航站楼二层大厅的温度场进行分析。

2. 计算参数设置

当室内平均气流速度 $v_a \leqslant 0.3$m/s 时，室内没有个性化送风装置，舒适温度为下图中的阴影区间，见图 4.3-1。

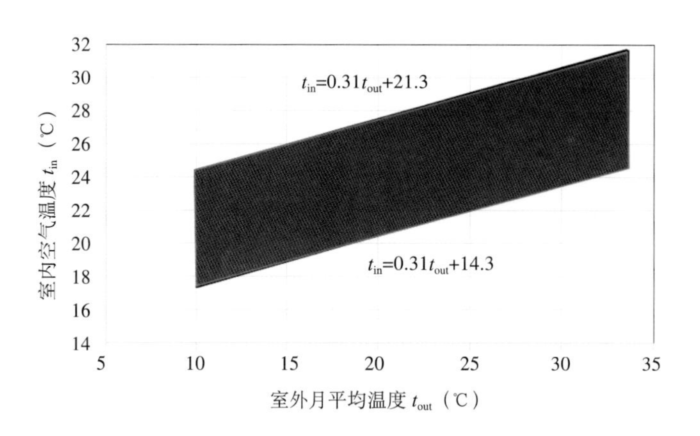

图 4.3-1 自然通风或复合通风建筑室内舒适温度范围

当室内气流平均速度 v_a>0.3m/s 时，室内有风扇等个性化送风装置，采用下列方法调整室内舒适温度区间，见表 4.3-1。

室内平均气流速度对应的室内舒适温度上限值提高幅度 表 4.3-1

室内气流平均速度 v_a（m/s）	$0.3 < v_a \leqslant 0.6$	$0.6 < v_a \leqslant 0.9$	$0.9 < v_a \leqslant 1.2$
舒适温度上限提高幅度 Δt（℃）	1.2	1.8	2.2

当室内温度高于 25℃时，允许采用提高气流速度的方式来补偿室内温度的上升，即室内舒适温度上限可进一步提高，提高幅度如表 4.3-1 所示。

3. 室内温度分布图 CFD 分析

（1）风速分布图，见图 4.3-2。

（2）各区域温度分布如图 4.3-3 所示。

（3）温度分布剖面图如图 4.3-4 所示。

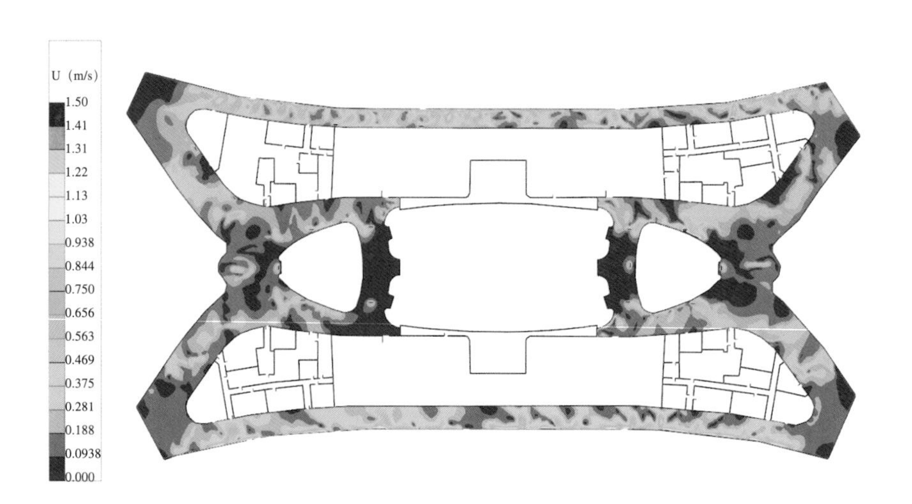

图 4.3-2 L2 大厅人行高度风速云图

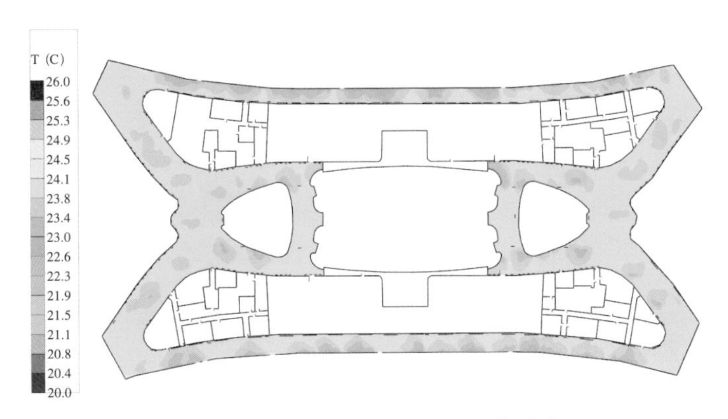

图 4.3-3　L2 大厅人行高度处温度分布图

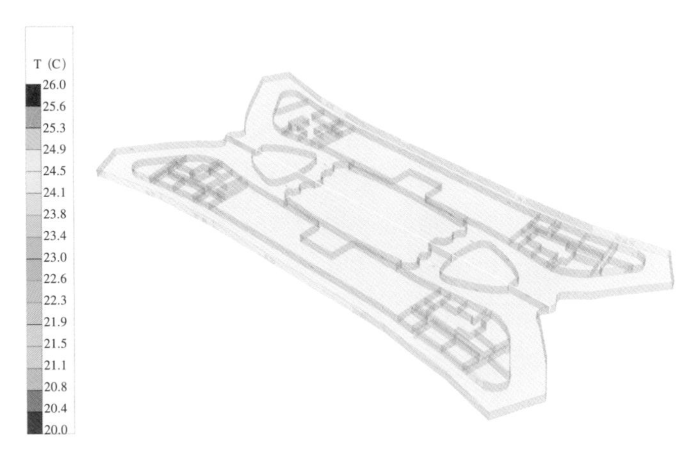

图 4.3-4　L2 大厅剖面 1 温度云图

4. 室内大厅全年逐时温度图温度计算

分析结果：本项目 L2 大厅满足热舒适区间的时间达标比例为 37.92%，即 L2 大厅室内温度达到适应性舒适温度区间的小时数占建筑全年运行小时数的比例达到 37.92%，全年大部分时间在复合通风工况下，室内温度无法满足舒适要求，需要进行供暖空调来提升室内热舒适。见图 4.3-5。

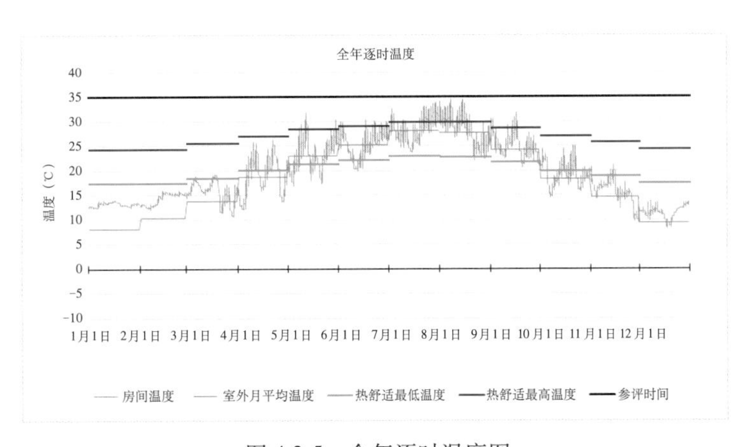

图 4.3-5　全年逐时温度图

5. 小结

自然通风与复合通风工况分析，大厅全年工况下，室内温度达到适应性舒适温度区间的小时数占建筑全年运行小时数的比例可满足现行国家标准《绿色建筑评价标准》GB/T 50378 对室内热湿环境的得分要求，比例可达到 37.92%。

暖通空调工况分析：由于大厅风口较多，整体分析体量大，模拟时将 L2 大厅分为 4 个区域，在此基础上进行相应的模拟分析；根据上述分析，在夏季空调工况下，本项目大厅部分虽然空间较大，但风口设置相对均匀有利于室内温度的均匀分布，不至于出现过冷过热的区域，从分析结果上：平面以及剖面上温度分布均匀，有利于人体舒适；温度基本分布在 22 ~ 26℃之间，整体设计室内温度满足要求。

4.4 航站楼结露分析

1. 分析背景

建筑外围护结构：二层及以上外墙为玻璃幕墙，屋顶主要为金属屋面，部分钢筋混凝土屋面，首层为普通外墙及窗墙体系；保温设计情况：幕墙采用拉索幕墙（12 中透光 Low-E + 12Ar+12+2.28PVB+12 透明），普通外窗采用（6 中透光 Low-E+12Ar+6 透明）隔热金属窗框；外墙采用 300mm 加气混凝土砌块自保温，热桥部位采用 100mm 加气混凝土砌块保温，轻质外墙采用 150mm 岩棉板保温。下面主要对本项目的屋顶、梁板、外墙与柱等处的热桥进行分析。

2. 热桥模型与计算方法

（1）分析软件介绍

本次分析软件采用绿建斯维尔通风软件 BECS。节能设计 BECS 采用自定义对象技术快速建立三维热工模型，以《民用建筑热工设计规范》GB 50176-2016 为热工计算依据，按照国家、地方相关建筑节能设计技术标准、规范、规程，进行节能设计与计算的支持。其中 BECS 支持使用节点建模计算方法，对各类节能构造做法，进行二维传热分析计算；相比之前的一维传热计算结果更精确。

（2）计算方法介绍

按照《民用建筑热工设计规范》GB 50176-2016 提供的方法计算热桥线传热系数。

根据上述线性传热系数计算公式：首先需要计算热桥部位的围护结构传热量 Q2D，通过建立构造材料块并进行网格划分，利用二维传热方程通过软件求解，得出每个网格节点的温度和传热量。

（3）评价方法

将本工程热桥节点图集中于热桥表中对应的单元中，包括外墙－屋顶（WR）、外墙－楼板（WF）、外墙－挑空楼板（WA）、门窗上口（WU）、门窗上口（WU）、门窗左右（WS）、外墙－内墙（WI）等主要位置。

3. 热桥模拟分析

（1）外墙－屋顶（WR-1）节点大样图及内表面温度计算如图 4.4-1 所示。

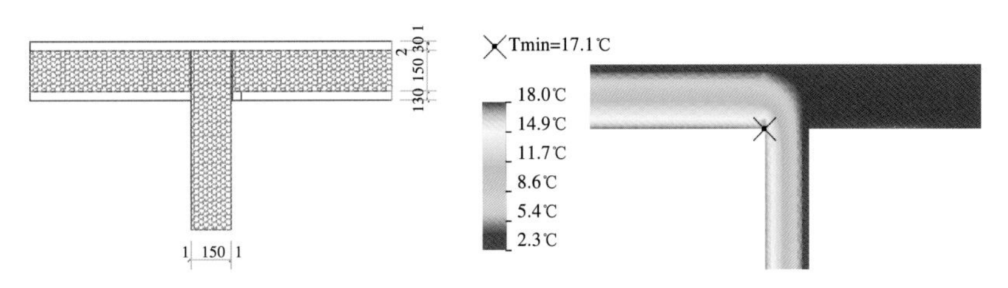

图 4.4-1 外墙－屋顶（WR-1）内表面温度计算

（2）外墙－屋顶（WR-2）节点大样图及内表面温度计算如图 4.4-2 所示。

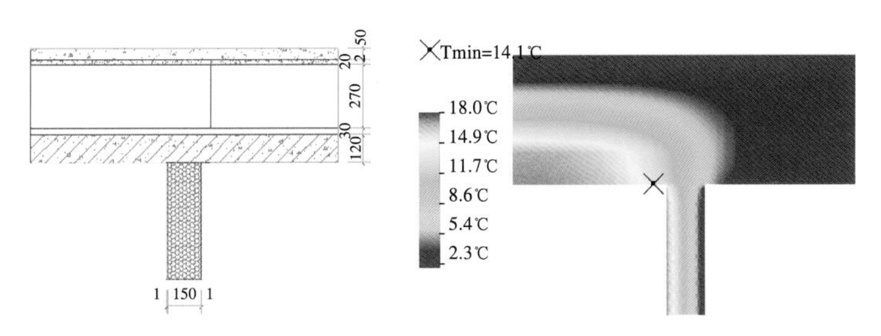

图 4.4-2 外墙－屋顶（WR-2）内表面温度计算

（3）外墙－楼板（WF-1）节点大样图及内表面温度计算如图 4.4-3 所示。

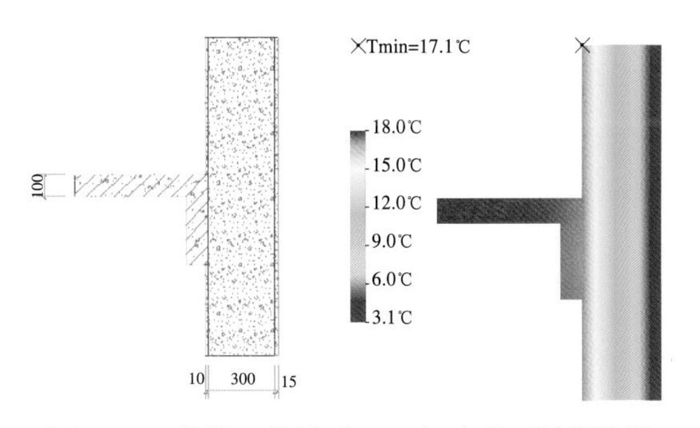

图 4.4-3 外墙－楼板（WF-1）内表面温度计算

（4）外墙－挑空楼板（WA-1）节点大样图及内表面温度计算如图 4.4-4 和图 4.4-5 所示。

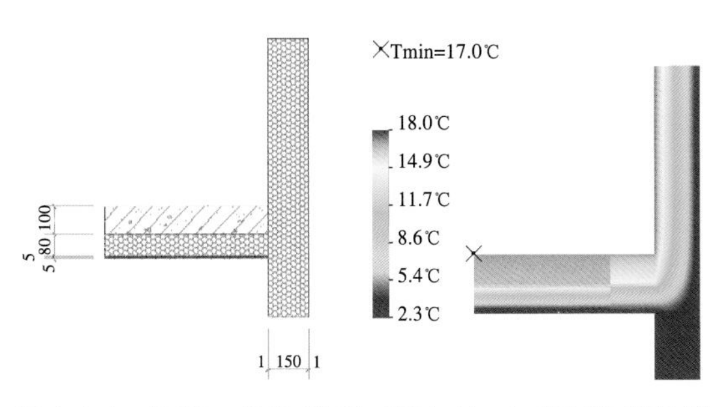

图 4.4-4 外墙－挑空楼板（WA-1）内表面温度计算

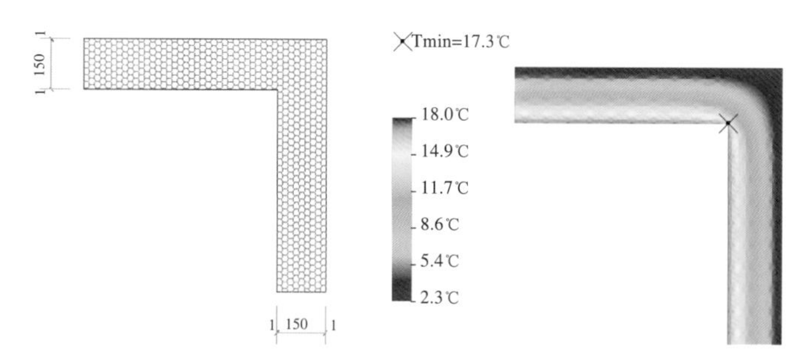

图 4.4-5 外墙－外墙（WO-1）内表面温度计算

（5）外墙－外墙（WO-2）节点大样图及内表面温度计算如图 4.4-6 所示。

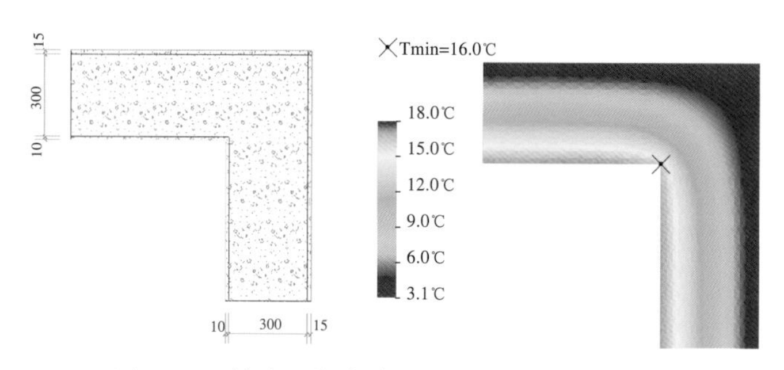

图 4.4-6 外墙－外墙（WO-2）内表面温度计算

（6）外墙－内墙（WI-1）节点大样图及内表面温度计算如图 4.4-7 所示。

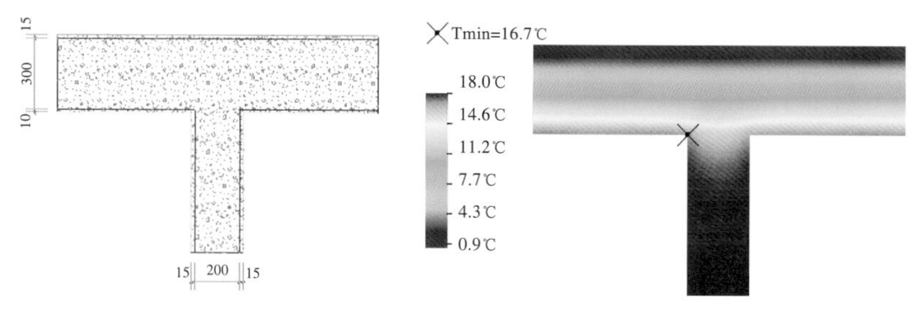

图 4.4-7 外墙－内墙（WI-1）内表面温度计算

（7）门窗左右口（WS-1）节点大样图及内表面温度计算如图 4.4-8 所示。

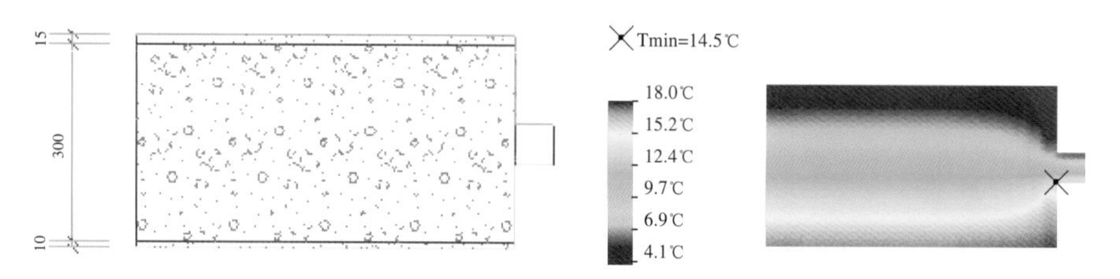

图 4.4-8 门窗左右口（WS-1）内表面温度计算

4. 小结（表 4.4-1）

（1）按照当前的各节能节点设计情况，进行典型热桥部位的建模分析，本项目的各个热桥部位均满足结露设计的要求，热桥设计合理，见表 4.4-1。

各部位内表面温度计算结果　　表 4.4-1

热桥部位	热桥类型	围护结构热惰性 D	冬季室外计算温度（℃）	内表面最低温度（℃）	结论
外墙－屋顶	WR-1	2.35	2.28	17.08	不结露
	WR-2	2.35	2.28	14.05	不结露
外墙－楼板	WF-1	2.35	2.28	17.45	不结露
外墙－挑空楼板	WA-1	2.35	2.28	17.01	不结露
外墙－外墙	WO-1	2.35	2.28	17.27	不结露
	WO-2	5.20	3.06	16.02	不结露
外墙－内墙	WI-1	32.56	0.90	16.7	不结露
门窗口	WS-1	32.56	4.10	14.52	不结露

（2）本项目外墙主要以自保温位置，对于部分热桥梁及热桥板位置采用 100mm 的加气混凝土砌块外保温，减少冷热桥。

（3）外窗洞口处在外保温的基础上，保温与窗框中间通过轻质保温砂浆减少热量传导流失，同时防止结露。

（4）上述各节点中基本无冷热桥，线传热系数均较小在 0 ~ 0.1 之间，在满足结露设计的基础上，可以同时减少各冷热桥部位的热量损失；降低整体建筑能耗。

4.5　航站楼消防疏散模拟分析

1. 概况

基于 T3B 航站楼独特的建筑属性，有必要进行消防人流疏散模拟。T3B 航站楼的人流疏散属于群集行为，发生火灾时由于人群密集、相互干扰，导致在人流疏散过程中行进速度缓慢。开展消防疏散模拟，找出最佳疏散路径，对实现最短时间安全疏散人员具有重要的意义。

2. 软件介绍

MassMotion 是一款行人模拟和人群分析的仿真软件，主要用于对复杂环境人群疏散的仿真分析。软件可以比选不同的疏散路线，从而选出最佳的疏散路线，最大程度减少损失，也便于设计师对项目方案进行优化。

说明：该软件有一个月的免费试用期，编写人员有意探索该软件的应用场景，利于软件推广使用。

3. 场地人流疏散模拟分析

（1）参数设置

将 T3B 航站楼的 BIM 模型导入 MassMotion 软件中，设置各功能房间的人数、起点和终点等参量。各层所需人员数量设置均按最不利人数，见表 4.5-1。

T3B 航站楼检测结果 表 4.5-1

楼层	疏散人数（人）	情况说明
L1	2205	业务区人数为 1885 人，旅客候机区人数为 200 人，员工食堂工作人员人数 680 人
L2	2830	商业区人数为 150 人，旅客候机区人数为 1200 人，旅客到达区人数为 800 人，卫生间人数为 680 人
L3	5991	商业区人数为 575 人，旅客候机区人数为 5316 人，预留景观庭院、业务房、医疗室及卫生间人数为 100 人
L4	1130	商业区人数为 500 人，两舱休息室人数为 530 人，室外露台、业务房及卫生间人数为 100 人

备注：以上各层总人数均包含工作人员；以最不利情况考虑分析，设 T3B 航站楼落客率 100%。

（2）L1 层人流疏散模拟及分析

T3B 航站楼 L1 层主要使用功能类型为业务用房，整层设置 162 处疏散楼梯，发生火灾时可供疏散逃生使用，如图 4.5-1 ~图 4.5-6 所示。

拟设置该楼层遇险总逃生人数为 2205 人，其中设置业务区域逃生人数为 1885 人，旅客候机区域逃生人数为 200 人，员工食堂工作人员逃生人数 15 人。该层主要为业务区，设置逃生人数均按落客率 100% 考虑。发生火灾等灾难时，模拟逃生至疏散点时间为 1 分 20 秒，如图 4.5-7 所示。

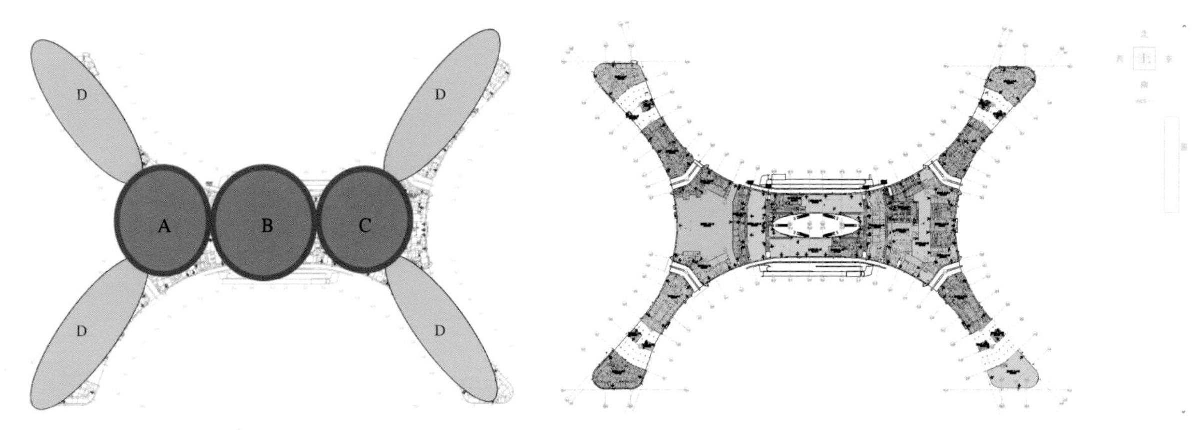

图 4.5-1 T3B 航站楼 L1 层疏散点位置图（红色箭头）

图 4.5-2 T3B 航站楼 L1 层疏散分区图

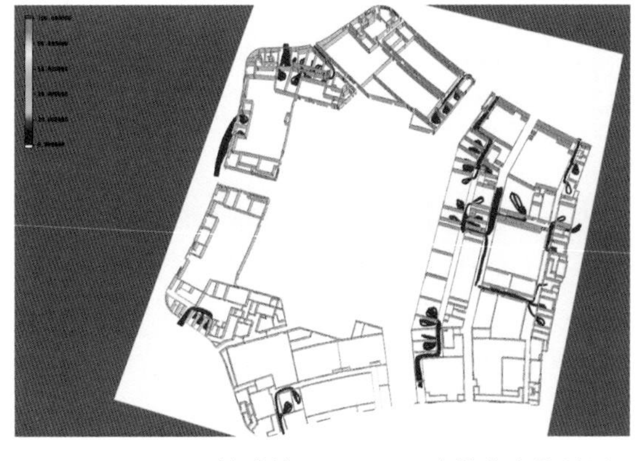

图 4.5-3 T3B 航站楼 L1 层 A 区疏散分布热量图

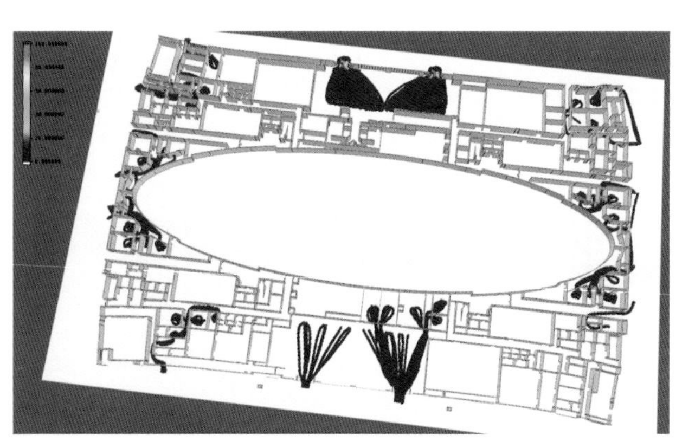

图 4.5-4 T3B 航站楼 L1 层 B 区疏散分布热量图

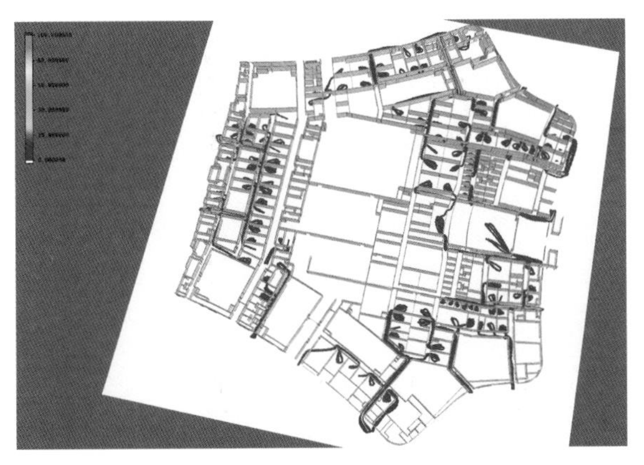

图 4.5-5　T3B 航站楼 L1 层 C 区疏散分布热量图

图 4.5-6　T3B 航站楼 L1 层 D 区疏散分布热量图

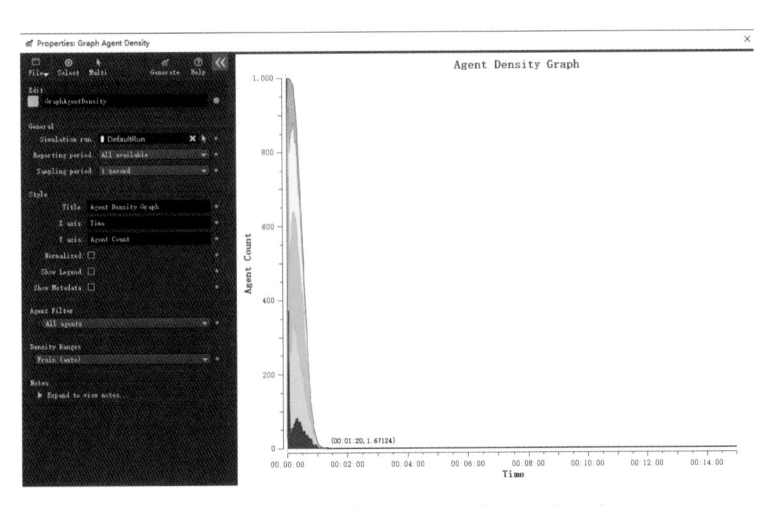

图 4.5-7　T3B 航站楼 L1 层疏散时间热量表

分析：通过软件计算，T3B 航站楼 L1 层疏散楼梯位置均与功能房间相邻，业务区域最佳疏散路线为就近疏散楼梯，总人数 2205 人到达疏散点位置时间为 1 分 20 秒。

（3）L2 层人流疏散模拟及分析

T3B 航站楼 L2 层主要使用功能类型为旅客到达区、旅客候机区及商业，整层设置了 70 处疏散楼梯，发生火灾时可供疏散逃生使用，如图 4.5-8 和图 4.5-9 所示。

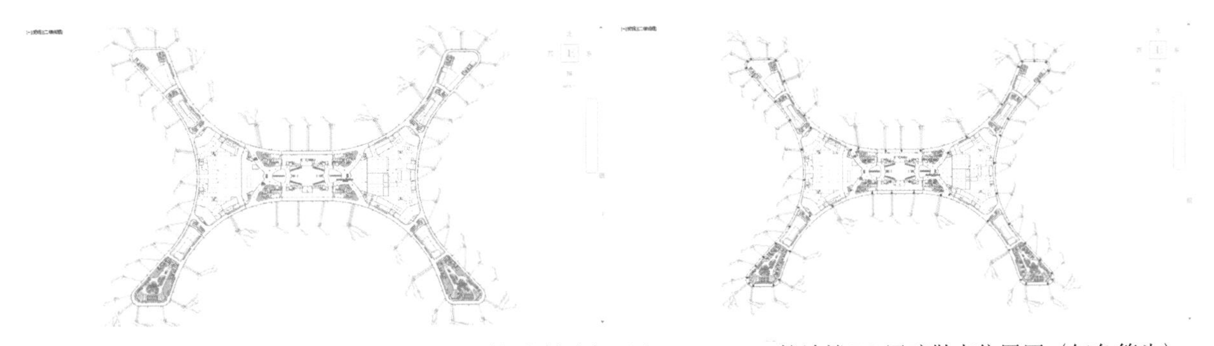

图 4.5-8　T3B 航站楼 L2 层商铺分区定位图（绿色填充）　图 4.5-9　T3B 航站楼 L2 层疏散点位置图（红色箭头）

拟设置该楼层遇险总逃生人数为2830人，其中设置商业区域逃生人数为150人，旅客候机区域逃生人数为1200人，旅客到达区域逃生人数800人，卫生间逃生人数680人。该层主要为旅客到达区，设置逃生人数均按落客率100%考虑。发生火灾等灾难时，模拟逃生至疏散点时间为2分18秒，见图4.5-10和图4.5-11。

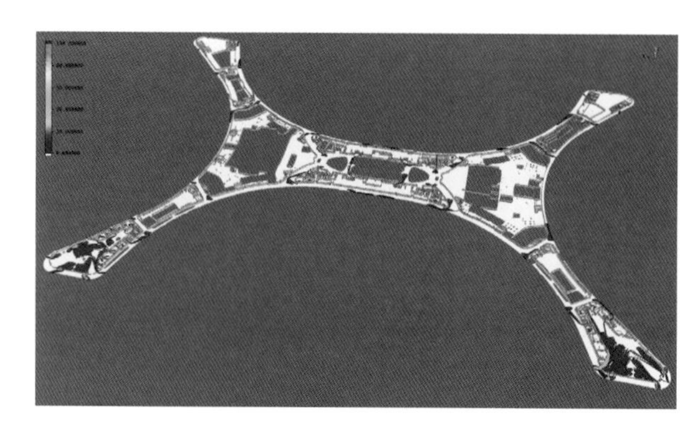

图4.5-10 T3B航站楼L2层分布热量平面图

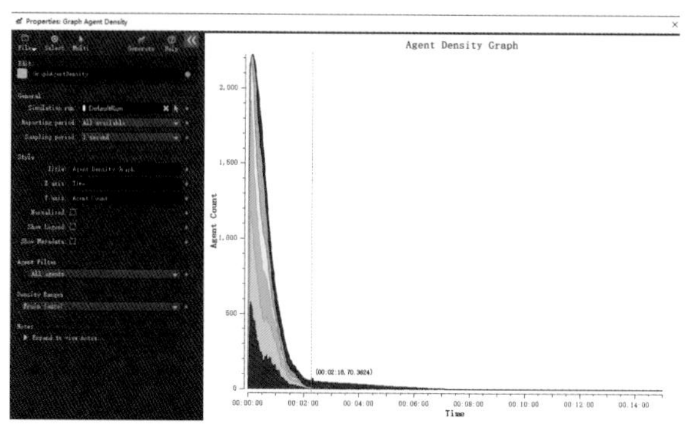

图4.5-11 T3B航站楼L2层疏散时间热量表

该层旅客到达区域疏散点较多，人群分布较分散，并无疏散密集区域；T3B航站楼L2层西南角及东南角区域为旅客候机区，该两个区域设计疏散人数共为1200人。T3B航站楼L2层西南角位置共设置8处至旅客登机通道疏散点，T3B航站楼L2层东南角位置共设置7处至旅客登机通道疏散点，见图4.5-12和图4.5-13。

图4.5-12 T3B航站楼L2层西南角位置人数较密集区域

图4.5-13 T3B航站楼L2层东南角位置人数较密集区域

分析：通过软件计算，T3B航站楼L2层疏散楼梯位置均与功能房间相邻，商业、旅客到达区及旅客候机区域最佳疏散路线为就近疏散楼梯，总人数2830人到达疏散点位置时间为2分18秒。

（4）L3层人流疏散模拟及分析

T3B航站楼L3层主要使用功能类型为商业及旅客候机区，其中商业功能房间为92个，旅客候机位置分布于周围较空旷区域，还包括东西边共四个预留观景庭院，整层设置了70处疏散点，其中54处为旅客登机通道并通往室外，16处为疏散楼梯，发生火灾时可供疏散逃生使用，见图4.5-14～图4.5-20。

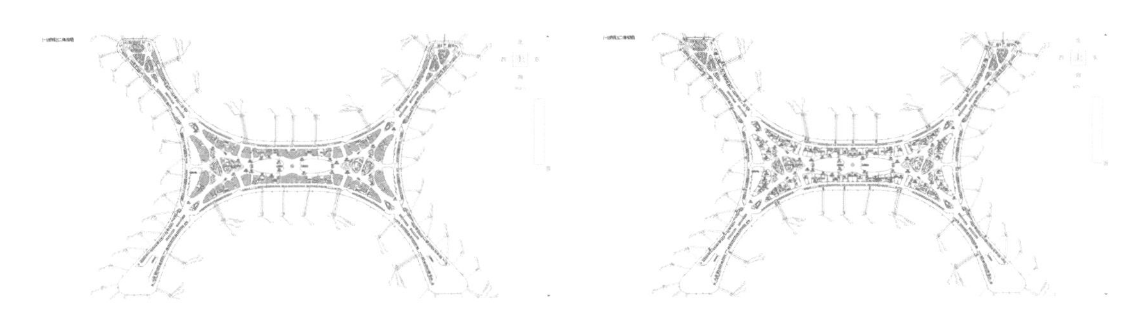

图 4.5-14　T3B 航站楼 L3 层商铺分区定位图（绿色填充）图 4.5-15　T3B 航站楼 L3 层疏散点位置图（红色箭头）

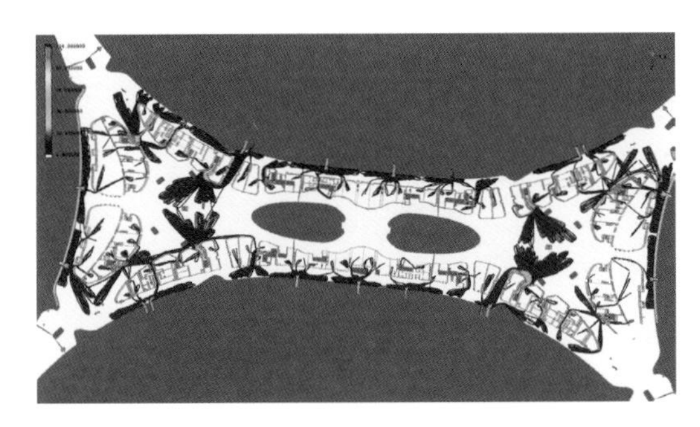

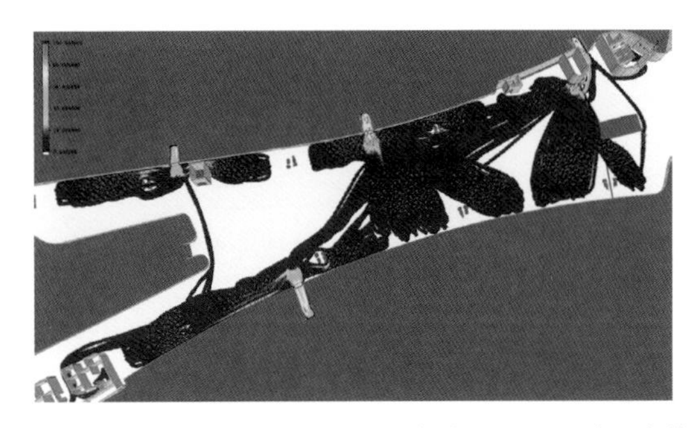

图 4.5-16　T3B 航站楼 L3 层分布热量平面图（中心位置）图 4.5-17　T3B 航站楼 L3 层分布热量平面图（西南位置）

图 4.5-18　T3B 航站楼 L3 层分布热量平面图（西北位置）图 4.5-19　T3B 航站楼 L3 层分布热量平面图（东南位置）

图 4.5-20　T3B 航站楼 L3 层分布热量平面图（东北位置）

拟设置该楼层遇险总逃生人数为 5991 人，其中设置商业区域逃生人数为 575 人，旅客候机区人数为 5316 人，预留景观庭院、业务房、医疗室及卫生间逃生人数为 100 人。该层为旅客候机区，设置逃生人数按候机区落客率 100% 考虑，商业旅客人数进行分流。发生火灾等灾难时，模拟逃生至疏散点时间为 2 分 30 秒，如图 4.5-21 所示。

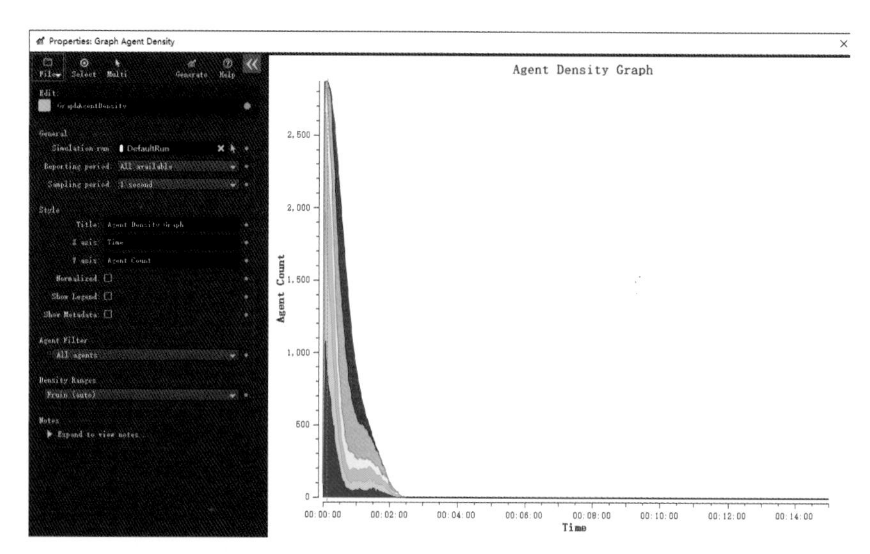

图 4.5-21 T3B 航站楼 L3 层疏散时间热量表

1）L3 层中心商业位置

该层主要功能为旅客候机及商业位置，模拟计算该中心位置疏散人数为 2832 人，依据软件设计功能，人群目的地计算为最近疏散点。

依据图 4.5-22 和图 4.5-23，候机旅客多数往旅客登机通道疏散点进行逃生。

旅客公共区就近疏散点位置疏散人数较多，于商业中间位置疏散逃生，见图 4.5-24 和图 4.5-25。

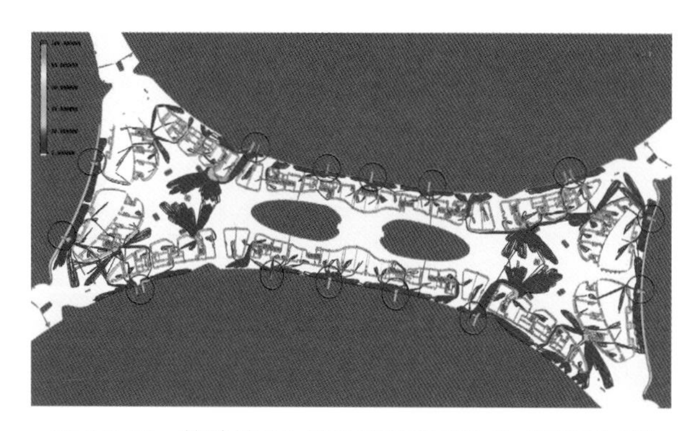
图 4.5-22 航站楼 L3 层登机通道疏散点（红圈位置）

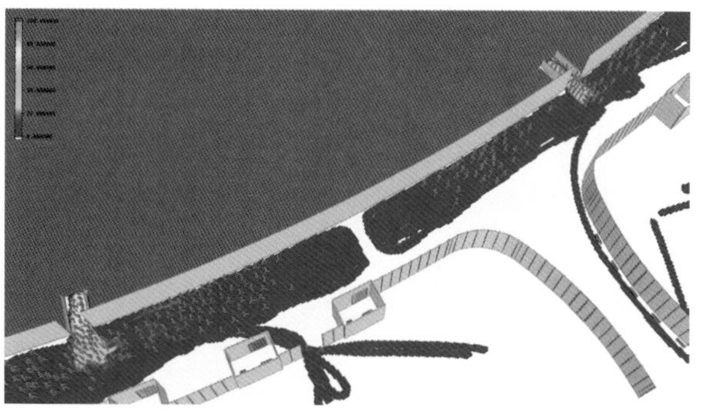
图 4.5-23 航站楼 L3 层中心商业位置人数较密集区域

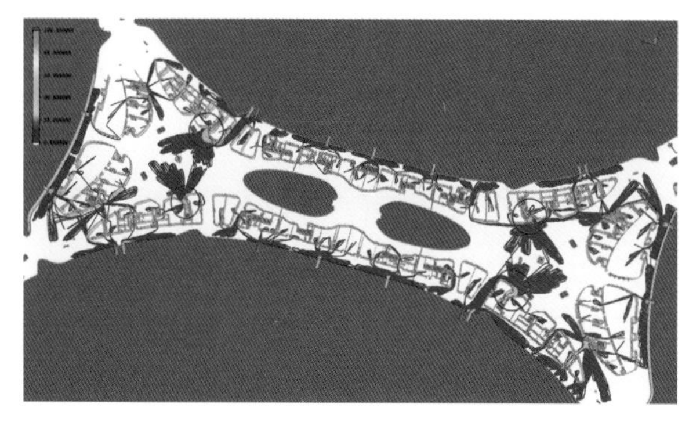
图 4.5-24 航站楼 L3 层旅客公共区疏散点（红圈位置）

图 4.5-25 航站楼 L3 层旅客公共区人数较密集区域

2）L3 层延伸角位置（西南角、西北角、东南角、东北角）

该层主要功能为旅客候机及部分商业位置，模拟计算各位置疏散人数共为 3159 人，该区域无设置疏散楼梯，均往旅客登记通道疏散点进行逃生，见图 4.5-26 ~图 4.5-29。

图 4.5-26　航站楼 L3 层西南角位置人数较密集区域

图 4.5-27　航站楼 L3 层西北角位置人数较密集区域

图 4.5-28　航站楼 L3 层东北角位置人数较密集区域

图 4.5-29　航站楼 L3 层东南角位置人数较密集区域

分析：通过软件计算，T3B 航站楼 L3 层疏散点较多，且分布于密集区周围，商业与旅客候机区域最佳疏散路线为就近疏散楼梯，总人数 5991 人到达疏散点位置时间为 2 分 30 秒。

（5）L4 层人流疏散模拟及分析

T3B 航站楼 L4 层主要使用功能类型为商业及两舱休息室，其中商业功能房间为 34 个，两舱休息室为 16 个，还包括东西边共两个室外露台，配套业务区及两舱厨房功能房间，整层设置了 16 处疏散楼梯，发生火灾时可供疏散逃生使用，见图 4.5-30 ~图 4.5-33。

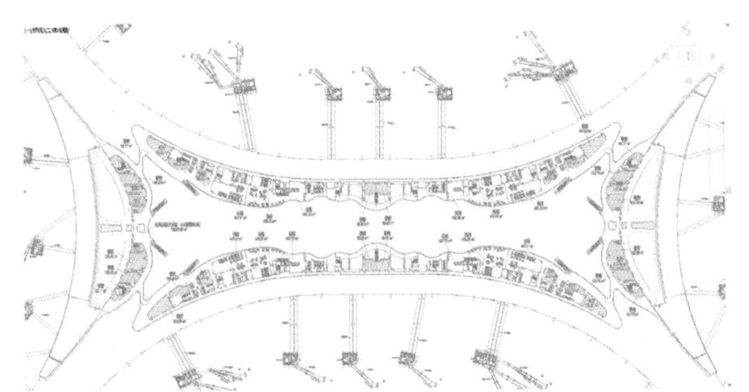

图 4.5-30　航站楼 L4 层商铺分区定位图 - 绿色

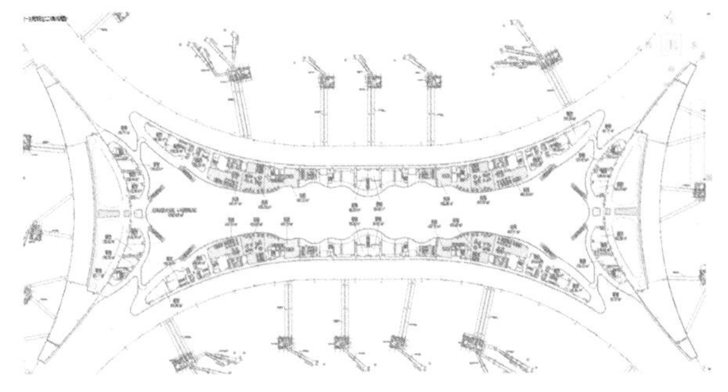

图 4.5-31　航站楼 L4 层两舱休息室分区定位图 - 青色

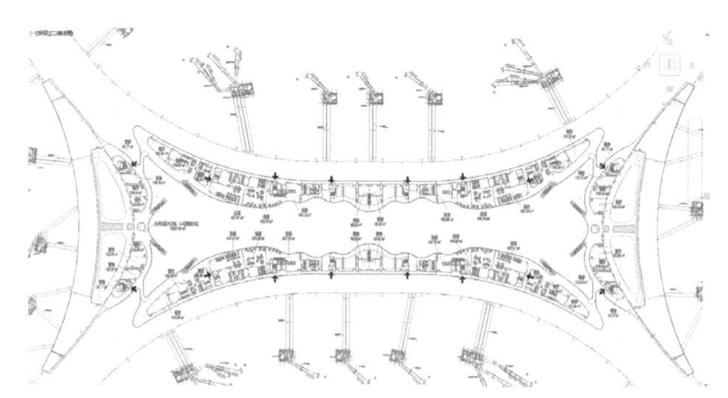
图 4.5-32 T3B 航站楼 L4 层疏散点位置图（红色箭头）

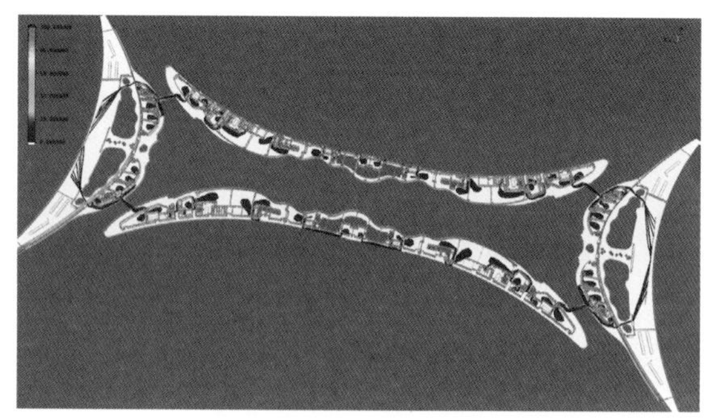
图 4.5-33 T3B 航站楼 L4 层分布热量平面图

拟设置该楼层遇险总逃生人数为 1130 人，其中设置商业区域逃生人数为 500 人，两舱休息室逃生人数为 530 人，室外露台、业务房及卫生间逃生人数为 100 人。该层为休闲区，设置逃生人数均按落客率 100% 考虑。发生火灾等灾难时，模拟逃生至疏散点时间为 1 分 48 秒，见图 4.5-34 和图 4.5-35。

分析：通过软件计算，T3B 航站楼 L4 层疏散楼梯位置均与功能房间相邻，商业与两舱休息室区域最佳疏散路线为就近疏散楼梯，总人数 1130 人到达疏散点位置时间为 1 分 48 秒。

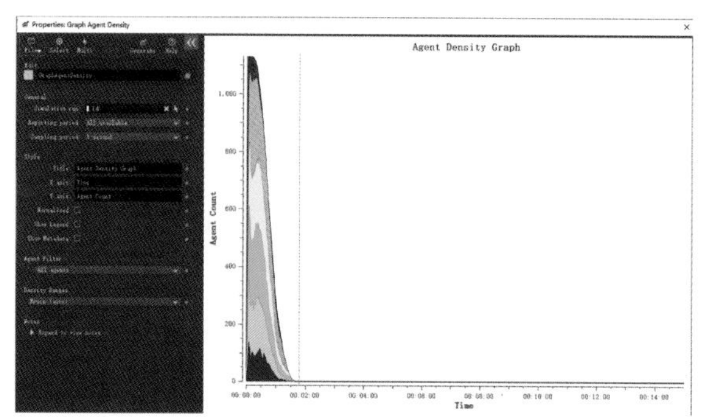

图 4.5-34 T3B 航站楼 L4 层疏散时间热量表

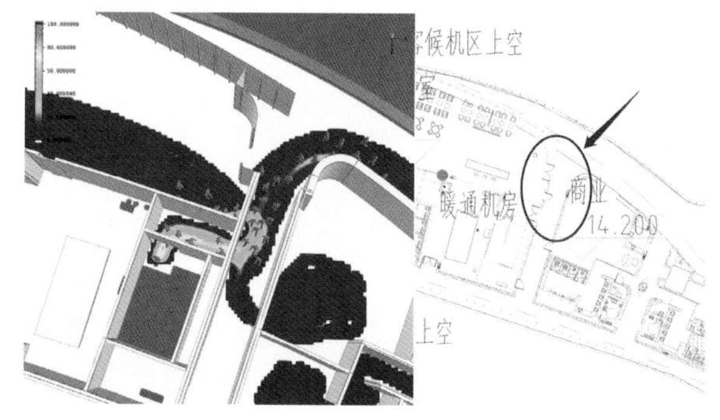

图 4.5-35 T3B 航站楼 L4 层疏散人数较密集区域

(6) L4 层～L1 层最不利处人流疏散模拟及分析

T3B 航站楼 L4 层至地面疏散，分析航站楼最不利处疏散楼梯情况，见图 4.5-36 和图 4.5-37。

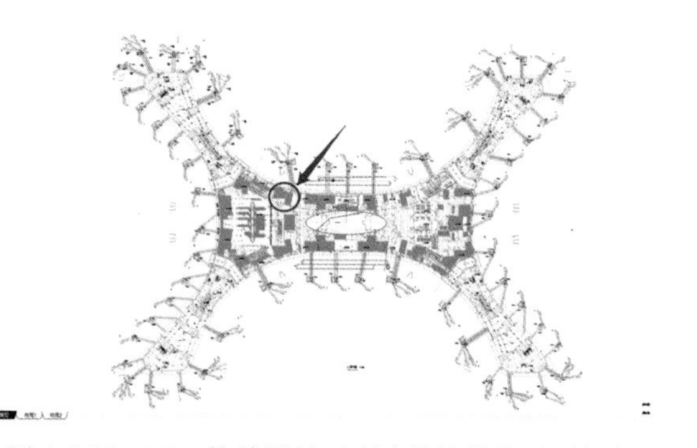
图 4.5-36 T3B 航站楼较不利疏散楼梯位置（红色圈注）

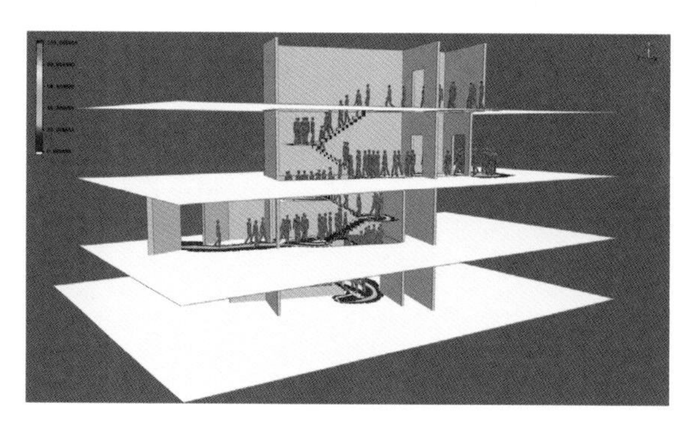
图 4.5-37 T3B 航站楼疏散楼梯分布热量图

拟设置该疏散楼梯总逃生人数为 310 人，其中设置四层该疏散楼梯位置逃生人数为 60 人，三层该疏散楼梯位置逃生人数为 190 人，二层该疏散楼梯位置逃生人数为 60 人。因选取该疏散楼梯为最不利疏散点，即该位置为最后离开建筑主体位置点，发生火灾等灾难时，模拟逃生至疏散点时间为 4 分 46 秒，见图 4.5-38。

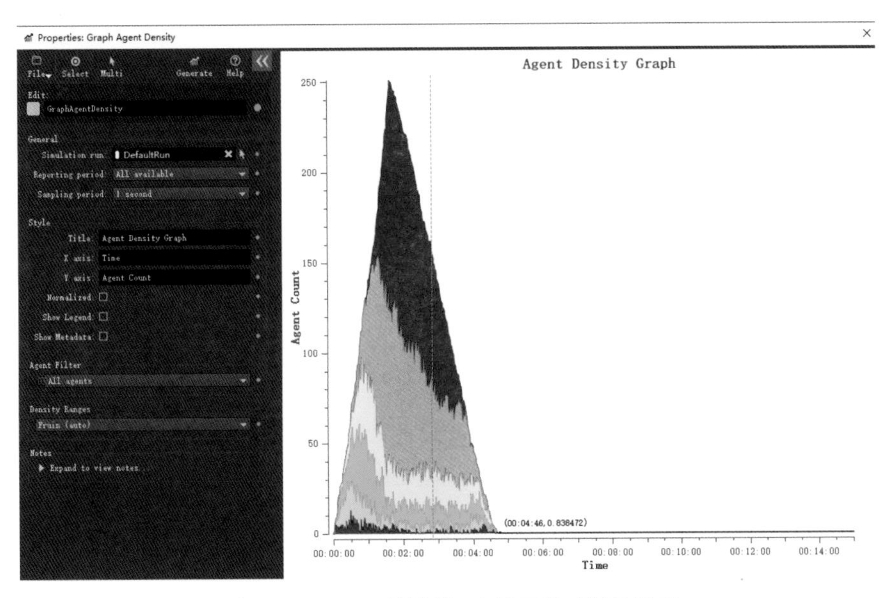

图 4.5-38　T3B 航站楼 L4 层疏散时间热量表

分析：通过软件计算，T3B 航站楼最不利疏散点，总人数 310 人到达地面安全位置花费时间为 4 分 46 秒。

4. 结论

通过实测与模拟分析，对人流进行分析，红色为人流密集区域，蓝色为人流稀疏区域。在不考虑人流互相拥挤与人是否保持匀速的情况下，楼层疏散人员达到对应疏散点是按需要 1 分 30 秒，人员疏散完毕至地面需要 4 分 46 秒。T3B 航站楼西北角（详见 3.6）为最不利点，该疏散楼梯三层为旅客集中候机区域，人流量较大，已设计四处疏散楼梯进行人员逃生。经软件模拟计算，不利点疏散完毕时间控制在 5min 内，满足现行国家标准《建筑设计防火规范》GB 50016-2014 中 5.1.1 条规定疏散要求。

考虑到人员反应时间、人流密度、行进路线上阻碍的墙体等因素，设计疏散路线通过 MassMotion 软件得出用时最短效果最佳的一条疏散路线，得出结论为：在 1 分 30 秒时，各楼层需要通过消防疏散点的人员均已到达疏散区域；在 4 分 46 秒时，航站楼所有人员均疏散至室外。通过模拟分析，计算出最佳疏散路线以及所需的疏散时间，对于 T3B 航站楼人员疏散工作组织具有一定参考价值。

第三篇 航站楼地基基础工程低碳建造关键技术

航站楼地基基础工程是航站楼建设的重要组成部分，主要包括：地基、基础、基坑支护、地下水控制、土方、边坡和地下防水等。地基处理方法包括换填、强夯、注浆加固、复合地基、桩基加固等，需要根据地质条件和设计要求进行选择。基础是连接建筑物与地基的承重结构，承受建筑物的全部荷载，并将这些荷载传递给地基。基础施工包括钢筋混凝土基础、桩基础等，其中桩基础通常用于承载力要求较高的场合。需要综合考虑各种因素，进行合理的基础设计。地基基础施工期间，施工监测是确保施工安全、质量可靠的手段，同时为设计、施工和监理提供科学依据。监测内容包括位移、内力等参数。

航站楼地基基础工程是一个复杂的系统工程，需要综合考虑多种因素。只有做好每一个环节的工作，才能确保航站楼的安全性、稳定性和可靠性。

第 5 章　航站楼基坑支护施工关键技术

机场基坑支护技术是指为确保机场地下主体结构施工和基坑周边环境的安全，对基坑采用的临时性支挡、加固、保护与地下水控制的一系列技术措施。主要内容包括（1）围护结构：采用重力式水泥土墙、灌注桩、地下连续墙等结构形式，对基坑周围进行加固和支挡。（2）支撑体系：采用钢支撑、钢筋混凝土支撑、锚杆等形式，对围护结构进行支撑和固定，确保围护结构的稳定。（3）地下水控制：包括基坑止水、降水以及排水等，保证基坑土方开挖和地下结构施工期间不受地下水的影响。（4）监测和预警：对基坑进行全面的监测，及时发现异常情况并采取相应措施，确保施工安全。

机场基坑支护技术的应用需要考虑多种因素，如基坑周边环境、地质条件、基坑深度、施工设备等。在应用过程中，需要结合实际情况选择合适的支护技术，并严格按照设计要求进行施工，确保机场地下工程施工的安全和稳定。

5.1　基于主体结构受力体系的基坑支护技术

1. 技术内容

广州白云国际机场扩建工程交通中心及停车楼主体土建施工总承包项目，包括交通中心及停车楼、北进场路下穿隧道和的士巴士隧道三部分，该项目的开工时间较二号航站楼晚 14 个月，要与二号航站楼同步竣工并投入使用，尤其是受飞行区工程建设影响，要求北进场路下穿隧道必须提前具备通车条件。与二号航站楼及其下部结构更为不同且难度更大的是，在交通中心及停车楼结构下部，北进场路下穿隧道东西两侧，分别是城轨车站和地铁车站，而车站的埋深均大于北进场路下穿隧道的埋深，且车站结构与北进场路下穿隧道结构的净间距不足 2m（图 5.1-1、图 5.1-2），且在这个狭长结构间隙内沿南北走向设置有上部交通中心及停车楼的结构柱网（柱间距 8.4m），且该结构柱与地铁 / 城轨结构采用共用承台，承台范围与隧道结构范围在水平投影面上存在重叠覆盖关系（图 5.1-3）。

2. 重点难点

原设计为节约造价，地铁车站基坑采用放坡支护型式，城轨车站主体结构基坑采用地下连续墙支护型式，但东 / 西附属结构基坑则采用放坡支护型式。按此设计，地铁车站和城轨西附属结构的基坑放坡范围大量侵入隧道红线范围，如图 5.1-4 和图 5.1-5 所示。若按照原设计施工，在 1 年时间内，必须得完成城轨 22m 深基坑支护、地铁 / 隧道 / 城轨工程桩、基坑土方开挖、地铁 / 城轨结构以及隧道工程的所有施工内容，施工组织与现场实施难度大。

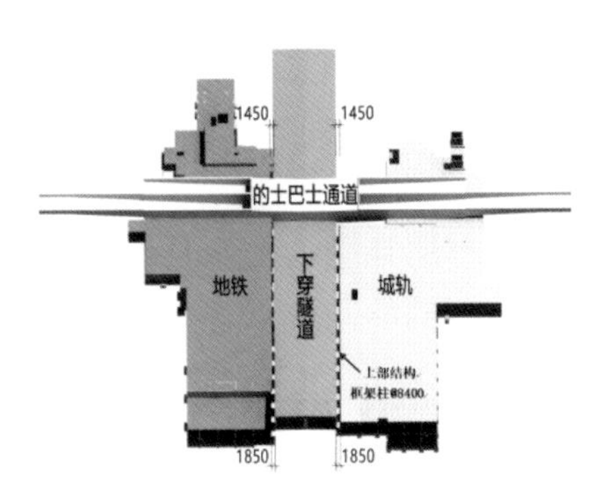

图 5.1-1　交通中心及停车楼下部结构示意图（俯视）

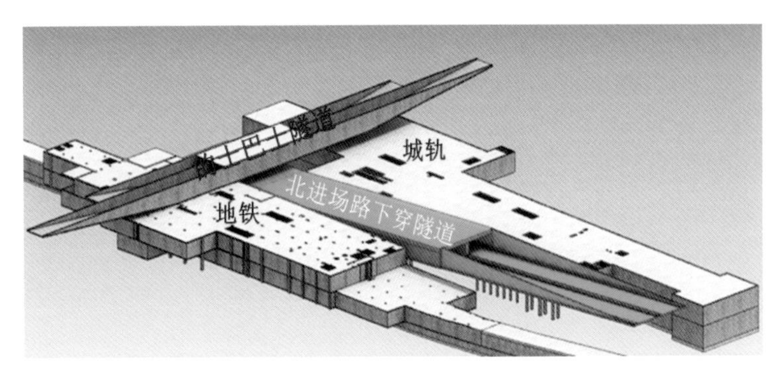

图 5.1-2　交通中心及停车楼下部结构示意（轴测图）

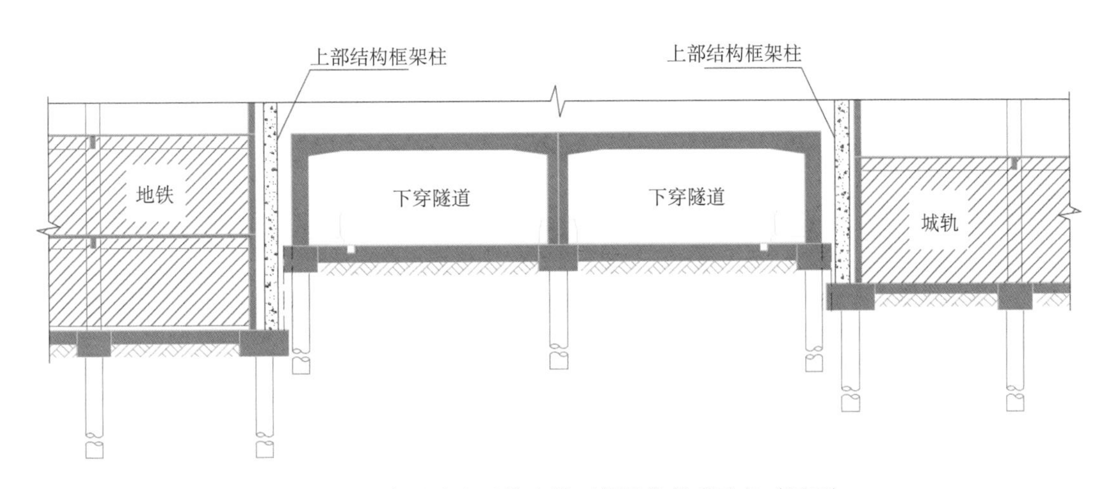

图 5.1-3　交通中心及停车楼下部结构关系示意（剖面）

图 5.1-4　地铁、隧道、城轨横断面（下穿隧道 A4 节段）

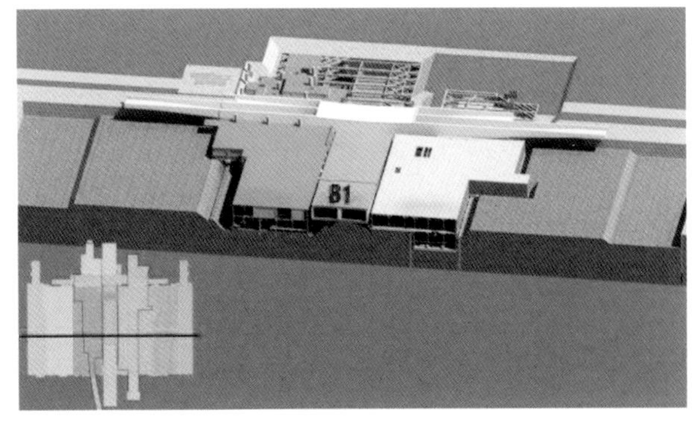

图 5.1-5　地铁、隧道、城轨横断面（下穿隧道 B1 节段）

3. 实施步骤

经过反复与计算模拟、复核，因结构重叠的复杂关系，经“两墙合一”的启发，最终成功实践并总结形成一套基于永久结构的“一桩两用”“一板两用”的永临结合的基坑设计与施工技术（图 5.1-6）。

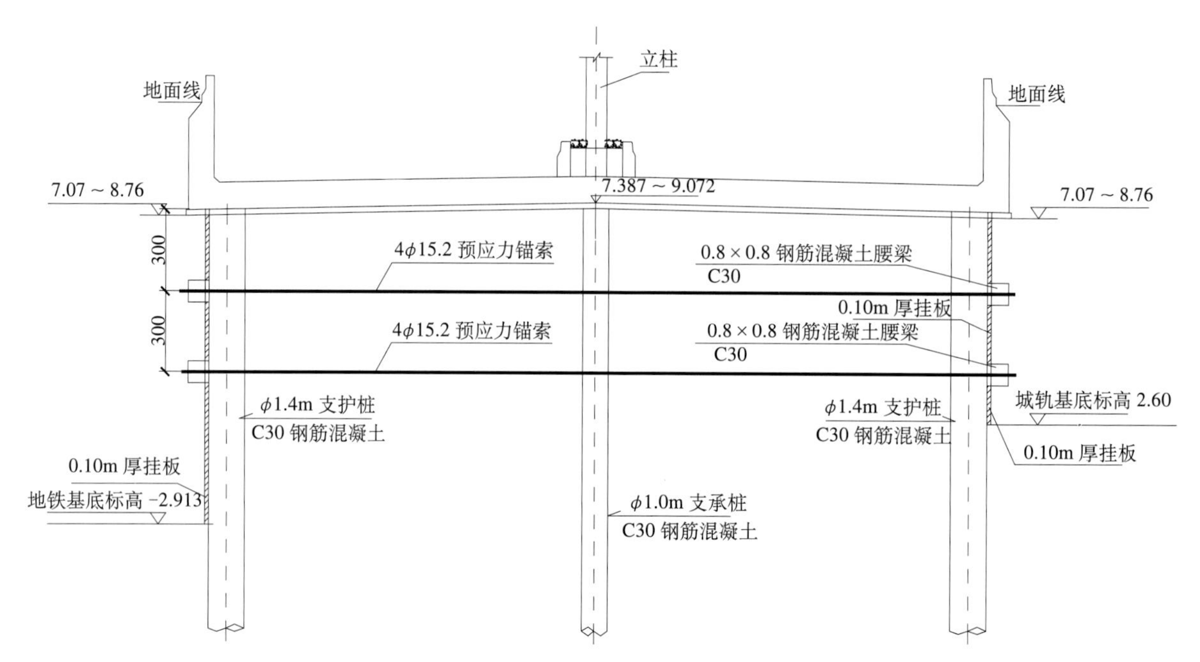

图 5.1-6 “一桩两用”和“一板两用”的基坑支护结构体系

通过将下穿隧道的外排支承桩设计为密排桩，并考虑一定的抗弯和变形控制要求，使其具备排桩支护能力，从而可直接作为地铁基坑和城轨基坑的围护结构，实现排桩“以支承为主、支护为辅”的“一桩两用”功能。

通过加强下穿隧道结构底板的抗拉能力，使其不受两侧排桩变形影响，同时发挥结构底板和桩顶支撑 / 锚索的受力性能，实现结构底板“以正常使用抗弯为主、临时支护抗拉为辅”的“一板两用”功能。

（1）超前钻探

无论是摩擦桩还是端承桩，为了确定桩底标高（桩长），均需要进行桩位超前钻探。对于地质条件较差或岩面起伏较大的项目，需适当增加超前钻数量，以便更精确地确定桩底标高（桩长）。实施中，可根据桩径按图 5.1-7 确定超前钻孔位和数量。

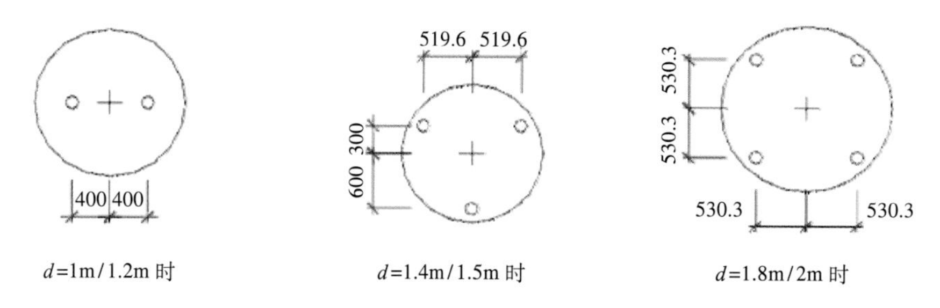

图 5.1-7 桩位超前钻孔位布置（d 表示桩径）

使用全站仪严格按要求对钻孔进行实地测放，测放成果经现场监理复核后方开始施工。钻探完毕后再利用仪器重复核勘探孔的坐标和孔口高程。

钻进过程中，保证钻杆的垂直度，取芯长度根据机械参数及岩性可做调整，所有芯样均应排放整齐、编号齐全，装入芯箱，统一存放。

（2）桩基施工

本工法中，桩基两桩合一，既是永久结构的端承桩，又是临时基坑的支护桩，必须严格控制桩基施工质量。由于是排桩，施工时应注意必须采用“跳打法”，以减少成孔过程对邻近已完桩基的影响，避免桩基施工串孔问题的出现。

首先，用全站仪按图纸设计坐标进行实地放样，标定桩基位置。再用混凝土保护木桩，木桩上钉铁钉做十字桩将孔中心固定。以备埋设护筒、钻机就位、下钢筋笼使用。放样完毕后，由测量监理工程师对放样桩位进行复测，以保证其放样精度达到规范及设计要求。

孔口护筒采用 3 ~ 5mm 厚钢板制作，可以做成整体或两个半圆形。同时，为增加刚度防止变形，可在护筒的上下端和中部的外侧各焊一加劲肋。护筒应高出施工地面 0.3 ~ 0.5m，高出施工水位 1.5 ~ 2.0m，其直径应比桩径大 0.2m 左右；埋设护筒时，用吊机吊护筒缓慢放入坑内，利用坑内的基准点调整护筒的中心，利用孔口的四个点调整护筒的垂直度，待满足要求后，护筒四周用黏性土回填，边填边夯实，直至地面。护筒的轴线中心位置偏差不得大于 5cm，倾斜度的偏差保证不大于 1%。为防止锤击护筒时护筒上部变形，在护筒上部的外圈焊一条 150mm 高、12mm 厚的钢板保护，其上部宜开设 2 个溢浆孔。

成孔过程需要泥浆护壁。为了使泥浆有较好的技术性能，必要时可在泥浆中投入适量的添加剂。泥浆性能指标及测定方法如表 5.1-1 所示。

泥浆性能指标及测定方法　　**表 5.1-1**

序号	项目	性能指标		测定方法
1	相对密度	开孔时	1.2 ~ 1.3	相对密度计
		易塌孔处	1.3 ~ 1.5	
		黏土层	1.1 ~ 1.3	
2	黏度	18 ~ 28s		500cc/700cc 漏斗法
3	含砂率	≤ 8%		含砂率计
4	胶体率	≥ 95%		静止澄清

冲孔桩机正常钻进时，要注意均匀、连续钻进，且钻进过程中随时捞取钻渣。当遇到特殊情况需停钻时，提出钻头，补足孔内泥浆，始终保持孔内规定的水位和泥浆的相对密度、黏度。在砂土层中钻进时，要及时开启泥浆分离器，降低含砂率，保证钻进速度和孔壁的稳定。在冲进过程中要经常检查是否出现偏孔现象，如发现偏孔应回填片石至偏孔上方 300 ~ 500mm 处，然后重新冲孔；冲击成孔冲入基岩后，每钻进 100 ~ 500mm 应清孔取样一次：非桩端持力层段高为 300 ~ 500mm；桩端持力层段高为 100 ~ 300mm。分析取样满足设计要求后准备终孔验收。遇到孤石时，高低程交替冲击，将大孤石冲碎或挤入孔壁；采取有效的技术措施，以防扰动孔壁造成塌孔、扩孔、卡锤和掉锤。

钻孔达到设计深度并终孔验收后，应及时进行清孔。桩身混凝土的灌注采用导管法。

4. 小结

在原设计隧道支承桩所在轴线上加密设置混凝土灌注桩，原设计支承桩与新增的排桩需同时考虑支承桩和支护桩的受力性能，实现了混凝土灌注桩排桩（端承型）“以支承为主、支护为辅”的永临结合的“一桩两用”功能。新增排桩与原设计支承桩全部进入结构底板，既作为支承桩，同时也作为基坑支护桩，结构稳定性好，受力机理相对简单。采用结构底板＋腰梁＋水平对拉锚索的支护型式锚索用量较少，施工难度较低，且通过永久结构作为临时结构使用。

5.2 水平对拉锚索预埋安装施工技术

1. 技术内容

在广州白云国际机场北进场路下穿隧道 A4 节段，除了新增混凝土灌注桩以外，还增加了两道水平对拉锚索，该水平对拉锚索采用强度为 1860MPa 的 4ϕ15.2 预应力钢绞线，设计锁定力为 200kN。

2. 重点难点

北进场路下穿隧道 A4 节段，除了新增混凝土灌注桩以外，还增加了两道水平对拉锚索，水平对拉锚索需从一侧的排桩间隙内穿入，并在砂层内钻进 32m 后，从另一侧排桩的间隙内穿出。而该排桩间隙理论值仅约 200mm，施工精度要求极高。锚索对穿施工极大可能打入桩身内部，破坏桩身结构。且锚索所在范围全是砂层，锚索钻进成孔过程极易塌孔对，施工质量控制难度大。

3. 实施步骤

采用“土方开挖→锚索预埋并张拉锁定→土方回填”的施工工艺，实现水平对拉锚索免成孔且全过程可视化安装，提高了水平对拉锚索的安装速度，同时确保了锚索的安装精度和质量。

第一步（图 5.2-1），隧道范围内土方开挖至第二道水平对拉锚索位置。考虑到隧道外侧支承桩（兼做地铁车站和城轨车站的基坑支护桩）的受力平衡，地铁车站和城轨车站的基坑土方需与隧道范围内土方同步开挖。土方开挖时，为减少对下部土方的扰动，最后 300mm 应采用人工开挖的方式，并在开挖完成后立即浇筑垫层。

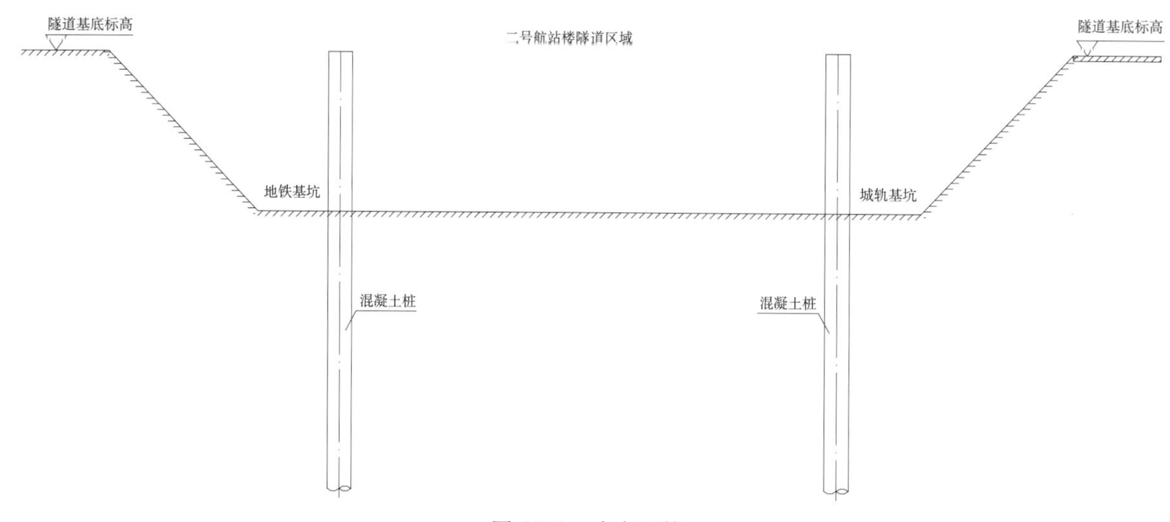

图 5.2-1 土方开挖

第二步（图 5.2-2），安装第二道水平对拉锚索，施工腰梁，并张拉锁定第二道水平对拉锚索。

安装前，根据地铁车站和城轨车站基坑间距及腰梁截面尺寸，确定锚索有效长度，并在两端各预留 1.5m 以上的张拉长度，从而根据有效长度和张拉长度确定锚索实际长度。安装时，锚索应从隧道外侧支承桩（兼作地铁车站和城轨车站的基坑支护桩）桩间空隙穿过，并保证锚索的绝对水平度以及与隧道外侧支承桩（兼作地铁车站和城轨车站的基坑支护桩）所在立面的垂直关系，即：整条锚索应位于同一个标高上并同时垂直于隧道外侧支承桩（兼作地铁车站和城轨车站的基坑支护桩）所在立面。

待腰梁强度达到设计强度的 90% 后，采用千斤顶对预应力锚索进行张拉。张拉时，可根据锚索长度选择一端张拉或两端张拉的方式。一端张拉时，先锁定锚索的一端，然后在锚索的另一端进行两次分级张拉。第一次张拉值可取设计控制张拉应力的 70%，第二次张拉值宜按超张拉 10% ~ 15% 控制。张拉荷载分级逐步施加，当荷载增加到 1.1 ~ 1.2 倍设计荷载时，观测 10 ~ 15min。如果变形无变化，锚索保持原状，油泵上压力表指针无返回现象，方可卸载到设计荷载，进行锁定作业。张拉共分五个量级进行，即张拉荷载分别按设计吨位的 25%、50%、75%、100%、110% 逐级依次进行。除最后一次超张拉要求静载持续 30min 外，其余四个量级中，每级持续时间均为 5min，上述五个量级的张拉均应在同一工作时段完成，否则应卸荷重新再依次张拉。张拉各量级稳定前后，均应量测钢绞线的伸长值与回缩值，若实测伸长值与理论伸长值相差超过 10% 或小于 5%，应停止张拉，查明原因后才能重新张拉。

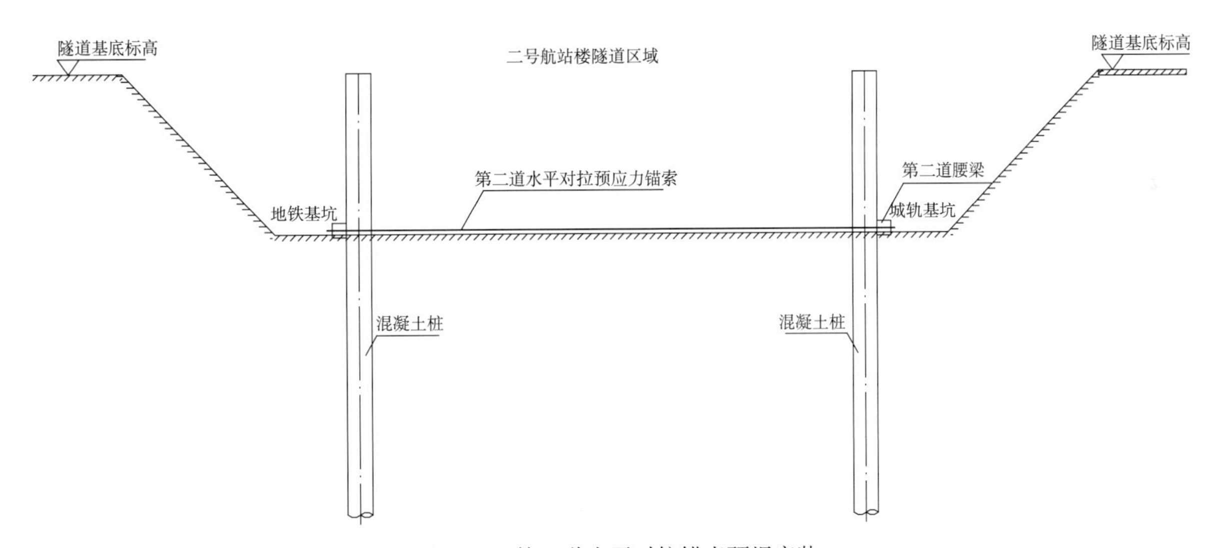

图 5.2-2　第二道水平对拉锚索预埋安装

第三步（图 5.2-3），隧道范围内土方回填至第一道水平对拉锚索位置，而后安装第一道水平对拉锚索，施工腰梁，并张拉锁定第一道水平对拉锚索。回填时，可采用黏土回填，但考虑到回填质量，宜采用石屑回填。回填应分层并夯实，若采用人工打夯，分层厚度应控制在 200mm 以内；若采用压路机压实，分层厚度可适当加大，但不应超过 350mm。回填压实度视上部结构功能及基础形式确定，但不宜小于 94%。

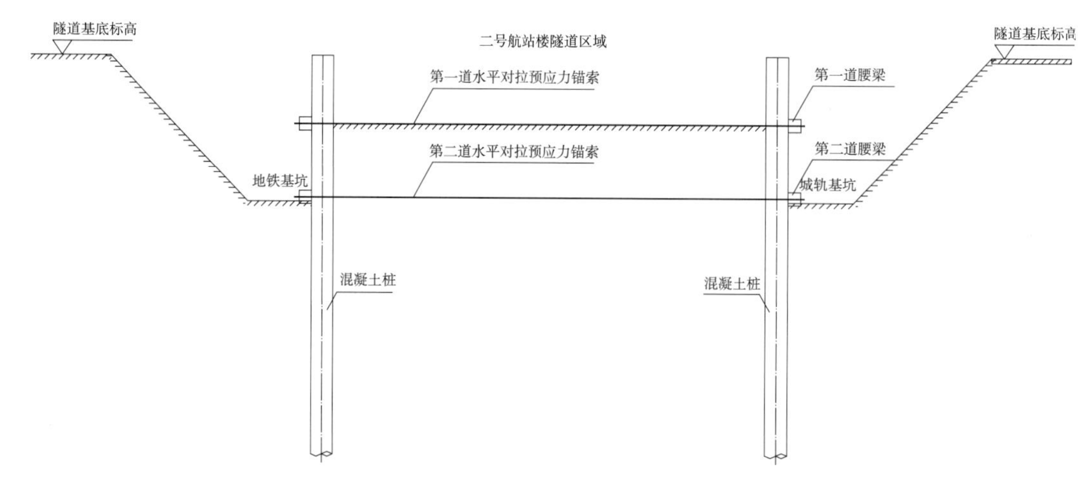

图 5.2-3 土方回填并预埋安装第一道水平对拉锚索

第四步（图 5.2-4），在水平对拉锚索预埋安装完成后，继续将隧道范围内土方回填至结构底板垫层底标高，而后开始施工隧道垫层、防水及保护层，并最终完成隧道结构底板施工。底板结构施工时，应注意对桩身侧斜管的保护，且当测斜管不足以凸出结构底板面时，应接长侧斜管，以利于在结构底板施工完成后，能够继续监测桩体深层水平位移。除此以外，还应在结构底板的底筋与面筋上均匀布置应变片，以利于后期监测结构底板的应力变化。

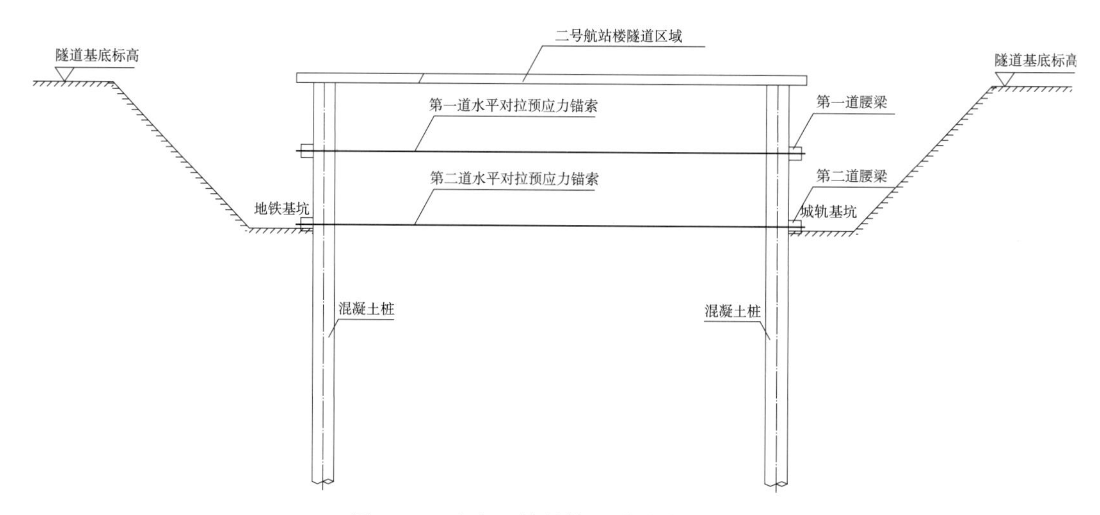

图 5.2-4 土方回填并施工隧道底板结构

4. 小结

通过简单的土方开挖与回填，实现了水平对拉锚索的全过程可视化安装，解决常规施工方法在砂层成孔的困难，解决在极小桩净距下的定位精度难题，也解决常规顶管设备信号无法穿透大体积混凝土的难题，在降低施工难度的同时大大提高了锚索安装精度与质量，确保基坑支护安全。整个施工过程，减少锚索成孔设备的投入，也减少锚索安装的人工投入，因锚索埋深较浅，土方开挖与回填的工作量增加较少，整体效益较好。

5.3　重力式挡墙结构设计与施工技术

1. 技术内容

地铁车站和北进场路下穿隧道的基坑均属于交通中心及停车楼的坑中坑项目，且在地铁车站和北进场路下穿隧道的北侧部分，由于其独特的地理位置关系，形成了北凸出部（凸出交通中心及停车楼范围，伸入二号航站楼下方）。

广州白云国际机场整个大基坑主要采用地下连续墙支护结构，在北凸出部处，其北侧、西侧和东侧也均采用了地下连续墙支护结构，并设置了 3 道混凝土内支撑。在北凸出部东南角，为了减少基坑土方开挖、减少大基坑地下连续墙的设计深度，采用了分级支护（保留反压土）的形式，其靠近北进场路下穿隧道一侧采用了 14 条呈“L”形布置混凝土灌注桩支护，分布范围仅 14.2m × 3.8m，其东侧和南侧还紧邻城轨项目，城轨项目也在进行桩基础和地下连续墙施工。凸出部土方已开挖至 6.25m 标高，并在继续向下开挖，导致原设计混凝土灌注支护桩的位置已形成临空面，桩机几乎无法就位成孔，否则很容易造成桩机倾覆、坍塌等安全事故（图 5.3-1、图 5.3-2）。

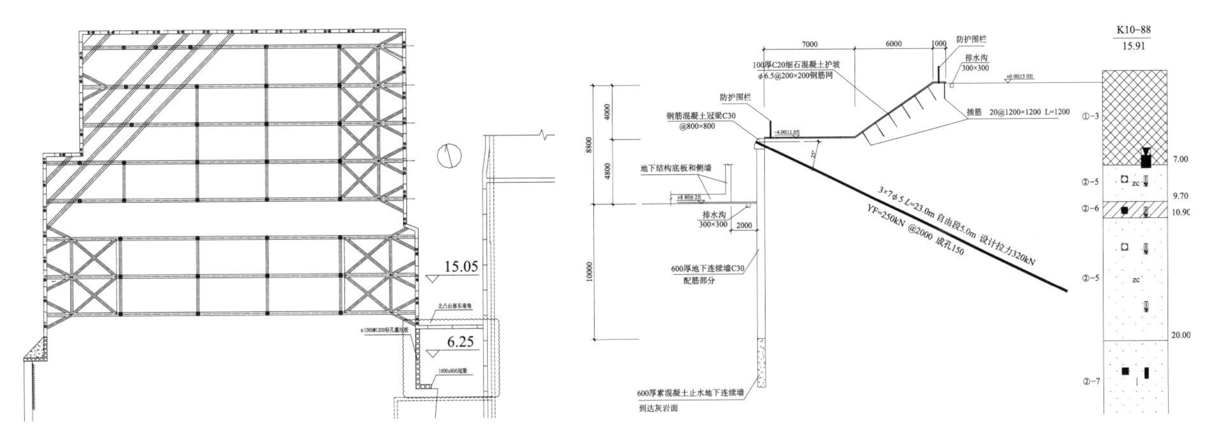

图 5.3-1　北凸出部东南角基坑支护平面　　图 5.3-2　基坑支护南北向剖面示意图

2. 重点难点

桩基施工需要组织超前钻探以确定桩底标高，若发现溶洞还需对溶洞进行处理。但本工程工期相对紧张，土方开挖不能等这 14 条支护桩施工完成后再进行。14 条支护桩成“L”形布置，分布范围仅 14.2m × 3.8m，其东侧和南侧还紧邻城轨项目，城轨项目也在进行桩基础和地下连续墙施工。凸出部土方已开挖至 6.25m 标高，并在继续向下开挖，导致原设计混凝土灌注支护桩的位置已形成临空面，桩机几乎无法就位成孔，易造成桩机倾覆、坍塌等安全事故。

3. 实施步骤

发明了一种基坑边坡支护装置及方法，通过搅拌桩、旋喷桩和钢板桩的组合，形成一种新型的重力式挡墙，取代了传统的基坑支护桩，克服了场地条件的限制，在保证施工质量与基坑安全及施工机械设备安全的前提下，加快了施工进度。见图 5.3-3 ~图 5.3-5。

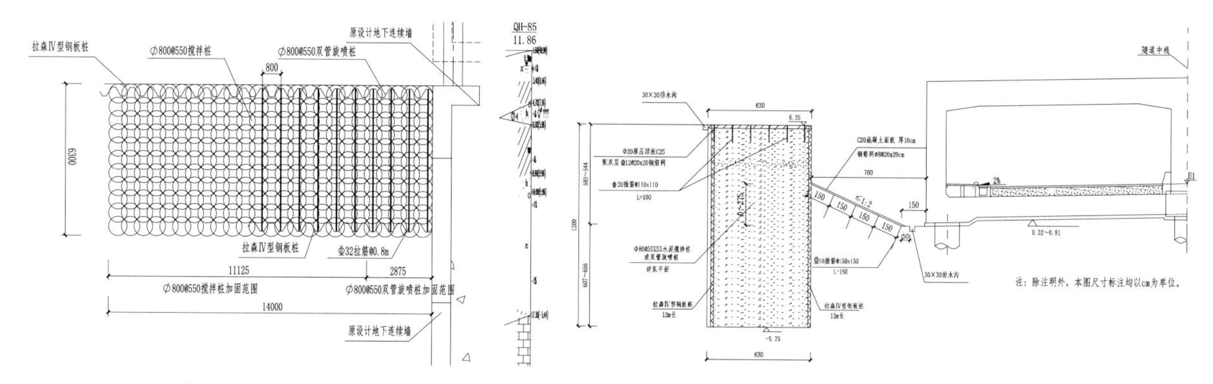

图 5.3-3 北凸出部东南角基坑支护平面

图 5.3-4 北凸出部东南角基坑支护东西向剖面

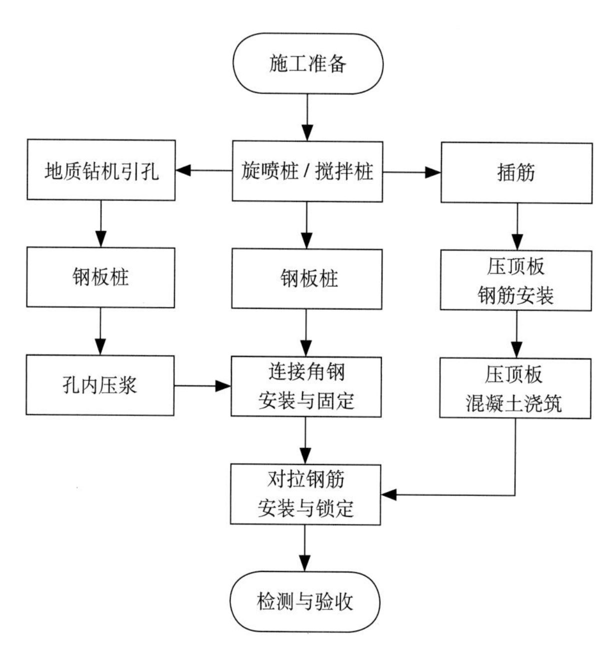

图 5.3-5 组合重力式挡墙施工流程

（1）搅拌桩及旋喷施工

搅拌桩采用 ϕ 800@550×550 大直径水泥搅拌桩，桩长 12m，采用 42.5R 普通硅酸盐水泥，水灰比为 0.6，每米水泥用量不少于 150kg。

旋喷桩采用 ϕ 800@550×550 双管旋喷桩，桩长 12m，采用 42.5R 普通硅酸盐水泥，水灰比为 1.0。采用四喷四搅施工工艺，高压水泥浆喷射压力不小于 25MPa，提升速度小于 0.15m/min，每米水泥用量不少于 300kg。

由于场地条件的限制，根据两种桩机设备的不同特性和能力，施工时，先施工北侧靠近地下连续墙侧的 5 排双管旋喷桩，再逐步向南推移，施工搅拌桩。

（2）钢板桩施工

按照设计方案，在整个地基处理范围的最西侧，以及最东侧约一半的搅拌桩 / 旋喷桩内，需打入钢板桩。钢板桩为拉森Ⅳ形钢板桩，桩长 12m（与搅拌桩 / 旋喷桩长度相同）。

正常情况下，在相应位置的旋喷桩/搅拌桩施工完成并初凝后但终凝前，应安排打入相应的钢板桩。

(3) 压顶板施工

在每一根搅拌桩/旋喷桩施工完成后，立即在桩顶中心位置插入一条1m长的 ϕ20钢筋(HRB400)，其嵌固段长800mm，外露段长200mm（与压顶板厚度相同）。在所有搅拌桩/旋喷桩和钢板桩均施工完成后，开始安装压顶板钢筋。压顶板钢筋（HRB400）ϕ12@200×200，安装时应与钢板桩和插筋焊接固定，以增强整体性能。钢筋安装并验收合格后，浇筑200mm厚C25压顶板混凝土并进入养护期。

(4) 连接钢板桩

为增强钢板桩的整体性能，在每一排钢板桩两侧均采用∟160×12角钢连接（图5.3-6），且两排钢板桩之间，再行设置Φ32@1600的对拉钢筋（HRB400）将两排钢板桩对拉连接。钢筋两端需采用直螺纹滚丝机进行螺纹加工，加工长度应满足钢板桩两侧锁紧螺母安装需求。

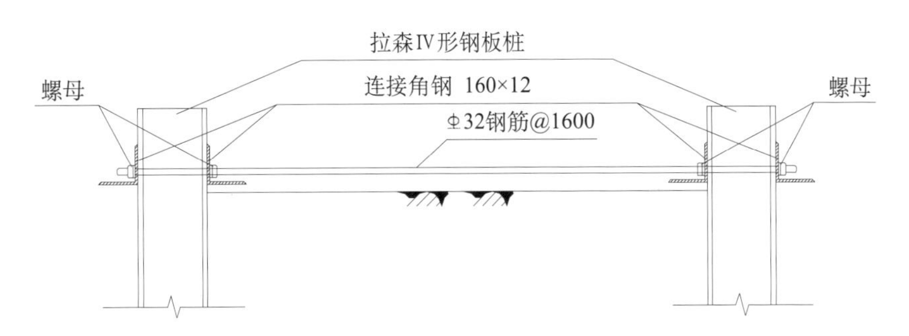

图5.3-6　钢板桩连接大样

(5) 检测与验收

实施中，所有水泥、钢筋、混凝土等材料，均需按照对应的规范进行取样送检。同时，为了保证地基处理效果，需对搅拌桩/旋喷桩进行抽芯检测，其28d无侧限抗压强度不应低于1.5MPa。所有检测合格后，及时组织验收并进入下一道工序。

4. 小结

通过将基坑支护桩优化为组合重力式挡墙后，避免了施工支护桩之前的超前钻探及溶洞处理工序，采用搅拌桩、旋喷桩和钢板桩的组合工艺，克服了场地条件的限制，在保证施工质量与基坑安全及施工机械设备安全的前提下，大大加快了施工进度，最终确保了凸出部的施工节点。而钢板桩本身是一种可周转的支护结构，但用于此组合支护体系后，由于其埋入水泥搅拌桩或旋喷桩内，且支护时间长达数月，导致后期无法拔出，这也将是后续推广时尚需研究克服的问题，从而能更好地控制工程造价。

5.4　装配式边坡支护技术

1. 技术背景

兰州中川国际机场工程高铁基坑深度25m，边坡处于高填方区，为短期强夯回填而成，顶部

10m 深范围采用 1：0.5 两级放坡，边坡支护面积约 8000m^2，支护方式采用土钉墙加网喷混凝土。

对施工的工期及环保要求极高。坡面和竖向布设 ϕ 48 × 3.0mm 钢花管，坡面采用新型绿色装配式复合支护面层 GRF01M-A 系列，钢花管外端头设置压板，通过钢丝绳将钢花管在横向与纵向连接，紧贴面层，形成一个整体对坡体进行防护。

2. 技术特点与难点

创新采用装配式复合支护面层代替网喷混凝土作为坡面防护，并用钢花管加固土体，通过连接构件连接成整体，避免了土体浸水及松散土颗粒掉落，确保了边坡支护安全性。同时该面层材料具有可回收、再利用的特性，绿色、环保性能好。

技术难点：高填方区土质比较疏松且土体具有高压缩性和不均匀性，承载力较低，浸水后易失陷，安全管理难度大；项目工期紧、环保要求高，而喷锚工艺需现场制作钢筋、喷射混凝土及混凝土养护，耗时较长，且喷射混凝土扬尘较大，工期和环保要求均难以满足。

3. 施工工艺

（1）工艺流程

边坡修整→钢花管施工→高填土区注浆→安装绿色可回收面层→安装钢丝绳、压板及封边→支护结束后回收面层。

（2）边坡修整

土方开挖从大里程依次向小里程方向开挖，每层土方开挖高度为 2m，开挖时，采用小型夯实机具局部进行补夯，加强土体的稳定性，并采用小型挖掘机对边坡进行修整，保证边坡平整。

（3）钢花管施工

利用全站仪及钢尺测放出土钉孔的孔位，孔位矩形布置，纵横向间距为 1.5m × 1.5m。

成孔采用多功能锚杆钻机，钻杆与水平面成 15° 夹角，孔深依次为 12m、10m、8m，如图 5.4-1 所示。成孔时严格控制孔位、孔径、孔深以及角度，成孔过程中做好成孔记录，按钢花管编号逐一记载取出土体特征、成孔质量、各孔最终参数。成孔后清除孔内的碎土、杂质和泥浆，并用编织物将孔口堵好。

插入钻孔的锚杆要求顺直、无锈，采用人工将钢花管推送到孔底。

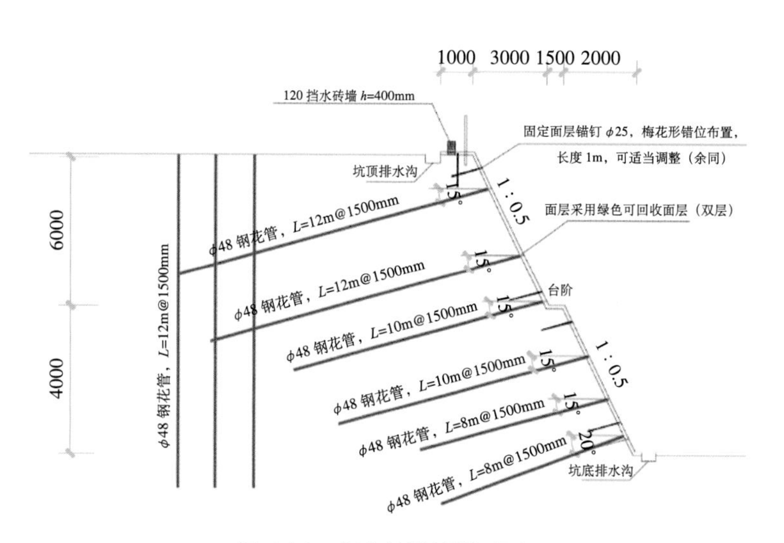

图 5.4-1 钢花管设计断面图

（4）高填土区注浆

用搅拌机搅拌配置水泥浆，设计水灰比为1.0。用压浆机对锚杆孔进行压浆，压浆强度M30，第一次注浆压力为0.8MPa，在孔口部位设置浆塞，注满后保持压力3～5min，注浆时，注浆管端部至孔底的距离不大于200mm，注浆管出浆口应始终埋入注浆液面内，应在新鲜浆液从孔口溢出后停止注浆。注浆后，当浆液液面下降时，应进行补浆，在初凝前再采用2MPa压力补浆1次。

待水泥浆强度达到设计强度的75%后即可开挖下层土，重复上述施工步骤直至基坑底部为止。锚杆按规范要求进行抗拔试验。

（5）安装绿色可回收面层

注浆完成后，铺设双层GRF01M-A系列可回收面层。首先按照开挖情况，每开挖一层土进行一次单层面层铺设，采用ϕ12钢筋固定。土方开挖全部完成后，再整体铺设第二层面层，采用1m长ϕ25钢筋进行固定，间距为1.5m，呈梅花形布置。在修整好的每级边坡上第二层成品面层材料，面层与边坡之间应贴紧，不能出现鼓包，面层与面层之间用铁丝搭接牢固。

面层与面层搭接的宽度要符合设计要求，而且搭接范围要保证足够的平整、顺直、搭接的强度满足相应的技术标准。

（6）安装钢丝绳、压板及封边

先在钢花管端头伸出的螺栓上缠绕钢丝绳一圈并拉紧，再装上直径150mm，厚度4mm的圆形钢垫板，最后用螺帽紧固钢垫板使压紧钢丝绳。通过钢丝绳将钢花管可靠地连接在一起，并将面层固定在坡面上，形成一个整体对坡体进行防护，如图5.4-2和图5.4-3所示。

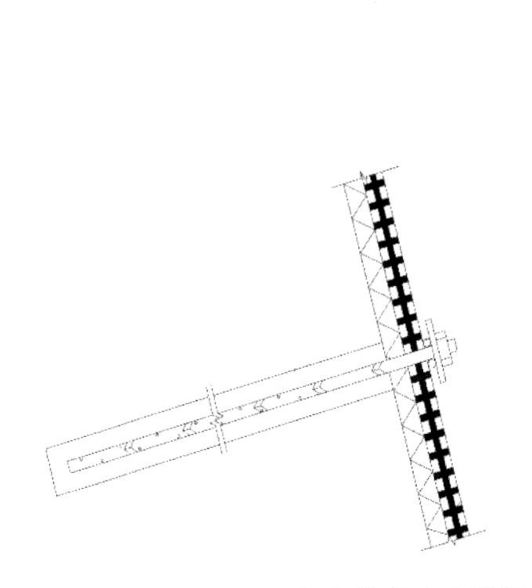

图5.4-2　钢花管接头大样图

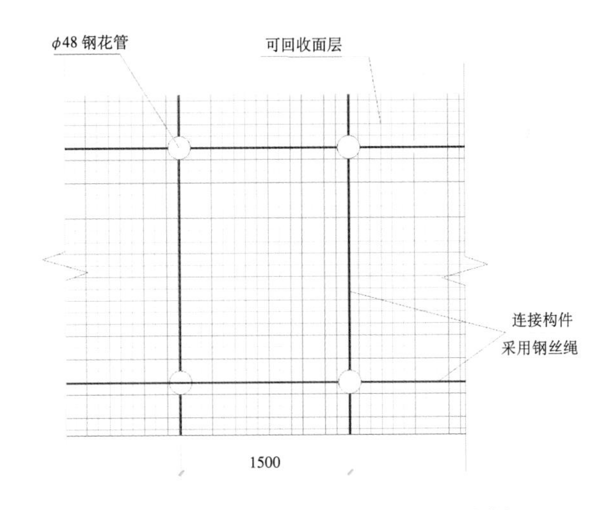

图5.4-3　装配式面层支护立面大样图

为确保回填土区边坡稳定，坡顶和坡底采用C20素混凝土对铺设完成的轻质面层材料进行封边处理，混凝土厚度10cm，宽度1m。坡顶、坡底装配式面层需延伸通过排水沟，进入硬化道路1m，保证在施工期雨水不能渗入边坡内，如图5.4-4所示。

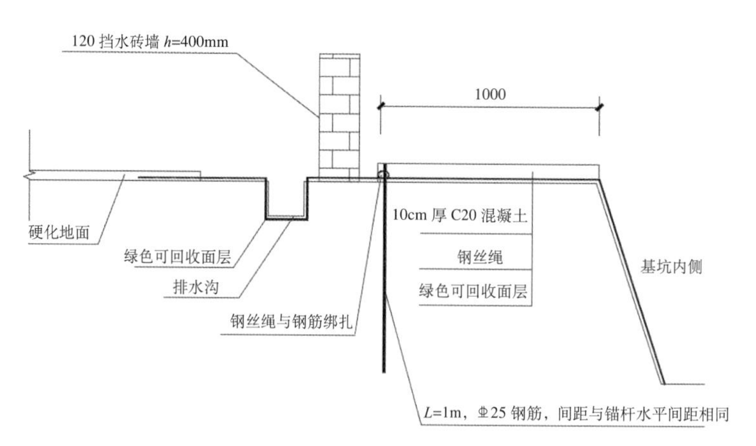

图 5.4-4 坡顶封边大样图

（7）支护结束后回收面层

基坑支护结束后，对边坡支护面层材料进行回收。回收时，首先拆除钢花管管口螺母和压板，再解系钢丝绳，最后揭除绿色可回收面层。从底部到顶部，每 2m 作为一个施工段，拆除面层 2m 后立即进行回填，分层拆除，基坑分层回填。对回收的面层材料进行清理、储存或回炉、再次加工处理，加以重复使用。回收过程中应严格监测边坡的变形和稳定性，确保回收过程安全可控。

4. 实施效果

装配式边坡支护污染小、材料消耗率低、边坡面层可回收利用，有利于绿色、环保。施工简便快捷，节省现场制作钢筋、喷射混凝土及混凝土养护时间，有利于节约工期。

第 6 章　桩基础施工关键技术

基础是机场航站楼的重要组成部分，一方面作为上部建筑物的承重结构，将建筑物的重量均匀地传递到地基中，并控制上部建筑的沉降，确保建筑物的稳定性和安全性；另一方面，基础可以通过坚固的结构和适当的设计，能够在地震时分散和吸收地震荷载，减轻地震对建筑物的影响。基础施工技术的应用需要考虑多种因素，如地质条件、荷载分布、施工设备等。在应用过程中，需要结合实际情况选择合适的施工技术，并严格按照设计要求进行施工，确保上部结构的稳定和安全。

6.1　高填方区接桩施工技术

1. 技术背景

贵阳龙洞堡国际机场扩建工程，底板底标高为 -10.45m，基础为桩基础，场地自然地面标高最低处为 -33.44m，需回填土石方的深度约 23m，原施工工艺为先成桩，后回填，将桩基分 4 次施工，逐段接长至设计桩顶标高。

按照现场实际施工状况上述现行施工工艺导致了较多的施工困难，具体如下：

（1）不能满足工期要求：进场时，原施工工艺已不能满足工期要求，自然地面以上部分，在使用早强混凝土的条件下需要 44d。

（2）不能满足设计要求：成桩后进行回填，不能有效解决负摩阻问题，加大了桩身荷载，桩径参数需重新设计。

（3）不能满足质量要求：桩间回填时，碰撞、侧向挤压对桩身产生影响，产生不可预见的破坏。

（4）工程所在地为喀斯特地貌，在挖桩过程中经常会出现未勘察到的溶洞，给桩基施工很大困难。

2. 高填方区接桩技术的提出

经项目部技术管理及现场施工人员进行研究后决定采用边成孔、边回填，后浇筑桩身混凝土的工艺，成孔采用砖砌护壁，成功解决以上三个难题。

（1）满足工期要求：一个接桩周期为 6d（砌筑回填穿插每段 5d，同时加工钢筋笼，钢筋连接浇筑混凝土 1d）。不增加早强混凝土等投入的情况下，总计 24d 成桩。

（2）满足设计要求：成桩前，土石方已回填，消除了负摩阻增加的荷载。

（3）满足质量要求：成桩后，无桩间回填，不会对桩身造成破坏。

3. 技术创新点

采用砖砌桩基护壁，实现了高填方区接桩施工的创新。

4. 施工技术概述

标高分布：相对标高的正负零为 1130.75m。9 轴线～ 20 轴线为 -0.6 ～ -1.95m；21 轴线～ 28 轴线为 -16.5 ～ -3.15m；29 轴线～ 34 轴线为 -20.75 ～ -16.7m；35 轴线～ 39 轴线为 -33.44 ～ -20.75m。设计为桩基础，新建航站楼通过结构变形缝分为四个区，见图 6.1-1。

建设工期紧，受工期制约，常规的施工工艺不能满足工期要求，综合设计情况、地质条件、当地回填料的供应情况，不断优化施工工艺，最终用先成孔、回填，后浇筑桩身混凝土的施工工艺。

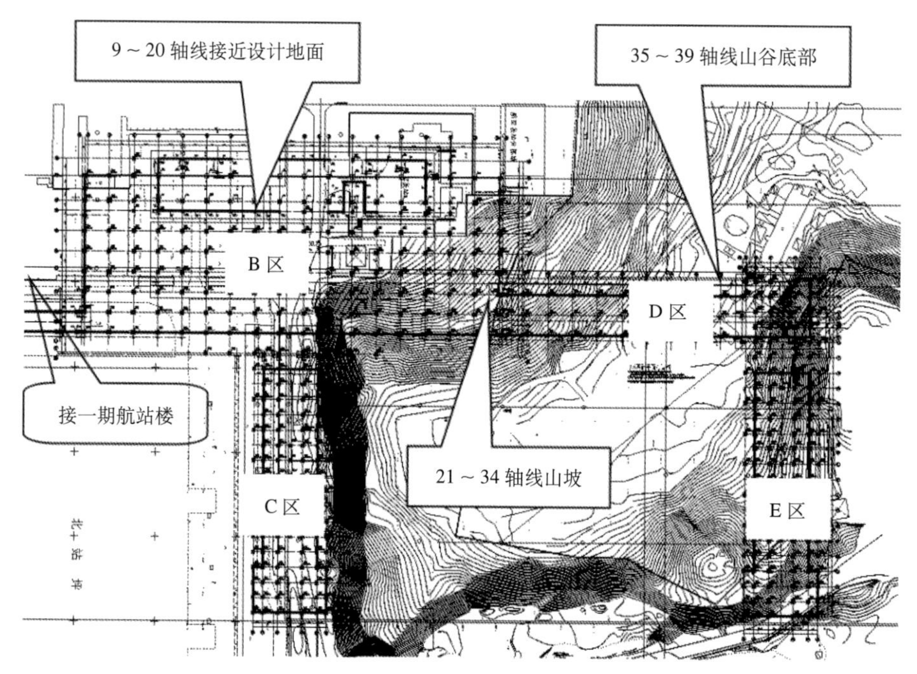

图 6.1-1 地形示意图

5. 高填方区接桩技术施工工艺及技术措施

（1）回填方案

经中国民航机场建设集团机场工程科研基地与北京中企卓创科技发展有限公司，联合进行的针对回填料和回填方式的试验研究，最终优选，确定采用当地的山皮石进行回填，分层厚度 0.5m，振动碾压 8 遍，达到设计要求的 96% 的压实度。

（2）接桩方案

采用边成孔、边回填，后浇筑桩身混凝土的方案，该接桩方案通过专家论证，公司审批，监理批准后实施，且达到了预期效果。

（3）工艺流程，见图 6.1-2。

（4）场地平整

现场根据地形，场平至便于机械布置。采取高挖低填的方法，现场形成“梯田”状地貌。设临时便道，利于材料的运输。

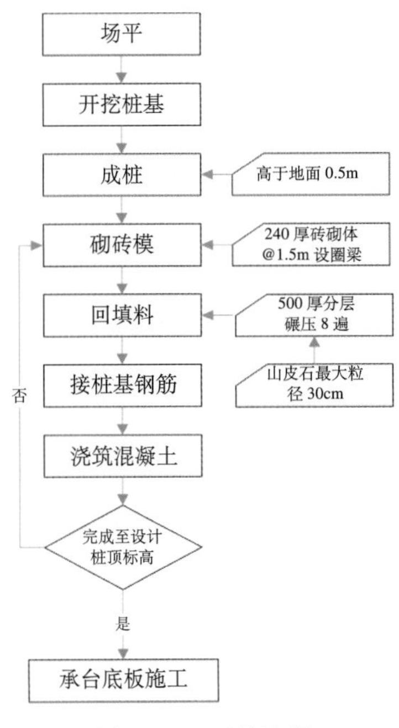

图 6.1-2　工艺流程

(5) 人工挖孔桩

人工挖孔桩普通施工工艺按照规范要求进行，本工程接桩技术特殊要求如下：

桩基钢筋安装时，高于地面 600mm，同一截面 50% 错开 35d，高于地面 1500mm。混凝土浇筑的施工缝，高于地面 500mm。

(6) 砖模砌筑

采用 M10 水泥砂浆，370 页岩实心砖，C25 强度等级的混凝土浇筑圈梁，内配 4ϕ12 三级钢，箍筋 ϕ6@200。砖模厚度为 370mm，每 2.25m 高，设置圈梁一道。

进度要求：每天砌筑高度为 1.5m，并完成圈梁的混凝土浇筑，B 区分为 2 个区，D 区分为 2 个区，E 区分为 4 个区流水施工。

(7) 回填碾压工艺流程

基层处理→分层摊铺→分层压（夯）密实→分层检查验收

(8) 钢筋工程连接方式

纵筋直螺纹机械连接，螺旋箍筋采用绑扎搭接。

(9) 接桩施工缝处理

1) 在已硬化的混凝土表面上，清除水泥薄膜和松动的石子以及软弱的混凝土层，同时加以凿毛，用水冲洗干净并充分湿润不少于 24h，残留在混凝土表面的积水应予清除，并在施工缝处铺一层水泥浆或与混凝土内成分相同的水泥砂浆。

2) 接桩施工缝位置，钢筋周围的混凝土不受松动和损坏。钢筋上的油污、水泥砂浆及浮锈等杂物也一并清除。

3) 从施工缝处开始继续浇筑时，要注意避免直接靠近缝边下料。机械振捣前，向施工缝处逐渐推进，并距 800 ~ 1000mm 处停止振捣，但加强对施工缝接缝的捣实工作。

（10）桩垂直度保证措施

1）砖模砌筑过程中，要求挂线保证垂直度。

2）混凝土浇筑前对砖模进行垂直度测量。

3）浇筑混凝土过程中控制混凝土出口与混凝土面间距，减小混凝土冲力。

4）混凝土浇筑完成后，利用全站仪进行再次复合桩心位置，发现偏差下次接桩时及时予以纠正。

（11）桩身溶洞处理

1）桩底溶洞

桩底出现溶洞，现有持力层就不能满足承载要求，所以采取继续下挖孔桩至下一个持力层的方法来解决承载问题。

2）桩身侧面溶洞

整个桩孔完成之后，采用永久钢模板对桩身四周进行整体封堵，钢模板放置完成之后进行钢筋笼的吊装和混凝土浇筑。

6. 实施效果

该技术方案实施完成后，通过安装的11台静力水准仪监测，最大沉降量0.17mm，施工质量优良，一类桩比例达到97%，顺利通过验收。

6.2 复杂地质条件下大直径超长灌注桩施工技术

1. 技术背景

兰州中川国际机场三期扩建工程是创甘肃民航新历史的超级工程。拟建场地占地面积大，地质条件相对复杂多样，场区内大量分布着角砾、细砂地层，且分布深度在5～42m，厚度大。场区内分布着大面积的湿陷性黄土、盐渍土等不良土体，还夹杂有暗河、深坑等前期地质勘探未完全探明的不利场地，且地下水水位及分布也不均匀，地下水主要为基岩裂隙潜水，沟谷孔隙潜水和盆地内洪积滩地孔隙潜水三类。本项目工程桩基采用钻孔灌注桩，桩径800mm和1000mm，成孔后垂直度非常严格，要求在1%以内，桩径偏差≤-50mm，桩位偏差：1～3根桩、条桩基沿垂直轴线方向和群桩基础中的边桩$d/6$且不大于100，条形桩基沿轴线方向和群桩基础的中间桩$d/4$且不大于150。灌注混凝土前，孔底500mm以内的泥浆相对密度应小于1.25，含砂率不得大于8%，黏度不得大于28s。且本项目工程桩为大直径超长桩，容易出现钢筋笼上浮、沉笼、导管拔空、埋管、桩位偏位偏差较大、桩头冒水等质量通病，且国内相关技术经验较少。为确保项目工程质量，针对上述技术难题，研发了复杂地质条件下大直径超长灌注桩施工关键技术。地下水位分布见图6.2-1。

2. 重难点分析

（1）桩身的耐久性问题

本项目地勘期间正值枯水期，地下水埋深在地下25m左右，根据地勘报告地下水对构筑物有轻微的腐蚀作用。根据地下水的赋存条件，地下水类型主要为基岩裂隙潜水，沟谷孔隙潜水和盆地内洪积滩地孔隙潜水三类，地下水主要地表降水补充。根据该地区以往工程建设经验，地下水变化范围为25～37m。根据地勘报告中地下水位测量数据判断，本项目建设场地内地下水分布上

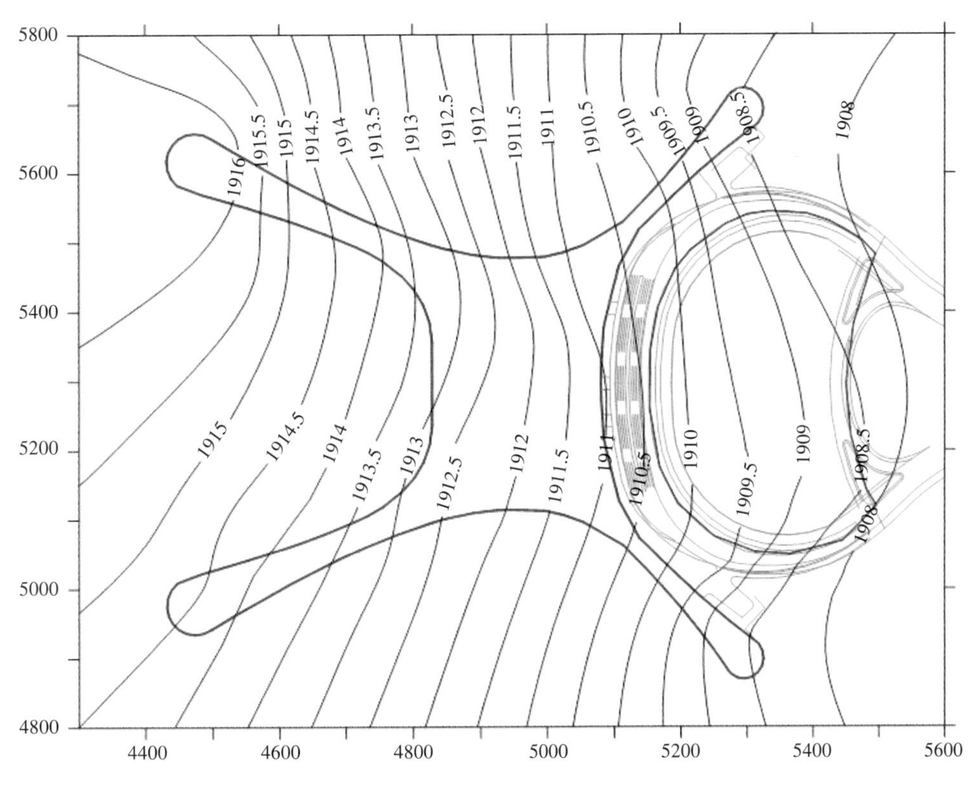

图 6.2-1　航站楼地下水位分布图

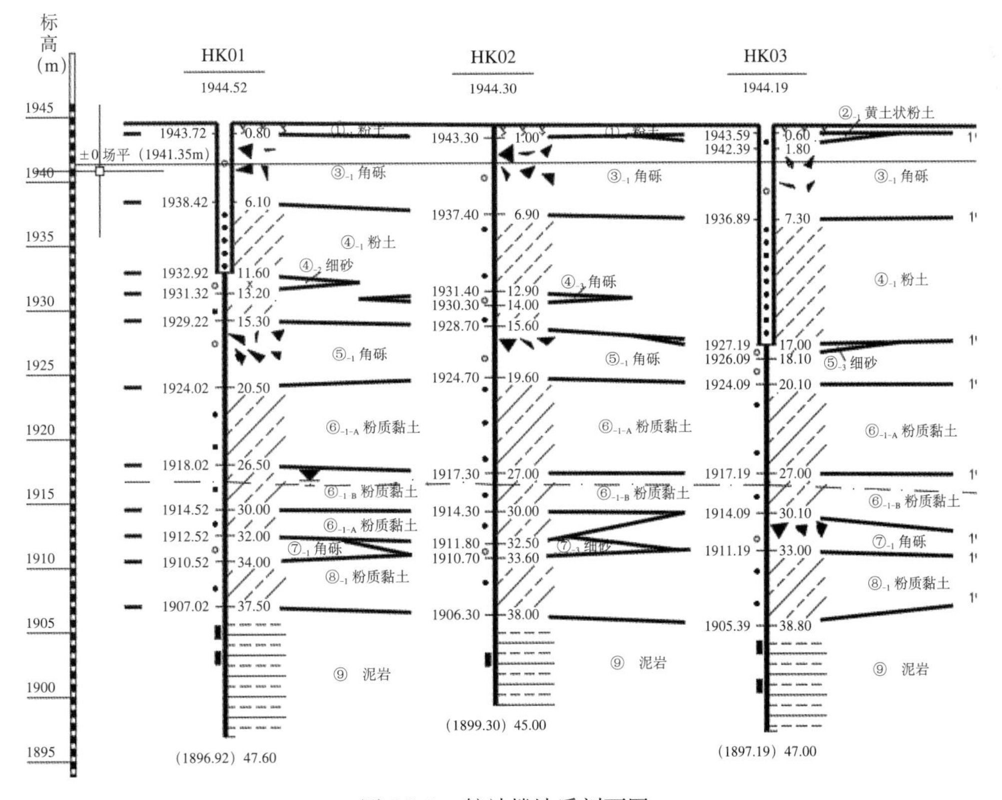

图 6.2-2　航站楼地质剖面图

北东高、南西低，测量水位差为3m，存在地下水常年径流现象。且拟建场地内分布有大面积的盐渍土，依据地勘报告该区域内的盐渍土类型为亚硫酸氯盐渍土、亚氯盐渍土，所以在桩基施工时要添加抗硫阻锈剂KS150。如此复杂的地质条件，对桩身的耐久性要求很高。且上部结构为大面积工建工程，该地区桩基在施工时要重点考虑桩身的耐久性问题（图6.2-2）。

（2）成孔质量控制

本项目工程桩多达5500余根，桩径为800mm和1000mm，桩长均在55～65m之间。桩的数量庞大且根据工程桩设计数据本项目工程桩为大直径超长灌注桩，且场地内存在大面积的人工回填土，回填土厚度5～10m，回填土取自拟建场地内黄土状粉土，现场回填压实困难；由于拟建场地内黄土状粉土极易成孔时坍孔，在选取成孔施工工艺时不能选择干作业成孔，也不能选择传统在地面挖泥浆沉淀池的泥浆护壁成孔工艺；必须选择一种能适合本项目复杂地层条件下的泥浆护壁施工工艺，且要求该施工工艺在施工时必须控制泥浆液面在回填土以下，有自主过滤钻渣的装置；如何解决回填土地区容易出现的坍孔、缩颈等质量通病是桩基成孔时必须要解决的问题。

（3）成桩质量控制

由于本项目场地地质条件复杂，且表面回填土较厚等难题，所以项目采取了加长护筒、反循环钻进、化学泥浆护壁、成渣检测、桩身完整性检测和注浆修复等措施控制成桩质量。

（4）基坑放坡开挖对工程桩承载力影响

本项目地下结构主要为地下管廊、地下室、换乘大厅，管廊基坑开挖最低标高为-10.7m，地下室基坑开挖最低标高为-5.5m，换乘大厅基坑开挖标高为-12.35m。按照本项目的施工部署，地表清理后进行地基处理和桩基施工，桩基施工完成后进行地下室和管廊的基坑开挖。按照这种施工部署难免引起一个施工难题：在基坑开挖放坡过程中难免会影响已施工的桩基。由于本项目的桩基类型都是端承摩擦桩，其中桩身摩擦力起主要作用，在基坑开挖放坡过程中，难免会剥离桩身原状土，影响桩基的承载力标准值。基于此，本节就基坑开挖引起桩身原状土的剥离对桩基承载力的影响进行研究，计算基坑开挖深度对于桩基承载力特征值的影响程度，确定开挖深度的临界值，为项目基坑开挖影响桩基承载力提供理论依据。

3. 关键技术创新

（1）耐久性的保障措施

基于拟建场地复杂的地质条件，考虑从设计和现场试验两个方面着手解决桩身耐久性。设计方面与同类型大型共建桩身保护层厚度相比，保护层厚度增加至80mm，同类型水下灌注桩保护层厚度为50mm；现场试验方面测试过多组同条件或更严格条件下，桩身耐久性试验数据显示加入抗硫阻锈和抗渗等级P14能满足该地区桩身耐久性要求。

（2）成孔保障措施

研发了利用北斗定位系统，对成孔垂直度进行实时监测并修正的技术；解决了钻孔深度不足、桩身垂直度偏差的问题，实现了对施工过程中钻孔深度、桩身垂直度实时监测，对孔深不足进行现场提示。项目发明了一种双泵反循环泥浆护壁施工工艺，该施工工艺可控制泥浆液面在回填土以下位置，在反循环泵管上连接钻渣过滤装置，然后形成一个循环；该项施工工艺安全可靠，解决了回填土地区容易出现的塌孔、缩颈等质量问题。且针对本项目地质条件，研发了适合拟建场地的泥浆比重，解决了超长灌注桩容易塌孔、缩颈等施工难题。

（3）成桩质量的控制措施

干作业钻进到孔深后换平口钻头清孔的施工技术，解决了使用钻孔钻头清孔沉渣质量差的通病；水下成孔后检测孔深，采用测绳和钻杆进行双控，安装钢筋笼前采用旋挖进行一次清孔；下钢筋笼、安装导管时段会造成泥浆停止循环，泥浆中的悬浮物会下沉、钢筋笼刮擦、局部掉渣或塌孔造成沉淀，灌注前5min采用导管进行泥浆置换二次清孔，清孔时导管首先插入孔底，然后提升20cm进行清孔，时间控制在5～10min，通过观测孔口泥浆和水头，使孔底沉渣完全悬浮后立即灌注，灌注时导管距离孔底控制在40cm。

（4）基坑放坡开挖对工程桩承载力影响分析

计算参数：

地质勘探结果表明，拟建工程场地在设计基底50m范围内，地基土主要由② $_1$ 黄土状粉土（地基处理完成）、③ $_1$ 角砾、③ $_3$、粉土、④ $_1$ 粉土、④ $_2$ 细砂、④ $_3$、角砾、⑤ $_1$ 角砾、⑤ $_2$ 粉土、⑥ $_{1A}$ 粉质黏土、⑥ $_{1B}$、⑥ $_2$ 角砾、⑥ $_3$ 细砂、⑦ $_1$ 角砾、⑦ $_3$ 细砂、⑧ $_1$ 粉质黏土、⑧ $_2$ 角砾、⑧ $_3$ 细砂、⑨泥岩。本项目泥浆护壁钻孔灌注桩桩端持力层入⑨泥岩不小于1m。见图6.2-3。

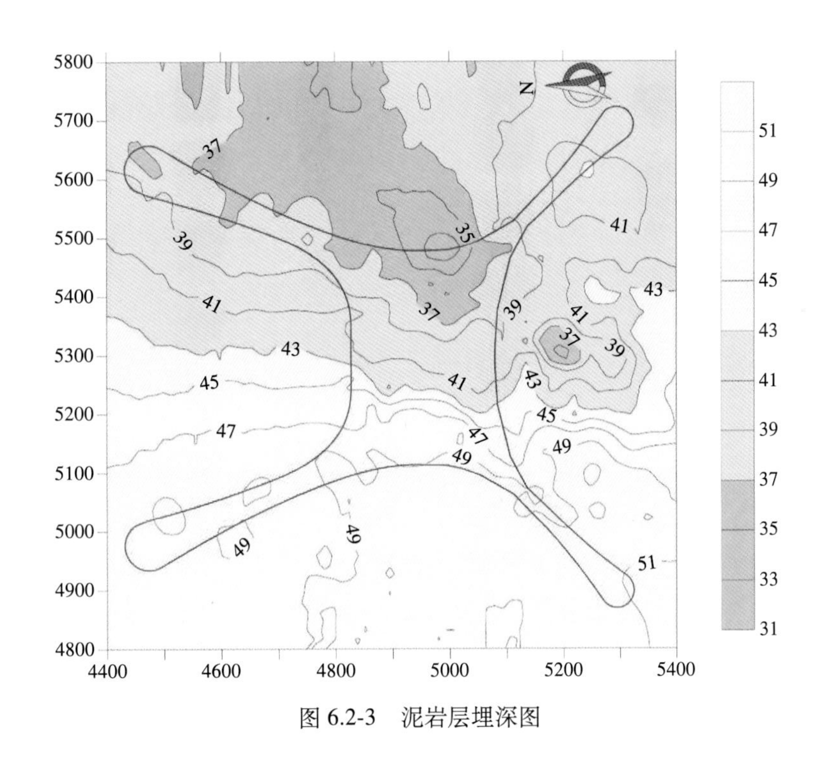

图6.2-3　泥岩层埋深图

结合本项目换乘大厅基坑开挖放坡区域及地质勘探点平面布置图，选择勘探点平面布置图45-45剖线HK168号勘探点位置桩基进行研究分析。土方开挖临界深度示意图，见图6.2-4。

按照兰州中川国际机场项目桩基设计说明，本项目单桩承载设计值最大为6400kN，考虑1.25的荷载组合值系数，本项目的单桩承载力特征值为：

$R_a = 6400 \div 1.25 = 5120\text{kN}$

计算出土方开挖的临界深度为：0.6+5.7+1.0+0.24=7.54m

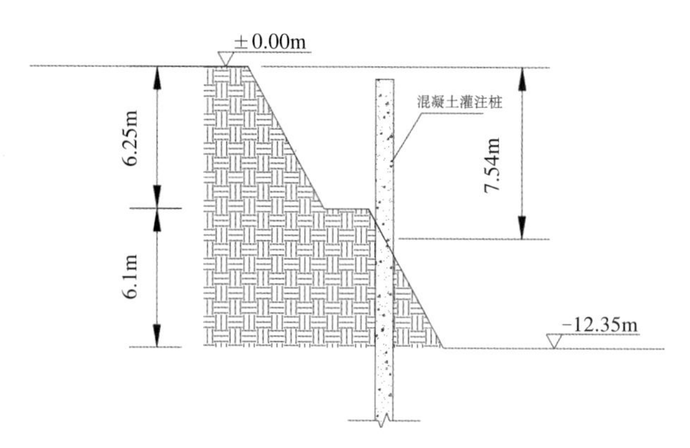

图 6.2-4 土方开挖临界深度示意图

4. 适用范围

本关键技术适用于对桩基质量要求严格的大型公建群桩基础，也适用于地质条件复杂的大面积盐渍土地区，也适用桩径大、桩长等建筑物。

6.3 智能化桩基工程施工技术

1. 技术背景

成都天府国际机场 T1 航站楼工程地质条件复杂，大部分为软弱地基，桩基共计 5055 根，均为大直径机械成孔灌注桩。桩基工程体量大，质量要求高。对桩长验算效率、施工远程管理、数据记录整理、准确测定孔底沉渣厚度、避免机械碰撞等有着更高的要求，在工期紧张、现场环境特殊的情况下，如何提升桩基施工的综合管理水平，保证桩基施工进度、施工质量尤为重要。

技术难点：

（1）本工程桩基共计 5055 根，均为大直径机械成孔灌注桩，数量多、分布广、多机械作业，传统的全人工管理耗用管理资源多，且效率低下，工期、安全、成本等目标难以实现。

（2）本工程桩基质量需全数达到二类桩要求，且一类桩占比 95% 以上，而工程地质条件复杂，一半以上区域为强夯高回填土，上层滞水多，桩基施工均为水下作业，水下成孔环境复杂且难以观测，质量控制难度大。

2. 技术特点

（1）开发了“桩长验算软件 V1.0”，通过软件代替人工进行群桩桩长验算，保证计算的高效性、准确性和及时性；软件采用网络数据库，不受终端设备、应用程序和地域的限制，便于远程共享数据、异地使用和操作。

（2）开发了“旋挖钻机云远程监控系统 V1.0”，实现桩基成孔施工数据自动记录、无线传输、预警分析与远程控制，解决了桩基数量多、分布区域广带来的管理效率低的难题。

3. 施工工艺

（1）工艺原理

1）桩长验算软件是基于网络共享数据库的循环计算软件，应用时根据输入的验算范围以及桩长信息，对桩长是否满足设计要求的刚性条件进行计算，识别出不满足要求的桩基，同时计算出桩长调整值。

2）旋挖钻机云远程监控系统是对成孔钻机安装数据采集、发射设备等硬件，并开发网络数据中心和用户端使用匹配的系统操作软件。桩基施工时成孔机械单次进尺深度、累计钻孔深度、单次钻进时间、钻进速率、钻杆垂直度、旋挖机发动机油压、旋挖机位置坐标等数据均可自动传输保存至网络数据，打开软件即可读取并下载。同时，施工过程中，可在电脑或手机终端实时读取现场施工数据，监控现场施工状态，根据数据情况进行预警分析并采取措施。

3）对成孔机械安装红外线防碰撞报警系统，施工作业时，开启该系统，机械旋转半径范围内出现人或物，即触发探测仪，在驾驶室内出现报警提示，从而提高机械操作的安全性，避免现场机械伤害，见图 6.3-1。

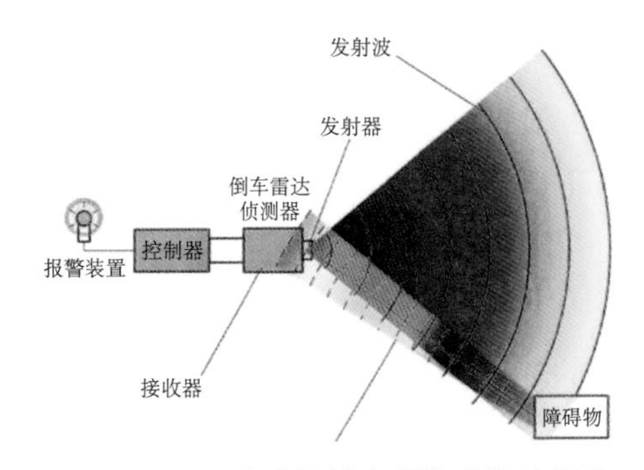

图 6.3-1　成孔机械防碰撞系统示意图

4）水下摄像设备是采用带有光源和红外线的水下摄像机及图像显示器，实时监测孔壁成型、孔深、孔内水深、孔底沉渣厚度等情况，并可清晰记录孔内情况和异常地质，留存现场原始影像资料。

（2）工艺流程

施工准备→测量放线→钢筋笼制作、验收→桩基机械成孔（成孔数据设备远程监控、红外感应防碰撞）→桩孔质量验收（孔下摄像、如有超深采用刚性角验算桩长）→吊放钢筋笼→混凝土灌注成桩→达到龄期后桩基检测。

（3）桩基机械成孔

1）钻机就位时，首先选择合适的钻头，检查各仪表显示是否正常，完成桩机深度清零，钻杆应保持垂直稳固，钻头中心点与桩位位置、钻杆轴线与桩位中心线重合。对中后，锁定行走系统。

2）采用旋挖钻成孔是利用旋挖钻杆上的液压电机往下压，并利用扭矩旋转，使旋挖钻头挤压并旋转切入土体，使渣土直接装入钻头内，然后再由钻机提升装置和伸缩式钻杆提出孔外卸土，这样循环往复，不断地取土卸土，直至钻至设计深度。

3）成孔全过程应用云远程监控系统进行远程管理：

①现场开始成孔作业时，登录施工设备云远程监控系统，安装于成孔设备上的数据采集器采集施工数据，并将施工数据无线传输至数据中心；同时可在电脑或手机终端接收到桩基成孔的实时数据，从而实现对施工状态的实时远程监控；

②施工机械成孔作业前，预设成孔深度，达到或超过预设深度后，用户端显示界面出现报警提示，预防施工超深；

③施工参数通过系统自动分析，输出分析结果，如对钻进深度、单次进尺、钻进时间等数据进行分析，显示实时钻进速率，并输出钻进出速率曲线，用以判断地下土层是否异常，见图 6.3-2；又如对钻杆坐标及位置进行分析，输出钻杆垂直度，以便提醒操作人员及时调整设备，保证桩基垂直度；

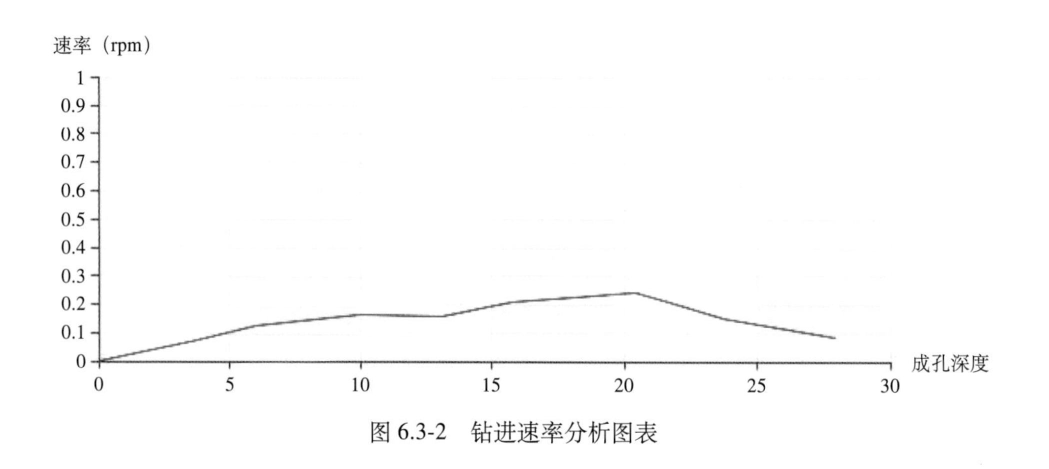

图 6.3-2 钻进速率分析图表

④施工数据自动保存并通过用户操作软件导出。

成孔机械作业过程中，开启红外线防碰撞系统，对施工作业进行全过程安全预警。如在机械安全报警范围内出现人或物，驾驶室内发出报警提示，提醒操作人员采取措施，防止碰撞。

（4）桩孔质量验收

成孔后，对其孔深、孔径、垂直度、孔底沉渣、入岩情况等各项指标依据规范及设计要求进行验收。

1）采用孔下摄像机拍摄检查成孔质量及孔底沉渣

开启孔下摄像机从孔口依次下放，并打开显示屏，监看孔壁成型情况，如有异常，重点进行拍摄；到达孔底，进行竖向拍摄，观察孔内积水及孔底沉渣情况；根据摄像机下放深度计算成孔深度。

2）对于局部超深桩基，采用桩长验算软件进行刚性角验算并做调整

将需要验算的桩长与相对坐标数据导入验算软件，同时选择相互影响的桩基范围，点击刚性角补偿验算进行计算，输出验算结果。如该区域桩长不满足刚性角要求，同时输出需要调整的桩基及调整值。

4. 实施效果

本技术的实施，解决了复杂地质条件下桩基施工管理效率、质量控制、安全管理等方面的难题，显著提高了桩基工程施工的技术水平，同时为工程设备生产行业提供了新的思路，有利于推动施工设备的更新换代和建筑行业生产水平的发展，进而提高社会生产力水平。

第 7 章　大体积混凝土及地下结构施工关键技术

机场大体积混凝土施工技术是指用于机场工程中大体积混凝土浇筑的一系列施工技术。包括材料选择、配合比设计、浇筑方法、振捣、养护以及防裂措施等。机场航站楼中存在大量的超长、超大面积钢筋混凝土施工，按照要求需要设置后浇带，但是由于钢筋密集，后浇带两侧施工缝的凿毛清理困难，后浇带混凝土浇筑间隔时间长，清理困难等问题，往往更容易导致渗漏。因此，现在的机场航站楼大体积混凝土施工中，经常采用“跳仓法”施工技术。

“跳仓法”施工是在不设后浇带情况下解决超长、超宽、超厚的大体积混凝土裂缝控制和防渗问题。施工原理是利用混凝土“抗与放”的设计原则，即“抗放兼施、先放后抗、以抗为主”的原理，对于前 7d 收缩值，用“放”的跳仓施工法，7d 后混凝土的强度可以抵抗其余的收缩应力，因此采用“抗”的方法。先放后抗，即先释放混凝土早期的塑形收缩应力，经分析科学划分“跳仓块”，把超长混凝土带分成若干块，取消后浇带，采用施工缝预埋止水钢板，并编号标注，通过跳仓方式分段浇筑，并采取材料、结构、施工管理综合措施，严格实施，有效控制混凝土早期裂缝。

机场大体积混凝土施工技术的应用需要考虑多种因素，如混凝土体积、结构形式、施工环境等。在应用过程中，需要结合实际情况选择合适的施工技术，并严格按照设计要求进行施工，确保机场大体积混凝土工程的施工质量。

7.1　高寒地区超大面积混凝土跳仓法施工技术

1. 概况

一般超长、超大面积混凝土钢筋密集，后浇带两侧施工缝的凿毛清理困难，后浇带混凝土浇筑间隔时间长，原来浇筑的混凝土收缩已完成，后浇带混凝土的干缩容易造成新老混凝土连接处产生裂缝，会导致渗漏。

西宁曹家堡机场采用跳仓法可以实现地下室结构无缝施工，一次性浇筑成型。避免出现后浇带贯穿整个地下室结构的情况，减小基础底板及外墙防水施工控制渗漏的难度。跳仓施工缝采用快易收口网，减小仓间混凝土浇筑间歇时间，施工缝清理简便易行，保证新旧混凝土浇筑面的粘结强度，提高接缝处的抗渗性能，结构整体性好。

2. 跳仓法施工技术特点

（1）应用跳仓法施工，极大程度地防止有害裂缝的产生。

（2）缩短混凝土的间歇时间，节约了施工工期。

（3）减少渗漏，提高质量。

（4）极大地周转了材料，为后续工程提前插入提供了便利条件，进而节约工期。

（5）模板支撑体系留置时间相比较短，给室内回填和二次结构穿插带来极大便利，节省了工期。

“跳仓法”施工要求加强原材料质量控制与结构的保温、保湿措施，充分利用混凝土的后期强度等措施，以避免产生有害开裂。

3. 工艺流程

施工准备（结构分仓、确定时间、原材料选择及配合比优化）→混凝土施工→收光打磨→湿水养护→施工缝处理→跳仓浇筑混凝土→裂缝监控。

主要施工工艺及操作要点：

（1）分仓划分图

依据“跳仓法”工艺及设计中后浇带将基础底板划分成20块仓块，其中A区8仓块，B区4仓块，C区8仓块，确保最大分块尺寸不大于40m×40m，跳仓间隔施工时间为7～10d，施工原则为“隔一跳一”。

C区第一阶段施工顺序为（4块）C1→C3→C6→C8，第二阶段为（4块）C2→C4→C5→C7。

B区第一阶段施工顺序为（2块）B1→B4，第二阶段为（2块）B2→B3。

A区第一阶段施工顺序为（4块）A1→A3→A6→A8，第二阶段为（4块）A2→A4→A5→A7。

跳仓施工分区见图7.1-1。

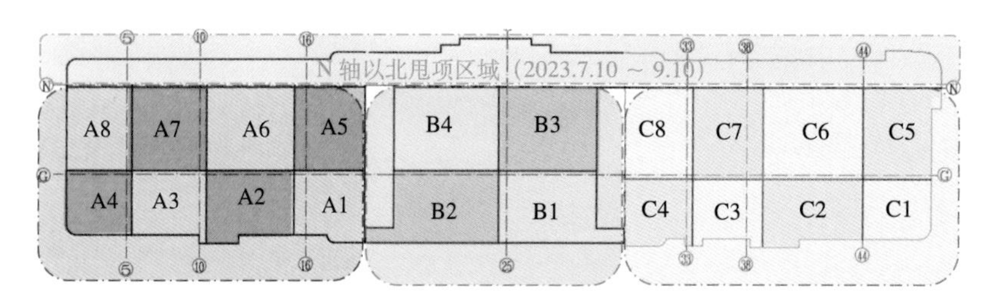

图7.1-1 底板跳仓施工分区

地下一层及地上结构跳仓施工分区及顺序见图7.1-2。

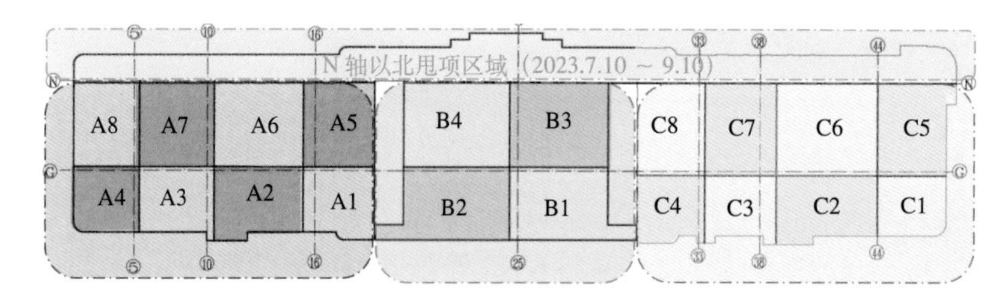

图7.1-2 地下一层跳仓施工分区及顺序

地下一层及地上结构以N轴以北3m处为界，北侧进行甩项后做，为站前高架施工预留作业面。

(2) 操作要点

1) 结构分仓

根据结构特点以及设计确定的后浇带，结合工期要求合理进行楼面分仓。跳仓原则：根据原设计的后浇带进行结构分仓，可以进行适当调整变形缝位置，跳仓距离必须小于框架现浇结构的变形缝最大间距；各分仓相互独立，只要不相邻的分仓便可以同时平行展开施工；封仓必须满足达到跳仓时间方能进行；分仓的长度及宽度控制在60m以内，分仓的变形缝宜设置在梁板跨度的三分之一处，也可选在梁板中部。

2) 确定跳仓时间

混凝土受气温变化收缩时间也会发生变化，夏季混凝土收缩较快，冬季混凝土收缩缓慢，根据气温的变化，夏季混凝土浇筑相邻楼面跳仓时间间隔为10d，冬季跳仓时间间隔调整为15d，以保证充分收缩，避免有害裂缝产生。

(3) 跳仓施工缝设计建议与施工要求

跳仓施工缝处使用快易收口网。

跳仓施工缝采取快易收口网阻隔，施工缝处表面粗糙，不需要凿毛，施工缝处浮浆等清洗后即可进行第二次混凝土浇筑，接缝处两次浇筑混凝土能粘结紧密。施工缝两边混凝土要振捣密实，每次浇筑完毕后施工缝处宽500mm的混凝土表面要用人工两遍收光。

(4) 大体积混凝土裂缝控制措施

1) 混凝土表面塑性收缩裂缝

混凝土浇筑后，表面没有及时覆盖，受风吹日晒，表面游离水分蒸发过快，产生急剧的体积收缩，而此时混凝土早期强度低，不能抵抗这种变形应力而导致开裂；使用了收缩率较大的水泥，水泥用量过多，或使用过量的粉细砂，或混凝土水灰比过大；模板、垫层过于干燥，吸水大等。

混凝土浇筑振捣后，粗骨料下沉，挤出水分和空气，表面呈现泌水，而形成竖向体积缩小沉落，这种沉落受到钢筋、预埋件、大的粗骨料局部阻碍或约束，造成沿钢筋上表面通长方向或箍筋上断续裂缝。

混凝土上表面砂浆层过厚，砂浆层比下层混凝土收缩性要大，水分蒸发后，极易产生凝缩裂缝。

2) 温度裂缝

表面温度裂缝：混凝土结构特别是大体积混凝土浇筑后，在硬化期间水泥放出大量水化热，内部温度不断上升，使混凝土表面和内部温差较大。当表面产生非均匀的降温时（如施工中过早拆除模板，突降大雨（雨季）温度突然骤降等），将导致混凝土表面急剧的温度变化而产生较大的降温收缩，表面混凝土受到内部混凝土和钢筋的约束，将产生很大的拉应力，而混凝土早期抗拉强度很低，因而出现裂缝。

贯穿性温度裂缝：当大体积混凝土基础、墙体浇筑在坚硬的地基或厚大的混凝土垫层上，没有采取隔离等放松约束的措施，如混凝土浇筑时温度很高，加上水泥水化热的温升很大，使混凝土的温度很高，当混凝土降温收缩，全部或部分地受到地基、混凝土垫层或其他外部结构的约束，将会在混凝土内部出现很大的拉应力，产生降温收缩裂缝。这类裂缝较深，有时是贯穿性的；较薄的板类构件或细长结构件，由于温度变化，也会产生贯穿性的温度和收缩裂缝。

(5) 收缩应力计算分析

1) 由于温度收缩应力始终与降温幅度成正比，故控制混凝土的内部水化温升大小，是控制温度收缩应力的关键，应努力从减小胶凝材料用量、用水量、控制入模温度等方面控制水化温升值与干缩值，本工程中底板混凝土的强度为C35对控制底板混凝土的裂缝有很大帮助，建议可采用60d强度，则对控制裂缝更为有利；

2）由于混凝土在早期特别是前28d内的松弛效应十分显著，应充分利用徐变松弛效应来减小结构内部应力的叠加，因此必须保证7d的跳仓浇筑间隔，让应力得到充分松弛后再累加，同时做好保温、保湿养护措施，让混凝土缓慢降温充分利用徐变松弛效应，也同时避免由于内外温差与表面干燥形成的表面收缩裂缝。

3）在不增加胶凝材料用量的前提下，提高混凝土本身的抗拉强度是控制裂缝的根本，主要从控制骨料的含泥量、优化骨料级配、细致的振捣与收光，局部增加细而密的配筋等方面入手。

4）冬期施工期间大体积混凝土的养护是防止混凝土产生裂缝的重要措施，通过加厚保温材料可减小里表温差及降温速率，有效防止前期裂缝的发展。

对于本工程，跳仓法在浇筑早期通过小块分仓，释放了大量早期水化热温度收缩应力；通过分仓间隔7d浇筑充分利用混凝土的徐变特性，使收缩应力逐段发生，每时段收缩应力得到了大量松弛后再叠加，连成整体后虽然计算长度较长，但此时由于收缩已较小不会引起较大的收缩应力，故使用跳仓法施工可保证本工程底板不出现有害贯穿性裂缝。对于由于内外温差引起的混凝土表面裂缝，将通过保温、保湿养护，进行控制。

4. 小结

西宁曹家堡机场三期扩建工程航站楼前交通系统工程施工及管理总承包GTC项目总建筑面积17.3万m^2，分为A、B、C三个区，其中A、C区地下一层，地上四层。B区地下一层，地上三层。A、C区分为8个仓，B区分为4个仓，总高23.5m。现场实施效果良好。

7.2 错层超大面积底板无缝跳仓施工技术

海口美兰国际机场二期扩建航站楼中心区 ±0.000以下，无地下室区域（浅区）深2.85m含隔震层，有地下室区域（深区）深9.25m含隔震层和地下室，基础底板面积为68081m^2（其中深区为33796m^2，浅区为34285m^2），平面尺寸约450m×197m，基础底板厚300～400mm，承台厚1000～8200mm，混凝土强度为C40 P8高耐久性补偿收缩混凝土，混凝土方量约67036.47m^3，底板钢筋主要为直径为C12、C16。基坑采用盆式开挖，分为浅区和深区两部分，待深浅交接处侧墙肥槽回填完后，施工深浅交接区的底板。浅区根据原设计后浇带位置设置12条竖向和1条横向跳仓施工缝，13条跳仓施工缝把基础底板和上部框架墙板分为33块；深区根据原设计后浇带位置设置8条竖向和3条横向跳仓施工缝，11条跳仓施工缝把基础底板和上部框架墙板分为22块，整个基础底板共划分为55块，平均每个板块面积约1238m^2。整个基础底板分区分块图如图7.2-1所示。

1. 深区基础底板施工

先将整个基坑划分为A、B、C三个区进行平行施工，每个区投入两个班组进行平行施工，每次浇筑两块板的混凝土。根据相邻仓7d后才可连成整体的原则，基础底板共分8批进行浇筑，第一批浇筑编号1的浇筑块；7d后第二次浇筑编号2的浇筑块；14d后浇筑编号3的浇筑块；21d后浇筑编号4的浇筑块；28d后浇筑编号5的浇筑块；35d后浇筑编号6的浇筑块；42d后浇筑编号7

的浇筑块；49d 后浇筑编号 8 的浇筑块；56d 后浇筑编号 9 的浇筑块。每块板编号及对应跳仓序号如图 7.2-2、图 7.2-3 所示。

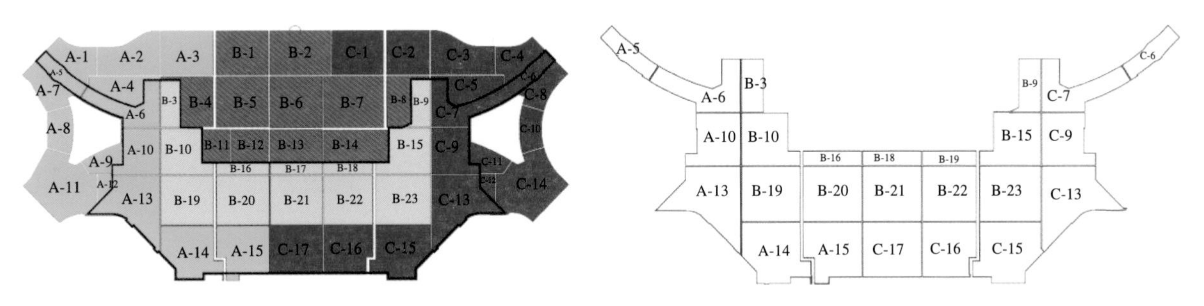

图 7.2-1　基础底板分区分块图　　　　图 7.2-2　-9.25m 处基础底板编号

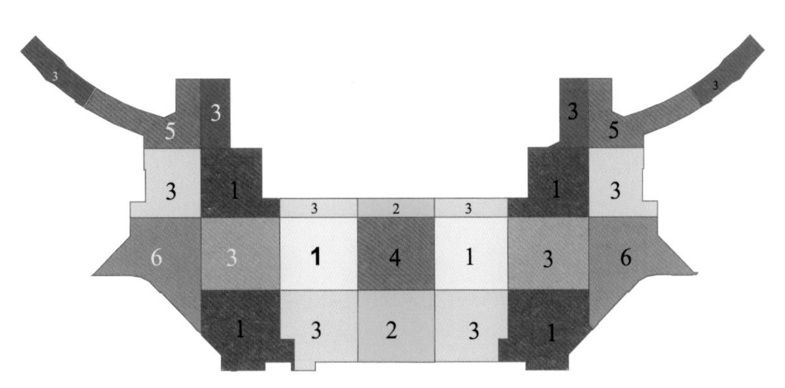

图 7.2-3　-9.25m 处基础底板对应跳仓编号

2. 浅区基础底板施工

按照 A、B、C 划分区域，每个区域投入两个班组进行平行施工。根据相邻仓 7d 后才可连成整体的原则，基础底板共分 8 批进行浇筑，第一批浇筑编号 1 的浇筑块；7d 后第二次浇筑编号 2 的浇筑块；14d 后浇筑编号 3 的浇筑块；21d 后浇筑编号 4 的浇筑块；28d 后浇筑编号 5 的浇筑块；35d 后浇筑编号 6 的浇筑块；42d 后浇筑编号 7 的浇筑块；49d 后浇筑编号 8 的浇筑块；56d 后浇筑编号 9 的浇筑块。每块板编号及对应跳仓序号如图 7.2-4、图 7.2-5 所示。

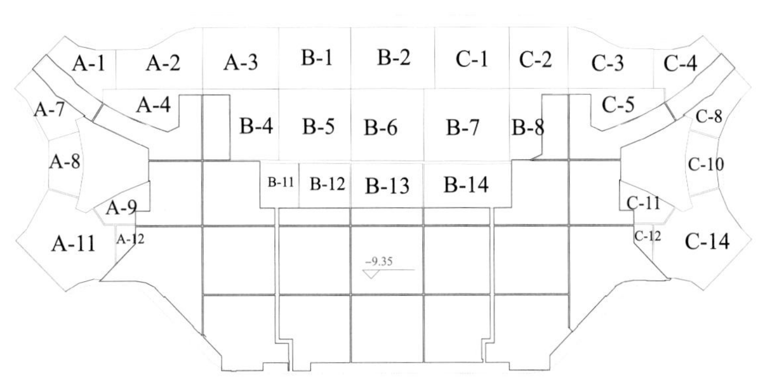

图 7.2-4　-3.25m 基础底板编号图

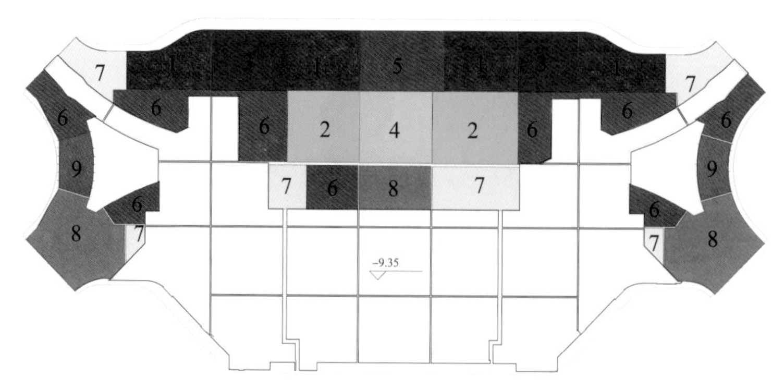

图 7.2-5 -3.25m 基础底板跳仓序号图

其中 A-1、A-4、A-7、A-8、A-9、A-10、A-11、B-4、B-11、B-12、B-13、B-14、B-8、C-4、C-5、C-8、C-10、C-11、C-12、C-14 区域包含底板、挡土墙及楼板临近深区（由于高低差施工工序的原因，挡土墙施工完成，防水及基坑肥槽施工完成之后才能进行底板的施工），将此三个区域分别划分为 8 个施工段，两个施工段浇筑时间根据各技术间歇要求，至少间隔 7d。当楼板与墙板由于施工条件限制没法满足跳仓要求时，可先留置后浇带时，但把后浇带看为一小仓，仍遵循相邻仓间隔 7d 施工的原则，进行跳仓施工。

跳仓施工缝处使用钢丝网收口加止水钢板。焊接 ϕ 14@200 钢筋成钢筋网片，钢筋网片上再绑扎不锈钢丝网，钢丝网收口，具体做法详图 7.2-6。跳仓施工缝采取快易收口网，施工缝表面粗糙，不需要凿毛，清洗后即可进行第 2 次混凝土浇筑，接缝处两次浇筑混凝土粘结紧密。

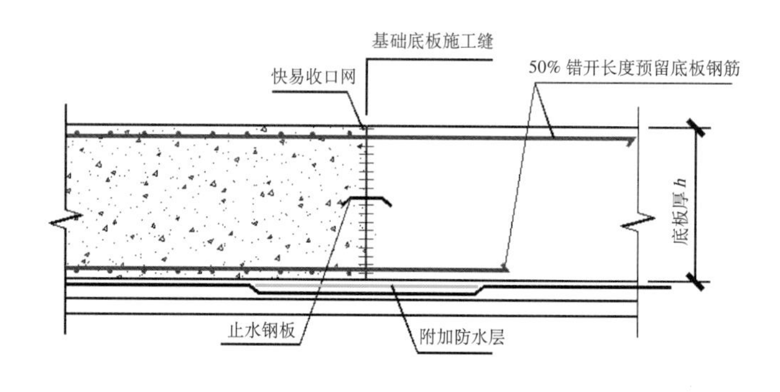

基础底板施工缝

图 7.2-6 跳仓法施工缝做法图

3. 小结

海口美兰国际机场二期扩建航站楼中心区底板，根据相邻仓 7d 后才可连成整体的原则，基础底板共分 8 批进行浇筑，实施效果良好。此施工技术解决大方量混凝土连续浇筑、立体穿插施工等技术难题，同时有效地解决超长、超宽、超厚大体积混凝土裂缝控制和防渗问题，简化施工工序，提高施工效率，节约施工成本，保证工程质量。

7.3　底部加腋高大侧墙模板施工技术

1. 技术背景

成都天府国际机场航站楼工程高铁设计年限为100年，主体结构形式为双线变六线连跨拱形封闭框架结构，单孔最大跨度21m，侧墙高度7.9m，厚度2m，底部设有加腋构造，腋角宽度1.5m，高度0.5m，详见图7.3-1，墙体采用C45 P10高耐久混凝土，根据设计提出的防水要求，侧墙模板加固禁止采用对拉止水螺杆。

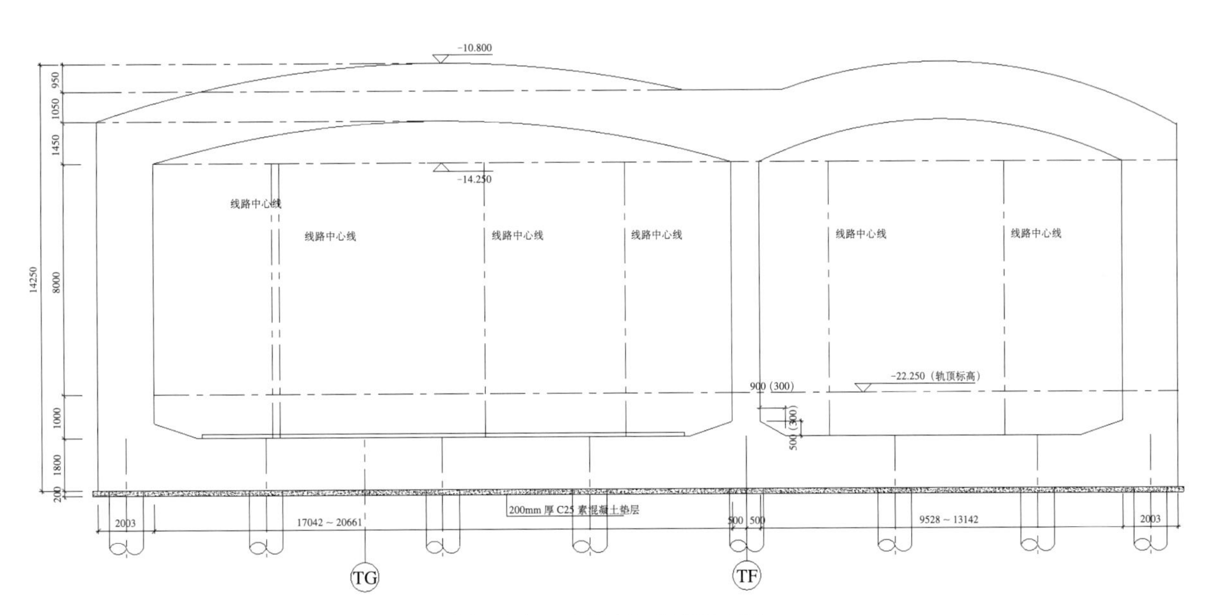

图7.3-1　高铁结构典型断面图

技术难点：

（1）侧墙高度7.9m，厚度2m，对墙体平整度和垂直度要求高。

（2）结构设计使用年限100年，防水要求高，模板加固不允许采用传统的对拉止水螺杆；单孔跨度最大达21m，常规的对顶支撑难以实施。

（3）墙体底部均设计有加腋构造，模板施工难度大。

2. 技术特点

（1）创新采用底部加腋高大侧墙水平滑移模板体系，通过将三角形钢桁架、模板面板及墙体底部预埋的螺杆三部分拼装成整体，并提前在三角形钢桁架底部焊接滑轮调节装置和安装滑轮，解决了高大侧墙模板既不能对拉、又不能对顶施工难题。

（2）研发了一种用于底部加腋水平滑移模板的滑轮调节装置，可根据墙体底部加腋构造的尺寸进行调节，模板体系可顺墙体长度方向滑动，适用范围广。

（3）通过改变模板支撑架的标准节与变高节的组合方式，模板高度可随待施工墙体高度进行调节，单次最高可施工墙体净高为7.9m，模板体系受力后强度、刚度及稳定性满足要求。

3. 施工工艺

（1）工艺原理

底部加腋高大侧墙水平滑移模板体系主要是利用三角形钢桁架、模板面板及墙体底部预埋的螺杆三部分，将墙体模板固定牢固形成模板体系。高强螺杆受的斜拉锚力 F 可分解为水平力 F_1 和垂直力 F_2，F_1 抵制模架体系侧移，F_2 抵制模架体系上浮。同时，提前在三角形钢桁架底部焊接滑轮调节装置，并安装滑轮，最终形成可适用于底部带不同腋角尺寸构造的墙体施工的可水平滑移模板体系。如图 7.3-2 所示。

（2）工艺流程

高大墙体模板体系施工流程如图 7.3-3 所示。

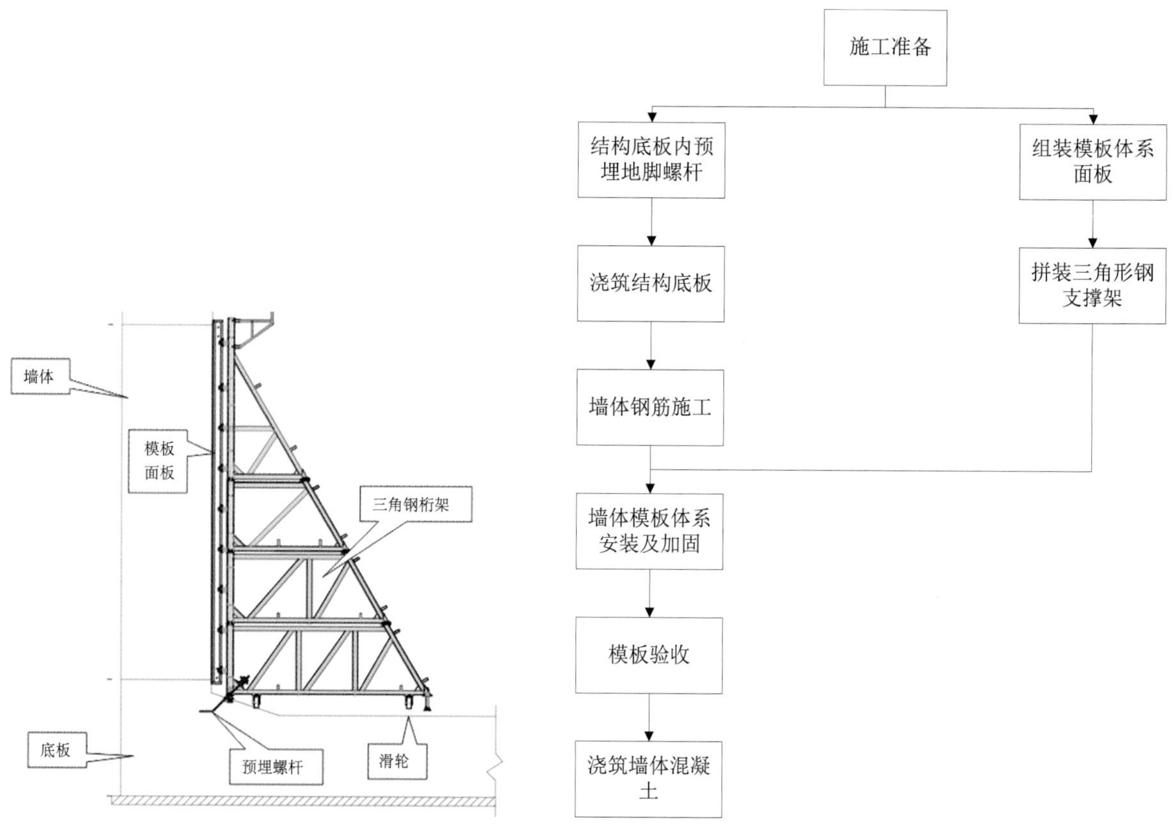

图 7.3-2 墙体滑移模板体系构成示意图

图 7.3-3 高大墙体滑模施工工艺流程

（3）预埋地脚螺杆

底板施工时提前在靠近墙根处预埋地脚螺杆，如图 7.3-4 所示。地脚螺杆与水平面呈 45°，螺杆丝口提前包裹塑料膜进行保护，在结构底板内可增设附加钢筋将预埋螺杆与结构内钢筋可靠连接。预埋螺杆出混凝土处与混凝土墙面距离 L= 模板面板厚 +5cm；各螺杆顺墙体长度方向相互之间的距离为 30cm。在靠近一段墙体的起点与终点处宜各布置一个预埋螺杆。

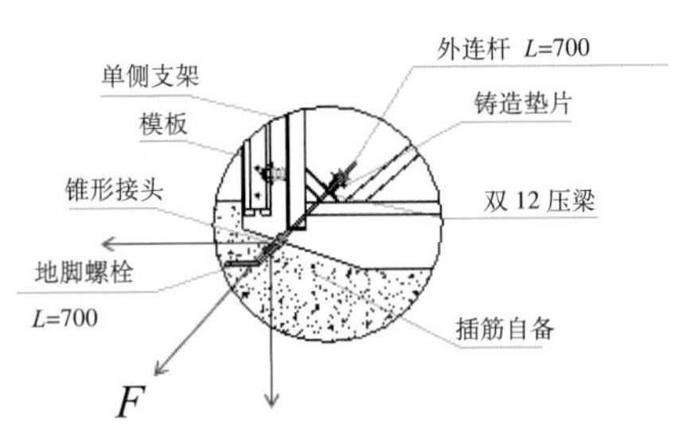

图 7.3-4　预埋地脚螺杆示意图

(4) 拼装墙体模板三角形钢支撑架

根据墙体设计尺寸及单次施工墙体高度，将三角形钢支撑架的标准节和加高节进行组装，节段之间通过螺栓连接，如图 7.3-5 所示。为了架体拼装成整体后受力均匀，现场采用钢管和扣件把钢支撑架连成整体。

根据墙体下部腋角的设计高度及宽度，将成品滑轮通过螺杆连接在三角形钢支撑架底部横梁的滑轮调节装置上，如图 7.3-6 所示。

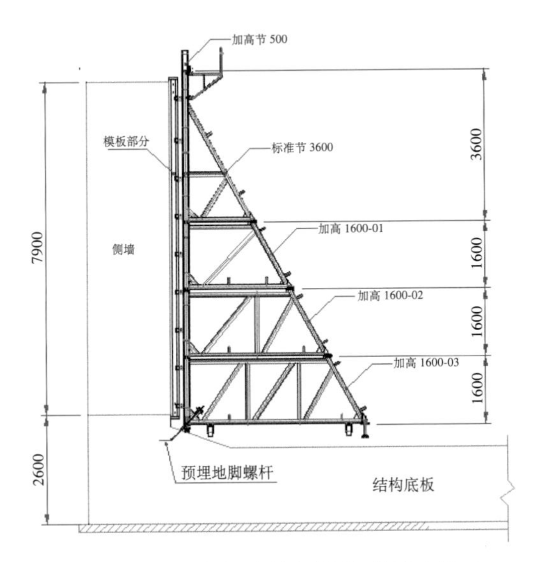

图 7.3-5　三角钢支撑架拼装成型示意图

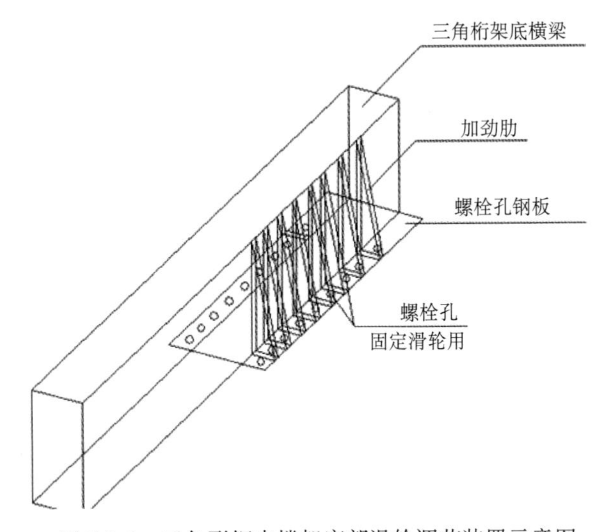

图 7.3-6　三角形钢支撑架底部滑轮调节装置示意图

(5) 拼装墙体模板体系面板

面板采用 18mm 厚模板，竖向次肋采用 200mm × 80mm × 40mm 木工字梁，横向主肋采用双 12# 带孔槽钢。木工字梁竖向次肋间距为 300mm，第一道横向主肋距模板下端 300mm，其余间距为 1000mm。

在单块模板中，多层板与竖肋（木工字梁）采用钉子连接，竖向次肋与横向主肋（带孔双槽钢背楞）采用连接爪连接，如图 7.3-7 所示。在竖向次肋上两侧对称设置吊钩，两块模板之间采用芯带插入带孔双槽钢主肋之间连接，用芯带销插紧，保证模板的整体性，使模板受力合理、可靠，如图 7.3-8 所示。

图 7.3-7 竖向木梁与横向钢背楞连接示意图

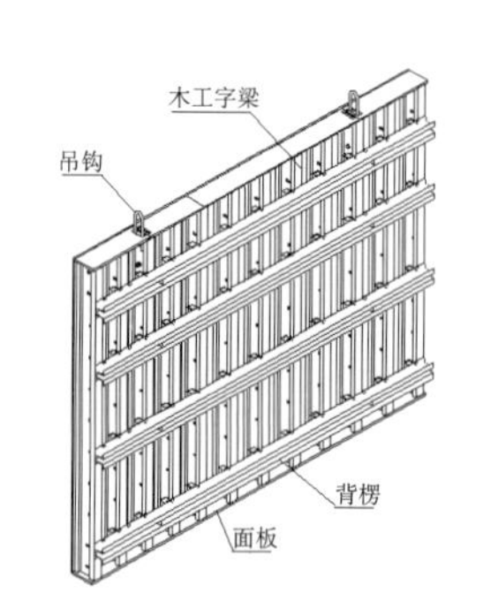

图 7.3-8 墙体模板体系面板构造示意图

（6）高大墙体滑模体系现场安装整体成型

高大墙体滑模体系主要由三角形钢支撑架、面板模块和预埋的地脚螺杆三大部分组成。整体成型安装步骤如下：

1）将组装好的面板模块吊入待施工墙体根部位置，吊钩不取下，并在模板面板底部用临时支撑顶住面板，随后依次将三角形钢支撑架吊入就位，并与预先就位的模板面板体系连接好，形成标准单元榀模板体系，宽度为 3.6m，三角形钢支撑架间距为 0.9m。如图 7.3-9 所示。

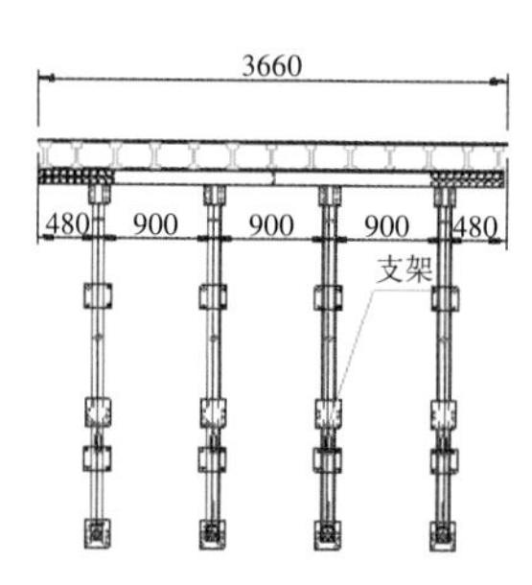

图 7.3-9 墙体模板体系标准单元榀示意图

2）根据墙体底部加腋构造尺寸调整三角钢支撑架底部滑轮位置。

3）将三角形钢支撑架与预埋的地脚螺杆可靠连接。

4）调整和检查细部连接形成整个高大侧墙滑模施工体系。模板体系整体安装示意如图 7.3-10 所示。

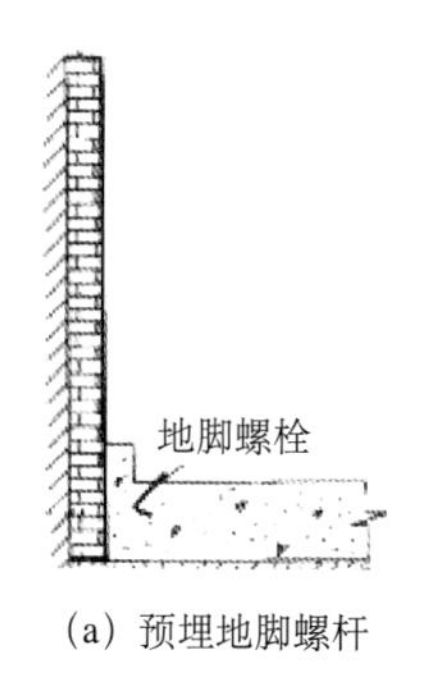

（a）预埋地脚螺杆

现场临时支撑

（b）支设模板面板

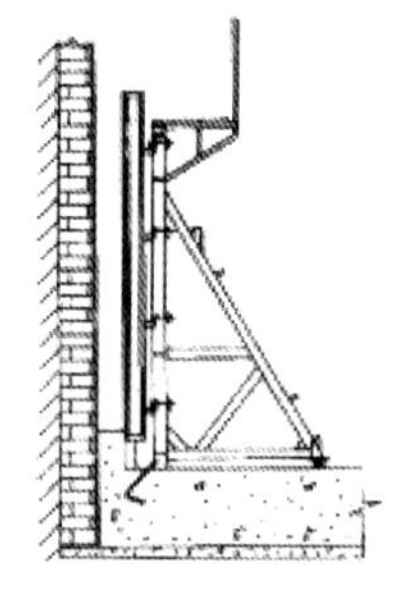

（c）将三角钢支架与面板连接

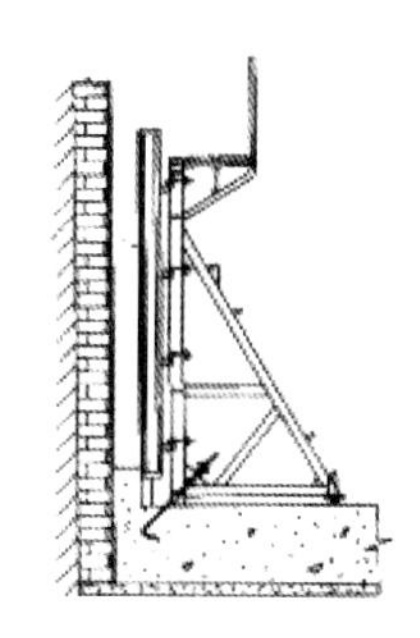

（d）将预埋螺杆与三角钢支架可靠连接并检查调整模板细部

图 7.3-10 高大墙体滑模体系成型示意图（以墙底直角倒角为例）

（7）模板拆除和移动

待浇筑混凝土完成后进行模板体系拆除，拆模时间需满足设计及规范要求的时间。将模板体系整体拆分成标准单元榀（一个单元宽 3.6m）后，利用三角形钢支撑架底部的滑轮，安排三名工人，采用钢管等工具将标准墙模单元依次滑移至下一段结构底板上准备下一段墙体施工。

4. 实施效果

（1）本技术施工工序简单，安全可靠，起到了较好的侧墙自防水作用，混凝土成型外观质量更好；

（2）模板的三角钢桁架支撑底部带滑轮调节装置，可用于普通底部直导角墙体，也适用于墙体底部有不同设计尺寸的加腋构造时的施工作业，适应性广；

（3）模板体系可顺墙体长度方向滑动，施工操作简便，安装时间短，有利于节约工期。

7.4　地上超长框架薄板结构无缝施工技术

1. 技术背景

成都天府国际机场 T1 航站楼设计后浇带为 1.5 ~ 6m，数量多达 59 条，长度达到 2950m。设计总说明中明确后浇带封闭时间为 60d，封闭时残余应变不大于 160με。

技术难点：

（1）超长混凝土薄板结构无缝施工难度大

将跳仓法运用于地上超长框架薄板结构中，取消后浇带，没有先例可以借鉴。

（2）无缝施工试验论证难度大

航站楼作为超长混凝土框架结构，为取消后浇带，实现无缝施工，需要满足残余应变不大于 160με 的要求。而现有规范未有类似条件下的试验要求和理论依据，进行混凝土收缩试验论证难度大。

（3）仓位划分与施工组织难度较大

本工程工期紧、质量要求高，采用跳仓法施工，保证施工工序及作业面的连续性是关键，而航站楼单层最大面积达 10 万 m^2，要保证连续作业，仓位划分与施工组织难度较大。

2. 技术特点

研发了超长混凝土结构跳仓施工方法，主要包括以下创新点：

（1）现场同条件进行 1 : 1 足尺和 1 : 2 缩尺试验，通过添加新型外加剂，调整混凝土配合比，对混凝土收缩应变数据监测和分析，论证了早龄期（7 ~ 10d）收缩完成后混凝土的残余应变值满足设计要求，并确定出混凝土最佳配合比；

（2）通过合理划分仓位及模拟施工顺序，控制各仓位尺寸及混凝土的浇筑时间，保证施工工序的连续性，使得后续工序可以提前穿插施工；

（3）通过预应力深化设计，增设梁端加腋构造，将后浇带内的张拉端调整到相邻梁端的加腋构造内，保证预应力张拉高效便捷；

（4）采取智能养护措施，设置自动喷淋养护频次及持续时间，调节各养护区域的水量和压力，提高了养护效果，确保混凝土成型质量。

3. 施工工艺

（1）工艺原理

1）选取本工程超长结构中跨度最大、最具代表性的一跨梁进行1∶1足尺和1∶2缩尺试验，通过收缩应变数据监测和分析，论证添加了新型外加剂的试件在同工况、同原材料、同配合比的情况下，早龄期（7～10d）收缩完成后混凝土的残余应变值满足设计要求。

2）跳仓法仓位划分时，各仓的长度及宽度控制在40m内，最大不超过45m，相邻仓位之间混凝土浇筑间隔时间不应少于7d。

3）预应力深化设计在不改变原设计预应力配置量的前提下，将原设计中预留在后浇带内的张拉端调整到相邻梁端增设的加腋构造内，保证结构楼板各仓内连续施工，同时确保预应力能及时张拉。

4）采用智能喷淋养护系统，以40m×40m为标准养护区域，布置25个喷洒半径为5m的旋转喷头，喷头之间用PVC软管连接，设置养护频次及持续时间，支干管上设置阀门，调节养护区域的水量和水压，进行保湿养护。

（2）施工工艺流程，见图7.4-1。

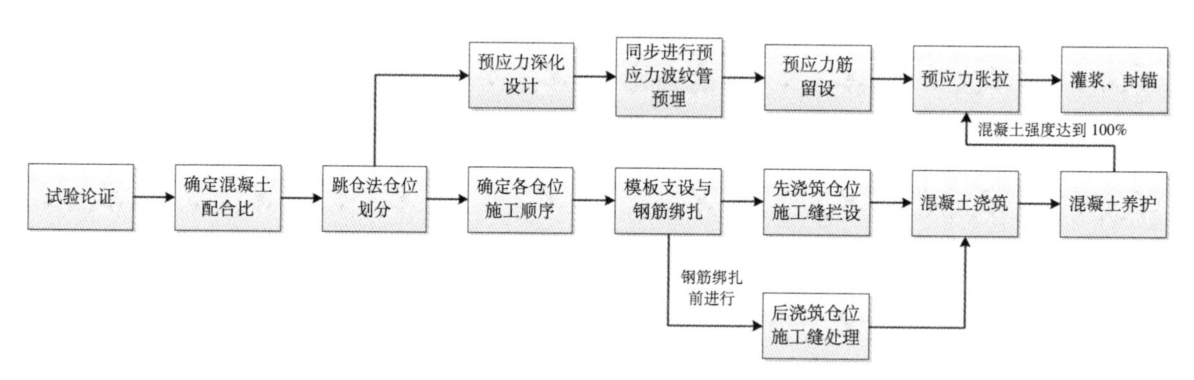

图7.4-1 施工工艺流程图

（3）试验论证

根据原设计要求，后浇带应在两侧结构浇筑60d后进行封闭，通过理论研究和计算，结构浇筑后第60d封闭后浇带时，混凝土的残余应变值约为160με。见图7.4-2。

由于现阶段的无缝施工基本基于地下室、大体积等特定条件，针对超长框架薄板结构这种约束小、自身抗裂能力弱的结构形式鲜有成功案例，而旧有的混凝土收缩特性的计算模型、规范及试验数据跟不上新材料、新工艺的发展，对于高耐久补偿收缩混凝土早期收缩的研究不够深入，实用性存疑。基于此，本工程在现场同条件下选取上部超长结构中跨度最大、最具代表性的一跨梁（其截面尺寸为1000mm×1300mm、跨度为18m）进行1∶1足尺和1∶2缩尺试验。

采用振弦式应变计测量结构物内部的应变量和埋设点的温度，并将应变仪放置在构件截面的形心部位，排除应变的不均匀收缩影响。每个试件设置三个点位，分别在端部、跨中和1/4处，所有试件测试点位完全一致。地面采用150mm的C15混凝土垫层硬化处理，坡度为0.5%，防止试件受到地面雨水浸泡侵蚀的影响。在每个试件六等分点处设置100mm宽度的垫块，并在垫块与试件之间设置两层聚四氟乙烯板作为滑移层，减小地面摩擦约束对试件收缩的影响，见图7.4-3。

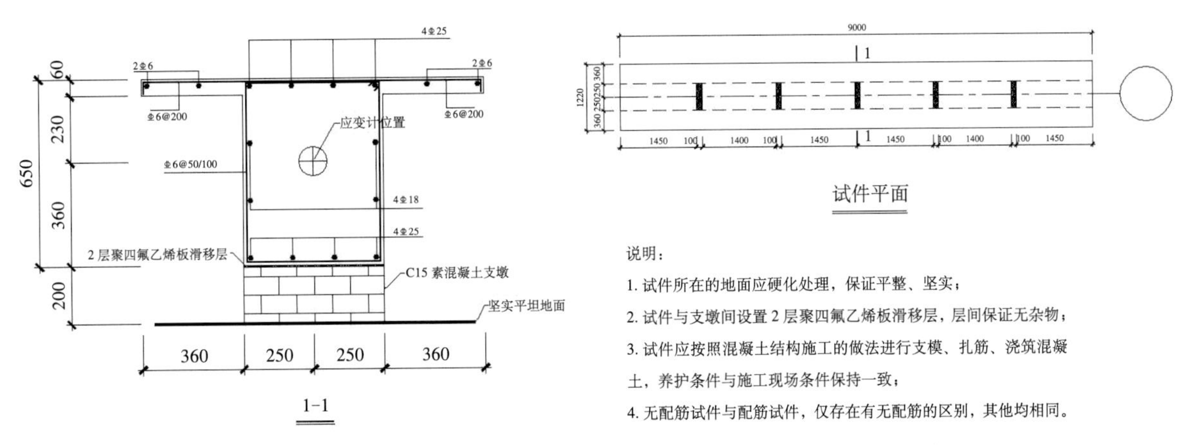

图 7.4-2　缩尺试件设计详图

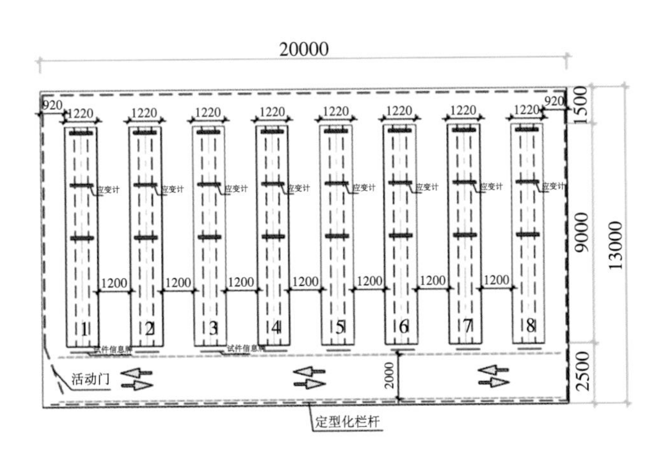

图 7.4-3　试验场地整体规划及收缩试件排布图

通过收缩应变数据监测和分析，添加了新型外加剂的试件在同工况、同原材料、同配合比的情况下，早龄期（7 ~ 10d）收缩完成后混凝土的残余应变值不大于 160με，满足设计要求，验证了本工程超长框架薄板结构无缝施工是可行的。

（4）确定混凝土配合比

根据试验结果，结合现场施工条件、当地原材料性能、施工时外界环境条件，确定出本工程用于跳仓无缝施工的高耐久性补偿收缩混凝土配合比（表 7.4-1）。

高耐久性补偿收缩混凝土配合比　　表 7.4-1

序号	混凝土强度	使用部位	水	水泥	粉煤灰	新型外加剂	砂	石	高效减水剂
1	C40	D 区大厅	154	273	99	24	760	1094	6.32
2	C35	A、B、C 指廊区	150	278	75	23	785	1084	6.00

提出多指标超长结构混凝土配合比优化方法。多指标超长结构混凝土配合比优化方法选取的配合比与基准配合比相比，膨胀剂的掺量降低 25%，水灰比减小 2.3%，粉煤灰增加 2%，提升了

整体强度，并且满足早期收缩参与应变的设计要求。通过优化，并结合试验得出了多指标优化混凝土配合比 7d、28d、90d 的宏观控制参数值，优化后的配合比，7d 强度相比基准配合比提高了 11MPa，弹性模量、变形量相比基准配合比设计均显著降低，通过早期强度的提升，弹性模量和变形量的降低，有效控制了混凝土自收缩产生的裂缝，提高了结构性能。其中 90d 的残余变形量为 50με，较设计要求的 160με 降低了 68.8%。多参数控制配合比优化试验见图 7.4-4。

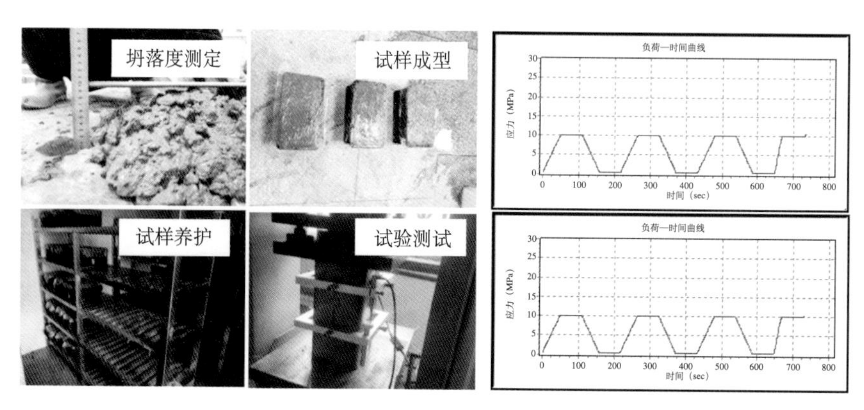

图 7.4-4 多参数控制配合比优化试验

配合比优化前后对比详见表 7.4-2。

配合比优化前后对比 表 7.4-2

龄期（d）		7	28	90
基准配合比设计	强度（MPa）	16	37	38
	弹性模量（GPa）	38	55	78
	变形量（με）	28	82	98
多指标配合比设计	强度（MPa）	27	42	43
	弹性模量（GPa）	24	54	73
	变形量（με）	42	81	92

（5）跳仓法仓位划分

根据原设计的伸缩缝位置及结构平面布置图进行仓位划分，各仓位相互独立，分仓的长度及宽度控制在 40m 内；对于结构两侧有约束，另外两侧无约束的指廊区域，分仓长度控制在 45m 内。

根据施工作业队伍及班组的数量，保证同一仓位仅由一个施工队伍负责施工，每个施工队伍能在其施工范围内进行跳仓流水施工。

（6）确定各仓位施工顺序

选取 1 个标准段，5 个标准仓位，根据图 7.4-5 所示的①→⑤施工顺序进行模拟，拟定各工序在各仓位的施工时间相等。

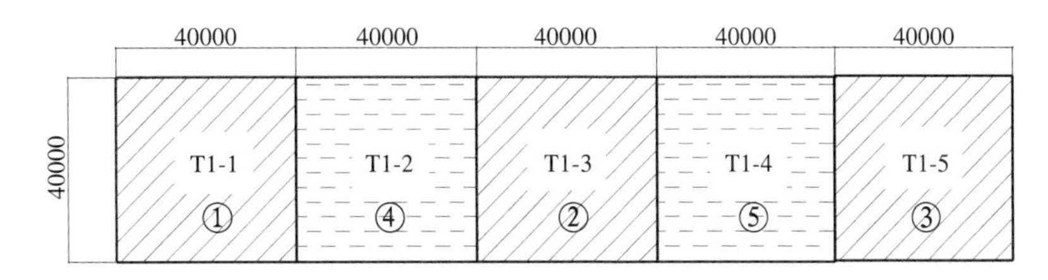

备注：仓位优先施工顺序：

图 7.4-5　标准段标准仓位施工顺序演示

施工顺序紧邻的两个仓位（例如②和③）混凝土施工时间间隔为 4d，如表 7.4-3 所示。

相邻仓位混凝土浇筑时间间隔　　表 7.4-3

标准仓位	T1-1（①）	T1-2（②）	T1-3（③）	T1-4（④）	T1-5（⑤）
混凝土浇筑时间	0	12d 后	4d 后	16d 后	8d 后
相邻仓位浇筑时间间隔	—	12d	8d	12d	8d

备注：混凝土浇筑时间间隔，以第一段（T1-1）混凝土浇筑时间为起始时间计算。

由此可见，相邻仓位施工顺序序数差大于等于 2，浇筑时间间隔大于等于 8d，满足跳仓法施工的要求。故本工程按照相邻仓位施工顺序序数相差大于等于 2 的原则，确定出各仓位施工顺序。各楼层结构仓位施工缝、施工顺序从下到上一一对应，保证水平及竖向连续施工。

（7）预应力深化设计

本工程部分楼盖结构中采用了后张法有粘结预应力技术，在原设计后浇带内设有大量张拉端。后浇带取消后，通过预应力深化设计，在不改变原设计预应力配置量的前提下，增设梁端加腋构造，将后浇带内的张拉端调整到相邻梁端的加腋构造内，保证结构楼板各仓内连续施工，同时确保预应力张拉高效便捷，见图 7.4-6 和图 7.4-7。

图 7.4-6　深化前楼盖结构模型

图 7.4-7　深化后楼盖结构模型（梁端加腋）

4. 实施效果

通过超长薄板结构无缝施工技术实施，混凝土成型质量良好，数据分析表明混凝土收缩率小于 100με，满足设计要求，混凝土裂缝得到了良好的控制。同时建立了不同龄期下混凝土强度、弹性模量、变形量三者之间的对比关系，避免了超长薄板混凝土结构因取消后浇带后收缩开裂导致的安全、质量问题，并验证了多指标超长结构混凝土配合比优化方法的适用性，为工程实际施工工艺参数控制提供了试验数据支持，并为将来类似项目的施工提供了宝贵的经验参考。

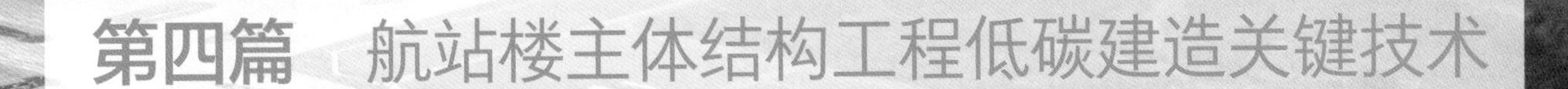

第四篇　航站楼主体结构工程低碳建造关键技术

主体结构选型应根据建筑使用功能要求、抗震设防要求、施工建设周期等综合考虑，一般可采用钢筋混凝土框架结构、型钢混凝土框架结构、带钢支撑的钢筋混凝土框架结构、钢筋混凝土框架-剪力墙结构、钢框架结构、带支撑的钢框架结构等结构形式。屋盖主要形式：采用大跨度的钢屋盖，且绝大部分采用桁架形式。

本篇介绍杭州萧山国际机场、成都天府国际机场、青岛新机场等重大项目的主体结构施工技术，各有特征，并补充介绍结构抗震关键技术。

航站楼建筑通常为大空间建筑，对竖向构件要求尽量少，同时结构构件往往承担着表达建筑空间艺术审美的作用。常见的竖向结构有：混凝土柱和钢管柱；Y形柱；树形柱；格构式柱；彩带式斜撑；C形柱等。彩带式斜撑的典型案例是昆明长水国际机场。

机场航站楼设计朝着结构新颖、造型美观、绿色环保、方便快捷的方向发展。超长、超大跨度结构、钢-混凝土组合结构、高强超厚异型钢及屋盖结构、大跨度不规则网架结构，甚至直接将混凝土作为装饰材料的超长超薄大跨度清水混凝土装饰结构等一些专精特新的结构，在大型枢纽机场航站楼的设计与施工中得到了充分的应用。

第 8 章　机场建筑结构柱施工关键技术

在机场航站楼工程中，航站楼屋盖网架普遍采用钢网架结构，屋盖支承于室外钢管混凝土柱上。对于室外高大钢管柱，常采用与混凝土结构的连接方式，但钢结构屋面、钢管柱与混凝土结构不可避免变形以及 V 形钢支撑施工精度要求高，施工困难，成本较高，制约工程工期。

竖向支撑构件一般情况下既承担着传递竖向荷载的作用，又承担着传递水平荷载的作用。

本章针对大型钢管柱连接质量差、施工效率低等问题，采用了大型钢管柱 V 形钢支撑活动铰接施工技术，实现了柱子的稳定性和可活动性的平衡；针对梭形摇摆柱竖立过程中的稳定性及分段吊装的垂直度难以控制等难题，从计算、加工、安装等方面开展技术攻关，形成超大长细比“伞骨状”梭形摇摆柱施工技术；针对大体积混凝土易产生裂缝等问题，采用整体通高大钢模板体系，按大体积清水混凝土设计等方式保障了大体积三维曲面钢骨柱清水混凝土的美观效果；针对框架梁钢筋与劲钢柱钢板连接节点在常用施工工艺指导下无法达到施工要求的问题，创新性地提出框架梁钢筋与劲性钢骨柱的双套筒连接技术；针对墩台柱特殊造型且浇筑完成后须达到清水混凝土效果的施工难点，采取了新型盘扣架操作平台 + 超大截面异型曲面清水混凝土墩台柱组合模板体系，解决了超大截面异型曲面清水混凝土墩台柱的施工难题；针对超大直径钢管混凝土柱下基础与管中管拼装难题，创新地采用了定制套筒连接、钢管柱方形环板以及一种钢管柱方形环板等方式，解决了大直径管中管拼接的难题。

8.1　大型钢管柱 V 形钢支撑活动铰接施工技术

1. 概述

针对上述问题，结合重庆江北国际机场 T3B 航站楼工程为例，创新研究形成一种大型钢管柱 V 形钢支撑活动铰接施工技术，通过预埋钢梁细部连接结构优化、向心关节轴承优化、耳板焊接参数控制等措施解决了连接质量差、施工效率低等问题，实现了钢管柱 V 形钢支撑快速安装，取得了良好的技术经济效果。

2. 技术特点

（1）借助 BIM 空间模型深化预埋钢梁施工全过程，对复杂节点进行深化放样，实现了预埋钢梁钢筋多层多方向有序穿插，确保预埋钢梁安装精度。

（2）采用一种 V 形钢支撑一端通过销轴连接预埋钢梁超厚耳板，另一端通过销轴连接室外钢管柱耳板，并通过关节轴承实现了钢结构与混凝土框架结构活动铰接，保证了较大变形下钢管柱和内部框架结构安全。

（3）采用一种三角马镫支撑构件，提前预埋钢梁，采取先主梁后次梁、先底部后腰部及上部的钢筋绑扎方式，提高了预埋钢梁及钢筋安装效率。

（4）通过控制 K 形坡口角度，采用多层多道焊接方式，实现了超厚耳板高空焊接，确保了超厚耳板焊接质量，减少了焊接收缩变形影响。

3. 工艺流程

（1）BIM 模拟：对预埋钢梁、连接板、活动铰接节点等重要构件进行 BIM 模拟有关的剖面图和必要的节点详图及所用材料的详细数量表的工厂构件加工图，以确保重要构件截面尺寸、长（高）度、坡口形式、接口处信息等准确无误，控制构件精度，保证现场焊接质量，见图 8.1-1。

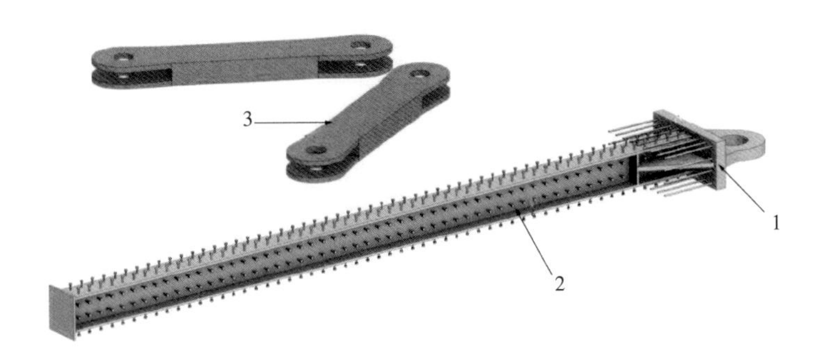

图 8.1-1　BIM 模拟示意图

1- 预埋钢梁耳板；2- 预埋钢梁；3-V 形钢支撑

（2）材料加工

1）钢管柱及预埋钢梁需要在工厂提前焊接耳板（材质：Q420B），钢板加工前利用七辊矫平机进行矫平，厚钢板原材料平整度控制在每平方米小于 1mm，并对二次下料后的零件再次进行矫平，确保每个零件平整度达到每平方米小于 1mm 的要求。

2）采用精密切割方法：选用高纯度 98.0% 以上的丙烯气体 +99.99% 的液氧气体，使用大于 4# ～ 9# 的割咀，切割火焰的焦距温度大于 2900℃，保证坡口、端面光滑、平直、无缺口、无挂渣。

（3）钢管柱安装

吊点设置在预先焊好的连接耳板处，为防止吊耳起吊时的变形，采用专用吊具装卡，采用单机回转法起吊。起吊前，钢管柱应垫上枕木以避免起吊时柱底与地面的接触，起吊时，不得使柱端在地面上有拖拉现象。

钢管柱吊装过程中，首先通过钢管柱上、下端临时连接件进行固定、连接。临时螺栓通过连接板固定上下耳板，但连接板不夹紧，通过起落钩与撬棒调节柱间间隙，通过上下柱的标高控制线之间的距离与设计标高值进行对比，并考虑到焊缝收缩及压缩变形量。将标高偏差调整至 2mm 以内，见图 8.1-2。

（4）预埋钢梁施工

预埋钢梁施工采用 BIM 技术进行施工全过程模拟。并对现场施工人员进行模拟视频交底。与 V 形撑钢骨梁相交范围内的混凝土梁均只支设底模，梁侧模与板模均不支设，见图 8.1-3。

在底模上弹钢梁下部钢筋定位线，垫木方，在木方上按照梁钢筋定位线布放梁下部钢筋，并布放吊筋，见图 8.1-4。

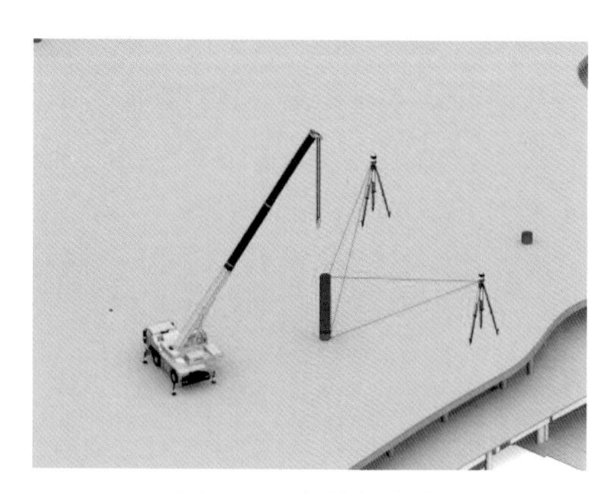

图 8.1-2 钢管柱安装

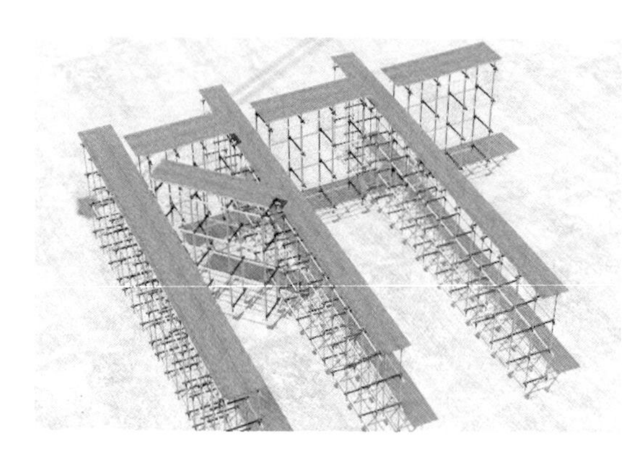

图 8.1-3 预埋钢梁底模板支设

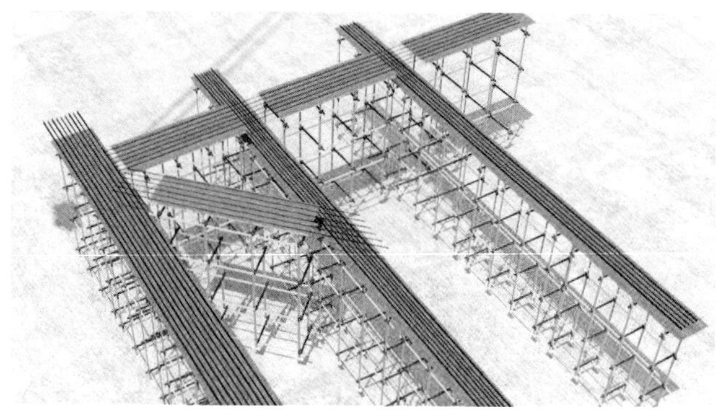

图 8.1-4 预埋钢梁主次梁底筋、吊筋铺设

V 形钢支撑预埋钢梁吊装、焊接。梁下部钢筋铺设完毕后，安放三角式马镫。安放三角马镫时应注意梁下部钢筋位置，不得将梁下部钢筋移动偏位，应结合梁下部支撑位置，将支座放置于三角马镫处，见图 8.1-5、图 8.1-6。

图 8.1-5 预埋钢梁支座安装

图 8.1-6 预埋钢梁吊装

预埋钢梁支座安装完毕后，吊装预埋钢梁，并进行焊接，焊接时采取接火措施（焊接位置必须铺设石棉并洒水，焊接位置附近必须放置灭火器）。

梁腰筋、梁上部钢筋铺设。预埋钢梁吊装焊接完毕后，开始铺设梁腰筋及上部钢筋，铺设时注意主次梁钢筋的放置顺序，见图 8.1-7。

梁箍筋安装及钢筋绑扎。本工程预埋钢梁内外箍均采用闭口箍。梁钢筋铺设完毕后，通过梁下部钢筋与模板之间的空隙安装箍筋，安装时先装内箍，再安装外箍，安装箍筋时应分段标注箍筋间距排布，并按照各分段内箍筋套数进行安装，箍筋经调整与梁钢筋进行绑扎，见图 8.1-8。

图 8.1-7 预埋钢梁腰筋、梁上部钢筋铺设

图 8.1-8 预埋钢梁箍筋铺设及钢筋绑扎

(5) 向心关节轴承安装

1）安装向心关节轴承时，严禁直接用铁锤等刚性工具敲击向心关节轴承任何表面。只允许借用木棒或者橡胶棒等非刚性措施来传导力的作用，将向心关节轴承顶推至设计位置，见图 8.1-9。

2）耳板两侧安装向心关节轴承压盖；将轴承压盖安置于预定位置后，轴承压盖与耳板通过螺栓连接紧固，见图 8.1-10。

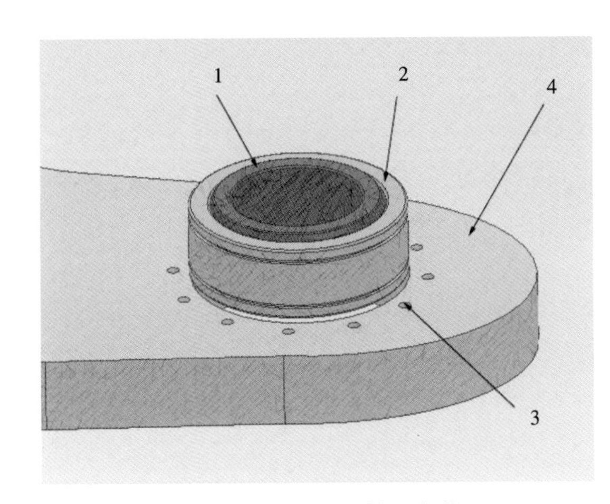

图 8.1-9 向心关节轴承安装

1- 向心关节轴承内圈；2- 向心关节轴承外圈；3- 螺栓孔；4- 耳板

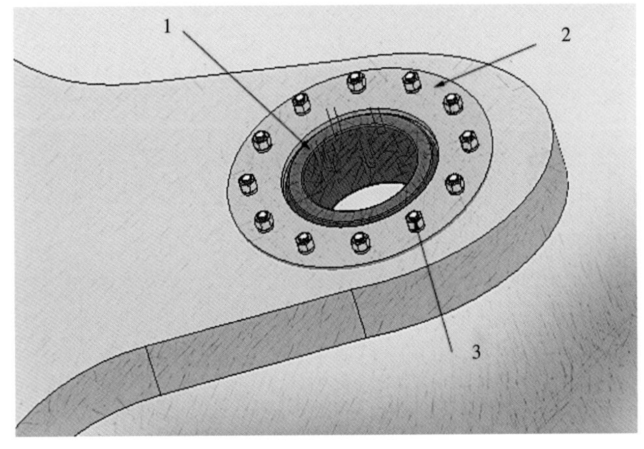

图 8.1-10 轴承压盖安装

1- 向心关节轴承；2- 轴承压盖；3- 螺栓

3) 将销轴定位套安置于预定位置,注意定位套筒与轴承孔保持同轴,以保证后续销轴顺利安装。

(6) V 形钢支撑安装

1）钢管柱侧 V 形钢支撑安装，见图 8.1-11。

①将带有双耳板的箱形梁平行穿入钢管柱轴承单耳板，并将销轴孔对齐，见图 8.1-12。

②安装销轴。销轴安装时，采取合理的顶推措施将销轴顶推就位。顶推销轴时，应避免铁锤

等击打加力的钝器直接与销轴发生碰撞，应在销轴与锤头之间采用硬质橡胶棒或木棒传力，见图8.1-13。

③安装销轴压盖。销轴压盖与销轴端部采用螺钉紧固，见图8.1-14。

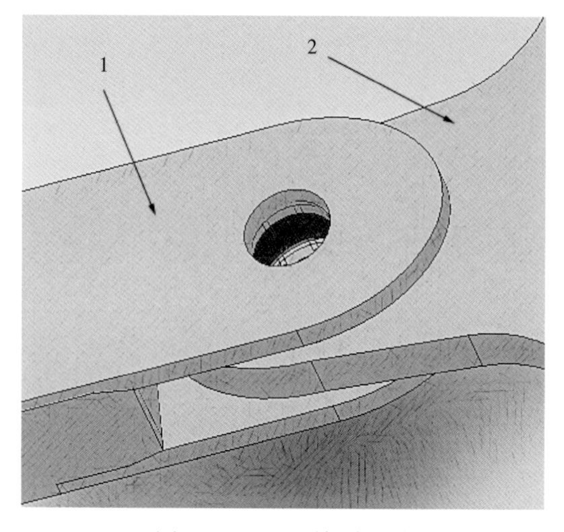

图 8.1-11　V 形钢支撑穿插

1-V 形钢支撑；2- 钢管柱侧耳板

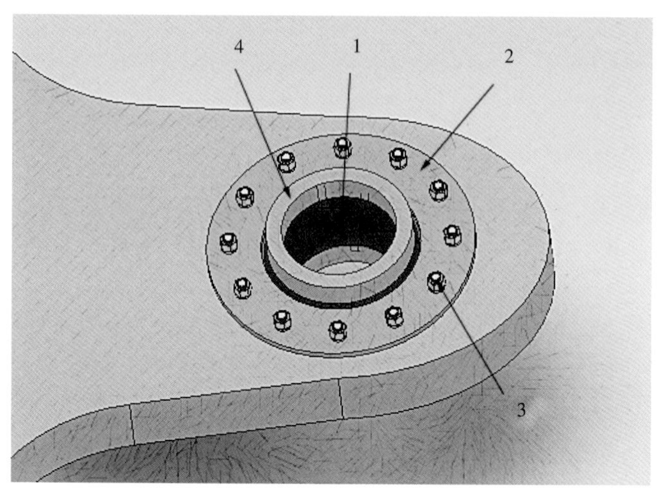

图 8.1-12　销轴定位套筒安装

1- 向心关节轴承；2- 轴承压盖；3- 螺栓；4- 定位套筒

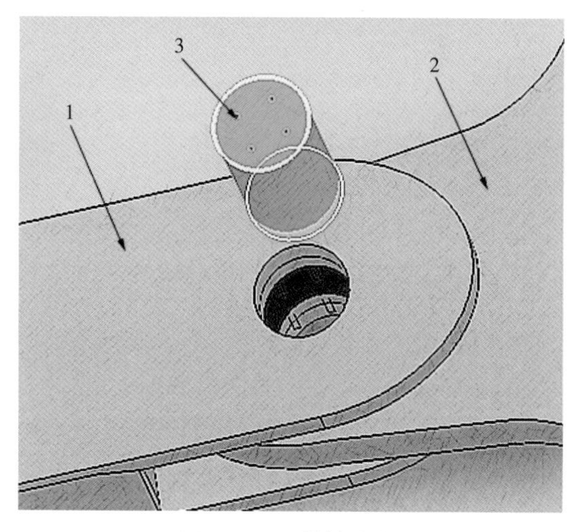

图 8.1-13　销轴安装

1-V 形钢支撑；2- 钢管柱侧耳板；3- 销轴

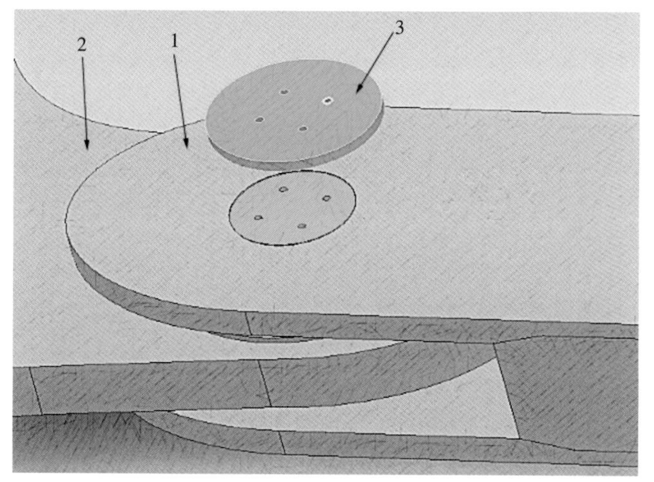

图 8.1-14　销轴压盖安装

1-V 形钢支撑；2- 钢管柱侧耳板；3- 销轴盖板

2）预埋钢梁侧 V 形钢支撑安装

①将预埋钢梁连接板平行套进 V 形钢支撑另一端对齐销轴口后。

②采用非刚性措施顶推销轴安装销轴。

③安装销轴压盖并利用高强螺栓紧固完成 V 形钢支撑安装，见图 8.1-15。

3）V 形钢支撑向心关节球及销轴安装完成后，将耳板与预埋钢梁进行点焊焊接定位。销轴耳板与预埋钢梁端板现场焊接施工采用 CO_2 气体保护焊，预埋钢梁端板与销轴耳板焊接材料分别为 Q420B 与 Q355B，主要焊接形式为平焊、立焊和仰焊，板厚为 130mm。耳板与预埋钢梁端板焊接

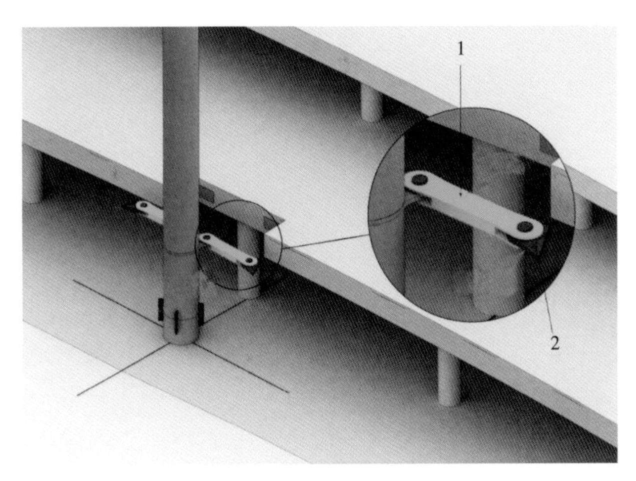

图 8.1-15　V 形钢支撑安装完成

1-V 形钢支撑；2- 预埋钢梁处焊接耳板

为双面角焊缝，耳板需开设 K 形坡口，耳板上表面坡口宽为耳板厚度的 2/3，耳板下表面坡口宽为耳板厚度的 1/3，焊缝等级为一级。

4. 小结

V 形钢支撑施工属于屋盖支承系统施工关键节点，施工工艺复杂，主要包含 V 形钢支撑与预埋钢梁的连接施工、V 形钢支撑与钢管柱的连接施工。本技术主要解决了施工过程中预埋钢梁安装精度控制、130mm 超厚耳板与预埋钢梁焊接变形、向心关节轴承安装精度控制的问题，实现了 V 形钢支撑快速安装，较常规方法施工工效提升显著，有良好的应用前景，经济与社会效益显著。

8.2　超大长细比“伞骨状”梭形摇摆柱施工技术

1. 技术概况

梭形柱（实腹式梭形柱和格构式梭形柱）作为轴心受压构件，在机场航站区、体育馆及索膜结构中有广泛的应用。梭形柱的建筑造型优美、轻巧优雅，美观大方，符合轴心压杆的力学原理。梭形柱的主要形式有实腹式和格构式两类，其中实腹式包括梭形薄壁圆钢管柱和梭形薄壁方钢管柱；格构式包括三肢、四肢和多肢梭形格构柱，在空间结构中分肢大多采用圆钢管。

以呼和浩特新机场航站区第一标段的 8 根盆式支座梭形摇摆柱施工为蓝本，从计算、加工、安装几个方面来阐述梭形摇摆柱施工方法。本工程梭形摇摆柱施工中采用诸多先进技术，施工操作简便，安全可靠，克服了梭形摇摆柱竖立过程中的稳定性及分段吊装的垂直度等诸多难题，获得的经济和社会效益显著。

2. 技术特点

（1）本工程屋盖支撑摇摆柱，高度约 35.5m（柱顶铸钢节点顶），截面为梭形变截面，底部和顶部柱直径为 600mm，中间截面最大处直径为 1300mm，施工阶段屋盖尚未形成，摇摆柱柱底为盆式钢支座，在施工安装时单根钢柱无法形成自稳，采用柱底临时加固及提升架拉结固定的方式进行临时固定的方法，加大了摇摆柱施工的稳定性及安全性。

(2) 通过 Tekla 软件建立三维立体模型，将简单的线性平面模型建成空间模型，实时模拟现场施工全过程，解决了图纸设计与现场施工容易脱节的难题，加快了施工进度，保证了施工质量。

(3) 通过优化梭形摇摆柱临时支撑体系，使临时支撑和梭形摇摆柱共用一个埋件，实现埋件永临结合，大大节约措施成本。

(4) 采用 H300×200×8×12 临时支撑与 4 组胎架相连对摇摆柱进行侧向约束，约束点位标高分别为 4m、8m 和 12m。同时，当进行提升施工时，四根胎架高度将升到屋面，作为屋面结构安装时的临时支撑。

(5) 本技术对构件的合理分段、加工制作、运输、现场吊装、就位校正环节做到了最大限度的优化，从而既满足了设计的表达意图，又兼顾了工厂生产、现场施工的要求，为保证工厂制作、现场安装的质量创造了条件。

3. 采取措施

工艺流程为：埋件预埋→固定盆式钢支座→梭形柱分段吊装→柱头铸钢件安装→拉索安装→拉索张拉。

(1) 埋件预埋

主体结构施工过程中提前预埋 1500mm×1500mm×60mm 支座埋件，做好预埋过程中的测量复核，严格控制埋板标高，见图 8.2-1。

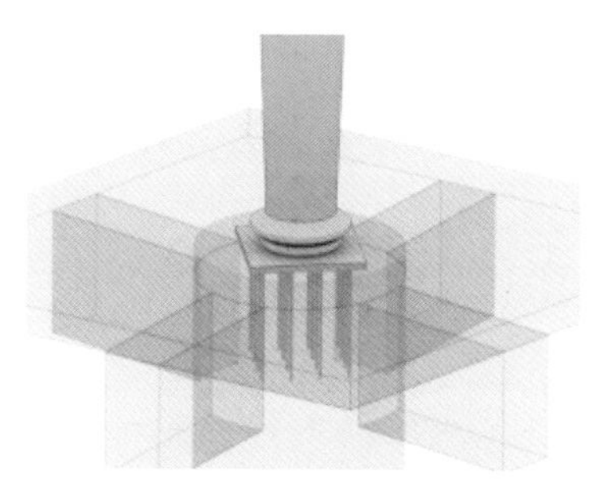

图 8.2-1 埋件示意图

(2) 固定盆式钢支座

本项目盆式支座采用 KLQZ-15000-GD，直径 975mm，高 200mm，球芯材质为 Q355C。采用四组 270×120×30 钢板进行临时固定，待摇摆柱全部安装完成后进行拆除，见图 8.2-2 和图 8.2-3。

图 8.2-2 盆式支座临时固定示意图

图 8.2-3 盆式支座内部构造图

(3) 梭形柱分段吊装

本工程梭形柱高 33.35m，截面为梭形变截面，底部和顶部柱直径为 600mm，中间截面最大处直径为 1300mm，单根总重 36t，现场共分为三段进行吊装，单段最大重量 14.7t，采用 80t 汽车式起重机（3t 固定配重）作为吊装设备，其额定起重量 16.5t，吊钩、钢丝绳重 2t，则吊机额定起重量 Q=16.5t>G+$G_{绳}$+$G_{钩}$=13t+2t=15t，满足吊装施工需求。

1）吊点设置

吊点设置在预先焊好的连接耳板处，为防止吊耳起吊时的变形，采用专用吊具装卡，采用单机回转法起吊，见图 8.2-4。

图 8.2-4　吊点示意图

2）第一节梭形柱吊装

梭形柱吊到就位上方 200mm 时，应停机稳定，对准十字线后，缓慢下落，使梭形柱四边中心线与十字轴线对准。

吊装就位后，底部焊接 4 组 300mm × 600mm × 30mm 临时连接板，进行定位调整，梭形柱与盆式钢支座焊接、探伤完成后，柱底采用 2 块（368 ~ 381）mm × 500mm × 30mm 和 1 块 1500mm × 200mm × 40mm 钢板为一组，共八组对柱底进行临时加固，见图 8.2-5 和图 8.2-6。

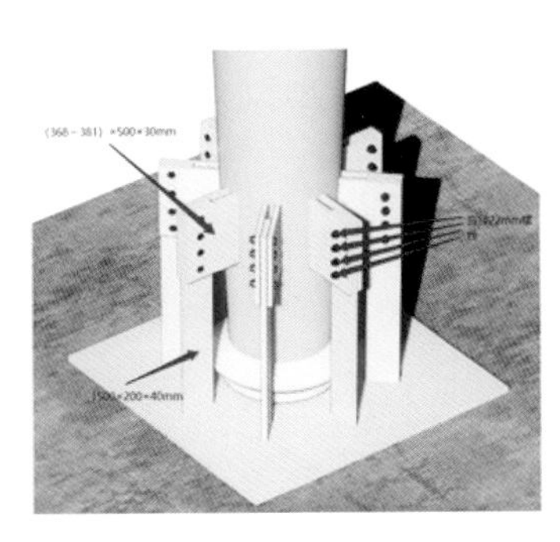

图 8.2-5　柱脚临时固定示意图

图 8.2-6　柱脚临时固定现场图

3）第二节梭形柱吊装

在第一节梭形柱安装完成后，开始吊装第二节梭形柱，安装前，预先对上下节柱对接端口弹出定位线，作为安装基准线，并使用安装螺栓将连接板临时固定在上节柱上，梭形柱用塔式起重机吊升就位后，穿入其余安装螺栓，并将上柱四面的中心线与下柱中心线对齐吻合，四面兼顾中心线对准或已使偏差控制在规范要求范围以内时，将螺栓拧紧，见图 8.2-7 和图 8.2-8。

图 8.2-7 上柱安装定位线设置示意图

图 8.2-8 第二节梭形柱吊装示意图

在吊装过程中采用两台经纬仪进行实时监控。采用千斤顶进行垂直度、标高及扭转度的校正，见图 8.2-9 ~图 8.2-11。

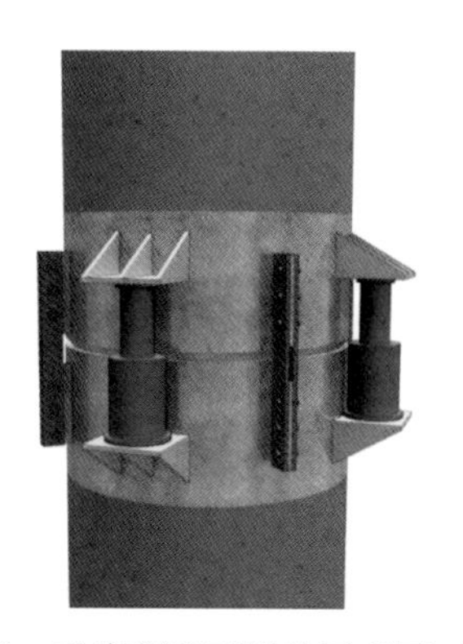

图 8.2-9 垂直度校正措施示意图

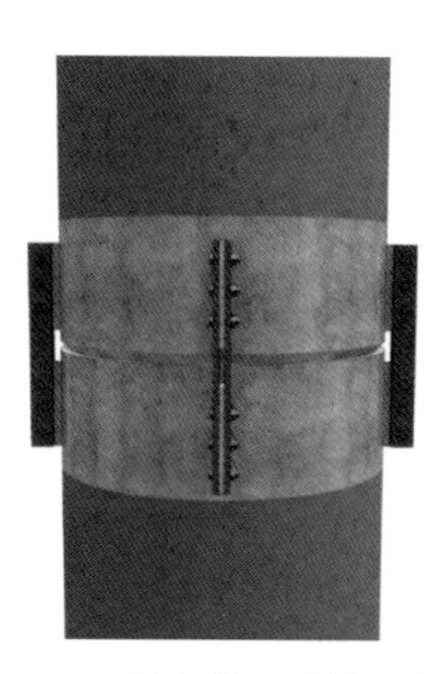

图 8.2-10 标高校正措施示意图

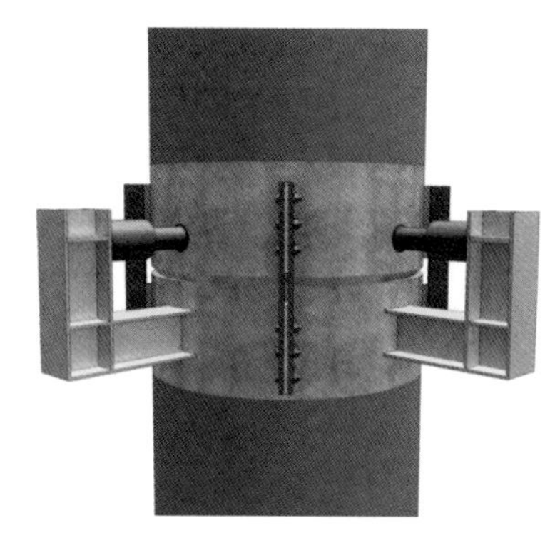

图 8.2-11 平面偏差校正措施示意

校正完毕后进行梭形柱焊接，焊接完成后割除临时连接板，进行操作平台的搭设，准备下一节梭形柱的吊装，见图 8.2-12 和图 8.2-13。

图 8.2-12 操作平台设置示意图

图 8.2-13 第三节梭形柱吊装示意图

（4）柱头铸钢件安装

柱头铸钢件材质为 ZG340-550H，重 13t，采用 80t 汽车式起重机上楼面进行吊装，作业高度 32m，作业半径 10m，见图 8.2-14 和图 8.2-15。

图 8.2-14　柱头铸钢件吊装示意图

图 8.2-15　柱头铸钢件实物图

（5）拉索安装

本工程高屋面桁架包含 8 个菱形天窗，其中 4 个大天窗采用索结构，每个索群上包含 14 根拉索，分别为 10 根 ϕ 70 拉索和 4 根 ϕ 90 的拉索。拉索上端通过耳板与天窗摇摆柱柱顶铸钢节点连接，下端与屋面桁架上弦通过锚头结构连接。

拉索的索体采用密封钢丝绳结构，由内层圆形钢丝和外层 Z 形钢丝捻制而成，外层采用 3 层 Z 形钢丝，抗拉强度 1570MPa，索体钢丝表面采用 Galfan 镀层（锌 -5% 铝 - 混合稀土合金镀层）。分为三种型号拉索，分别 MBS70A（直径 70mm，一端叉耳式锚具一端锚杯式锚具），MBS70B（直径 70mm，两端均为叉耳式锚具），MBS90（直径 90mm，一端叉耳式锚具一端锚杯式锚具）。最长拉索约 19m。

拉索安装：

拉索进场后，将拉索放置到预先规划好的场地内临时存放。

用汽车式起重机或其他设备将待安装拉索运输至安装位置附近，然后将拉索上端耳板与提升钢丝绳进行连接，通过吊机提升固定端耳板，同时展开拉索。

将上端耳板提升至安装位置附近后，施工人员提前将两个手拉葫芦悬挂在目标耳板两侧相邻的耳板孔上，当拉索上端接近目标耳板时，将手拉葫芦与拉索上端捆绑连接好。拉动手拉葫芦，调整好角度，将拉索上端耳板孔洞与摇摆柱耳板孔洞对齐，穿过销轴完成拉索上端的安装。见图 8.2-16 和图 8.2-17。

因本工程拉索较短重量较小，下端的安装采用手拉葫芦牵引的方式进行。借助焊接完成的屋面索管，在索管根部捆扎好一根五吨吊装带，同时在拉索上也捆扎好一根五吨吊装带，这两根吊装带之间用五吨手拉葫芦连接好。

拉动手拉葫芦慢慢使拉索下端靠近索管口位置。

此时施工人员将吊车钩头连接好拉索的下锚头，通过吊车来调整锚头的上下位置，继续拉动手拉葫芦，使锚头进入索管。如果一个手拉葫芦的行程不足以使锚头穿过锚垫板，则再次增加手拉葫芦，并将拉索上吊装带的位置上移，直至锚头露出锚垫板，将螺母旋拧好固定。见图 8.2-18 和图 8.2-19。

图 8.2-16 拉索吊装示意图

图 8.2-17 上端拉索安装示意图

图 8.2-18 下端拉索安装示意图 1

图 8.2-19 下端拉索安装示意图 2

（6）拉索张拉

1）拉索预紧

之前因便于拉索安装将拉索可调节量放至最大，拉索处于松弛状态，拉索安装完毕后要对各拉索进行预紧操作。

2）拉索张拉

在桁架整体提升卸载完成后，先对各拉索的索力进行检测，检测方法可选择动测仪或者磁通量仪，还可以选择张拉设备（即张拉设备工作时调节螺母微动的一瞬间油压表读数），将检测收集到的数据进行模拟计算分析。

设计单位提供施工阶段索力设计要求以及钢结构梁等构件的变形允许值，并以施工指令的方式下发给施工单位。再结合之前收到的数据计算分析得出张拉力值，如图 8.2-20 和图 8.2-21 所示。

依据千斤顶标定书上的回归方程，把索力值转换为油压读数值，并把张拉操作指令以书面形式交给每一组张拉设备的负责人，并交代有关注意事项。

拉索同步分级均衡缓慢加载，由于拉索张拉力较小，分 2 ~ 3 级张拉，利用扳手对调节套筒进行调节以使索力值锁定。

图 8.2-20　张拉工装示意图 1

图 8.2-21　张拉工装示意图 2

拉索张拉过程中，测量组对钢结构变形情况、主梁监控标高进行同步监控。如出现异常情况，应立即停止全部张拉，并向上一级报告，待问题解决后由指挥小组下达张拉命令继续张拉。

一个索号的拉索张拉完成后，认真检查记录，确认无误后方可拆卸张拉设备，进行下一索号的安装、张拉。

4. 小结

该工程屋盖支撑摇摆柱，高度约 35.5m（柱顶铸钢节点顶），截面为梭形变截面，底部和顶部柱直径为 600mm，中间截面最大处直径为 1300mm，施工阶段屋盖尚未形成，摇摆柱处于底部铰接，上部临空悬臂的状态，为几何不稳定体系。通过优化柱脚临时支撑体系，提高柱脚稳定性的同时大大降低了柱脚的临时措施成本。多点位跟踪技术有效控制摇摆柱分段吊装垂直度。创新型锚杯式锚具相比于传统螺杆插耳式节点，锚杯式节点设计简约，美观，占用空间面积小，满足节点承载力要求的同时不影响建筑效果。

运用此技术，呼和浩特新机场航站区第一标段项目钢结构摇摆柱施工一次成优，安装操作简便、安全适用、节约材料、节能环保，质量缺陷少，满足图纸设计要求，降低措施费的投入减少人工用量，取得了良好的经济效益和社会效益。

8.3　大体积三维曲面清水混凝土钢骨柱施工技术

1. 技术概况

（1）本技术中模板体系为整体通高大钢模板体系，采用机械化配合作业，安装方便快捷，大大提高了工效，减少工人的劳动强度，并为清水混凝土外观质量提供良好基础保障。

（2）本技术中的清水混凝土柱混凝土配合比按大体积清水混凝土设计，避免了裂缝的产生，并确保了清水柱的表观效果。

（3）钢模板为整体通高模板，模板本身具有相当的刚度，并使用“活动桁架”与“角拉杆”，无水平拼缝，竖向拼缝少，整个模板加固体系不设置对拉螺杆。对模板拼缝进行满焊，并进行精加工打磨处理。除允许的少量竖向拼缝有拼缝痕迹外，其他的模板拼缝须确保混凝土浇筑出来的表观质量无拼缝痕迹。

2. 适用范围

适用于大体积清水混凝土钢骨柱的施工，施工效果见图 8.3-1。

图 8.3-1 大体积清水混凝土钢骨柱施工效果

3. 工艺原理

本工法主要是通过模板配置、模板体系设计、细部做法、钢筋绑扎、模板安装、混凝土试配及浇捣、成品保护等主要工序来实现大体积三维曲面钢骨柱清水混凝土的美观效果。

4. 施工工艺

（1）工艺流程，见图 8.3-2。

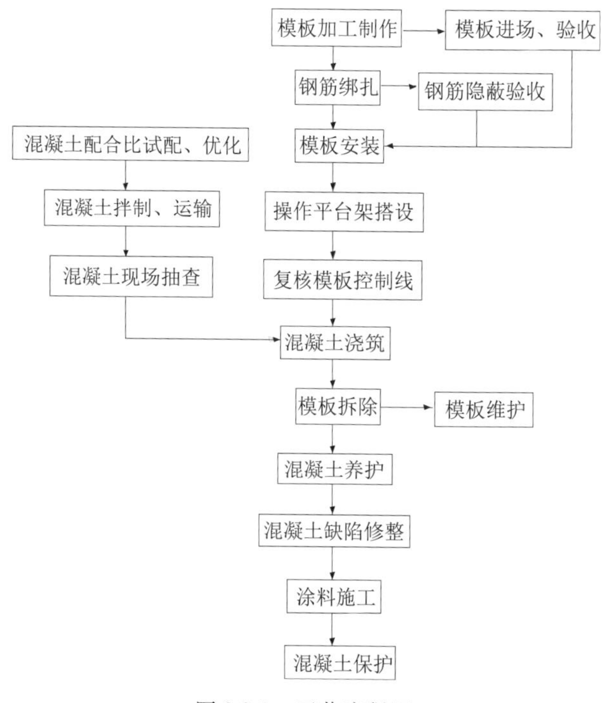

图 8.3-2 工艺流程图

(2) 操作要点

柱钢筋工程：

从放样、制作、绑扎三个环节层层控制。

1) 钢筋的放样

根据柱的结构大样和相应的规范、图集要求，对柱进行抽料计算，CAD 辅助测量，制作下料的料表。根据审核后的料表制作一根样板柱的全部钢筋，在对两根样板柱钢筋的绑扎过程中，对柱钢筋的料表进行检验和修正，在确认满足相应的质量要求且不影响模板安装质量之后，再根据经过验证或修正后的料表进行钢筋的下料。

放样时必须考虑钢筋的叠放位置和穿插顺序，考虑钢筋的占位避让关系以确定加工尺寸。应重点考虑钢筋接头形式、接头位置、搭接长度、锚固长度等对钢筋绑扎影响的控制点。通长钢筋应考虑端头弯头方向控制，以保证钢筋总长度及钢筋位置准确。

同时需考虑钢筋与钢柱、钢梁的连接及交叉问题。

2) 钢筋制作与绑扎

钢筋下料及成型的第一件产品必须自检无误后方可成批生产，见图 8.3-3。

图 8.3-3　柱钢筋绑扎完成

(3) 模板吊装

1) 用吊车把柱长边的两块模板拼为一个整体，合拢模板，注意模板拼缝处的拼接质量，安装定位销，紧固螺栓，紧固螺栓时，随时调整模板，确保拼缝顺平；拼装完成后，用刷了油的小刀切割凸出模板内表面的多余的密封胶条。

2) 把柱悬挑部位的两个支撑架按位置安装好，用吊车把两片预拼好的大模板吊装就位，连接两片大模板之间的定位销和螺栓，连接支撑架与模板之间的螺栓。

3）校核模板水平位置、垂直度、标高。

通过地面上的控制线定位模板，检查垂直度；并使用测量仪器在柱纵筋上标出模板标高控制线，通过调整柱悬挑部位两个支撑架上的可调底座定位模板上端高度。

4）安装水平抱箍的三角支撑架，然后从下往上安装水平抱箍，锁紧角对拉螺杆螺母；因模板为三维曲面造型，水平抱箍部分位置未能顶在模板上，使用楔形木头塞紧，确保水平抱箍抱紧模板。

5）搭设柱长边的斜向支撑，同时对短边的竖向支撑架底部进行加固。

6）水泥砂浆封堵柱脚，必须严密，不得漏浆漏水。

7）模板安装完成固定后，复核模板平整度、垂直度，见图 8.3-4。

图 8.3-4 Y 形柱模板安装

（4）柱模板拆除

试压混凝土试块 → 用钢丝绳挂住四片模板的上口，一端拴在预留钢筋上 → 从上往下拆除柱抱箍 → 拆除模板拼缝处的螺栓 → 松开模板与斜向支撑的连接螺栓，将支撑架移走 → 分片拆除四片模板

拆除模板时，模板张开后，需用干净的木方塞在模板与柱混凝土之间，防止模板与混凝土之间的相互刮伤。

（5）柱混凝土养护及成品保护

混凝土浇筑完成后，立即用彩条布将柱顶进行遮盖，防止污水顺着柱表面往下流污染柱面。拆模后，立即用薄膜进行包裹覆盖养护，在上口水平面上用砂浆压住薄膜上口。养护时间不少于 14d。

用薄膜包裹好后，搭设脚手架并用安全网围住四周，防止柱面喷伤。在内架拆除后，重新搭设 1.8m 高防护架，并围安全网，见图 8.3-5。

图 8.3-5　清水混凝土钢骨柱包薄膜养护及拆模外观效果

8.4 “天圆地方”超大截面异型墩台柱组合模板体系施工技术

1. 概况

杭州萧山国际机场三期项目采用大跨度和大空间钢构的航站楼屋面，延伸出大量的结构荷载通过钢管混凝土柱传至柱墩基础。为追求美学效果，室外钢管柱底部通常会设置异型曲面不规则清水混凝土墩台柱。按照常模板支架方法无法保证该类型墩台柱浇筑完成后能够很好地表达出异型曲面清水混凝土的效果。

针对这种墩台柱特殊造型且浇筑完成后须达到清水混凝土效果的施工难点，采取了新型盘扣架操作平台 + 超大截面异型曲面清水混凝土墩台柱组合模板（钢模内粘聚氨酯弹性体）体系，解决了超大截面异型曲面清水混凝土墩台柱的施工难题，实现了杭州萧山国际机场三期项目 6.4m 高，下部直径 3m 正八角形渐变为顶部直径 2m 圆形的超大截面异型曲面清水混凝土墩台柱，一次浇筑顺利完成。

2. 技术特点及工艺原理

（1）新型盘扣架操作平台 + 超大截面异型曲面清水混凝土墩台柱组合模板体系，组合模板为外部钢模 + 内部木模 + 中间灌注聚氨酯弹性体材料，钢板内壁焊接加大法兰螺母，用于增强钢模与聚氨酯软模的连接力，待聚氨酯强度达到设计要求后拆除内部木模，形成最终的超大截面异型曲面清水混凝土墩台柱组合模板体系，该组合模板安全可靠，安拆快捷，有效解决了常规模板无法满足异型曲面模板造型的难题，构件周转使用率高，大大降低了成本；

（2）木模制作采用三维建模按照 1∶1 比例制作模型作为木模参数，根据异型曲面造型分为上中下三层，共计 24 块模板，通过拼装成型、尺寸校验、精修、封孔、打磨，保证了异型曲面造型的精准性，大大提高了异型曲面的成型效果；

（3）外侧钢模内壁尺寸按照 1∶1 圆柱尺寸进行稍微放大，保证预留最小 15mm 空间灌浆聚氨酯弹性体，钢模分两层共计八块进行加工，钢模内壁通过焊接加大法兰螺母焊接，保证了聚氨酯弹性体灌浆料与钢板的结合力，提高了组合模板体系整体成型质量，构件周转使用率大大提高，降低了施工成本；

（4）灌浆时钢模外套在木模外侧，固定好位置，保证各方位空隙均匀，聚氨酯弹性体灌浆料配置综合考虑模板的周转次数、浆料固化时间、成型后弹性体硬度、灌注时的整体流动性等因素，制作完成后拆除内模，并在聚氨酯弹性体内衬表面清理涂刷保护剂，保证了聚氨酯不受损坏，保证了组合模板整体效果；

（5）外部操作平台采用新型盘扣支架体系，在灌注混凝土时用于振捣浇筑混凝土，保证了混凝土的密实度，降低了柱子烂根和蜂窝麻面的概率，提高了混凝土拆模后整体的成型观感质量。

超大截面异型曲面清水混凝土墩台柱组合模板体系分为外模钢模（内焊加大法兰螺母）+ 内模木模（按照 1∶1 异型曲面柱造型 3D 雕刻打印）+ 中间灌注聚氨酯弹性体材料三部分组成，钢板内壁焊接加大法兰螺母增强钢模与聚氨酯软模的连接力，木模根据异型曲面柱 3D 打印实体模型进行分块雕刻完成后组装成整体，将内外模固定好位置后，钢模外侧通过角拉杆及螺栓进行加固，再灌注调制好的聚氨酯弹性体灌浆料，待灌浆料强度达到要求后进行拆模，有效地解决了超大截面异型曲面清水混凝土墩台柱模板难题及清水混凝土浇筑完成拆模后成型观感质量差难题，确保了施工安全性，提高了混凝土成型观感质量，加快了施工进度，周转次数及施工效率均大大提高，节约了成本。

3. 施工工艺流程及操作要点

（1）外模钢模板制作

为保证钢模板拼装与加工的合理性，根据异型曲面柱模型将钢模分成上下两层，钢模板高度为 6400m，上下层均为正八边形，顶部正八边形内侧边长净尺寸为 924mm，底口正八边形内侧边长净尺寸为 1255mm，下层模板垂直高度为 3000mm，上层模板垂直高度为 3400mm，每层对称分为 4 片，竖向拼缝在平面的中轴线上，如图 8.4-1 所示。钢模板外壁采用 6mm 厚钢板，竖肋采用 10# 槽钢，横肋采用 25# 槽钢，横肋支撑采用 10# 槽钢，横肋塞板采用 6mm 厚钢板，钢模板拼缝角部采用 D32 角拉杆，拉杆垫片为 16mm × 150 mm × 200mm，拉杆螺母采用 M32，保证了整个钢模板整体稳定性。钢板内壁焊接加大法兰螺母，用于增强钢模与聚氨酯弹性体之间的连接力，钢模内部焊接螺母布置按照 260mm（横向）× 200mm（竖向）布置，见图 8.4-2 和图 8.4-3。

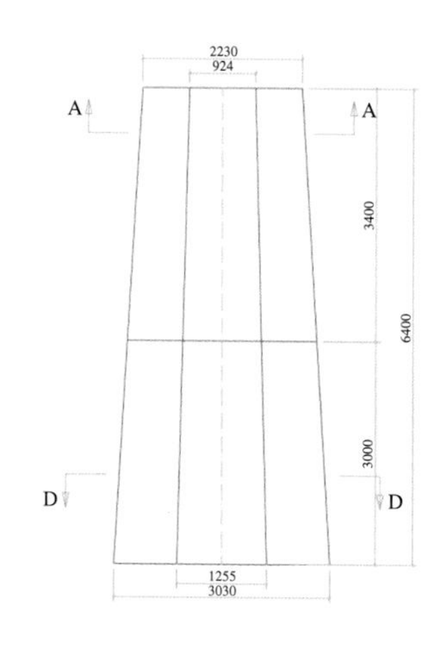

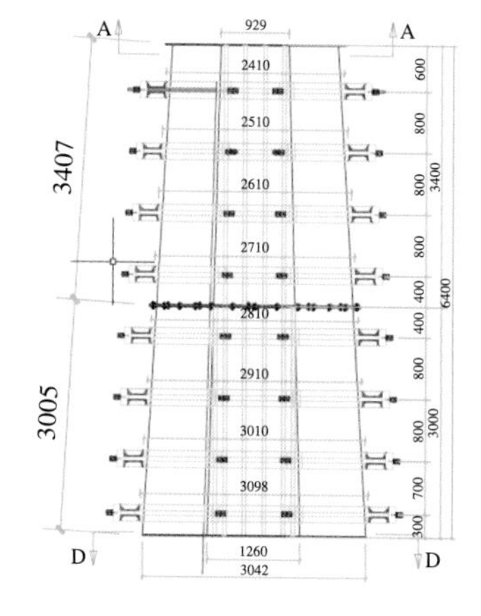

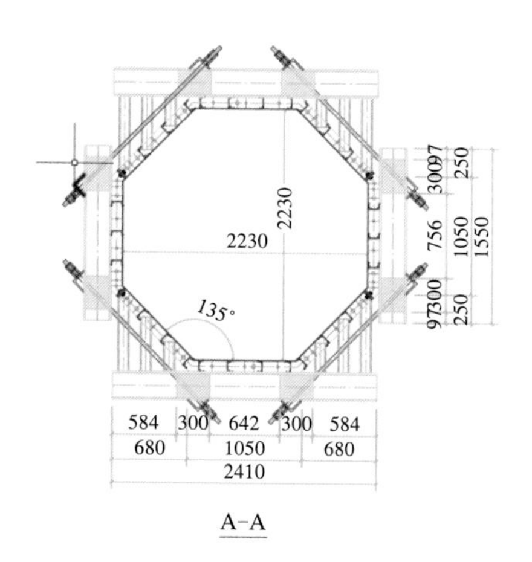

图 8.4-1 钢模板立面、细部尺寸及配件图

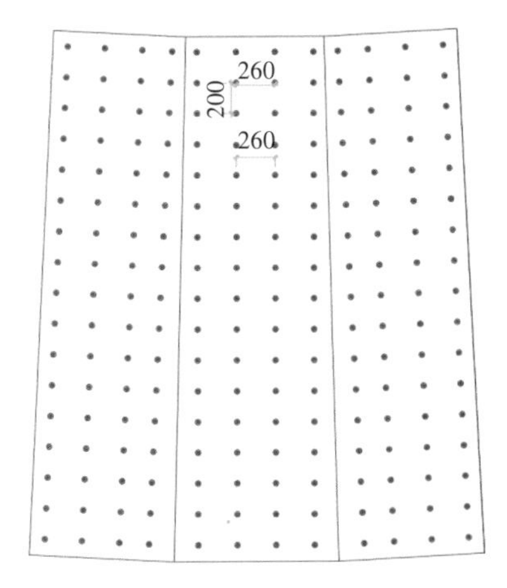

图 8.4-2　钢模内部加大螺母布置图

图 8.4-3　钢模板组装模板图

（2）内模木模制作

1）三维建模

按照 1 : 1 实际墩台柱尺寸模型建立 3D 打印模型，实现了由底部正八边形到顶部圆形的完美曲线过渡，体现了特有的线型美，如图 8.4-4 所示。

图 8.4-4　三维效果图以及实体模型图

2）木模制作

根据三维实体模型作为木模制作的参数，制订分块雕刻方案，超大截面异型曲面清水混凝土墩台柱模板分为上、中、下三层，每层为 8 块板，共计 24 块板，每块模板通过计算机模型控制数控机床精密加工，保证每块不同曲面模板加工成型后的精准度，加工完成后的模板实景图如图 8.4-5 所示。

3）木模拼装、校验

加工成型后的模板按照编号进行组装拼装，在拼装完成后进行尺寸精度的控制及检验，保证内模拼装完成后的整体精度及外观整体的平整度，模板内部采用 50mm × 90mm 木方进行支撑加固，防止模板受力后发生变形，待拼装完成后用原子灰精修，底漆封孔进行保护，底漆固化后再刷一遍面漆进行保护，等全部工作完成后进行表面的清理，涂刷聚氨酯弹性体专用隔离剂。木模成型后的实景图如图 8.4-6 所示。

图 8.4-5 木模分块加工实景图

图 8.4-6 模板拼装及涂刷漆料

（3）内模和外模间聚氨酯弹性体灌注

1）钢模固定

内模拼装完成并涂刷聚氨酯弹性体灌浆料专用隔离剂之后按照地面弹好的尺寸线进行钢模的组合拼装。钢模内壁尺寸比 1∶1 内模木模尺寸略大，一般保证最小处留 15mm 净空保证能够正常灌注聚氨酯弹性体灌浆料。

2）聚氨酯弹性体灌注

综合考虑模板的周转次数、浆料固化时间、成型后弹性体硬度、灌注时的整体流动性等因素，试验并确定改性填料的添加方案，算好材料的具体用量，灌注时采用分层分块对称灌注，相连模板之间封堵采用雕刻木衬板封堵，塑性黏土封边完成后进行密封性检查，聚氨酯弹性体采用 AB 混合料进行搅拌，真空脱泡，持续灌注。待初步固化后，拆除相邻钢模板，取下拼缝封堵木衬板及封边黏土，再次拼装好钢模板，灌注相邻模板的聚氨酯弹性体灌浆料。完成下层钢模聚氨酯弹性体灌注后继续灌注上层 4 片钢模的聚氨酯弹性体内衬。全部灌注完成后进行养护。

3）养护拆模

灌注完成后进行聚氨酯弹性体内衬的养护，养护完成后全套外部钢模拆模，取出内部木模，检查聚氨酯弹性体的灌注效果。有缺陷的地方及时进行修补完善，聚氨酯弹性体内衬表面进行清理，清理完成后涂刷保护剂。成型后的聚氨酯弹性体组合模板体系如图 8.4-7 所示。

图 8.4-7　成型组合体系模板

（4）盘口式脚手架操作平台安装

在结构楼板浇筑完成强度达到设计强度要求后进行操作架的搭设，先在楼板上面面板上进行测量放线，定位异型曲面墩台柱的柱边线位置，具体搭设操作平台如下：测量放线→搭设操作脚手架立杆→安装水平剪刀撑与竖向剪刀撑→调整操作平台标高→铺设盘扣支架脚手板→上部搭设防护栏杆→验收。

采用新型盘扣式钢管支架：立杆采用 ϕ48×3.2（材质 Q345A），水平杆规格为 ϕ42×2.5，竖向斜杆规格为 ϕ33×2.3，板底立杆间距为 1200mm×900mm，步距为 1.5m。每一步距均满铺脚手板。顶部搭设 1.5m 高防护栏杆，保证作业人员自身安全。

（5）混凝土浇筑与养护

由于此项异型曲面组合模板体系应用于超大截面异型曲面清水混凝土墩台柱结构施工，质量要求非常高，属于大体积混凝土。因此，混凝土浇筑方法与养护仍为保证混凝土浇筑过程安全与浇筑质量重要环节之一。

混凝土浇筑前，充分做好技术方案分析、技术交底、劳动力组织、机具设备准备工作，严格控制混凝土的配合比及坍落度，做好每车混凝土的坍落度及入模温度测量工作，采取分层浇筑，每层混凝土厚度约 500mm。浇筑过程时优先选用汽车泵，确保布料均匀保证侧向模板均匀受力，避免混凝土侧压力冲击导致模板发生局部倾斜。混凝土在浇筑过程中采用机械振捣棒振捣，做到“快插慢拔”，上下抽动，均匀振捣，插点均匀排列，插点间距为 300～400mm，在下层混凝土浇筑完成初凝前浇筑上层混凝土，保证插入下层混凝土中 50～100mm，振捣依次进行，避免漏振，混凝土浇筑完成后做好大体积混凝土测温工作，控制好内外温差。模板拆除后加强对混凝土的养护，浇筑成型后混凝土效果，见图 8.4-8 和图 8.4-9。

图 8.4-8 盘扣式脚手架操作平台

图 8.4-9 异型曲面框架柱清水混凝土成型图

4. 小结

本工程采用了超大截面异型曲面清水混凝土墩台柱组合模板体系施工技术，解决了超大截面异型曲面清水混凝土墩台柱的支模与施工难题，模板体系自身稳定性强，构造措施简单，搭设、查验方便。保证了施工安全可控。墩台柱施工完成后，经使用方现场实际测量及观看外观成型质量，均满足设计参数要求，完全达到使用方的使用要求。本工法具有技术创新性、实用性、施工效率高、节能环保等特点。为今后超大截面异型曲面清水混凝土模板支模与施工提供了技术思路，充分体现了该工法的优越性，具有极好的推广应用价值和前景。

8.5 大直径分叉柱逆序安装技术

1. 概述

机场航站楼候机大厅通常设计为少量大直径钢柱支承钢屋盖形成的大空间结构，大直径钢柱在柱顶通过分叉节点与上部钢屋盖连接。由于分叉节点较为复杂，通常采用先吊装钢柱、再提升钢屋盖、最后补档分叉节点构件的施工方法进行安装。对于难以焊接成型的复杂节点，通常采用铸钢工艺生产，无法进行后补档施工。

杭州萧山国际机场 T3 航站楼屋面支撑柱分为异型柱及圆管柱。异型柱共计 4 根，分叉圆管柱（荷花谷支撑柱）共计 8 根。除异型柱柱底标高为 -6.150m 外，其余支撑柱柱底标高为 17.250m。异型柱柱底部支撑柱为焊接箱形，截面形状为等腰梯形，分叉圆管柱（荷花谷支撑柱）均为变截面圆管柱，从底到顶截面逐渐变大，施工安装难度极大。针对与屋盖复杂铸钢节点连接的大直径分叉钢柱，将复杂节点与钢屋盖在地面拼装，利用支撑胎架整体提升，再将大直径钢柱分段后插入的方法逆序安装，解决了大直径分叉钢柱复杂节点安装的难题，确保了安装精度，见图 8.5-1。

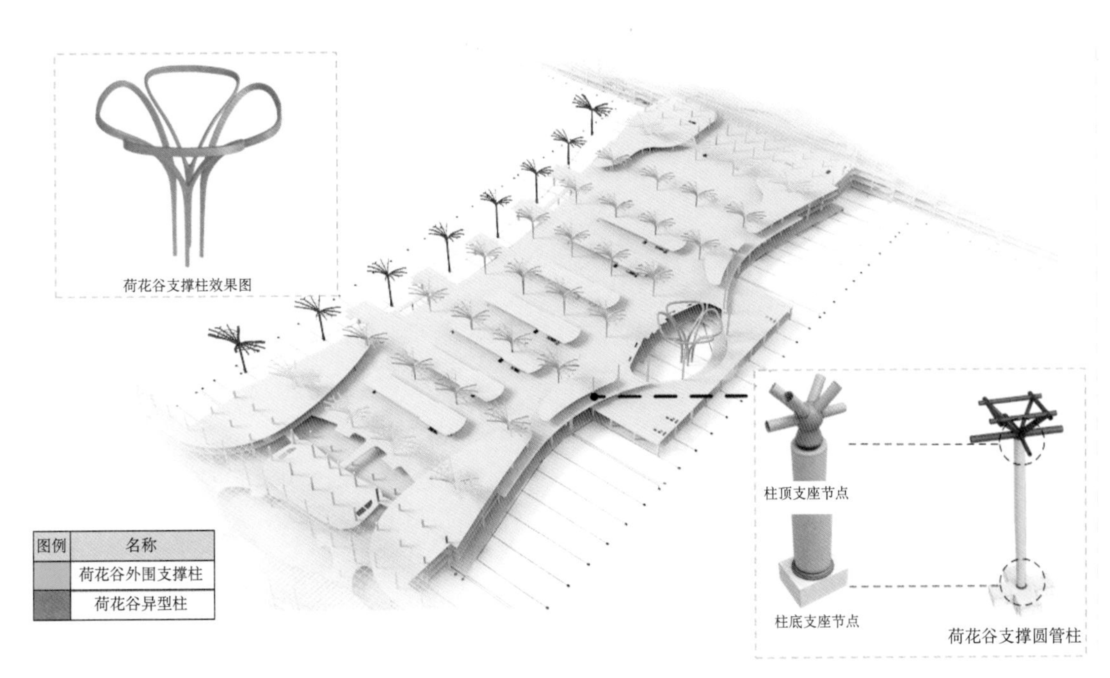

图 8.5-1　航站楼分叉圆管柱（荷花谷支撑柱）示意

2. 施工方法要点

（1）施工流程

复杂分叉钢柱（荷花谷柱）的施工安装与屋盖钢结构安装综合考虑，主楼屋盖采用地面拼装、原位提升方法，每根柱施工拆分为 6 步：1）封边桁架在 -0.170m 地面进行拼装；2）封边桁架提升至 21.000m 标高；3）提升网架拼装，并提升就位；4）分叉钢柱（荷花谷柱）分段吊装；5）屋面系统施工完成，分叉钢柱（荷花谷柱）与上部结构相连；6）分叉钢柱（荷花谷柱）卸载到位，临时支撑拆除，见图 8.5-2。

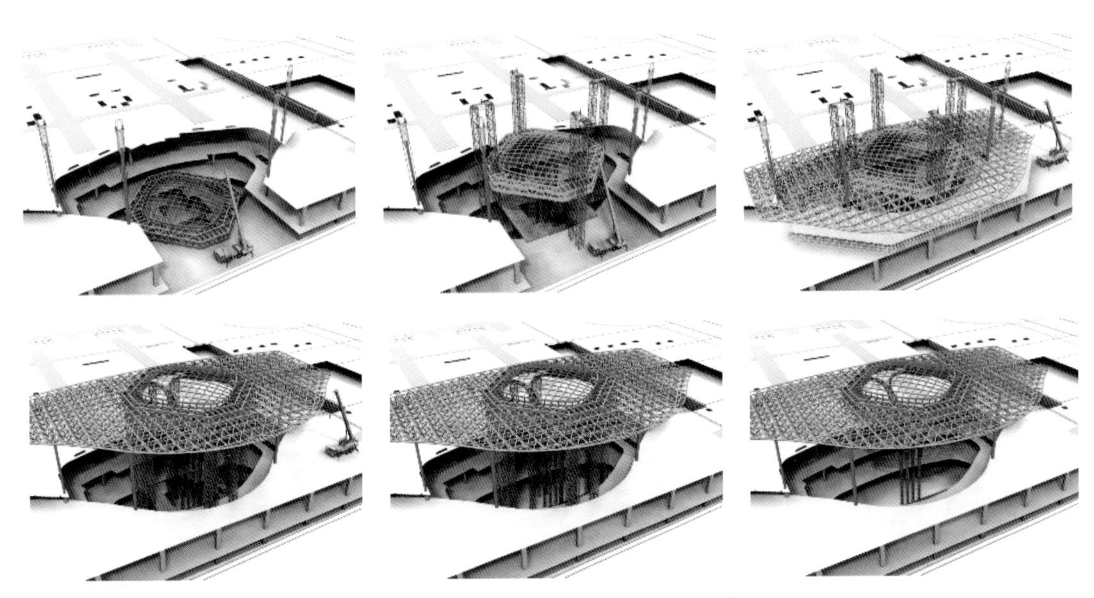

图 8.5-2　分叉钢柱（荷花谷柱）安装流程示意

（2）分段及吊装分析

1）分叉钢柱（荷花谷柱）分段

为了满足起重机吊装能力，对分叉钢柱（荷花谷柱）进行分段，共分成 40 个分段。其中，分段 10 与分段 20 重 16.3t，分段长度 21.8m；其他分段重 3.14 ~ 3.6t，分段长度 2.9 ~ 13.6m，见图 8.5-3。

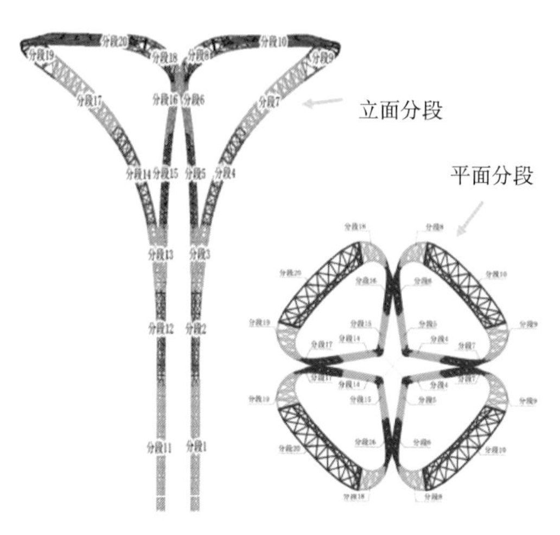

图 8.5-3 分叉钢柱（荷花谷柱）分段示意

2）分叉钢柱（荷花谷柱）吊装工况分析

分叉钢柱（荷花谷柱）考虑采用 70t 汽车式起重机分段吊装，主臂 42m，15m 吊装半径时，最大起重量 7.1t ＞ 3.14t，满足吊装要求。

为了解决吊装平台问题，在荷花谷 -0.170m 楼面漏洞位置布置两台汽车式起重机行走平台，用于荷花谷柱吊装、汽车式起重机站位及材料倒运。

3）分叉钢柱（荷花谷柱）柱顶分段施工

分叉钢柱（荷花谷柱）柱顶分段（分段 10 与分段 20）质量约 16.3t，封边桁架与荷花谷柱顶分段间隙小，提升到位后，结构下弦到荷花谷柱柱顶间距＜ 800mm，无法满足汽车式起重机吊装施工空间要求，采取在封边桁架和网架上弦上设置吊装点，辅助吊装就位。

（3）临时支撑布置及卸载顺序

为便于分叉钢柱（荷花谷柱）安装时的校正与临时固定，沿分叉钢柱（荷花谷柱）分段点设置相应的临时支撑。

荷花谷柱安装过程中，临时支撑根据支撑的安装高度划分为 3 道，其中第 1 道和第 2 道支撑在荷花谷柱安装到位，未与屋盖主体连接前，先行卸载拆除。第 3 道支撑在屋面系统安装完成后，荷花谷柱与屋盖主体连接到位后拆除。

3. 实施效果

本技术适用于与机场航站楼、车站、体育场馆等建筑中钢结构屋盖通过复杂节点连接的大直径分叉钢柱施工。

杭州萧山国际机场 T3 航站楼屋盖分叉钢柱（荷花谷柱）施工中应用此技术，通过将复杂节点与钢屋盖在地面拼装，利用支撑胎架整体提升，再将大直径钢柱分段后插入的方法逆序安装，解决了大直径分叉钢柱复杂节点安装的难题，提高安装效率 30%。对分叉钢柱（荷花谷柱）在安装过程中的位移、应力实施监测，各施工步实测数据与前期数值模拟结果吻合，荷花谷柱施工完成状态符合设计要求。

8.6　超大直径钢管混凝土柱下基础与管中管拼装施工技术

1. 技术背景

成都天府国际机场航站楼工程屋盖采用钢网架结构，由 164 根钢管混凝土柱支撑，钢管混凝土柱下为独立基础、四桩承台、六桩承台及九桩承台基础。其中九桩承台尺寸最大为 12m × 12m × 7.2m，单次混凝土浇筑方量达 1036.8m^3，属于全国机场航站楼罕见大型承台。基础面层钢筋为 C32、C36 双层双向布置（X 向、Y 向），钢管柱环板为圆形，环板为 30mm 厚、250mm 宽钢板；钢管柱最大直径 2.3m，施工时需采用分节吊装工艺，钢管混凝土柱内设有虹吸排水管道及机电安装管道，虹吸管材质为不锈钢，管径 76 ~ 273mm。

技术难点：

（1）钢管混凝土柱下基础尺寸超大，长、宽均为 12m，高 7.2m，钢筋支撑与模板加固难度大。

（2）基础面层钢筋为双向布置（X 向、Y 向），设计要求钢筋被钢管柱截断时，需与钢管柱进行焊接连接。而当 X 向与 Y 向钢筋同时被钢管柱截断时，其中一个方向的钢筋无法与钢管柱环板焊接。

（3）钢管斜柱分节吊装时，钢管柱内部的水、电管道连接难度大。

2. 技术特点

（1）针对 12m × 12m × 7.2m 超大钢管柱承台，模板支撑采用 M16 三段式定制对拉螺杆，中间段螺杆采用定制套筒连接，克服了传统对拉螺杆长度和强度的不足；承台面层钢筋马镫采用 10# 工字钢 +7.5# 角钢替代传统的钢筋，增强钢筋稳固性，解决了钢筋支撑的难题。

（2）创新采用了一种钢管柱方形环板，通过设置搭接短筋，可以同时与承台双向面层钢筋连接，解决了承台双向面筋无法同时与钢管柱环板连接的难题。

（3）将虹吸排水管道及机电安装管道提前安装固定到钢管柱内，随钢管柱一同吊装，并采用一种高强耳板，用于临时固定相邻两节钢管柱，确保钢管柱间留出 400mm 高空隙，使得水电管道能有效焊接，解决了大直径管中管拼接的难题。

3. 施工工艺

（1）工艺流程（图 8.6-1）。

（2）承台钢筋绑扎及预埋件安装

1）承台钢筋绑扎

承台底部钢筋为双层双向钢筋，外排钢筋为⌀36@120，内排钢筋为⌀32@120，承台底部钢筋绑扎时应全数绑扎，相邻钢筋及内外排钢筋之间应错开接头 35d。

2）钢柱预埋件设计概况

T1 航站楼设计地脚螺栓锚杆规格为 M24，材质为 Q345B。钢管柱柱脚用 16 个锚杆定位固定，锚杆沿定位环板圆周均匀分布，如图 8.6-2 所示。

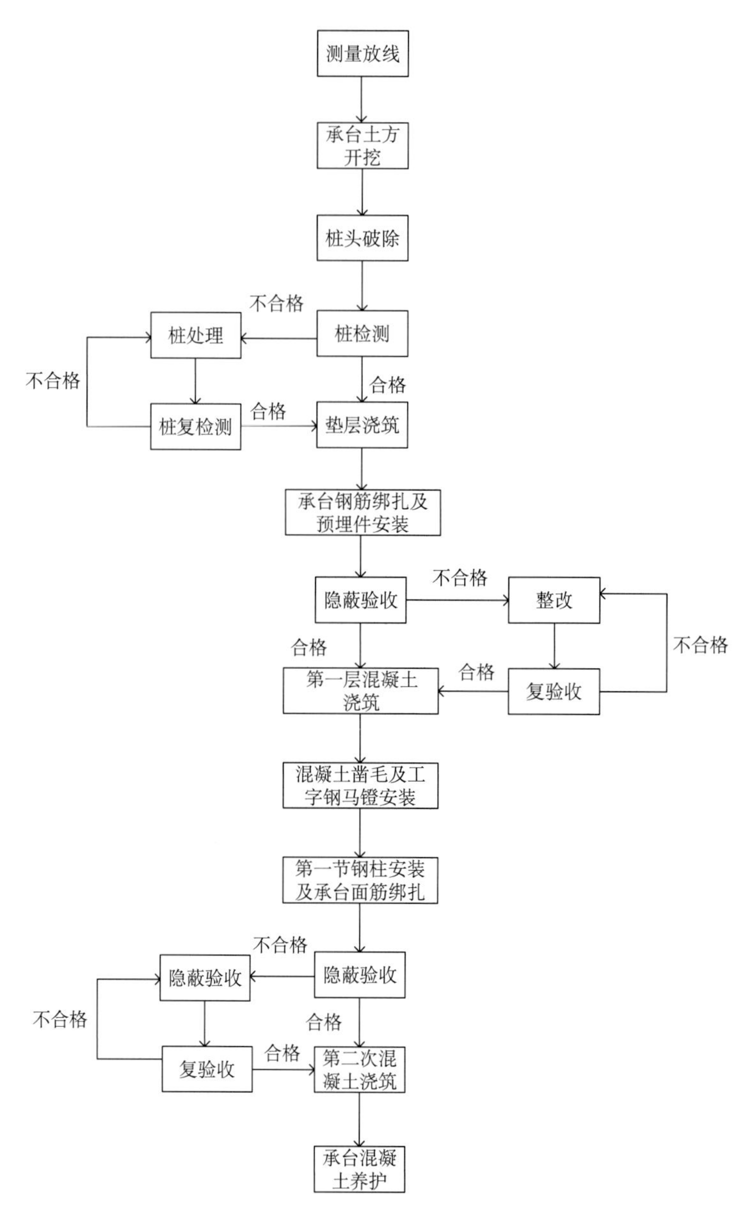

图 8.6-1 超大钢管柱承台施工工艺流程

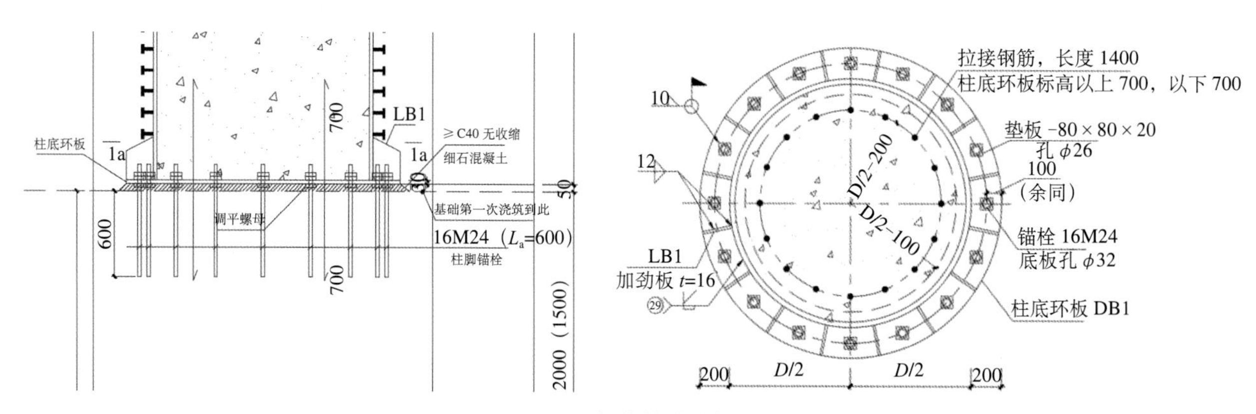

图 8.6-2 钢管柱地脚螺栓

3）地脚螺栓深化设计

为便于地脚螺栓现场安装固定和加工制作，对柱脚螺栓进行二次深化，深化设计的目的是满足设计要求的同时，可以指导工人加工制作和现场安装。考虑到每个地脚螺栓有 16 根锚杆，为保证这 16 根锚杆的垂直度和定位后不发生偏移，须用两道定位环板进行固定；由于地脚螺栓在基础之上悬空，现场安装需设计一个定位支架，并制定定位支架的加固措施；方便现场锚杆高度可调节，需将锚杆的螺纹长度明确。

（3）定位支架的加固措施

1）先放线确定柱脚埋件的支架位置，在支架四个支腿位置的混凝土垫层用电钻钻出 ϕ16 的孔；

2）在钻好的 ϕ16 孔里，插入 ϕ16 长度为 300mm 的钢筋头，露出垫层长度 120mm；

3）将支架底座插入 ϕ16 的钢筋头，调整好支架的水平和垂直度之后，将支架底座和钢筋头焊接固定；

4）锚杆穿过两道环板，根据深化图纸定位好标高和垂直度后，将锚杆和环板焊接固定；

5）最后采用 ϕ16 长度 720mm 的钢筋将支架进行侧向加固，复测锚杆的标高，见图 8.6-3。

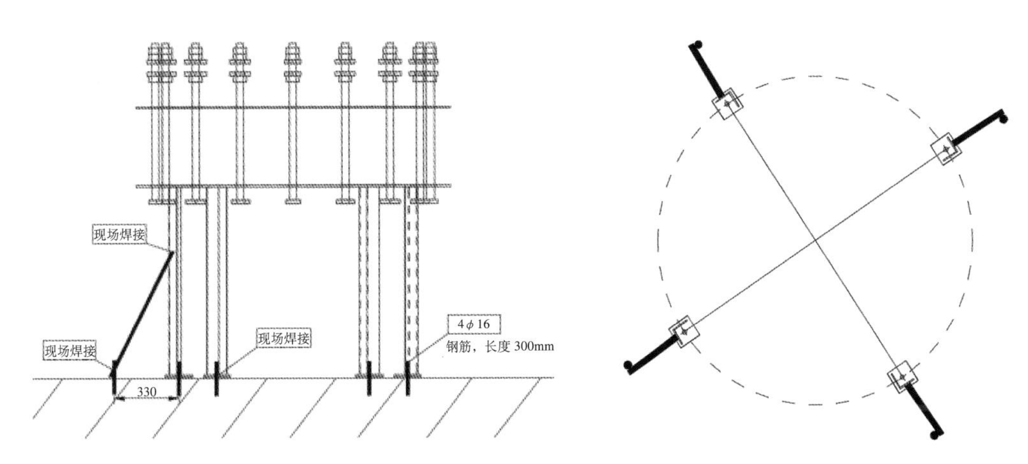

图 8.6-3　柱脚埋件加固措施示意

（4）第一层混凝土浇筑

在混凝土浇筑前需检查埋件的定位与固定，确保埋件位置精确固定牢固，钢筋隐蔽验收通过后才可以进行混凝土的浇筑施工；在混凝土浇筑前应检查混凝土送料单，核对混凝土配合比，确认混凝土强度等级，检查混凝土运输时间，测定混凝土坍落度，必要时还应测定混凝土扩展度，在确认无误后再进行混凝土浇筑。首次混凝土浇筑高度为 2m，属于大体积混凝土，混凝土浇筑采用分层浇筑、斜面推进，循序渐进，在混凝土浇筑的过程中，确保混凝土的密实性，振捣棒的操作应做到“快插慢拔”，不漏振，不过振。混凝土浇筑完后，采用蓄热法养护，采用塑料膜密封覆盖，防止混凝土脱水龟裂，且保持不少于一周湿润养护，防止混凝土因温差应力而产生的裂缝，见图 8.6-4。

（5）混凝土凿毛及工字钢马镫安装

混凝土强度达到 2.5N/mm^2 以后，应清除垃圾、水泥薄膜、表面松动的砂石和松软的混凝土层，同时还应将表面凿毛；凿毛完毕后，在底板上弹线，划好钢筋间距、预埋锚栓的位置线，按划好的间距，依次绑扎板底钢筋、预埋锚栓。多桩承台钢筋保护层厚度为50mm，采用同强度等级的混凝土垫块按600间距梅花形布置。面层钢筋马镫采用10#工字钢焊接制作，并用7.5#角钢作为斜撑加强，支撑点间距1000mm正方形设置，确保面层钢筋安装的稳定性，如图8.6-5所示。

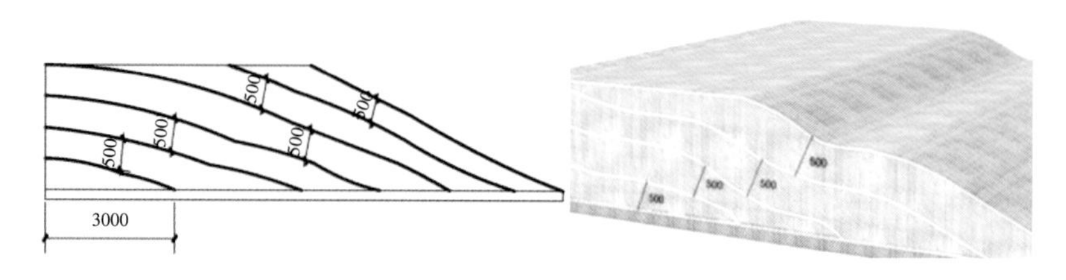

图8.6-4 大体积混凝土分层浇筑示意图

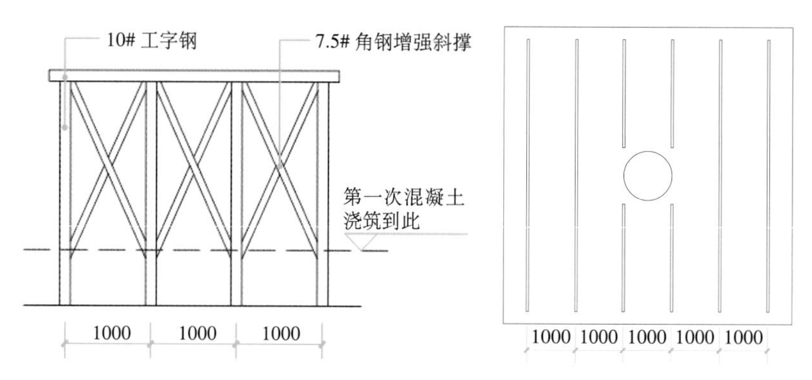

图8.6-5 工字钢马镫支撑布置图

（6）钢柱安装

1）构件进场前与现场联系，及时协调安排好堆场、卸车人员、机具。构件运输进场后，按规定程序办理交接、验收手续，构件进场按类堆放整齐，防止变形和损坏，钢管柱堆放时应放在稳定的枕木上，并根据构件的编号和安装顺序来分类；超大承台钢柱均为室外钢柱，室外钢柱施工时，沿室外钢柱外侧设置临时施工道路，采用100t履带式起重机沿规划道路依次完成所有室外钢柱吊装，吊装线路如图8.6-6所示。

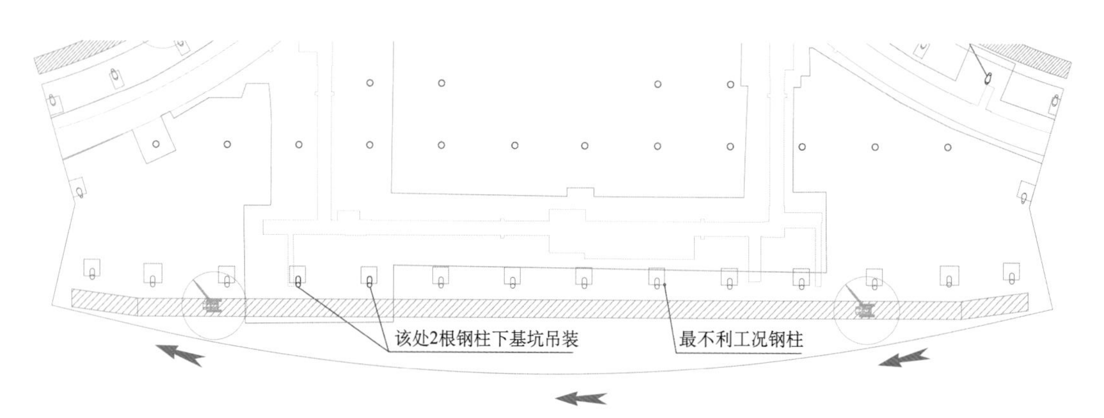

图8.6-6 钢管柱吊装线路布置图

2）本工程 12 个超大承台钢管柱均为斜钢管柱，斜钢管柱垂直度测控要点如下：

垂直度偏差的控制和调正：预先在三维 CAD 测算测量钢管柱数据信息，再利用钢管柱内控的四个控制点进行复核。以下层定位轴线坐标为基准，向钢管柱倾斜方向根据倾斜度侧移测量设备，采用全站仪测量其投影位移，四个控制点同时校核，准确定位。同时测量待测钢管柱和已完成定位的钢管柱间距，将以上数据与 CAD 三维数据做对比，确保定位精度、垂直度满足规范要求，见图 8.6-7。

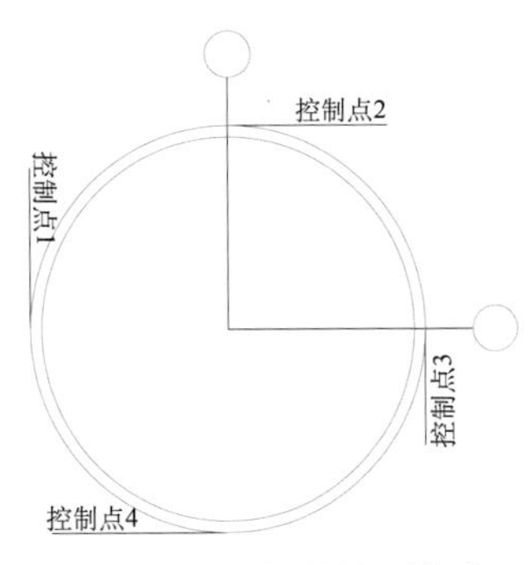

图 8.6-7　斜钢管柱测控点

钢管柱整体校正采用“全站仪 + 激光反射片”的方法对所有钢管柱进行一次整体测量，校正时先调校轴线偏差大的钢管柱，调校工具采用捯链和千斤顶。

（7）承台面筋安装

钢管柱安装完毕后，第二次绑扎钢筋之前，先清理干净第一次浇筑混凝土表面杂物，先绑扎承台内柱钢筋，再利用工字钢支撑绑扎承台面层钢筋，承台面层钢筋为双层双向⌀ 32@120、⌀ 36@120。钢管柱与承台面筋的连接采用焊接的形式，原钢管柱设计为圆形环板，当钢管柱底插入承台内部时，承台顶面钢筋需要与钢柱环板相连，但现场只能连接靠近环板的一向钢筋，另一个方向的钢筋无法直接连接到环板，环板范围内下层贯通筋（洋红色）与环板贴焊，同时与上层截断钢筋（青色）点焊，在上层钢筋截断处贴焊 L 形接头，并与柱壁贴焊，如图 8.6-8 所示，此种方法现场焊接施工困难，效率低，且浪费钢筋，经过改良后，将柱脚环板改为方形环板，如图 8.6-9 所示，环板宽度范围内靠近环板的钢筋（洋红色）截断贴焊，上层另一向钢筋（青色）在钢管柱范围外的全部拉通，被挡住的截断，加搭接短筋与钢板贴焊，施工效率大大提高，且节省了钢筋。

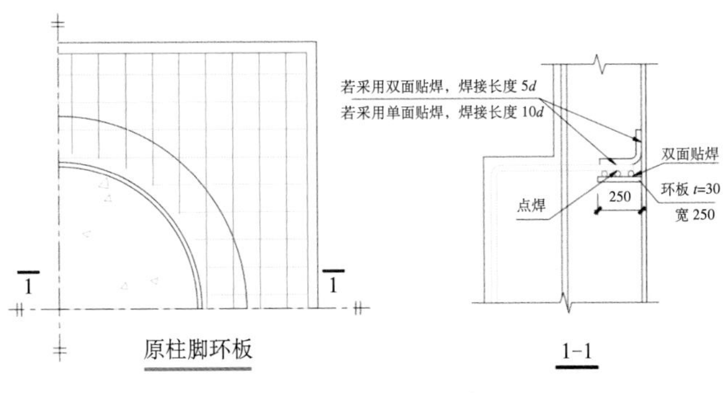

图 8.6-8　原柱脚环板

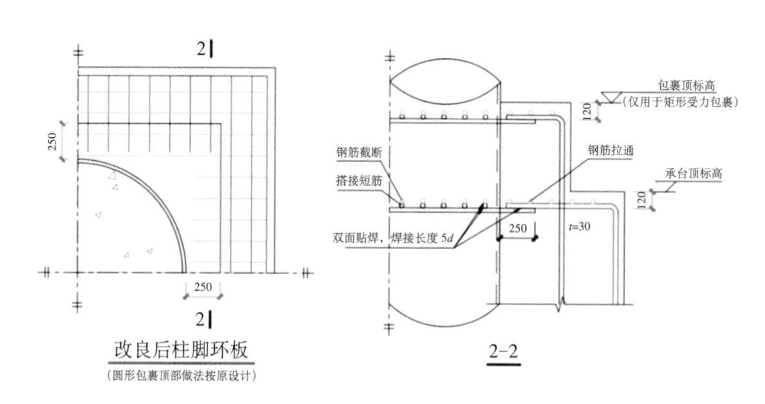

图 8.6-9 改良后柱脚环板

4. 实施效果

本技术在成都天府国际机场项目 T1 航站楼工程应用于 12m × 12m × 7.2m 超大钢管柱承台，共计 12 个，通过与传统的钢管柱承台施工技术对比，工期效益显著，得到了监理、甲方、建设主管部门的一致认可，确保了质量和安全，节约了工期和成本，且施工工艺简单，可操作性强，具有很强的借鉴意义和广泛的推广价值。

8.7 钢 – 混凝土组合结构复杂节点装配施工技术

1. 概述

乌鲁木齐国际机场改扩建工程航站楼项目根据工程设计的特殊性，出现了六道框架梁与钢管柱连接的复杂施工节点，组合节点处最大环梁直径可达 3.8m。通过对此类复杂节点施工方法的大量调研，以及对传统施工工艺的创新改进，形成了地面环梁预拼装后整体吊装就位的施工方法，相较于传统施工方法具有如下特点：

（1）采取地面拼装、整体吊装的施工方法，相比传统的原位拼装，降低了施工难度，加快了施工进度。

（2）与传统原位拼装相比，可有效避免钢筋弯曲不到位、箍筋绑扎不牢固、焊接质量差等问题，提升了施工质量。

（3）采取地面预拼装，可减少工作面上高空作业及狭小空间作业，确保施工作业人员安全作业。

2. 施工方法要点

（1）施工工艺流程

针对设计有钢筋环梁的复杂节点，首先根据设计图纸计算出环梁的自身重量，再参照起重吊装设备的吊装距离——吊重能力性能参数表，确定出环梁地面绑扎的可施工区域。在该区域内利用盘扣脚手架搭设环梁绑扎临时操作平台，进行钢筋环梁绑扎，钢筋绑扎过程中如有安装预留套管应提前定好位置并安装到位。钢筋环梁绑扎完成后利用塔式起重机或汽车式起重机将钢筋环梁整体吊装至环梁设计部位，环梁定位准确后与周边框架梁连接形成整体，完成环梁施工所有工序，见图 8.7-1。

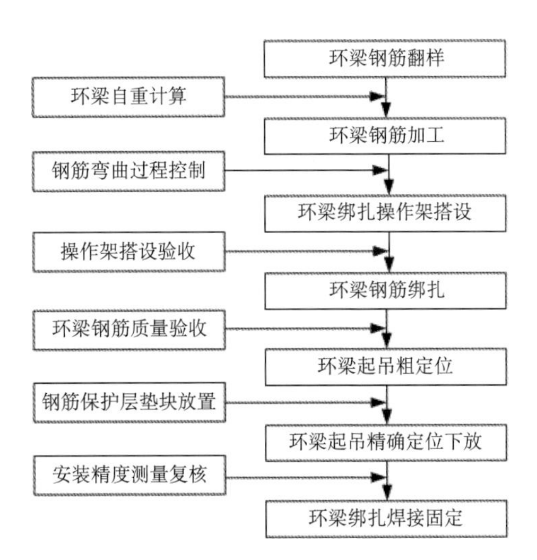

图 8.7-1　钢筋环梁施工工艺流程图

（2）操作要点

1）环梁钢筋翻样

应根据设计要求，结合框架梁配筋，对每一个钢筋环梁的配筋均应单独进行计算，环梁配筋计算完成后进行钢筋翻样。

钢筋翻样后对生成的钢筋料单进行审核，重点检查钢筋数量、钢筋直径及钢筋等级，料单审核完成后组织钢筋原材进场进行加工。

2）环梁自重计算

根据环梁配筋计算及加工料单，对钢筋环梁自重进行计算。

根据计算得出，单个环梁重量约为 2.8t，通过对比现场塔式起重机的起重性能表确定环梁加工地点和起吊区域，满足环梁吊装作业要求，见图 8.7-2。

3）环梁钢筋加工

钢筋上、下部主筋弯曲时要做成圆形，不可有局部凹陷或凸起，钢筋弯曲直径偏差不得大于 20mm，否则将造成环梁定型模板支设困难，环梁主筋加工时提前预留出 10d 的焊接长度。

钢筋环梁上、下部主筋在专用定制模具中弯曲成型，保证成型质量，见图 8.7-3。

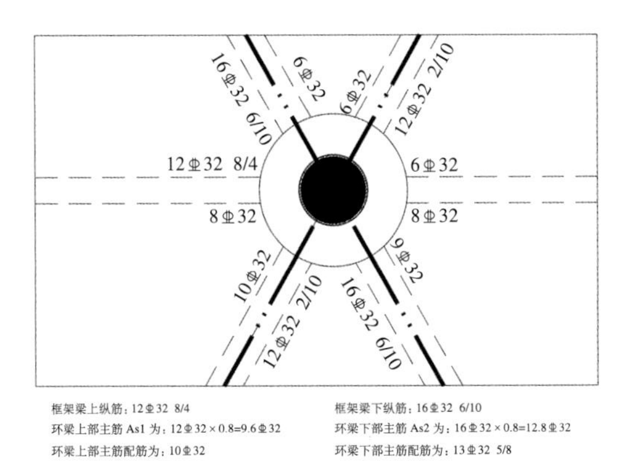

图 8.7-2　钢筋环梁配筋计算示意图

图 8.7-3　钢筋环梁主筋定制弯曲模具

箍筋的肢数根据环梁的宽度确定，加工时应严格按照料单加工。构造斜筋加工时应弯折成60°，弯折角度应严格控制不可随意弯折，否则将无法顺利安装成型。

4）环梁绑扎操作架搭设

环梁绑扎的操作架使用盘扣式脚手架进行搭设，搭设高度控制在1.5m便于钢筋工操作，分别在环梁上、下部主筋位置搭设横杆，整体操作架搭设时纵、横杆均应设置齐全，搭设要牢靠稳固，见图8.7-4和图8.7-5。

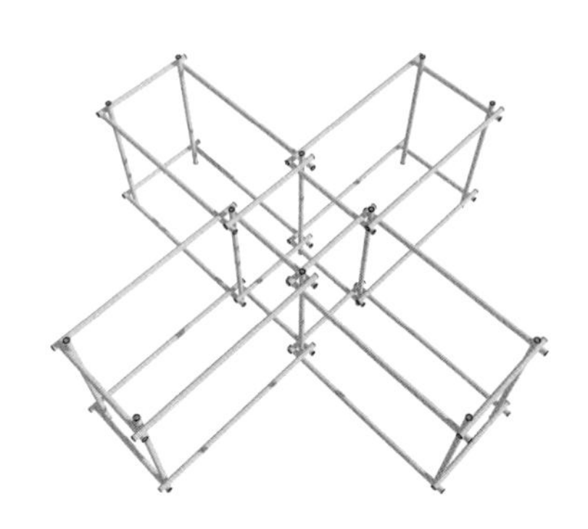

图8.7-4 钢筋环梁搭设操作架搭设效果图

图8.7-5 钢筋环梁操作架应用图

操作架搭设地点应选择在塔式起重机起重能力范围内，且应尽量靠近钢筋加工棚，以便钢筋搬运，同时可节约塔式起重机吊次。实在无法满足塔式起重机吊装时，应提前确定起重吊装设备，并根据设备性能确定操作架搭设区域，确保环梁顺利起吊。

5）环梁钢筋绑扎

环梁钢筋施工时首先进行上、下部主筋及腰筋安装，主筋及腰筋加工完成后放置于操作架上，将箍筋提前穿入。箍筋穿入后下部主筋采用单面焊形式将每一个圆形主筋进行固定，腰筋采用直螺纹套筒连接进行固定，上部主筋采用扎丝临时进行固定。

主筋安装就位后，调整箍筋间距并将下部与主筋绑扎牢固，上部箍筋跳绑进行临时固定，以便吊装下放时进行调整，然后将腰筋与箍筋绑扎固定。

环梁整体框架绑扎完成后，安装构造斜筋、拉筋及附加钢筋。

环梁钢筋绑扎过程中机电安装根据图纸设计要求进行水电套管的预留预埋，在钢筋焊接及绑扎固定前将套管固定到位。

6）环梁钢筋验收

环梁钢筋绑扎完成后，对环梁进行初步验收，检查主筋的数量、主筋规格型号、箍筋的规格、箍筋的间距及肢数、构造筋的规格及间距等项目。环梁钢筋验收完成后方可进行下一步吊装作业。

7）整体起吊、环梁粗定位

环梁验收完成后，采用塔式起重机或汽车式起重机等进行整体起吊，吊装前在环梁设计位置提前铺设混凝土垫块，以此控制环梁下部混凝土保护层厚度，并提前弹出环梁安装控制边线及预埋套管控制线。

起吊时采取四点吊钩起重，挂钩牢靠，吊点选择在环梁主筋位置，不可选择箍筋作为吊点。环梁吊装时要缓慢匀速起重，吊装至环梁设计位置时要慢速下放，避免环梁碰撞钢管柱，导致钢管柱偏位，见图 8.7-6 和图 8.7-7。

8）精细定位下放

环梁吊装至设计位置上空后，根据作业面上弹出的环梁安装边线及预埋套管控制线，对环梁定位进行调整。当环梁与控制线相吻合且不再晃动时，将环梁缓慢下放直至完全落下，见图 8.7-8 和图 8.7-9。

9）绑扎焊接固定

环梁吊装就位后，将箍筋按要求进行满绑，上部主筋单面焊方式焊接固定，将框架梁与环梁绑扎固定形成整体，即可完成环梁整体钢筋施工，见图 8.7-10 和图 8.7-11。

图 8.7-6　钢筋环梁水电套管固定

图 8.7-7　环梁吊装前放置混凝土垫块

图 8.7-8　钢筋环梁整体吊装

图 8.7-9　钢筋环梁精细定位下放

图 8.7-10　钢筋环梁下放完成效果

图 8.7-11　钢筋环梁成型施工效果

3. 实施效果

本施工方法适用于钢管柱钢筋环梁施工，尤其适用于大型公用建筑的大直径钢筋环梁施工。本技术在乌鲁木齐国际机场航站楼项目建设过程中成功实施，钢筋环梁施工过程中验收均一次性通过，与传统的原位安装相比节省人工费用，节省环梁施工工期 16d，环梁验收合格率 100%，钢筋环梁的施工效率及施工质量均得到了有效提升，为后续施工及时提供施工作业面。在工期、质量、安全、环境保护等方面均取得了良好的效果，获得了一致好评，具有良好的社会效益和经济效益，具有广阔的应用前景，见图 8.7-12。

图 8.7-12 环梁混凝土浇筑完成效果

8.8 高原气候重型向心关节轴承及其连接钢柱安装技术

1. 概述

拉萨贡嘎机场航站楼钢屋盖由 12 组分叉柱支承，每组分叉柱由 4 根梭形柱通过向心关节轴承连接，设计使用工况下向心关节轴承转动角度为 ±5°，在安装阶段向心关节转动角度需控制在 ±2° 以内，由于向心关节轴承为轴向、径向均可转动的构件，安装时精度控制较为困难。

通过研发向心关节轴承初始定位装置，利用 BIM 和测量机器人三维激光扫描技术精确定位，采用将内外耳板、向心关节轴承整体装配，在将轴承调整至角度零位后，采用定位板将内外耳板固定，提前锁定安装精度，并在屋面钢结构安装完毕后、卸载前，解除锁定的方法，保证了钢柱及屋面钢结构的变形精确受控，最终对 96 个节点取样监测，最大偏差控制在 0.98° 以内，所有节点焊接一次合格率 100%。

2. 施工方法要点

（1）技术创新点

1）倾斜梭形杆安装及空间测量极为不易，通过 BIM 技术确定结构特征点，采用三维坐标空间放样以确定支撑点位置及标高，标高值含有限元计算的起拱值。

2）安装采用“一边固定，单向调节”方法，依据结构特征分析确定倾斜梭形杆件安装位置，固定锁死一端向心轴承，通过调节另一端轴承位置及角度，从而达到双端铰接连接安装。

3）现场安装施工过程中通过吊装机械控制杆件垂直方向位移，通过缆风绳调节水平方向位移。杆件就位后，用夹板临时固定梭形杆件及轴承，依据三维模型，确定测量关键点，计算三维坐标；采用全站仪测量关键点坐标与模型坐标复核，根据偏差，再进行微调，最后达到与图纸尺寸相差无几，有效的控制安装过程中的位置及角度。

4）运用 Tekla Structures 软件，在材料或结构十分复杂情况下，实现准确细致、极易施工的三维模型建模和管理。尤其是对屋面梭形柱结构进行分段和组合，指导了屋面的安装工艺流程，保证其可实施性。

5）利用 Midas 中的生死单元技术，建立带有临时支撑的整体结构有限元模型，然后按照临时支撑的安装及卸载顺序，依次“激活”或者“杀死”相应的单元，再把节点力反向加在结构上，得出屋面系统的最大变形值及位移值。

6）通过 Tekla Structures 和 AutoCAD 软件建立屋面结构线性模型，标注出向心关节轴承梭形结构拼装和安装过程中三维坐标点，再通过全站仪进行安装坐标复测，保证了测量定位精度。

3. 工艺流程

施工工艺流程图，如图 8.8-1 所示。

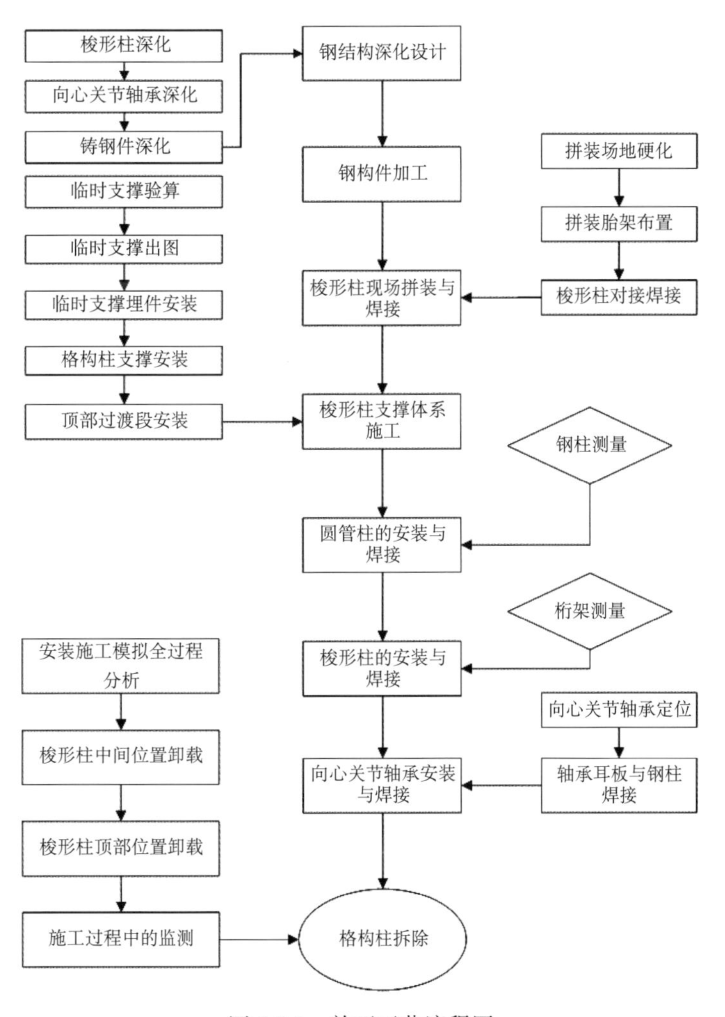

图 8.8-1　施工工艺流程图

4. 操作要点

（1）深化设计

1）钢结构的深化设计

Tekla Structures 对钢结构深化设计的细化流程如下：结构分析及节点计算→创建模型文件→建立轴线→创建主次构件→安装节点→模型完成→模型审核→设置模板并出图→图纸标注→图纸审核（自审、互审）→打印成 CAD 图纸→专业审图→出图、打印晒图。

2）梭形柱深化

采用 Tekla Structures 对各深化节点进行模拟计算验证，确定满足要求深化节点规格和形式。然后生成梭形柱的构件图及零件图。

3）向心关节轴承深化

节点分析，采用 Ansys 软件，对向心关节轴承及相关复杂节点受力分析，向心关节轴承初始位置控制措施设计，采用 SolidWorks 建立向心关节轴承、耳板、销轴等整体模型。设计满足转动角度在 ±5° 的向心关节轴承的结构构造和材料组成，最后加以试验进行验证，如图 8.8-2 所示。

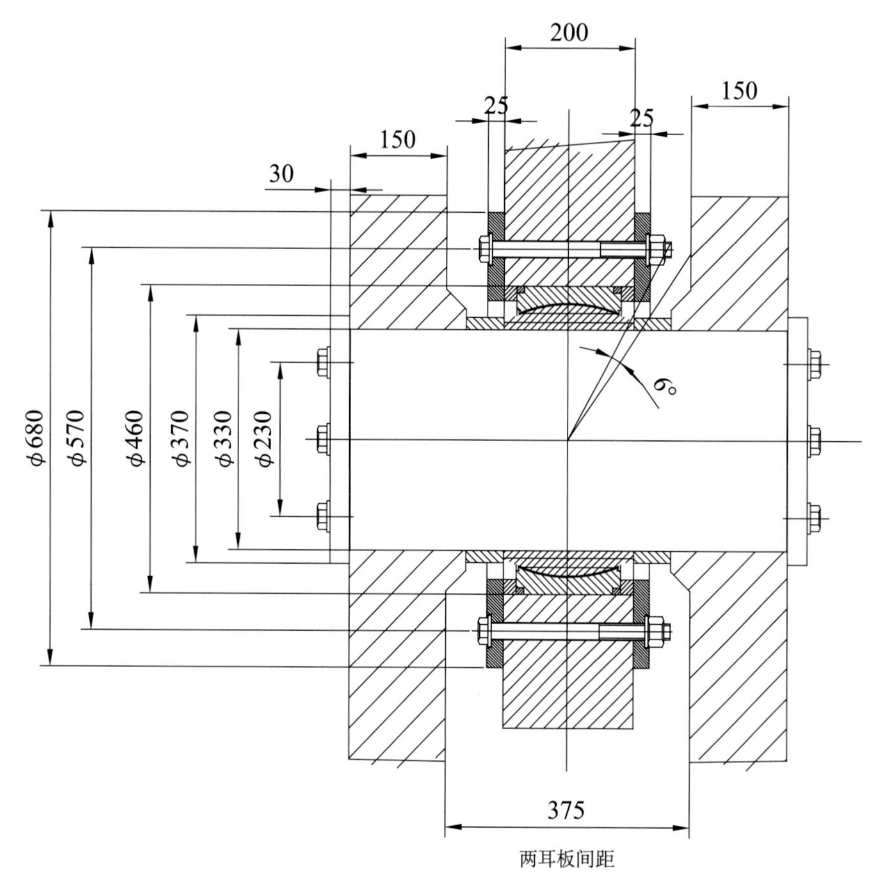

图 8.8-2 向心关节轴承制作图

向心关节轴承承载力最大值为 14750kN，节点包括 Q420GJC 中耳板，其厚度达 200mm；向心关节轴承；铸钢外耳板。由于节点为结构关键部位，形式复杂，节点荷载大，需进行有限元分析及 1∶1 节点试验进行安全验证，如图 8.8-3 所示。

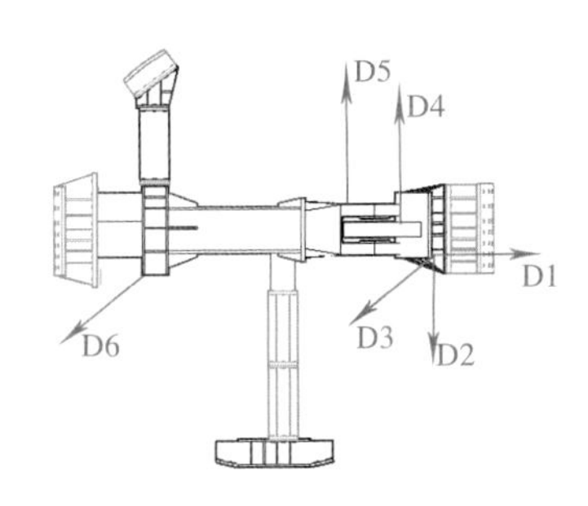

图 8.8-3　向心关节轴承组合节点试验装置

4）铸钢件深化

提供相应的铸钢件设计图，请专业的生产厂家进行二次深化及加工。铸钢件材质 G20Mn5QT，最大板厚 200mm。

（2）钢构件加工

对于管桁架钢构件，首先进行构件的拼装胎架的制作，根据构件的外观尺寸、形式，选择具有可循环使用的拼装胎架进行构件拼装。利用 Tekla Structures 和 AutoCAD 等三维软件计算得到关键部位的三维坐标，然后转换成组装坐标。梭形柱的二次变径锥形管加工时，采用计算机三维放样 + 数控编程下料 + 机器人智能组装焊接，保证其焊接收缩后，锥形管的直线度和管口圆度；管桁架预拼过程中首先将拼装基准线放样到位，然后使用传统测量方式加全站仪全程监控的方式调节拼装。

（3）梭形柱安装与焊接

梭形柱两端设有向心关节轴承，底部向心关节轴承与圆管柱柱顶十字插板焊接，顶部向心关节轴承单耳板与屋面桁架插板焊接。安装采用格构柱支撑架，支撑架位于梭形柱中部和顶部，对于高度较高的支撑，为保证其稳定性，还需设水平连接作为横向加固措施，相邻施工区域的水平连接布置应保持连续统一。根据格构柱的不同高度，设置不同数量的水平连接，如图 8.8-4 所示。

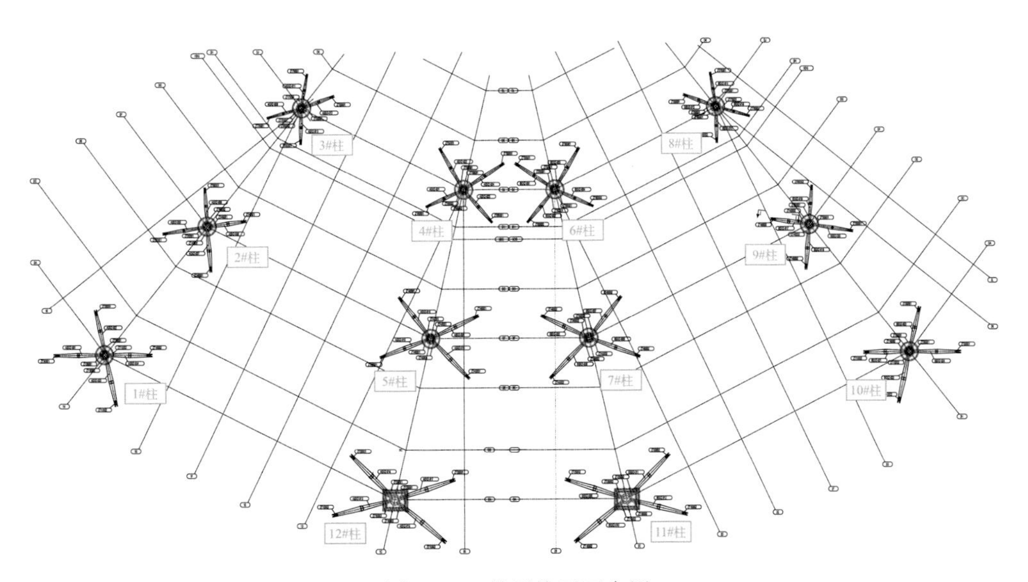

图 8.8-4　梭形柱平面布置

每组分叉柱范围内桁架施工流程基本类似，下面以 SXZ57-SXZ60 分叉柱内桁架安装为例，梭形柱顶四周管桁架安装流程，如图 8.8-5 所示。

第一步，梭形柱调校，通过向心关节轴承初始定位装置，约束转角。

第二步，安装梭形柱顶部四边径向主桁架和环向主桁架。

第三步，补全主桁架之间的次桁架以及其他散件。

第四步，完成一组分叉柱范围内桁架安装，按照此流程进行其他分叉柱内桁架施工。

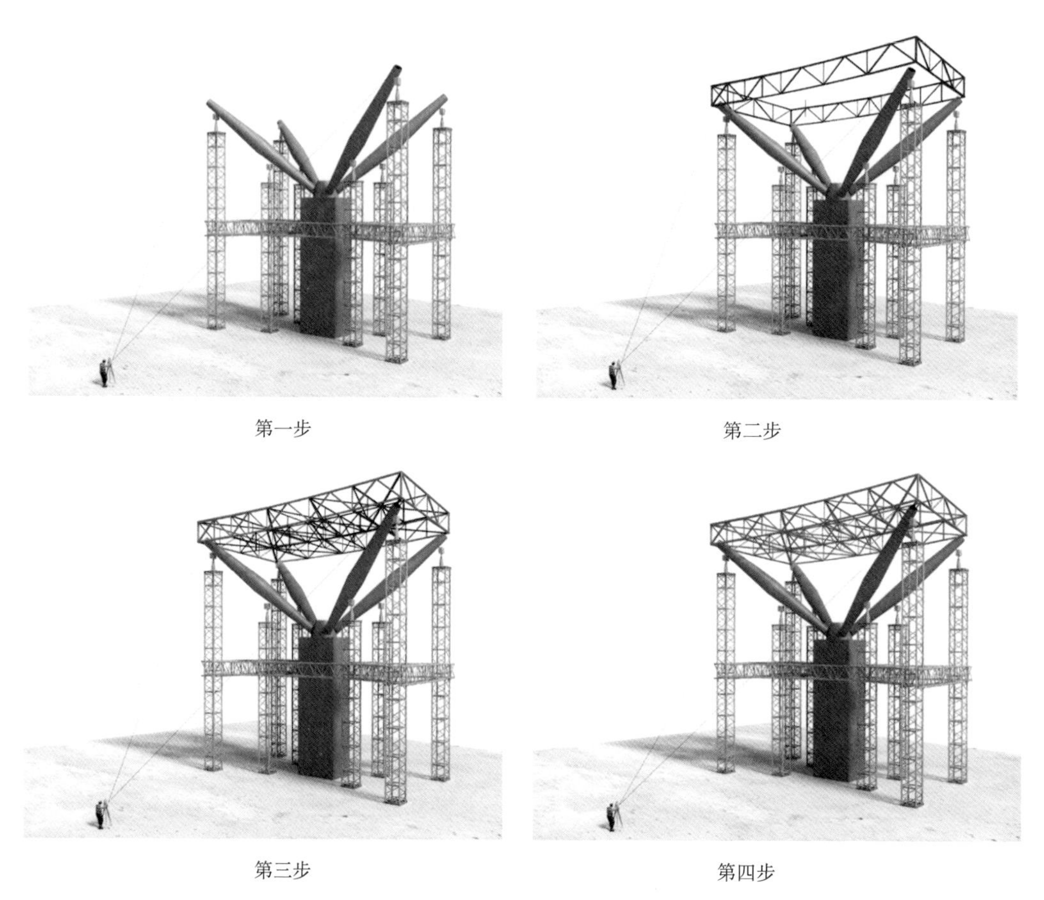

图 8.8-5 梭形柱顶四周管桁架安装流程

(4) 向心关节轴承安装与焊接

1) 向心关节轴承定位

安装向心关节轴承需满足转动及摆动要求，在装配、安装过程中必须控制摆动幅度，将其固定在初设设计零位处，以满足设计要求的摆动幅度要求。现有施工技术多以连接杆件的位置确定轴承安装位置，存在偏心受力，初始摆动位置未居中等质量及安全隐患。

2) 轴承耳板与钢柱焊接

向心关节轴承中间位置单耳板与钢柱顶部十字插板为 K 形坡口焊接，耳板厚度 100mm、160mm 及 200mm，材质 Q420QJC。焊接前需对其转动角度及轴线位置进行控制，保证向心关节轴承设计各方向倾转角度不小于 ±5°，如图 8.8-6 和图 8.8-7 所示。

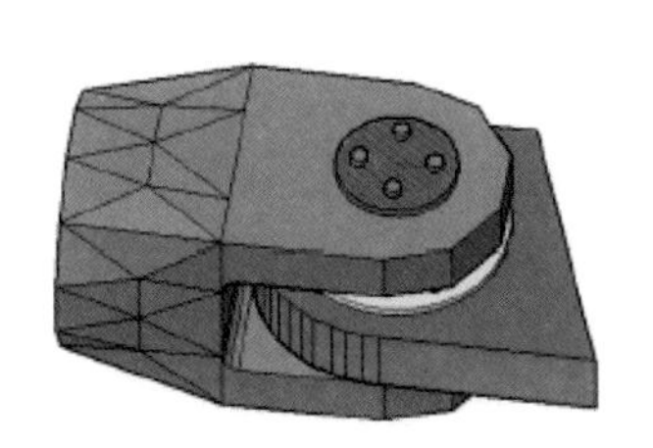

图 8.8-6　ZT1 节点三维模型图

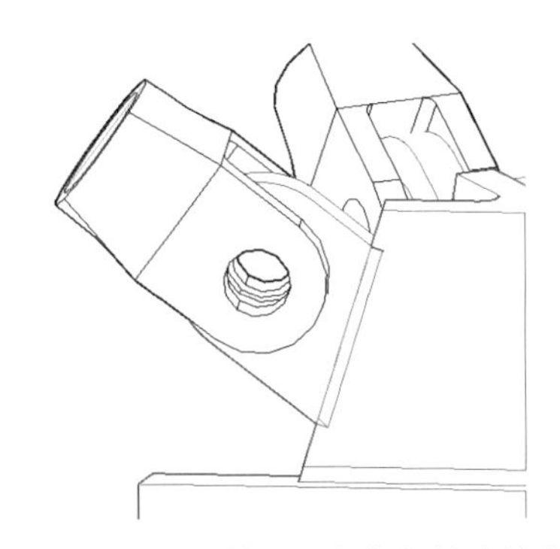

图 8.8-7　轴承耳板与钢柱连接方式

5. 实施效果

本技术适用于通过关节轴承、销轴等转动节点连接的钢柱及其支承钢屋盖结构的施工安装。该技术在拉萨贡嘎机场应用实施，通过采取相关措施确保了重型向心关节轴承连接的梭形柱的安装精度，有效控制上部钢结构屋盖的变形，节省了 48 根梭形柱位置的临时支撑，总计约 750m 竖向支撑材料，并为类似工程提供了参考。

8.9　巨型钢彩带施工技术

1. 概况

昆明长水国际机场航站楼结构形式新颖，由 7 条象征着七彩云南的巨型钢彩带组成屋面支承体系，7 条彩带分别由二次抛物线与三次曲线圆滑对接或由正弦曲线空间拉伸成型，水平投影长度各 324m，每条彩带设有 10～11 个拱底基座通过倒插柱与混凝土结构相连，1#、4# 下彩带与主、次彩带及 2#、3# 彩带通过交叉支座平滑地连接成空间整体结构。而为了满足结构受力和建筑造型需要，钢彩带均采用超大截面扁形箱梁，内部设置多道肋板。通过对技术创新研究，以新颖独特的结构形式，解决了相应的技术难题。见图 8.9-1 和图 8.9-2。

在国内外首次采用大型拱形“钢彩带”支撑结构体系，钢彩带采用空间弯扭、厚壁、扁箱形截面的结构形式，解决了结构找形、计算分析、阶段构造等难题，实现了“七彩云南”的建筑设计理念。钢彩带与屋面的关系，见图 8.9-3 和图 8.9-4。

图 8.9-1　昆明新机场钢彩带外观设计图

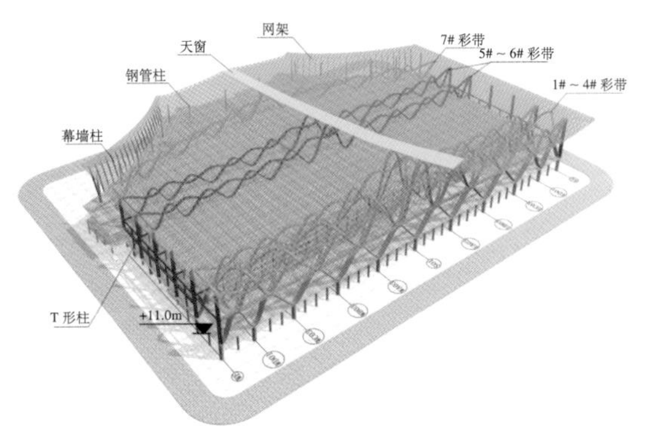

图 8.9-2　钢彩带设计位置

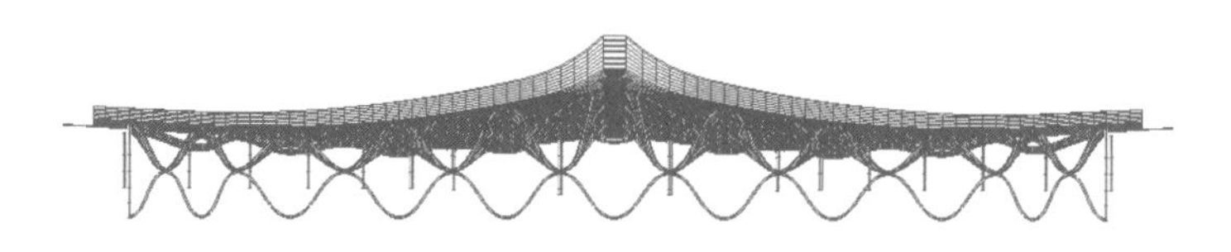

图 8.9-3 钢彩带正立面图

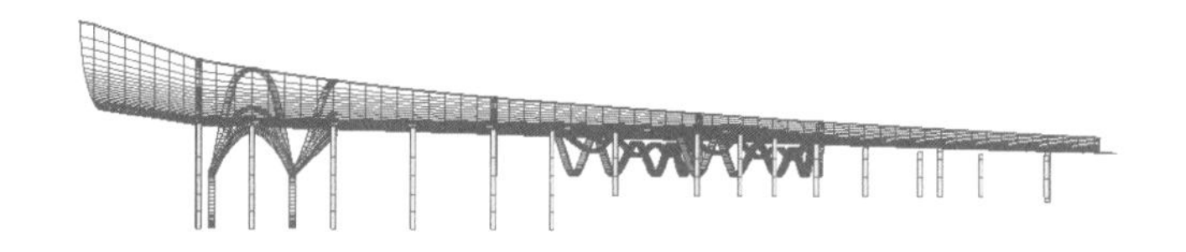

图 8.9-4 钢彩带侧立面图

2. 深化设计

（1）设计的重点和难点

本工程设计的重点和难点是钢彩带节点和弯扭箱体的设计。具体表现在：钢彩带结构的曲线找形；钢彩带结构的力学分析；以何种形式、采用哪种坐标对弯扭构件空间尺寸或位置进行准确定位；采取有效的组装和焊接工艺对结构进行优化设计，满足工厂加工和现场安装。

（2）深化设计对策

1）建立模型

根据彩带结构方式我们发现 1#、4# ~ 7# 彩带为平面彩带，翼缘板属只弯不扭板件，而 2#、3# 彩带呈曲面，这为施工图准确提供模型的定位信息带来了极大的困难。施工图中采取的是仅提供给出每个构件轴线相交节点的参数，详图设计时根据提供的参数来进行建立结构的轴线模型存在很大难度。2# 彩带与 1# 彩带交叉节点、3# 彩带与 4# 彩带交叉节点将是结构详图设计模型建立的一大难点。

钢彩带模型图见图 8.9-5 和图 8.9-6。

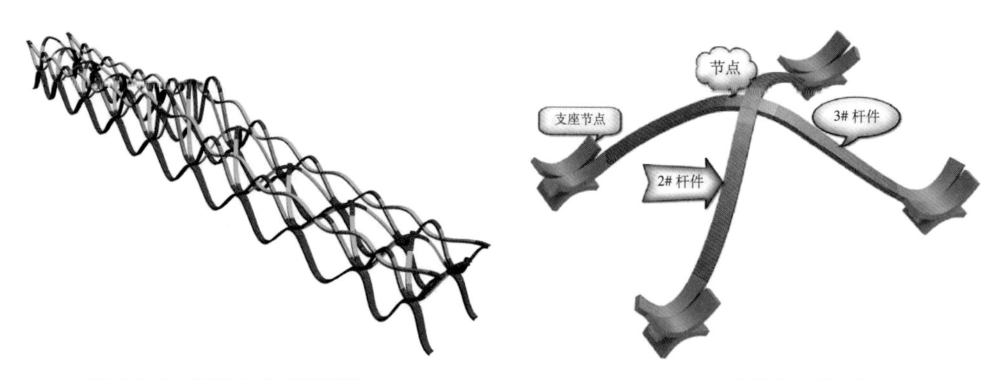

图 8.9-5 钢彩带分段模型图　　图 8.9-6 钢彩带节点模型图

2）详图设计与工艺设计的结合

一是板件拼接顺序。由于该项目中节点的构造过于复杂，因此，图纸上必须配有详细的拼接顺序，以保证现场与工厂工作的顺利实施及工作的准确性。二是关注焊接处理。由于节点很大，内部加劲较多、空间较小，针对内部加劲焊接将采取开设人孔方法及采取电渣焊。设计中还必须对影响构件拼接长度的焊缝收缩量进行计算，并在图纸中进行标示，加工步骤和受力计算见图8.9-7 ~图8.9-11。

吊装施工全过程模拟仿真技术，以确定施工顺序，确保施工阶段结构稳定。

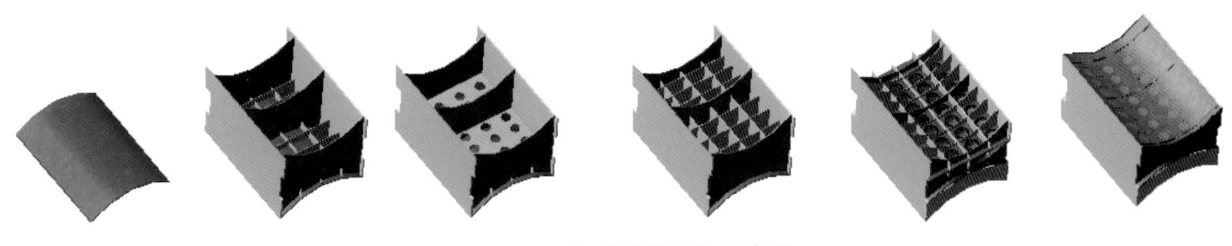

图 8.9-7 钢彩带部件加工步骤

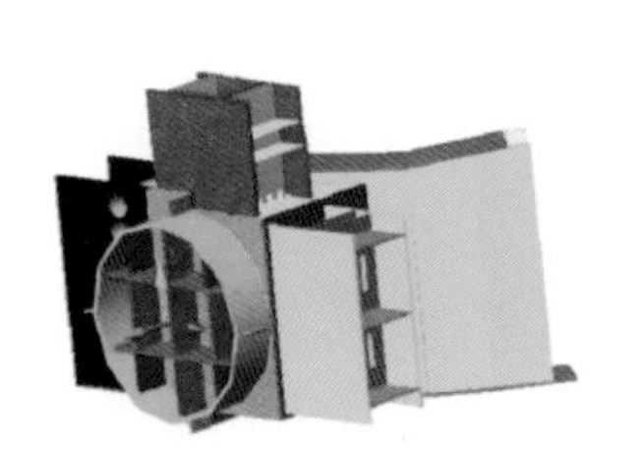

图 8.9-8 坐标原点位置

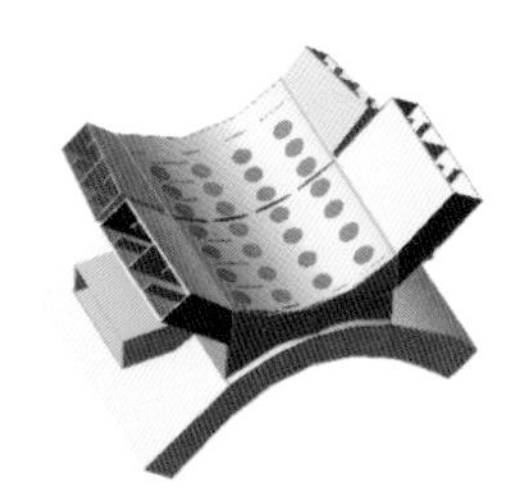

图 8.9-9 上下彩带交叉节点

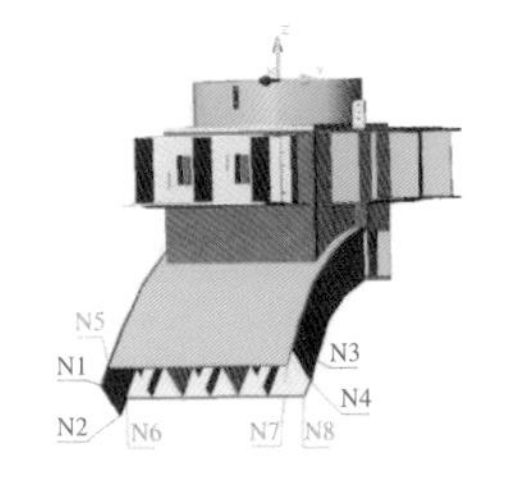

图 8.9-10 拱底支座加工图

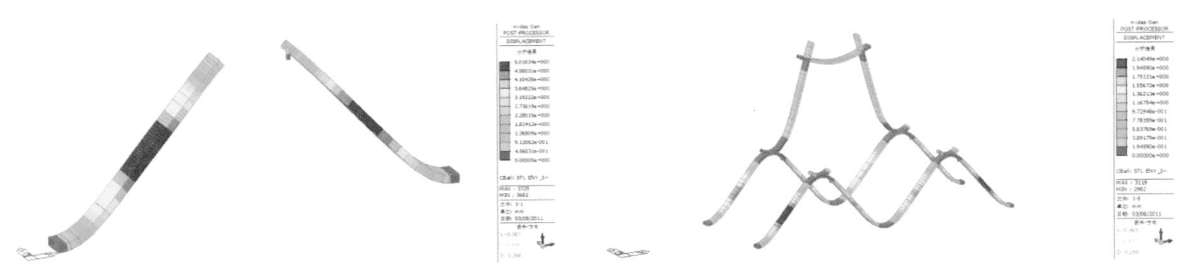

图 8.9-11 钢彩带受力分析计算

3）详图设计与运输、安装方案的结合

详图设计应该充分考虑并结合了原材料规格、运输的各种限制以及最终确定的安装方案的基础上进行的。同时，构件运输、安装中需要用到的吊耳等辅助零件也应在详图设计阶段就进行了充分的考虑，设计中应根据计算所得具体规格和确定的位置进行图纸的设计。

4）弯扭构件实体模型的建立

弯扭构件实体模型的建立方式：采用自行开发的“三维特型构作软件”RootModel，用RootModel软件来校核AutoCAD中生成的弯扭板件。弯扭箱梁的板件的平面展开：三维弯扭曲面分为可开展和不可展开两种，结构中弯扭箱形构件的组成板件正是属于可展开曲面。对于可展开曲面，为了保证模型的精度在允许的范围之内，采用的三角形单元数量之巨是可想而知的。

3. 钢彩带加工制作

弯扭箱体构件加工制造技术

（1）彩带弯扭箱体壁板加工成型工艺

扭曲箱形壁板的展开放样和下料→弯扭壁板的加工成型和成型检测（壁板分段加工、壁板的成型加工、检测），见图 8.9-12 和图 8.9-13。

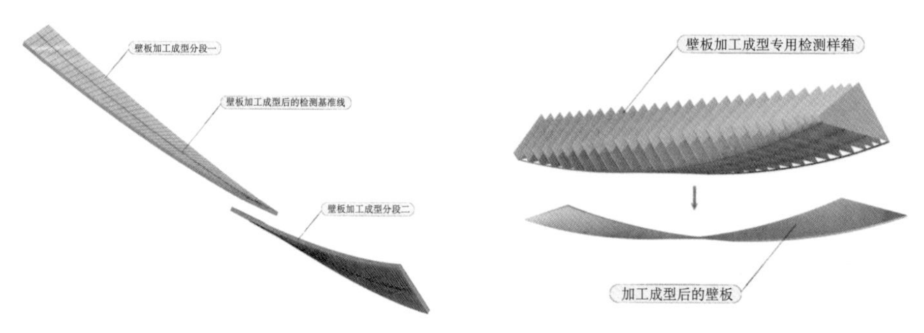

图 8.9-12 壁板加工成型示意图

图 8.9-13 壁板加工成型后的检测示意图

（2）彩带弯扭箱体制造工艺流程

弯扭箱体翼缘板的加工成型→翼缘板平面分段组装胎架的设置→翼板的定位和划线→翼板纵向加劲肋的组装定位→翼板横向隔板的组装定位→箱体组装胎架的设置→侧板定位→上下翼缘板平面分段的组装定位→盖板组装→箱体纵缝及横隔板与侧板间电渣焊接→检查测量，见图 8.9-14 和图 8.9-15。

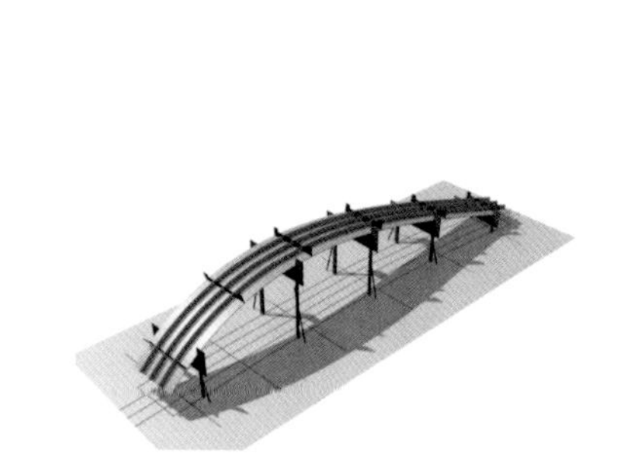

图 8.9-14 翼板横向隔板的组装定位

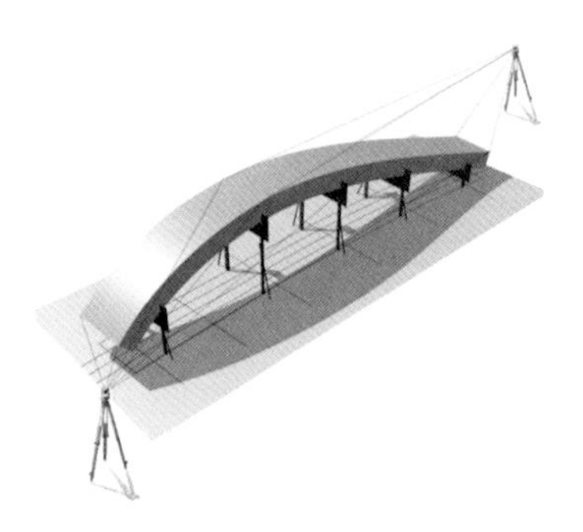

图 8.9-15 加工整体效果及测量复核

4. 钢彩带吊装

（1）吊点的选择及临时稳固措施

由于构件为不规则曲线形构件，其吊装的平衡性和就位稳固直接影响到安全控制，将吊装吊耳和临时连接耳板布设在构件上，在工厂同构件一起焊接。

（2）钢彩带的吊装

构件吊装前，在地面将其调整为设计“姿态”，杆件直接在上端口系上麻绳，麻绳长度根据构件姿态确定，通过捯链调整构件空间倾斜角度，待麻绳端头刚好着地后构件起吊；顶部十字节点吊装前，通过两个捯链调节各端口间相对标高，符合设计要求后起吊。通过自行设计的贝雷抱箍节点、贝雷立柱不同高度间纵横向连接构造等，首次将贝雷架成功应用于重型、超高建筑钢结构支撑工程中，见图 8.9-16、图 8.9-17。

图 8.9-16　采用贝雷架作为钢结构支撑胎架　　图 8.9-17　拱顶节点起吊前调整为设计姿态

构件吊装到位后，用临时连接板初步连接，形成稳定状态，然后用全站仪进行三维坐标测量控制，同时通过千斤顶进行调节校正。

3、5# ~ 7# 彩带倒插柱、拱底基座吊装：5# ~ 7# 彩带倒插柱、拱底基座构件体型大、重量大、外形复杂，且交叉作业操作空间狭小，吊车无法上楼面作业。为解决这一技术难题，项目自行设计了桅杆起重机械，根据结构特点，分别采用门形组合桅杆起重机、三角架式桅杆起重机解决了 5# ~ 7# 彩带倒插柱和基座吊装问题，见图 8.9-18 ~图 8.9-20。

图 8.9-18　门形组合桅杆起重机实例图

图 8.9-19　钢彩带施工过程图示

图 8.9-20　钢彩带施工完成图

5. 小结

昆明新机场巨型钢彩带的安装，成功地将工艺成熟的贝雷架首次应用于钢结构胎架支撑领域，充分发挥了其轻巧、快速、经济、互换性强和容易组装等特点。施工措施安全可靠，经济合理，并大大缩短了工期，为钢结构安装胎架标准化开创了新思路。对施工过程进行力学仿真计算，实现安全可控。使用门型组合桅杆起重机完成了 5#、6# 钢彩带基座大型构件吊装，日历有效工期仅 20d，解决了与土建交叉作业、盲区超重构件吊装难题，并大大节约了工期。

钢彩带为空间弯曲拱结构，卸载施工采用千斤顶分级分步对称卸载，根据卸载的施工模拟选择卸载所用的千斤顶，从支撑架卸载前后的变形对比可以看施工模拟计算值与实测值基本一致，说明项目所用的卸载工艺和施工模拟计算是正确的。

第 9 章　航站楼抗震与减隔震施工关键技术

机场抗震与减震设计与施工关键技术是确保机场在地震或震动事件中能够保持稳定和安全的重要措施。针对机场的抗震与减震设计与施工关键技术是保障机场稳定和安全的重要措施。通过遵循设计原则、采用合适的设计方法以及执行关键的施工要点，可以有效地增强机场结构在地震或震动事件中的抵抗能力，确保机场的安全运营。

本章针对隔震支座预埋定位板的定位精度高、施工质量严等问题，从设计层面引入了减隔震技术，通过对传统施工方法进行总结创新，研发出机场航站楼大直径隔震支座施工技术、错层隔震结构施工技术；针对高铁穿越机场引起航站楼震动的情况，采用减震隔震穿越结构方案，形成了高铁穿越结构与减震隔震技术；针对超长隔震结构的隔震支座变形监测问题，研发了一款基于计算机视觉的位移监测系统；针对航站楼下部高铁不减速通过时震幅较大的难题，提出了航站楼坐落大铁顶板减震基础施工技术。

9.1　大直径隔震支座施工技术

1. 技术概况

在施工过程中，隔震支座的安装对其预埋定位板的定位精度及施工质量要求极高，隔震支座的安装情况也将直接影响到其后期的使用效果。

乌鲁木齐国际机场改扩建工程机场工程航站楼项目引入减隔震技术，其设计的隔震方法为在地下阶段设置隔震层，隔震层中通过在基础承台及上支墩间设置铅芯橡胶隔震支座、普通橡胶隔震支座和弹性滑板支座等共计 745 个隔震支座来实现建筑物层间隔震，且最大隔震支座直径可达 1.5m。为保证项目隔震支座的精准安装，项目管理人员通过参观调研，并对传统施工方法进行总结创新，研发出机场航站楼大直径隔震支座施工技术，在提升隔震支座安装质量的同时加快支座整体安装速度，取得了良好的经济效益。

本工程主航站楼（D 区）隔震层跨层设置，一部分位于首层底板以下，地下室区域则位于地下室底板以下。隔震设计范围，如图 9.1-1 所示。

（1）本工程隔震层跨层设置，一部分位于首层底板一下，地下室区域位于地下室底板以下，隔震层由铅芯橡胶隔震支座、普通橡胶隔震支座和弹性滑板支座、U 形阻尼器橡胶支座组成。

（2）本工程橡胶支座采用《橡胶支座　第 3 部分：建筑隔震橡胶支座》GB 20688.3-2006 中的Ⅱ型。

（3）隔震橡胶支座和弹性滑板支座免维护年限不小于 50 年；工作温度为 -40 ~ 60℃；耐久性 100 年。

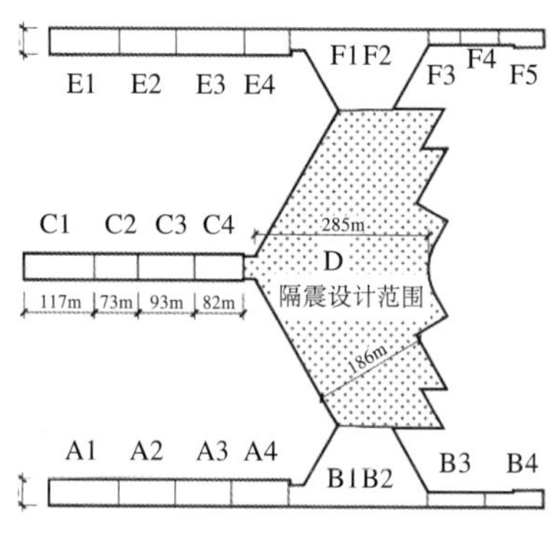

图 9.1-1 隔震设计范围图

(4) 隔震橡胶支座性能应满足以下要求：

1) 极限剪应变≥ 400% (12MPa)，支座在最大和最小竖向荷载作用下，剪切位移达到设计最大值之前，不应出现破坏、屈曲或翻滚。剪切性能偏差为 S-A 类。

2) 单一隔震支座的竖向压缩刚度允许偏差为 ±30%，平均值为 ±25%。支座的侧向不均匀变形不大于 5mm，卸载 12h 后的残余变形不大于 2.5mm。剪应变为 0 时的破坏拉应力不应小于 1.5MPa。

3) 橡胶支座的有效水平刚度、屈服后刚度及屈服力，老化前后相比不得超过 ±20%。

4) 橡胶支座与上下部结构的连接构造由橡胶支座厂家根据施工图纸深化设计完成，并应经设计单位确认后方可加工，罕遇地震作用下连接构造应处于弹性工作状态。

(5) 弹性滑板支座性能应满足以下要求：

1) 支座类型采用中摩擦滑板支座，动摩擦系数 μ=0.04。

2) 弹性滑板根据功能需要应满足相应的防火技术要求。

(6) 隔震橡胶支座大样图 (图 9.1-2)

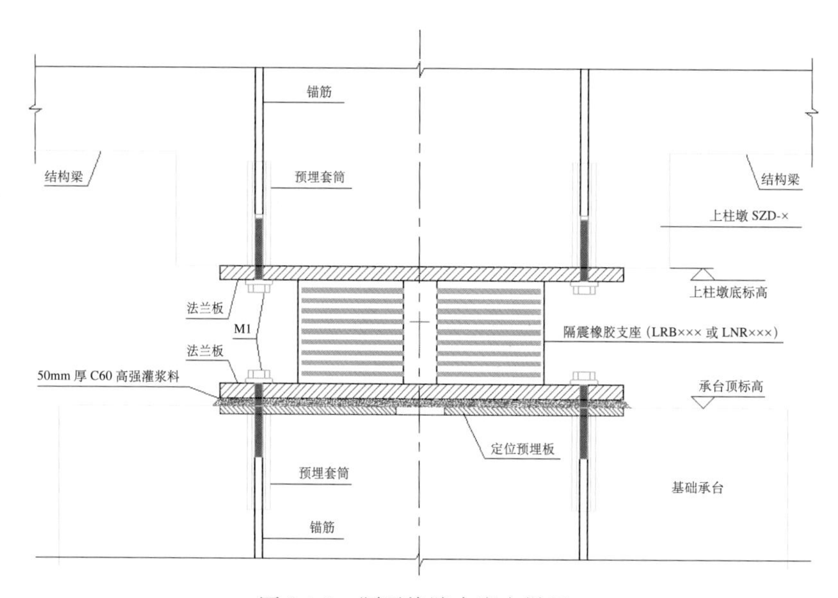

图 9.1-2 隔震橡胶支座大样图

(7) 弹性滑板支座大样图（图 9.1-3）

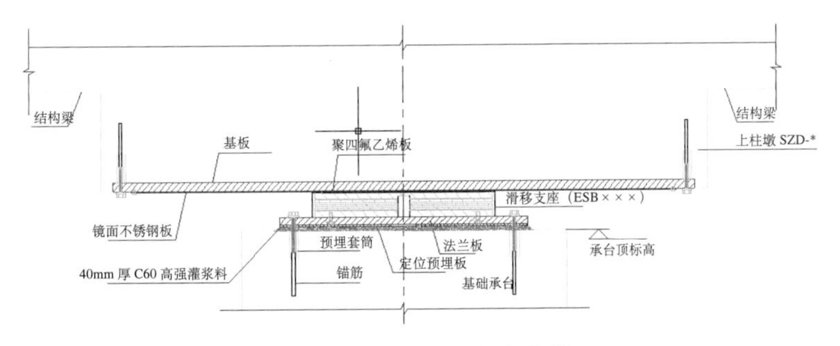

图 9.1-3　弹性滑板支座大样图

(8) U 形阻尼橡胶隔震支座（图 9.1-4）

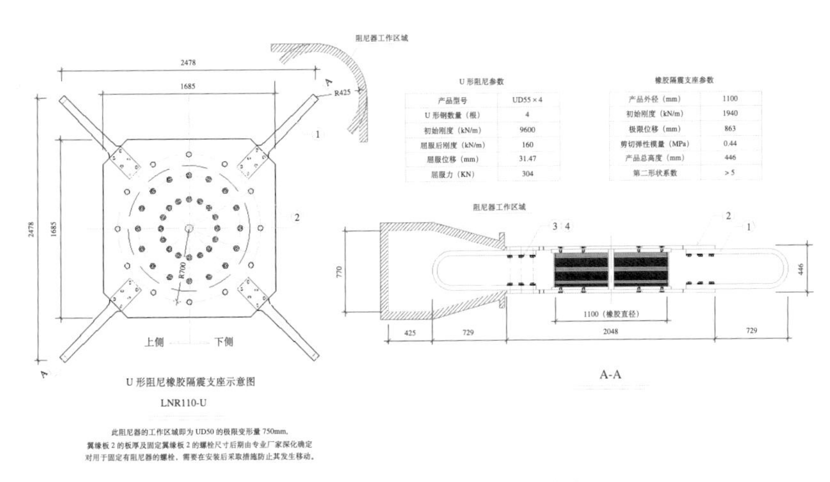

图 9.1-4　U 形阻尼橡胶隔震支座

2. 技术特点

(1) 隔震支座的安装对其预埋定位板的定位精度及施工质量要求极高，隔震支座的安装情况也将直接影响到其后期的使用效果。

(2) 本工程隔震支座直径较大，因自重过大导致部分支座无法通过塔式起重机进行吊装，如何在不影响施工进度的情况下将支座快速安装到位是一大难点。

(3) 本工程属超长混凝土结构，其结构变形将对隔震支座产生一定的影响，隔震支座的定期测量及测量精度控制较为困难。

3. 采取措施

隔震支座施工工艺流程图见图 9.1-5。

(1) 深化设计及审核

结合设计图纸中提供的规格参数，由支座厂家细化隔震支座，包括铅芯、钢板、内部橡胶层厚度等参数，并验算支座的连接板、套筒、螺栓、锚筋的强度，提供产品深化设计图纸和计算书，经设计单位和各参建方确认后下料加工生产。

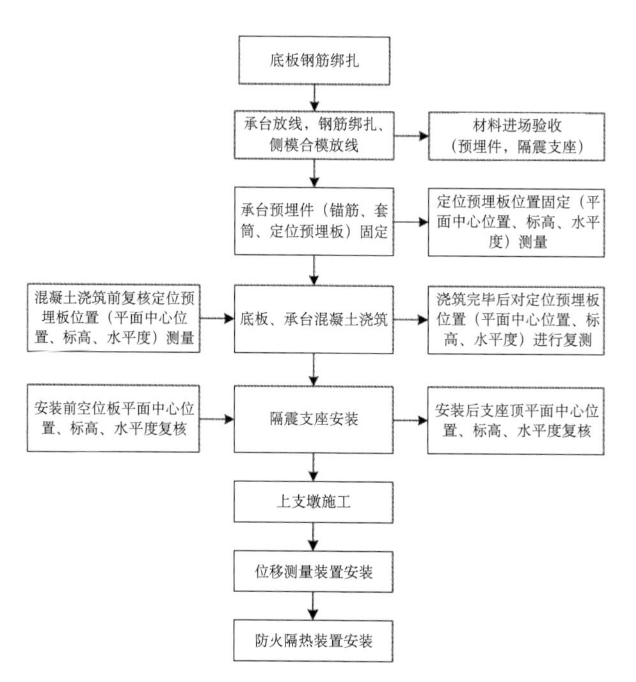

图 9.1-5 隔震支座施工工艺流程图

（2）隔震支座的出厂检测

隔震橡胶支座产品在出厂前应由检测部门进行质量控制试验，支座必须严格选用 100% 合格产品，每个产品有独立的产品编号，厂家需提供由第三方专业检测机构出具的产品检测报告。

（3）隔震支座材料运输

1）支座进场时应附带产品合格证、出厂检测报告等质量证明文件，且检测报告应包含并满足设计图纸对温度要求、耐久性要求、变形量要求、大变形检测要求、耐火性能要求及防腐性能要求等性能指标要求。

2）隔震支座进场前根据支座自身重量及起重吊装设备吊装性能进行计算，并在平面图中标记出支座的卸货点及吊装所用塔式起重机，保证支座卸货后塔式起重机可直接起吊进行安装。

3）隔震支座进场后严格按照前期规划位置卸货，避免出现二次倒运或塔式起重机无法起吊情况。隔震支座主要采用塔式起重机进行安装，局部塔式起重机无法吊装位置，采用汽车式起重机及叉车配合的方式进行安装。

4）考虑到本工程模板支撑架体为盘扣式脚手架，为不影响架体搭设，大部分隔震支座通过塔式起重机进行安装，局部塔式起重机端部无法吊装区域支座采用 150t 汽车式起重机进行支座安装，极个别几个承台采用吊车配合 10t 叉车进行安装。为保证汽车式起重机站位及叉车行走通畅，要求提前规划汽车式起重机吊装位置及叉车行走路线，将该位置盘扣架体提前预留。优先安排采取叉车安装的支座进场并提前进行安装，安装完成后可开始进行行走路线位置盘扣架体搭设。

（4）预埋板中心定位

用记号笔对定位板进行划线分中并做好标记，在承台模板上拉挂纵横定位线，安装时使定位线与定位板中线对中重合，然后用辅助定位钢筋竖直紧贴定位板外边轮廓，确定位置后将辅助钢筋与下支墩钢筋点焊固定，通过辅助钢筋限制定位板水平移动。

(5) 预埋板标高定位

用水准仪在辅助定位短钢筋上找到设计标高并标记，将定位板提升至标高位置后定位板与辅助短钢筋点焊固定，如图 9.1-6 和图 9.1-7 所示。

图 9.1-6　预埋板中心画线定位

图 9.1-7　预埋板安装标高定位

(6) 锚筋安装固定

预埋板标高定位完成后植入对应的预埋锚筋，图纸要求预埋锚筋与下支墩钢筋点焊固定，锚筋植入过程应注意保持预埋锚筋铅直且套筒与预埋板接触部位无缝隙，螺栓自然拧紧，预埋锚筋安装完毕后，将预埋锚筋与承台主筋点焊固定。

根据图纸设计要求，本项目承台高出基础底板 800mm，但隔震支座预埋件长度要求大于 900mm，而承台设计为六条基础地梁钢筋交会，钢筋较密集，因此该位置施工难度极大，存在锚筋无法插入情况。实际施工时通过沟通隔震支座厂家及设计单位，将隔震支座预埋件由直锚优化为弯锚，弯锚长度为 12d，如图 9.1-8 和图 9.1-9 所示。

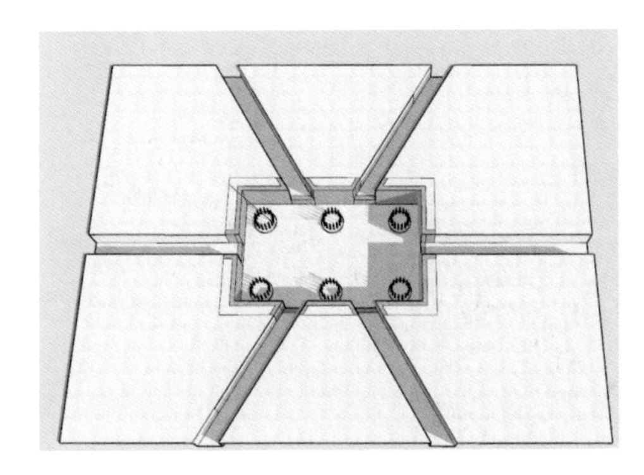
图 9.1-8　台钢筋地梁设计

图 9.1-9　预埋件弯锚效果图

(7) 预埋板安装复测

预埋板安装完成后，用靠尺和水准仪逐一测量定位板顶面标高、平面中心位置及水平度并记录报验，如有偏差及时调整。

（8）承台混凝土浇筑

预埋板安装精度复测完成后即可开始混凝土浇筑作业，浇筑时基础底板与基础承台共同一次浇筑完成。承台浇筑时由预埋板中间浇筑孔浇筑混凝土，一次浇筑至与预埋板齐平，然后在四周振捣孔下插振捣棒振捣，保证钢板底部混凝土浇筑密实。当浇筑至设计标高且充分振捣后用小锤敲击定位板，如果存在空鼓等现象，应再次浇筑振捣。

（9）预埋板防锈漆涂刷

承台浇筑完成后，对定位板打磨、除锈、清洁，并再次复核承台顶面标高及平整度并如实记录，经复测无误后涂刷防锈漆做好保护与标记，如图 9.1-10 和图 9.1-11 所示。

图 9.1-10 预埋板设计效果

图 9.1-11 预埋板混凝土浇筑完成

（10）隔震支座吊装

当承台混凝土强度达到 75% 时，使用塔式起重机或汽车式起重机将隔震支座吊运至与之对应的下预埋板处进行安装。吊装时首先吊至高出预埋板 100mm 处调整支座位置，使之处在下预埋板的中心，然后将支座本体下法兰板上的螺栓孔与下预埋板的螺栓孔对齐，穿入螺栓轻拧几扣确认位置准确后将支座本体落下，用扳手拧紧螺栓。紧固螺栓时要交叉、对称进行。隔震支座吊装完成后应用全站仪和水准仪逐一复测隔震支座顶面标高、平面中心位置及水平度并记录报验，如图 9.1-12 ~图 9.1-15 所示。

图 9.1-12 汽车式起重机进行隔震支座安装示意图

图 9.1-13 隔震支座吊装定位

图 9.1-14　隔震支座螺栓对称拧紧　图 9.1-15　隔震支座安装完成复核及验收

4. 小结

本施工技术已成功应用于乌鲁木齐国际机场改扩建工程机场工程航站楼项目，通过应用情况分析，安全可靠，便于实施，安装质量效果好，无返工情况发生，同时带来了一定的经济效益，具有广泛的推广应用前景。

9.2　错层隔震结构施工技术

1. 概述

海口美兰国际机场航站楼工程抗震设防烈度为 8 度（0.3*g*），属于高烈度区，由于地上结构部分采取了隔震技术，于基础顶处设置隔震装置，隔震目标减低一度，隔震层以上结构水平地震作用按 7 度（0.15*g*）取值，竖向地震作用及隔震层以下结构地震作用仍按 8 度（0.3*g*）取值。

本工程采用跨层基础隔震方案，即一部分位于结构标高 -2.05m 处（无地下室区域设置于首层底板以下），另一部分则位于结构标高 -8.05m 处（有地下室区域隔震支座设置于地下室底板以下）。且结构平面不规整，水平跨度较大，隔震支座数量总计 919 个，其中铅芯橡胶隔震支座 482 个、普通橡胶隔震支座 405 个、弹性滑板支座 32 个，隔震支座分布如图 9.2-1 所示。

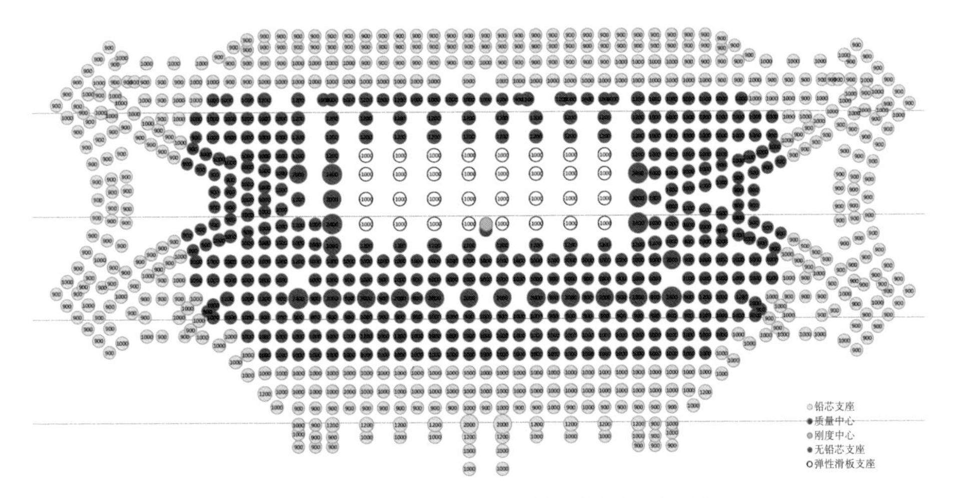

橡胶支座控制面压：12MPa　　弹性滑移支座控制面压：20MPa

图 9.2-1　隔震支座布置图

2. 隔震支座施工流程

隔震支座的施工流程见图 9.2-2。

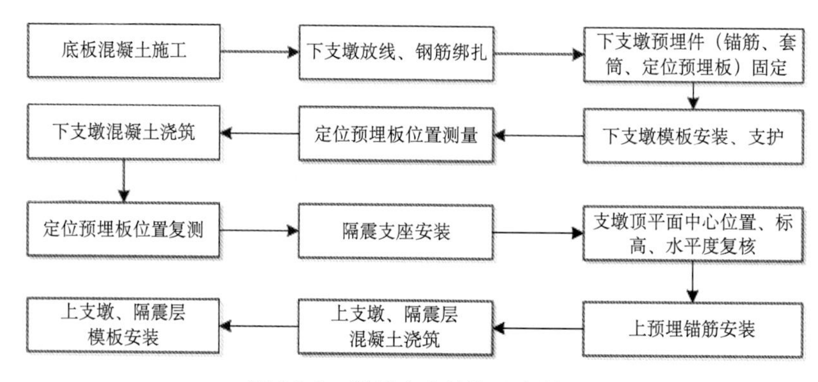

图 9.2-2 隔震支座的施工流程图

3. 隔震支座施工操作要点

（1）隔震支座操作要点

1）连接件（定位预埋板、套筒及锚筋）定位、固定

连接件需由塔式起重机协助吊放到相关安装区域；预埋套筒上口及胶套下口预先与定位预埋板用螺栓拧紧固定。采用有加工螺纹的预埋锚筋与预埋套筒相连。将拧紧后的连接件放入下支墩钢筋中，按图纸要求调整连接件标高、平面位置、水平度。根据偏差大小适时对套筒及锚筋进行调整，如图 9.2-3 所示。

图 9.2-3 预埋套筒锚筋及定位预埋板定位、加固

保证措施：隔震支座安装平面轴线位置、水平度、标高等精度控制难度大。锚筋和定位板固定是确保支座平面位置和水平度的关键。根据规范和设计要求，下支墩顶面水平度不宜大于 3‰，支

座安装后，顶面的水平度误差不宜大于8‰，中心的平面位置偏差不应大于5.0mm，中心的标高偏差不应大于5.0mm。航站楼中心区大面积共919套支座安装，中心区长度450m，宽度195m，施工时间长，交叉作业影响，地基基础沉降，隔震支坐标高控制较难。利用自行加工的定位尺确保隔震支座中心点位置的准确；在预埋锚筋和定位板上点焊辅助定位短钢筋，保证隔震支座的标高。通过法兰板固定、定位箍筋加固、多次复测等措施保障安装精度。

2）下支墩浇筑

泵送浇筑混凝土时，应尽量减少泵管对连接件的影响，应避免混凝土泵管对连接件产生大的冲击。振捣过程中，振捣棒不能碰撞定位预埋板、锚筋，并且禁止工人踩踏定位预埋板，以防止轴线、标高及平整度产生偏差，影响安装质量。如混凝土浇筑过程中发现连接件定位发生偏移，应立即停止浇筑混凝土，在对连接件进行重新定位后方可继续浇筑混凝土。

3）上部连接件固定

将上部预埋锚筋和套筒用螺栓连接到隔震支座（法兰板）上。为避免上支墩混凝土在浇灌过程中嵌入上法兰板螺栓孔内给以后的支座更换带来困难，应在上部连接件固定过程中同时在上法兰板面上铺一层和法兰板面积等大的隔离膜层（可用油毡）。

（2）弹性滑板支座操作要点

1）在上支墩混凝土浇筑前之前滑板支座本体处于自由状态，在上支墩施工及本体吊装就位过程中极容易发生移位，采取措施固定住滑动本体使之在施工过程中不发生偏移。采用100mm×5mm扁铁将上预埋螺栓与下预埋螺栓进行连接以限制滑动面在水平方向的偏移，隔震层混凝土完成终凝后，即将扁铁拆除，如图9.2-4、图9.2-5所示。

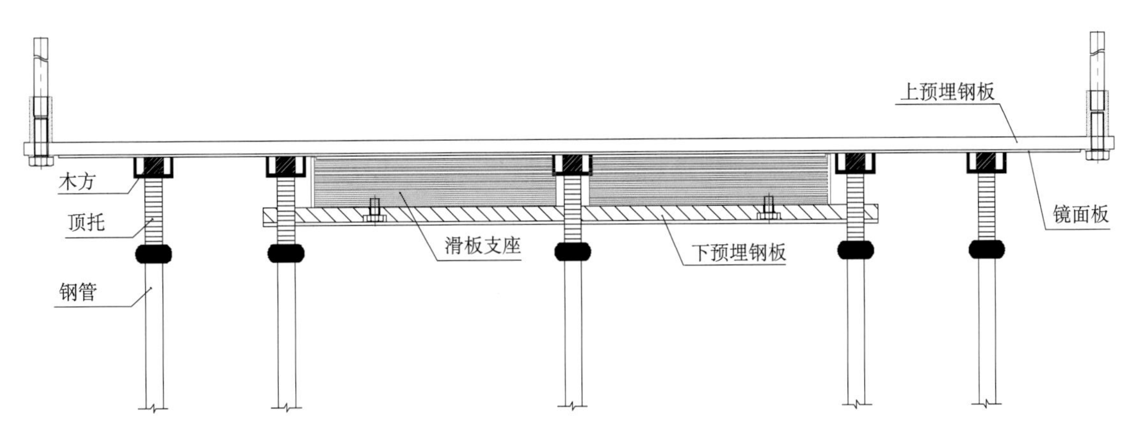

木方：100mm×100mm方木；顶托顶部采用规格为140mm×60mm×8mm槽钢

图9.2-4　滑动面临时支撑立面图

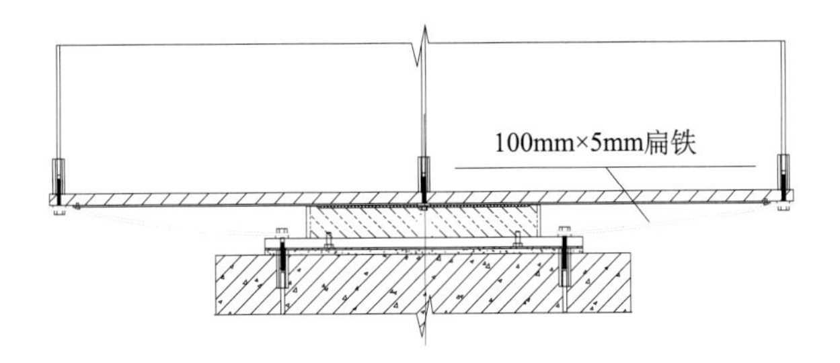

图9.2-5　滑动面临时固定立面图

2）上支墩（柱）底模安装

浇筑混凝土时会对底模产生竖向压力导致底模产生竖向变形或下坠，采取措施保证底模有足够大的支撑刚度，以避免混凝土浇筑成型后支座上法兰板陷入上支墩混凝土中。

3）上支墩钢筋绑扎及隔震层混凝土浇筑

上支墩钢筋绑扎及隔震层混凝土浇筑过程中均应特别注意不得破坏滑板支座临时支撑系统及临时固定措施，导致滑动面发生变形或位移。隔震层施工完成效果见图 9.2-6。

图 9.2-6　浅区隔震层实施效果

4. 错层隔震关键节点处施工

（1）隔震层顶板悬挂电梯坑

为保证隔震层以上结构的隔震要求，隔震层顶板上设置的电梯坑，核心筒坑均需悬挂在板面上，下挂各种坑需要满足：隔震沟净距不小于 700mm。如图 9.2-7。

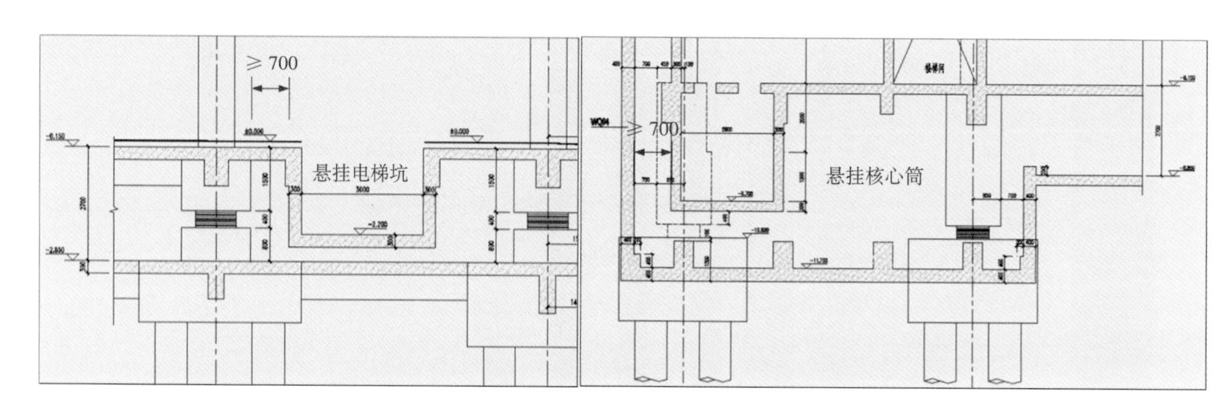

图 9.2-7　隔震层顶板悬挂电梯和核心筒隔震构造

（2）有地下室区域和无地下室区域隔震层错层设置，深区整个地下室结构类似一个箱体放置在深区的隔震支座上，深区地下室结构的整体刚度需满足要求。同时为使整个上部结构完全通过隔震支座和基础连接，首层板通过 3cm 挤塑板完全和外墙脱离，隔震沟设置可变形的沟盖板，保证在地震作用下能发生变形进行卸荷，挤塑板处通过橡胶止水带进行防水处理，见图 9.2-8。

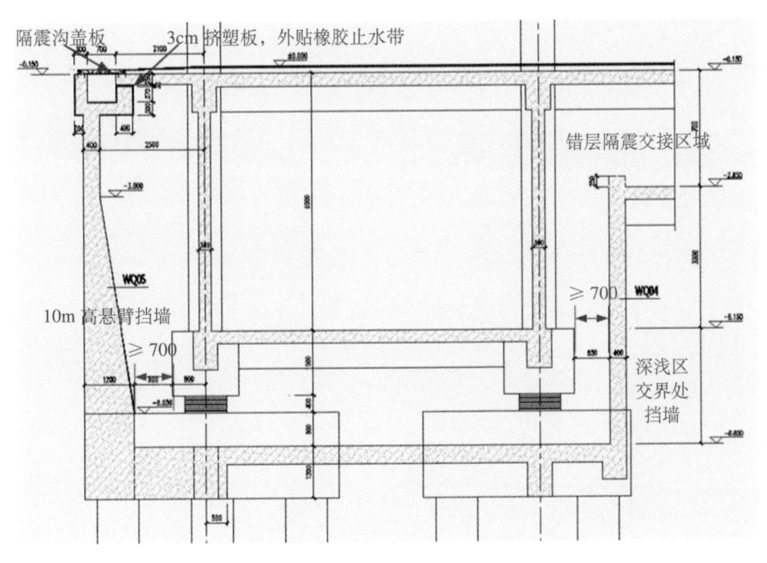

图 9.2-8　外墙隔震沟与主体结构交接处隔震处理

(3) 设置隔震层隔震效果

总地震质量：531110t（混凝土部分地震质量：509412t，占 95.9%；钢结构部分地震质量：21698t，占 4.1%）。

隔震前周期（s）：1.03、0.97、0.91；隔震后周期（s）：2.80、2.79、2.32。混凝土结构减震系数隔震后降低一度，水平地震作用按照 7 度（0.15g）计算，抗震构造措施降低一度。隔震计算模型见图 9.2-9。

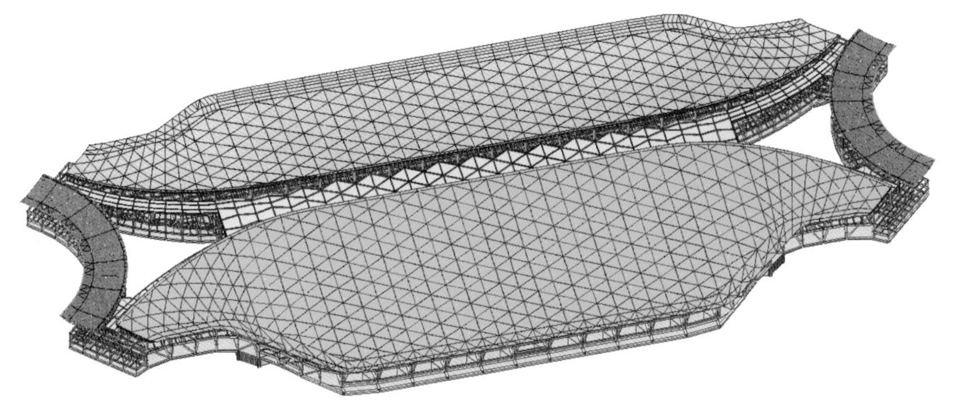

图 9.2-9　隔震计算模型

5. 小结

乌鲁木齐国际机场改扩建工程的航站楼项目通过设置隔震层和 745 个隔震支座来实现建筑物层间隔震，有效提高了结构的抗震性能。针对隔震支座的安装对预埋定位板的定位精度和施工质量要求高这一技术难点，研发出了适用于机场航站楼的大直径隔震支座施工技术，既提高了安装质量，又加快了整体安装速度，取得良好的经济和社会效益。

9.3 基于计算机视觉的隔震支座变形监测技术

1. 视觉监测系统

(1) 计算机视觉概况

在乌鲁木齐国际机场，基于计算机视觉的隔震支座位移监测具有远距离、非接触、高精度、省时省力、多点监测等众多优点，实时获取由温度变化及其他因素引起的超长隔震结构隔震支座位移信息。该方法主要对摄像机拍摄的被测结构视频进行目标追踪处理以得到测点在图像中的运动轨迹，再通过图像与现实世界的几何关系确定结构的位移信息。

(2) 计算机视觉监测方法

此监测系统的光学传感器选用网络摄像机，并且为了增加追踪目标与周围环境的区分度，额外在被测结构上添加人工标志物。采用基于颜色匹配的追踪方法，能够精确测量隔震支座位移变化。计算机视觉系统安装过程如图 9.3-1 所示。

(a) 网络摄像机

(b) 现场布置图

图 9.3-1 计算机视觉系统安装过程

该监测系统所采用的位移监测过程主要分为四个部分：相机标定、特征提取、目标追踪和位移计算。

2. 传感器的选择与测点布置

根据该监测系统的功能需求和工程现场条件等因素，本着性能可靠、长期稳定及满足监测要求的目的，对设备进行选型。其中相机是图像的主要采集设备，根据以下几点来选择：(1) 隔震层变形是一个慢变过程，需要的传感器采集频率较小；(2) 监测设备距离被测结构表面较近；(3) 需要实时监测以及监测场地不方便搭设平台放置计算机，需要将采集图像远程传输到终端；(4) 由于该结构跨度大，支座变形各不相同需要布置多个测点，考虑监测的成本；(5) 隔震层长期处于黑暗的环境，光学传感器需要自带光源。

根据以上 5 点，选择网络摄像头对视频流进行采集，并布置 11 个测点来监测整个隔震层的位移，系统共采用非接触传感器 11 个，温湿度传感器 5 个，无线路由器、不间断电源两台等。

摄像头的布置位置考虑到隔震层网络因素，还兼顾到支座位移变形较大的航站楼两侧，后浇带两侧，并尽可能地在一条轴线上，为整个结构的变形提供理论依据。通过布置十一个测点来监测该结构在温度等因素影响下的变形。为确定隔震支座的变形方向，网络摄像头在安装时应将图像坐标系的建立与实际隔震支座的轴线相统一，并将摄像头与隔震层底板间的距离设为定值。网络摄像头帧率设置为 15fps，分辨率为 1280 × 720pixel。

温湿度传感器的布置主要考虑能够较为全面的监测航站楼隔震层的温湿度变化。测点位置选择在隔震层结构的两侧，中间位置以及共同沟位置，就近布置在位移监测点的隔震支座处，以便后续研究温度对支座变形的影响。温湿度传感器采样时间间隔设定为 15min，该设备同样采用远程物联网传输到终端。为保证断电状态系统仍能进行部分数据采集和储存，在航站楼两侧的 1、6 号测点处配置不间断电源，见图 9.3-2。

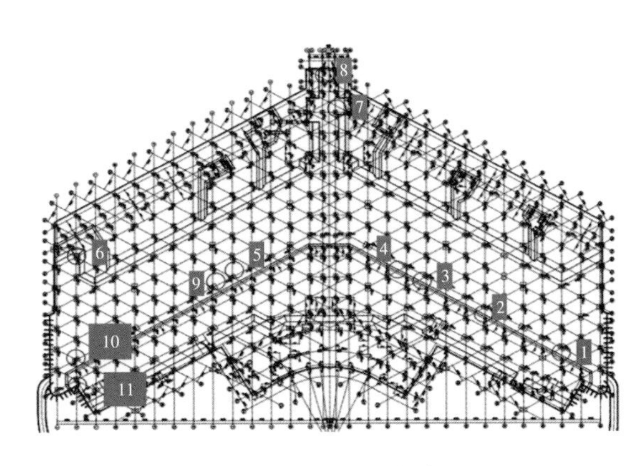

图 9.3-2　隔震层测点布置图

3. 数据采集与处理

网络摄像头实时传输视频流到远程终端，对视频流进行实时处理，得到结构的位移。根据对矩阵求逆可计算出图像对应像素坐标的实际坐标，位移可通过不同帧下所对应的实际坐标求距得到。

温度变化引起的隔震支座的变形是一种慢变过程，全程实时采集会产生大量的数据，且变化不明显，因此在数据采集过程中设置定时任务，以每小时或者每天采集一次数据。如果在温度变化明显的时间段可增加每天的采样频率。

温湿度采集界面如图 9.3-3 所示。

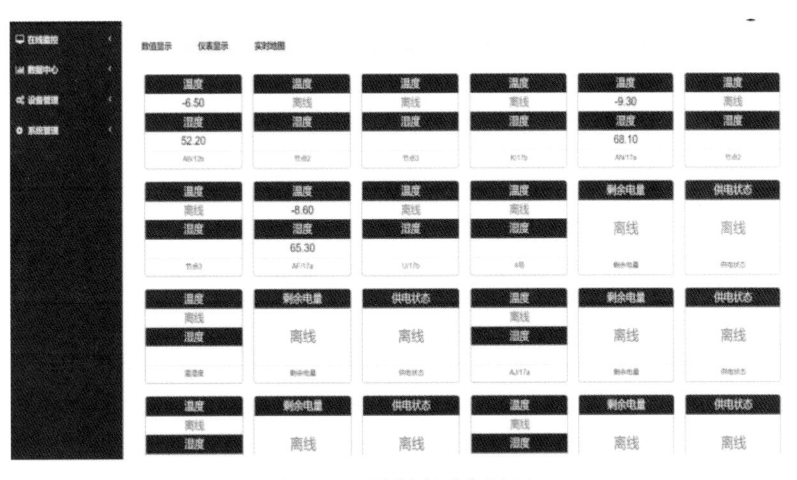

图 9.3-3　温湿度采集界面

在将近一年的位移监测中，基于计算机视觉的位移监测系统采集到了大量的数据，并结合温湿度采集仪采集到的温度数据进行分析整理。由于该工程目前还处于施工阶段，施工现场环境复杂，有时会引起监测设备电路故障，造成数据采集不连续。但及时处理，缺失的数据对于结论的分析不会造成太大的影响，见图 9.3-4。

在测点 10 同时布设拉线式位移计和视觉位移传感器，可用做验证视觉传感器的精度，现将一个月的位移数据进行整理，将视觉测量与拉线式位移计的位移测量结果进行对比。基于计算机视觉的测量结果与传统拉线式传感器的测量结果在形状以及趋势上基本一致，误差值较小。

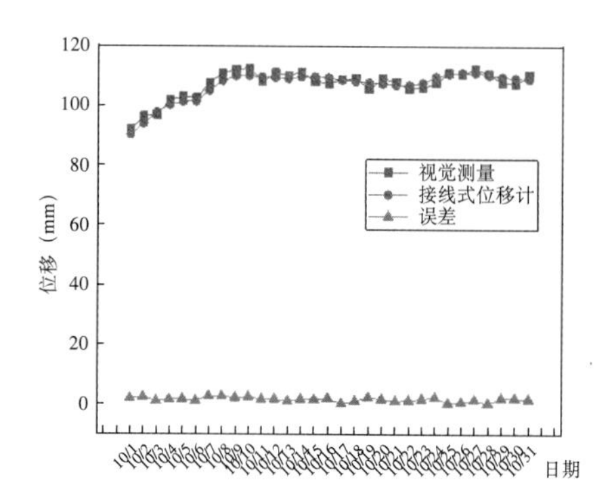

图 9.3-4　测点 10 隔震支座位移对比图

根据监测数据，绘制隔震支座的变形轨迹图，可以得到隔震支座的变形方向。图 9.3-5 给出了测点 1 至测点 6 六个测点在 4 月份的支座变形轨迹。根据轨迹可判定 1 ~ 4 号测点的支座向北方向偏移，5、6 号测点的支座向东南方向变形。经人工现场验证，符合实际变形方向。

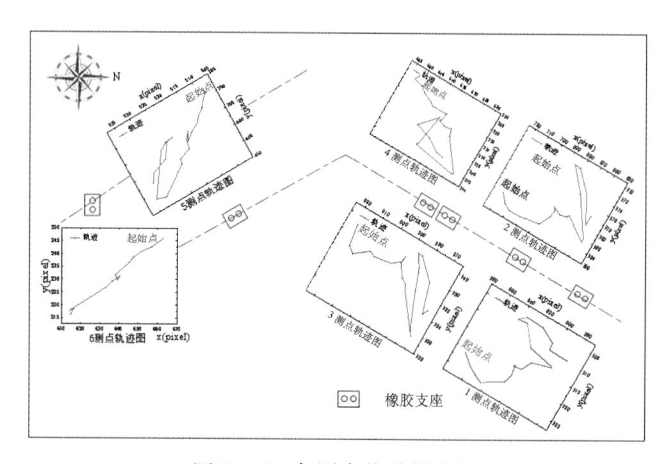

图 9.3-5　各测点位移轨迹图

选取航站楼隔震层测点 1 ~ 6 号这 6 个测点温度位移监测数据，位移由每小时一次定时采集获得，对应各测点的温度数据。由于现场施工条件和其他因素影响，各测点的数据采集时段各不相同。其中图 9.3-6（a）是 1 号测点在 2021 年 5 月 16 日至 6 月 2 日的监测数据，可以从中看出位移跟温度有相同的变化规律。且位移曲线的相较于温度曲线一定的滞后性，符合环境温度对隔震层作用有一定的时差。图 9.3-6（b）、（c）、（d）、（e）分别是 2、3、4、5 测点在相应时间段监测数据，四个测点的支座位移恢复随温度上升而变大。图 9.3-6（f）显示，在温度降低时，支座位移恢复减小，且降温当天的变形恢复为 4mm。

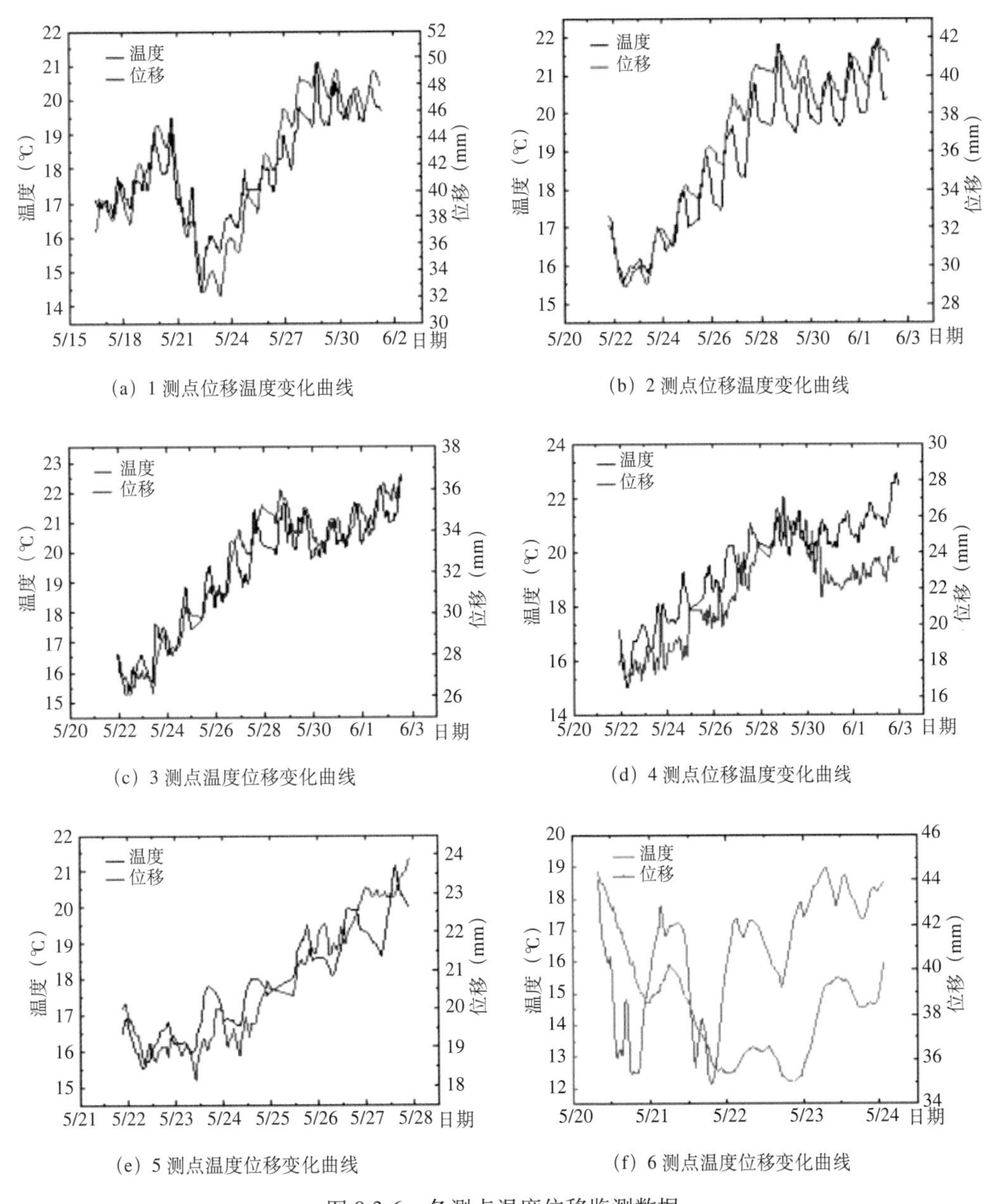

（a）1 测点位移温度变化曲线

（b）2 测点位移温度变化曲线

（c）3 测点温度位移变化曲线

（d）4 测点位移温度变化曲线

（e）5 测点温度位移变化曲线

（f）6 测点温度位移变化曲线

图 9.3-6　各测点温度位移监测数据

将采集到的数据做出整理分析，得到隔震层 11 个测点的位移变化情况。

从图 9.3-7 中可以看到在隔震层的两侧，如测点 1、测点 6，以及测点 10，变形值在温度较低时可达到 140mm，而在隔震层中间位置处如测点 3、测点 4、测点 5 变形值在 20mm 左右波动，其中测点 5 在 5 月份升温阶段，U-17b 处的隔震支座变形值恢复为 0，而后又随着温度的升高朝着相反方向变形，经过最高温之后，随着温度降低，U-17b 处的隔震支座又朝着收缩方向变形。

根据隔震层温湿度采集仪的数据，选取测点 1 的温湿度。结合乌鲁木齐当地的温度气候变化规律，从安装监测设备的时间，当地气温呈现一个上升趋势，隔震支座表现为一个恢复的状态，即朝着隔震层收缩方向相反的趋势变形。在夏秋两季，温度基本达到年最高气温，此时隔震支座变形恢复至最大，随着气温的下降，隔震支座又朝着收缩方向变形。当温度基本达到年最低气温，隔震支座达到变形最大值，气温进入回升阶段，隔震支座位移即进入恢复阶段（图 9.3-8）。

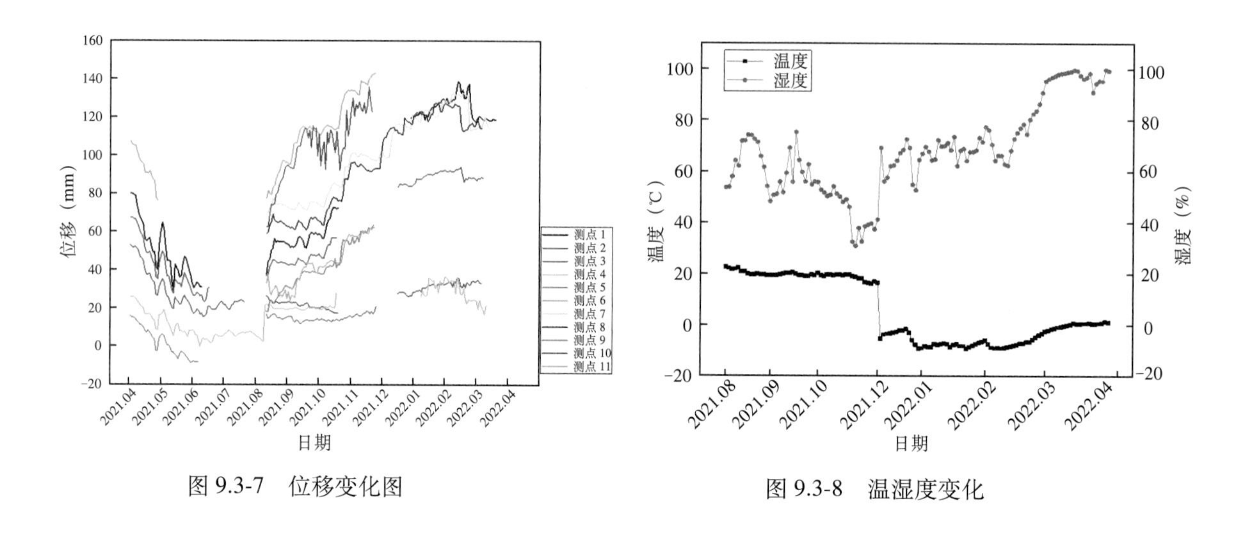

图 9.3-7 位移变化图

图 9.3-8 温湿度变化

4. 小结

该研究提出一款基于计算机视觉的位移监测系统来实现监测超长隔震结构的隔震支座变形。采用颜色匹配技术连续自适应均值漂移算法来识别跟踪人工标志物，通过简化的相机二维标定单应性矩阵将图像坐标转化为对应实际坐标，由不同帧的坐标求距得到隔震支座位移，并通过定时任务来调节采样频率，通过与传统位移传感器对比分析以及对温度位移变化数据分析，该研究能够减少人工、提高效率，实时监测，更加准确地测量出隔震支座位移变形量，对结构安全及隔震支座性能进行不间断监测，同时带来了一定的经济效益，具有广泛的推广应用前景。

9.4 高铁穿越结构与减震隔震技术

1. 工程概况

青岛胶东国际机场为实现交通工具零换乘对接，高铁、地铁下穿航站楼成为机场航站楼建设的新趋势。高铁方面，济青客运专线在青岛新机场地下交通中心内设站，形成胶州北站—机场—红岛站的交通走廊，高铁两站六线，中间两条为过站线路，为国内首次。地铁方面，M8 为轨道快线，经规划行政中心，向北进入铁路红岛站、新机场，最后至胶州北站。形成两条轨道交通贯穿新机场，见图 9.4-1。

其中地铁穿越区，采用明挖法施工，地铁区间宽度小于航站楼柱网间距（18m），因此地铁线可从航站楼柱网中间穿过，绝大部分无需转换，对航站楼上部结构施工影响较小。对于高铁穿越区，区间宽度为 26.4 ~ 55.4m，远超航站楼柱网间距，因此需要在高铁区间和航站楼柱子之间进行转换设计。此外，过站高铁时速高，其行进时震动引起航站楼震动，影响航站楼舒适度，因此减震隔震也是高铁穿越结构设计考虑的重点，见图 9.4-2。

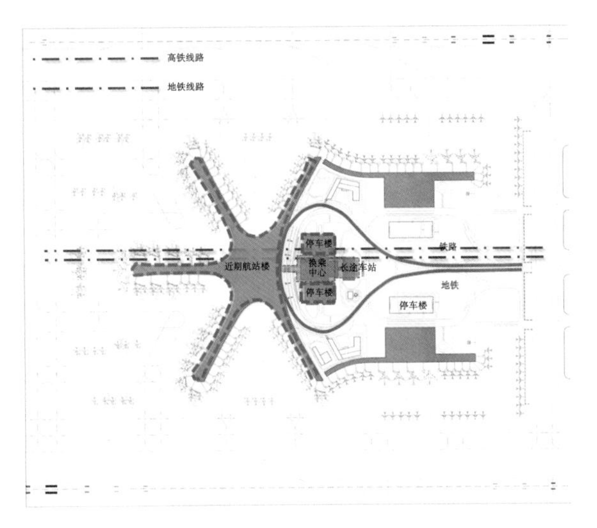

图 9.4-1　高铁、地铁下穿航站楼示意图

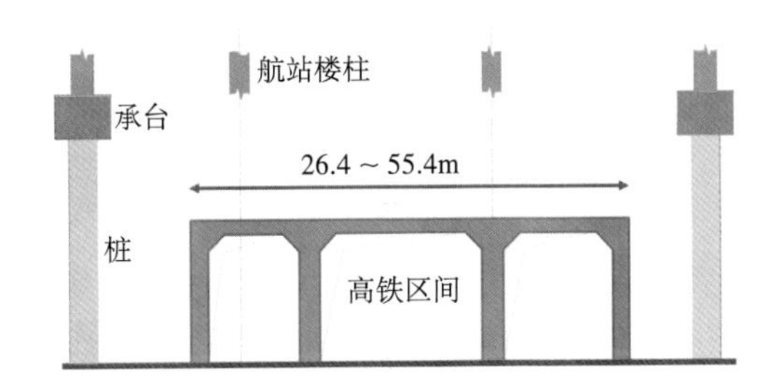

图 9.4-2　高铁区间穿越航站楼剖面示意图

2. 穿越结构方案比选

（1）备选方案

方案一：设置预应力转换大梁，以跨度 45m 为例，转换梁截面为 2000mm × 7500mm，见图 9.4-3。

方案二：高铁区间范围内两列航站楼柱，一列与高铁区间柱对齐，无需转换；一列由区间设转换梁转换，最大净跨度仅 19m，钢骨混凝土转换梁截面 2000mm × 4300mm，见图 9.4-4。

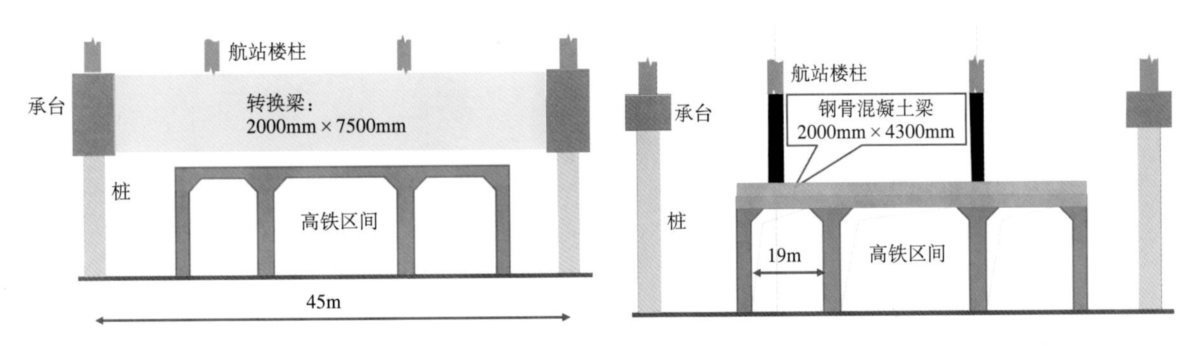

图 9.4-3　预应力转换大梁示意图　　图 9.4-4　钢骨混凝土转换梁示意图

（2）备选方案对比

1）可行性

①方案一在转换跨度45m时，梁截面已达到2000mm×7500mm，而本工程转换跨度为36～65m，故方案一仅能用于约1/3区域，大部分区域方案一无法实现。

②方案二可用于整个轨道穿越结构，且方案二形成的结构空间可以为设备管廊或后期使用提供空间，并不浪费。

2）经济性

南区由于转换跨度过大，方案一已不适用。北区跨度较小，两种方案均有可行性，故造价估算仅针对北区（方案二已包含减震及由此形成的结构空腔造价）。从估算可看出，两种方案造价基本相当。

3. 高铁震动问题研究

轨道交通与上部建筑交接带来的震动：

（1）地下轨道结构震动主要有两个途径传给航站楼：传给轨道顶板上的结构柱、传给土壤，再传给轨道附近的结构柱。

（2）顶板上传递的震动可通过设置减震支座进行处理，土壤中传递的震动目前尚无法考虑。

因此最根本的减震方式是：轨道自身减震。

过站高铁不减速穿越航站楼属于世界性难题，目前国内案例较少。由于穿越区与航站楼的转换结构位于地下，因此需要设计使用寿命长、理论上易更换的减震隔震结构，无需日常维修与维护。经调研，减震支座沉降量小且可调节，最大沉降量为20mm，对主体结构基本无影响。经初步询价，航站楼隔震支座造价合计约3290万，但方案一、方案二综合造价大致相当。

4. 穿越结构+减震隔震方案确定

方案一最终呈现，见图9.4-5。

方案二最终呈现，见图9.4-6。

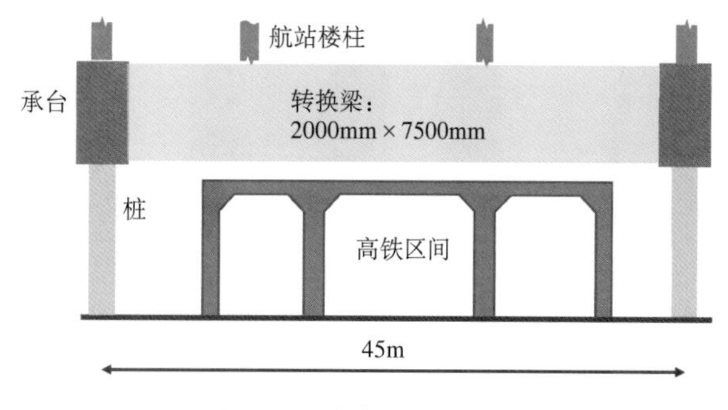

图9.4-5 方案一示意图

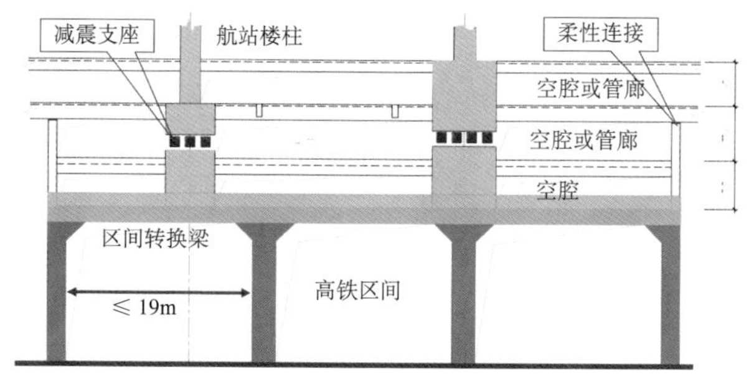

图9.4-6 方案二示意图

（1）从经济性的角度，两种方案造价基本相当。

（2）从可行性的角度，方案二可适用于整个高铁下穿区域；而方案一仅适用于北区转换跨度较小区域（对应区间净跨约30m，转换梁跨度约40m），南区大部分区域仍需采用方案二。

（3）从使用的角度，方案二可充分利用地下空间，可结合地下设备管廊、行李系统通道进行设计，同时多余空间可为后期使用提供储备。

(4) 从工期的角度，方案二选用逆作法施工，高铁区间用于转换的结构先施工，而后高铁、航站楼地下结构同时施工，互不影响，整个地下结构工期在一年半左右，基本满足航站楼整体工期需求。

综上，选择方案二。

5. 隔震器安装施工

施工流程：隔震器底座及支撑面面层施工→隔震器安装→上部承台施工→隔震器释放。

(1) 隔震器底座及支撑面面层施工

隔震器安装对支撑面平整度要求为 2mm/m 远远高于规范要求。本工程隔震器支撑面面层采用以下做法，见图 9.4-7。

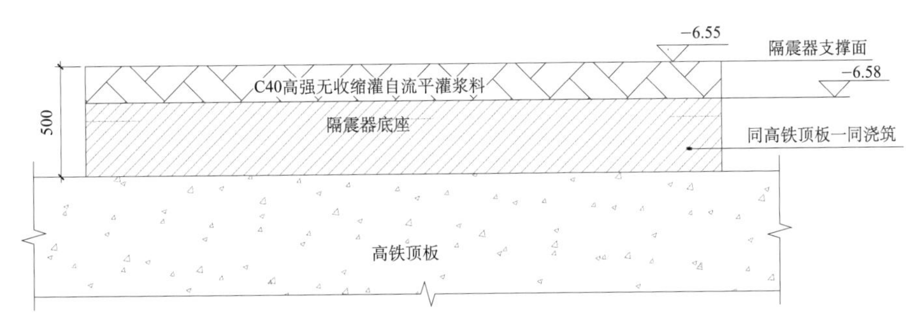

图 9.4-7　隔震器支撑面面层做法示意

1) 绑扎隔震器底座钢筋

在绑扎隔震器底座钢筋时，严格控制钢筋顶标高，绑扎完钢筋后用水准仪抄测钢筋顶标高，保证 30mm 钢筋保护层，30mm 保护层厚度必须保证，否则后期支撑面面层做法厚度太薄导致面层开裂。

2) 支设隔震器底座模板时，应将侧模一次支设至隔震器支撑面，侧模顶标高为隔震器支撑面标高，在支设过程中不断调整侧模高度，使用水准仪复测，测量过程中保证侧模顶标高一致。

3) 混凝土浇筑及凿毛

在侧模弹出混凝土控制线，混凝土控制线标高为隔震器支撑面标高往下 30mm。浇筑过程中应严格控制浇筑高度，浇筑完成后进行人工凿毛，保证下部混凝土与上部灌浆料充分粘结防止开裂。

4) 支撑面面层施工

支撑面面层做法为 30mm 厚自流平灌浆料，要求选用质量优良的灌浆料产品，使用前必须对灌浆料取样复试。流动度初始值不小于 600mm，在施工过程中，单次搅拌的灌浆料应在 10min 内使用完毕，保证灌浆料流动度。隔震器底座侧模控制灌浆料标高，灌浆完成后不少于 3 次人工收光，三次收光完成后，覆盖双层毛毡带水养护，养护时间不小于 14d，防止面层开裂。

(2) 隔震器安装与承台施工

1) 放置专用防滑垫板

在设置弹簧隔震器的支墩上放置专用防滑垫板，这样可无需预埋螺栓，简化施工。防滑垫板经认证，其水平摩擦系数较大，见图 9.4-8。

图 9.4-8　防止专用防滑垫板

2）就位经过预压缩的弹簧隔震器

弹簧隔震器可预压缩，从而在航站楼的整个建设期间，弹簧隔震器的支承为刚性支承，因此上部结构可以按常规方法一样施工。只有在航站楼竣工后，才将弹簧释放。释放后，弹簧的弹性才起作用。正是弹簧隔震器的可预压缩性，才使方便地调整弹簧的高度成为可能，进而在必要时，更换整个弹簧隔震器，见图 9.4-9。

图 9.4-9　就位经过预压缩的弹簧隔震器

3）放置预埋钢板，安装模板

采用承台模板一体化设计，承台底模采用预埋钢板。预埋钢板需根据具体的承台尺寸放样，本项目承台尺寸较大，若采用单块预埋钢板，吊装、运输都有较大困难，因此采用多块预埋钢板拼接共同作为承台底模。为保证预埋钢板的平面位置及标高，首先根据承台尺寸对预埋钢板进行精确放样，保证钢板拼缝严密，要求每块预埋钢板放置完成后都必须进行复测，保证定位及标高准确，见图 9.4-10 和图 9.4-11。

4）施工上部结构

绑扎上部承台钢筋并浇筑混凝土，见图 9.4-12。

（3）隔震器释放

1）待上部结构施工完成以后，对隔震器所在位置进行标高测试，并做好记录；

2）在隔震器上放置两个千斤顶，千斤顶为隔而固公司提供专用工具；

3）用千斤顶反向压缩弹簧，直至预紧隔震器的螺栓松动；

4）用扳手等工具，松开预紧螺栓；

5）如隔震器的标高有误差，则加大隔震器的压缩量，在隔震器与上部结构之间，加减调平钢板和防滑垫片，按照测试记录对结构标高进行微小调整，见图 9.4-13。

图 9.4-10　放置预埋钢板图

图 9.4-11　安装模板

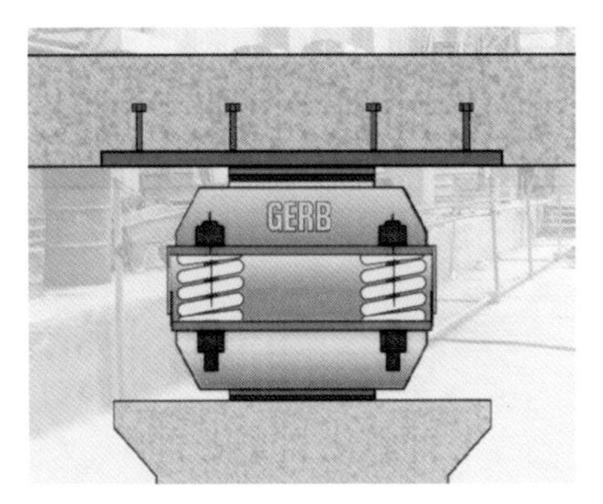

图 9.4-12　上部结构施工

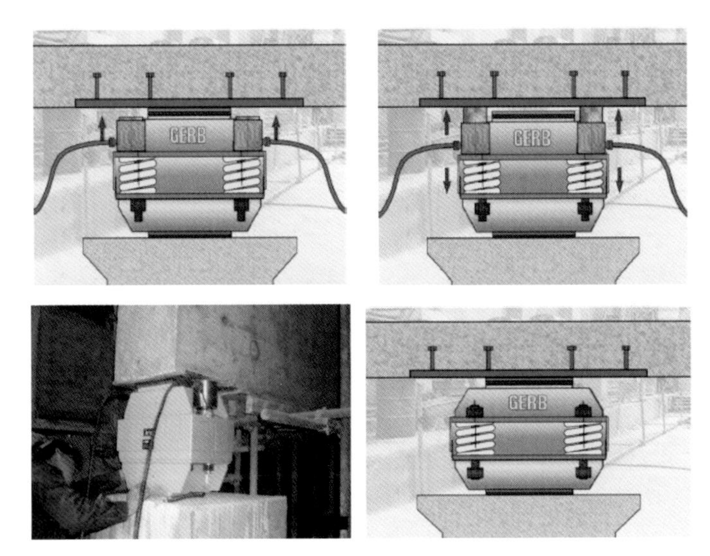

图 9.4-13　隔震器释放

6. 小结

经多轮方案优选和分析对比，敲定的最优方案为逆作法施工，高铁区间用于转换的结构先施工，而后高铁、航站楼地下结构同时施工，互不影响，整个地下结构工期满足要求。

9.5　航站楼坐落大铁顶板减震基础施工技术

1. 技术背景

天府机场高铁不减速通过航站楼，航站楼基础位于高铁顶板上方，基础与顶板通过隔震系统相连。

技术难点：高铁不减速通过航站楼，列车通过时对航站楼干扰较大，而航站楼基础坐落于高铁顶板上，为保证航站楼不受影响，对隔震技术要求高。

2. 技术特点

研发了下穿航站楼的高铁的隔震结构及其施工方法，通过二次灌浆控制下柱墩表面平整度、增减调平垫片控制隔震器标高、采用防滑垫板代替预埋螺栓简化施工工序、设置临时支撑提高预埋钢板稳定性及控制上部基础位置等措施，确保了隔震系统安装精度，解决了航站楼下部高铁不减速通过时震幅较大的难题。

3. 施工工艺

（1）工艺原理

根据成都天府国际机场 T1 航站楼场地特性及工程要求，因地制宜，制定施工方案。通过 BIM 模拟，进行可视化交底，提前解决隔震系统施工、安装过程中的问题；采用二次灌浆找平；通过增减调平垫片控制隔震器标高。设置防滑垫板代替预埋螺栓。设置临时支撑提高预埋钢板稳定性以及控制航站楼基础施工桩位位置。

（2）工艺流程

BIM 软件模拟→限位台结构（限位基础）→灌浆料找平→安置防滑垫板→预压缩弹簧隔震器就位安装→预埋钢板就位→焊制槽钢支架→施工上部结构→松开预紧螺栓释放弹簧→调平。

（3）BIM 软件模拟施工工序

通过 BIM 技术，施工前模拟隔震系统施工工序，优化施工工艺，提前解决隔震系统安装、施工中存在的问题，详见图 9.5-1。

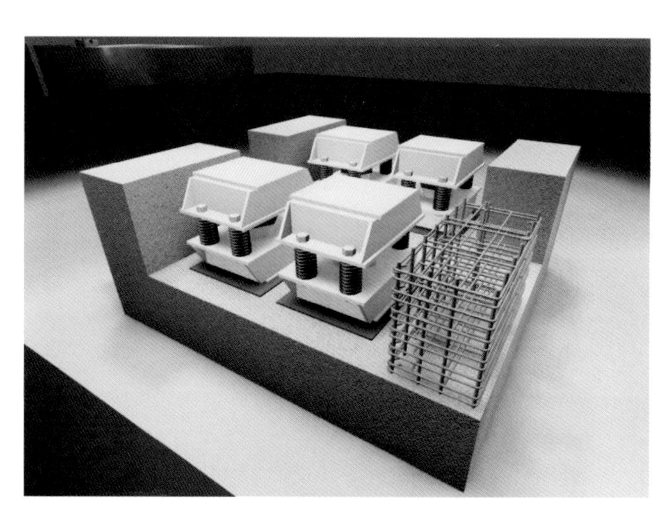

图 9.5-1 隔震器就位 BIM 模拟示意

（4）限位基础结构施工

1）高铁顶板混凝土浇筑前预埋隔震器限位基础钢筋，限位基础钢筋绑扎完成后支模进行浇筑，混凝土浇筑前要将限位基础与高铁连接位置凿毛并将浮浆及杂物清理干净，限位基础混凝土强度等级为 C45。因隔震器对基础平整度要求极高：

①隔震面支撑面标高误差控制在 +5mm 以内；

②隔震器支撑面平整度控制在 +2mm/m 以内。

2）为确保基础平整度满足要求，所以在限位基础浇筑时预留 50mm。浇筑完成后将完成面凿毛清理（凿毛深度不少于 20mm），采用二次灌浆浇筑进行找平，保证隔震器浇筑面的平整度满足要求，见图 9.5-2。

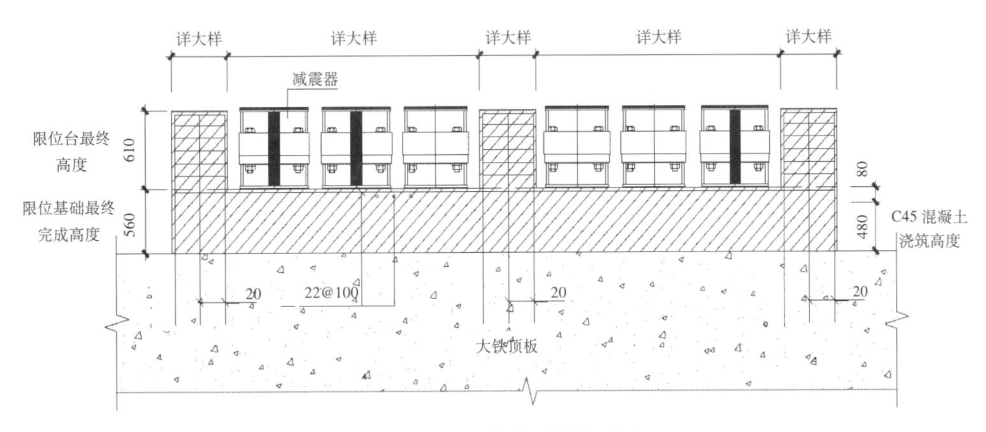

图 9.5-2　限位基础结构示意

3）限位台施工：限位台钢筋同样在高铁顶板结构施工时预埋，限位台高度 610mm，与隔震器上钢板有 30mm 孔隙，起到防倾覆限位的功能。限位台浇筑前也必须将连接位置凿毛，清理掉浮浆及杂物，见图 9.5-3。

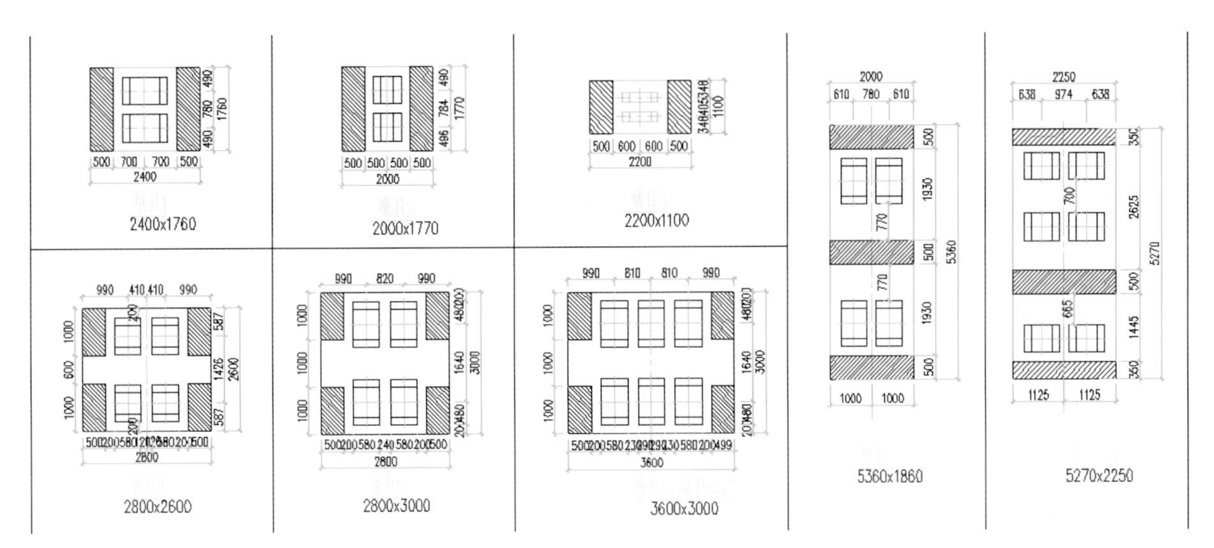

图 9.5-3　限位台平面位置示意

（5）灌浆料找平

施工工艺：表面清理→抄平→支模→灌浆→收面→养护→脱模。

（6）隔震器就位安装

工艺流程：放置下部防滑垫板→安放弹簧隔震器→在弹簧隔震器上部放置调平垫片（按调平需要取舍）→再次校核弹簧减震器位置→实施保护工作，见图 9.5-4 和图 9.5-5。

（7）临时支撑施工

在隔震器预埋钢板安装就位后，沿支墩周围一圈用 10# 工字钢作为临时支撑。避免预埋钢板悬空，增加稳定性。

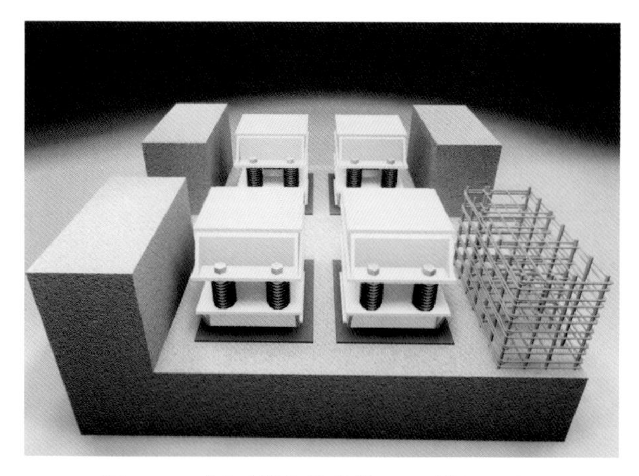

图 9.5-4 隔震器安装就位 BIM 模拟示意

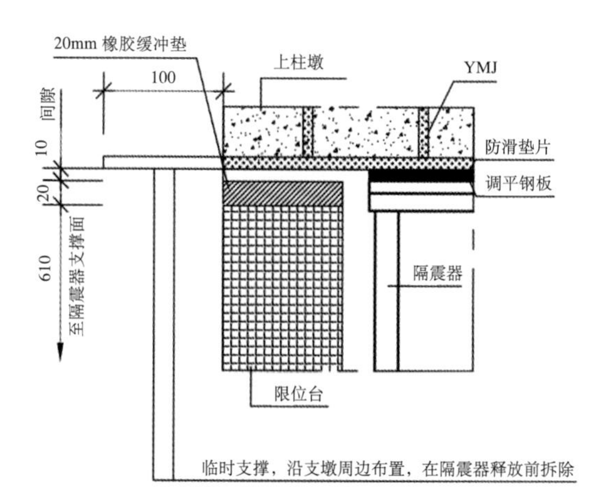

图 9.5-5 隔震器上部预埋钢板临时支撑示意

（8）预埋钢板

1）预埋钢板锚筋与锚板采用 T 形焊接满焊，焊脚尺寸为 12mm。

2）焊接完毕后，清除焊缝表面熔渣和飞溅。焊工进行自检合格后，还需由专职检查员进行检查。焊缝外形尺寸必须符合设计图纸要求，焊缝与母材过渡圆滑。焊缝表面不允许有裂纹、夹渣、气孔、未焊透、未填满的弧坑、未融合、缩孔等缺陷存在。

3）预埋钢板焊接完成后，应对其进行防腐蚀处理，见图 9.5-6。

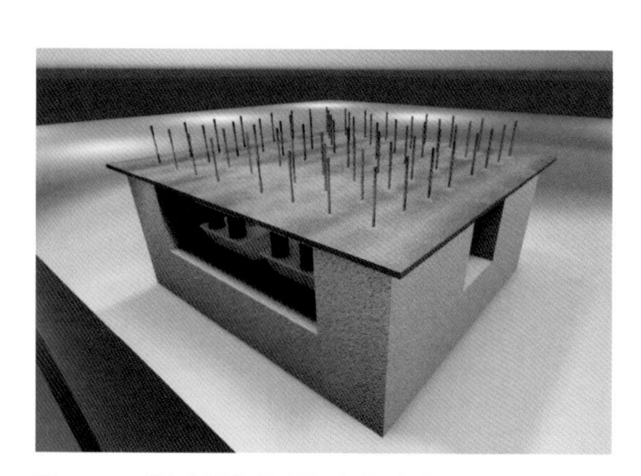

图 9.5-6 隔震器上部预埋钢板安装 BIM 模拟示意

（9）隔震器上部结构

1）因隔震器不与下部结构直接固定，在进行上部结构施工中可能会造成其偏移，需设置临时性辅助限位措施，防止已安装的隔震器产生平面位移。

2）为防止混凝土浇筑施工可能使混凝土浆进入隔震器内，必须将隔震器周边封闭保护。

3）预埋钢板厚度按设计要求加工，安装时应充分与隔震器顶部紧贴平整，然后设置刚性支撑使其牢固定位，防止后续工序施工造成移位。

4）混凝土浇筑是要均匀下灰，要下料轻、振捣轻，使下面支撑系统受力均匀，并随时进行检查，以防受混凝土冲击位置发生改变，见图 9.5-7 和图 9.5-8。

图 9.5-7　隔震器上部结构钢筋施工 BIM 模拟示意图

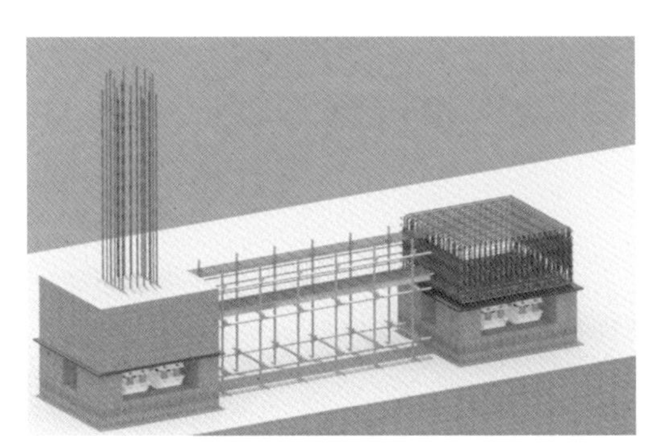

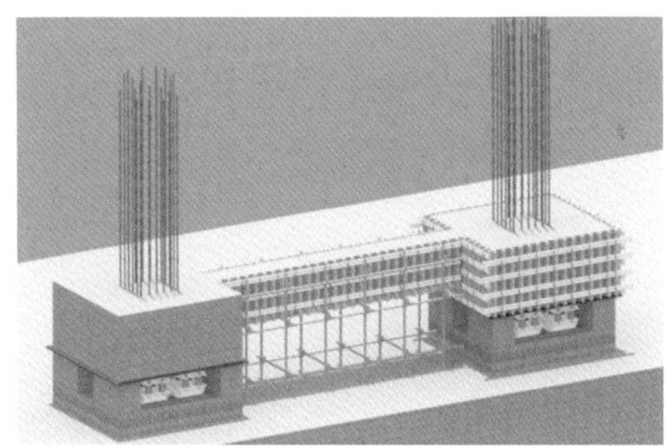

图 9.5-8　隔震器上部结构混凝土施工 BIM 模拟示意图

（10）弹簧释放

1）在主体结构、装修施工完成、主要设备安装结束后。弹簧隔震器已处于设计的工作状态，松开预紧螺栓，按照设计标高进行调平。待全部调平后，还应进行复核。

2）全部安装完成，可以正常使用后，拆除防尘防雨塑料薄膜，见图 9.5-9。

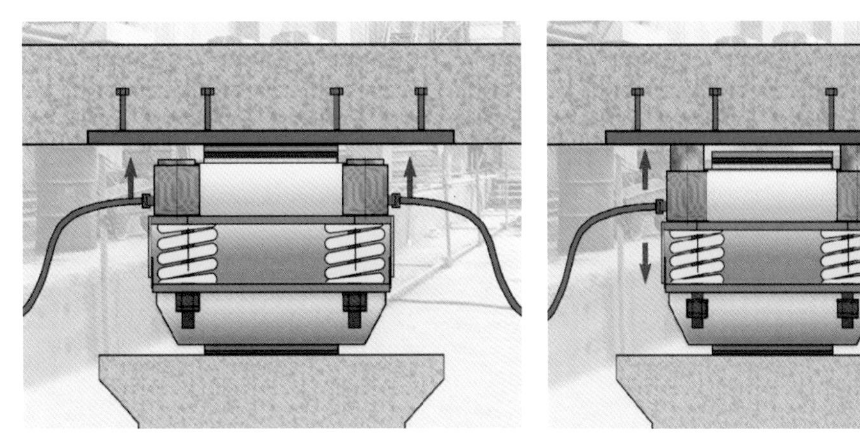

图 9.5-9　隔震器释放与调平示意

4. 实施效果

本技术在隔震器底部设置防滑垫板，取消了预埋螺栓，简化了施工；设置临时性支撑有效地控制预埋钢板位置的偏移量，保证了减震基础上部的航站楼基础的桩位精确度；基础浇筑过程中采用灌浆二次找平，提高了平整度。整体施工取得较好效果，解决了航站楼下部高铁不减速通过时震幅较大的难题。

第 10 章　航站楼下穿轨道施工和 BIM 应用技术

航站楼下穿高铁和地铁穿越工程，涉及的技术和施工难度较大。高铁、地铁在施工和运行过程中都会对航站楼主体结构的施工和运行产生巨大影响，特别高铁、地铁车站基坑开挖施工的主要影响区覆盖了航站楼中央大厅的结构，工序的交叉、施工环境的变动和施工力学的相互影响，都增加了航站楼建造难度。

在航站楼的设计阶段，利用 BIM 技术进行多专业三维协同设计，提前进行管线碰撞检测、管线综合、净高分析等工作，减少“错漏碰缺”问题，提高设计产品质量。同时，根据 BIM 模型可视化特点，检查设备房空间布置是否优化，后期检修是否便利，利用 BIM 模型核查与捷运、行李隧道、综合管廊等复杂边界关系，提前发现上述工程在空间接口、专业接口等存在的问题。

10.1　深层受限空间内双仓铁路隧道主体施工关键技术

1. 技术背景

兰州中川国际机场航站楼采用“空铁联运”设计理念，兰州至张掖三四线铁路从兰州新区站引出连接线由南至北下穿主航站楼形成环线。其中铁路兰州至张掖三四线穿过 T3 航站楼及 GTC 综合交通中心，铁路隧道位于航站楼中轴线西侧，铁路隧道的埋深在 -22.1m。隧道周围和航站楼换乘大厅、管廊、一层主体结构都有交叉，交叉区施工组织部署难度大。若双仓铁路隧道采用常规的单侧支模技术，主要的缺点有：1）流程比较复杂、混凝土不能一次浇筑成型；2）有一道换撑施工工序，支架周转效率低，工期长；3）单侧模架体系需要专门定制，成本较高。基于此，项目对应地提出了下穿航站楼铁路隧道施工关键技术。

2. 重难点分析

（1）单侧支模难点

1）铁路隧道施工空间狭小

下穿隧道及基坑两侧支护桩间距 14.6m，双仓隧道主体宽度 13.9m，基坑内隧道主体施工空间受限。隧道主体高 9.6m，侧墙厚 0.9m，高大墙体单侧支模和浇筑困难，见图 10.1-1。

2）单侧支模难点

隧道主体施工时先浇筑隧道底板，浇筑时在底板内埋设地脚螺栓，再支设模板，然后立单侧支架并安装预埋系统，最后进行模板调直及侧墙混凝土的浇筑。需要购买预埋螺栓；需要提前定制支模架体及预埋系统；定制支模架及预埋系统会额外产生费用。单侧支模施工主要存在的问题有：

流程比较复杂、混凝土不能一次浇筑成型；有一道换撑施工工序，支架周转效率低，工期长；单侧模架体系需要专门定制，成本较高。

单侧支模施工流程，见图 10.1-2 ~图 10.1-5。

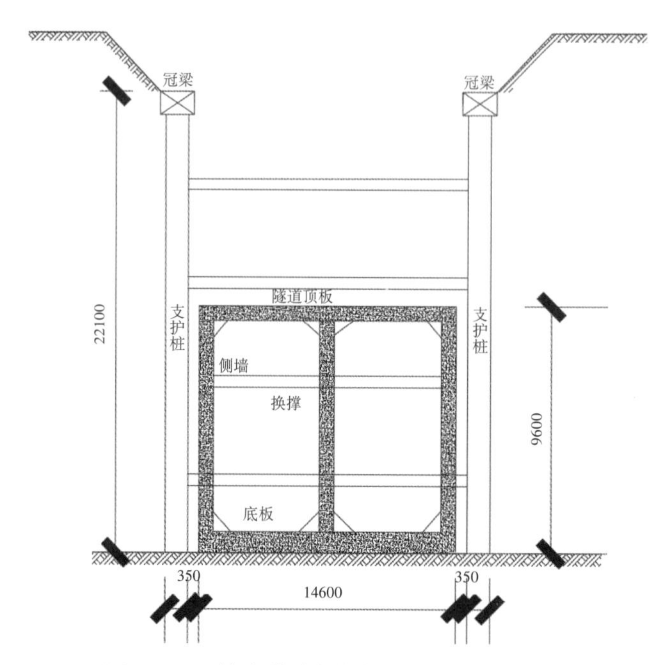

图 10.1-1 铁路隧道主体与支护桩的位置关系

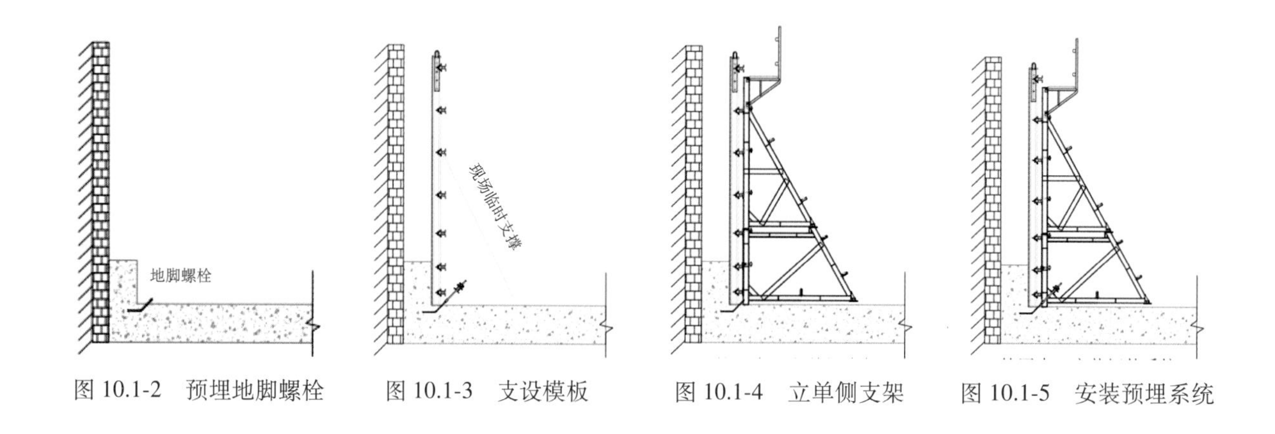

图 10.1-2 预埋地脚螺栓　图 10.1-3 支设模板　图 10.1-4 立单侧支架　图 10.1-5 安装预埋系统

（2）换撑施工工序对侧墙支模体系的影响

结合本项目下穿隧道的特点，下穿隧道侧墙高度为 9.6m。工厂定制的单侧支模体系高度是固定的，无法一次支设 9.6m 的侧墙模板。在实际施工过程中侧墙必须要分两次浇筑，在下部侧墙浇筑完成后需要增加一道拆撑、换撑工序，然后再进行上部侧墙混凝土浇筑。侧墙混凝土两次浇筑、拆撑换撑工序增加直接导致下穿隧道施工工期的增加，在工期极紧的背景下如何解决单侧支模换撑施工工序是重点难点，见图 10.1-6。

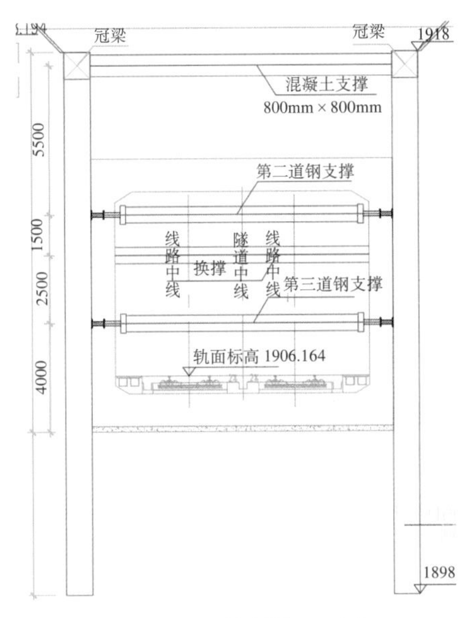

图 10.1-6 换撑施工工序

3. 关键技术创新

下穿双仓铁路隧道高大侧墙支模采用对顶支撑技术，对撑钢管体系实现对高大隧道侧墙单侧模板有效支撑的同时也等效代换了深基坑支护体系下层内支撑的支反力，通过先施工中墙，再利用对顶支撑体系支撑侧墙模板同时进行两边侧浇筑，取消了内支撑换撑工序，节省了施工工期，降低了施工难度，节约了施工成本。解决高大侧墙模板支撑的难题。对顶支撑施工工序，见图 10.1-7。

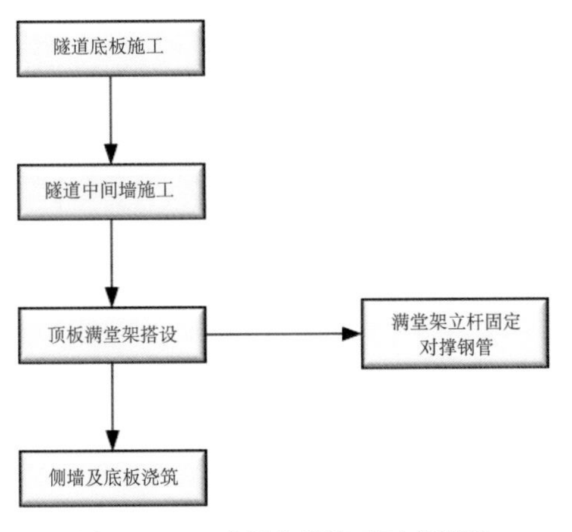

图 10.1-7 对顶支撑施工工艺流程

采用此项技术需要保证以下两个条件：

（1）墙体侧模支撑力>侧墙混凝土推力，保证侧墙混凝土浇筑安全稳定；

（2）墙体侧模支撑力>围护体系内支撑（换撑）内力（集中力等效均布力：换撑取消后，采用钢管支撑加固后，每根换撑力将均布分到侧墙模板上面），见图 10.1-8。

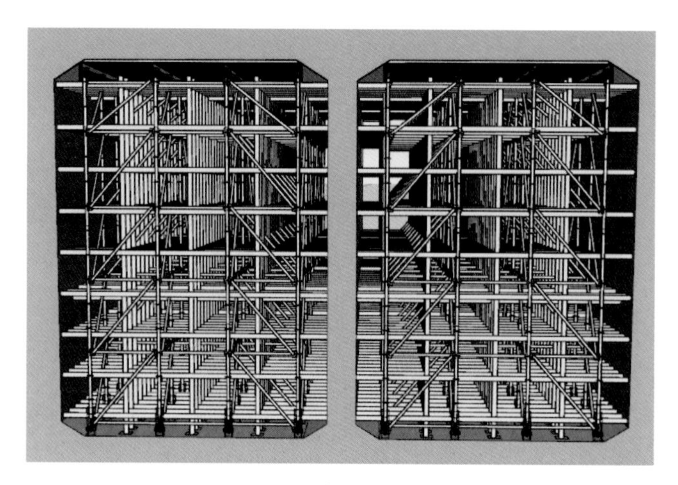

图 10.1-8　对顶支撑示意图

4. 适用范围

该项技术适用于狭小空间内地下室、管廊、铁路隧道相关建筑。

10.2　高铁、地铁下穿航站楼主体结构综合施工技术

1. 工程概况

青岛胶东国际机场项目，高铁、地铁下穿航站楼的长度为 373m，跨度 62m，高铁、地铁采用大开挖，两侧放坡加桩锚的支护型式施工，影响航站楼的结构面积达 11 万 m^2，此部位的施工是本工程的关键路线和工期控制的重点。影响区施工受高铁、地铁进度制约很大，整体计划控制难度高，目前国内尚无类似施工经验可供参考，见图 10.2-1。

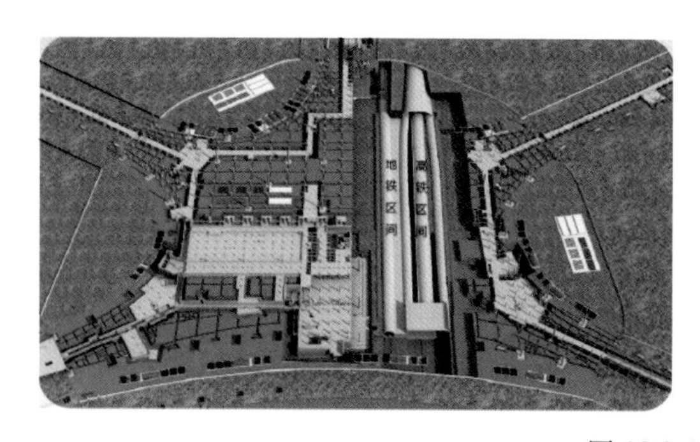

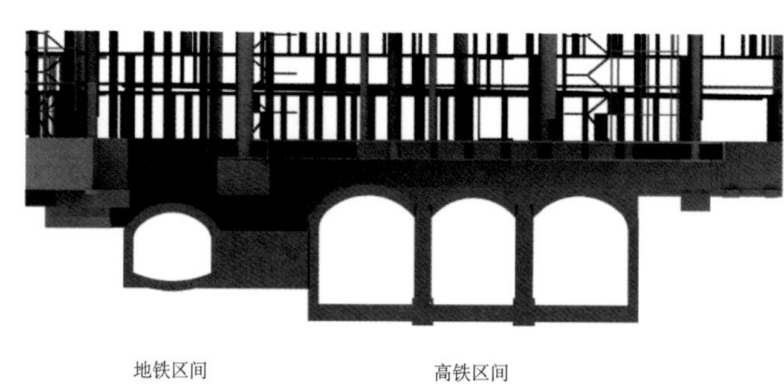

图 10.2-1　高地铁下穿示意图

该机场体量巨大，结构复杂，由于济青高铁线路和地铁线路纵向自航站楼 F 区中央大厅 EF12 轴～ EF16 轴下穿，在立面上呈现高、地铁最底层穿行，高铁、地铁在施工和运行过程中都会对航站楼主体结构的施工和运行产生巨大影响，特别高铁、地铁车站基坑开挖施工的主要影响区覆盖了航站楼中央大厅的结构，工序的交叉、施工环境的变动和施工力学的相互影响，都将加重航站楼施工的困难和风险。

2. 施工重难点

（1）桩基相互影响

航站楼设计说明中表示，高铁、地铁影响区的桩基仅为示意，需要在高铁、地铁图纸完成后方可确定。在高地铁支护图纸完成设计后，发现原设计中航站楼部分桩基与高铁、地铁基坑围护桩位置重叠，这意味着高地铁结构施工完成后，需要破除基坑围护桩后方可进行航站楼桩基施工。

（2）垂直运输困难

根据航站楼施工组织，需要在下穿影响区内布置塔式起重机，以满足主体结构垂直运输。根据高地铁设计要求，塔式起重机基础不能布置在拱顶范围内，而拱间最大间距为5.7m（在高铁西线与柱连墙之间），无法满足常规塔式起重机基础设置要求（TC7525塔式起重机基础为7m×7m）。

目前常用塔式起重机最大独立高度为60m。塔式起重机基础落在拱间连续承台(-18.000m)上，塔式起重机独立高度为相对标高+42.000m，与航站楼非影响区钢网架提升支架（约为+46.000m）发生碰撞。

（3）边坡桩基施工困难

由于航站楼影响区的地下结构设计需要根据高铁、地铁结构进行调整，而高铁、地铁支护设计图纸完成较晚，因此航站楼影响区地下结构图纸完成时，高铁、地铁已经进行土方开挖。根据设计图纸，航站楼部分桩基位于高铁、地铁第一层土方开挖的坡面范围内。按照一般施工工序以及高铁、地铁场地移交的要求，需要在高铁、地铁主体结构结束并回填完成后，方可进行桩基施工，这大大影响了航站楼施工进度，且旋挖钻机在回填土上施工，存在一定的安全风险。

（4）工期紧张

较原计划施工工期延后半年时间，但航站楼竣工时间保持不变。根据一级计划倒排施工计划，航站楼影响区需要在2017年底开始逐步将工作面移交钢网架施工，意味着仅有6个月的时间进行土建结构的施工，工期压力巨大。

3. 施工总体思路

高铁、地铁影响区区域主体结构施工阶段涉五家总包施工单位，由于涉及单位较多，无论从设计方面、施工方案都相互制约，应根据现场施工工况和图纸情况进行总体策划。从土方开挖、基坑支护、桩基施工、高地铁结构施工、柱连墙、航站楼主体结构施工、钢管柱及钢结构施工各施工阶段进行分析，保证施工过程中结构安全的同时采用特定的施工技术，达到施工总体的平衡及统一。

确定总体施工思路为以下穿高铁、地铁顶部主体结构倒序施工作为总体施工组织思路。采用“共享桩基”的设计理念克服设计桩基重叠、交叉设计的影响，避免桩基施工不同步带来的安全隐患；采用“一塔多用”技术布置塔式起重机解决高铁、地铁穿越区内垂直运输问题，减少二次穿插；采用“坑中坑”桩基施工技术达到土方开挖与桩基施工协调同步的目的；采用“下穿高铁、地铁顶部主体结构倒序施工技术”进行施工，优先施工最上层主体结构，为下一步工序尽快提供工作面；采用“钢管柱倒序安装施工技术”解决钢管柱与主体结构交叉作业的相互影响；采用“预应力施工技术”对施工段划分及预应力施工进行优化；采用高大模板关键参数监测技术对高支模区域的结构及施工安全性进行监控，工艺流程见图10.2-2。

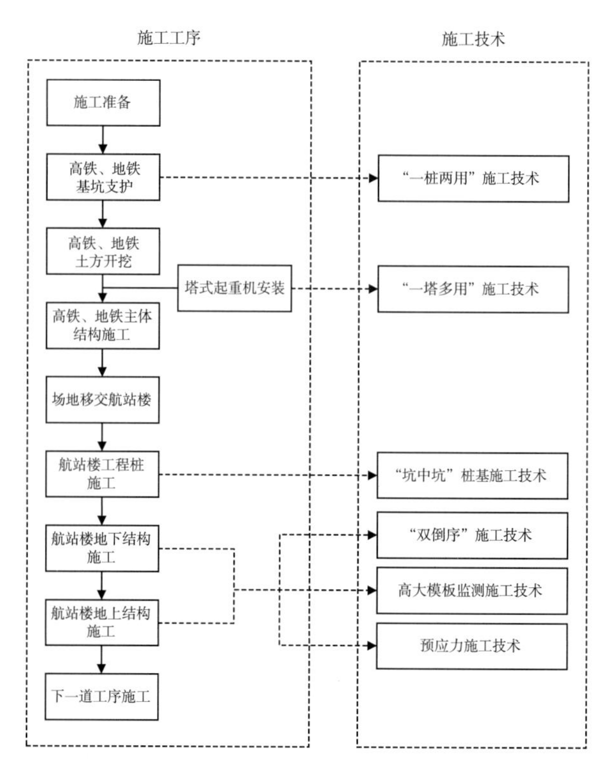

图 10.2-2 施工总体流程图

4. 主要创新点

(1)"桩基共享"技术

因航站楼部分桩基与高铁、地铁基坑围护桩位置重叠，经双方设计院沟通，双方的部分桩基共用，即共用桩在施工期间作为高铁、地铁基坑的围护桩使用，在使用期间作为机场建筑的桩基使用。共用桩的材料、桩长、桩径、尺寸、配筋等需满足双方的要求。

1）计算模型

采用纤维模型计算出截面的轴力 - 弯矩关系曲线，综合考虑各种因素及铁路设计部门的共用桩设计结果，取各工况包络值，验证构件是否安全。

①计算共用的双排桩及单排桩在铁路基坑开挖阶段作为围护桩使用的桩顶位移及配筋，控制在水平位移限值范围内；

②计算共用桩基在作为围护桩阶段的嵌固深度要求，控制桩基入岩深度；

③考虑覆土荷载、上部柱荷载以及由于桩顶位移导致的附加荷载，用于航站楼基础设计，计算桩基尺寸、配筋及嵌岩深度，见图 10.2-3。

2）施工工艺

施工准备→测定桩位→钻机就位→压入钢护筒→造浆、分级旋挖钻孔→成孔质量检查、终孔、一次清孔→安放钢筋笼→安装导管、二次清孔→安装灌注设备、灌注水下混凝土→拔出护筒→成桩检测。

本施工技术采用全自动数控钢筋笼滚焊机进行桩基钢筋笼加工，主筋钢筋笼采用套筒冷挤压连接方式，保证成桩质量的同时减少了施工各工序之间的间隔时间。

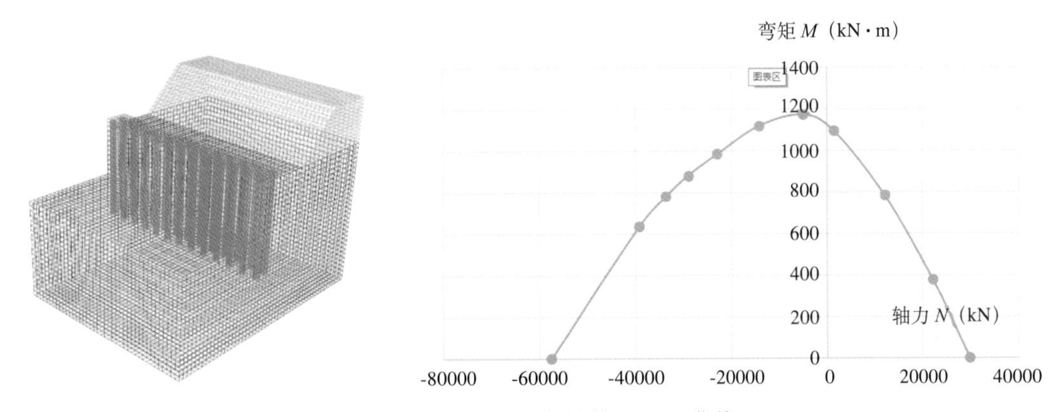

图 10.2-3 计算模型与桩截面 N-M 曲线

3）桩基检测

共用桩此部分桩须在高铁、地铁航站楼区段施工完毕，且不再用作支护桩后，方可进行桩基参数检测。此部分桩均应采用声波透射法（按规范预先于桩钢筋笼中埋设声测管）对桩身完整性进行判定，按每承台至少1根，且不少于桩总数10%采用钻芯法检测基桩的桩身混凝土强度、桩底沉渣厚度及鉴别桩端持力层岩土性状。桩钢筋笼内同时埋设测斜管，测出桩顶部的位移。

(2)“一塔多用”施工技术

由于影响区结构与非影响区主体结构施工不同步，下穿区域塔式起重机应充分考虑塔式起重机独立高度影响，塔式起重机独立高度同时满足深基础的高铁、地铁主体结构施工，同时满足航站楼主体结构施工，且不影响非影响区钢结构吊装。

1）BIM模拟塔式起重机运行施工技术

本工程塔式起重机使用最高峰为15台塔式起重机同时运行，受塔式起重机位置的布置限制，一个塔式起重机与周边6台塔式起重机产生交叉，塔式起重机布置前先制定群塔施工方案，根据群塔施工方案采用BIM技术进行全场塔式起重机运行模拟，可谓“牵一发而动全身”，需要确保塔式起重机正常运行，调整各塔式起重机的工作时的高度，见图10.2-4。

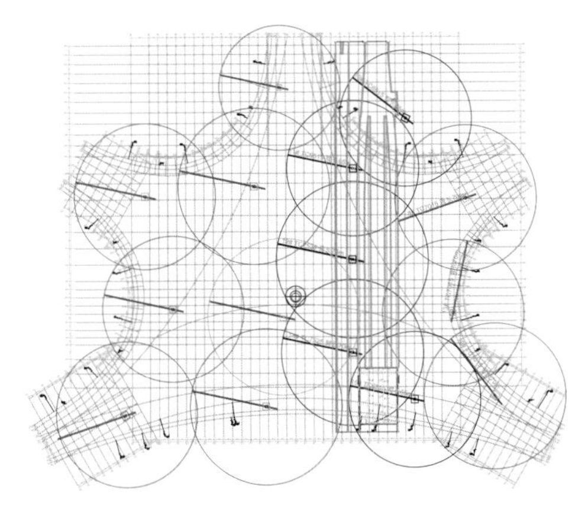

图 10.2-4 塔式起重机运行布置图

2）塔式起重机基础与塔身双设计技术

为了下穿区域主体结构与非影响区网架结构同步施工影响，同时塔式起重机基础只能落在隧道之间(底标高为 -18m)。对基础形式及塔式起重机塔身进行设计。塔式起重机基础采用异性基础，由原设计 7.1m × 7.1m × 1.7m 改为 6m × 8.3m × 1.9m，根据荷载效应标准组合，对塔式起重机抗倾覆进行验算。塔身底部设置 4 个 2.5m × 2.5m × 3m 加强节和 1.89m 高 × 2m（顶部）× 2.5m（底部）过渡节。隧道间原设计为素混凝土回填，回填高度约为 7m，底部采用素混凝土抬高基础，塔式起重机独立高度由原设计 60m 调整为 78m，见图 10.2-5。

图 10.2-5 塔身变截面设置

（3）“桩柱接合”桩基施工技术

1）桩上柱施工技术

受下穿结构大开挖的影响，桩顶标高高出开挖后的土方标高，打破了土方与桩基施工的平衡，采用传统的“空桩工艺”满足不了现状的施工要求，须采用“桩上柱”方式解决此问题，使用有限元软件 Abaqus 进行有限元模拟计算，验算桩身强度。分别计算考虑回填土作用时和不考回填土作用时桩身的弯矩、剪力和轴力。提出“高桩承台的设计思路”，将坡上桩结构分解为桩 + 柱的结构形式，保证构件的受力安全，见图 10.2-6。

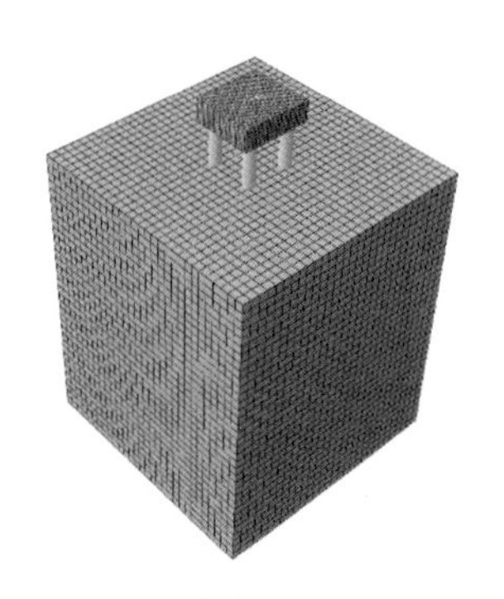

图 10.2-6 高桩承台分析模型

2）阶梯式桩基施工

桩基施工分层分阶段提高桩基施工作业平台，通过增加一级放坡，在边坡上形成作业平台，为施工坡上桩的旋挖钻机提供工作面，缩短了施工周期，并有效地避免了旋挖钻机在回填土上施工带来的安全隐患以及对桩基质量造成的影响。

3）桩柱接合施工

对于坡上桩在卸坡后未能一次性施工到设计标高，桩基采用接桩的方式进行上部桩基施工，即“桩改柱”。采用直径、钢筋及混凝土强度等级相同参数的柱子进行接桩施工，主筋采用锥套锁紧钢筋接头连接，采用定型化圆木模板进行混凝土浇筑，施工至设计桩顶标高。

(4)“双倒序”施工技术

钢管柱施工倒序与主体结构倒序施工技术结合，保证屋面钢网架结构的施工。整体施工方案如下：

位于大厅结构的内部钢柱施工顺序：柱脚螺栓预埋→承台第一次混凝土浇筑→开始安装第一节钢管柱→C40灌浆料灌浆→吊装至最大楼面标高→钢管柱内混凝土浇筑(随楼层混凝土浇筑时间)。先将钢管柱吊装至最大楼层面，后进行主体结构的施工

1）钢管柱倒序施工

①预应力穿钢管柱深化设计技术

本工程主梁采用有粘结预应力梁，双向钢筋、波纹管需要同时穿过钢管柱，该部位节点异常复杂。通过应用BIM节点深化技术，确定梁柱节点处双向钢筋分布、双向波纹管矢高以及钢柱开洞尺寸和位置，方便钢柱提前加工和指导现场施工。

②钢管柱一柱到顶施工技术

在钢管柱承台完成第一次浇筑后，安装首节钢管柱，使其与承台内地脚螺栓连接，并用C40高强灌浆料封堵地脚螺栓与承台的缝隙。完成第二次承台混凝土浇筑后，一次性将钢柱安装至最高楼层标高。通过对钢柱风荷载、钢柱底部弯矩和剪力、地脚螺栓拉力等计算，悬臂状态下受力满足要求，加之施工过程中设置缆风绳作为控制钢柱稳定性的第二道安全措施，钢柱安装的安全性满足要求。

2）主体结构倒序施工

通过倒序施工，优先施工地上部分结构，为钢网架、屋面施工提供工作面，然后再进行正负零层结构施工，有效地缩短了整体工期。将素土回填优化为级配砂石回填，确保回填质量的同时，保证了高支模区域的地基承载力及稳定性，取得了良好的工期和安全效果；高大模板采用新型承插式盘扣脚手架，加快架体的搭设速度的同时，相比扣件式钢管脚手架具有更好的整体稳定性，确保了架体的整体安全性；由于跳过正负零层结构直接施工地上结构，容易导致柱子长细比过大，在级配砂石回填的嵌固作用的基础上，通过梁柱节点加固的方法避免了因柱子长细比过大造成的质量安全问题，取得较好的质量安全效果，见图10.2-7。

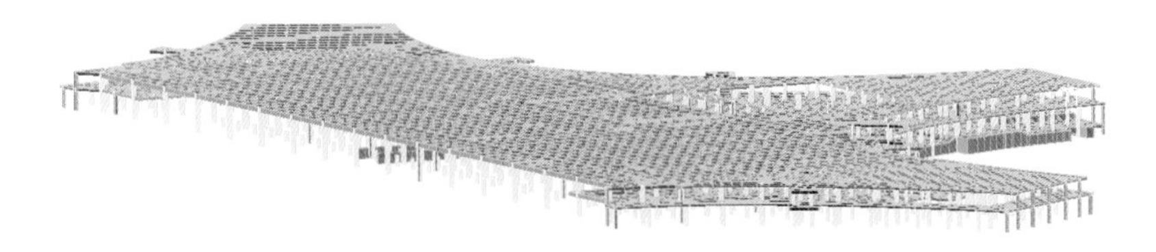

图10.2-7 航站楼北区跃层施工分析模型

一层地梁后施工，使得一层框架柱计算长度增加，由原结构计算长度 H_n 增加为 H_n+h_b，通过采用有限元计算软件 PMSAP 计算分析，框架柱抗剪计算满足，箍筋不需加强，框架柱柱端弯矩增大，但所承担的竖向轴力 N 不变，故框架柱配筋面积增加，通过采用增加钢筋面积抵抗所增加的弯矩。

5. 实施效果

通过应用本技术，可提高高铁地铁下穿主体结构的施工技术水平，使施工的质量管理工作得到全面提升，为企业乃至行业的技术水平提升积累宝贵经验。

10.3 机场运维管理 BIM+ 物联网技术

1. 技术概况

重庆江北国际机场 T3B 航站楼工程信息系统运维平台采用的是 C8 建筑数字孪生引擎 - 建筑智慧运维平台，该平台基于 BIM+UNITY 双引擎数字孪生底座，实现建筑设计、施工、运维全生命期信息传递与共享，结合 IoT、GIS、AI、大数据，构建建筑及周边环境、设施设备的三维数字孪生空间，生态开放，可按需接入各类专业子系统。通过建筑虚实协同、全域感知、全专业数据贯通、大数据洞察，实现建筑资产、空间、设备、能耗、安防等全域智能化运维管理，有效提升建筑整体运行效率，降低单位 GPD（产品和服务的市场总价值）能耗，改善建筑安全品质、环境舒适度、服务品质，实现建筑绿色可持续发展。建筑智慧运维平台业务框架及主界面见图 10.3-1、图 10.3-2。

2. 业务功能

（1）虚实巡视

基于 BIM 轻量化引擎技术，能够对常规 BIM 模型进行轻量化展示，使用者可以通过网页端、手机端进行轻量化查看、模型操作、漫游浏览、结合地形展示等操作，在漫游过程中，与现实中的设备参数及数据相结合，形成虚实巡视，提高巡视效率，见图 10.3-3。

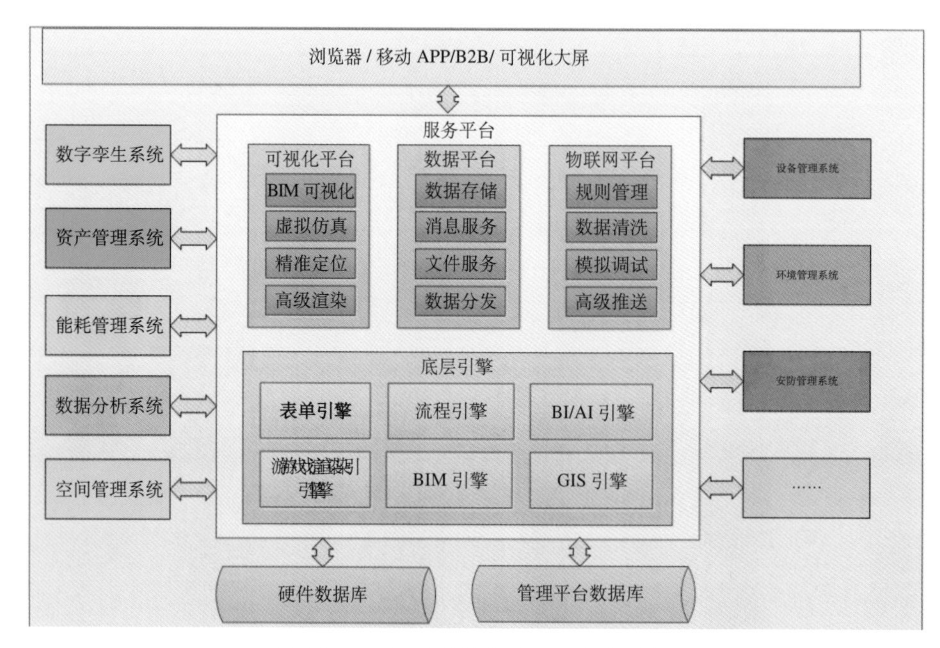

图 10.3-1 建筑智慧运维平台业务框架

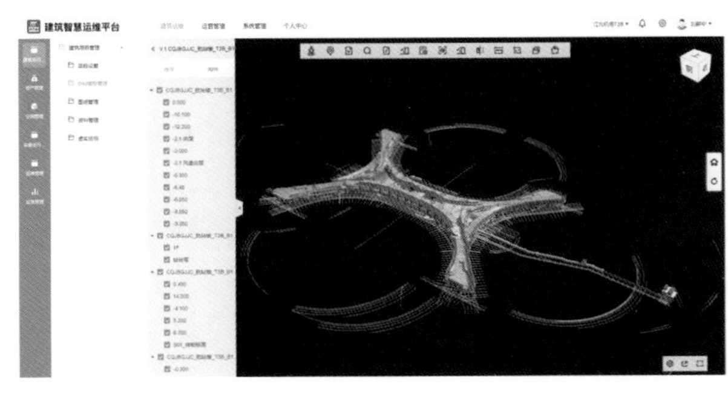

图 10.3-2　重庆江北国际机场 T3B 航站楼工程平台主界面

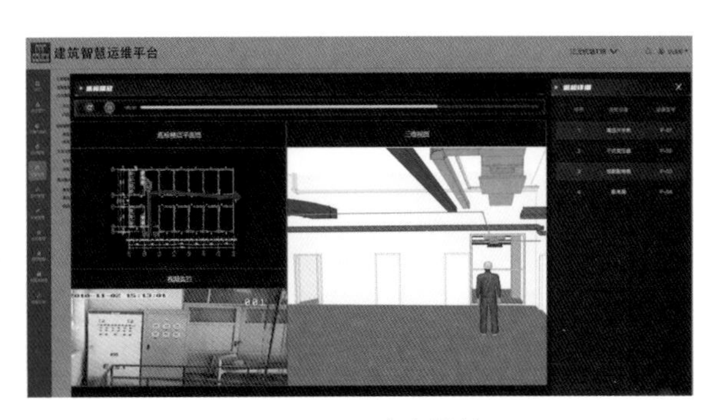

图 10.3-3　虚实巡检

（2）资产管理

建筑智慧运维平台可对机场设备资产汇总统计与管理，支持项目资产管理分类展示，包括资产名称、资产专业、资产类型、资产库存预警量、生产厂家、资产 BIM 定位展示等，并支持用户变更申请关联资产设备台账，形成资产备品备件库，实时动态调整库内物品的数量，见图 10.3-4。

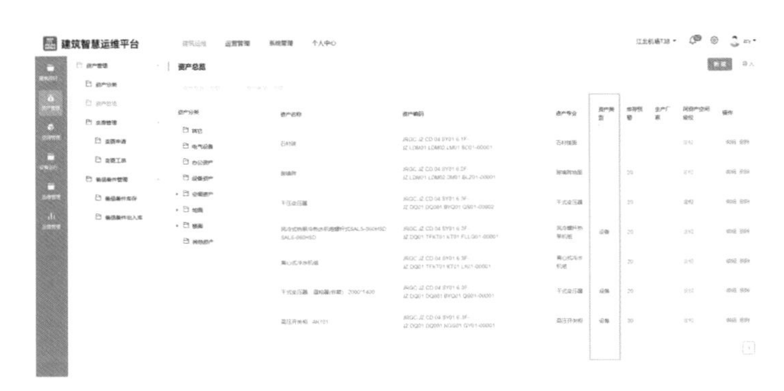

图 10.3-4　资产管理

（3）空间管理

建筑智慧运维平台通过 BIM 模型三维空间的识别与规划，对空间进行分配与管理。用户可查看所有空间的数量明细，对机场内空间使用类型的统计，形成空间的分类台账，在平台中直观展示。见图 10.3-5。

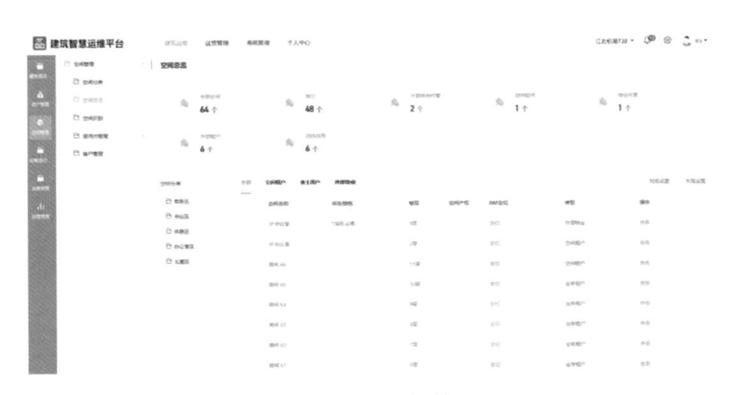

图 10.3-5　空间管理

建筑智慧运维平台可支持空间的 BIM 模型三维定位查看，通过三维可视化定位查看空间能耗、空间环境等详细数据，见图 10.3-6。

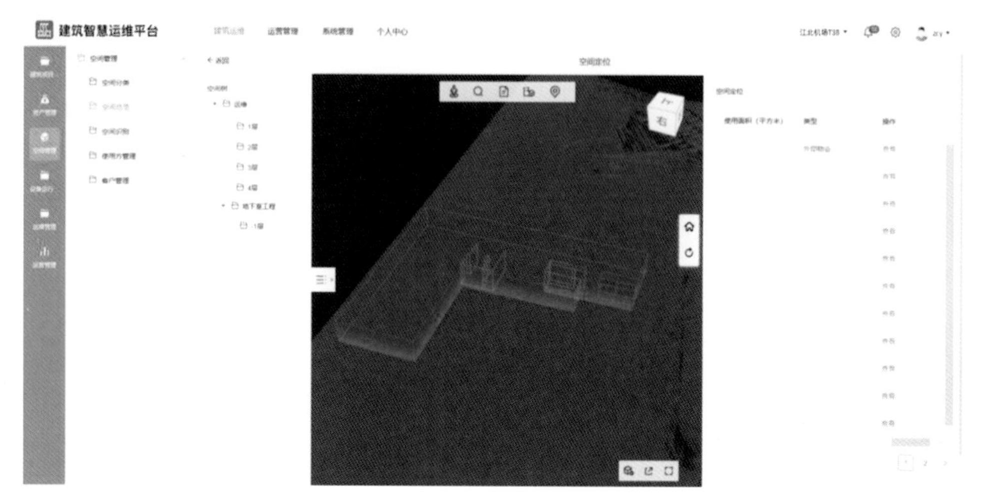

图 10.3-6 空间三维查看

(4) 设备管理

建筑智慧运维平台通过 BIM 识别设备状态对机场所有设备进行总体管理，在 BIM 模型设备进行建筑物编码与建筑专业编码后，系统形成设备台账管理。收集监控设备运行状态、设备静态信息（厂商、档案信息等）设备维保维修等数据，对设备进行计划性维保维修管理。通过对不同专业、不同的设备系统进行分类总览统计展示，对设备的工单与维修状态进行统计分析。对设备运行实时数据进行监控，设备运行数值超过设定的阈值，系统智能进行警报推送，见图 10.3-7。

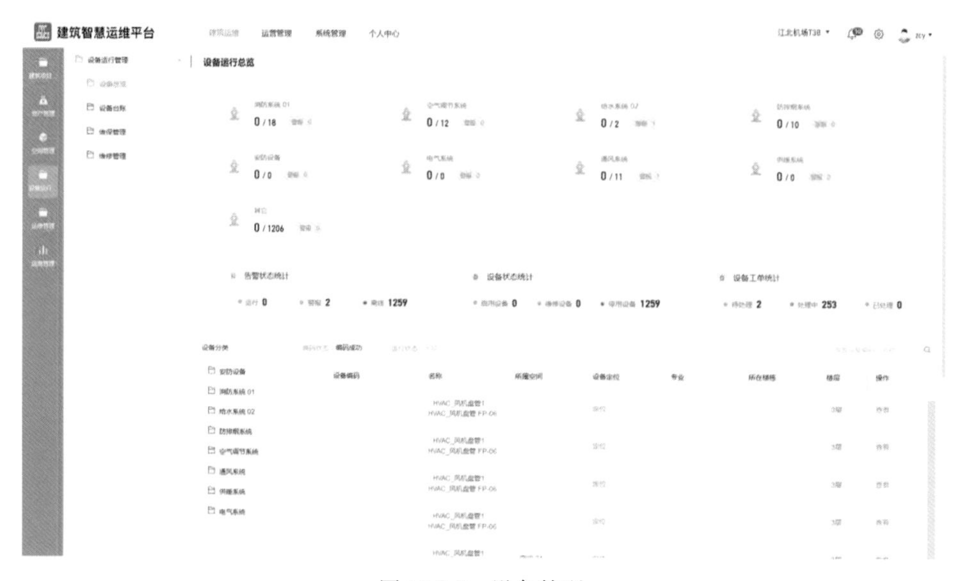

图 10.3-7 设备管理

（5）运维管理

建筑智慧运维平台可对设备的实时运行数据进行预警故障管理，通过物联网获取设备的实时运行数据，进行实时报警与历史报警管理，用户可根据报警设备点击查看报警详细，对设备的报警信息进行及时处理，见图 10.3-8。

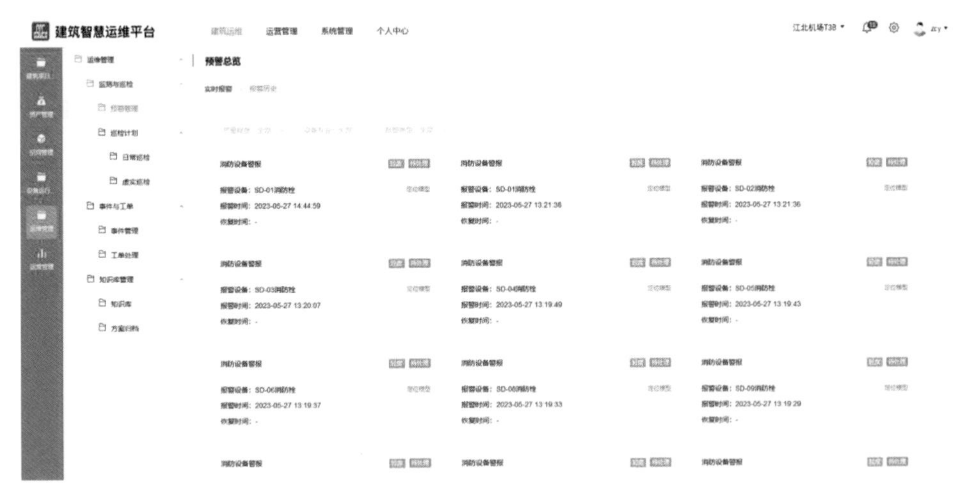

图 10.3-8　运维管理

（6）安防管理

建筑智慧运维平台通过接入物联网视频监控，在平台直接查看现场实际监控画面，同时支持三维可视化定位展示，见图 10.3-9。

（7）品质管理

建筑智慧运维平台对机场所有空间可进行水、电、气的数据采集，帮助管理者掌控项目的能源消耗，并作出及时调整，降低能源损耗。还可进行温度、湿度实时监控显示，通过接入物联网传感器显示空间内的温湿度的实时数据，见图 10.3-10。

图 10.3-9　安防管理

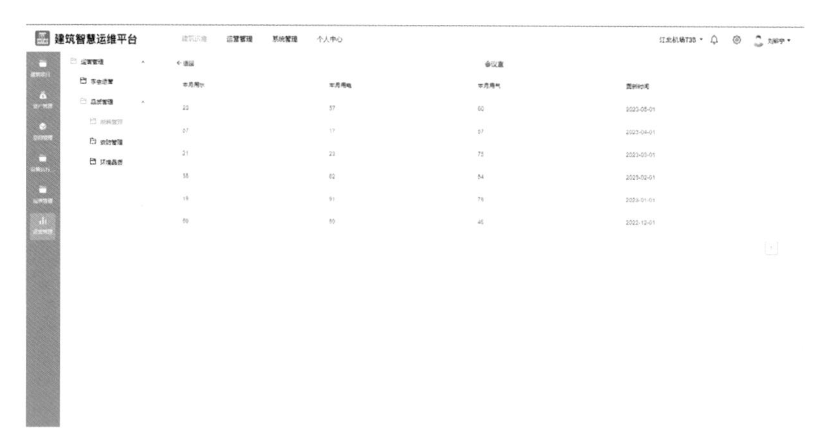

图 10.3-10　品质管理

3. 小结

在机场航站楼运维阶段应用建筑智慧运维平台，改变了传统的“出现问题、解决问题”的被动运维模式，在运行、维护和大中修等运维决策中不再依赖经验，而是通过信息化手段运行主动式运维。帮助机场运维管理者直观感知数据，通过智能算法优化策略方案，使机场的管理全场景更加高效、智慧、人性化。在机场的运维中有以下几点优势：

（1）模型轻量化。基于专业的 BIM 引擎，可使复杂庞大的 BIM 模型轻量化，从而实现在网页端与移动端就能进行平台操作，降低了运维门槛。

（2）数据标准化。打通建筑全生命期的数据，将设计、采购、施工各阶段的数据传递到运维阶段，保证数据的无缝衔接，形成统一体系数据积淀，实现有效数据分析。

（3）运维可视化。充分利用 BIM 的资产、空间、专业、仿真、孪生五大属性以实现建筑孪生体，发挥 BIM 可视化优势直观反馈建筑运行实时状态，使得运维更“显而易见”。

（4）运行智能化。设备运行从人工控制转变为人工智能自运行，做到与环境、业务的自感知、自适应、自运行。

应用场景化。集成智能化子系统，以业务场景为目标建立智能化子系统与业务场景连接，通过业务流动与数据流动实现业务闭环。

10.4　基于 BIM 的协同综合技术

1. 概况

在 Revit、Tekla 等主流建模软件普及应用的基础上，全面应用自主研发的国产 BIM 平台，打通设计、施工、过程管理的数据传递及应用瓶颈，以 BIM 技术促项目精细化管理，释放管理价值。

2. 技术内容

（1）深化设计

对主体结构 BIM 模型进行搭建，前置梳理建筑结构设计问题，并对项目隔震支座、隔震沟、二次结构、楼梯、电扶梯等进行隔震节点深化，见图 10.4-1。

在主体结构抢工阶段，结合 BIM 管综深化，前置进行套管预埋，累计完成 3993 个穿梁套管深化，并对大型管道井采用套管直埋技术，并利用放样机器人辅助现场定位实施，将二次浇筑楼板优化为一次浇筑，见图 10.4-2。

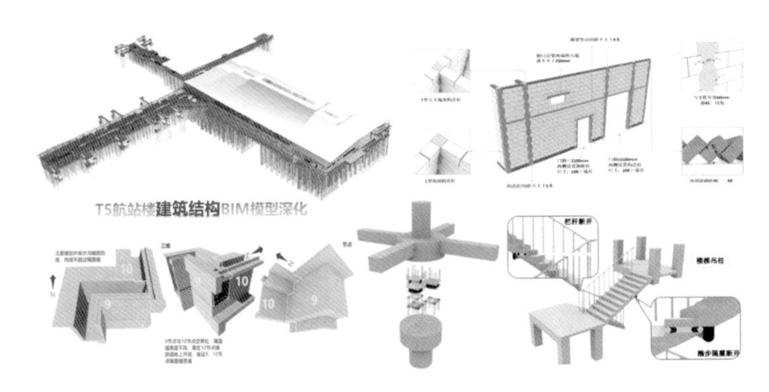

图 10.4-1　主体深化

图 10.4-2　主体管综深化

运用 BIM 技术全面开展二次结构深化，解决减隔震深化难题，整合精装修、机电安装、民航弱电等专业 BIM 深化模型，累计深化 6805 个二次结构洞口，精准把控洞口预留，一次成优，现场二次结构施工以 BIM 深化图纸作为唯一依据，提高精细化建造管理水平，见图 10.4-3。

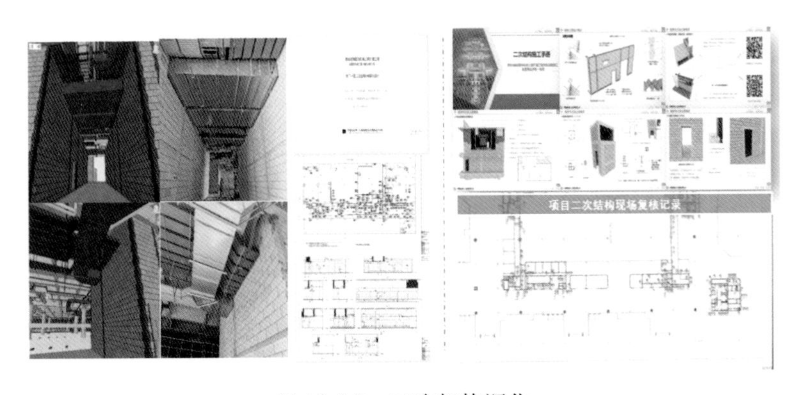

图 10.4-3　二次架构深化

全面运用 BIM 技术进行机电工程二次深化设计，解决机电减隔震深化难题、提升项目管线综合成型质量、把控机房创优策划，指导现场工序合理穿插，引导现场有效规避设计变更风险，现场机电安装施工以 BIM 深化图纸作为唯一依据，见图 10.4-4。

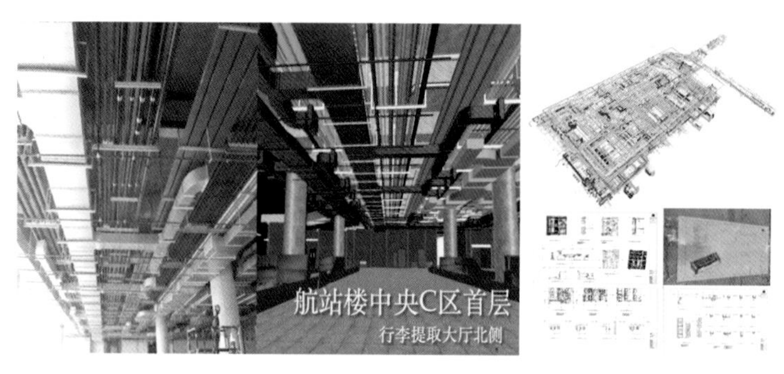

图 10.4-4 机电工程深化

通过 BIM 虚拟建造，以精细化 BIM 深化设计撬动工序革新，与设备厂家前置沟通，优化设备布局形式，在设备进场之前超前完成 156 个机房的主管线施工任务，缩短机房专项作业工期 35%。

（2）数智融合

智能 AI 天网系统，颠覆原有的传统施工现场管理模式大大提高施工企业的安全生产管理效率。

数字工地沙盘，帮助建筑师和工程师更好地规划和设计建筑方案，提高施工效率和质量，降低成本和环境污染，同时也可以提高工地的安全性，见图 10.4-5。

土方开挖阶段，传统挖机智能改造与设计数据协同作业，实现人控向智控的转化。

地基处理阶段，对传统压路机进行升级改造，通过 CMV 值实施反馈压实度信息，并通过控制箱实时查看碾压轨迹、行驶速度，有效降低机手劳动强度，避免漏压、欠压，提升整体施工质量。

主体结构阶段，通过手部与现场实体数据进行联动，实现现场精准放样与数据采集，在二次结构放线，套管直埋定位，行李系统定位复核等方面发挥重要的作用。

钢结构施工阶段，智慧装配指导现场作业，提高施工效率和质量。

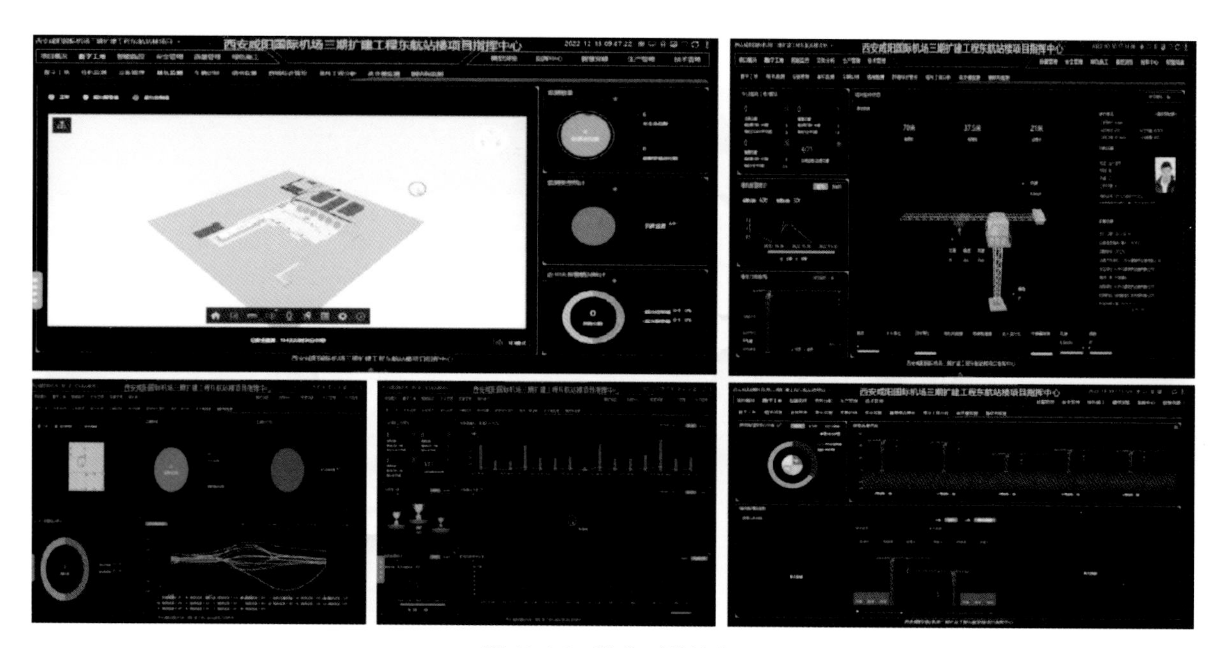

图 10.4-5 数字工地沙盘

3. 小结

依托自主研发的BIM云协同深化设计平台，整合建筑结构、机电安装、民航弱电、行李系统、抗震支架等多专业BIM模型，规范模型标准与版本，实现以下目标。

（1）辅助优化设计，提升施工效率，提高项目进度、安全、质量成本管理效能，为建设品质功能服务。

（2）在建设前期融入运维需求，为数字化运维、数字孪生机场、机场元宇宙生态奠定模型数据基础。

（3）形成可复用的数字化技术应用实施方案与组织管理模式，为大型基础设施数字化建造积累经验。

第五篇 航站楼屋面及综合工程低碳建造关键技术

航站楼屋面桁架、网架和屋盖工程是航站楼建设工程的核心内容之一。其中，桁架和网架是两种常见的建筑结构形式，能够实现大跨度、高强度、轻量化的建筑要求，为航站楼提供大空间。

部分重大工程在航站楼下方穿越地铁和高铁线路。下穿地铁高铁工程采用立体布局，将地铁、公交、大巴、出租车等交通工具引入综合交通换乘中心，实现多种交通方式的无缝衔接。铁路车站候车厅、地铁站组合成换乘大厅，立体利用地下和地上空间，将所有交通场站进行集成式布局，形成全通型的综合交通中心。

第 11 章　航站楼屋盖桁架施工关键技术

机场屋盖桁架是一种重要的工程结构。屋盖结构形式有：立体桁架，网架结构，单层或双层网壳，局部弦支 + 单层网壳，张弦梁等。

机场屋盖桁架用于支撑和覆盖机场的飞行区和部分停机区。屋盖桁架的施工是机场建设中的一个关键环节，它的质量和安全性对整个机场的运行都有着重要的影响。机场屋盖桁架关键施工技术的应用在保障安全和质量问题的同时，还需要考虑多种因素，包括结构形式、材料性能、施工环境等。

本章针对机场屋盖桁架施工，介绍了基于 BIM 技术的大跨度屋盖钢桁架与倾斜支撑柱协同安装技术，并形成了有限空间大跨度“哈达”形重型悬挑桁架钢结构施工技术以及多样式组合双曲“马鞍”形叠层钢结构屋盖施工技术，提出了大跨度钢屋盖桁架施工技术和大跨度复杂筒壳形钢屋盖施工技术。

11.1　大跨度屋盖钢桁架与倾斜支撑柱协同安装技术

1. 技术背景

兰州中川国际机场 T3 航站楼指廊大跨度屋盖钢桁架即由框架柱和外围幕墙斜柱共同支承，且斜柱柱脚采用销轴连接，常规的先安装幕墙斜柱再分段、分片安装屋盖大跨度钢桁架的施工方法需要在较长的时间内占用大量的支撑胎架作为倾斜柱和桁架的临时支撑措施，施工效率较低、工期较长，且存在大量的高空焊接作业，施工质量也难以有效保障。

2. 重点难点

屋盖钢桁架模块单元的合理划分、地面拼装的精度保证以及倾斜柱与屋盖桁架协同安装过程中的定位、变形控制是施工难点。

3. 关键技术

（1）大跨度桁架模块化拼装技术

1）模块单元的合理划分

本项目采用 BIM 技术，对屋面大跨度桁架进行合理的模块化划分，首先在模块单元划分时要确保吊重在起重机械能力范围内，其次对屋盖桁架单元与下部钢柱建立 BIM 模型，确保能充分利用既有的钢柱做支点，尽可能减少临时支撑措施的使用，见图 11.1-1。

2）模块单元地面拼装精度的控制

①采用分布式三维放点技术，选取控制柱或特定点进行原点设置，每榀模块化分块桁架建立

独立的小坐标系，在小坐标系建立对应的各项控制测量点，保证桁架的控制点满足现场施工要求，见图 11.1-2。

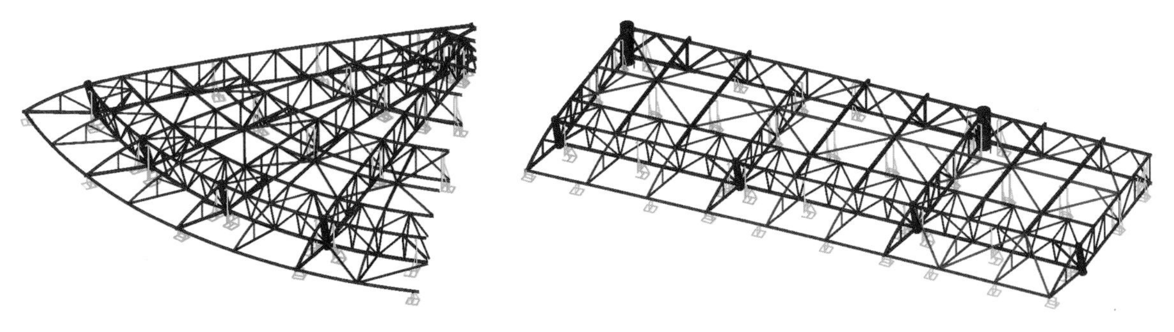

图 11.1-1　模块化桁架分块支撑架布置

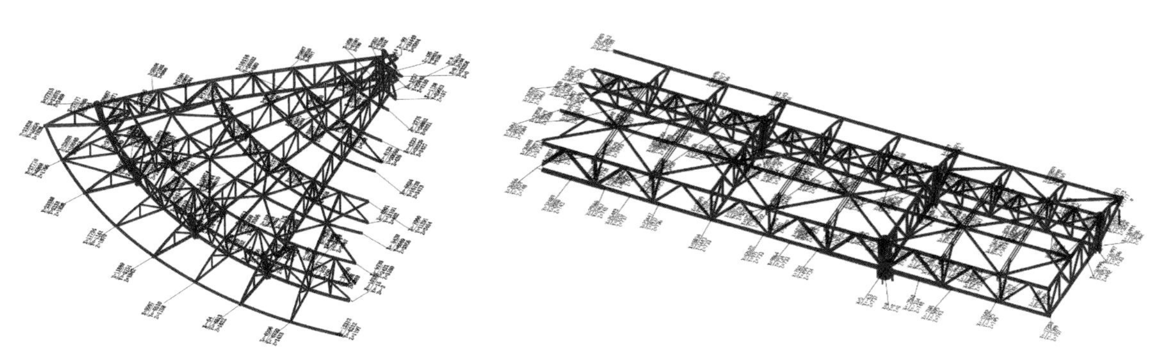

图 11.1-2　分布式三维放点图示

②根据模块化分块桁架支撑位置设置支撑架，并设计精度控制点，在拼装现场采用十字标记点及 Z 项标高控制数据进行控制，保证现场拼装人员精确控制拼装精度及支撑架设置位置。

利用 BIM 技术，在对应管口设置支撑架，通过支撑架标高、测量定位进行对管口精度进行保证，见图 11.1-3。

图 11.1-3　支撑架定位图示

③三维激光扫描仪验收

在模块化分块桁架拼装完成后对其进行三维激光扫描验收，同时将扫描模型与深化模型进行对比分析，确保模块化分桁架的拼装精度。

采用 SCENE 软件对三维激光扫描模型进行处理，见图 11.1-4、图 11.1-5。

图 11.1-4 测量定位点及支撑架设计

图 11.1-5 扫描模型处理图示

(2）桁架模块单元与倾斜支撑柱协同安装

1）桁架模块单元吊装和倾斜柱协同安装的流程

①桁架模块单元重心选取

利用 Tekla 软件对每榀桁架模块单元进行重心点的查询，同时在 CAD 分块布置图中明确重心点的位置，来指导现场吊装点的调节，见图 11.1-6。

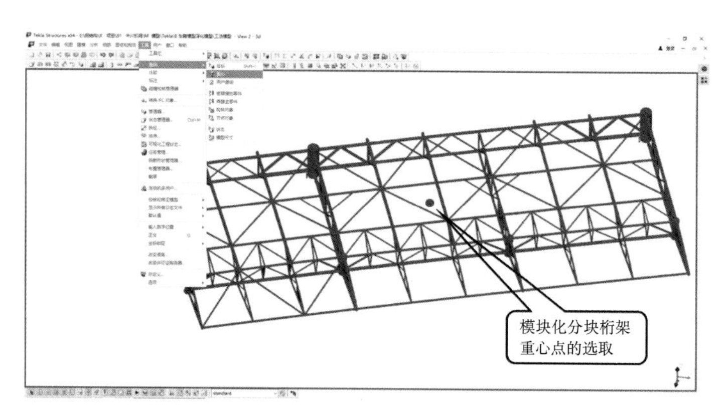

图 11.1-6 吊装重心点的选取

②桁架模块单元吊装点选取

利用 Tekla 软件选取重心点后，吊装点在重心点周围进行对称设置，保证模块化桁架吊装过程中的稳定性及安全性。

2）桁架模块单元与倾斜柱协同安装

在桁架模块单元吊装就位后起重机械在不松勾的情况下同步将倾斜柱进行吊装安装。采用格构柱支撑及型钢支撑进行点焊固定，同时采用缆风绳和植筋固定格构柱底部来达到整体稳定性的作用，见图 11.1-7。

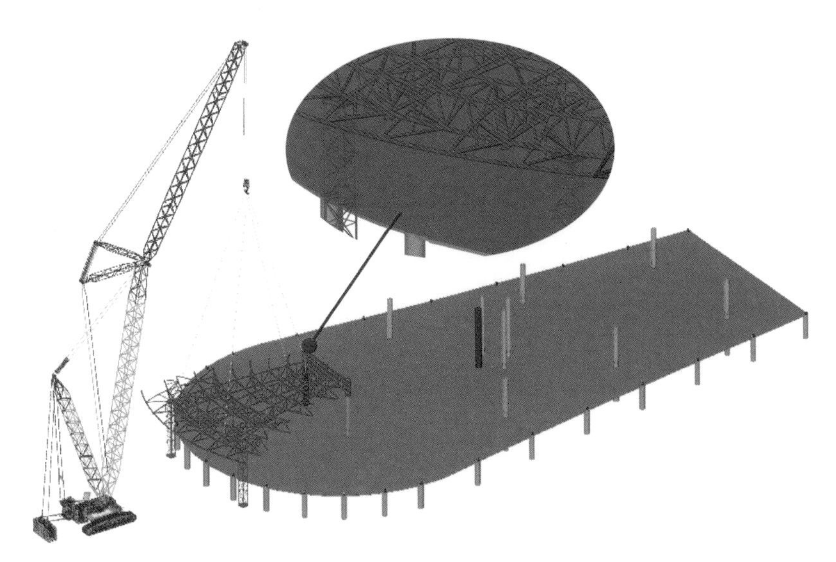

图 11.1-7 桁架模块单元吊装就位

①倾斜柱协同安装

②铰接式倾斜柱协同安装

铰接式倾斜柱销轴节点，其中中间主耳板厚 50mm，两侧次耳板厚 40mm，销轴直径为 D120mm，耳板采用 T 形焊接，材质采用 Q390C，中间主耳板坡口形式为双面 V 形坡口，两侧次耳板坡口形式为单面 V 形坡口，加劲板厚具体形式，见图 11.1-8。

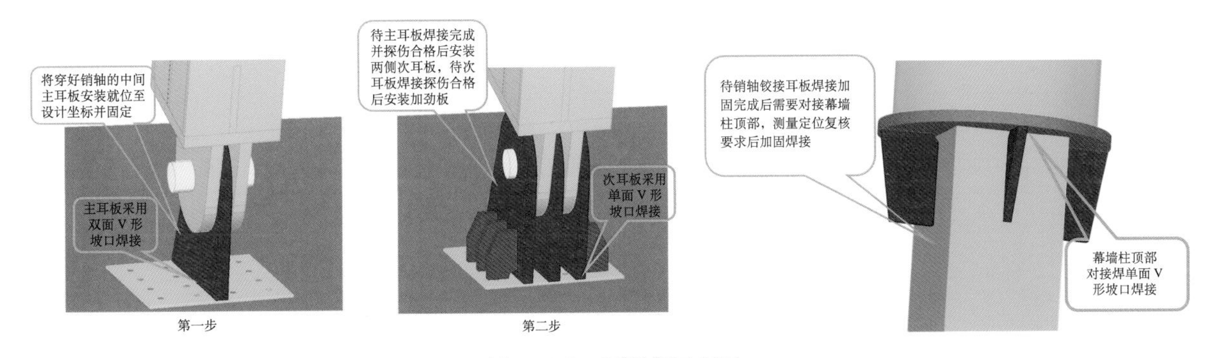

图 11.1-8 耳板施工图示

在倾斜式铰接柱加工焊接完成后即可拆除格构柱支撑。

3）吊装过程的数值模拟分析

采用力学计算软件对桁架模块吊装过程进行分析，保证桁架吊装过程的应力及变形符合设计及规范要求，见图 11.1-9 ~图 11.1-13。

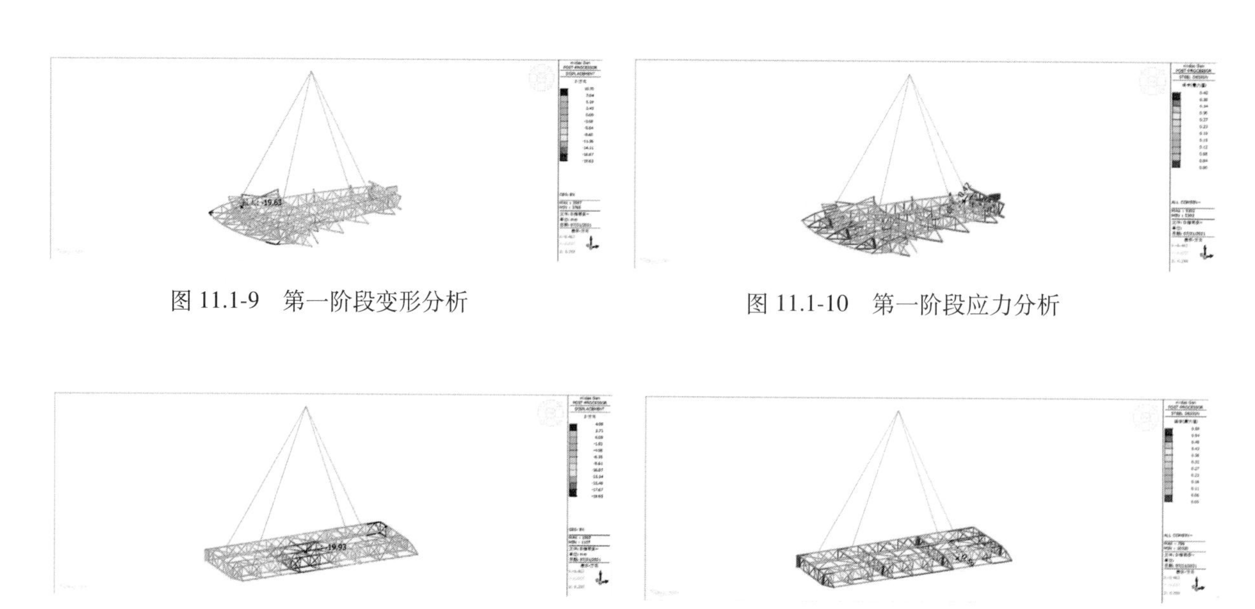

图 11.1-9 第一阶段变形分析

图 11.1-10 第一阶段应力分析

图 11.1-11 第二阶段变形分析

图 11.1-12 第二阶段应力分析

图 11.1-13 模块化分块桁架吊装施工

4. 小结

结合施工现场的场地条件，考虑工期、综合造价、安全、质量等因素，创新提出了将大跨度屋盖钢桁架划分为分块单元在地面拼装，并与大夹角倾斜支撑柱协同安装的施工技术，在地面完成大量拼装工作，减少了高空焊接拼装量，且倾斜柱与屋盖桁架协同安装，减少了临时支撑措施占用量和占用时间，确保安全、质量的同时，极大提高了安装效率，有效缩短工期。

本技术适用于体育场馆、大型机场等大跨度钢屋盖桁架、网架及支撑柱施工。

11.2 多样式组合双曲“马鞍”形叠层钢结构屋盖施工技术

1. 技术概况

本技术介绍呼和浩特新机场航站楼的高桁架、低网架组合施工技术，从计算、设计、提升几个方面来阐述高桁架、低网架组合分块、错层拼装整体提升施工方法。

本工程多样式组合双曲“马鞍”形叠层钢结构施工中采用诸多先进技术，采用安全、智能的液压提升器设备，施工操作简便，安全可靠，克服了提升施工中的诸多难题，获得的经济和社会效益显著，见图 11.2-1。

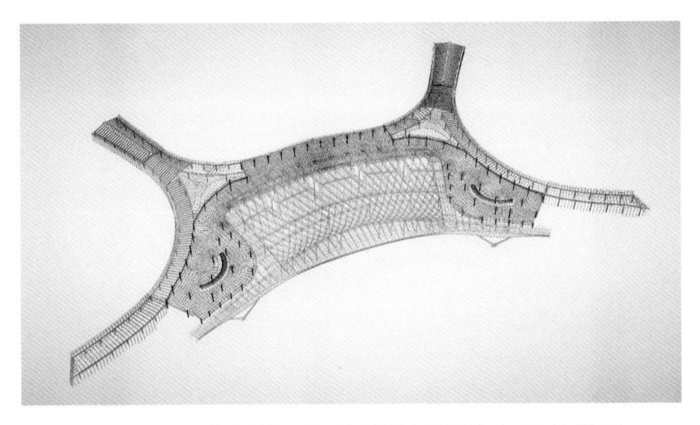

图 11.2-1　“马鞍”形叠层钢结构屋盖轴侧效果图

2. 技术特点

(1) 自主设计多样式提升架 - 通过对结构受力分析以及桁架、网架以及原结构三者之间布置关系进行提升架设计，网架结构共设计 5 种提升架，桁架结构共设计 2 种提升架，从而完成整个钢结构的提升点设计与布置。

(2) 复杂双曲“马鞍”形叠层钢结构施工分解 - 通过受力分析，将钢结构屋盖分为 15 个施工区域，利用 BIM 模型，对整个屋盖拼装与提升流程进行模拟。完成多样式组合双曲“马鞍”形叠层钢结构分块、提升架设计、支撑架布置以及整体提升。

(3) 异位分级拼装与累计提升施工技术 - 利用异位分级拼装与累计提升施工技术，将同片网架分级拼装和累计提升，在提升过程中通过全站仪精准定位、再拼装、再提升到位，从而完成空侧不同施工面同网架施工。

3. 采取措施

工艺流程如图 11.2-2 所示。

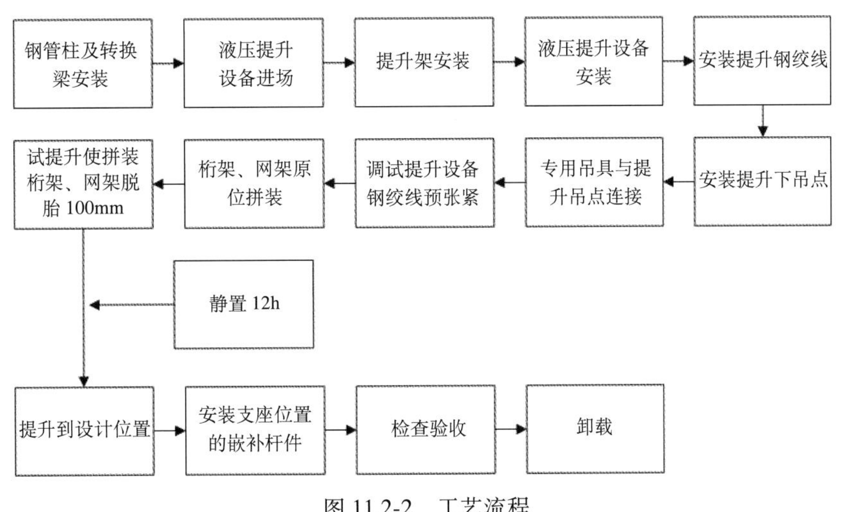

图 11.2-2　工艺流程

操作要点：

（1）钢管柱及转换梁安装

按照现场施工情况对钢管柱以及转换梁进行安装，要求安装过程中对钢管柱以及转换梁进行多次复测，保证施工精度满足后续施工要求。

（2）液压提升设备进场

参照《重型结构和设备整体提升技术规范》GB 51162-2016的相关要求，对提升机具进行验收，确保运转情况良好，机具完整无破损等，机具标定合格，满足方案中提升施工要求。

（3）提升架安装

本工程桁架根据提升吊点生根位置不同，主要分成两类，第一类为位于钢柱上的提升架，第二类为临时提升架，利用标准格构式胎架组成门式提升架，具体如下：

第一类桁架提升架：

在桁架的钢柱的位置，设置牛腿，牛腿上焊接提升支架，支架上放置提升器，下吊点设置在上弦杆，具体结构形式，见图11.2-3。

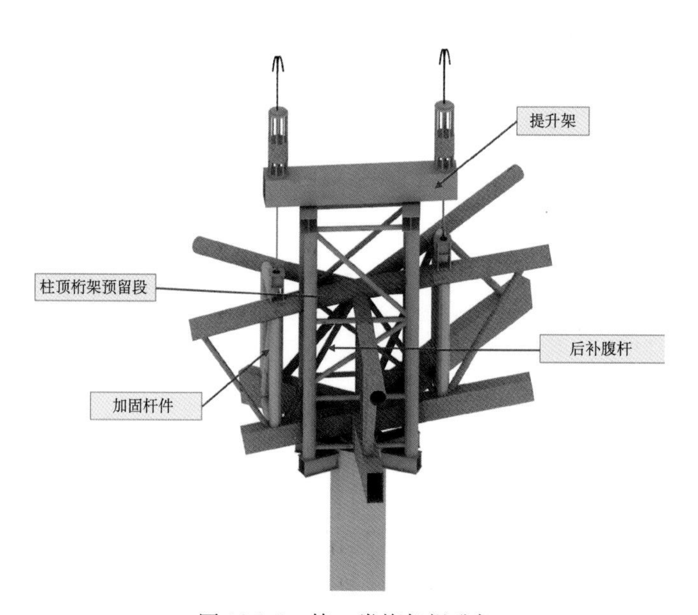

图11.2-3 第一类桁架提升架

第二类桁架提升架：

由于提升反力和挠度的要求，需要在没有钢柱的位置设置临时提升吊点，设置2个格构式胎架和提升梁，组成门式提升支架，提升梁上放置提升器，下吊点设置在上弦杆，见图11.2-4。

网架的提升架样式分为五种，具体如下：

第一类网架提升架：

提升梁为焊接箱形B500×400×16×20，内加劲板截面为PL460×370×16，外加劲板截面为PL400×300×16、PL300×300×16，材质均为Q355B。由于网架与钢柱侧面连接，故在钢柱的上表面设置提升支架，支架上放置提升器，下吊点设置在下弦球上，提升支架均需要在原结构上加焊吊具，见图11.2-5。

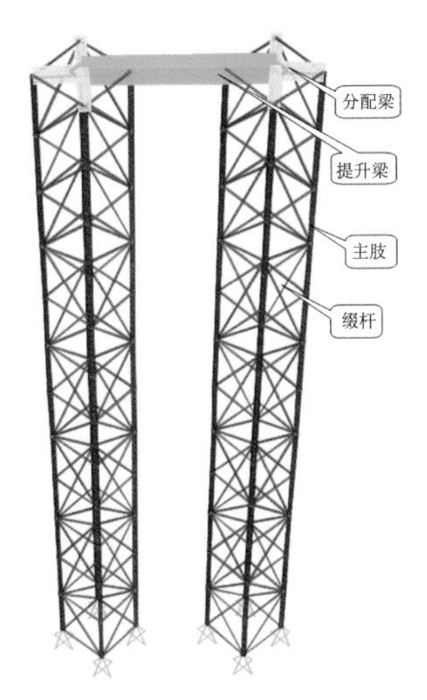

图 11.2-4　第二类桁架提升架

第二类网架提升架：

提升梁截面为焊接箱形 B500 × 400 × 16 × 20，柱内隔板截面为 PL1000 × 16，材质均为 Q355B。在网架与桁架共用钢柱的位置，设置牛腿形式的提升支架，支架上放置提升器，下吊点设置在下弦球上，具体结构形式，见图 11.2-6。

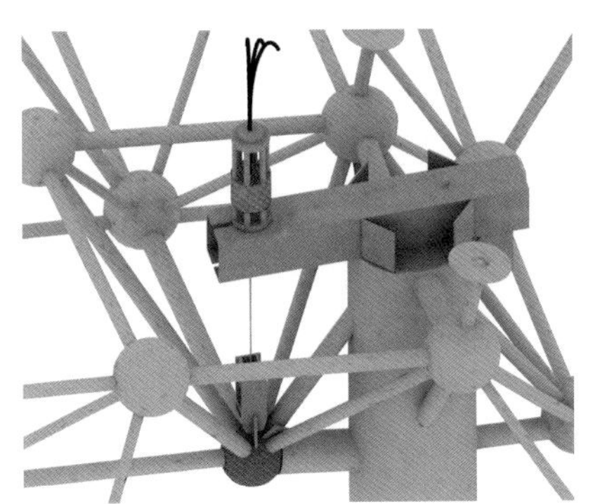

图 11.2-5　第一类网架提升架

图 11.2-6　第二类网架提升架

第三类网架提升架：

提升梁截面为焊接箱形 B400 × 300 × 16 × 16，立柱为热轧 H 型钢 HW300 × 300 × 10 × 15，斜撑为热轧 H 型钢 HW300 × 300 × 10 × 15，后拉杆为热轧 H 型钢 HW300 × 300 × 10 × 15，侧向加固杆圆管 P219 × 8 或其他等截面。在已有混凝土柱顶设置提升架，利用原结构柱作为支点，尾部混凝土梁上安装埋件及后拉杆，形成提升平台，其上放置提升器。累计提升到位后，不参与第二次提升，见图 11.2-7。

第四类网架提升架：

提升梁截面为焊接箱形 B500 × 400 × 16 × 20，内加劲板截面为 PL460 × 370 × 16，外加劲板截面为 PL400 × 300 × 16，加高柱截面为 P1000 × 20，柱内隔板截面为 PL1000 × 16。在部分钢柱柱顶设置短柱及提升架，支架上放置提升器，下吊点设置在下弦球上，见图 11.2-8。

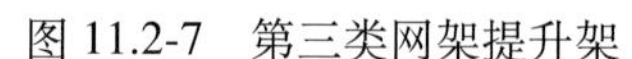

图 11.2-7 第三类网架提升架

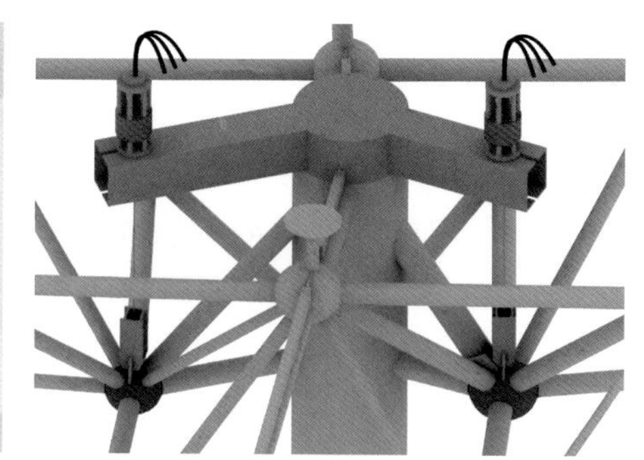

图 11.2-8 第四类网架提升架

第五类网架提升架：

提升梁截面为焊接箱形 B400 × 300 × 16 × 16，立柱为热轧 H 型钢 HW300 × 300 × 10 × 15，斜撑为热轧 H 型钢 HW300 × 300 × 10 × 15，后拉杆为热轧 H 型钢 HW300 × 300 × 10 × 15，侧向加固杆圆管 P219 × 8 或其他等截面，撑杆型号为热轧 H 型 HW400 × 400 × 13 × 21。与第三种提升吊点类似，利用原结构柱作为支点，混凝土柱上安装埋件及后拉杆，悬挑梁上设置立柱，下部利用型钢柱进行加固支撑。形成提升平台，其上放置提升器。累计提升到位后，不参与第二次提升。

（4）液压提升设备安装

在液压提升器提升或下降过程中，其顶部必须预留长出的钢绞线，如果预留的钢绞线过多，对于提升或下降过程中钢绞线的运行及液压提升器锚具的锁定及打开有较大影响。所以每台液压提升器必须事先配置好导向架，方便其顶部预留过多钢绞线的导出顺畅。

（5）安装提升钢绞线

钢绞线规格采用 17.8mm。每束钢绞线中短的一根下端用夹头夹住，以免疏导板从一束钢绞线上滑脱。用软绳放下疏导板至下吊点上部，按基准标记调整疏导板的方位。

（6）安装提升下吊点

本工程网架提升下吊点采用吊具焊接在节点球上，分为 60t 吊具和 200t 吊具两种规格；本工程桁架提升下吊点主要为提升吊具结构形式，提升吊具用于临时吊点。

（7）专用吊具与提升吊点连接

上下吊点的垂直偏斜小于 1.5° ，用 L 形压板将地锚固定于提升吊具中，留有一定空隙，使地锚可沿圆周方向自由转动，钢绞线与孔壁不能碰擦。

（8）调试提升设备、钢绞线预张紧

液压泵站检查：对液压泵站所有阀和油管的接头进行一一检查，同时使溢流阀的调压弹簧处于完全放松状态。检查油箱液位是否处于适当位置。

电机旋转方向检查：分别启动大、小电机，从电机尾部看，顺时针旋转为正确；若不正确，交换动力电缆任意两根相线。

电磁换向阀动作检查：在液压泵站不启动的情况下，手动操作控制柜中相应按钮，检查控制系统、泵站截止阀编号和提升器编号是否对应，电磁换向阀和截止阀的动作是否正常。

油管连接检查：检查液压泵站、控制系统与液压提升器编号是否对应，油管连接使主液压缸伸、缩，锚具液压缸松、紧是否正确。

锚具检查：检查安全锚位置是否正确，在未正式工作时是否能有效阻止钢绞线下落；地锚位置是否正确，锚片是否能够锁紧钢绞线。

系统检查：使用 ID 设置器，设置地址，检查行程和锚具传感器信号是否正确。启动液压泵站，在提升器安全锚处于正常位置、下锚紧的情况下，松开上锚，主液压缸及上锚具液压缸空载伸、缩数次，以排除系统空气。调节一定的伸缸、缩缸油压及锚具液压缸油压。调整行程传感器调节螺母，以使行程传感器在主液压缸全缩状态下的行程数值为 0。检查截止阀能否截止对应的液压缸。检查比例阀在电流变化时能否加快或减慢对应主液压缸的伸缩速度。

钢绞线预张紧：用适当方法使每根钢绞线处于基本相同的张紧状态。调节一定的伸缸压力（3MPa）对钢绞线整体进行预张紧。

（9）桁架、网架原位拼装

以错层网架施工为例：

航站楼网架分布较大，在对整个钢结构屋盖进行分区划分时，西立面网架在施工平面上出现了错层，所以选择异位分级拼装与累计提升技术进行施工。

首先，对一块网架分别在 4.9m 层和 10m 层不同标高的施工作业平面上进行拼装。待首级拼装工作完成后，将 4.9m 施工平面上网架进行首次提升至 10m 施工作业平面上，将两块网架中间嵌补杆件进行拼装焊接。待所有焊接工作完成达到提升标准，两块网架分块就作为一个整体进行第二次的累计提升，通过提升流程将直接提升到位，随后完成补杆工作以及卸载工作，见图 11.2-9 ~ 图 11.2-11。

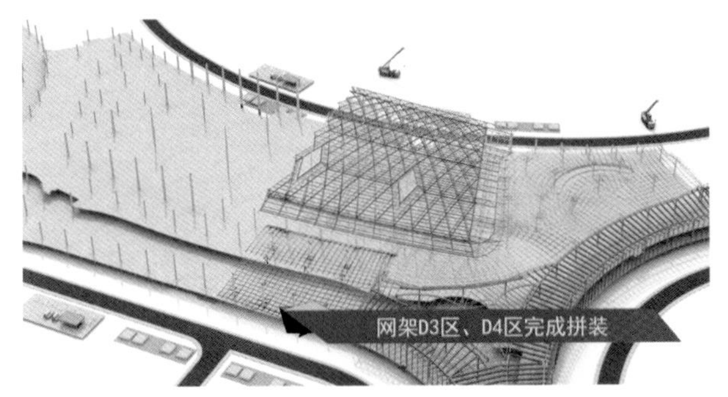

图 11.2-9 4.9m 及 10m 层分层拼装

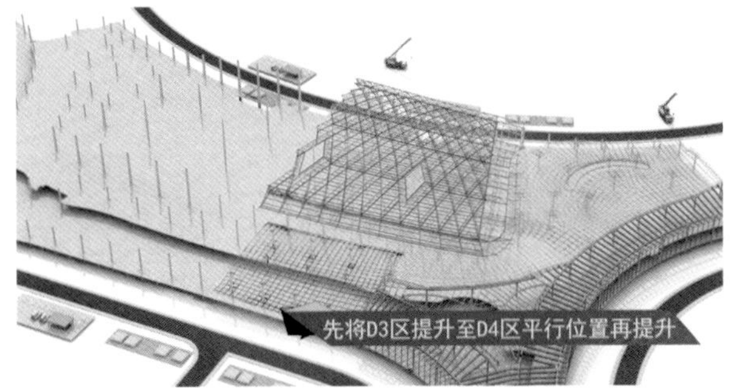

图 11.2-10 4.9m 网架提升至 10m 水平位置

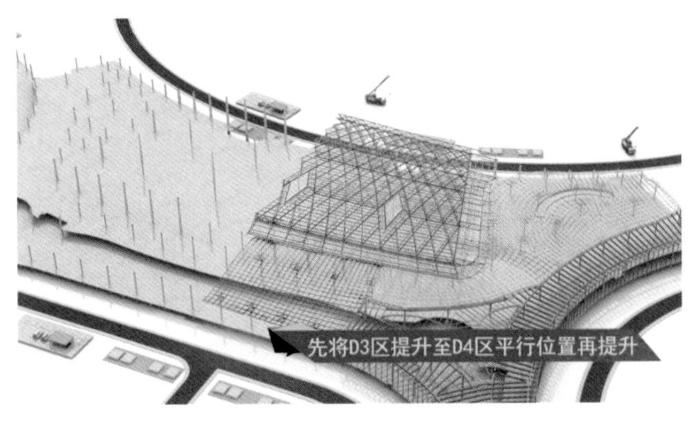

图 11.2-11 4.9m 与 10m 层两块网架之间进行焊接拼装

（10）试提升使拼装桁架、网架脱胎 100mm

桁架、网架离开拼装胎架约 100mm 后，利用液压提升系统设备锁定，空中停留 12h 以上做全面检查。

（11）提升到设计位置

提升单元提升至距离设计标高约 200mm 时，暂停；各吊点微调使主网架各层弦杆精确提升到设计位置。

（12）安装支座位置的嵌补杆件

液压提升系统设备暂停工作，保持结构单元的空中姿态，主网架中部分段各层弦杆与端部分段之间对口焊接固定；安装斜腹杆后装分段，使其与两端已装分段结构形成整体稳定受力体系。

（13）检查验收

组织各单位进行现场的检查与验收，要求结构满足国家及行业施工标准。

（14）卸载

首先，按计算的提升载荷为基准，所有吊点同时下降卸载 10%；在此过程中会出现载荷转移现象，即卸载速度较快的点将载荷转移到卸载速度较慢的点上，以至个别点超载。因此，需调整泵站频率，放慢下降速度，密切监控计算机控制系统中的压力和位移值。当某些吊点载荷超过卸载前载荷的 10%，或者吊点位移不同步达到 10mm，则立即停止其他点卸载，而单独卸载这些异常点。如此往复，直至钢绞线彻底松弛。

4. 小结

呼和浩特新机场航站区第一标段是内蒙古自治区的重点工程，总建筑面积约 29.23 万 m^2，建成后将成为我国北方的门户机场，主楼高屋架主要分为两个部分：航站楼上部平面交错桁架区域、飘带立体桁架区域，两大区域以中轴为对称轴对称分布。该技术的成功应用实现了设计意图，能够保证桁架、网架施工质量、节约了工期和造价，确保了金属屋面施工的时间节点，为确保该工程按时交付创造了条件，取得了良好的社会效益。

11.3 有限空间大跨度“哈达”形重型悬挑桁架钢结构施工技术

1. 技术概况

呼和浩特新机场屋盖陆侧悬挑的端部为钢桁架，呈现“哈达”造型。悬挑桁架整体跨度 269m，最大悬挑长度约 37.6m，分节吊装最重约 49.6t，最大吊装高度 44.434m。

本技术以呼和浩特新机场航站楼屋盖陆侧大跨度“哈达”形重型悬挑桁架施工为蓝本，从虚拟拼装、吊装、卸载几个方面来阐述有限空间条件下大跨度重型悬挑钢桁架施工方法。有限空间条件下大跨度重型悬挑钢桁架施工中采用了诸多先进技术，以及安全、高效、节能、环保的施工工艺，克服了有限空间大跨度“哈达”形重型悬挑桁架钢结构施工中的诸多难题。

2. 技术特点

（1）利用有限元分析软件进行大跨度“哈达”形重型悬挑桁架虚拟拼装及分析计算。

（2）以空中定位吊装法，经过全站仪精准定位 V 形柱节段对角线四点，150t 吊车配合手拉葫芦进行无缝对接，完成 190tV 形柱无支撑分段原位拼装。

（3）布设移动式地面原位散拼胎架解决有限空间内施工场地受限的问题。

（4）采取预起拱有支撑高空原位拼装方式，精准定位大跨度“哈达”形重型悬挑桁架。

（5）以同步分级切割循环卸载法实现大跨度“哈达”形重型悬挑桁架的整体卸载。

（6）通过信息化卸载监测保证卸载过程的安全性、稳定性、精准性。

3. 采取措施

（1）狭窄空间施工部署

大跨度“哈达”形重型悬挑桁架与二标段轨道交通及停车楼需要交叉施工部署，且下方存在主楼结构基坑，现场施工空间受限，无法进行地面整体拼装后提升，故采取分段地面原位散拼 + 预起拱支撑胎架原位拼装的方法进行施工。哈达桁架以南北对称轴（TW 轴）分为两个区域，由两家专业分包单位进行施工，每个区域分为四个区段。由两端向中间安装。

通过受力计算合理布置吊装设备站位、预起拱支撑胎架，采用移动式地面原位拼装胎架进行散拼。在高架桥施工前，提前安装 V 形柱及大跨度“哈达”形重型悬挑桁架结构；二标段高架桩基完成后，标高场地为 -4.0m，此时东侧轨交区域场地标高约 -6.6m。在中间轨交区基坑南北两侧设置坡道，靠近交通中心区域悬挑施工时，机械设备通过坡道进入 -6.6m 基坑进行作业。

（2）基础施工

1）V 形柱基础

V 形柱基础形式为承台 + 桩基，桩基为灌注桩水下自密实混凝土，桩基直径 80cm，桩长 45m，混凝土等级 C35，抗渗等级 P6；承台 6.835m × 4.0m × 3.1m，承台上部 80cm 与航站楼筏板基础连接为整体。V 形柱通过预埋件与基础连接，预埋件为钢板，通过 16 个 M42 型号地锚栓、3 个 HW200 × 200 型号抗剪键锚固在基础上。

2）胎架基础

预起拱有支撑高空原位拼装主要通过支撑胎架作为临时支撑，支撑胎架通过独立基础或楼板预埋件进行固结，预埋件由钢板和地锚栓组成，在基础混凝土浇筑时预埋，或者在楼板钻孔预埋。

悬挑桁架施工时，桁架下部需临时支撑，采用规格为 4m × 2m × 2m 的标准格构式胎架进行组装，承载力可达到 2300kN，根据桁架的分段位置不同，支撑胎架分为从地面基础及楼面生根两种。从楼面生根的胎架，胎架底部通过预埋 550mm × 300mm × 11mm × 18mm 的 H 型钢底座梁及埋件将上部荷载传递至混凝土梁上。对从地面生根的胎架，则通过胎架独立基础的方式连接固定。胎架基础尺寸为 4.0m × 4.0m × 0.5m，独立基础顶部高度分为 -4.0m 和 -6.6m 两种，见图 11.3-1。

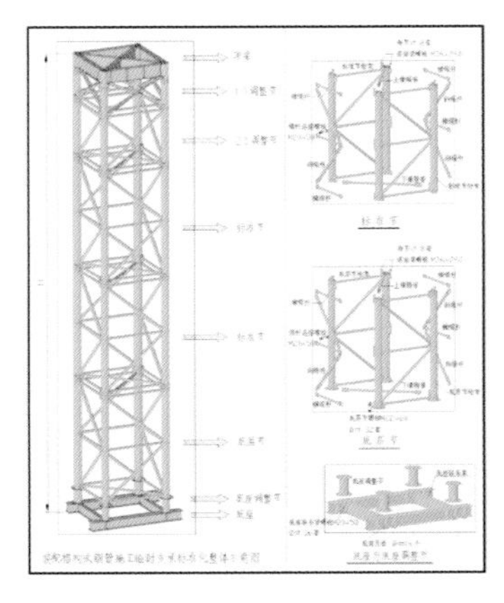

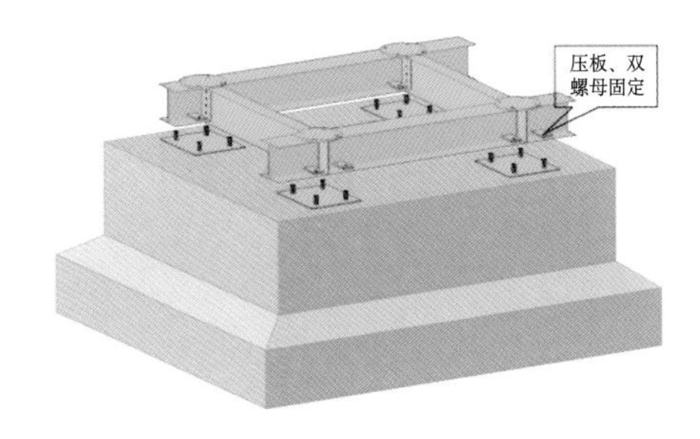

图 11.3-1　胎架及胎架基础示意图

（3）V 形柱安装

单个 V 形柱重 190t，分为五节：第一节 39.5t，第二节 39t、第三节 38t、第四节 37t、第五节 36.5t。V 形柱分 5 段进行无支撑吊装，一台 150t 吊车配合手拉葫芦进行安装。先用全站仪在基础上定位首节坐标，之后将第一节固定到预埋件上，通过竖向加劲肋及临时支撑进行加固，随后依次安装其他节段，见图 11.3-2。

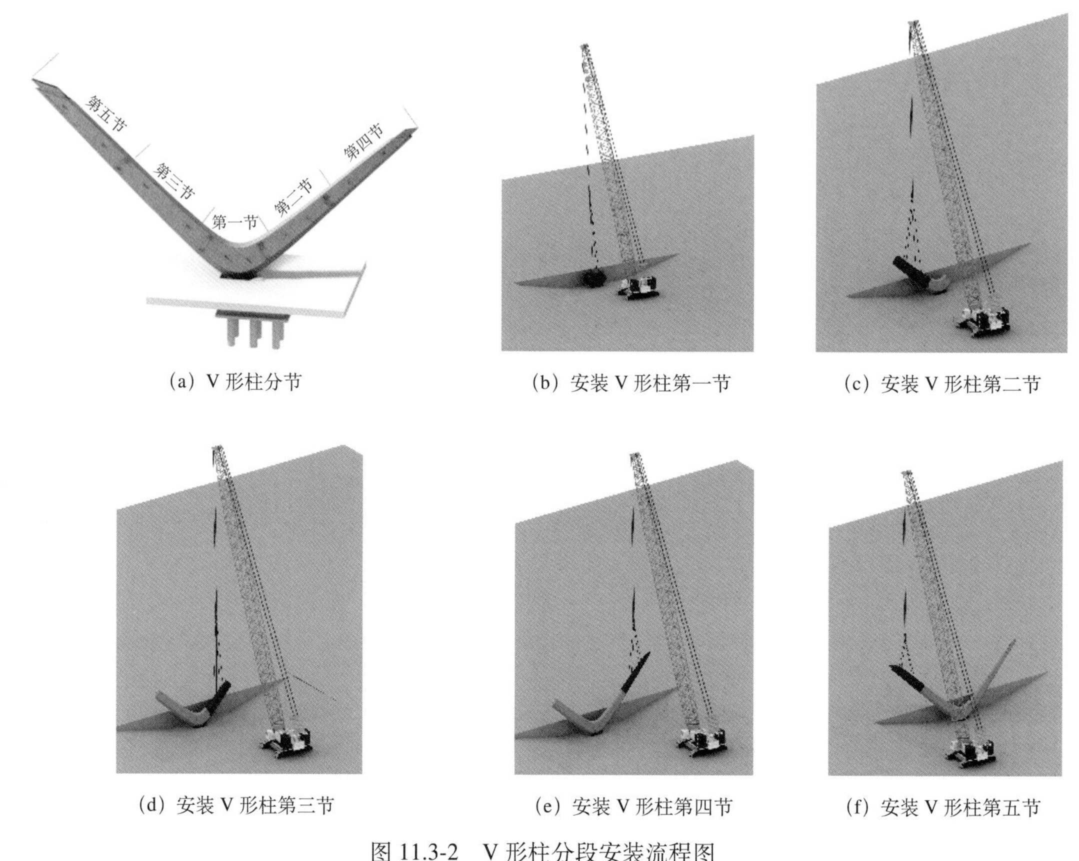

（a）V 形柱分节　（b）安装 V 形柱第一节　（c）安装 V 形柱第二节

（d）安装 V 形柱第三节　（e）安装 V 形柱第四节　（f）安装 V 形柱第五节

图 11.3-2　V 形柱分段安装流程图

V 形柱由主箱梁、三角装饰条两大部分组成，在焊接过程中，接口处将上下侧三角装饰条预留缺口，当 V 形柱主箱梁焊接并检测合格后，再进行缺口补焊。

吊装过程中，通过空中定位吊装法则计算并布设吊点，一台 150t 吊车便可完成吊装，进行空中定位，方便精准对接。

（4）原位散拼

1）移动式地面原位拼装胎架

地面原位拼装主要利用移动式地面原位拼装胎架进行施工，移动式地面原位拼装胎架由型钢胎架、支撑钢板、夯实地基三大部分组成，位置尽可能就近分段桁架正下方，通过计算结合吊装高度、重量将哈达桁架分段并编号，将散拼段桁架进行坐标空间移动，移动至移动式地面原位拼装胎架上，移动式散拼胎架可重复利用。

2）散件地面拼装

待对应编号的移动式地面原位拼装胎架完成后，利用150t汽车式起重机将加工好的哈达散件进行拼装，过程中用手拉葫芦配合施工，首先将桁架主箱梁放置到移动式地面原位拼装胎架上，全站仪进行定位，技术人员对该段桁架全部散件定位核实无误后，将所有杆件通过杆件对接耳板临时定位，然后由专业焊工进行熔透满焊。之后进行其余杆件拼装，最后将监测点焊接到桁架下弦杆上，用以后期监测。散拼完成后进行超声波无损探伤检测，合格后进行高空原位安装，见图11.3-3。

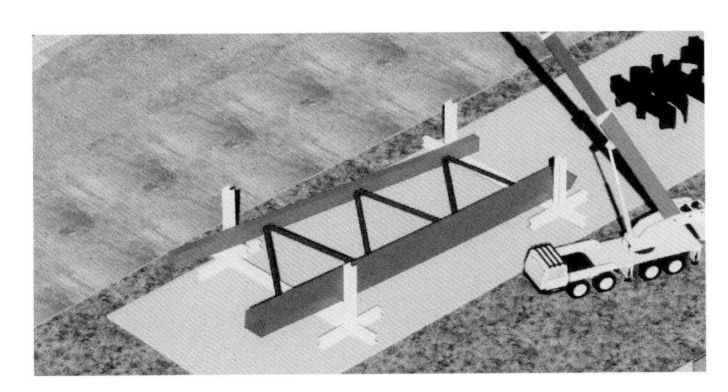

第一步：先拼装下弦杆及腹杆

第二步：拼装上弦立杆

第三步：拼装上部弦杆

第四步：补装腹杆及系杆，完成拼装

图11.3-3 桁架原位散拼流程图

3）散件楼板拼装

10m层为厚度150mm的预应力楼板，正常可承载80t吊车站位。横桁架及次桁架相对简便轻小，50t吊车可在10m层楼板上完成横桁架及次桁架散拼。

（5）支撑胎架安装

由于支撑胎架的高度较高，最大高度达到47m，因此，为保证支撑胎架的整体稳定性，对支设高度超过20m的胎架，在胎架的两侧设置300mm×100mm×6mm×9mm的H型钢进行拉结，每隔16m设置一道，将胎架横向连接成整体，垂直方向上根据实际情况考虑是否拉设缆风绳。

考虑到哈达桁架卸载后因自重引起向下挠度，通过计算对胎架设置预拱度，在胎架安装完成后，上方线形成整体上挠，挠度等于桁架自重引起的向下挠度量。待卸载后哈达桁架自重引起向下挠度与预起拱挠度相互抵消，保证哈达桁架整体坐落在设计的空间坐标上，见图11.3-4。

图 11.3-4 胎架布置图

（6）哈达桁架安装

1）横桁架安装

以 10m 层楼板作为场地，通过 50t 吊车完成横桁架散拼，散拼先通过杆件对接耳板临时固定，之后完成熔透满焊。验收合格后，260t 吊车站位在夯实地基上将横桁架安装到钢管混凝土柱铰支座上，通过支座短柱焊接到支座上，见图 11.3-5。

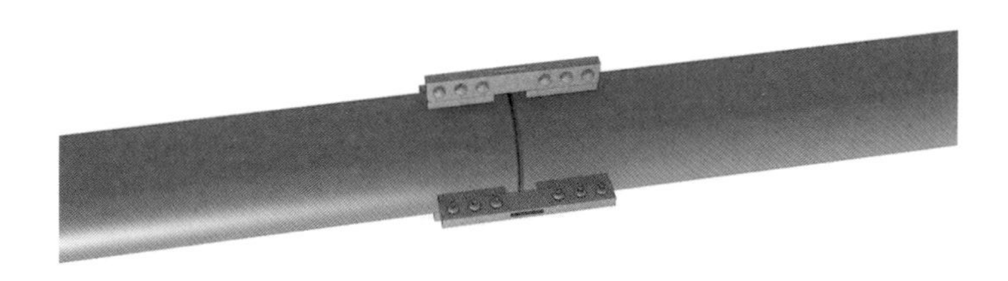

图 11.3-5 杆件对接耳板示意图

2）哈达桁架安装

150t 吊车完成哈达桁架分段散拼完成后，即可进行该节段哈达桁架高空安装。该节段安装前，全站仪复核支撑胎架各支撑点的空间坐标，复核无误后用 260t 吊车在夯实地基面配合 150 台吊车，进行哈达桁架安装，两台吊车在司索工指挥下将桁架吊装至预起拱支撑胎架上，此时由测量人员进行定位调整，定位完成后，将桁架通过临时调整节焊接到支撑胎架上，在桁架与卸载专用调整节焊接前，将保护垫板焊接到接点处，防止卸载切割时损坏桁架。接着将哈达桁架与横桁架焊接固定，最后进行次桁架安装。

3）次桁架安装

在哈达桁架安装后，及时进行次桁架安装，次桁架散拼通过 50t 吊车在 10m 层楼板上进行，在司索工指挥下 260t 吊车完成次桁架安装，测量人员定位无误后完成次桁架与哈达桁架的对接焊接。次桁架分别位于横桁架两侧，外侧次桁架主要连接横桁架与哈达桁架，并对哈达桁架提供承载力。内侧次桁架与低屋面之间为玻璃幕墙。

4）桁架合拢

合拢温度的确定。合拢温度是钢结构在合拢过程中的初始平均温度，区别于大气温度，是结构使用中温度的基准点，也称安装校准温度。合拢温度的确定一般由设计单位根据设计的温度应力考虑。本工程合拢温度拟定为 15±5℃。

合拢时间的确定。本工程大面积网架结构的钢构件直接暴露于室外，冬季时，钢构件的温度与室外气温基本相同。夏季时，室外气温最高，同时太阳照射强度也最大，太阳照射将引起构件温度显著升高。结构在迎光面与背光面的温差将形成梯度较大的温度场分布。由于合拢温度是以钢结构杆件的平均温度为准，因此，合拢工程必须在构件受热均匀的环境中进行，并符合以下原则：

合拢工程必须在“没有日照的夜间且构体温度均匀时”进行；

密切关注气象预报，使合拢温度处于最高、最低气温之间；并不得将合拢施工安排在大风、大雨等恶劣天气；

进行温度实测，与预判情况相符并满足上述 2 条原则后，方可下令开始合拢，见图 11.3-6。

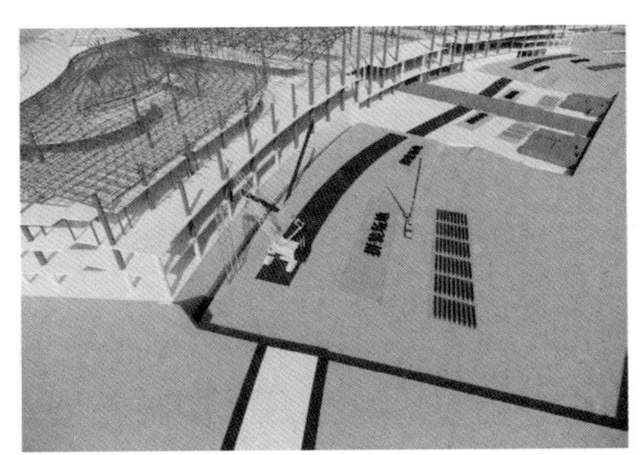

V 形柱安装后安装支撑胎架

安装第一榀横桁架到钢管混凝土柱上

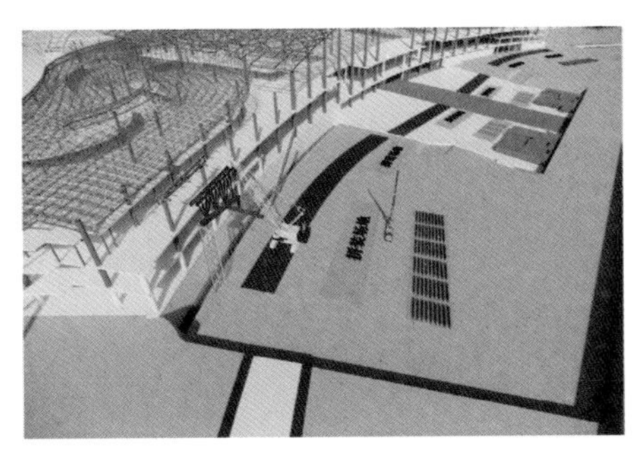

安装第一段哈达桁架

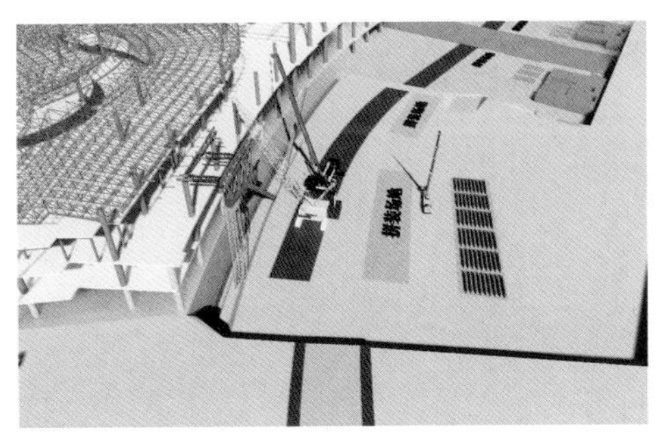

安装悬挑次桁架连接哈达与横桁架

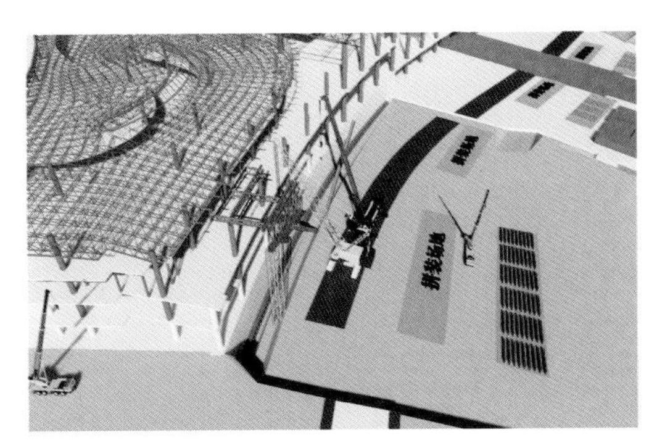

安装内侧悬挑次桁架

按照顺序完成第一段哈达桁架

图 11.3-6　哈达桁架安装流程图（一）

继续安装支撑胎架、哈达

安装悬挑次桁架连接哈达与高屋面桁架

按照顺序完成其余哈达桁架及悬挑桁架

跨中合拢并补装檩条

图 11.3-6 哈达桁架安装流程图（二）

（7）哈达桁架卸载

哈达桁架完成合拢及杆件补焊后，具备监测资质的单位进行探伤监测验收合格。此时通过同步分级切割循环卸载法进行整体卸载。首先用软件模拟计算出卸载量每次 5 ~ 40mm，专业技工对卸载专用调整节进行分级切割，逐级卸载同时进行稳定性观测，如此往复循环卸载 6 次即可完成卸载工作。保护垫板可保证桁架下弦在切割卸载过程中不受损坏，在胎架拆除后进行打磨修饰，见图 11.3-7。

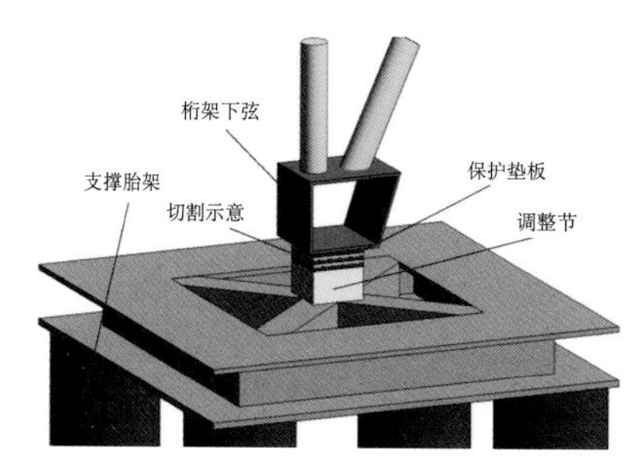

图 11.3-7 胎架顶部连接节点示意图

由于实际施工中不确定因素较多，理论分析无法确保结构在卸载过程中的绝对安全，故卸载过程中还应对结构各卸载点、跨中、变截面处位移进行实时监测，确保整个卸载过程结构安全与施工安全处于可控状态。设置测量控制点，在卸载全过程进行监测。

卸载阶段监测要求如下：

每卸载 40mm，测量结构坐标；整体卸载完成后，每隔 2h 测量一次坐标并形成记录。

卸载阶段，持续观测 3d。每隔 2h 测量一次支撑点位结构下表面坐标，当下挠值 < 1.5mm/h 且 < 5mm/d 时，结构变形趋于稳定，胎架可拆除。胎架顶部卸荷后，如结构下挠速率超出 10mm/h，观测速率提升至每 30min 测 1 次；当结构下挠速率超出 20mm/h 时，应进行预警并停止卸载，查明原因后再继续卸载。

（8）胎架拆除。胎架拆除采用 150t 和 260t 汽车式起重机配合拆卸，按照从上至下、从外到内、由高到低逐个拆除。

4. 小结

呼和浩特新机场航是内蒙古自治区的重点工程，建成后将成为我国北方的门户机场，该工程采用钢结构设计处理民族风格，其中大跨度“哈达”形重型悬挑桁架尤为突出，形似一条洁白的哈达，V 形柱像一双手，寓意着迎宾之礼。

首先进行 V 形柱无支撑单机分段空中定位拼装，V 形柱重 190t 分为 5 段进行安装，全站仪进行精准定位。哈达桁架总重 1980t，通过有限元分析软件 Midas 对大跨度“哈达”形重型悬挑桁架进行虚拟拼装及分析计算，对哈达桁架进行合理分段编号，分为 32 段进行安装，分节重 16 ~ 49.6t。并在分段部位就近设置临时支撑胎架，胎架最高达 47m，胎架上安放卸载专用调整节，支撑胎架安装同时考虑预起拱度。将分段坐标进行空间移动，用型钢制作移动式地面原位拼装胎架，在胎架上将散件拼装成段，各分段通过有支撑原位拼装的方式完成哈达桁架拼装。最后以同步分级切割循环卸载法完成哈达桁架卸载，之后进行胎架拆除。

该技术的成功应用实现了设计意图，保证大跨度重型悬挑桁架在有限空间内高效安全的施工，取得了良好的经济效益与社会效益。

11.4　大跨度复杂筒壳形钢屋盖施工技术

1. 技术特点

深圳宝安国际机场航站楼的大跨度复杂筒壳钢屋盖，其施工是通过滑移胎架安装、胎架改装、加强桁架安装、网架安装、结构卸载等主要工序来实现整体钢屋盖施工。

（1）采用机械化作业。根据工程特点使用滑移胎架、履带式起重机、汽车式起重机吊装作业，大大提高了工效，降低劳动强度，保证施工安全。

（2）整体钢屋盖的吊装采用滑移胎架进行，网架采用胎架高空原位拼装，保证了整体施工质量和外观效果。

（3）滑移胎架上安装可调式网架支座和临时点式支撑，在保证施工工期质量的前提下节约施工工期和成本。

2. 施工工艺

（1）工艺流程

1）滑移胎架安装工艺流程

预埋胎架轨道梁支座预埋件→清理打磨预埋件钢板→焊接轨道梁支座→铺设轨道梁→焊接滑

移轨道→地面分单元组拼胎架→分片吊装胎架→整体组装焊接→焊缝检测（不合格的返修重检至合格）。

2）矩形加强桁架安装工艺流程

清理打磨预埋件钢板→焊接支座耳板→安装支座→地面组拼桁架临时胎架→分段组拼桁架→预拼桁架→分段吊装桁架至滑移胎架→组焊成榀加强桁架→清理加强桁架→喷刷防腐涂料。

3）斜交斜放网架安装工艺流程

滑移胎架上焊接网架定位支座→高空定位铸钢球节点→高空原位拼装网架→搭设滑移胎架外悬挑部分网架的脚手架→安装悬挑部分网架→清理网架→喷刷防腐涂料。

4）结构卸载工艺流程

安装加强桁架→加强桁架单独卸载→安装网架→加强桁架与网架连接体卸载→滑移胎架滑移至下一单元。

（2）操作要点

1）滑移胎架安装

滑移胎架安装从预埋胎架轨道梁支座预埋件、铺设轨道梁和轨道、组拼胎架和安装、焊接几部分控制。

①铺设轨道梁和轨道

下层混凝土柱或者主梁浇筑前按要求预埋胎架轨道梁支座预埋件，预埋件表面钢板清理和打磨到位后，焊接轨道梁支座，支座顶面标高需确保在同一标高；其次铺设轨道梁，轨道梁采用大型组焊H型钢，长度选择大于2个滑移单元以便胎架滑移和更替，轨道梁焊接于支座上，焊接完成后需确保轨道梁上表面水平；焊接滑移轨道，滑移轨道选用12#槽钢，轨道铺设长度与轨道梁长度相同。

②组拼滑移胎架

滑移胎架组拼在地面临时胎架上进行，单片完成后在地面进行预拼，预拼满足要求后分片吊装，吊装至屋面进行整体拼装。胎架整体通过滑轮坐落在滑移轨道上，滑轮在滑移胎架整体滑移前都进行固定，锁死在滑移轨道内。

当各加强桁架变化加大，可调支座无法满足高度调整范围时，采用在滑移胎架上增设高度不一的点式支撑来解决。整体结构为不规则筒壳体，桁架的跨度和高度变化，如整个屋盖有凹陷区，以及屋盖高度跨度变大，原来的滑移胎架无法满足安装时，采用增设点式支撑解决，见图11.4-1和图11.4-2。

③焊接工程

滑移胎架吊装就位后，进行整体测量，满足要求后方进行整体焊接，焊接由熟练焊工进行，焊接完成后对所有焊缝进行超声波检测，检测合格后滑移胎架方正式投入使用。

2）加强桁架安装

矩形加强桁架的安装主要由支座安装、地面分段组拼加强桁架、预拼加强桁架、吊装、喷刷防腐涂料。

①支座安装

铸钢支座吊装前，在其下搭设支撑架，铸钢支座中心设置1枚主吊耳，主吊耳在构件的重力线上，另外在主吊耳周边设置3枚附吊耳，用以调节节点姿态。将铸钢支座吊装至相应位置后，通过捯链调节角度，直至符合安装条件。

②地面分段组拼矩形加强桁架

为对称施工和解决矩形加强桁架长度过大，整体桁架分 4 段进行组拼。在地面制作临时胎架，矩形加强桁架分片组装，组装完成后再安装各片桁架之间的拉结杆，整体测量单段矩形加强桁架的尺寸，满足要求后进行焊接，焊接焊缝在 24h 后进行超声波检测，检测合格后进行除锈清理，喷刷防腐涂料，见图 11.4-3。

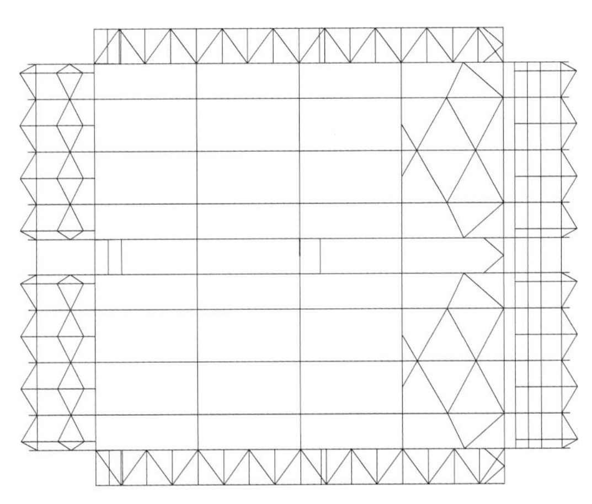

图 11.4-1　胎架俯视示意图

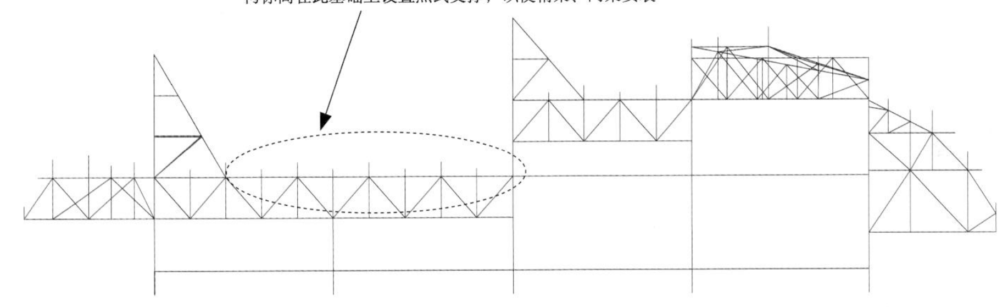

图 11.4-2　胎架截面示意图

图 11.4-3　加强桁架地面拼装

③预拼矩形加强桁架

为避免高空拼装时带来的偏差过大带来的返工，分段的矩形加强桁架需进行地面预拼装，各段之间采用焊接临时连接耳板和螺栓固定。地面预拼满足要求方可进行吊装，否则需进行返工处理。

④吊装矩形加强桁架

根据矩形加强桁架的重心设置 4 个临时吊耳，首先吊装与支座连接的两段桁架，两侧增设八角支撑进行临时固定，再吊装中间段桁架，各段通过临时连接板连接。各段加强桁架的吊装采用两台履带吊从两侧同时对称吊装。

3. 网架的安装

网架的安装主要由网架定位支座的焊接、定位铸钢球、高空原位拼装网架、安装悬挑部分网架、防腐等部分组成。网架安装采用高空原位拼装技术，最大程度地减小误差，见图 11.4-4。

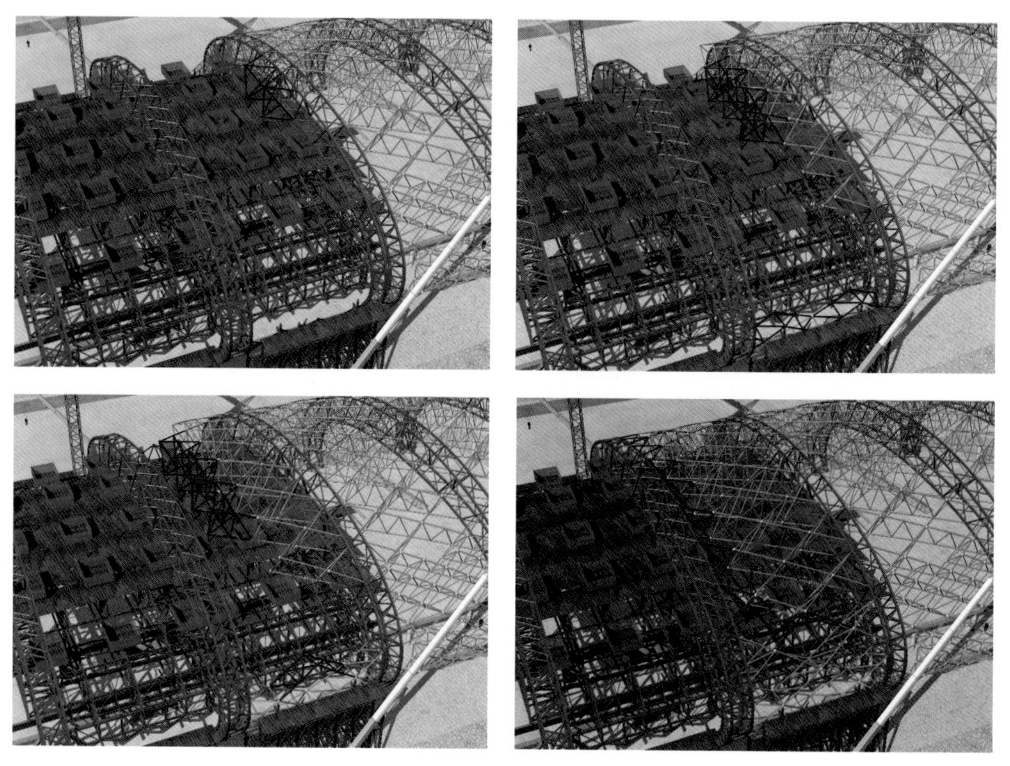

图 11.4-4 网架安装过程

（1）网架定位支座焊接

为避免网架支座滑移带来的重复焊接和网架变化的重装，网架支座采用可调式支座，支座材料采用圆钢管。根据网架球节点位置，在滑移胎架上焊接可调式网架支座。

（2）定位铸钢球节点

根据钢屋盖三维空间尺寸，用全站仪测量各网架铸钢球节点的空间位置，调节网架可调式支座的上表面高度，确定铸钢球节点位置，固定可调式支座。

（3）高空原位拼装网架

根据空间铸钢网架球节点位置，采用汽车式起重机吊装网架散件至屋面，临时固定网架，整个单元吊装和固定完成后，整体焊接网架。网架焊接分多人对称焊接。焊接完成 24h 后对焊缝进行检测。

(4) 安装悬挑部分网架

因整体筒壳屋盖是个大于 180° 拱形，所以两侧网架悬挑滑移胎架之外。考虑网架悬挑距离较短，在滑移胎架上搭设悬挑脚手架安装。如果悬挑网架悬挑较远，则需从地面搭设钢管脚手架进行安装。施工变形缝部位的悬挑网架通过滑移胎架安装。

(5) 防腐

将安装完成的网架打磨、除锈、清理，打磨部位补刷环氧富锌底漆一道，整体刷环氧云铁中间漆两道，最后根据设计要求的颜色，喷刷面漆。

4. 结构卸载

钢结构卸载分两步。第一步为加强桁架单独卸载，第二步为加强桁架与网架连接好后的卸载，见图 11.4-5。

图 11.4-5　筒壳形屋盖钢桁架成型

第一步卸载范围为单品加强桁架。胎架滑移前，先在滑移单元内安装临时联系桁架，将加强桁架与已安装完成的单元连成整体，然后对加强桁架进行卸载，每榀桁架设置几个卸载点设置千斤顶采用分步骤的小位移卸载。由几组人员同时进行，同步下降千斤顶，并读取下降高度，并将加强桁架下方的垫块逐块地取出，并最终将桁架脱离胎架。

第二步卸载为滑移胎架范围内的网架安装完成后的卸载。在第一次卸载完成后，将胎架滑移至安装单元，支撑住加强桁架，防止安装网架阶段加强桁架下挠。在网架安装完成后，对网架及加强桁架进行卸载。网架的卸载采用多点间隔卸载。

11.5　屋面大跨度钢结构安装施工技术

1. 工程概况

盐城南洋机场 T2 航站楼高 27m，东西长 183.6m、南北宽 75.6m，屋盖钢结构由纵向桁架、横向桁架、天窗及封边梁结构等组成。整个屋盖由 18 根钢管混凝土柱支承，通过柱顶的成品铰支座与钢柱相连。屋盖桁架主要由圆管组成，通过相贯焊连接。桁架间通过圆管支撑连接，屋盖分布有9个天窗结构。

2. 施工难点特点

盐城南洋机场T2航站楼钢结构屋盖施工的难点主要体现在：屋面结构跨度大、屋面桁架的拼装难度高，具体表现在：

（1）T2航站楼高27m，东西长183.6m、南北宽75.6m，屋面桁架最大跨度36m。最高处为27m（钢结构中心线标高）。空间跨度大，高度高。杆件在空间分布广，变化大。

（2）屋面桁架下的柱距为36m×36m，考虑运输、安装等因素，桁架在工厂分段为18m左右，现场需要两节组拼成整体后吊装。

3. 施工措施

参考目前国内机场钢结构屋面安装方案，结合本工程特点，屋面钢结构安装遵循分区、分步的原则：桁架及悬挑桁架分段吊装，天窗分片吊装，其余部分高空散装的安装方法。根据屋面桁架结构，结合施工流水线的划分情况，整个屋面结构分为1区、2区、3区，整个屋面的安装示意，见图11.5-1和图11.5-2。

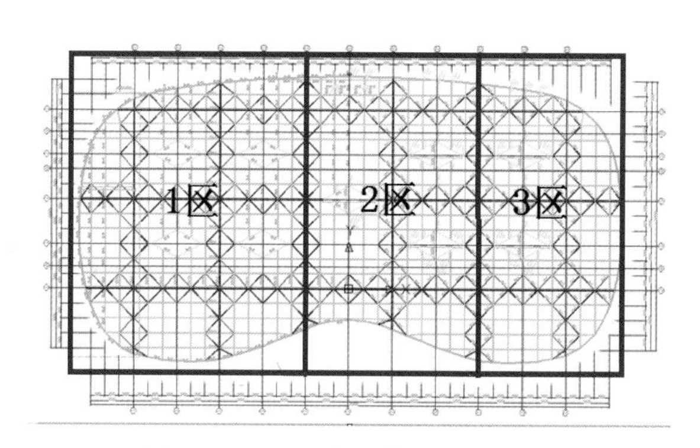

图11.5-1 屋面钢结构分区示意图

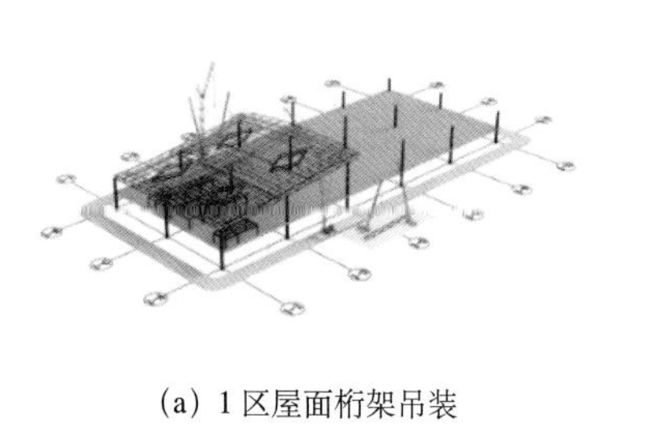

（a）1区屋面桁架吊装

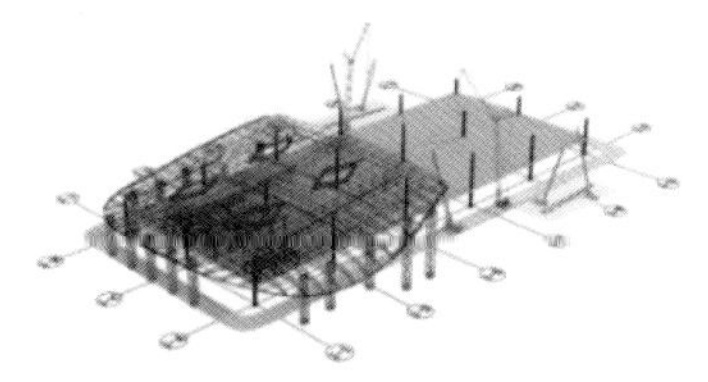

（b）1区悬挑桁架吊装

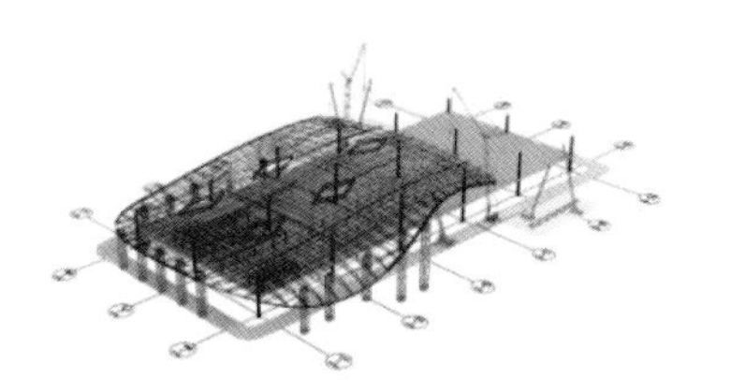

（c）2区屋面桁架吊装

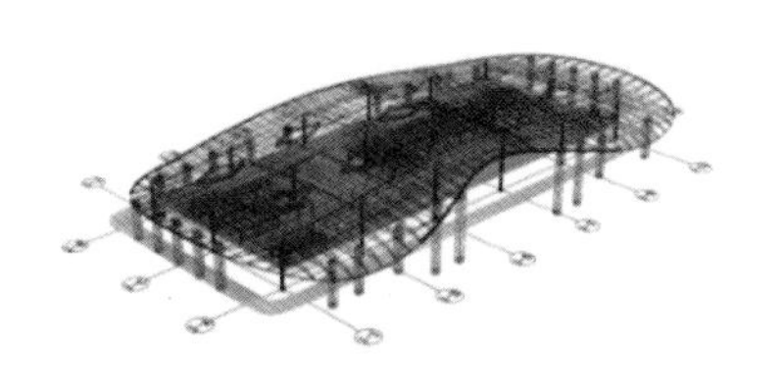

（d）3区桁架吊装

图11.5-2 屋面钢结构安装示意图

(1) 屋面桁架的分段与预拼装

本工程屋面桁架长度方向 216m，宽度方向 108m，柱距 36m × 36m，考虑运输、安装等因素，故桁架在工厂分段为 18m 左右，现场根据安装方案进行组拼对接后吊装，为了便于安排施工组织，将屋面桁架按纵横两个方向进行划分编号，其中横向主桁架编号为 ZHJ-1、ZHJ-2、ZHJ-3，纵向主桁架编号为 ZHJ-4、ZHJ-5、ZHJ-6（左右对称）。因纵向主桁架 ZHJ-4、ZHJ-5、ZHJ-6 下弦杆比横向主桁架 ZHJ-1、ZHJ-2、ZHJ-3 的下弦杆管径大，纵向主桁架 ZHJ-4、ZHJ-5、ZHJ-6 上弦杆比横向主桁架 ZHJ-1、ZHJ-2、ZHJ-3 的上弦杆管径小，故纵向主桁架 ZHJ-4、ZHJ-5、ZHJ-6 为贯通桁架，桁架分段点必须过钢柱支座，并在与横向主桁架 ZHJ-1、ZHJ-2、ZHJ-3 相交节点设置短牛腿；横向主桁架 ZHJ-1、ZHJ-2、ZHJ-3 为分段桁架，见图 11.5-3。

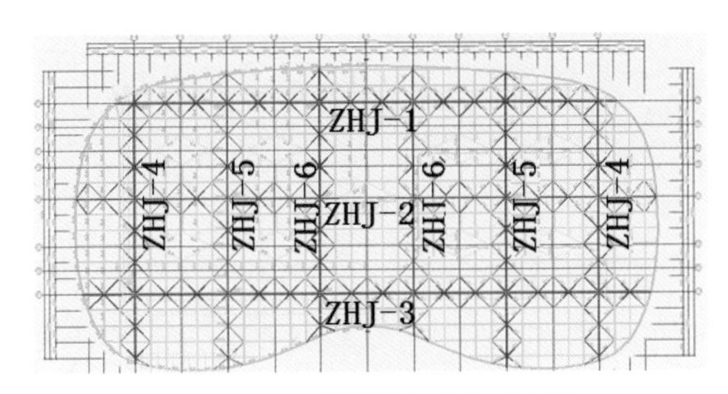

图 11.5-3　纵横桁架分段示意图

主桁架在深化设计、制作时将各分段的临时连接耳板等直接设置在各分段上，以便于现场吊装、定位拼装。临时连接耳板要有足够的安全系数，要保证具有桁架本身的强度。吊装桁架分段同已安装分段高空拼装连接时，可直接通过临时耳板、安装螺栓定位并固定，以缩短吊装时间，提高安装效率。桁架分段临时连接耳板结构形式，见图 11.5-4。

(a) 整体示意图

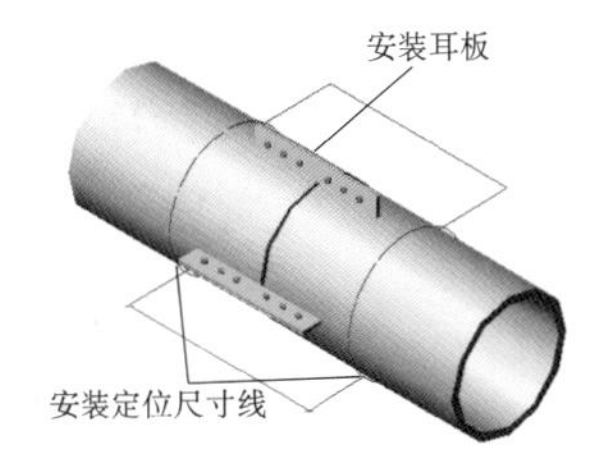

(b) 局部示意图

图 11.5-4　临时连接耳板示意图

(2) 屋面桁架安装格构柱设置

根据主桁架安装要求，航站楼屋面主桁架结构吊装均需设置临时支撑架，以便桁架分段就位。

按承受相应的桁架重量进行计算确定临时支撑采用格构柱支撑体系。本工程格构柱支撑体系由竖向格构柱、水平向连接支撑及缆风绳组成，通过在混凝土结构设置预埋件使其与混凝土结构连接牢固，从而形成稳定的支撑体系。通过考虑吊车的吊装能力及屋面桁架的受力情况来确定主桁架的分段点，从而确定格构柱的平面位置。格构柱主要布置在屋面桁架悬挑部分、封边梁及外露部分，屋面悬挑长度≥ 12m 的桁架要设置格构柱，其位于悬挑长度的 2/3 处且位于桁架立杆下，以防由于结构受力导致桁架变形，见图 11.5-5。

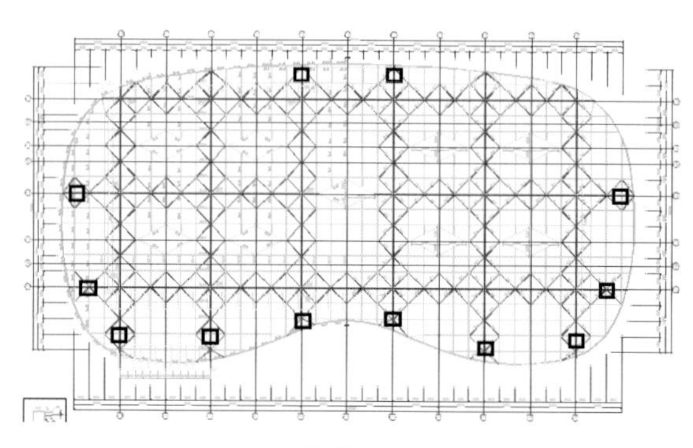

图 11.5-5 格构柱平面布置图

（3）屋面钢结构预拼装及地面组装

1）屋面钢结构预拼装

本工程钢结构为不规则曲线形式，制作要求高，出厂前需进行预拼装工作。预拼装胎架利用工字钢焊接而成，设计时考虑胎架的可重复利用性及在胎架移动的便易性，预拼装胎架采用与工厂节点组装相类似的胎架。预拼装主要目的主要是检验制作的精度，以便及时调整、消除误差，从而确保构件现场顺利吊装，减少现场特别是高空安装过程中对构件的安装调整时间，有力保障工程的顺利实施。通过对构件的预拼装，及时掌握构件的制作装配精度，对某些超标项目进行调整，并分析产生原因，在以后的加工过程中及时加以控制。确定预拼装准确无误后，对每个预拼装接头处作好安装标记，然后再在圆管上焊接安装耳板。

2）屋面钢结构现场组装

屋面钢结构现场拼装在胎架上进行，采取多段地面连续卧拼方式。拼装前对地面进行找平（必要时破除），然后机械碾压，浇筑 10cm 厚的素混凝土层，保证场地达到钢结构拼装的平整度、强度和面积要求。在本工程中根据安装的需要，支撑胎架分为两种类型：拱桁架拼装胎架和天窗及屋面分片拼装胎架。根据现场场地条件、吊装方案及桁架的截面形状和结构特点，同时为保证钢构件拼装、吊装精度，设置通长的拼装胎架。但为了避免胎架支柱与主拱节点相碰，胎架支柱统一偏移节点一定距离，见图 11.5-6。

（4）屋面钢结构的安装

整个屋面的安装顺序为先安装钢柱之间纵、横向主桁架，再安装主桁架之间的次桁架，然后安装天窗部分，最后进行屋面散件补缺。

1）屋面钢结构安装流程

待锥形柱内混凝土浇筑、成品支座安装完成后，使用履带式起重机进行屋面上方桁架吊装：主桁架吊装时，吊装半径最大约 18m，吊装高度约 36m，主桁架最重约 30t，选用两台 250t 履带式起重机进行屋面上方桁架吊装；悬挑桁架吊装时，吊装半径最大约 10m，吊装高度约 35m，悬挑桁架最重约 10t，采用 130t 履带式起重机吊装。根据现场的施工条件及道路情况，先安装 1 区，从 ZHJ-6 向 ZHJ-4 方向安装；接着安装 2 区，最后安装 3 区，安装流程见图 11.5-7（3 区安装过程同 1 区）。

图 11.5-6　桁架卧式组拼

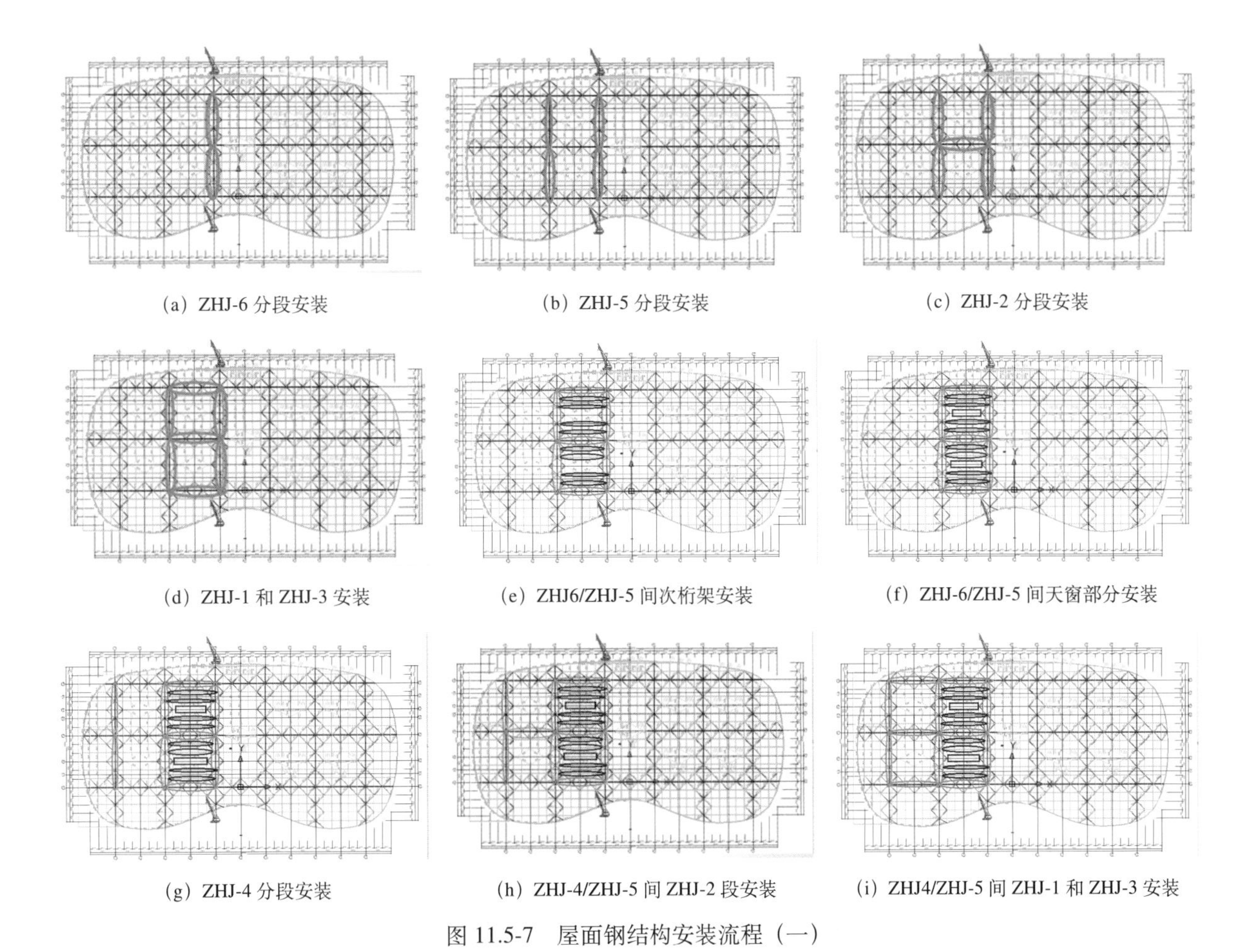

（a）ZHJ-6 分段安装　（b）ZHJ-5 分段安装　（c）ZHJ-2 分段安装

（d）ZHJ-1 和 ZHJ-3 安装　（e）ZHJ6/ZHJ-5 间次桁架安装　（f）ZHJ-6/ZHJ-5 间天窗部分安装

（g）ZHJ-4 分段安装　（h）ZHJ-4/ZHJ-5 间 ZHJ-2 段安装　（i）ZHJ4/ZHJ-5 间 ZHJ-1 和 ZHJ-3 安装

图 11.5-7　屋面钢结构安装流程（一）

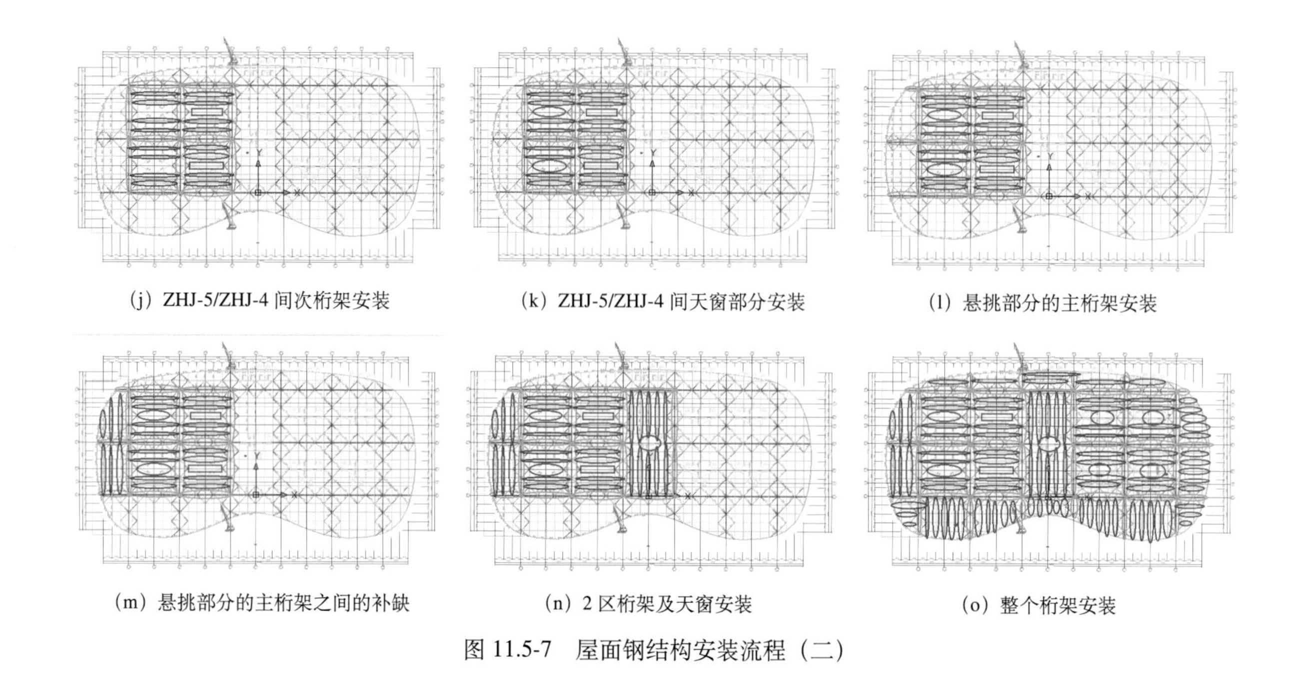

（j）ZHJ-5/ZHJ-4 间次桁架安装

（k）ZHJ-5/ZHJ-4 间天窗部分安装

（l）悬挑部分的主桁架安装

（m）悬挑部分的主桁架之间的补缺

（n）2 区桁架及天窗安装

（o）整个桁架安装

图 11.5-7 屋面钢结构安装流程（二）

2）主桁架缆风绳的设置

在主桁架安装时，因侧向无构件支撑，为确保其侧向刚度，在调整好精度后及时拉设缆风绳，36m 跨度桁架安装缆风绳 4 道。桁架就位后，两边两道缆风绳从桁架的上弦杆拉设，下端固定于与桁架相邻两侧的钢柱柱顶吊耳上，跨中两道缆风绳也从桁架上弦杆拉设，下端固定于 F2 层，固定必须牢固。待横向主桁架安装完成，与纵向主桁架形成稳定体系后方可拆除缆风绳，进行主桁架之间次桁架及天窗的安装，见图 11.5-8。

3）屋面天窗安装

天窗形状类似菱形，单个重约 22t，双层结构，下层为焊接箱形梁，上层为 H 型钢组成的类似菱形结构，上下两层通过天窗柱连接，焊接箱形梁整体分为 4 段，形似“7”字形。安装顺序：先进行下一层焊接箱形梁的安装，四段“7”字形焊接箱形梁运输至现场后，拼装成菱形，整体吊装，四角通过端板与次桁架钢管焊接连接。下层焊接箱形梁吊装完成后，上层 H 型钢单元与天窗柱在地面拼装，整体吊装，见图 11.5-9。

图 11.5-8 主桁架缆风绳拉设示意图

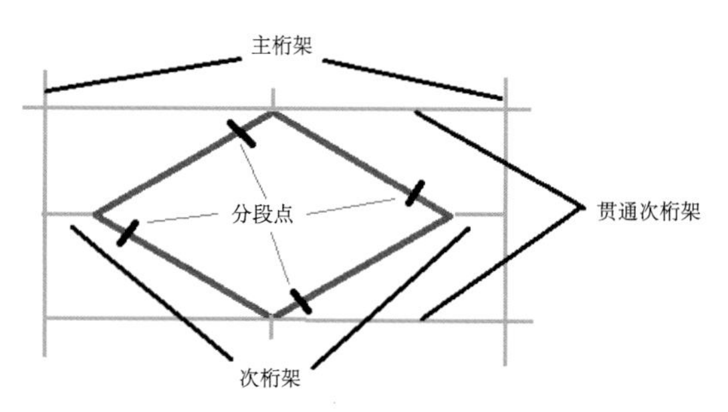

图 11.5-9 天窗焊接箱形梁分段示意图

第 12 章　航站楼屋盖网架施工关键技术

机场屋盖网架是机场综合体中的一个重要结构，通常用于覆盖候机楼、停车区、行人通道等区域，提供遮阳、防雨、防雪和防风等功能。机场屋盖网架的施工是机场建设中的一个关键环节，它的质量和安全性对整个机场的运行都有着重要的影响。

本章针对机场屋盖网架施工，分别以青岛新机场、贵阳龙洞堡国际机场、杭州萧山国际机场、天津滨海国际机场以及成都天府国际机场为例，介绍了不规则大跨度网架结构双向旋转提升施工技术、大波浪曲面屋面网架施工技术、超大面积空间双曲面钢网架屋盖及其支撑体系施工技术、大面积双曲倾斜屋面网架液压非同步提升施工技术以及千米级超长曲面重型折板空腹天窗带网架施工技术。

12.1　不规则大跨度网架结构双向旋转提升施工技术

1. 工程概况

青岛胶东国际机场航站楼屋面钢结构采用空间型曲面四角锥网架结构体系，网架节点为焊接球空心节点，屋盖支撑柱采用钢管混凝土柱，柱顶支座主要采用成品球铰支座。大厅屋盖网架平面投影尺寸 507m × 415m，投影面积 12.76 万 m^2，屋盖网架整体重量达 1.1 万 t，见图 12.1-1。

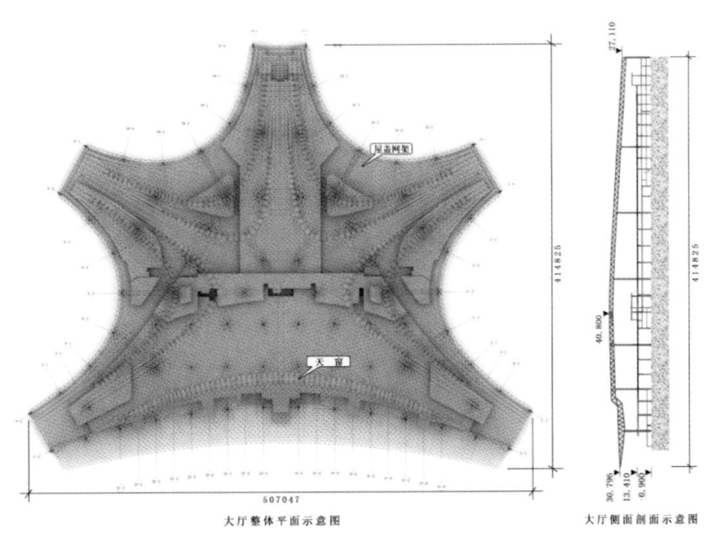

图 12.1-1　航站楼大厅钢网架三维示意图

大厅网架主要包括网架杆件、节点焊接球、天窗、马道、檩托等结构构件。网架结构为正放四角锥网架，网架杆件为无缝管或者高频焊管，节点为焊接球节点，整个屋面共设计九道侧天窗桁架，屋盖支撑柱采用 82 钢管柱混凝土柱支撑，总用钢量约 2.1 万 t。作为主体支撑结构的大厅钢管柱，下部通过柱脚锚栓锚入基础承台内，并穿越各楼层与屋盖网架通过固定支座或滑移支座相连。在钢管柱与楼层连接处设置有劲性牛腿结构用于混凝土结构搭接。

网架杆件最大规格为 ϕ500×35，最小规格为 ϕ89×5，其主体杆件主要材质均为 Q345B。焊接球节点主要规格为 D300×14～D800×40，其中直径 500mm 及其以上的焊接钢球为加肋焊接球，钢球节点的主要材质均为 Q345B，当壁厚大于或等于 40mm 时，有 Z 向性能要求。柱顶结构与网架连接部位为成品固定或滑移支座。

2. 结构分析

网架厚度 2.1～4.2m，网架高度自大厅中央最高处向檐口及指廊连接处平缓下降，并在侧天窗桁架位置高度有突变；网架结构最大跨度 69m，网架节点球最大标高 40.800m，最小标高 18.400m，总落差 22.4m；屋盖为全焊接网架结构，杆件主要材质为 Q345B，杆件规格为 ϕ89×5～ϕ500×35，焊接球节点主要规格 D300×14～D800×40，其中直径 500mm 及其以上的焊接球为加肋焊接，见图 12.1-2。

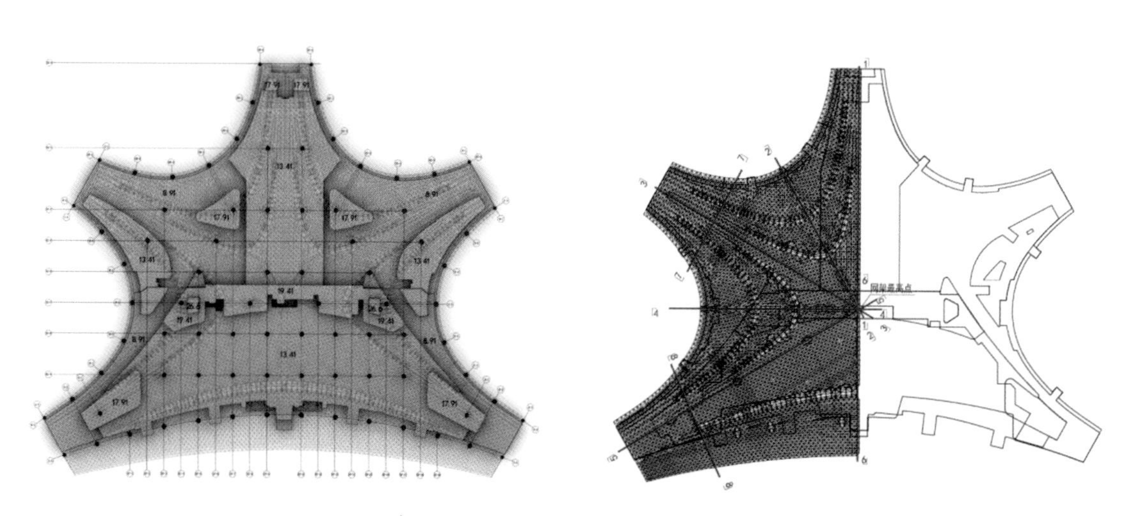

图 12.1-2 钢网架平面示意图

网架沿屋脊线向 E 指廊逐渐下降，落差 13.6m。下部混凝土主要为 L4 层混凝土楼面。

此区域共包括 2 条天窗断面，在天窗位置落差 4.5m，总落差 18.4m。下部混凝土结构复杂，跨越 L3 层、L4 层和 L5 层，混凝土结构落差 9.7m。

网架沿屋脊线向 A 指廊逐渐下降，落差 15m。下部混凝土结构复杂，有 17.95m 标高夹层、L5 层（18.66m 标高），靠近 A 指廊楼面标高为 8.91m。

3. 网架施工重难点

（1）楼层标高不一，严重影响网架安装

整个大厅混凝土楼板夹层较多，从 8.91m 楼板以上，分别有 13.41m、17.91m、19.41m、26.6m 标高夹层，且夹层面积较大，形成结构错落状，对网架提升安装极为不利。

(2) 钢网架网格布置不规则，网架自身落差大

屋面网架由于天窗布置较多，且天窗布置呈弧状，造成屋面网架的网格局部极不规则。整个网架为空间双层网架，从大厅中央最高点逐渐下降至檐口最低点，相对高差达到22.44m。其中位于天窗位置高度发生突变。

4. 施工方案遴选

方案一：滑移 + 吊装

优势：分块拼装可在地面进行拼装，拼装胎架低，拼装精度有保证；滑移轨道设置在主梁上，楼板不需进行加固，滑移安装可有效地避开由于夹层楼板给安装带来的影响；采用累积滑移使高空安装工作量大大减少，施工安全性好；

劣势：由于网架网格布置相对滑移方向较为混乱，且天窗桁架的影响，造成网架分条分块比较困难，地面拼装难度极大；滑移安装高度高，造成滑移胎架高度较高，滑移安装技术要求高；施工现场需较大面积的拼装场地，同时需采用大吨位的履带式起重机；滑移要求主体结构有较好且完整的作业面，否则不能滑移，施工工期难以保证。

方案二：行走式塔式起重机分块吊装

优势：采用行走式塔式起重机进行分块安装，不受楼板夹层影响；网架安装作业面多，可交叉作业；吊装技术相对成熟，吊车选择方便；

劣势：胎架支撑材料较多，不经济；塔式起重机行走区域楼板需进行结构加强，加固费用高；高空作业工作量大，施工进度难以保证；高空作业安全性较差；大量的分块拼装，其拼装场地需求量大，且需要大型履带式起重机进行分块倒运。

方案三：提升 + 吊装

优势：施工技术先进，安全性较好；拼装在楼板上拼装，对现场施工场地需求较少，经济性较好；大部分工作均在楼板上完成，高空工作量很少，施工安全性较好，同时对拼装质量有保证；提升分块重量大，提升分块面积大，拼装可多点开花，对施工工期有保证；

劣势：由于屋面标高落差较大，拼装胎架高度落差较大，胎架高且用量大，拼装难度相对地面拼装要大；由于多处混凝土夹层楼板的影响，网架不能直接整体提升，需在空中对接后再进行整体提升；网架提升点处结构受力发生改变，须对提升点处进行结构加强，加固材料相对多，见图12.1-3。

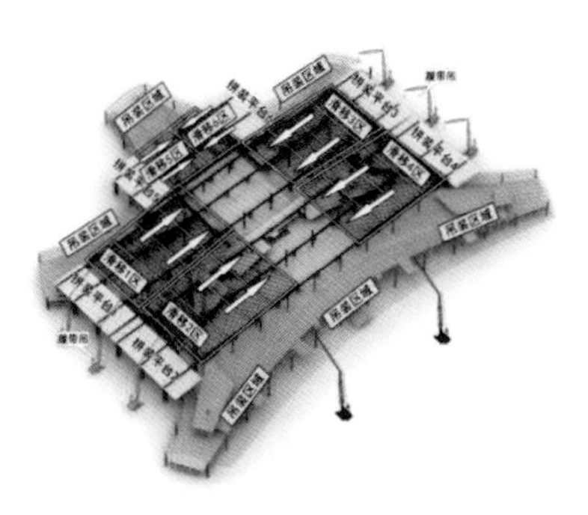

方案一

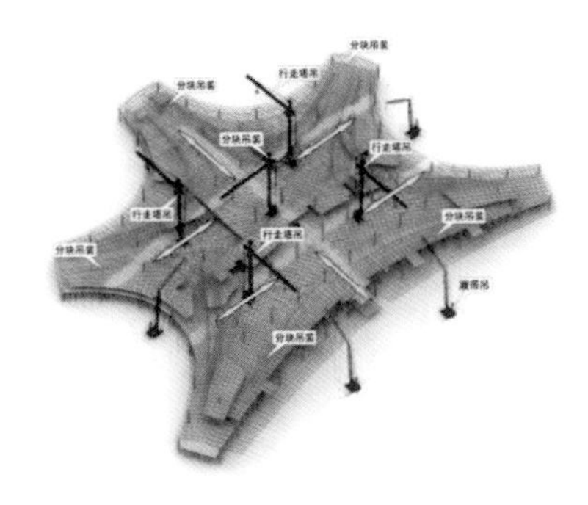

方案二

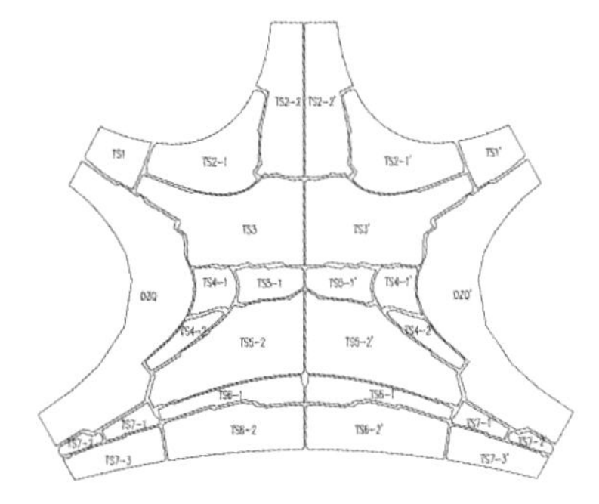

方案三

图12.1-3 三个方案图示

由于机场航站楼高地铁下穿影响，东西半区结构无法同时展开施工，不能同时提供给钢结构队伍完整的作业面，且塔式起重机承载力有限无法进行大块网架拼装，大量的分块拼装需求场地量较大不能满足现场实际条件，综合比较后项目部选择了方案三即分块吊装 + 整体提升相结合。

5. 施工总体思路

待大厅网架下部混凝土结构施工完成后，进行网架的安装施工。根据施工条件分析可知，场外施工场地非常少，采用滑移施工方案则受场地制约而不可行；大厅东半区地下有地铁通过，地铁顶板上方不能使用大型履带吊进行行走及吊装作业，因而全部分块吊装的方案也不可行；大厅混凝土楼面夹层错层比较多，网架天窗部位结构成台阶状，通过多方案比较，现大厅钢网架拟定采用“具备履带式起重机行走吊装要求的网架采用分段吊装的安装方法，其余部分采用提升方案”这种吊装加提升相结合的施工总体思路，见图 12.1-4。

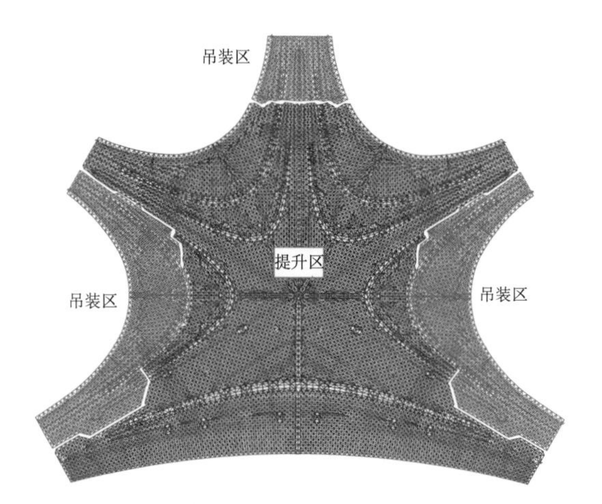

图 12.1-4 大厅钢网架施工方法平面布置图

将大厅网架根据土建结构施工顺序总体分成四个施工分区组织施工，同时根据下部混凝土结构特点及网架结构特点，每个施工分区网架根据下部混凝土结构布置、网架及天窗结构特点，再细分成 3 ~ 4 个提升单元及吊装区，利用天窗桁架的刚度，提升单元划分以天窗为界，同时将天窗与低侧网架拼装在一起提升。提升单元施工分区及提升分区的具体划分见图 12.1-5。

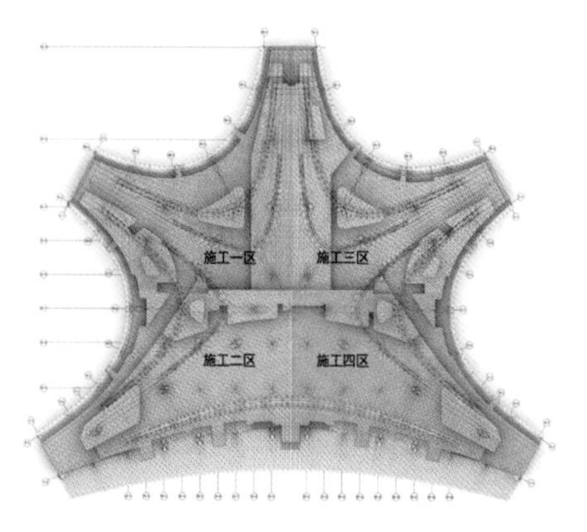

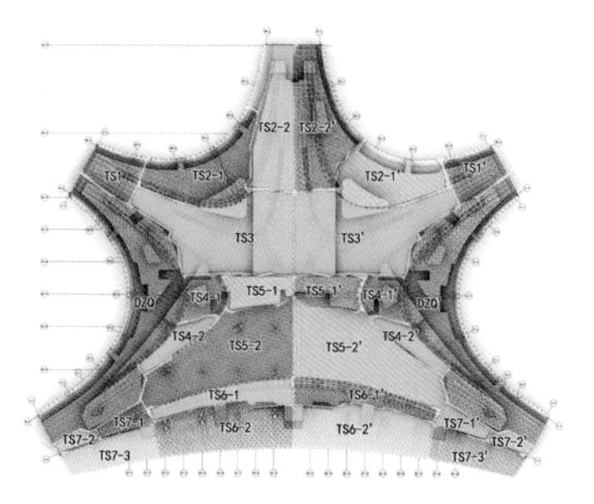

图 12.1-5 大厅钢网架平面分区

6. 主要技术创新点

（1）BIM 技术应用

利用 BIM 技术建立航站楼钢结构整体模型，确定构件空间相对位置，赋予构件基本参数，并在深化设计时候对整体模型进行优化和预先起拱。借助 BIM 模型的可视化、协调性、模拟性、优化性和可出图性的五大特点，成功地辅助完成了方案和工期优化、钢结构制作与拼装流程模拟、碰撞干扰排除、吊车作业空间模拟。在此基础上，协调专业之间协同工作，处理各专业预留、碰撞等问题，取得了有效规避施工风险、简化现场施工难度、保证施工质量、缩短施工工期、降低施工成本的良好效益。

针对本工程构件种类繁多，连接形式不一的特点，利用 BIM 技术进行施工模拟和三维可视化分析，安装过程需辅助设置梁的支撑塔架和工装措施；开发设计了“一种简易脚栓钉定位支架”；利用屋盖杆件间隙，设计了一种不断开屋盖网架提升工装支架，满足钢柱柱脚安装定位问题和屋盖完整提升，见图 12.1-6 和图 12.1-7。

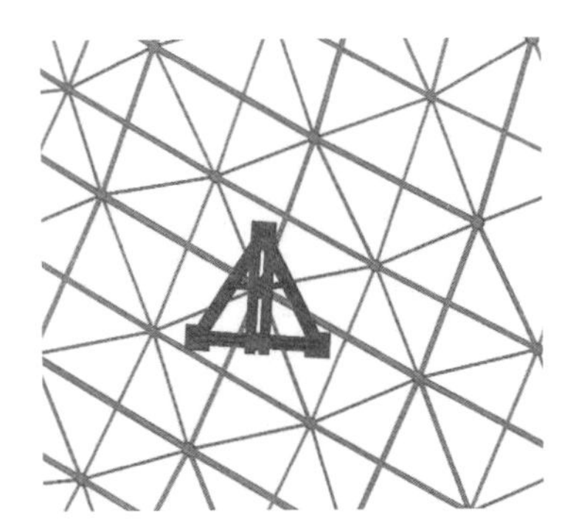

图 12.1-6　格构提升塔架平面图

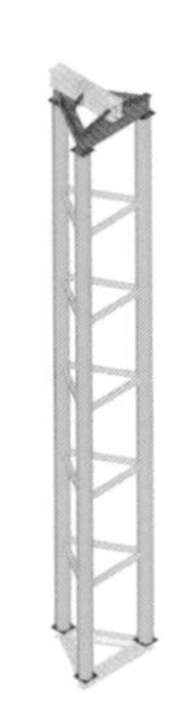

图 12.1-7　格构提升塔架轴测图

（2）提出了新型提升工艺方法

本工程屋盖网架属于空间双向曲大跨度网架结构，施工过程中高落差网架整体提升施工难度大，施工精度难以控制。为此创新提出了“不规则大跨度网架结构空间双向旋转提升关键技术”。在传统的提升法基础上吸取旋转提升的思想“先旋转提升再整体提升”，利用液压同步提升技术具备的同步动作、负载均衡、姿态矫正、应力控制、操作闭锁、过程显示和故障报警等多种功能，可实现大跨度、复杂形体空间网架结构的分块楼地面制作、竖向同步提升、空间旋转对接与精确就位。有效解决了大跨度、大体量、复杂形体空间网架结构的施工难题，提高了施工效率，保证了施工质量。

采取旋转提升的单元有 TS5、TS6 共两个提升单元。

7. 小结

研发的大跨度、复杂形体空间网架液压同步提升技术，具备同步动作、负载均衡、姿态矫正、应力控制、操作闭锁、过程显示和故障报警等多种功能，可实现大跨度、复杂形体空间网架结构的分块楼地面制作、竖向同步提升、空间旋转对接与精确就位，解决了大跨度、大体量、复杂形体空间网架结构的施工难题，提高了施工效率，保证了施工质量。基于施工仿真分析技术，建立了网架、支撑及提升吊点的一体化受力模型，对网架提升及空间就位的全过程进行了施工仿真模拟分析，实现对网架提升与就位过程中的应力及变形状态的预先控制与调整，该项技术取得了较好的经济和社会效益，推广应用前景广阔。

12.2 大波浪曲面屋面网架施工技术

1. 技术概况

贵阳龙洞堡国际机场扩建工程上部钢结构屋面采用外形为正反“S”弧形组成的大波浪曲面。屋面结构平面投影短方向长 147.6m，长方向长 255m。波峰标高为 33.79m，波谷标高为 23.95m 东侧檐口标高为 23.80m，西侧檐口标高为 26.006m，见图 12.2-1 和图 12.2-2。

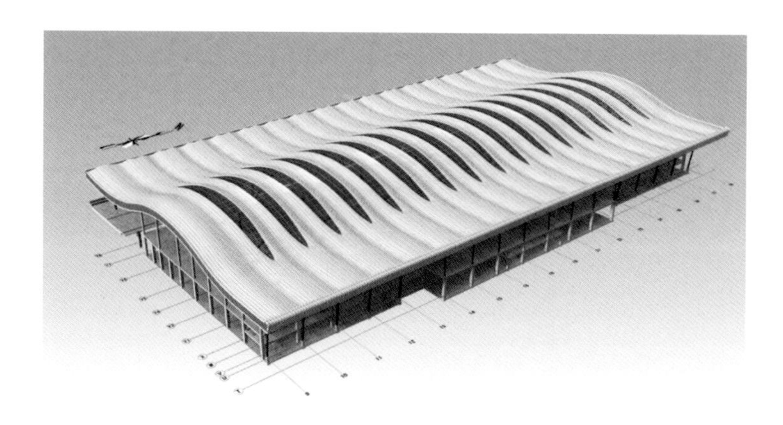

图 12.2-1 大波浪屋面轴测图

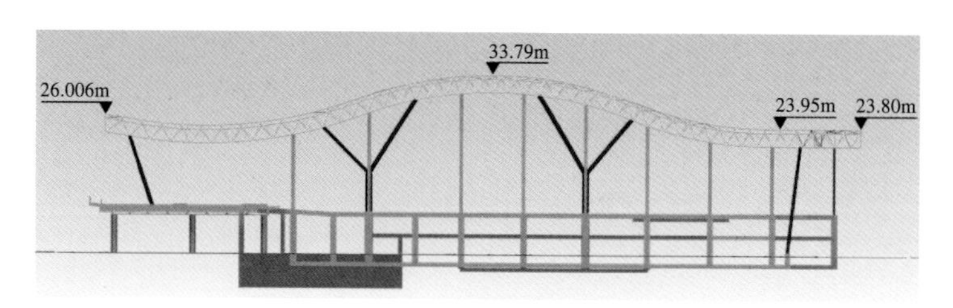

图 12.2-2 大波浪屋面剖面图

屋面结构采用正交正放四角锥双层网架，上、下弦每个网架尺寸为 4m × 4m，网架厚度约 3.2m。为满足建筑外形的需要屋盖在跨度方向的波峰位置掏空部分网架形成 16 道梭形采光天窗。每道天窗间设置 3 榀倒三角形屋面桁架与原有网架屋面刚性连接，以增强单独成型的 15 道细长条网架的整体受力性能及平面外稳定。整体成型网架部分最大跨度为 32.7m，掏空网架部分最大跨度达到 93m。

2. 技术重点难点分析及解决措施

（1）任务重、工期紧

重难点分析：

本工程 B、C、D、E 区网架由 52896 根杆和 12520 个球（螺栓球 + 焊接球）组成，同时金属屋面面积达到 67000m^2，且各类板材累计多达 204000m^2。而网架施工由网架拼装、安装支撑体系搭设、安装、防火涂料等多道工序组成。金属屋面系统更是屋面系统、天沟排水系统、檐口系统、天窗系统、吊顶系统等安装工序，交叉衔接的有序结合。可见在 150d 的工期内完成如此大体量、多工序的安装任务是对施工单位技术实力和管理能力的极大考验。

解决措施：

1）B 区拟采用滑移脚手架散拼的方案，该方案各工序可立体交叉施工，且受土建移交工作面时间节点的影响小，施工速度快。C、D、E 区拟采用具有良好操作面的滑移胎架散装法施工。

2）结构深化设计根据网架吊装分区进行编号，保证结构制作及安装的有序进行。

3）构件根据网架分区及安装顺序分批次进场，对构件的堆场进行分区域管理。

4）根据工期要求，编排详尽的工期计划。

5）投入满足工期的机械、劳动力资源。

6）加强进度控制提高执行力度，向管理要效益。

（2）施工过程控制——虚拟钢结构建造技术的运用

重难点分析：

本工程 B 区钢结构为焊接球、螺栓球混合网架结构，跨度大。网架下方的柱网间距纵向间大多数为 21m，最大纵向间距达到 36m；柱网横向间距 12 ~ 38m。柱网间距大，结构整体性要求高，为此必须通过施工全过程仿真分析、变形协调分析等为结构的施工过程控制提供强有力的理论支持。本项是结构施工过程控制的重点。

解决措施：

采用大型有限元分析软件对结构及施工过程进行分析，以掌握结构的特点，施工方案对结构的影响，如满堂脚手架、整体支撑卸载、滑移脚手架、合拢施工、屋面骨架安装等施工工况，以确定施工参数和施工控制目标，见图 12.2-3。

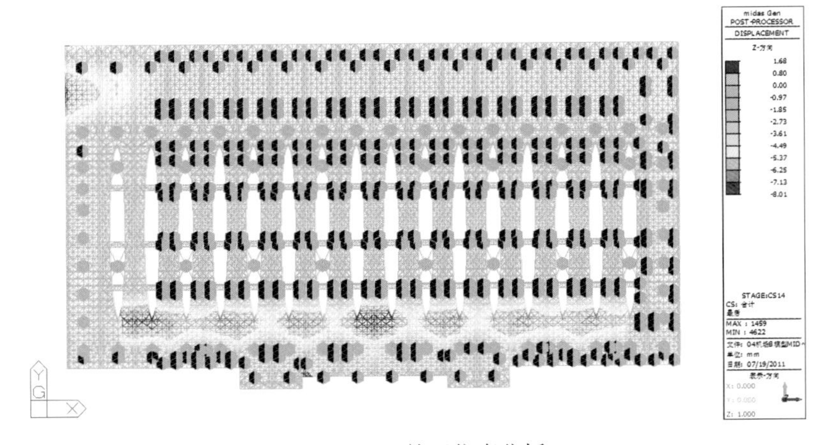

图 12.2-3　施工仿真分析

（3）大波浪曲线造型的找形及安装精度控制

重难点分析：

本工程屋盖呈大波浪曲线造型，屋面沿轴线方向呈正反“S”弧形。且在上表面每一天沟隔断区域，又自呈曲线。因此，无论是在钢结构安装精度的控制、结构找型还是后续屋面外表皮曲线曲率的契合，均是施工关键点。

解决措施：

1）以建筑表面统一建模，根据立面图中的建筑外边线，自行圆滑拟合屋面曲线造型。

2）准确定位，确保图纸与实际安装尺寸相匹配。在安装过程中，所有控制外观的尺寸点，均利用全站仪进行三维坐标尺寸定位；施工得严格按照设计布置，无论是板块的排布还是各点三维尺寸的确立，均应按图索引，有序施工。设计要做好三维外表面建模工作，各点三维尺寸点均应在图纸上进行明确标注。

3）屋面主次结构、天窗、檐口骨架统一建模深化，放样。板块的施工是按下部龙骨铺设的。钢龙骨的安装精度应逐点放样，严格控制安装尺寸。注意做好与设计图纸三维坐标点的核对工作，有偏差时，即时调整。

4）施工时现场由专业的测量人员先对钢结构控制点进行复测，确定其误差值范围，然后对有变形区域进行施工现场的一次调差。一次调差完毕后再根据屋面三维控制点进行测量放线，确定屋面造型。同时为保证屋面造型的平整度顺滑度，要求屋面构造本身具有一定的调差能力，即二次调差，以达到理论的表皮控制坐标点。

3. 网架施工方案

网架安装时设置脚手架，在脚手架上进行散装，安装顺序为 B1 → B2 →…→ B8 → B9，每个分区的网架安装完成后，安装两个分区间的管桁架，然后拆除下部脚手架，保留四肢柱顶支撑架，待 B4 安装完毕后，拆除四肢柱 S1 的支撑架，B6 安装完毕后，拆除四肢柱 S2 的支撑架，B6 安装完毕后，拆除四肢柱 S3、S4 的支撑架。在 B1 区设置两个附加的支撑架，在 B9 区网架安装完成后，最后拆除，见图 12.2-4。

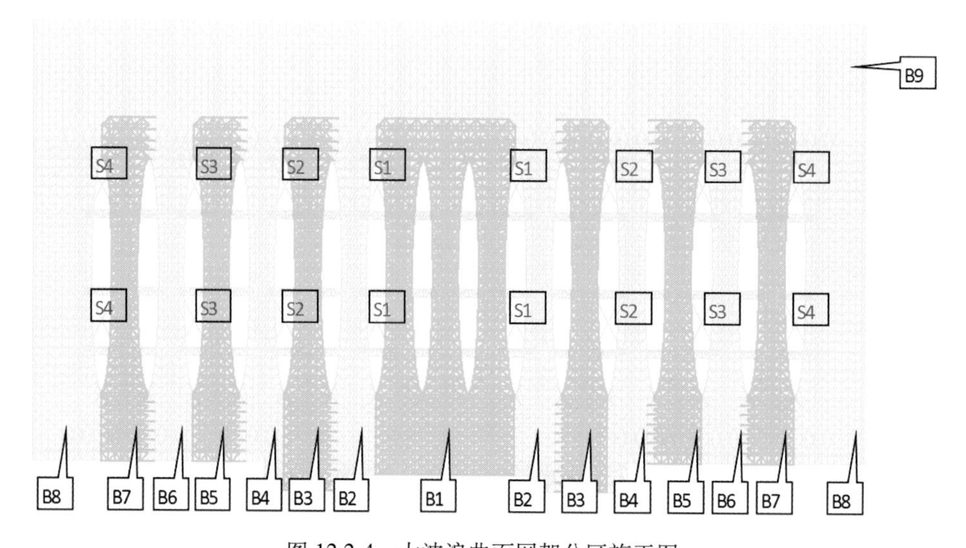

图 12.2-4 大波浪曲面网架分区施工图

屋面板结构考虑在网架按照至 B5 区时跟进铺设，详细步骤如下：

第一步，下部结构安装完毕，见图 12.2-5；

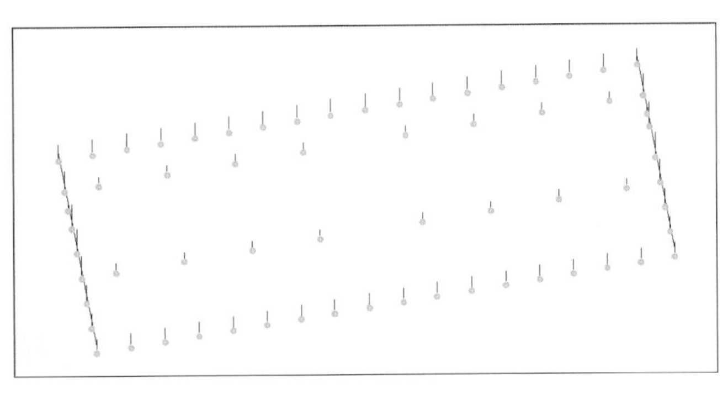

图 12.2-5　第一步

第二步，安装 Y3，Y6 轴四肢柱，见图 12.2-6；

第三步，安装 B1 区网架，见图 12.2-7；

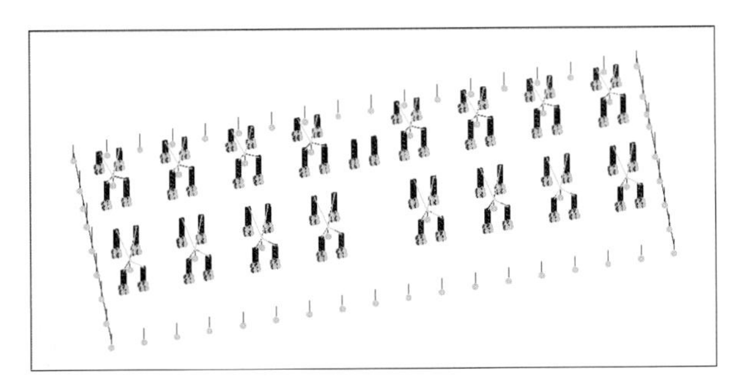

图 12.2-6　第二步

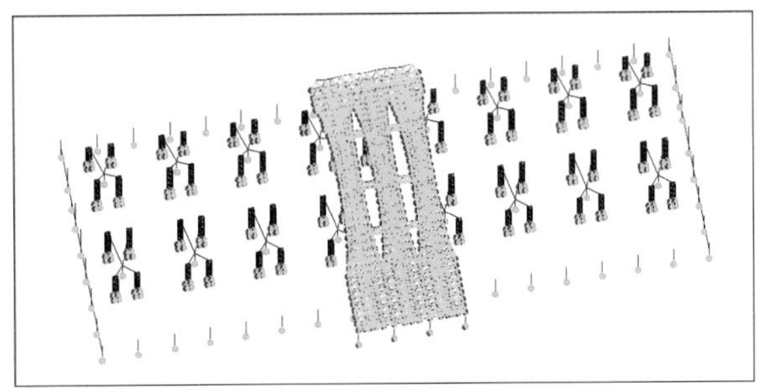

图 12.2-7　第三步

第四步，安装 B2 区网架，拆除网架 B1 区下部脚手架，见图 12.2-8；

第五步，安装 B3 区网架，拆除网架 B2 区下部脚手架，见图 12.2-9；

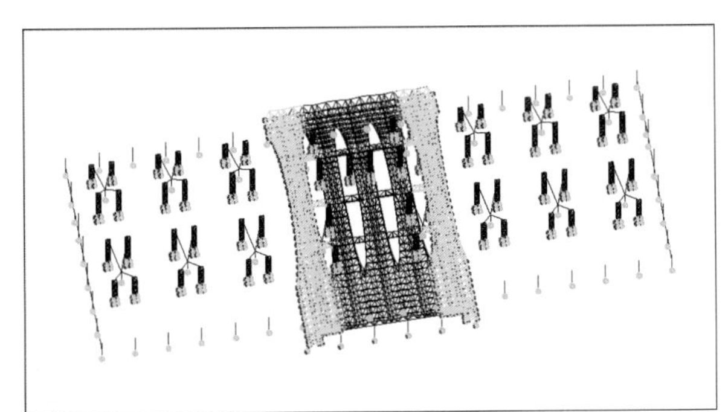

图 12.2-8　第四步

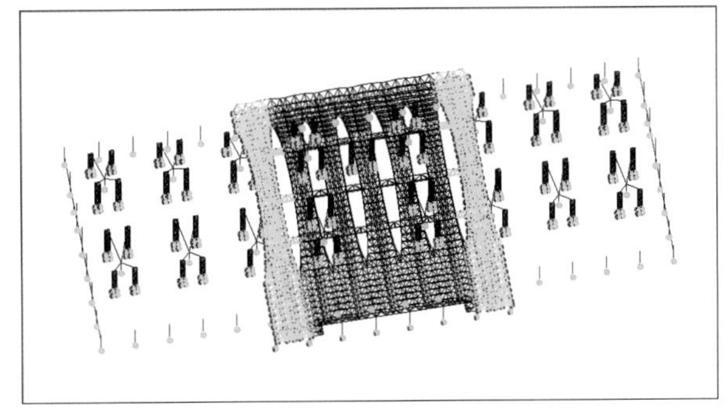

图 12.2-9　第五步

第六步，安装 B4 区网架，拆除网架 B3 区下部脚手架、四肢柱 S1 的支撑架，见图 12.2-10；

第七步，安装 B5 区网架、B1 区屋面板，拆除网架 B4 区下部脚手架，见图 12.2-11；

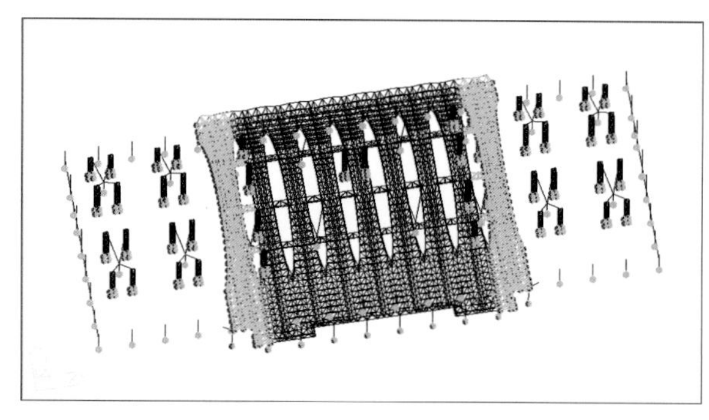

图 12.2-10 第六步

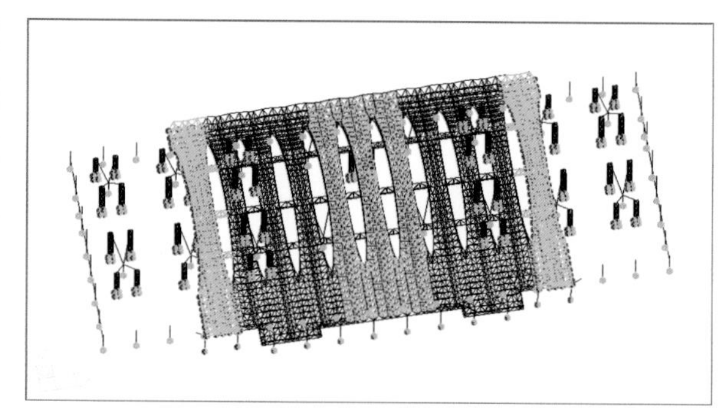

图 12.2-11 第七步

第八步，安装 B6 区网架、B2 区屋面板，拆除网架 B5 区下部脚手架、四肢柱 S2 的支撑架，见图 12.2-12；

第九步，安装 B7 区网架、B3 区屋面板，拆除网架 B6 区下部脚手架，见图 12.2-13；

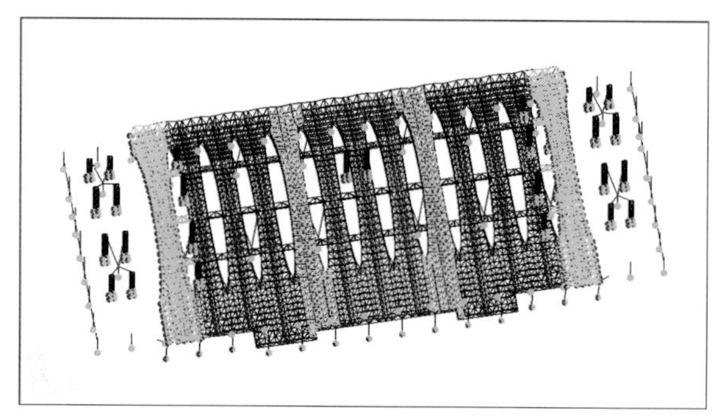

图 12.2-12 第八步

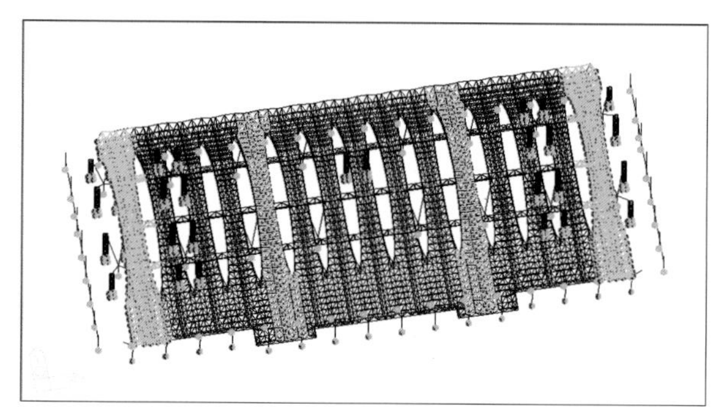

图 12.2-13 第九步

第十步，安装 B8 区网架、B4 区屋面板，拆除网架 B7 区下部脚手架、四肢柱 S3 的支撑架，见图 12.2-14；

第十一步，拆除除附加支撑架以外的所有支撑架与脚手架，安装高架桥以内网架剩余屋面板，见图 12.2-15；

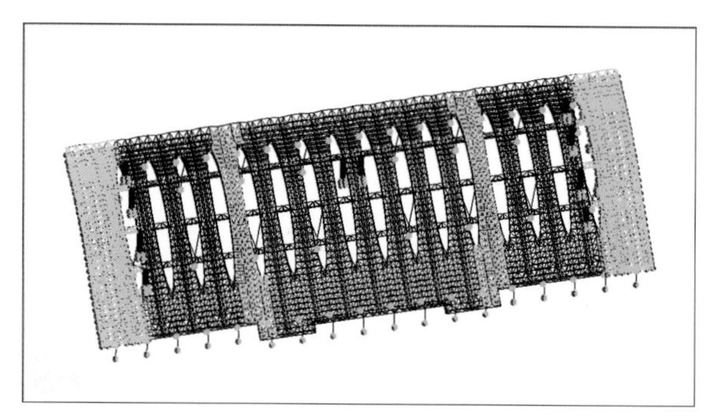

图 12.2-14 第十步

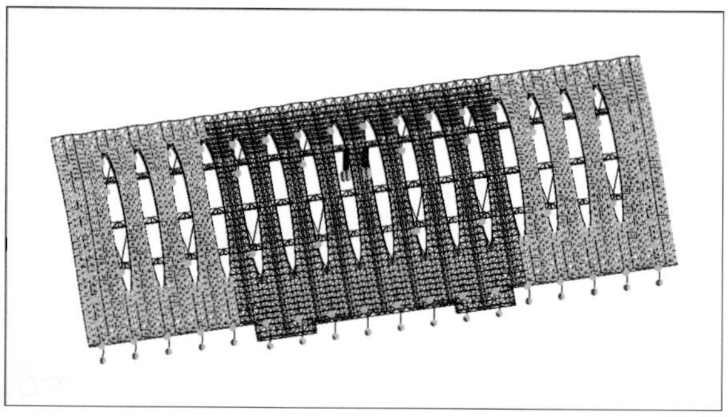

图 12.2-15 第十一步

第十二步，安装 B9 区网架，见图 12.2-16；

第十三步，拆除附加支撑架，安装B9区屋面板，见图12.2-17。

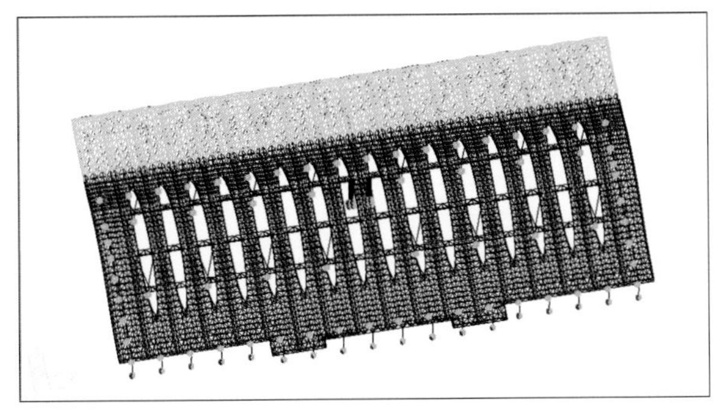

图12.2-16 第十二步

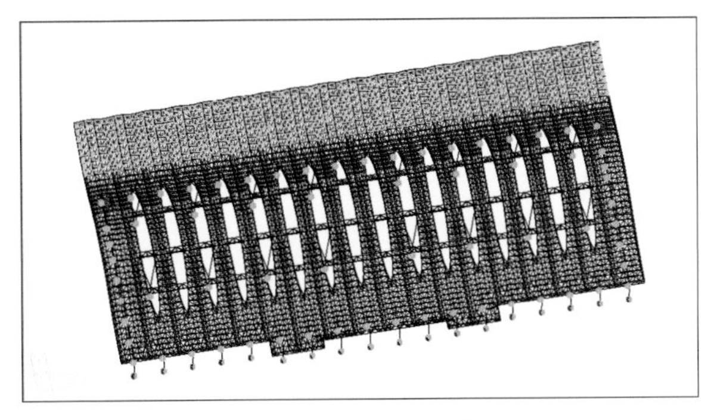

图12.2-17 第十三步

4. 实施效果

通过使用该技术，满足工期要求，质量管控合理。

12.3 超大面积空间双曲面钢网架屋盖及其支撑体系施工技术

1. 概况

杭州萧山国际机场航站楼超大面积空间双曲面钢网架屋盖及其支撑体系，安装体量大、工期紧，工序、工艺复杂，技术难度高。施工中，通过技术攻关，研发出一系列超大面积空间双曲面钢网架屋盖及其支撑体系的关键施工技术，有效缩短了工程总体施工工期和降低了施工成本的投入。

2. 技术特点及其工艺原理

钢网架屋盖总体采用“楼面或地面拼装，分区累积提升到位”的施工方法，刷新国内外钢结构网架单次提升面积、体量纪录。

另外考虑部分下部支撑体系（如分叉柱、分叉节点）及屋面主檩、檩托、室内外精装吊顶支座、屋面虹吸雨水管道等高空对接安装难度大、作业危险性高、施工周期相对较长等因素，在提升支架对应点位楼面结构满足承载力的前提下，部分分叉柱、分叉节点及屋面主檩、檩托、室内外精装吊顶支座、屋面虹吸雨水管道等随钢网架屋盖一同提升，以达到减少高空拼接安装工作量及缩短总体施工工期的目的。

常规钢网架屋盖及其支撑体系的施工各工序采用从下往上顺序施工，体量大、工序复杂、耗时极长，无法满足工期节点要求，且不利于施工现场质量、安全的管控。

本技术应用中，超大面积空间双曲面钢网架屋盖及其支撑体系通过构件上料及楼面倒运技术措施的策划与实施、构件拼装、提升就位、下部支撑体系安装、卸载、内灌混凝土等关键工序的科学合理调整实现快速、有序施工；另外还可以提前穿插后续屋面工程的施工，快速实现屋面闭水以便给室内精装工程提供工作面，有效缩短总体工期，实现快速建造，完美履约。

3. 施工工艺流程及操作要点

(1) 施工工艺流程

工艺流程详见图12.3-1。

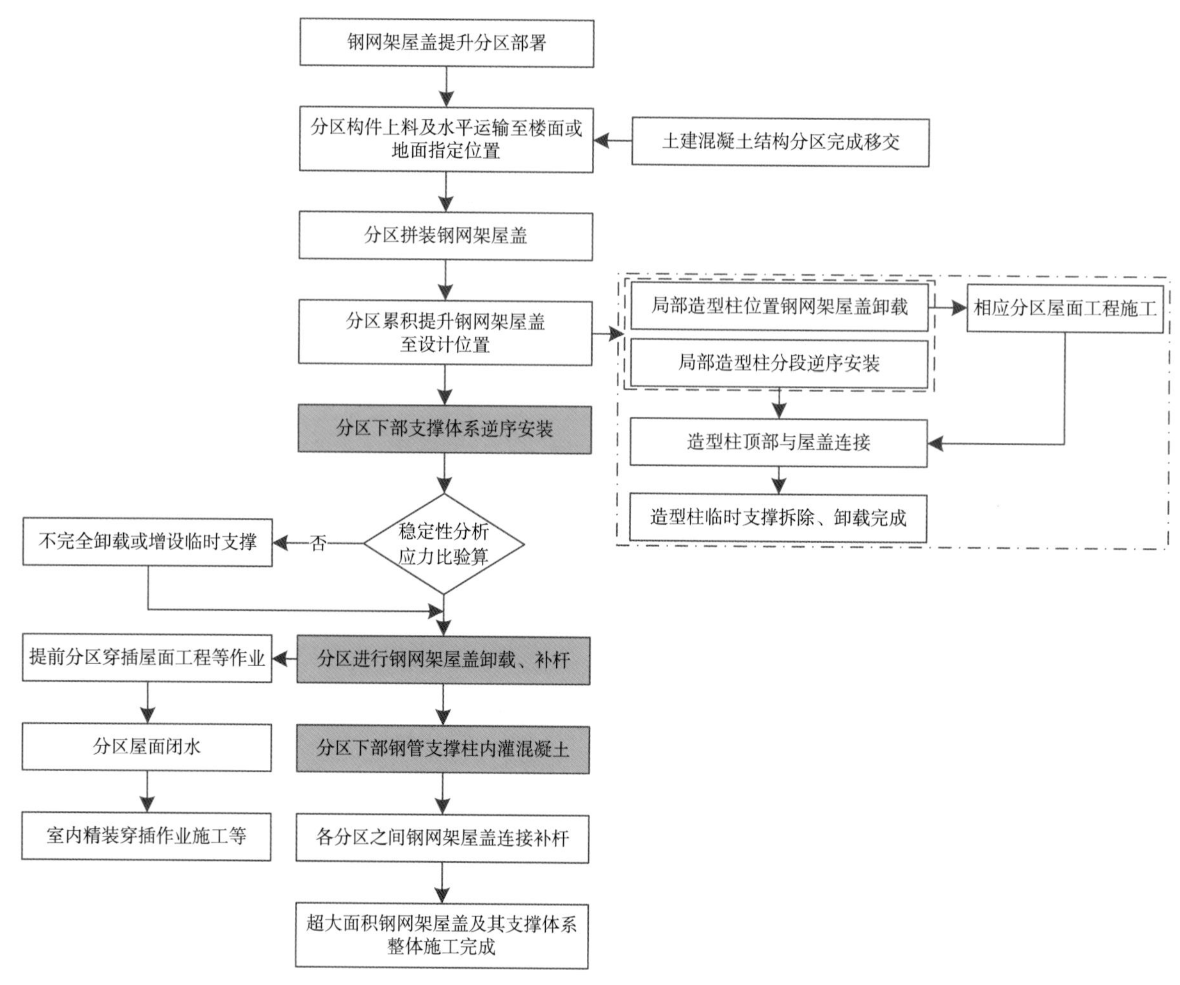

图 12.3-1 工艺流程示意图

（2）分区拼装钢网架屋盖

1）拼装工艺流程见图 12.3-2。

2）拼装胎架的设置

根据构件体型特征设置不同的拼装胎架。拼装胎架主要用于桁架和网架拼装，其中桁架拼装时，其拼装胎架主要有两种类型：桁架底标高超过 3m 时，采用临时格构式支撑；桁架底标高低于 3m 时，采用工字钢制作，间隔 6m 左右设置一个支撑点，支撑点需沿主次梁布置。

网架拼装时，主要在下弦球位置设置临时圆管支撑，圆管支撑规格 P114×4 及 P140×6，网架形成标准单元并临时焊接固定后，拼装支撑点隔一布一。

①工字钢拼装胎架

由于桁架截面尺寸较大，所以需要设置侧向支撑来保证稳定，另外相邻两组胎架间需要用角钢临时连接，保证胎架整体稳定及桁架整体的拼装精度。

②格构式支撑拼装胎架

支撑架结构的平面尺寸为 1m×1m，其标准节高度为 1.5m。支架四肢钢柱采用 ϕ89×4 钢管，横杆及斜杆采用 ϕ63×3.5 钢管。经验算，1m×1m 单个支架的最大承载力在 60t 左右，完全满足大部分工程施工条件下的受力要求。如图 12.3-3 所示。

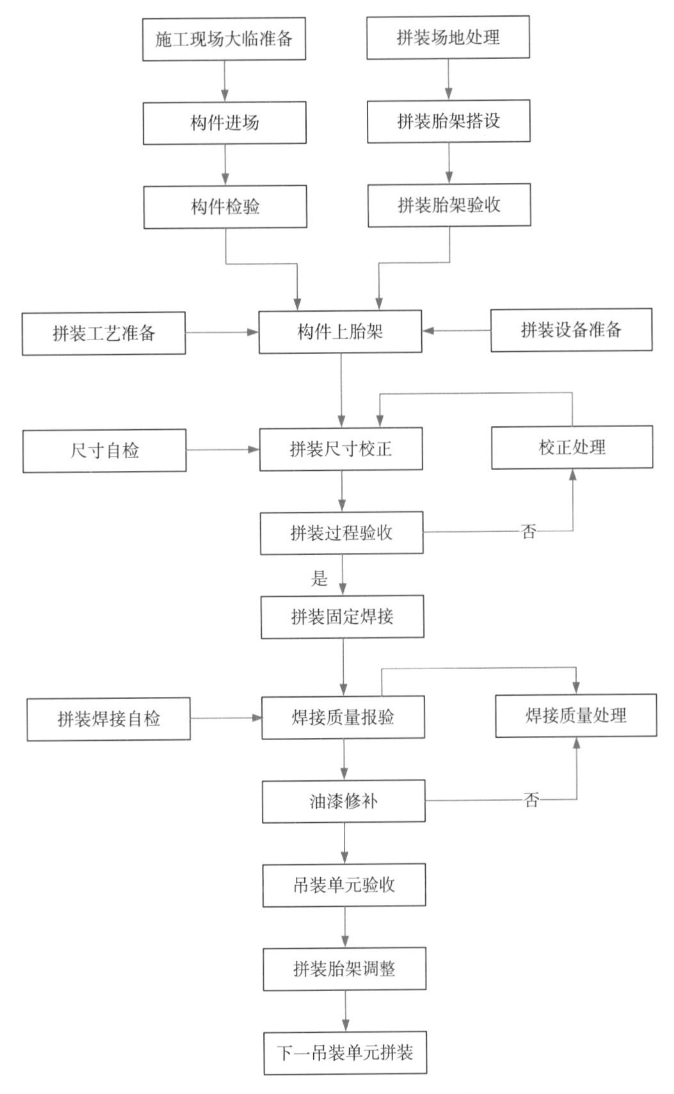

图 12.3-2　拼装工艺流程示意图

图 12.3-3　格构式拼装胎架搭设完成图

③焊接球网架拼装胎架的设置

圆管支撑规格 P114×4、P140×6，支撑圆管底部焊 20cm×20cm 钢板。如图 12.3-4 所示。

图 12.3-4 网架拼装胎架设置完成图

（3）分区累计提升

钢网架屋盖总体采用“楼面或地面拼装，分区累积提升到位”的施工方法。同时，考虑部分下部支撑体系（如分叉柱、分叉节点）及屋面主檩、檩托、室内外精装吊顶支座、屋面虹吸雨水管道等高空对接安装难度大、作业危险性高、施工周期相对较长等因素，在提升支架对应点位楼面结构满足承载力的前提下，部分分叉柱、分叉节点及屋面主檩、檩托、室内外精装吊顶支座、屋面虹吸雨水管道等随钢网架屋盖一同提升，以达到减少高空拼接安装工作量及缩短总体施工工期的目的。如图 12.3-5、图 12.3-6 所示。

（4）下部支撑体系逆序安装

在屋盖钢网架结构提升至设计高度后，采用单机吊装或双机抬吊方法进行下部支撑柱逆序安装的施工方法创新能有效简化传统常规复杂施工流程，有效缩短施工周期，见图 12.3-7。

（5）卸载

在屋盖下部支撑柱稳定性分析、应力比验算合格的基础上局部进行钢网架屋盖先卸载后进行下部钢管支撑柱内混凝土灌注的施工工序调整、创新，以提前穿插后续屋面工程的施工，达到快速实现屋面闭水以便给室内精装工程提供工作面，是在保证施工安全、质量的前提下加快整体工程施工进度，见图 12.3-8。

图 12.3-5 网架分区累积提升过程实景图

图 12.3-6　随网架一同提升附属构件完成图

图 12.3-7　支撑体系逆序安装及完成图

图 12.3-8　卸载及完成图

(6) 顶升法内灌混凝土

下部钢管支撑柱采用顶升法自下而上一次压入自密实高性能混凝土，无需振捣，施工速度快，施工质量可靠，能避免由于加强钢板阻隔造成的局部不密实或混凝土离析等质量缺陷。采用超声波检测技术检查内灌混凝土的密实度，见图 12.3-9。

图 12.3-9 顶升法内灌混凝土现场施工图

（7）造型柱分段逆序安装

异型造型柱（如“花瓣形”荷花谷柱，不承重）逆序分段安装：在特定区域（如荷花谷）钢网架屋盖提升至相应标高位置后进行下部造型柱的逆序分段安装，见图 12.3-10。

图 12.3-10 造型柱逆序安装现场施工图

4. 小结

杭州萧山国际机场三期项目 T4 航站楼主楼 B 区钢网架屋盖及其支撑体系的施工合计节约工期 3 个月，并提前 1.5 个月为后续屋面工程、精装修工程提供工作面。超大面积空间双曲面钢网架屋盖及其支撑体系的一系列关键技术措施，对缩短施工工期和降低成本取得明显成效，可为类似项目提供有益技术参考。

12.4 大面积双曲倾斜屋面网架液压非同步提升施工技术

1. 技术概况

天津滨海国际机场 T2 航站楼工程，屋面为钢柱支撑双层双曲面焊接球钢网架形式，最大跨距 60m，安装高度达 43.7m，整个屋面投影面积达到了 102050m^2，具有造型复杂、面积超大、安装困难、工期紧、体量大等特点。施工中为保证安全、快速、高质地完成，通过对既有的液压提升技术进行改进，采用倾斜网架液压非同步提升翻转施工技术，降低了安全隐患，节约了施工成本，加快了施工进度，解决了大面积复杂造型屋面网架安装难题。

本工程钢结构主要为 9m 层以上的 94 根钢柱和其支撑的屋面钢网架体系，屋面网架采用双曲面双层焊接球钢网架形式，整体网架造型复杂，多为大弧度和倾斜的双曲面，平面投影面积 102050m²，重约 4500t，安装高度最高达 43.7m，共设网架焊接球 12413 个，直径规格 220 ~ 900mm，网架的网格为正放四角锥体。主楼部分网架的网格尺寸大部分约为 5.0m × 5.0m，网架采用变厚度，中间厚度 5.0m，悬挑端厚度减小至 1.5m；指廊部分网架网格尺寸大部分约为 3.75m × 3.75m；C 区指廊网架采用变厚度，中间厚度为 3.0m，空侧悬挑端根部厚度 6.0m，悬挑端厚度减小至 1.5m。B 区指廊与 D 区指廊厚度为 3.0m，周边厚度减小至约 1.5m，见图 12.4-1。

整体网架安装面积巨大，安装高度高，工期紧张，施工安全隐患极大，给施工带来诸多困难。

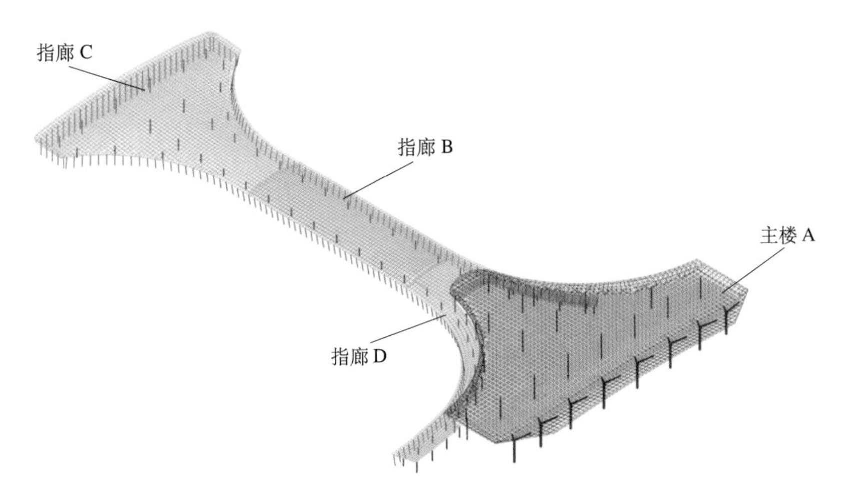

图 12.4-1　航站楼屋面网架示意图

2. 技术改进思路

(1) 由于整体网架施工面积超大，工期紧张，在短时间内采用高空散拼法完成如此大的工程量不现实，同时存在较多的高空作业安全隐患。

(2) 因工程绝大部分为双曲面网架造型，有的弧度还非常大，如采用滑移方法施工，无论在哪个方向，均很难完成曲形轨道和牵引的设置，所以滑移并不适宜。

(3) 同时，如采用分块吊装方法，则由于主楼 A 区和指廊 C 区中部网架需要超大吨位的机具进行吊装，吊装安全隐患较大，不经济。

(4) 根据现场已经完成的 8.88m 结构平台（二层楼面）和钢柱，工程采用以液压提升工艺为主，分块吊装为辅的施工方法进行施工。依据网架造型特点，对同步液压提升施工工艺进行改进。

(5) 提升施工工艺改进：A 区主楼的提升一区，网架面积 1.96 万 m²，屋面网架完成造型与地坪面呈一定角度，按常规方法需将屋面网架在地面上按照设计姿态拼装完成后，液压同步提升到设计位置。出于安全和经济考虑，施工中首先将大面积的屋面网架在楼板上平卧拼装完成，各提升点进行不同提升比例的非同步提升，使网架翻转成既定倾斜角度，达到设计倾斜姿态，最后同步提升安装就位达到设计状态，形成大面积双曲倾斜屋面网架液压非同步提升翻转施工技术。

3. 大面积双曲倾斜屋面网架液压非同步提升翻转施工技术

主楼 A 区屋面网架北端檐口最高点标高 43.733m，南端檐口最高点标高约 32.292m，高差达 11.441m，为一种双曲倾斜屋面。根据结构特点和现场条件，将主楼大厅屋面网架划分为 5 个安装施工区：主楼大厅提升一区、主楼大厅提升二区、主楼大厅吊装一区、主楼大厅吊装二区、主楼大厅悬挑吊装区，见图 12.4-2。

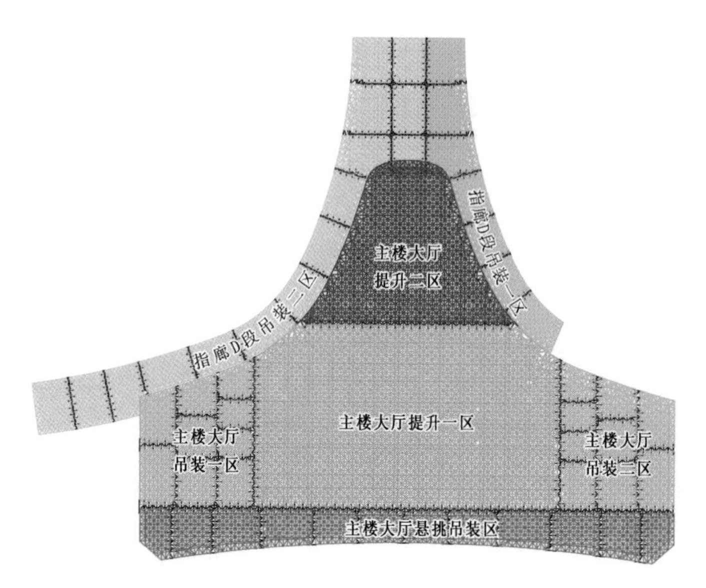

图 12.4-2 主楼大厅屋面网架安装分区

本技术主要介绍主楼大厅提升一区安装技术，该区面积约 19600m^2，提升重量约 1026t。提升一区屋面网架在 8.880m 标高混凝土结构楼面上进行整体散拼拼装后，采用计算机液压整体同步提升—液压非同步提升翻转角度—液压整体同步提升的方案进行安装就位。

（1）屋面网架提升支架设计

根据网架的整体结构情况，主楼大厅提升一区共设置 14 处提升支架，提升支架总体布置及设计见图 12.4-3、图 12.4-4。

提升支架设计主要分为三种类型，第一种为直接利用屋面网架钢柱作为提升支撑柱（TSJ-05、06、07、08、12、13），在柱顶设置提升设施承重结构；第二种为三角组合式提升支架（TSJ-01、04、09、10），组合式提升支架为自稳定结构体系，可保证提升过程中支架的稳定性；第三种为独立式格构式提升支架（TSJ-02、03、11、14）。

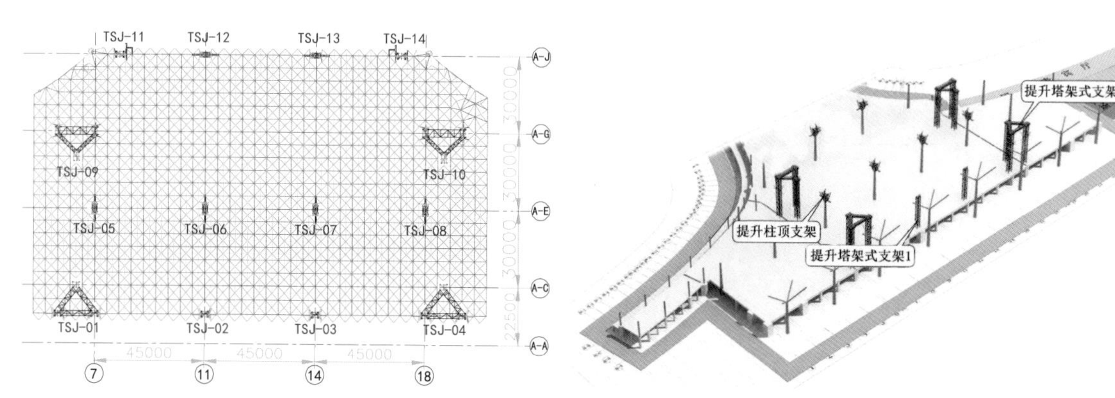

图 12.4-3 提升一区提升支架平面布置

图 12.4-4 提升一区提升支架布置示意图

（2）屋面网架提升支架及吊点设置

根据提升点的布置要和结构刚度分布一致要求，同时也要保证提升状态的结构受力情况和实际使用状态的结构受力情况基本吻合，经计算在支撑架上布置 48 处提升吊点。

直接利用屋面网架钢柱作为提升支撑柱（TSJ-05、06、07、08、12、13），每个支撑柱上部设置四个油泵；三角组合式提升支架（TSJ-01、04、09、10），每个三角支架上部设置四个油泵；独立式格构式提升支架（TSJ-02、03、11、14），每个三角支架上部设置两个油泵，见图 12.4-5。

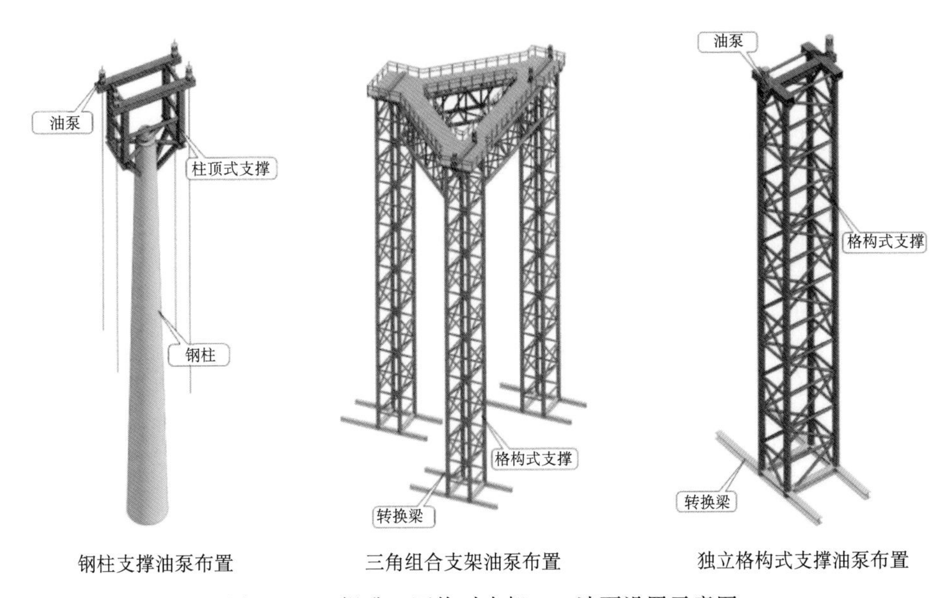

图 12.4-5　提升一区临时支架——油泵设置示意图

（3）液压提升系统配置

主楼大厅提升一区选用的液压提升油器型号为 TX-40-J 型，其额定提升重量为 40t；在每处提升吊点位置安装一台液压提升器，主楼大厅提升一区共配置 48 台液压提升器。

TX-40-J 型液压提升器标准配置 6 根高强度低松弛预应力钢绞线，抗拉强度为 1860MPa；单根直径为 15.24mm，破断拉力不小于 36t，钢绞线作为柔性承重锁具，下部与要提升的网架连接，上部穿过油缸进行提升。48 台油缸共布置 9 台 TX-40-P 型泵站。

（4）屋面网架液压非同步提升翻转施工

1）网架非同步提升翻转工况分析

网架在 9m 楼板上采用平卧姿态组装完成，与水平面呈 0° 夹角，网架安装到位后，网架设计倾斜姿态与水平面呈 3° 夹角，因此在网架提升过程中需进行翻转，以达到设计状态。针对此种情况，按照网架倾斜比，该块网架四排提升点的提升高度便不一致，因此在同一时间内完成的翻转过程，各排提升点的提升速度均也不一致，但根据网架倾斜比，各排提升点的提升速度是按照一定比例进行的。如翻转过程中各排提升点按照既定比例计算出的提升速度提升施工，可以完成网架的翻转。

2）网架非同步提升翻转施工工艺

屋面网架液压非同步提升翻转施工工艺流程，见图 12.4-6。

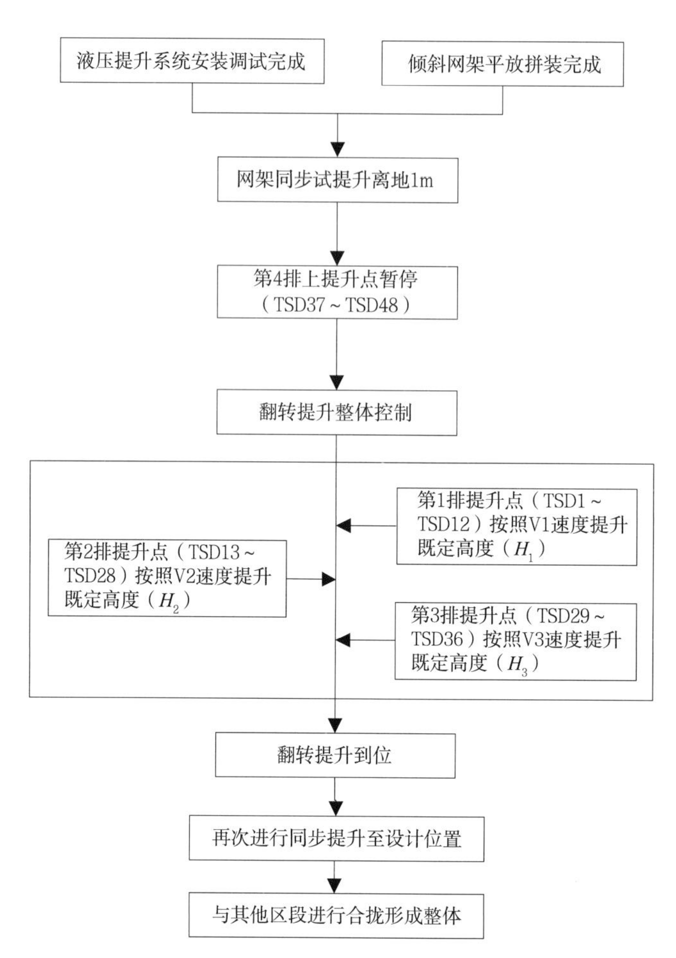

图 12.4-6 屋面网架液压非同步提升翻转施工工艺流程

施工过程中施工要点如下：

①施工前倾斜造型的网架在 8.88m 标高平台上进行平卧拼装，待提升系统安装检查完毕和网架施工质量检查完毕后，进入试提升阶段。

②所有提升点进行液压同步提升，整体提升脱离胎架 1m 左右，静止 12h 后，经全面检查安全正常的情况下，开始正式进入液压非同步翻转提升。

③按照倾斜比要求，以第 4 排（A-J 轴）提升点下部为轴，即在第 4 排各吊点高度保持不变的情况下，第 3 排（A-G 轴）各吊点提升高度 H_3=1572mm，第 2 排（A-E 轴）各吊点提升高度 H_2=3144mm，第 1 排（A-C 轴与 A-A 轴之间）吊点提升高度 H_1=5284mm，各点同时到达对应高度。各排高度控制见图 12.4-7。

④提升过程中，第 4 排（A-J 轴）上的 12 个提升吊点停止提升，对第 3 排（A-G 轴）、第 2 排（A-E 轴）和第 1 排（A-C 轴与 A-A 轴之间）提升油缸进行提升控制，以第 4 排（A-J 轴）为翻转轴，使其他各排提升速度按照 $V_3:V_2:V_1=1:2:3.36$，进行非同步翻转提升，直达设计倾斜姿态。以 A-J 轴为标尺，提升速度控制比例 3 排：2 排：1 排为 1：2：3.36。

⑤在计算机系统控制下，同一轴线上的提升点进行同步提升，不同轴线提升高度不同，使提升一区的网架在空中完成了角度倾斜，翻转成为设计倾斜状态，对比见图 12.4-8 和图 12.4-9。

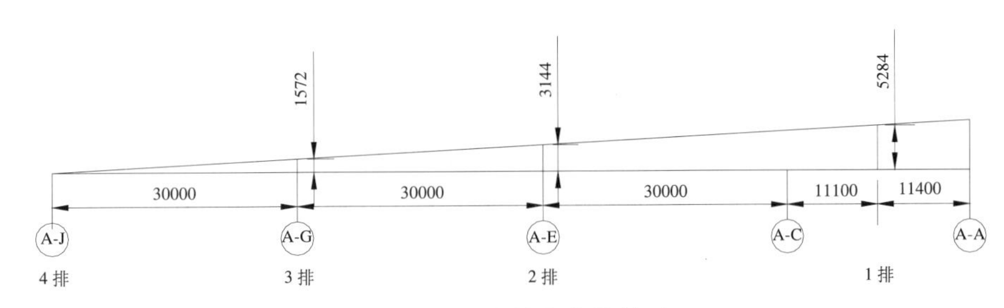

图 12.4-7　翻转高度控制图

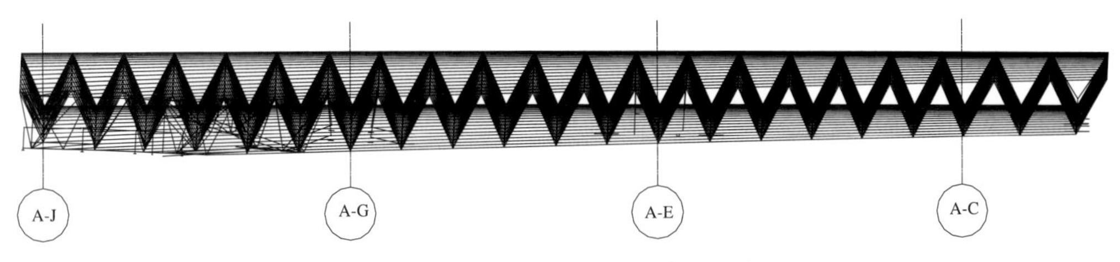

图 12.4-8　液压非同步翻转提升前

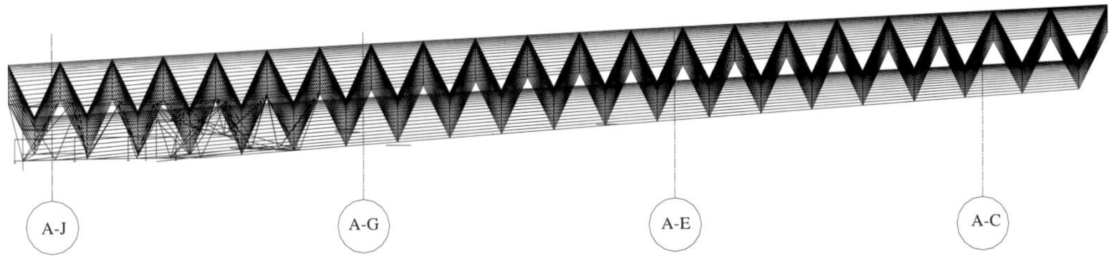

图 12.4-9　液压非同步翻转提升后

⑥屋面网架在空中形成设计倾斜姿态后，再对各个提升点进行液压非同步提升，提升到设计高度后，完成网架设计状态。

3）网架对接合拢措施

在屋面各区段网架均按照设计状态安装完毕后，进行屋面网架合拢对接，屋面网架合拢温度宜控制在 10～20℃，天津市 9 月的气候温度，在日出前全部合拢施工完毕。利用千斤顶、捯链等进行位置矫正施工，保证两边网架挠度一致；安排多名焊工在规定的时间和温度下施工，从中间向两边进行焊接，安装焊接杆件时先焊一端再焊另一端，不能两端同时焊接，以消除焊接应力。

4. 小结

天津滨海国际机场 T2 航站楼主楼大厅提升一区屋盖网架在楼面上采用“卧趴”姿态拼装完成后，通过采用液压非同步翻转提升技术，使平卧姿态的屋面网架在空中调整成为设计的倾斜姿态，于 2012 年 10 月 30 日顺利完成提升就位。通过旋转前后测量和检测数据，网架翻转后能够精确到设计姿态，网架杆件变形、内力分布、整体稳定性均控制在允许范围，改进的液压提升施工技术应用效果良好，完成了近 2 万 m^2 超大面积的倾斜屋面网架液压提升施工的重大技术突破。

大面积双曲倾斜屋面网架液压非同步提升翻转施工技术，节约了大量支撑胎架，提高了网架构件定位精度和焊接质量，很好地控制了网架拼装过程中的杆件变形和整体变形，加快了施工进度，节约了施工工期，同时保障了高空作业安全。此方法的顺利应用，可为今后类似大面积倾斜网架安装施工应用提供了很好的借鉴。

12.5 千米级超长曲面重型折板空腹天窗带网架施工技术

1. 技术背景

成都天府国际机场T1航站楼钢结构天窗带及网架采用标准高度为4m的正放四角锥焊接球天窗带及网架，局部通过抽空杆件形成三条折板空腹天窗带。大厅与指廊的天窗带及网架间通过300mm的防震缝隔开，形成四个基本独立的结构单元。网架中部位置设置有一条与D区大厅相连的天窗带，天窗带一直延伸至中庭，其中部分下弦杆件替换为合金钢拉杆，钢拉杆共30套，三套为一组，A、C区指廊各5组。天窗带主要集中在D区大厅，D区大厅钢屋面天窗带及网架平面尺寸为522m×[107（最窄处）~324m]，根据天窗带及网架的分布，将天窗带及网架整体提升区域大体上划分为16个提升区域，即大厅东侧悬挑区域D1-1~D1-3、两侧腰线D2-1~D3-2、与AC指廊临近的DA~DC，大厅中心区域D4-1~D4-7，见图12.5-1。

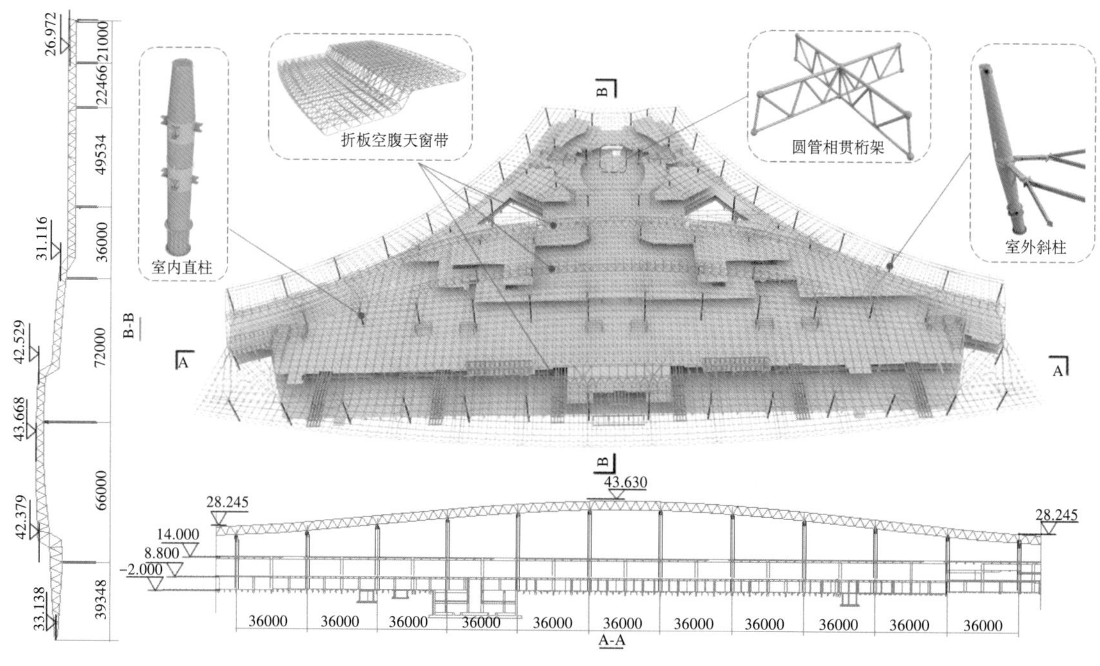

图12.5-1 折板空腹天窗带分布图

技术难点：

（1）钢结构天窗结构复杂，重量极大

天窗带结构未纯钢结构骨架，其中包含腹板、连杆、钢球等结构，重量极大，因天窗所受荷载为恒荷载（自重）和活荷载（风、雨雪等）共同作用，且天窗玻璃为斜向安装，受力情况复杂。

（2）高空散拼补焊吊装施工难度大、危险性高

目前国内比较常见的天窗带网架安装施工方法为大面网架安装后进行天窗带的局部安装，通

常网架结构无法一次性完成整体吊装，均需散拼补焊。这种高空补焊吊装施工技术难度大，工程产值小，投入成本高，操作危险大，特别是当网架下方的吊装工作面混凝土楼板存在高低错落的情况，措施费用成本较高。

（3）天窗接缝节点处极易渗漏，防水要求高

天窗设计为可开启天窗，其密封性要求极高，且接缝闭合处节点设计需设计合理、可实施性强并保证天窗可开启。

2. 技术特点

（1）提出了抽空腹板杆件，形成折板空腹天窗的设计理念，根据结构受力计算分析，对钢结构天窗的杆件进行了优化，减轻了钢结构天窗的重量，降低了施工的难度。

（2）建立了千米级机场钢结构多尺度施工动态优化分析技术，利用焊接球的节点作用和杆件的连接作用，在不影响提升前提下，形成完整的受力体系，解决了结构单元变形大、受力不连续的难题。

（3）创新采用施工过程节点性能增强技术，揭示了节点构造、宽度比和厚度比等参数对节点性能增强的影响，建立了考虑节点强度和刚度退化影响的二折线恢复力模型，提出了节点承载力增大系数的计算方法。

（4）发明的无人值守磁吸式棱镜测控反馈技术，利用磁吸材料制作形成支座腔体，腔内集成球形调节器，用于棱镜工作角度调节，确保了棱镜垂直度，解决了高空空间几何测量难题，实现了无人值守，降低了测控风险。

（5）创新采用天窗带和网架地面拼装、整体提升的施工方法，避免了高空大量散拼焊接，减少了施工难度，降低了天窗带网架施工危险性。

3. 施工工艺

（1）工艺原理

1）天窗带及网架整体提升的施工方法，使天窗带及网架最大程度在拼装面拼装成整体，提升时天窗带及网架内部的受力分配更接近使用状态的受力情况，对天窗带及网架本身更有利。

2）为确保结构单元及主楼结构提升过程的平稳、安全，根据天窗带及网架钢结构的特性，采用"吊点油压均衡，结构姿态调整，位移同步控制，分级卸载就位"的同步提升和卸载落位控制策略。

3）工程网架面积巨大，需根据网架自身结构及下部拼装场地等条件限制，分块提升，每一块单独分析，拼装、吊点设置、提升架布置、每点提升荷载、支架设计、提升步骤等过程做好技术准备。

4）液压提升器两端的楔形锚具具有单向自锁作用。当锚具工作（紧）时，会自动锁紧钢绞线；锚具不工作（松）时，放开钢绞线，钢绞线可上下活动。液压提升一个流程为液压提升器的一个行程。当液压提升器周期重复动作时，被提升重物则一步步平稳向前移动。

（2）施工工艺流程

提升分级加载→结构离地检查→姿态检测调整→整体同步提升→提升就位→预应力钢拉杆张拉→结构卸载。

第一步：在拼装胎架上散件拼装天窗带及网架，安装提升平台，放置提升器，提升器通过钢绞线与下提升点连接，见图12.5-2。

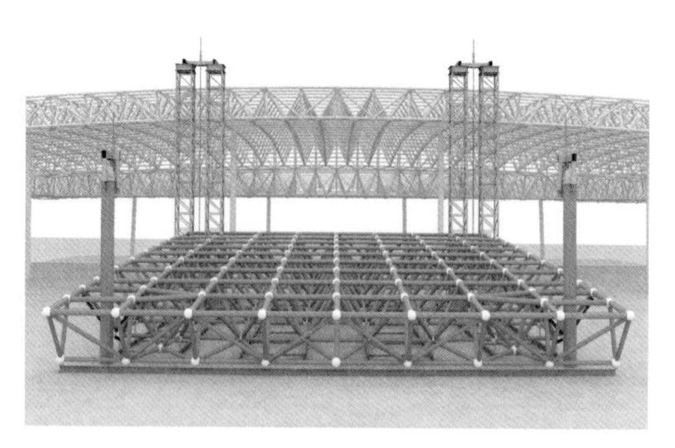
图 12.5-2 在拼装胎架上散件拼装天窗带及网架

第二步：天窗带及网架全部拼装完成后，提升器分级加载，使天窗带及网架整体脱离拼装胎架约 100mm，停止提升。液压缸锁紧，天窗带及网架静置至少 12h，检查天窗带及网架结构、临时杆件、提升点和提升支架等结构有无异常情况。

第三步：检查无误后，整体同步提升天窗带及网架，见图 12.5-3 和图 12.5-4。

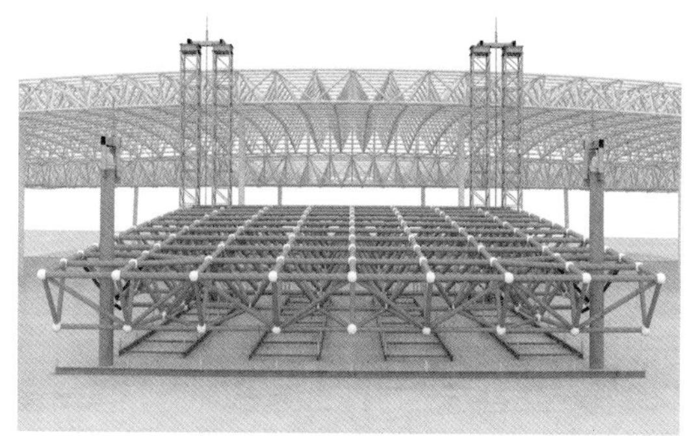
图 12.5-3 提升器分级加载

图 12.5-4 整体同步提升天窗带及网架

第四步：整体同步提升天窗带及网架至设计标高处，提升器微调作业，天窗带及网架精确就位。液压缸锁紧，安装后补杆件。

第五步：提升器卸载，天窗带及网架落在柱顶支座上。拆除提升设备、提升平台等临时设施，见图 12.5-5 和图 12.5-6。

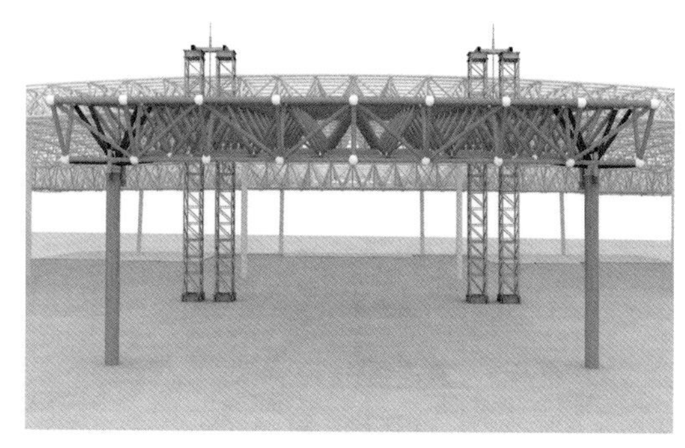
图 12.5-5 整体同步提升天窗带及网架至设计标高处

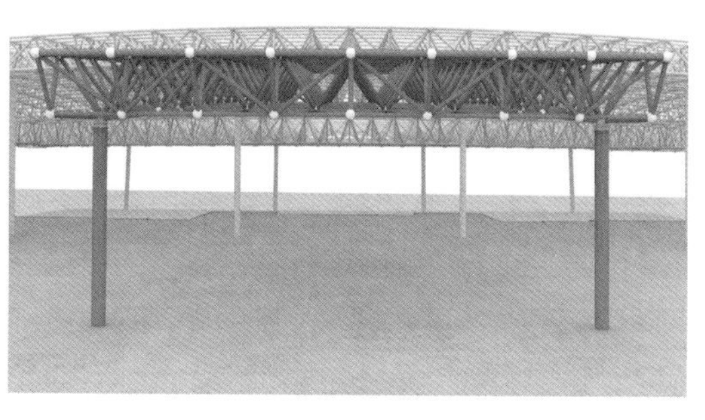
图 12.5-6 天窗带及网架落在柱顶支座上

(3) 提升分级加载

通过试提升过程中对网架结构、提升设施、提升设备系统的观察和监测，确认符合模拟工况计算和设计条件，保证提升过程的安全。以计算机仿真计算的各提升吊点反力值为依据，对网架钢结构单元进行分级加载（试提升），各吊点处的液压提升系统伸缸压力应缓慢分级增加，依次为20%、40%、60%、80%；在确认各部分无异常的情况下，可继续加载到90%、95%、100%，直至天窗带及网架钢结构全部脱离拼装胎架。

在分级加载过程中，每一步分级加载完毕，均应暂停并检查如：上吊点、下吊点结构加载前后的变形情况，以及主楼结构的稳定性等情况。一切正常情况下，继续下一步分级加载。当分级加载至结构即将离开拼装胎架时，可能存在各点不同时离地，此时应降低提升速度，并密切观察各点离地情况，必要时做“单点动”提升。确保天窗带及网架钢结构离地平稳，各点同步，见图12.5-7。

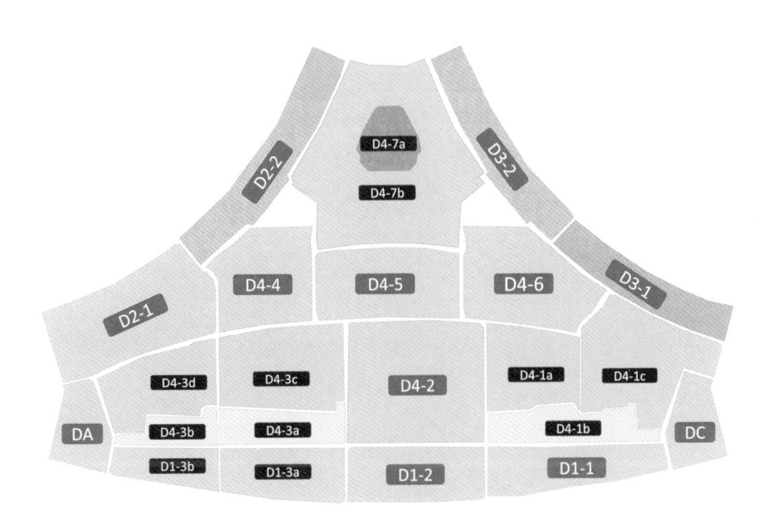

图12.5-7　D大厅天窗带及网架提升分区图

(4) 结构离地检查

天窗带及网架结构单元离开拼装胎架约100mm后，利用液压提升系统设备锁定，空中停留12h以上做全面检查（包括吊点结构，承重体系和提升设备等），并将检查结果以书面形式报告。各项检查正常无误，再进行正式提升。

(5) 姿态检测调整

用测量仪器检测各吊点的离地距离，计算出各吊点相对高差。通过液压提升系统设备调整各吊点高度，使结构达到水平姿态。

(6) 整体同步提升

以调整后的各吊点高度为新的起始位置，复位位移传感器。在结构整体提升过程中，保持该姿态直至提升到设计标高附近。

(7) 提升就位

结构提升至设计位置后，暂停；各吊点微调使主天窗带及网架各层弦杆精确提升到达设计位置；液压提升系统设备暂停工作，保持结构单元的空中姿态，主网架中部分段各层弦杆与端部分段之间对口焊接固定；安装斜腹杆后装分段，使其与两端已装分段结构形成整体稳定受力体系。

液压提升系统设备同步卸载，至钢绞线完全松弛；进行网架钢结构的后续高空安装；拆除液压提升系统设备及相关临时措施，完成网架结构单元的整体提升安装。

（8）预应力钢拉杆张拉

本工程预应力钢拉杆主要分布于指廊天窗带位置，共 120 根，A、C 指廊各 60 根。均与天窗两侧的下弦球连接，拉杆强度等级为 650 级。钢拉杆具体张拉步骤如下：

1）每根钢拉杆单根张拉；每个焊接球节点上的 2 根钢拉杆同步分级张拉。

2）张拉点：钢拉杆的调节端。

3）拉杆张拉控制项目及其目标。

4）拉杆张拉控制采用双控原则：控制拉力和变形。

5）张拉过程分析。

模拟张拉过程，进行施工全过程力学分析，预控在先。待全部张拉完毕后，进行屋盖网架卸载工作，然后转入下道工序施工，见图 12.5-8 ~图 12.5-10。

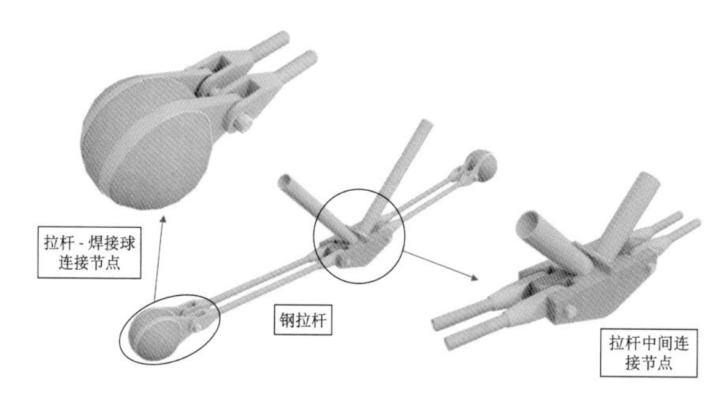

图 12.5-8 钢拉杆节点三维图

图 12.5-9 U 形拉杆典型结构图

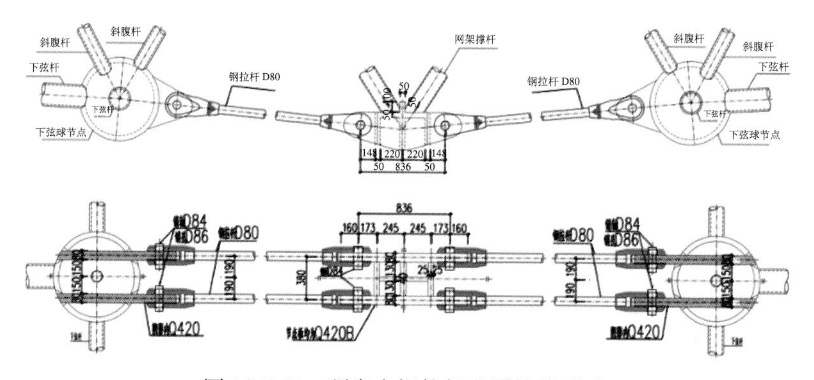

图 12.5-10 预应力钢拉杆典型连接形式

(9) 结构卸载

总体卸载原则为：分区卸载、分级同步、变形协调。

后装杆件全部安装完成后，进行卸载工作。按计算的提升载荷为基准，所有吊点同时下降卸载10%；在此过程中会出现载荷转移现象，即卸载速度较快的点将载荷转移到卸载速度较慢的点上，以至个别点超载。因此，需调整泵站频率，放慢下降速度，密切监控计算机控制系统中的压力和位移值。若某些吊点载荷超过卸载前载荷的10%，或者吊点位移不同步达到10mm，则立即停止其他点卸载，而单独卸载这些异常点。如此往复，直至钢绞线彻底松弛。

4. 小结

成都天府国际机场航站区土建工程施工总承包一标段工程，应用本技术在施工过程中，未出现任何安全事故，大大缩短施工工期，节省施工成本，同时提高本工程施工技术含量，有良好的经济效益和社会效益。

第 13 章　航站楼屋面工程施工关键技术

机场屋面工程是机场建设中的重要环节，涉及机场综合体内外部各种建筑结构的屋面和覆盖。本章针对机场屋面工程的施工，介绍了大面积超纯铁素体不锈钢屋面施工技术、大面积直立锁边金属屋面抗风、防水关键施工技术以及双层檩条体系复杂曲面金属屋面施工技术，形成了超大面积高空复杂异型双曲吊顶施工工法。

另外，本章介绍的屋面工程技术，重点介绍基于青岛新机场项目研发了抗风掀屋面。

13.1　大面积超纯铁素体不锈钢屋面施工技术

1. 工程概况

青岛胶东国际机场金属屋面工程分为两个标段：F 大厅为本工程一标段；A、B、C、D、E 指廊为本工程第二标段。一标段屋面面积为 12.2 万 m^2，二标段屋面面积为 10.1 万 m^2，其中 A、B 指廊屋面面积均为 1.6 万 m^2，C、D、E 指廊屋面面积均为 2.3 万 m^2。屋面总面积为 22.3 万 m^2，属于超大型金属屋面工程，见图 13.1-1。

图 13.1-1　金属屋面平面示意图

铝镁锰屋面系统优势是可以方便地生产出各种形状的异型板，能够适用于造型比较复杂的屋面。在系统设计上没有过多地考虑抵抗极端台风的能力，加之这种系统在施工精度上有着比较高的要求，铝合金的热膨胀系数较高，热胀冷缩变形很大，这些因素叠加后极易造成屋面漏水、风揭事故。课题组以焊接不锈钢金属屋面作为青岛胶东国际机场金属屋面系统的初步设想。

航站楼不锈钢屋面是目前世界最大的超薄不锈钢屋面，且青岛属于温带海洋性季风气候，雨水强、风压大、腐蚀大。项目团队经过不断的研发与改进，采用了全新的超纯铁素体不锈钢新材料，防台风、耐腐蚀、强度高、自重轻、焊接性能优异、膨胀系数小，能实现百年不锈，且厚度为0.5mm。新材料配合新技术，屋面所有连接缝全部为连续焊接，形成一整块密闭的钢板，从根本上确保了屋面系统防水的可靠性。

2. 技术特点与难点

青岛属北温带海洋性季风气候，重现期50年的基本风压为0.60kN/m^2，要想满足耐久、抗风、防渗漏的金属屋面，需要满足以下五个方面的基本条件：

（1）面板材料强度高、质量轻；

（2）面板材料及其连接部位防腐性、防火性能好；

（3）系统抗风、防水性能好；

（4）加工造型能力好，以满足屋面造型要求。

在满足结构安全和使用功能的前提下，合理降低成本。

3. 屋面系统确定

（1）屋面选择材料对比，见表13.1-1。

金属屋面材料对比表　　表13.1-1

对比项	铝合金	不锈钢	结论
工程造价	单层铝合金屋面板系统造价约为200～300元/m^2。使用寿命20年	单层不锈钢板屋面板系统造价约为300～400元/m^2。使用寿命50年	不锈钢单方造价高于铝合金屋面，但由于使用寿命比铝合金屋面长，所以年化造价低于铝合金屋面
材料密度	铝镁锰合金密度为2.73kg/cm^3。1.0mm厚65/400型直立锁边铝合金屋面板重量3.90kg/m^2	不锈钢密度约7.93kg/cm^3。1.0mm厚不锈钢屋面板重量为12.0kg/m^2	不锈钢密度为铝合金3倍，但一般采用的不锈钢厚度为铝合金的一半，故不锈钢屋面的材料荷载约为铝合金的1.5倍
材料强度	抗拉强度230～265MPa，强度达到普通钢材，足够满足受力要求	抗拉强度515MPa，破坏方式为锁边结构固定破坏，而不是材料抗拉极限影响	不锈钢板结构强度远高于铝合金
耐腐蚀性	防腐性能较好，使用寿命约40年，但对于某些气候和环境条件敏感，适用范围有一定限制	防腐性能极佳，屋面使用寿命长达80年，可适用于各类恶劣环境	不锈钢材质自身抗腐蚀性（尤其是在恶劣气候环境下）优于铝合金，但铝合金表面的油漆进一步保护其不被腐蚀
耐火性	3004铝镁锰合金熔点约600℃	不锈钢熔点在1200℃以上，即使在800℃时仍能保持60%以上的强度	不锈钢耐火性能明显强于铝合金
可焊性	可焊接，熔点低，约为650℃，并需配合专业节点设计。焊接后经过打磨，喷漆可以达到	可焊接，熔点高，约为1450℃，现场连续焊接比较困难。板厚太薄，变形大，很容易焊透，质量很难保证。焊接后对表面的产生不可恢复破坏，现场修补困难	两者均可进行焊接，但不锈钢焊接有厚度要求

续表

对比项	铝合金	不锈钢	结论
加工能力	加工长度不限；弧弯可达半径1.8m以上；由于弹性模量较小(0.72×105MPa)，极易加工成曲线而且不会反弹；造型成本较低	加工长度一般不超过12m；板面刚度小，弯曲加工后，特别是受温度影响而变形，板面会呈波纹状；造型成本较高	造型能力两者均可，铝合金加工性能优于不锈钢，加工成本低于不锈钢
外观效果	铝镁锰合金板常用氟碳烤漆做表面处理，有几十种色彩，且可做亚光处理，包括处理成锌表面色，可以满足几乎所有颜色的要求	一般为本色，颜色单一，由于表面比较特殊，附着力等原因，对涂漆工艺要求高，成本较高	铝合金屋面外观多样性与丰富性高于不锈钢焊接屋面系统，可适应各种设计要求，而不锈钢屋面外观有独特的质感，两者各有优势

综上所述，铝合金屋面与不锈钢屋面在外观造型上两者各具优势，但不锈钢屋面在工程造价、材料强度、耐腐蚀性能、耐火性能等方面明显优于铝合金屋面，而这些性能优先考虑，虽然铝合金屋面在材料密度和加工造型能力优于不锈钢屋面，但可以通过工艺调整得到有效处理。金属屋面材料选择为不锈钢。

（2）工艺方案遴选

项目部根据现场实际情况提出了三种屋面施工方案，分别为直立锁边屋面系统、咬口锁边屋面系统、焊接屋面系统，并通过防水性能对三种工艺进行对比分析。

由于不锈钢弹性模量较大导致的变形反弹等不利因素，咬口式不锈钢板屋面防水可靠性低于直立锁边铝合金板屋面，焊接式不锈钢屋面有优异的防水性能和形态设计的自由度。通过材料对比及工艺分析，最终选择焊接屋面系统。

依据《建筑物防雷设计规范》GB 50057-2010第5.2.7条规定：金属板下面无易燃物品时，铅板的厚度不应小于2mm，不锈钢、热镀锌钢、钛和铜板的厚度不应小于0.5mm，铝板的厚度不应小于0.65mm，锌板的厚度不应小于0.7mm。

根据青岛新机场航站楼风洞试验报告，综合不锈钢材料性能以及屋面板的板型、约束条件，计算得出不锈钢屋面板的理论厚度为0.4mm。结合屋面板焊接所使用的焊接技术，为避免大面积焊穿现象，选择较厚的不锈钢材料。

最终确定不锈钢屋面板厚度为0.5mm。

4. 主要创新点

（1）通过对铝合金与不锈钢屋面板从密度、强度等材料特性以及造价、连接方式进行分析对比，并根据《建筑物防雷设计规范》以及风洞试验报告结构，最终确定采用0.5mm厚（25/400）型焊接不锈钢屋面板作为屋面型材。

（2）通过对焊接设备的改进，提高了焊接工艺的自动化程度，加快了焊接速度，同时提高了焊接稳定性、可靠性，为大面积的不锈钢屋面板焊接施工提供了保障。

（3）通过对不锈钢屋面系统的钢板支撑系统进行优化，采用支撑强度更高、耐久性更好、完全不燃的1.0mm厚YX51-250-750压型钢板上铺1.2mm厚平钢板作为焊接不锈钢面板的支撑层，既满足规范对防火的要求，又能节约檩条用钢量，在提高了屋面系统的结构安全性的同时降低了造价。

（4）选用全球最严格的指标和试验方法对焊接不锈钢屋面系统进行抗风揭试验，保证了抗风揭试验能反映最严格的抗风揭性能。

（5）形成一套完整且可操作的不锈钢焊接屋面系统作业指导书及验收标准，为大面积不锈钢屋面系统的推广应用提供了技术指导。

5. 施工工艺流程（图13.1-2）

步骤一：主檩托、檩条安装

步骤二：次檩托、檩条安装

步骤三：穿孔压型钢底板安装

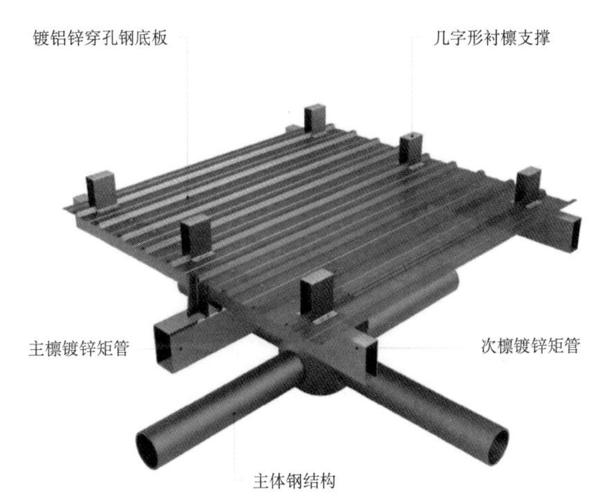

步骤四：几字形衬檩支撑安装

步骤五：无纺布、玻璃纤维吸声棉安装

步骤六：PE防潮膜、憎水岩棉安装

图13.1-2 屋面安装十四个步骤（一）

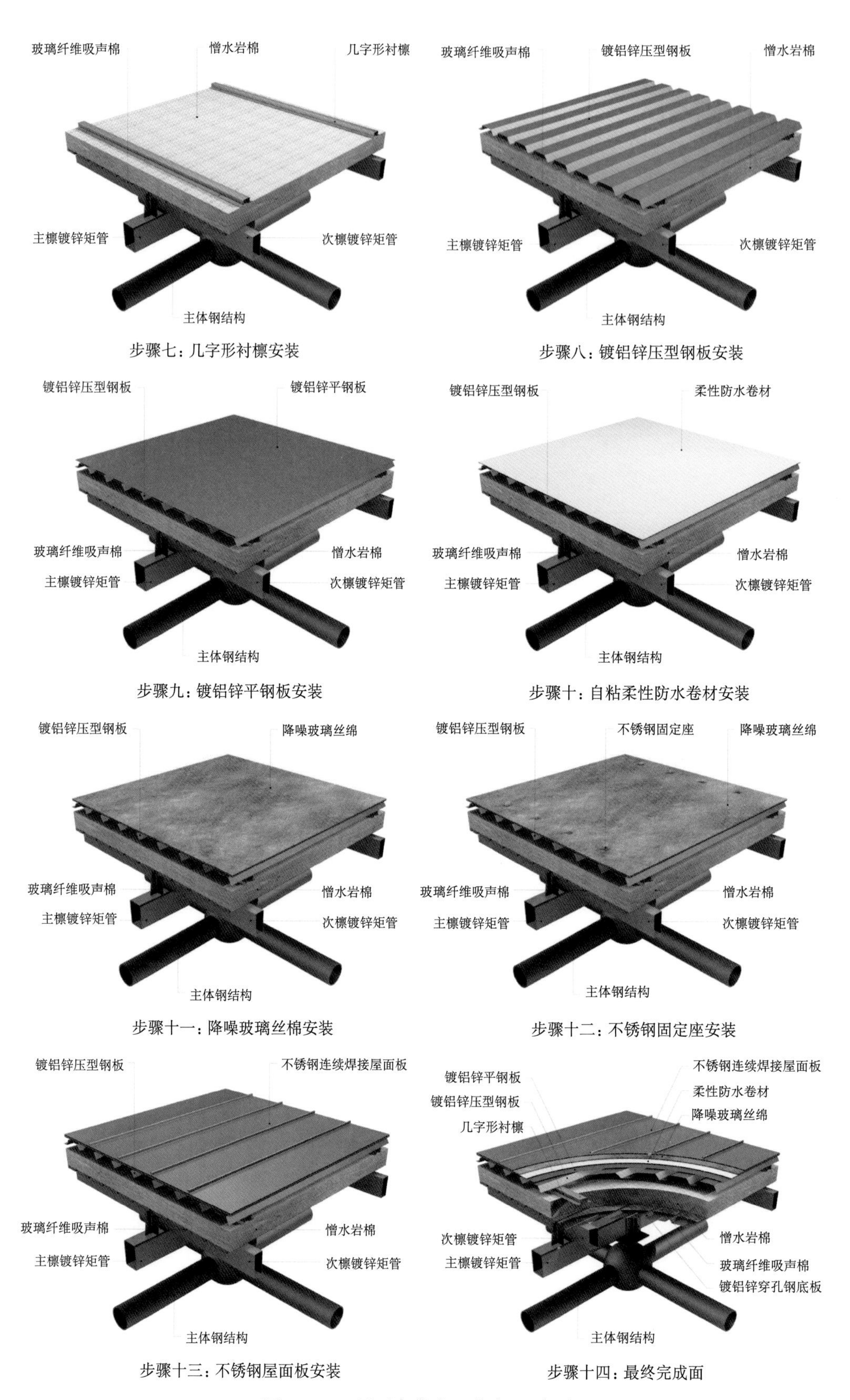

图 13.1-2 屋面安装十四个步骤（二）

6. 实施效果

项目通过对超大面积不锈钢金属连续焊接屋面施工技术的研究，完善了金属屋面施工工艺，抗风揭性能良好，无渗漏。对比传统咬口锁边不锈钢金属屋面，在提高施工质量的同时，降低了施工成本。通过对国内外金属屋面材质、屋面系统构造、施工工艺及检测标准的研究，提出了适合海洋性气候的大面积不锈钢金属屋面系统的施工技术，保证了金属屋面的构造安全和使用功能。

13.2 超大面积高空复杂异型双曲吊顶施工技术

1. 概况

杭州萧山国际机场是国内罕见的超大面积高空复杂异型双曲吊顶，总面积约 12.5 万 m^2，其中室内面积 95200m^2，室外面积约为 30600m^2。在设计上以“荷叶”为主题，通过提取西湖荷花“接天莲叶、出水芙蓉”的典型意象，运用 40 组荷叶柱（室外 8 个，室内 32 个）矗立于出发大厅，重重叠叠，形成复杂连续曲面，将意象营造与建筑结构设计、空间采光、通风等性能优化相结合，充分体现了江南水乡特色。如何克服超大面积、超复杂造型、超大加工难度以及精准定位等施工难度，将金属蜂窝板材料运用到复杂曲面吊顶中，以铝合金吊顶之刚性表达出荷叶之柔美，达到“刚柔并济”的效果，令吊顶表达效果更加丰富，是研究重点。项目团队通过研发与攻关，形成了超大面积高空复杂异型双曲吊顶施工技术，在工程中得到成功应用，见图 13.2-1。

图 13.2-1 超大面积高空复杂异型双曲吊顶效果图

2. 技术特点及工艺原理

（1）开发了三维扫描的逆向 BIM 模型建模动态校准方法和基于参数化分析与足尺模块试验方法，解决了高大空间复杂吊顶 BIM 深化模型准确性和大曲率薄壁双曲蜂窝板的设计加工稳定性和拟合度的难题。

（2）研发了铝合金空间弯扭构件制作技术，改进了专用数控折弯机和热压复合系统，解决了复杂异型双曲吊顶铝合金加工难题。

（3）研制了两款多自由度可调吊顶连接装置，允许多角度、多方向进行调整，并且结构稳固，施工方便，解决了复杂异型双曲吊顶安装不平整的难题。

（4）发明了室内复杂异型双曲造型吊顶的三维立体曲面构建方法及整体控制测量 + 局部三维扫描全过程安装精度控制方法，实现了复杂异型双曲吊顶造型在三维空间具体位置映射及精准定位，减少了放样测量的误差，确保了过程精准施工。

（5）研发了逆作法吊顶安装技术，采用反吊法 + 高空车辅助拼装法，合理划分区域、流水段施工，极大地节约了工期和成本。

3. 施工工艺流程及操作要点

（1）施工工艺流程

施工工艺流程见图 13.2-2。

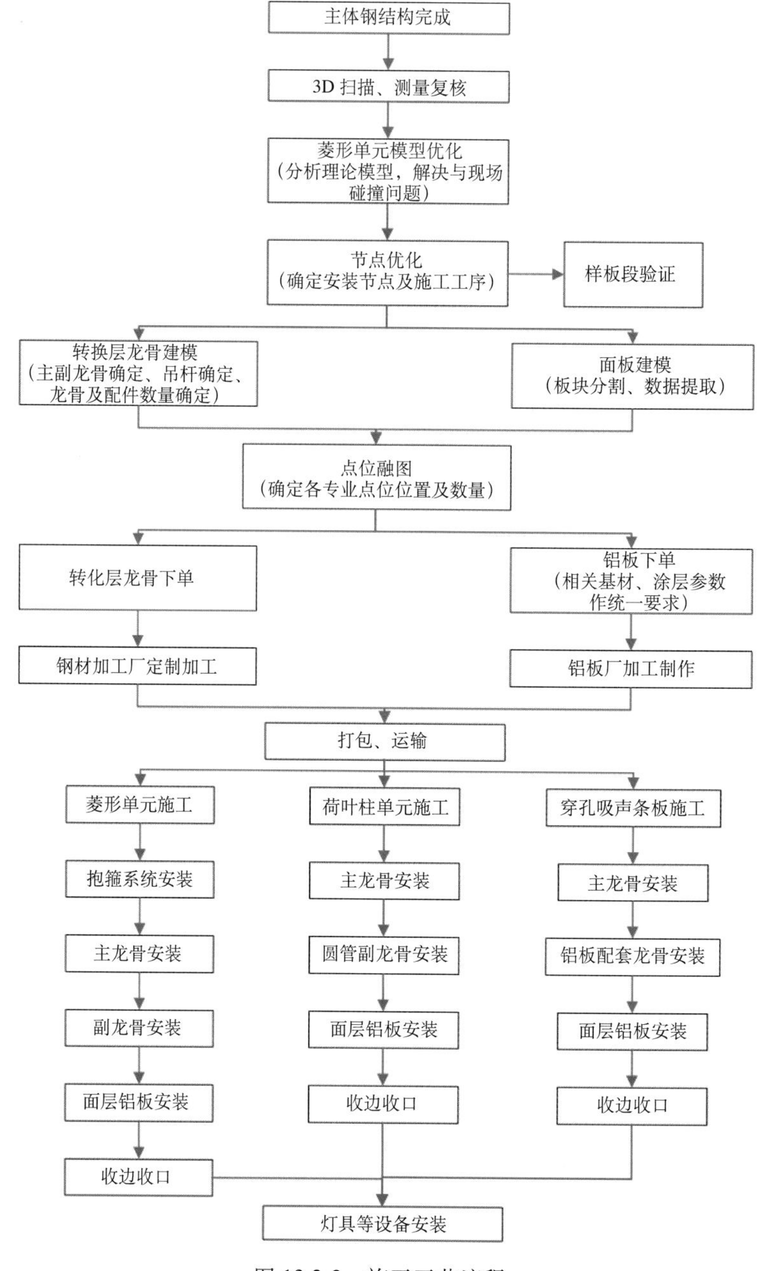

图 13.2-2 施工工艺流程

(2) 施工准备

1) 3D 扫描、测量复核

根据该工程已有控制点作为本次平面控制的起算数据，对所提供的坐标按规范要求进行方向值，边长等各项要素检测，对检测成果数据进行精度分析，成果符合规范要求后，再按施工现场的条件情况布设控制网，运用三维扫描技术对卸载完的钢结构进行扫描，与各单位确定统一控制点，确认统一模型，根据最终确认的模型进行建模，为后续施工提供依据。

2) 菱形单元、荷叶柱单元模型优化、样板段验证

通过 ANSYS 有限元受力分析及试验，并制作等比例样板段，进行样板施工，样板验收合格后，确认铝板材质、表面涂料工艺及整体排版方案，统一操作程序，统一施工做法，统一质量验收标准，再进行大面积施工，见图 13.2-3 和图 13.2-4。

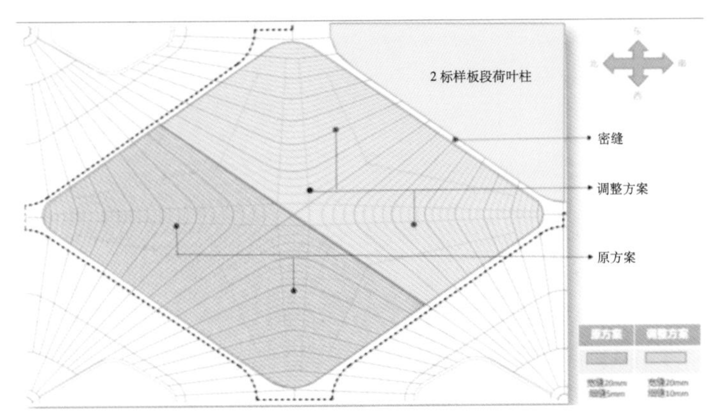

图 13.2-3 二级控制点确认

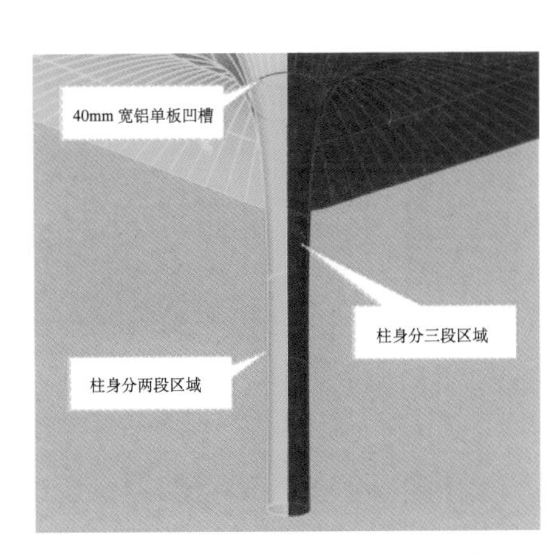

图 13.2-4 三维扫描基准点确认

3) 铝板加工制作工艺流程

铝板加工制作工艺流程见图 13.2-5 和图 13.2-6，主要工序为冲孔、切料、整平、开料、折弯、敷胶、热压复合。

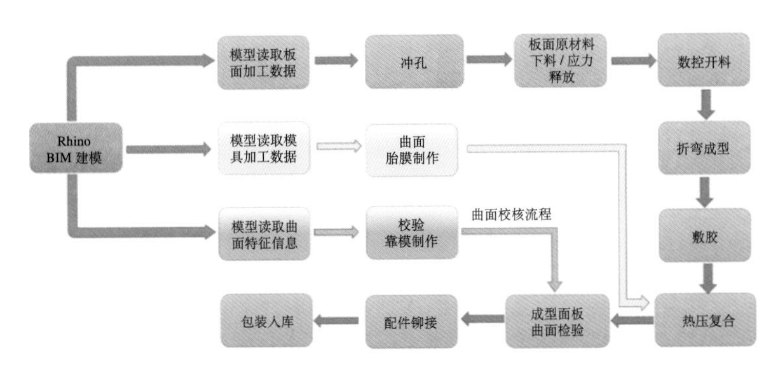

图 13.2-5 铝板加工工艺流程

图 13.2-6 铝板工厂加工

(3) 菱形单元、荷叶柱单元、穿孔吸声条板施工

1) 抱箍系统安装

根据抱箍节点，采用16#螺栓将弧形抱箍件和配套耳板固定于预留支托上，耳板可以和100mm×50mm×5mm主龙骨连接，见图13.2-7。

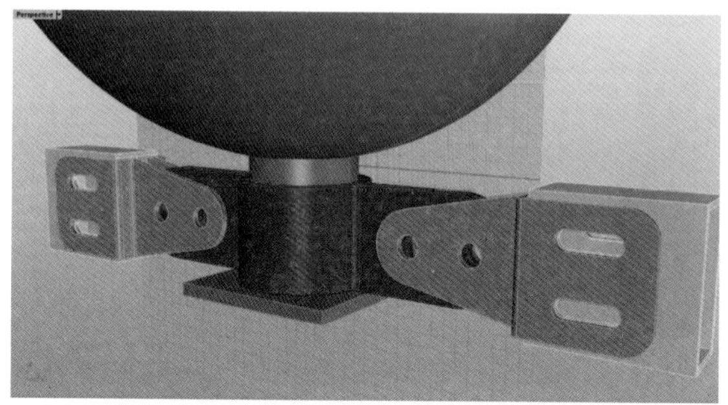

图13.2-7 抱箍系统模型图及现场图

2) 主龙骨安装

抱箍系统完成后，在地面将100mm×50mm×5mm方矩管特点位置打孔，用12#螺栓将龙骨固定在抱箍耳板上，横撑主龙骨用L形转向节和12#配套螺栓固定，见图13.2-8。

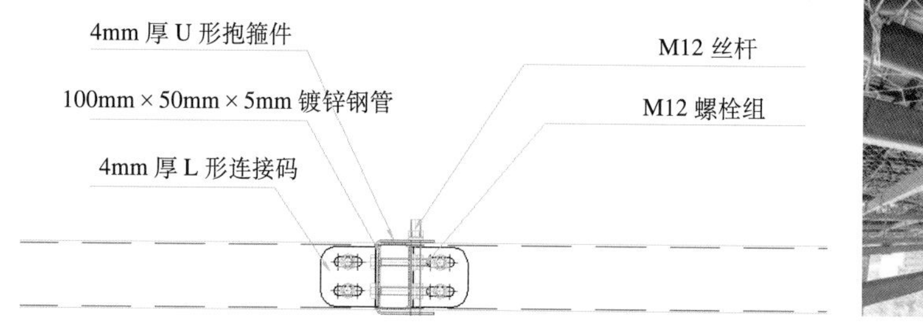

图13.2-8 主龙骨横纵连接图及现场实际图

副龙骨安装：主龙骨安装完成后，根据模型点位将50mm×50mm×3mm副龙骨位置大致确定，用专用连接杆和U形抱箍件进行固定连接，见图13.2-9和图13.2-10。

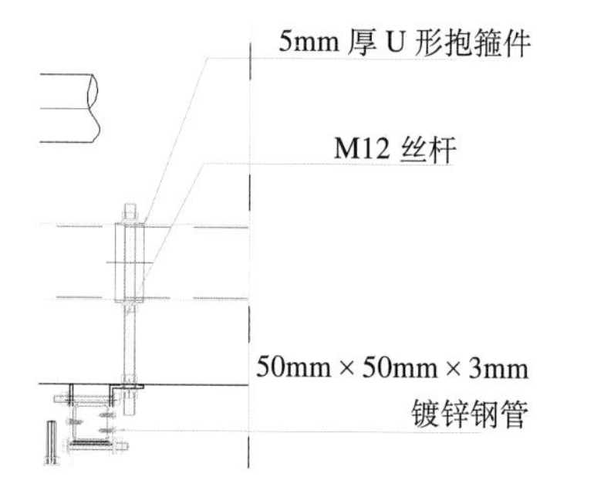

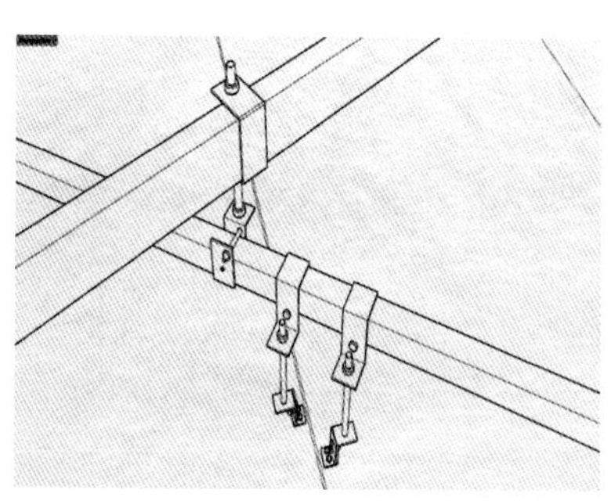

图13.2-9 主、副龙骨连接模型图

图 13.2-10 主、副龙骨连接实际图

3）面层铝板

副龙骨安装完成后，面层双曲蜂窝铝板安装点位根据模型提取点位数据进行定位依据，用全站仪实时定位进行把控，确保双曲蜂窝铝板安装与模型吻合；副龙骨与铝板之间采用定制连接与蜂窝铝板内预留型材进行连接，见图 13.2-11。

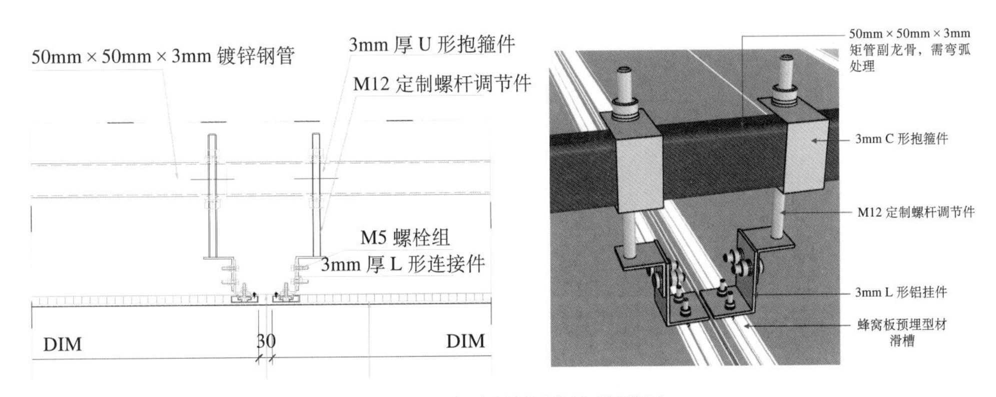

图 13.2-11 铝板吊杆连接模型图

荷叶柱单元采用圆管作为副龙骨，用定制耳板作为连接件，竖向龙骨作为受力龙骨，见图 13.2-12。

图 13.2-12 荷叶柱竖龙骨与圆管连接模型图

4）收边收口

铝板板缝之间采用专用压条进行铆钉固定，对不顺滑的板块之间进行调整。

（4）双曲铝板吊顶施工

采用地面拼装后采用高空车辅助安装，连接件的安装，爪件的安装，主副龙骨的安装，吊装盘的安装工作采用高空车辅助施工，见图 13.2-13。

图 13.2-13 高空车辅助拼装

4. 小结

该技术在杭州萧山国际机场三期项目得到了全面应用，形成了一套完整可靠的加工工艺、施工工艺流程及方法。本技术成功实现了杭州萧山国际机场三期项目超大面积高空复杂异型双曲吊顶高效施工，施工效果满足设计要求，工法应用效果良好，推动了超大面积高空复杂异型双曲吊顶施工技术的进步，社会效益显著；具有广泛的推广应用前景。

13.3 大面积直立锁边金属屋面抗风、防水关键施工技术

1. 技术简介

天津滨海国际机场 T2 航站楼工程屋面平面投影面积达 102050m^2，采用铝锰镁直立锁边金属板屋面板，属于超大面积金属屋面，且设计新颖，节点多、弧度及跨度大、造型复杂，极易发生漏水或风掀屋面板的情况。施工中，通过优化设计，强化细部构造节点等措施，解决了屋面渗漏和抗风问题，就此总结相关技术措施，供以后类似工程借鉴和应用。

2. 技术背景和难点

（1）机场航站楼屋面面积巨大，且存在弧形、倾斜、双曲、波浪等造型，给屋面受力及其风压分布的分析带来诸多困难。同时设计时仅通过理论结合实验（风洞实验等）进行计算分析，其复杂的建筑体型、建筑内外环境的理论与实际存在偏差，造成屋面局部受力复杂部位安全储备不足。

（2）直立锁边金属屋面系统因其优越的性能和特点得到大量的应用，尤其是在机场航站楼的大面积屋面中优势明显。但不同材质性能差别大，如屋面板、支座固定螺栓等，其对屋面的抗风、防水性能影响很大。

（3）屋面防水节点深化设计不到位，特别是檐口、天窗、天沟变形缝等易渗漏部位；同时施工

控制不到位，没有严格控制现场材料质量及节点施工质量，对工程质量影响较大。

3. 优化设计措施

（1）抗风设计优化措施

1）屋面系统材料的选用：针对铝镁锰金属屋面板的材质选用机械性能优越的AA5754铝合金板，其板材抗风压性能要更好，同时加工性能好，易于折边，在加工及安装过程中不易产生微裂。板宽和厚度选用65/333型，1mm厚的铝板更趋于安全。固定T码用的固定螺钉优选顶部是碳钢材质，帽部为不锈钢材质的螺钉；对于大于3mm厚的檩条，采用细纹螺牙螺钉，以确保固定T码和檩条连接牢固。

2）檩条布置及固定

①檩条间距不宜超过1.2m。在屋面周边及薄弱区设置檩条加密区，以保证屋面在风压作用下结构安全，见图13.3-1屋面周边檩条加密区示意图。

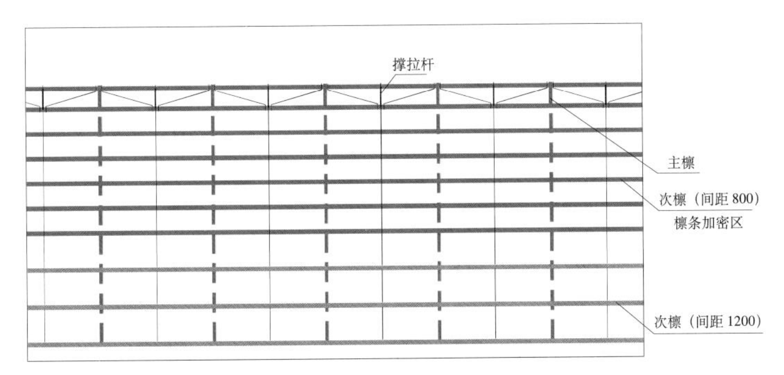

图13.3-1　屋面周边檩条加密区示意图

②在屋面薄弱区域檩条间设置撑拉杆，既拉又撑，确保檩条间相对稳定，减少因大风引起的檩条变形。撑拉杆做法见图13.3-2和图13.3-3。

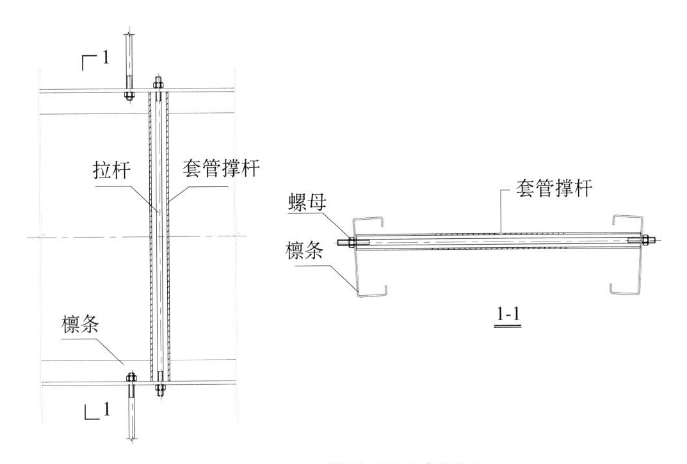

图13.3-2　撑拉杆示意图1

③在坡屋面中，C形檩的开口方向对檩条受力影响很大，C形檩开口方向应朝上，更利于整体稳定，见图13.3-4，倾斜屋面檩条开口朝向示意图。

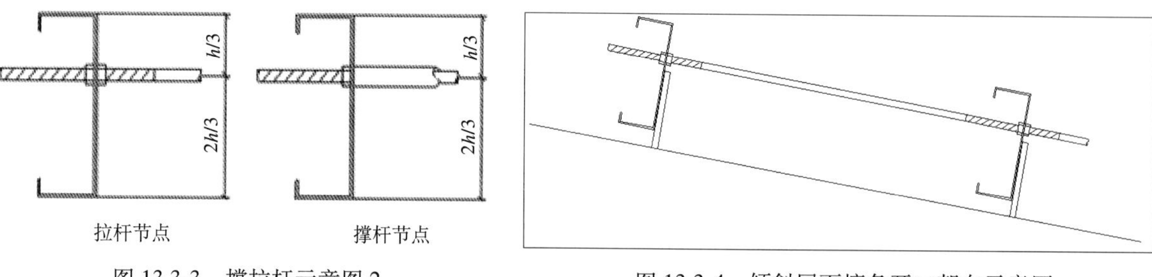

图 13.3-3　撑拉杆示意图 2

图 13.3-4　倾斜屋面檩条开口朝向示意图

3）檐口等薄弱区域设置锁夹

为保证结构安全，在建筑物边缘和檐口等受风压大的区域设置加密区，同时加设抗风锁夹，以加强屋面抗风能力，见图 13.3-5 和图 13.3-6 锁夹及锁夹安装固定示意图。

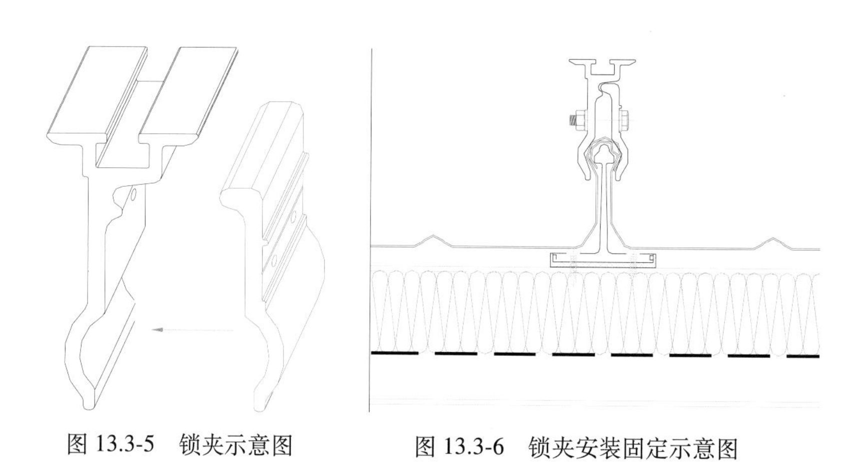

图 13.3-5　锁夹示意图

图 13.3-6　锁夹安装固定示意图

4）屋面板收口位置加固措施

屋面的天沟、外檐口是受风荷载影响最大的部位，也是屋面体系内最薄弱的区域，因此在天沟檐口部位采用较厚的金属板材压盖屋面板收口，增加通长压条和扣件进行加固，确保边缘部位受力的安全，见图 13.3-7 ~图 13.3-10。

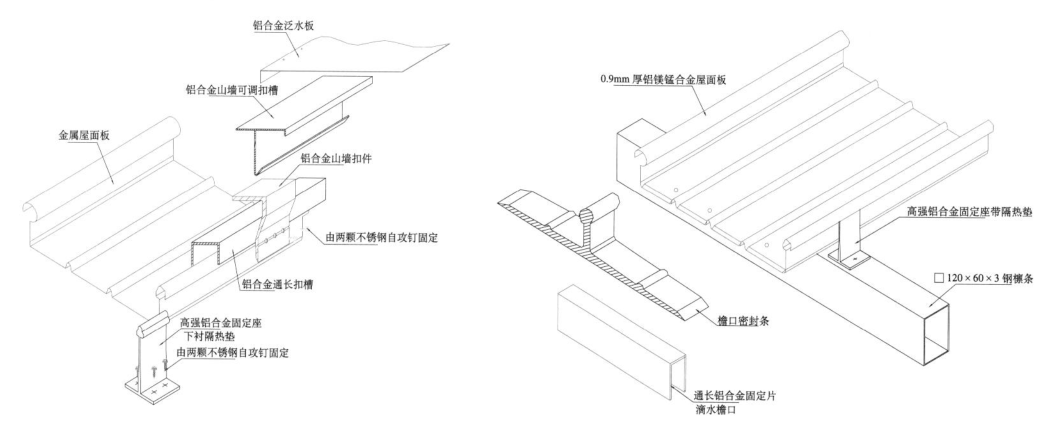

图 13.3-7　金属屋面板长向边缘固定示意图

图 13.3-8　金属屋面板截面方向边缘固定示意图

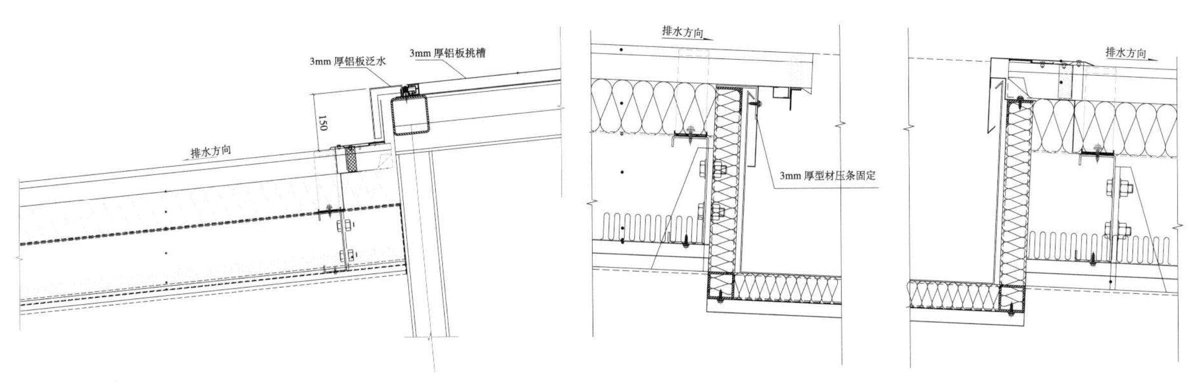

图 13.3-9 厚板压盖屋面收口示意图　　图 13.3-10 天沟檐口压条示意图

（2）直立锁边金属屋面系统防水设计优化措施

1）天窗选型及构造防水措施

①对于玻璃天窗采用隐框形式，用胶条易于解决防水渗漏问题。同时选用强度比较大的五金件，减少五金受力变形，出现关闭不严。在屋面施工完毕后在天窗或凸出四周，增加一道卷材防水（SBS），保证天窗周全的防水效果。

②在天窗凸出结构的上口（迎水流面）设置横向排水沟，将雨水向两侧分流，排水沟宽度大于 150mm，屋面板在此部位断面方向切成 45° 斜角，底部与排水沟泛水板进行铝焊严密，直立肋高的断面也采用铝焊的形式封闭严密。如图 13.3-11 天窗上口排水细部处理示意图所示。

③在天窗的下口，加设密封堵头，防止雨水的倒流，堵头位置面板向上卷边，端部上弯角度≥ 30°，以阻挡少量穿过堵头水的渗入。如图 13.3-12 天窗下沿口防倒灌示意图所示。

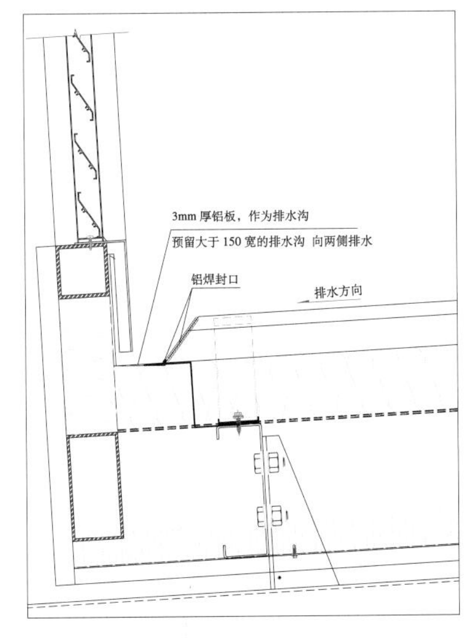

图 13.3-11 天窗上口排水细部处理示意图

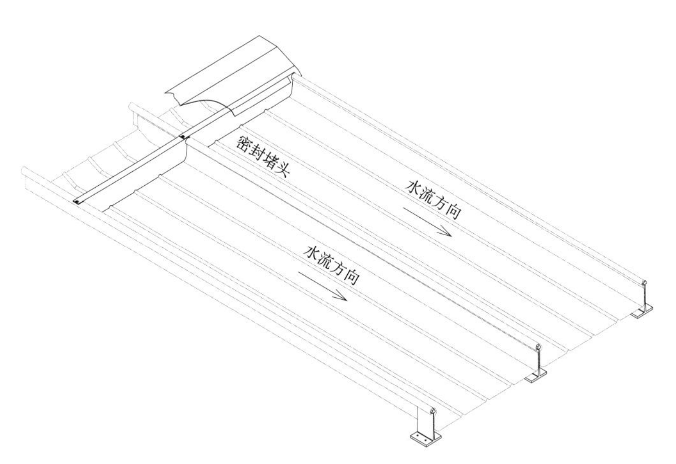

图 13.3-12 天窗下沿口防倒灌示意图

2）天沟选型及构造防水措施

①在天沟、天窗等凸出物水流的上口要尽量设计宽、大排水沟。在天沟内设置集水井加虹吸

排水的方式，将集水井和虹吸落水管的相接部位要焊接严密，焊接完毕后要打磨光滑，集水井上口设置篦子。一旦当集水井集水超过 20cm 时，开始虹吸，确保不积水倒灌。如图 13.3-13 天沟集水井和虹吸排水示意图所示。

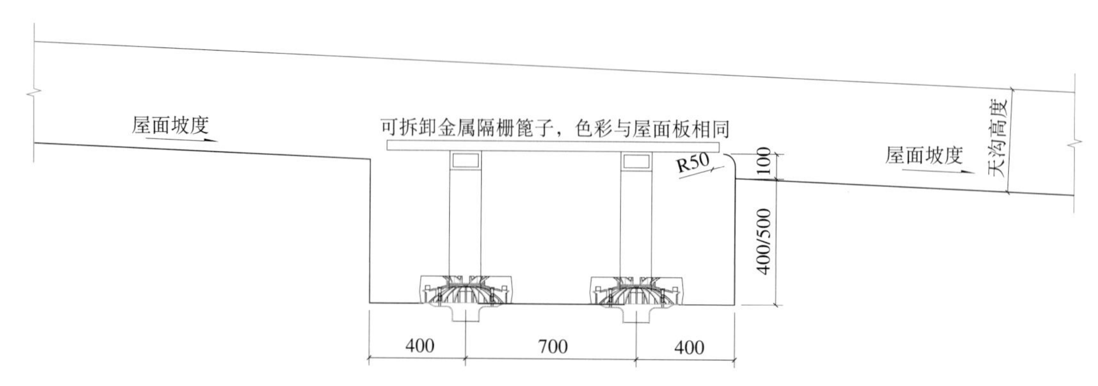

图 13.3-13 天沟集水井和虹吸排水示意图

②排水坡度较大的天沟内设置消能板，部分工程的天沟排水坡度陡，雨水落差大，短时间内对集水井冲击较大。针对此情况，在天沟内焊接 L 形相互交错的挡水板，以减缓天沟内水的流速，防止集水井雨水外溢。挡水板间距 1.5 ~ 2m，挡水板高度比天沟矮 100mm，挡水板宽度大于天沟宽度的 1/2。见图 13.3-14、图 13.3-15。

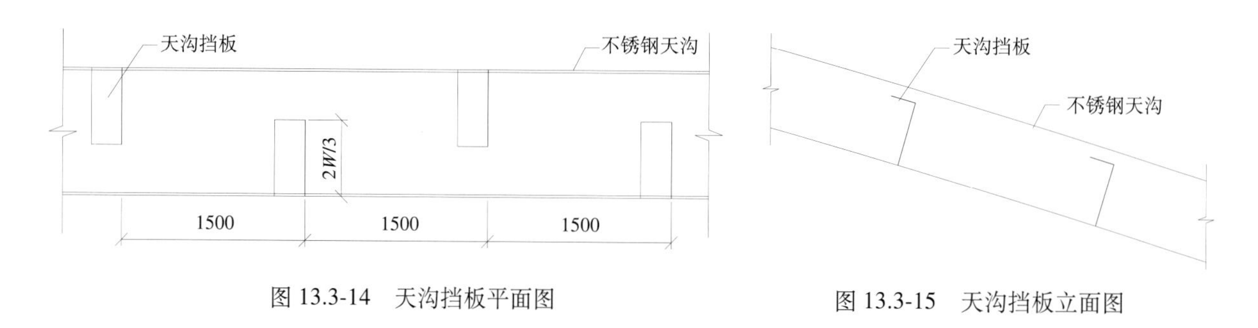

图 13.3-14 天沟挡板平面图

图 13.3-15 天沟挡板立面图

3）变形缝防水构造措施

变形缝使用可滑动铝板滑片，屋面泛水与铝板滑片固定在一起，铝板滑片一端与一侧屋面板固定，另一端通过固定在另一侧屋面板上的压板限制铝板滑片上下位移，但在温度作用下，滑片与泛水可同一侧屋面板自由移动，但泛水本身不受力，因此泛水不会被拉裂，如图 13.3-16、图 13.3-17 所示。

4. 施工技术措施

（1）屋面系统安装技术措施

屋面檩条间距、支座间距按设计要求进行，过程要 100% 检查，发现偏差立即调整。对于檐口，天沟、屋脊等处的锁边必须到头，局部不易锁到部位要用手动咬口钳先锁一遍。屋脊部位增加结构刚度，如加设檩间支撑、增加固定座与檩条的固定点。

（2）曲线屋面施工技术措施

曲线屋面在施工过程中是以折线来代替，从而增加屋面板肋在折点处的摩擦力，造成板肋被磨破，而出现屋面渗漏。如图 13.3-18 所示。

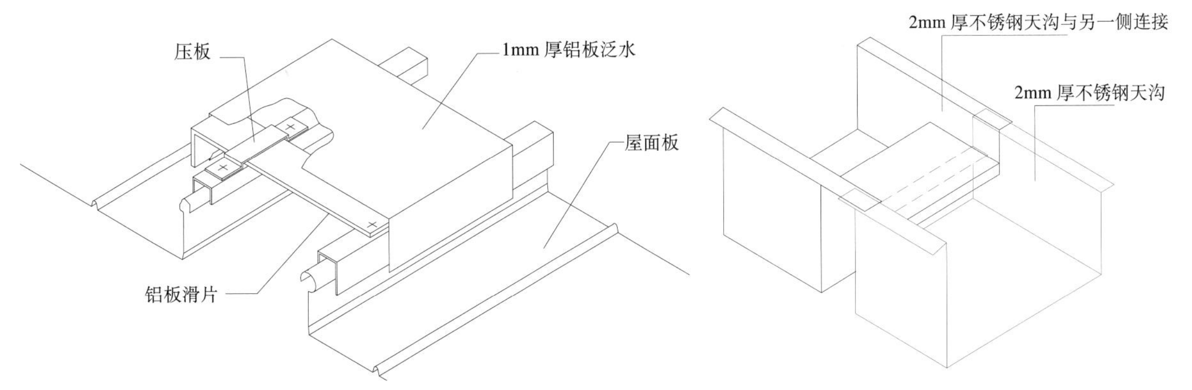

图 13.3-16　屋面板伸缩缝使用滑片泛水示意图

图 13.3-17　屋面天沟伸缩缝示意图

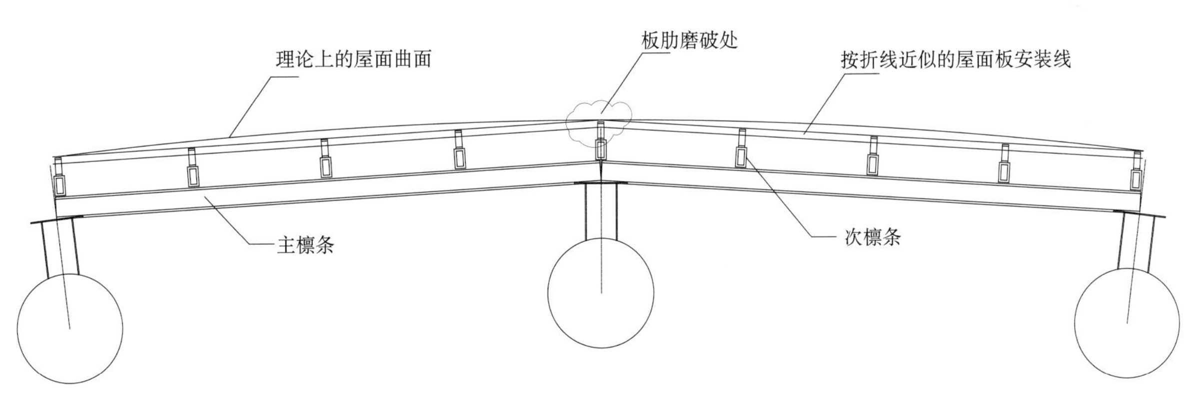

图 13.3-18　屋面板肋磨位置示意图

因此，在施工过程中，必须将中间三个檩条按实际弧、弦高差用垫板垫高，同时调整次檩角度，使其上表面与该点曲面切线平行，使屋面曲面高度及角度均匀过渡，以避免误差集中体现在一点，从而防止由于板肋磨破出现的屋面渗漏。

（3）防屋面固定座顶破板肋的技术措施

由于檩条刚度低、屋面板锁边偏、屋面曲率半径较小，引起板肋滑动时，固定座顶部卡住板肋，出现屋面板肋被顶破，引起屋面渗漏。因此必须加强施工控制，首先在檩条间增加刚性角钢支撑杆，以增加檩条刚度，选用性能稳定的锁边机进行锁边。同时，在锁边过程中经常检查锁边直径，当锁边直径出现偏差后及时调整，其次当屋面板曲率半径小于 50m 时，面板固定座进行倒角处理，以保证屋面板滑动顺畅。

5. 小结

天津滨海国际机场 T2 航站楼屋面工程在施工中通过这些关键的优化设计和构造措施，效果良好，金属屋面体系的抗风、防水能力得到了很大的提升，使用半年以来，屋面工程经历多次大风大雨考验，无渗漏和被风掀翻的情况发生，安全运营情况良好。

13.4 双层檩条体系复杂曲面金属屋面施工技术

1. 技术概况

乌鲁木齐国际机场航站楼工程金属屋面，按照设计蓝图分为：主航站楼D区、南指廊AB区、中指廊C区和北指廊EF区。主楼南北长度：658.8m；主楼东西长度：287.7m；南北指廊长度：853.5m。

标高信息：主航站楼建筑总高度50m，指廊檐口高度19.5m，采光顶高度22.5m。

2. 技术特点

（1）金属屋面双檩条构造施工对极端天气的抵抗能力强，对高温、高寒、多雨、降雪地区特别具有优势。

（2）构造简单，装配施工，金属屋面双檩条构造不同于传统混凝土屋面需要支模、绑钢筋、浇混凝土、养护等操作。其构造简单，对材料进行组装安装即可。

（3）运用BIM建模下单，应用Rhino完成建模，通过Grasshopper完成提料下单，现场根据规格编号对应安装即可。屋面结构材料根据模型进行下料控制精度，现场安装精度高，材料损耗小。减少了现场对材料的裁切，安装效率大大提高，见图13.4-1。

图13.4-1 金属屋面Rhino建模截图

（4）超大双曲面及抗风揭技术应用，本工程屋面建筑形式采用了正弧与反弧组成的超大双曲金属屋面，屋面面积达24个足球场面积之和，为适用新疆地区气候环境，对屋面构造做了抗风揭相关的设计及技术应用。

（5）施工环保、文明，该工艺因不需要现场加工构件等操作，施工振动小、噪声低、施工环保、现场文明整洁。

3. 采取措施

（1）工艺流程，见图13.4-2。

（2）屋面钢底板安装

为防止钢底板在吊升过程中损坏，吊升时以铁扁担作为承接，多点提升。对于位于金属屋面内部的施工区域，吊机无法吊装到位，则采用人工倒运到位的施工方法，见图13.4-3和图13.4-4。

钢底板的安装步骤如下：安装前准备→放线→垂直运输→铺板→定位紧固→修边→自检、整修、报验。

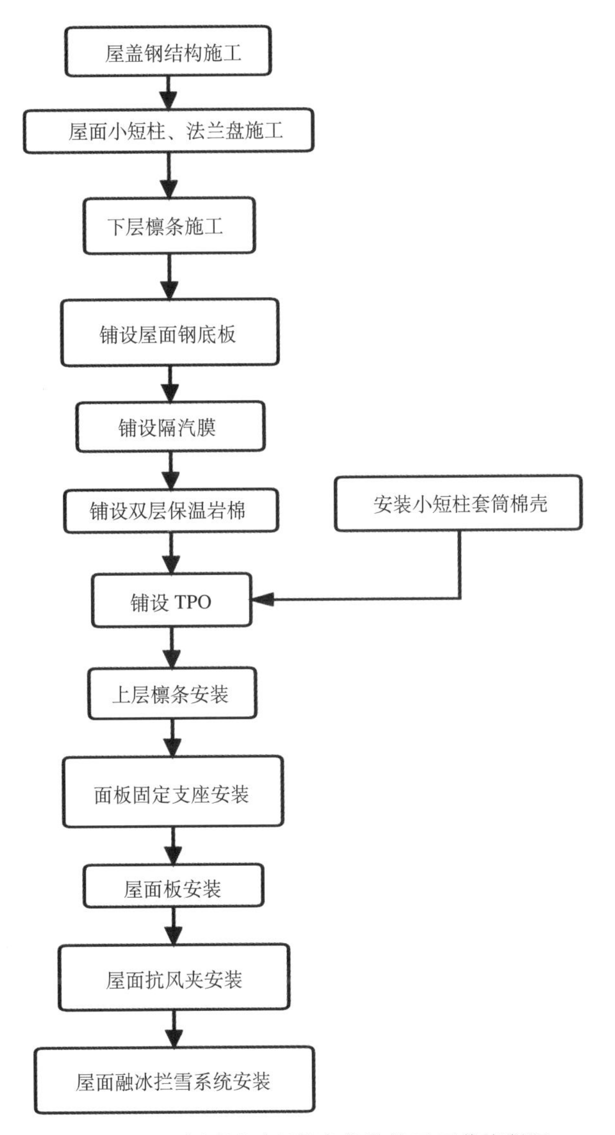

图 13.4-2　金属屋面双檩条构造施工工艺流程图

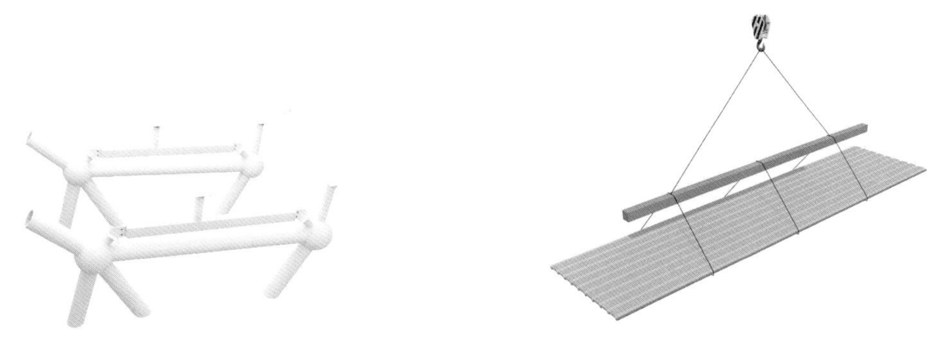

图 13.4-3　檩条体系复杂曲面金属屋面下层檩条安装 BIM 截图

图 13.4-4　钢底板垂直运输示意图

钢底板的安装步骤如下：安装前准备→放线→垂直运输→铺板→定位紧固→修边→自检、整修、报验。

（3）上层檩条安装

下步功能层施工完毕后即可进行上层檩条安装，上层檩条安装前需要在屋面小短柱法兰盘上安装支撑和连接上层檩条的转接件，由于钢结构部分会存在误差，所以转接件可暂不焊接。将檩条与转接件连接为一个整体后，再进行转接件安装，见图 13.4-5 和图 13.4-6。

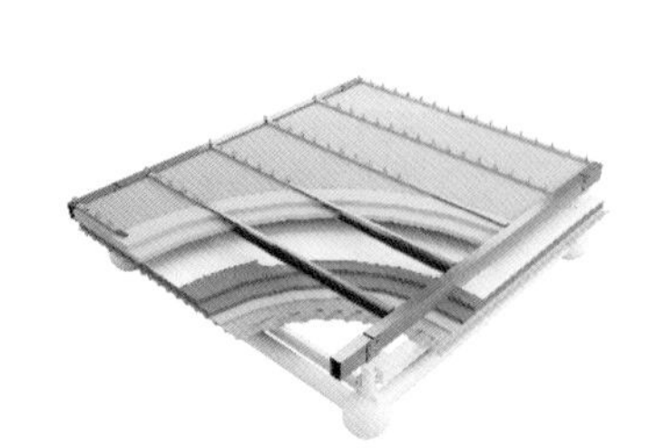

图 13.4-5 固定支座安装 BIM 截图

图 13.4-6 上层檩条安装 BIM 截图

（4）固定支座安装

屋面上层檩条安装完毕后，对上层檩条进行测量放线，依据放线位置在钢龙骨上安装固定支座。

（5）屋面板安装

1）放线。在屋面板固定座安装质量得到严格控制的条件下，必须设置面板端部定位线，一般以面板出天沟的距离为控制线，板伸入天沟的长度以略大于设计为宜，以便于剪装。

2）运输。屋面板的垂直运输工艺为利用输送带从压型机直接上屋面安装，见图 13.4-7。

图 13.4-7 屋面超长板（长度＞ 50m）上屋面示意图

3）金属板的安装注意事项

金属板的铺设方向关系到屋面板的扣合方向，屋面板的扣合方向主要考虑当地的常年风向（当地常年风为西北风，金属板铺设方向自东向西），以及屋面板的坡度方向以及排水方向（与天窗处天沟平行，垂直于主天沟）等。

金属板间连接只搭接一个肋，必须母肋扣在公肋上，见图 13.4-8 和图 13.4-9。

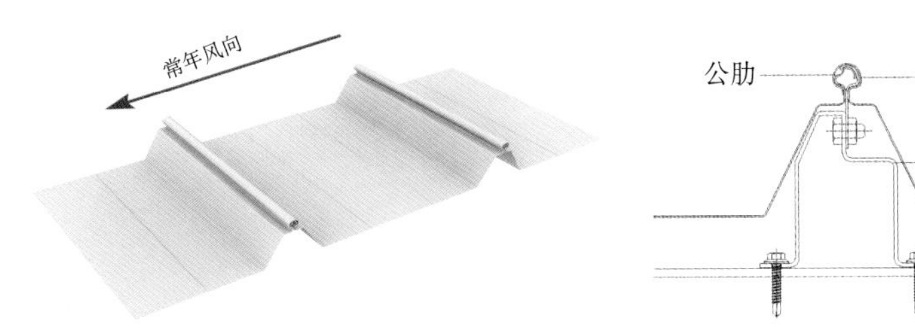

图 13.4-8　板肋搭接与风向示意图　　　图 13.4-9　公、母肋搭接示意图

在大面积安装前一定要试安装，试安装没有问题后才可大面积安装。

金属屋面板安装采用机械式咬口锁边。屋面板铺设完成后，应尽快用咬边机咬合，以提高板的整体性和承载力。

当面板铺设完毕，对完轴线后，先用人工将面板与支座对好，再将咬口机放在面板的接缝处上，由咬口机自带的双只脚支撑住，防止倾覆。

屋面板安装时，先由两个工人在前沿着板与板咬合处的板肋走动。边走边用力将板的锁缝口与板下的支座踏实。后一人拉动咬口机的引绳，使其紧随人后，将屋面板咬合紧密。

(6) 抗风夹、防坠落及拦雪系统安装

屋面板安装完毕后，现场穿装抗风夹具，在陡坡处设置拦雪系统，屋面四周边缘处安装成排抗风夹，见图 13.4-10 和图 13.4-11。

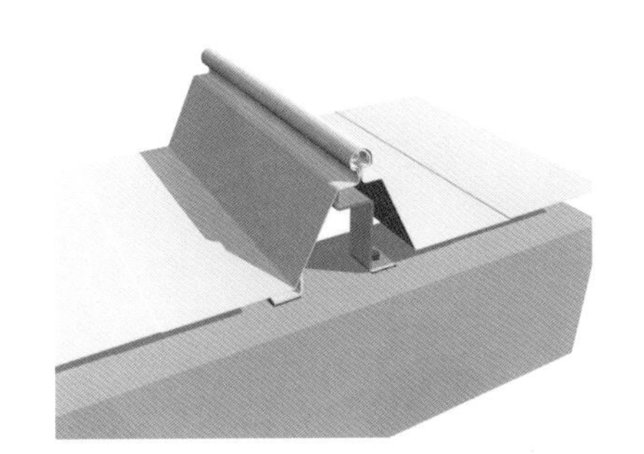

图 13.4-10　屋面板咬合节点图

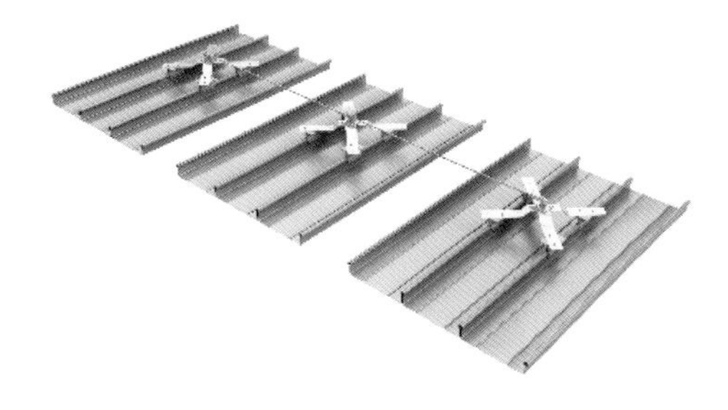

图 13.4-11　屋面拦雪系统安装 BIM 示意图

13.5 金属屋面工程防渗漏施工技术

1. 技术背景

成都天府国际机场航站楼金属屋面设计为双曲面造型，屋面面积较大，屋面构造多，收边收口较多，屋面渗漏风险大。航站楼金属屋面为双曲面，下部的网架结构在自重的情况下，存在不均匀沉降，屋面拼装板材长度最长达 70m，平均长度 30m，具有细长的特点，因此对于金属屋面板连接精度控制难度大。金属面板因自身导热系数大，当外界温度发生较大变化时，由于环境温

差变化大造成屋面板收缩变形而在接口处产生较大位移，金属板接口部位防水、保温难以处理，严重影响施工质量。金属屋面面积较大，下部钢网架结构杆件间距大，常规的防坠落系统为单点固定，系统本身存在松动滑移风险，高空作业安全隐患大，见图 13.5-1。

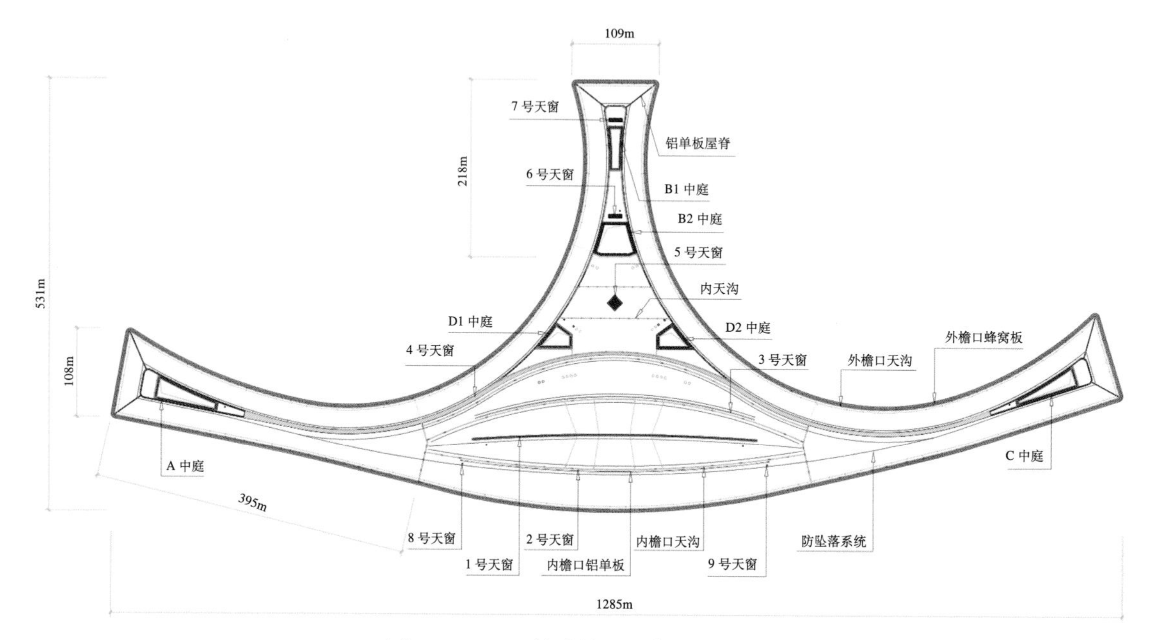

图 13.5-1　T1 航站楼屋面各系统分布

2. 技术特点

创新的将整体防水与细部防渗相结合，整体采用直立锁边铝镁锰合金屋面板，自身抗收缩变形较好，屋面板下部采用 TPO 防水卷材整铺；屋面檩条支托、天沟、天窗、檐口、屋脊等细部节点采用 TPO 防水卷材作为防水附加层，起到良好的防渗效果。采用 TPO 防水、锡箔贴面、防水透气膜及直立锁边铝镁锰合金屋面板系统形成四层防水体系，并采用三层玻璃棉和两层岩棉形成五层保温体系，起到良好的防渗、保温作用，解决了金属屋面防水、保温难以处理的难题。

3. 施工工艺

(1) 屋面板的拼接

金属屋面板材的拼装是防渗漏的关键，其安装示意图，见图 13.5-2。

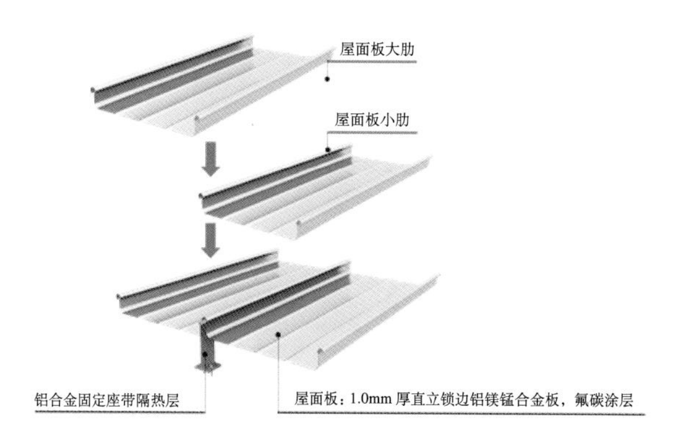

图 13.5-2　屋面板安装示意图

具体安装工艺流程如表 13.5-1 所示。

金属屋面板材安装工艺流程 表 13.5-1

序号	步骤	安装工艺流程
1	面板安装放线	在铝合金固定座安装质量得到严格控制的条件下，只需放设面板端定位线，一般以面板出天沟的距离为控制线，板伸入天沟的长度以略大于设计为宜，以便于剪装
2	面板水平运输	屋面板水平运输方法采用人力抬运。施工人员排成一排，专人指挥协调，保持步调一致，使面板能统一、平行移动，防止面板变形、损坏，保护施工人员不受伤害
3	面板就位	施工人员将板抬到安装位置，就位时先对板端控制线，然后将搭接边用力压入前一块板的搭接边。检查搭接边是否能够紧密接合，如不能则查明原因，及时处理 
4	金属屋面板锁边	面板位置调整好后，安装端部面板下的泡沫塑料封条，然后进行咬边。要求咬过的边连续、平整，不能出现扭曲和裂口。在咬边机前进的过程中，其前方 1m 范围内必须用力使搭接边接合紧密。对本工程而言，咬边的质量关键在于在咬边过程中是否用强力使搭接边紧密接合。当天就位的面板必须完成咬边，保证夜晚来风时板不会被吹坏或刮走 
5	板边修剪	屋面板安装完成后，需对边沿处的板边需要修剪，以保证屋面板边缘整齐、美观。屋面板伸入排水天沟内的长度以不小于 150mm 为宜 
6	檐口滴水片安装	安装滴水片，滴水片用铆钉固定，每小肋一颗钢铆钉。滴水片安装时应注意，如果板长不同时，滴水片必须断开，以允许板伸缩不同，在滴水片之间留 5mm 的间隙 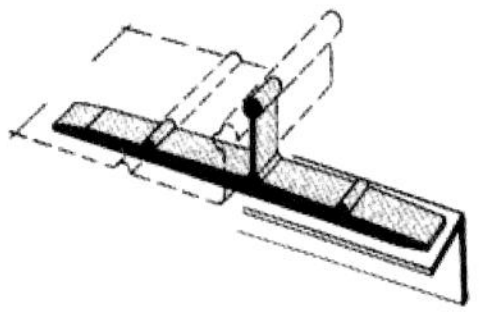
7	折边	折边的原则为水流入天沟处折边向下，下弯折边应注意先安滴水片再折弯板头。面板高端（屋脊）折边向上。折边时不可用力过猛，应均匀用力，折边的角度应保持一致，上弯折边后安装屋脊密封件

续表

序号	步骤	安装工艺流程
8	打胶	打胶前要清理接口处泛水上的灰尘和其他污物及水分，并在要打胶的区域两侧适当位置贴上胶带，对于有夹角的部位，胶打完后用直径适合的圆头物体将胶刮一遍，使胶变得更均匀、密实和美观，最后将胶带撕去
9	收边泛水安装	泛水安装。压在屋面板下面的，称为底泛水。天沟两侧的泛水为底泛水，必须在屋面板安装前安装。底泛水的搭接长度、铆钉数量和位置严格按设计施工。泛水搭接前先用干布擦拭泛水搭接处，目的是除去水和灰尘，保证硅胶的可靠粘接。要求打出的硅胶均匀、连续，厚度合适。压在屋面板上面的，称为面泛水。屋面四周的收边泛水均为面泛水，其施工方法与底泛水相同，但要在面泛水安装的同时安装泡沫塑料封条。要求封条不能歪斜，与屋面板和泛水接合紧密，防止风将雨水吹进板内

（2）屋面细部节点防水处理

1）屋面天沟

屋面室内天沟为保温天沟，室外天沟是非保温天沟，所有天沟均在 2mm 厚不锈钢钢板基础之上，采用 TPO 防水卷材满粘，见图 13.5-3。

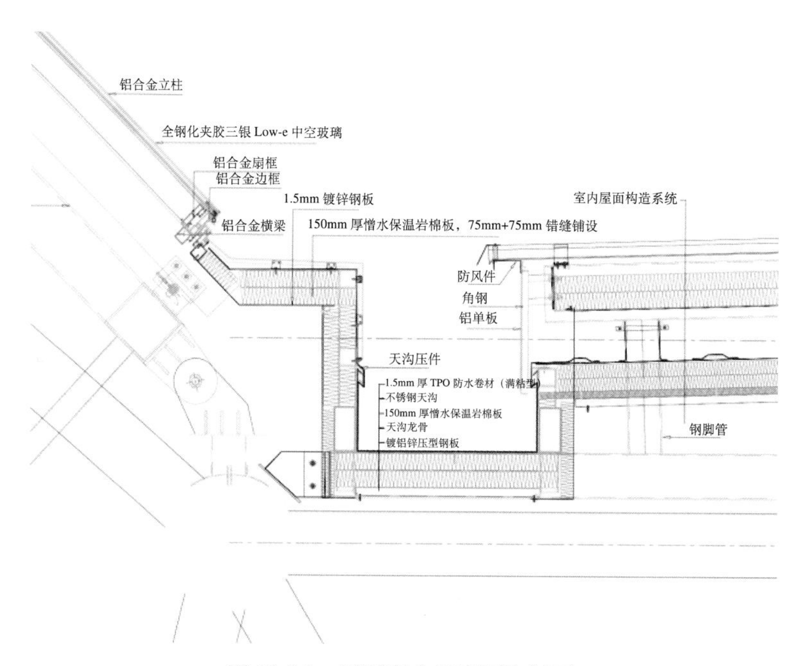

图 13.5-3 屋面室内天窗天沟剖面

天沟伸缩缝采用刚性伸缩缝，伸缩缝上铺设 TPO 防水卷材，见图 13.5-4；为了防止杂物对集水井堵塞，天沟雨水井上方铺设检修防堵铝格栅，见图 13.5-5。

2）屋面天窗

屋面设置有大量的条形天窗，局部有大面积的菱形天窗、三角形天窗。横贯指廊与大厅之间为一道扭曲天窗。电动开启窗每扇窗选用 2 台 400mm 行程、单台推力 1000N 推杆式开启装置两斜侧安装，并内置同步器，见图 13.5-6。

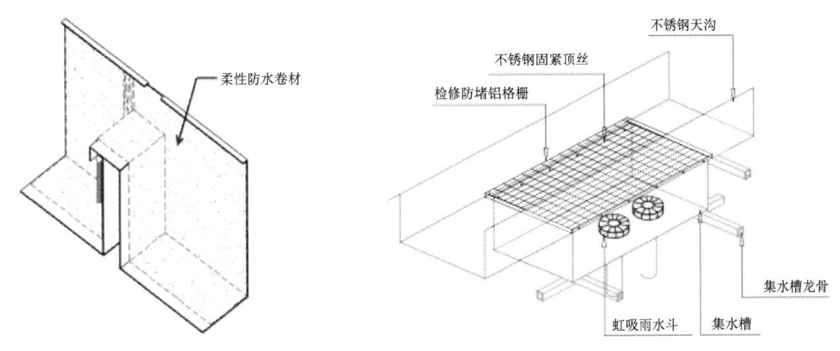

图 13.5-4 屋面天沟伸缩缝铺设 TPO 防水　　图 13.5-5 屋面天沟检修防堵铝格栅

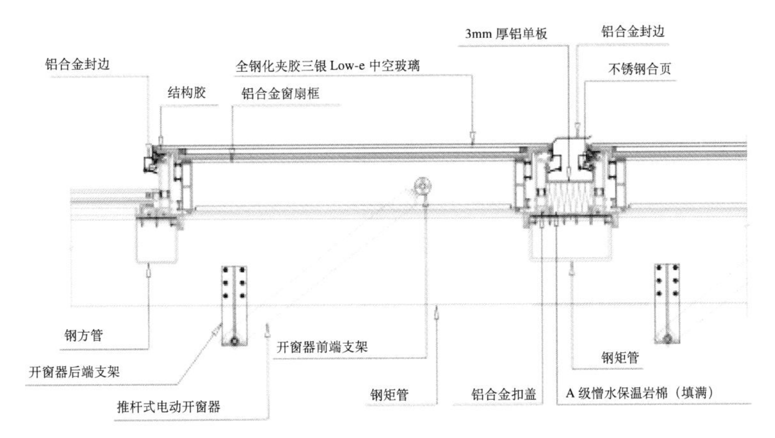

图 13.5-6 屋面采光顶平天窗示意

为了满足天窗造型需求，需在每一跨相邻玻璃之间使用铝单板做台阶式构造。由于天窗的扭曲曲率为渐变值，故每跨玻璃之间的铝板台阶高度也为渐变值。连接处采用结构胶、耐候密封胶及披水胶条收口，加强防水效果，见图 13.5-7 和图 13.5-8。

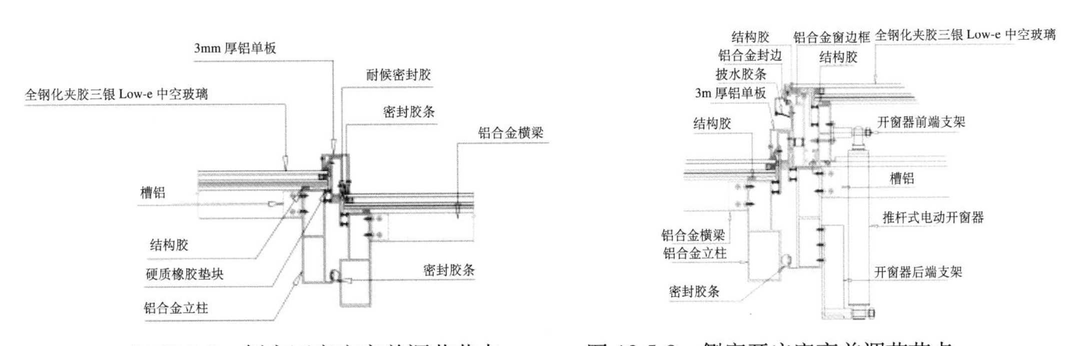

图 13.5-7 侧窗固定扇高差调节节点　　图 13.5-8 侧窗开启扇高差调节节点

3）屋面屋脊

在屋脊两侧分别增设一层屋面搭接板，屋脊上方采用铝单板，铝单板正好扣住搭接板，并在铝单板与搭接板间采用密封胶收口，增强防水效果，见图 13.5-9。

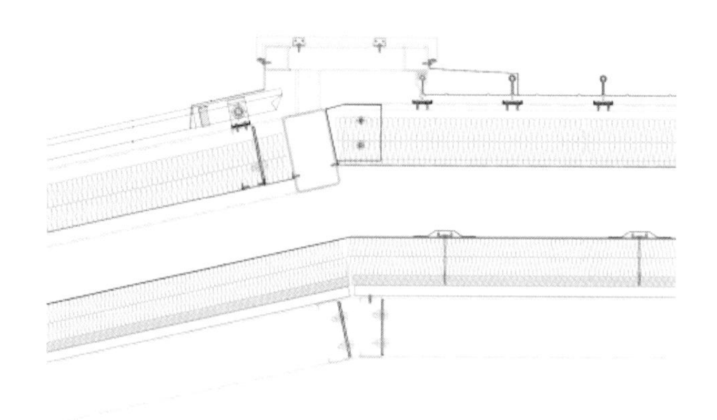

图 13.5-9 铝单板屋脊节点

4. 实施效果

屋面整体采用直立锁边铝镁锰合金屋面板系统进行设计，实现板材之间的严丝合缝，解决板材自身因热胀冷缩所而产生的应力问题，具有大跨度、大面积抵抗变形的能力。对天沟、天窗、屋脊等细部节点做法进行深化，保证了金属屋面的整体防水防渗的效果。

第 14 章　航站楼屋面结构及综合施工技术

本章介绍航站楼大型屋面结构相关技术，如研发了行李机库的高大空间吊架钢结构转换平台技术，节约了机电管线及吊顶吊杆长度。就大厅与指廊之间的超长、超管伸缩缝（兼防震缝），研发了框架薄板结构无缝施工技术，成功解决了采用有粘结预应力、留设后浇带带来的诸多施工难题及质量隐患。

14.1　高大空间吊架钢结构转换平台施工技术

1. 工程概况

行李系统是整个机场旅客服务系统中最复杂、最重要的部分。青岛胶东国际机场采用了全球识别率最高的全自动行李分拣系统，不仅差错率低，还可以按航班或按小时把行李自动分拣到一定区域，显著降低了运营成本。

行李系统区域占地面积 2 万余 m^2，总长度达 16km，由分拣区、传送区、值机区三部分组成。行李系统依托钢结构支承吊装，区域内附有空调风管、防排烟风管、给排水管、空调水管、喷淋水管及电气桥架等机电管线，管路错综复杂，安装体量大，见图 14.1-1。

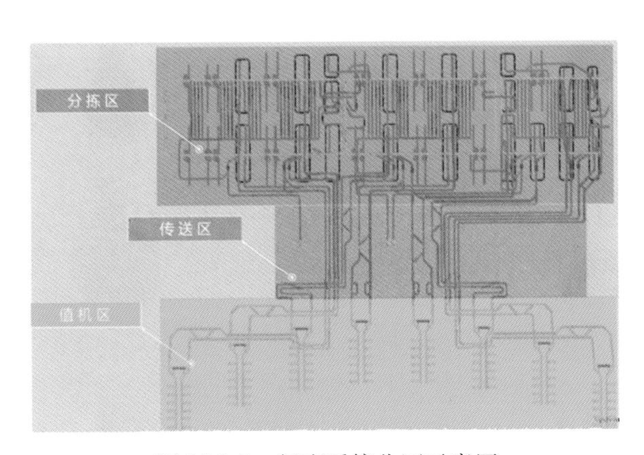

图 14.1-1　行李系统分区示意图

行李提取大厅位于航站楼南侧 +0.0m 层，净高 13.0m，吊顶高度 8.0m，在吊顶至板底 5m 的空间中需依次容纳行李系统钢结构吊柱、行李系统传送带及格栅板、机电系统（通风、电气、水暖）及消防弱电系统，大量管线交叉施工，各系统间干涉较多，见图 14.1-2。

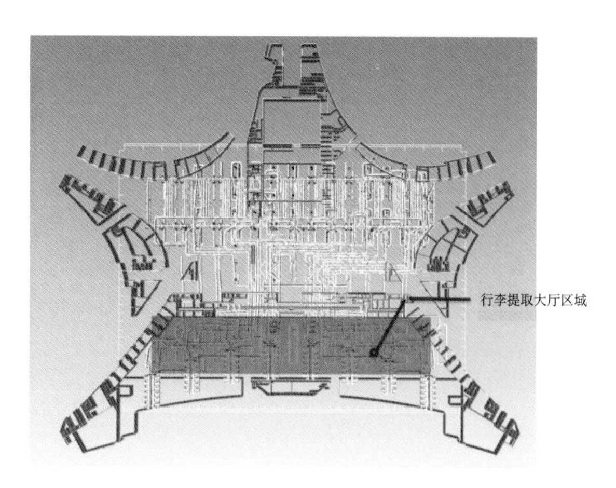

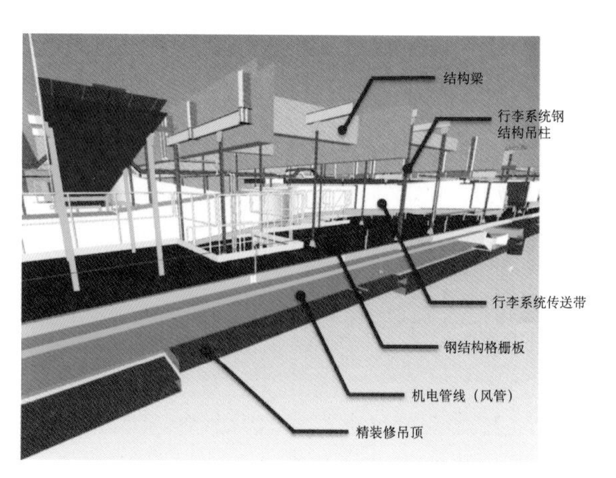

图 14.1-2 行李提取大厅多系统干涉

因行李系统格栅板在机电管线及精装修吊顶上方，管线及吊顶的吊杆被行李系统格栅板阻挡无法在结构板底生根，而行李系统本身会产生振动且承载力有限，无法作为管线吊杆生根结构。项目部需找到切实可行的办法解决管线生根问题。

2. 技术特点及技术难点

（1）行李大厅多系统干涉

行李系统为机场最复杂的系统，参建单位多，13 家单位穿插施工，行李系统传送带及钢结构走道所需净空对其他单位施工空间压缩较严重，大风管、桥架、消防水管需在同一标高排布。

（2）行李机房机电管线施工复杂

管线断面容积率为 75.2%，同时需考虑行李传送带特殊净距要求，管线综合排布难度大；机电管线支吊架及吊顶龙骨长度从 0.5m 到 5m 不等，加设难度大；楼板为无粘结预应力板，无法后置埋件，各构件固定难度大；各专业管线纵横交错，工序组织难度大，见图 14.1-3。

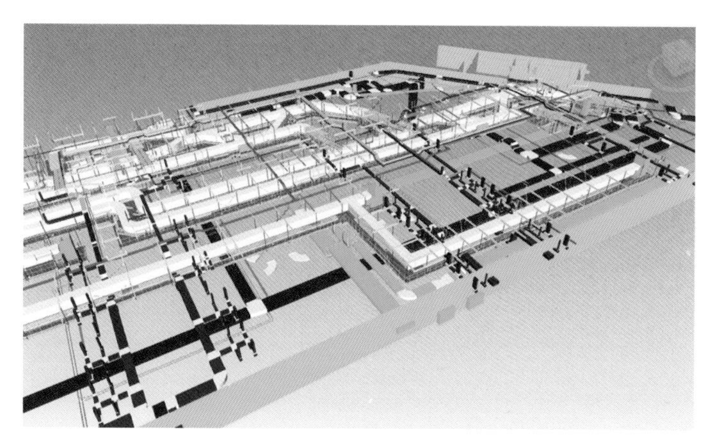

图 14.1-3 行李机房机电管线 BIM 布置图

（3）行李系统钢结构验收难度大

行李系统结构复杂，钢结构杆件密集，对后期机电管线施工影响较大，需找到切实可行的办法对其进行结构验收，保证管线施工。

（4）配套专业吊杆设置难度大

行李系统钢结构杆件、水暖电、消防、装修吊杆密集，且结构梁板为预应力结构，后置螺栓固定需避开隐蔽的预应力钢绞线，行李提取大厅格栅板在机电管线及精装修吊顶上方，管线及吊顶的吊杆被行李系统格栅板阻挡无法在结构板底生根，机电管线及精装修吊杆如何固定成为项目部首要解决的问题。

3. 施工方案遴选

管线排布完成后进行支吊架设计，包含机电专业管线及装饰吊顶龙骨。考虑到机房的支吊架3个特点，支吊架按顶板直吊及加钢结构转换平台两个方案进行设计。应用BIM技术对两个方案进行建模并提取相关信息，以进行分析比较。

对整合模型进行硬性、软性碰撞检测，并逐一解决检测出的碰撞问题。同时采用BIM软件进行行李系统检修通道漫游干涉。从模型中提取两种方案的吊架构件信息，估算各方案的物料总量。利用BIM模型结合VR虚拟现实技术，在模型中进行虚拟建造，估算各方案的施工工期及完成后的观感，施工方案对比见表14.1-1。

施工方案对比 **表14.1-1**

施工方案	顶板直吊	钢结构转换平台
方案简述	管线支吊架及吊顶龙骨吊点均生根于顶板。以共用支架为主，部分支架长度达到4.5m。吊顶龙骨竖向支架长度均为5m	加设钢结构转换层，龙骨及靠下层机电管线支吊架均生根于此转换层。经过对钢结构转换层的承载力计算，确定型钢转换梁、吊柱、钢梁及斜撑规格尺寸。然后对钢结构转换层建模。通过模型与机电管线模型碰撞检测，局部优化钢结构跃层
经济比较	结构预埋件342块，型钢用量70t	结构预埋件188块，型钢用量80t
工期比较	支架单独加设，管线安装工期70d	转换层厂外预制，场内拼装，管线安装工期40d
施工观感	支吊架纵横交错，空间狭小，不易检修	竖向型钢大大减少，空间宽敞易检修，观感好
遴选结果	不选	选

经过从经济、工期及观感三方面比较，最终确定方案二：以钢结构转换平台为吊点，加设支吊架。

4. 主要创新点

（1）转换平台设计施工一体化

转换平台在设计之初即考虑后期施工中的问题，BIM技术贯穿整个设计施工周期，一模多用，减少不必要的返工，并通过模型完成下料、放线、定位、施工、验收等工序。

（2）行李机房深化设计

行李机房模型主要由8部分主要模型构成。以保证使用功能为前提，优先保证行李设备模型及行李钢架模型，以深化机电模型为主。考虑到行李机房的管线密集度，机电模型的深化以管线综合排布和支吊架布置方案为核心。

（3）平台预拼装+整体提升

根据现场对转换平台进行模块划分并进行构件编码及下料，通过云平台跟踪物资进场，对转换平台进行预拼装后整体提升的方式进行施工，节约工期。

(4) 三维扫描逆向成模

应用三维扫描仪对钢平台进行三维扫描并通过逆向建模技术形成点云模型，将点云模型与实体模型对比，分析其施工误差;同时，点云模型还可作为交接文件传递给后续施工单位（机电系统、精装修），通过模型传递完成现场实际施工信息移交。

(5)“一整合、六拆分”模型出图

完成全部管综调整后，通过采用“一整合、六拆分”的出图方式指导现场施工，将六个系统整合后进行碰撞调整，再分别单独出图进行施工，确保在主体施工前完成全专业 BIM 模型的深化和整合。

5. 工艺原理

转换平台构造包括多根沿竖直方向设置的吊柱，其上部能够与结构梁或天花板相连，下部设有水平分布的钢梁，机电管线吊架即可生根在钢梁上，见图 14.1-4。

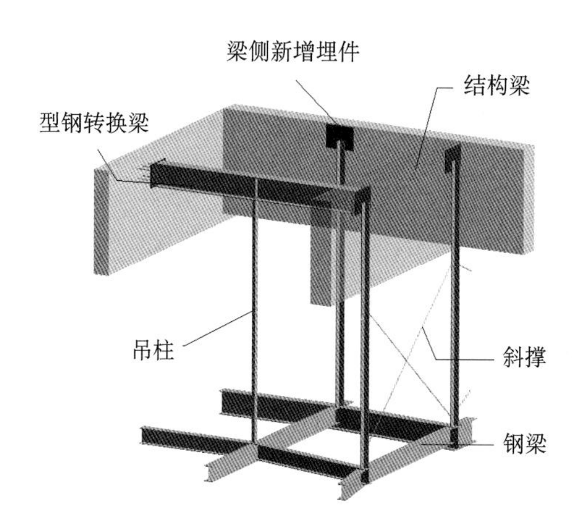

图 14.1-4 转换平台构造示意图

吊柱的上部通过焊接在梁侧的埋件与结构梁相连，部分受限于施工现场的无法在结构梁侧锚固的可通过型钢转换梁固定，型钢转换梁的两端均通过埋件与结构梁相连，部分吊柱间设有斜撑以加强其连接强度。

通过大面积施工转换平台，可极大地降低机电管线吊架及精装修吊顶吊杆的生根距离，同时通过转换平台可直接越过行李系统格栅板，避免机电管线吊架穿越格栅板在结构板下生根，解决了机电管线吊架远离天花板或其上部有其他系统构造物遮挡而无法固定的问题。

6. 深化设计阶段

设计院对转换平台进行初步设计后，根据梁侧预留预埋板、梁内预应力线型对新增埋件位置、吊杆及吊架钢梁位置进行深化设计。通过 BIM 技术对转换平台建模后与行李系统及机电管线进行碰撞检测，对其标高及位置进行调整，同时对转换平台、行李系统及机电管线系统进行施组设计安排。

(1) 构件族建立

转换平台系统包括埋件、型钢转换梁、吊柱、钢梁及斜撑，分别对其建族并进行类型设置及参数统计，形成构件族参数统计表，并据此进行构件出图，为后续建模及明细表统计提供基础。

（2）转换平台模型创建

转换平台区域结构复杂，行李系统与机电系统互相穿插对转换平台施工影响因素较多，传统二维图纸不能满足深化设计要求，见图 14.1-5。

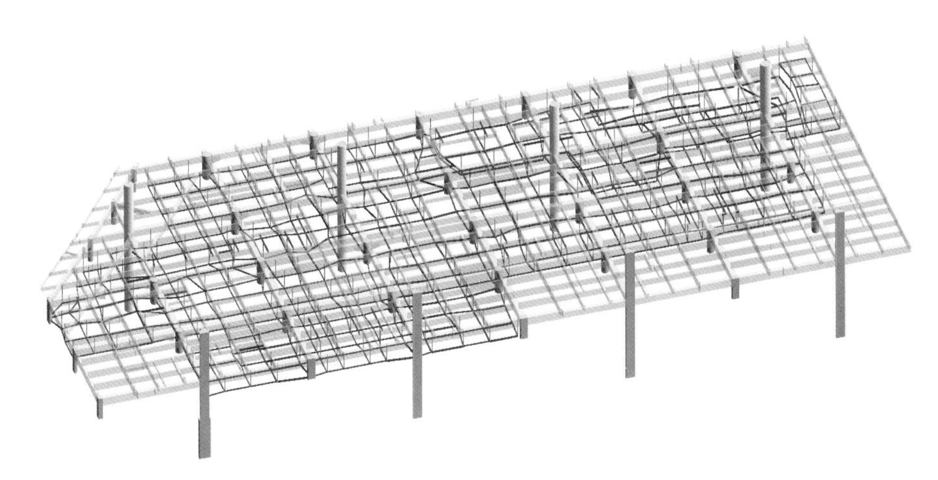

图 14.1-5　转换平台三维布置图

通过转换平台建模将设计院提供的二维图纸转化为三维模型，能直观表达出各构件标高尺寸等三维信息，通过 Navisworks 软件将不同系统模型整合后进行碰撞检测能极大地提高深化效率。完成建模后通过软件可直接生成明细表及构件位置坐标，为施工提供便利。

埋件建模：因部分梁内有预应力构件，埋件施工时需避开预应力钢绞线，为确定埋件位置指导施工，需根据预应力线型进行埋件布置。同时对无法避开预应力筋的埋件进行位置调整并形成模型调整记录文件，见图 14.1-6。

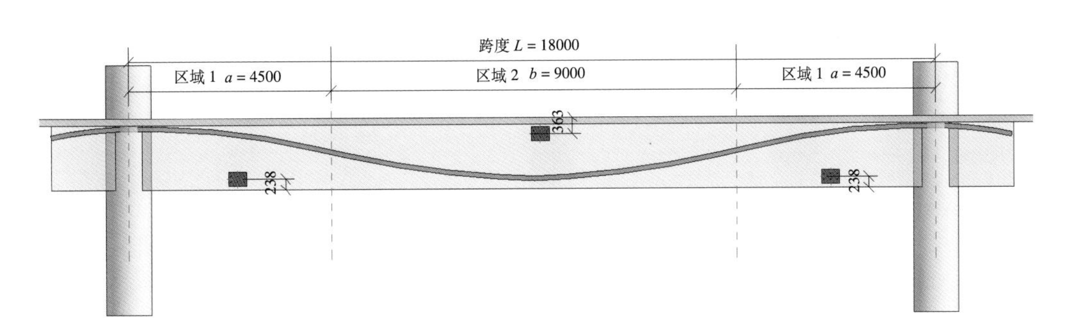

图 14.1-6　预埋件与预应力碰撞检测

转换梁、吊柱及钢梁建模：根据设计图纸进行转换梁、吊柱及钢梁建模，因吊柱采用角钢施工，图纸上吊柱位置通过角钢角点位置定位，吊柱方向需根据结构梁相对位置关系确定，建模时应注意，预留埋件位置吊柱紧贴梁侧施工，新增埋件吊柱距梁侧 20mm。

吊柱建模时柱顶标高需根据埋件位置、转换梁标高及板底标高综合考虑，为提高建模效率，需提前对各编号吊柱进行柱顶标高统计并形成统计表。

（3）碰撞检测及模型调整

建模完成后导出 nwc 文件并将其与行李系统及机电管线系统模型整合进行碰撞检测，将碰撞构件设置标记并进行记录，形成模型调整记录文件。将所有记录文件整合汇总后与设计沟通进行图纸及模型会审，见图 14.1-7。

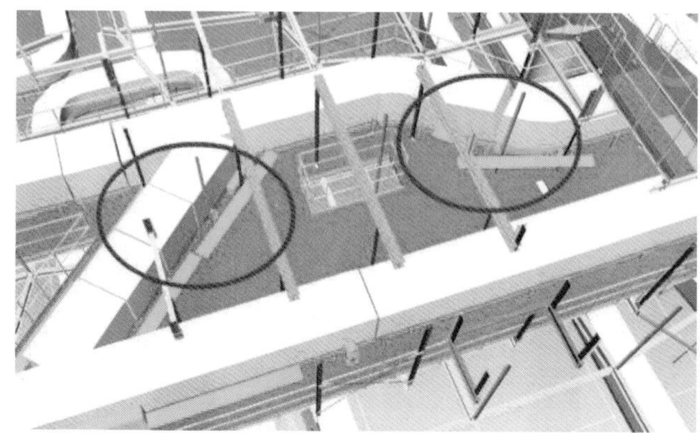

图 14.1-7 多专业碰撞检测

（4）模型出图

完成全部干涉调整后，应用 Revit Dynamo 插件对转换平台各构件按照建模标准进行编号，同时钢结构转换平台整体采用 Tekla 建模，并进行施工级图纸输出，完成共计 501 根吊柱及 1577 根钢梁的设计深化及图纸，见图 14.1-8。

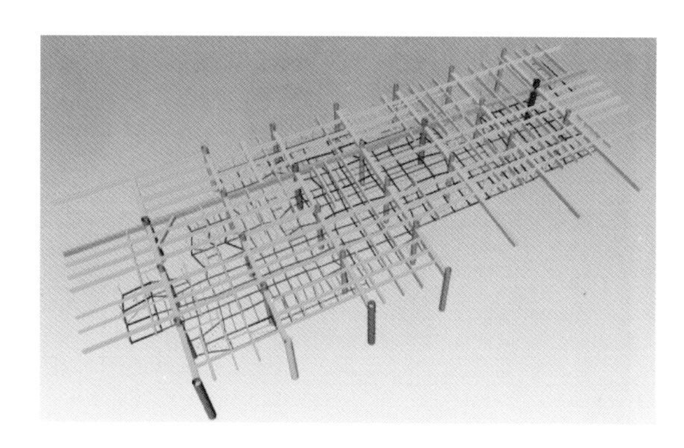
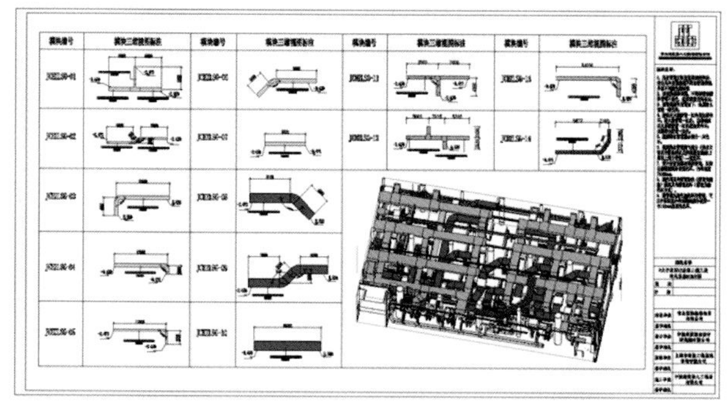

图 14.1-8 模型出图

（5）各系统机电管线管综调整及出图

转换平台、行李系统与六大系统（给水排水系统、通风空调系统、自动喷淋灭火系统、消火栓系统、强电系统、弱电系统）在同一空间中相互交错，对深化设计提出了较高的要求，项目机电 BIM 小组通过 BIM 技术指导管综调整，采用棋盘式布局，综合管线设计空间断面占据面积高达 75.2%。

完成全部管综调整后，通过采用“一整合、六拆分”的出图方式指导现场施工，将六个系统整合后进行碰撞调整，确保在主体施工前完成全专业 BIM 模型的深化和整合，见图 14.1-9。

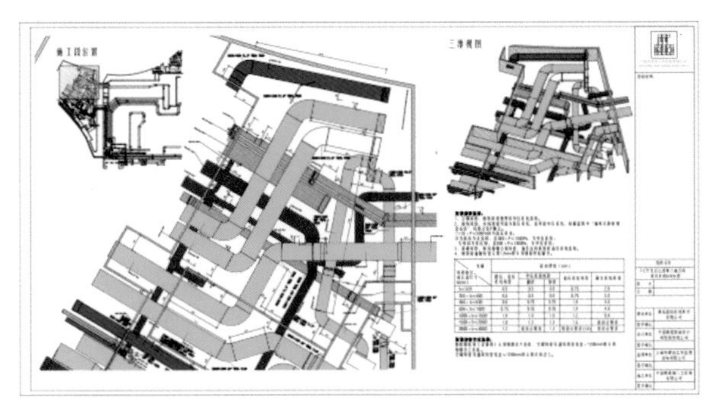
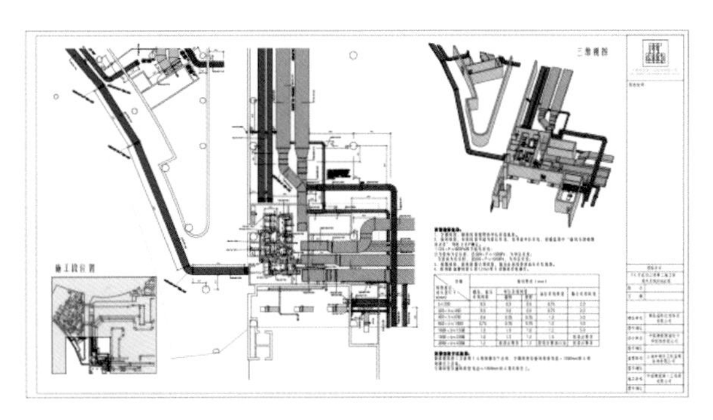

图 14.1-9　“一整合、六拆分”模型出图

7. 实施效果

青岛胶东国际机场航站楼及站前高架工程一标段高大空间吊架钢结构转换平台施工技术的应用，减少了机电管线及吊顶吊杆长度，在较少工期的同时节约成本。

14.2　地上超长框架薄板结构无缝施工技术

1. 技术概况

为满足多种功能需求，机场航站楼通常设计为远超过现行规范所规定的伸缩缝间距（一般钢筋混凝土结构伸缩缝最大间距小于 55m）的超长、超宽混凝土结构。

重庆江北国际机场 T3B 航站楼工程，平面采用四指廊布局，分为 M 区大厅及 I、J、K、L 四指廊，大厅与指廊之间由伸缩缝(兼防震缝)分开。M 区大厅结构长度为 489 ~ 536m，宽度为 94 ~ 268m；I、J、K、L 区指廊结构长度约为 216m，宽度为 41 ~ 77m；L2、L3 层楼板大部分区域板厚 120mm，M 区大厅及 I、J、K、L 区指廊部分区域梁内设置预应力筋，由预应力抵消一部分或全部由使用荷载或温度所产生的拉应力，从而控制裂缝产生、提高结构刚度。

对于地上超长、超宽框架薄板结构，传统的施工方法为采用有粘结预应力并留设后浇带施工，这种方法存在以下施工难题及质量隐患：一是有粘结预应力需埋设波纹管、灌浆，工序复杂影响施工进度；二是后浇带区域的混凝土结构，需要待两侧结构混凝土收缩及温度应变趋于稳定后才可封闭，使得后续工序无法穿插施工，对工期极为不利；三是后浇带后期清理十分困难，质量隐患大；四是后浇带的支撑架体和安全防护需长时间留置，施工成本高，为解决上述问题，通过理论研究和试验论证，采取配合比优化、合理分仓、预应力深化、智能养护等措施实践总结形成地上超长、超宽框架薄板结构缓粘结预应力跳仓施工技术，有效地解决了有粘结预应力工序复杂、留设后浇带影响工期、质量隐患大、施工成本高等问题，经济效益、社会效益显著，具有较高的推广应用价值。

2. 技术特点

（1）现场进行同条件 1 ∶ 1 足尺和 1 ∶ 2 缩尺试验，通过对试件混凝土收缩应变数据监测和分析，确保结构在后仓封闭时残余应变值满足设计要求，验证了地上超长、超宽框架薄板结构缓粘结预应力跳仓施工的可行性。

（2）采用跳仓法取消后浇带，缩短了混凝土浇筑的间歇时间，使得下道工序可以提前穿插施工，保证工序的连续性，节约施工工期；减少了后浇带混凝土剔凿、垃圾清理等大量工作，节约人工成本；降低了后浇带支撑架体和安全防护的成本。

（3）采用缓粘结预应力梁面张拉方式取消有粘结预应力的梁端斜加腋构造，减少施工工序；对预应力筋按分仓进行分段深化设计，且对矢高控制点进行深化模拟，保证现场预应力施工高效便捷。

（4）采取智能养护措施，采用自旋式混凝土喷水养护装置，设置自动喷淋养护频次及持续时间，调节各养护区域的水量和压力，提高养护效果，确保混凝土成型质量。

3. 工艺流程（图 14.2-1）

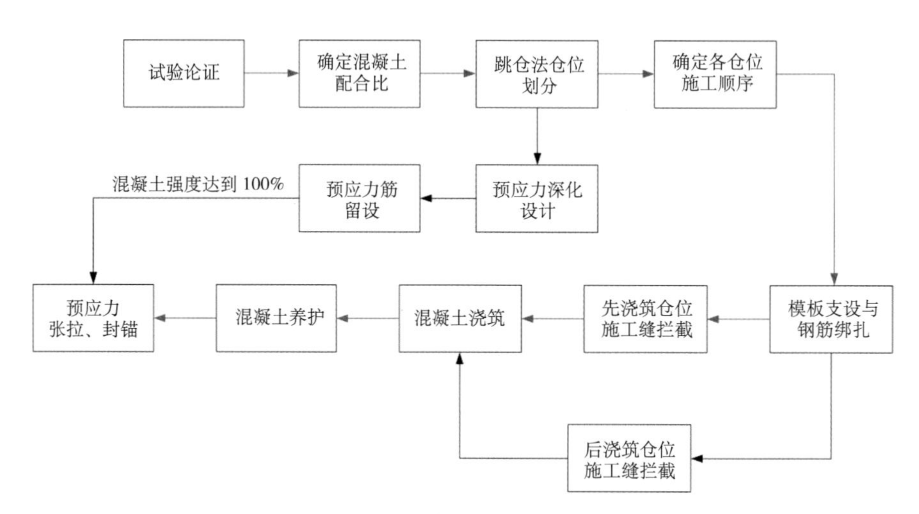

图 14.2-1 施工工艺流程图

（1）试验论证

根据《混凝土结构设计规范》GB 50010-2010 附录 K 中提供的混凝土收缩应变和徐变系数公式（混凝土开始干缩龄期 t_s=3d，混凝土 C40），计算出混凝土不同龄期的收缩应变值。

通过理论研究和计算，确定本工程结构浇筑后第 60d 封闭后浇带时，混凝土的收缩应变值应不大于 220με。

基于此，本工程在现场同条件下选取上部超长结构中跨度最大、最具代表性的一跨梁（其截面尺寸为 1000mm × 1300mm、跨度为 18m）进行 1∶2 缩尺试验和 1∶1 足尺试验。缩尺试验是为了对比配合比中未添加和添加膨胀抗裂剂的试验效果，足尺试验是在缩尺试验基础上为了进一步贴近实际工程，验证可行性。

采用 VWS 型振弦式应变计测量结构物内部的应变量和埋设点的温度，并将应变仪放置在构件截面的形心部位，排除应变的不均匀收缩影响。每个试件设置三个点位，分别在端部、跨中和 1/4 处，所有试件测试点位完全一致。地面采用 150mm 的 C15 混凝土垫层硬化处理，坡度为 0.5%，防止试件受到地面雨水浸泡侵蚀的影响。在每个试件六等分点处设置 100mm 宽度的支墩，并在垫块与试件之间设置两层聚四氟乙烯板作为滑移层，减小支墩摩擦约束对试件收缩的影响。试件应按照混凝土结构施工的做法进行支模、扎筋、浇筑混凝土，养护条件与施工现场条件保持一致。

通过收缩应变监测数据并取相同试件的均值进行分析，如图 14.2-2 所示，添加膨胀抗裂剂的试件在同工况、同原材料、同配合比的情况下，早龄期（7d）收缩完成后混凝土的残余应变值满足理论计算要求，验证了地上超长、超宽框架薄板结构跳仓施工是可行的。

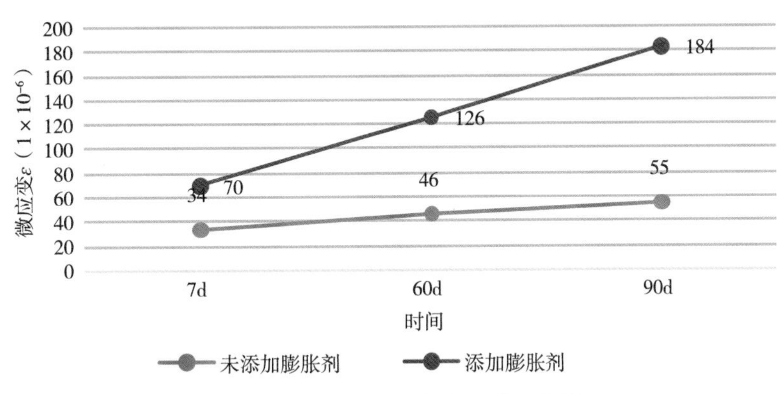

图 14.2-2 混凝土收缩应变值对比分析图

（2）确定混凝土配合比

根据试验结果，结合现场施工条件、当地原材料性能、施工时外界环境条件，确定出用于跳仓施工的高耐久性补偿收缩混凝土配合比，本工程高耐久补偿收缩混凝土配合比如表 14.2-1 所示。

高耐久性补偿收缩混凝土配合比 表 14.2-1

混凝土强度	使用部位	水	水泥	矿渣粉	抗裂剂	砂	石	高效减水剂
C40	普通混凝土梁、板	153	277	67	30	839	1025	9.72

（3）跳仓法仓位划分

结合工程伸缩缝位置及结构平面布置图进行仓位划分，施工缝按照设计图纸进行留置或留置在受力较小处：梁、板施工缝留在所在跨的 1/4 ~ 1/3 处，各仓位相互独立，分仓的长度及宽度控制在 40m 以内。对于结构两侧有约束，另外两侧无约束的结构仓位，分仓长度可控制在 45m 内，见图 14.2-3。

根据施工作业队伍及班组的数量，保证同一仓位仅由一个施工队伍负责施工，每个施工队伍能在其施工范围内进行跳仓流水施工。

图 14.2-3 仓位划分

(4) 确定各仓位施工顺序

选取 1 个标准段，5 个标准仓位，对施工顺序进行模拟。

根据上计划可以得到相邻仓位浇筑时间差大于等于 7d，浇筑顺序安排为（J-1）→（J-3）→（J-5）→（J-2）→（J-4）。

由此可见，施工顺序紧邻的两个仓位（例如 J-3 ②和 J-5 ③）混凝土施工时间间隔为 3d，相邻仓位施工顺序序数差大于等于 2，就能够保证相邻仓位混凝土浇筑时间差大于等于 7d。

(5) 预应力深化设计

通过预应力深化设计，在不改变原设计预应力配置量的前提下，取消梁端斜加腋构造，将中跨后浇带有粘结预应力筋加腋预留槽板顶张拉方式调整为相应等面积代换相应的缓粘结预应力筋梁面预留槽张拉方式，保证结构楼板各仓内连续施工，同时确保预应力张拉高效便捷，见图 14.2-4。

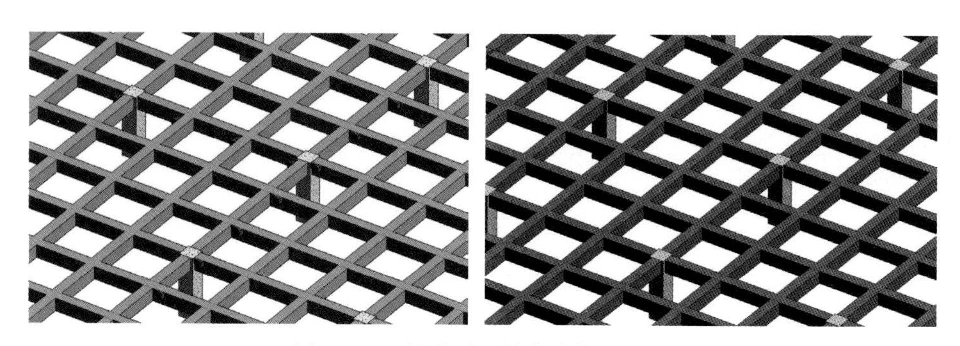

图 14.2-4 深化前后楼盖结构模型图

(6) 模板支设与钢筋绑扎

模板支设与钢筋绑扎均按照常规工艺施工。

(7) 预应力筋留设

1）缓粘结预应力筋锚固端制作与预埋安装

预应力筋按设计尺寸切割完成后，设计为单端张拉的预应力筋需在后台进行固定端的挤压制作；将需要挤压的一端的护套剥除，剥除长度依据挤压完成后的挤压套长度确定，一般不大于 120mm，清理预应力筋上的油脂或缓凝胶粘剂，先安装锚垫板与挤压簧（增大钢绞线与挤压套之间摩阻），再通过挤压机进行挤压，挤压后端部外露裸线挤压头长度不小于 1mm，缓粘结固定端锚固体系组件包括挤压锚具、锚垫板、螺旋筋，三种组件在预埋安装时需相互靠紧不留缝隙；预埋至混凝土当中形成锚固，见图 14.2-5。

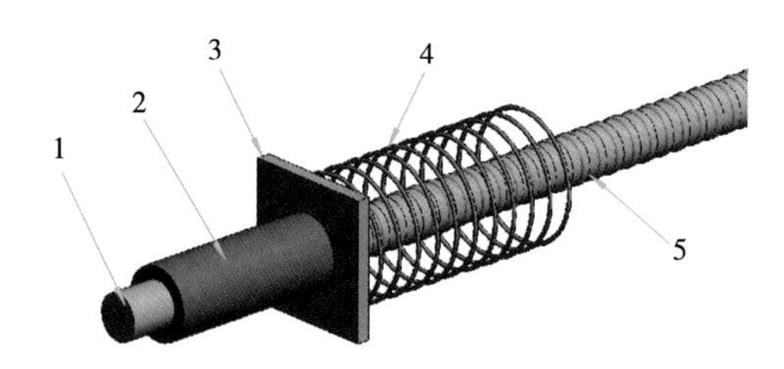

图 14.2-5 预应力筋锚固端模型图

1- 预应力钢绞线；2- 挤压锚；3- 锚垫板；4- 螺旋筋；5-PE 护套

2）预应力筋铺设安装

缓粘结预应力筋安装应在梁侧面模板封闭之前完成安装，梁内缓粘结预应力筋的安装应满足以下要求：

①混凝土梁中预应力束的竖向净间距不应小于缓粘结预应力束的等效直径的 1.5 倍，水平方向的净间距不应小于缓粘结预应力束等效外径的 2 倍，且不应小于粗骨料粒径的 1.25 倍；使用插入式振捣器振捣时，水平间距不应小于 80mm。

②成束布置的预应力钢绞线在端部宜分散开并单根锚固，分散距离不宜小于 80mm。缓粘结预应力筋的保护层厚度不得小于 55mm。

③梁内预应力筋布设需在梁下垫块安装完成后，在梁箍筋上按设计矢高绑扎支架筋，在梁模板架设时，需考虑到梁内预应力支架绑扎施工，保证在每一道预应力梁都留有单侧的模板，为预应力布筋留出操作面。

④支架钢筋采用 ϕ 12mm 钢筋间距不大于 1.2m；预应力作业面施工前需先将加工区下来的材料转运至施工现场，依据钢绞线上的标签编号进行布筋，预应力筋梁内布设时需与支架钢筋绑扎牢固，预应力筋穿束顺直。

3）张拉端预埋安装

预应力张拉体系组件包括单孔工作锚具、锚垫板、螺旋筋；其中锚垫板及螺旋筋为提前预埋至混凝土中，缓粘结预应力张拉端采用单孔缓粘结预应力筋张拉端锚垫板为内凹式，即张拉封锚完成后，锚具不凸出结构完成面，在预埋时是需在锚垫板上方留有穴模，本工程穴模选用聚乙烯泡沫条，尺寸为 100mm × 100mm × 150mm，混凝土浇筑时穴模留在混凝土内，待混凝土达到强度后清理掉预埋在混凝土中的穴模，形成张拉槽；锚具为张拉时在穴模预留的槽口内安装；梁板面张拉端制作安装时需考虑到张拉完成后，锚具不能凸出结构完成面，所以需控制锚垫板的角度不能过大，锚垫板制作完成后的仰角不能大于 45°；张拉端现场制作排列需整齐，前后两排张拉端混土承压厚度不宜小于 75cm，见图 14.2-6。

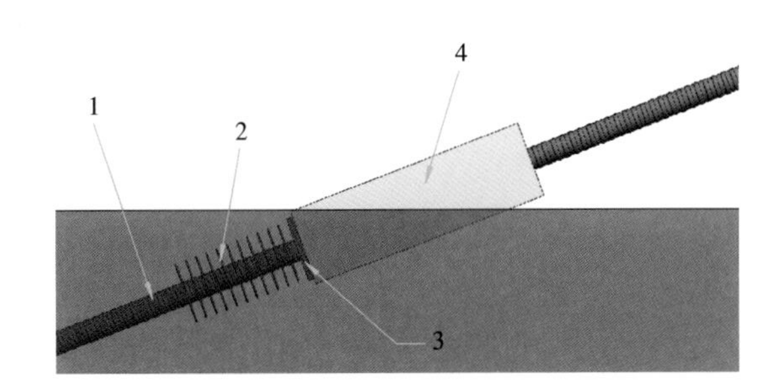

图 14.2-6　预应力筋张拉端安装

1- 缓粘结预应力筋；2- 螺旋筋；3- 锚垫板；4- 穴模（聚乙烯泡沫条）

在线条表面刷一层底漆，保证粘结强度，使彩绘能够和基层紧密结合。

（8）施工缝处理：

1）相邻两仓的施工缝处采用普通木模板进行拦设，留出钢筋网眼位置，便于梁板钢筋穿过，背面用木方加固，施工简便。

2）跳仓施工缝混凝土终凝后先进行凿毛处理，剔除表面浮浆，露出石子面，清洗后即可进行第 2 次混凝土浇筑，接缝处两次浇筑混凝土粘结紧密。

（9）混凝土浇筑

施工缝处混凝土浇筑：要注意避免直接靠近缝边下料。机械振捣前，宜向施工缝处逐渐推进，并距 80 ~ 100cm 处停止振捣，但应加强对施工缝的捣实工作，使其紧密结合。浇筑混凝土时，应严格分层布料、细致振捣并综合运用二次振捣、模外振等方法将施工缝附近新浇筑的混凝土振捣密实，使相结合范围混凝土密实。浇筑时需注意避免振捣棒与预应力筋相接触。

（10）混凝土养护

采用智能喷淋养护系统，根据跳仓法施工分段，以 40m × 40m 为标准养护区域，布置 25 个采用自旋式混凝土喷水养护装置，喷头喷洒半径为 5m，喷头之间用 PVC 软管连接。设置一台增压泵对应多块养护区域，在各养护区域前的支干管上设置阀门，便于调节各养护区域的水量和压力，保证养护用水。

局部智能喷淋养护系统无法覆盖区域，采用人工洒水养护补充。高温，低湿，高风环境下，浇水后及时覆盖塑料薄膜布，保证混凝土在不失水的情况下得到充足的养护，塑料薄膜采用搭接时，搭接长度应大于 30cm；可适当采用麻袋或者土工布覆盖，使混凝土不致受风吹，暴晒，保持足够的湿润状态。

（11）缓粘结预应力筋张拉、封锚：预应力张拉时伸长值实测时为减小测量误差，需采用 0 刻度无磨损的钢板尺进行测量，需对张拉操作人员进行张拉技术及安全交底，由技术工程师亲自示范操作，张拉全过程中需要有技术工程师进行全程旁站，加强张拉过程质量控制。

4. 小结

地上超长、超宽框架薄板结构缓粘结预应力跳仓施工技术成功解决了采用有粘结预应力、留设后浇带带来的诸多施工难题及质量隐患。施工过程中，未出现任何安全事故，混凝土成型后未出现影响质量的裂缝，缩短了施工工期，节省了施工成本，同时提高了本工程施工技术含量，赢得各单位认可。

14.3 宽扁梁型钢剪力架密肋楼盖施工技术

1. 概况

在机场航站楼工程中，航站楼为控制楼层净高通常采用宽扁梁密肋楼盖形式，由于宽扁梁梁端柱帽节点位置钢筋过于密集，在安放剪力架后导致钢筋穿插更加困难，对现场钢筋安装位置精度极高，施工困难，制约工程工期。

针对上述问题，本书结合重庆江北国际机场 T3B 航站楼工程为例，研究形成一种宽扁梁型钢剪力架密肋楼盖施工技术，通过膜壳深化优化、BIM 动画提前预演放样顺序等措施解决了钢筋施工困难、柱帽处标高难以控制等问题，取得了良好的技术经济效果。

2. 技术特点

（1）AutoCAD、Revit 根据设计图纸现有的尺寸及模壳的布局，建立模型，确定每一个模壳的位置尺寸及标高；再根据电脑确定的尺寸和进行工厂化生产。

（2）采用 BIM 动画对型钢剪力架处钢筋施工进行提前放样，确定科学合理的先后施工顺序，避免现场施工的出现节点碰撞。

（3）主梁与肋梁间隙采用模板填充并用镀锌铁皮进行封堵，确保密肋梁成型质量。

3. 工艺流程

（1）支撑架体搭设：模壳模板架体搭设按一般楼板模板支撑方式要求布置，因 GHZ 混凝土膜后期需拆卸，需将铺设模板的标高降低高度 30mm（模壳法兰边高度），同时需在柱帽、主梁、肋梁梁底垫高 30mm，以保证底板平整。

（2）定位放线

按照设计要求，在楼板木模板上放线，保证框架梁、后续肋梁钢筋绑扎和模壳安装的位置准确。弹线要求：1）根据施工图在楼板木模板上弹主梁轴线；2）根据施工图梁尺寸及已弹轴线弹模壳边线：以梁轴线为标准向两边偏移距离 *d* 弹模壳边线，也就是模壳安装控制边线，其中 *d*=（梁宽 − 2× 法兰边）/2。在木模板上放线可采用白涂料等代替墨汁，以保证所放线的清晰牢固，见图 14.3-1。

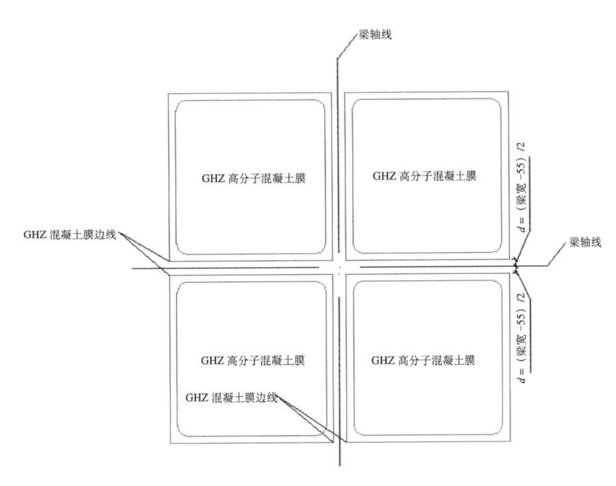

图 14.3-1　模壳放样示意图

（3）膜壳安装

1）用塔式起重机将模壳吊运到板面上，并分散堆放，以免造成过大的集中荷载。为了便于工人安装及保护模壳，垂直堆放高度不得超过 10 个。

2）安装时应安排两个人同时抬放，按事先弹好的分格线摆放。安装过程中工作人员应注意对模壳的保护，不得破坏。模壳底部与模板之间应结合紧密，防止出现漏浆现象。

3）摆放完毕后，安排专人对模壳进行调整，以确保肋梁的截面尺寸和平直。模壳摆放准确后，四周采用铁钉定位，每边 2 颗，铁钉禁止钉在模壳上。

4）模壳不得切割、拼接，以免影响模壳强度，见图 14.3-2。

（4）主梁及肋梁间隙填充、隔离

1）主梁部位模壳法兰边间隙应采用木模板进行填充。填充完毕后，采用单面胶带封住木模板与模壳法兰边之间的间隙，防止漏浆。

2）肋梁部位 9cm 宽镀锌铁皮进行封堵，铁皮周围用射钉进行固定，然后用单面胶带封住模壳法兰边之间的间隙，防止漏浆，见图 14.3-3。

图 14.3-2 模壳安装示意图

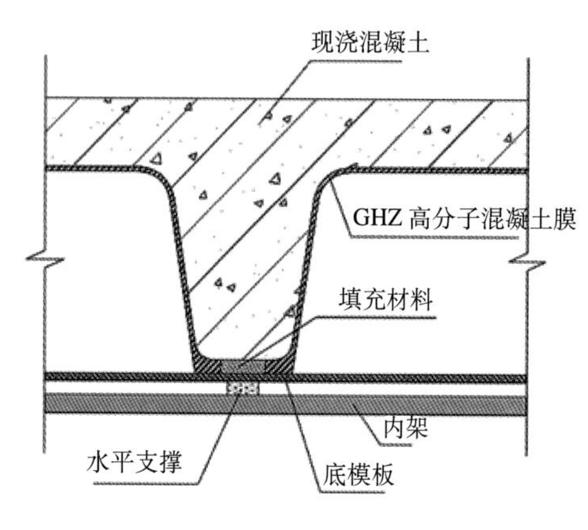

图 14.3-3 主梁及肋梁间隙填充、隔离

（5）隔离剂处理

模壳安装固定后，必须对模壳表面刷水性隔离剂处理，以保护模壳，同时便于后期模壳的拆除。严禁使用油性隔离剂。

（6）梁板钢筋绑扎及水电管线预埋

1）宽扁梁施工

对梁柱节点型钢剪力架位置的钢筋放样顺序进行 BIM 动画模拟，确定施工顺序如下：第一步柱主筋接长，下料前需根据图纸精确计算主筋长度，未被剪力架挡住的柱纵筋纵筋伸至剪力架型钢上翼缘标高处向外弯锚 12d，被挡住的柱纵筋伸至型钢下翼缘标高处截断，然后吊装剪力架及预埋件并点焊固定在柱纵筋上，将剪力架翼缘范围内被挡住的柱纵筋与竖向连接板焊接，满足单面焊不小于 10d，双面焊不小于 5d 的焊接要求；第二步绑扎环梁钢筋，环梁箍筋采用断开为两个 U 形箍筋焊接的方式，先放置下口箍筋，再放置下排环筋，环筋遇剪力架型钢腹板断开向上弯折 5d 后双面焊接在剪力架翼缘及腹板上，焊接长度不小于 7d；第三步绑扎宽扁梁钢筋，穿梁底筋前需先将两条梁的交叉处箍筋提前放入，需进入支座的梁底筋从剪力架下方竖向连接板两侧贯通穿过。宽扁梁面筋由下往上依次从剪力架预埋件下方贯通穿过，然后放置环梁上排环筋，将环梁箍筋 U 形上口与下口进行焊接，再将宽扁箍筋从远离节点处梁一端穿入进行绑扎，最后按图纸要求位置设置拉筋，见图 14.3-4。

图 14.3-4　BIM 模拟

2）密肋梁板钢筋按施工图和图集要求常规施工。

3）水电管线预埋，见图 14.3-5。

图 14.3-5　水电管线预埋示意

（7）隐蔽验收

钢筋绑扎、模壳安装等工序完成后，组织相关人员进行三检和隐蔽检查验收，重点加强对抗侧移设置，防漏浆设置的检查，验收合格后，进入混凝土浇筑工序。

（8）混凝土浇筑与振捣

1）输送混凝土的泵管应尽可能从框架梁上架设，如确需从模壳顶面架设泵管，应在纵横向肋梁相交处的混凝土泵管下垫放弹性缓冲垫（如废旧小汽车外胎）缓减泵管对模壳的冲击力。

2）混凝土浇筑过程中禁止将施工机具直接压放在模壳上。若采用塔式起重机运送混凝土，吊斗出料口处应铺设模板缓减混凝土冲击力，混凝土不能直接冲击模壳。采用泵送混凝土时，应尽量降低泵管出料口的下落高差，下落点也应铺设模板缓减冲力。

3）浇筑混凝土时，采用小型插入振捣器（ZN30 或 ZN50）振捣，不得将振捣棒直接触压模壳表面进行振捣。若配合采用平板振捣器振捣，应采用小功率振捣器。

（9）养护、拆木模

待结构强度达到 100% 时，可以进行脚手架的拆除。

混凝土的养护、脚手架的拆除、木模板拆模与传统楼盖相同，按照相关规范执行，在拆除木模板时发现有松动迹象的模壳应及时拆除，防止模壳脱落产生安全隐患。

（10）模壳拆除清理及整理

1）脚手架及木模板拆除并清理完成后，即可进行模壳的拆除。拆除模壳时，需在下方使用拆卸平台，支设安全网、使用废旧轮胎、废旧席梦思等进行缓冲，避免模壳直接落地，损坏模壳。

2）模壳与混凝土之间连接牢固时，采用专用工具，如一头为扁平的钢筋撬棍，在法兰边两侧进行撬动，使之与混凝土分离，并在下方做好减震接收。

3）拆出的模壳，清理残余的胶带、混凝土、铁钉等，按型号叠放回收，破损的模壳应归堆，以便下次使用。

4. 小结

宽扁梁型钢剪力架密肋楼盖施工技术主要解决了密肋楼盖钢筋施工困难、柱帽处标高难以控制等问题，确保了结构成型质量，有良好的应用前景，经济与社会效益显著。

14.4 大跨度渐变双弧形顶板模板施工技术

1. 技术背景

成都天府国际机场的下穿工程高铁设计年限为 100 年，主体结构形式为双线变六线连跨拱形封闭框架结构，单孔最大跨度 21m，侧墙高度 7.9m，厚度 3m，结构宽度由 72.661m 收缩至 19.3m，断面弧度从 24.55° 渐变至 153.79° ，拱高高达 4.0m，支模高度达 11.7m，弧形顶板曲率变化大、高度跨度大、厚度大、自重大，模架稳定性、起拱测量与控制难度极大，见图 14.4-1。

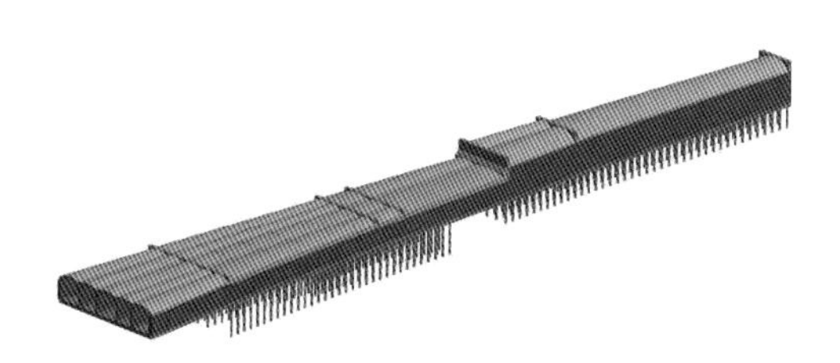

图 14.4-1 渐变双弧形顶板结构模型

技术难点：

（1）顶板为 3m 厚渐变双弧形结构，结构宽度由 72.661m 收缩至 19.3m，断面弧度从 24.55° 渐变至 153.79° ，支模高度达 9.6m，模板支撑及加固难度大；

（2）3m 厚顶板荷载大、支撑架体密集、空间狭小，人工监测方式难以实现对高支模系统模板沉降、立杆轴力、立杆倾角、支架整体水平位移等整体性监测。

2. 技术特点

（1）提出了渐变双弧形顶板模板施工方法，根据顶板的渐变弧度，将 10# 工字钢进行弯曲设计，作为模架体系的主龙骨，次龙骨采用 8# 槽钢，木模板根据顶板弧度进行散拼，支撑架体采用重型盘扣架，为保证顶板荷载沿竖向传递到立杆，在立杆顶部顶托和主龙骨间加塞楔形方木，使龙骨斜向力转化为竖向力，解决了渐变双弧形顶板模板支设的难题。

（2）创新采用智慧化监控措施，通过智能监测系统对高支模体系模板沉降、立杆轴力、立杆倾角、支架整体水平位移等进行整体性监测，解决了因架体内部空间狭小导致的人工监测不全面的难题。

3. 施工工艺

（1）工艺原理

1）采用重型盘扣支撑体系作为弧形顶板架体，主龙骨采用 10# 弯曲工字钢来调节不断渐变的弧形结构，次龙骨采用 8# 槽钢，面板采用 18mm 木模板。混凝土浇筑过程中，架体采用无人智慧化监控措施，保障架体安全。

2）结合工程结构特点，为保证混凝土浇筑过程中安全可靠，综合考虑，选用重型承插型盘扣式钢管支撑架。

3）承插型盘扣式钢管支撑架由可调底座、立杆、水平杆、竖向斜杆、水平斜杆、可调托座组成。其将立杆、水平杆、斜杆等杆件预先在工厂全自动焊接、标准化制作成品，在工地快速组成一套稳定、安全的结构体系。杆件结合采用盘扣式承插结合，立杆采用套管承插连接，水平杆和斜杆采用杆端扣接头卡入连接盘，用楔形插销快速连接，形成结构几何不变体系，可调托座与可调底座用于调节支撑高度。

4）立杆采用 Q345A 的材质 $\phi 60 \times 3.2$ 的规格，横杆采用 Q235B 的材质 $\phi 48 \times 2.5$ 的规格，斜拉杆采用 Q195 的材质 $\phi 33 \times 2.3$ 的规格，底托采用 Q235B 的材质 $\phi 48 \times 6.5 \times 460$ 的规格，顶托采用 Q235B 的材质 $\phi 48 \times 6.5 \times 550$ 的规格。

5）由于高支模架处于地下基坑，两侧都有支护结构，可不考虑风荷载。荷载混凝土自重取值 $24kN/m^3$，钢筋自重考虑 $2kN/m^3$，设备及施工人员考虑活荷载 $3kN/m^2$。通过 Midas GEN2015 进行整体的建模，斜杆简化为节点连接轴心支撑，底部支座约束三向水平位移，横杆释放端弯矩为铰接约束。见图 14.4-2 和图 14.4-3。

6）多次模拟计算，最终选定架体立杆按 612mm × 912mm × 1500mm 布设，主龙骨采用 10# 弯曲工字钢，间距和立杆纵向间距 912mm 保持一致，次龙骨采用 8# 槽钢，间距 200，模板采用 18mm 厚木模板，可满足受力要求。弧形顶板拱顶中心高度厚 3m，拱底腋角厚度 3.37m，为保证施工安全，腋角位置进行加强，立杆横向间距调整为 312mm，设置 2 根加强立杆。竖向斜杆满布设置，水平剪刀撑竖向布置 3 层，角度在 45° ～ 60° ，见图 14.4-4。

（2）施工流程

施工准备及放样→排放可调底座→安装第一步距架体（立杆、横杆）→调整可调底座标高和架体水平度→安装第一步距架体（斜杆）→安装第二步距架体→……→安装最后一步距架体→安装可调托座→调节结构支撑高度→安装模板体系。

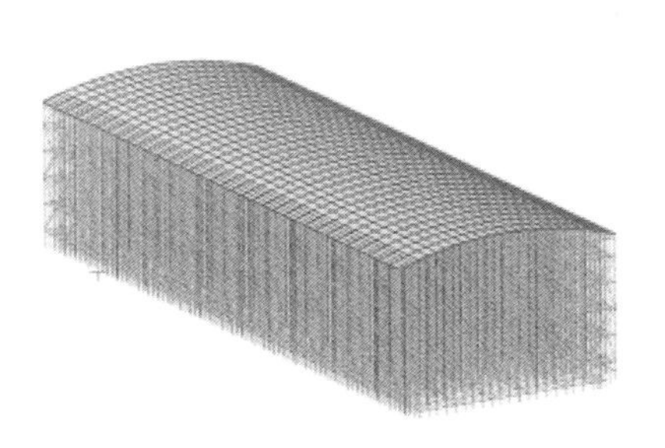

图 14.4-2 Midas 整体支架模型

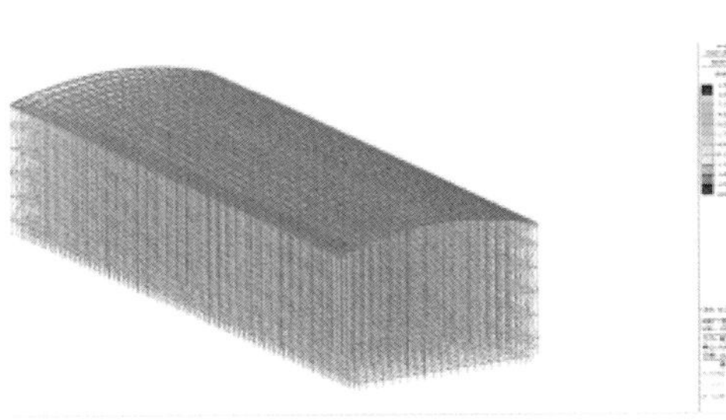

图 14.4-3 应力云图

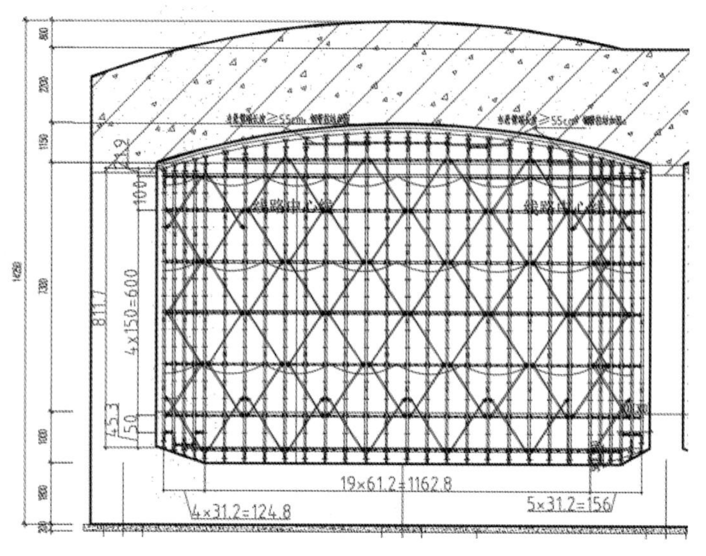

图 14.4-4 架体模型设计图

(3) 架体搭设

1) 模板支架立杆搭设位置应按专项施工方案放线确定，不得任意搭设。

2) 经验收合格的构配件应按品种、规格分类码放，并应标挂数量规格铭牌备用。构配件堆放场地应排水畅通、无积水。

3) 模板支架水平方向搭设，首先应根据立杆位置的要求布置可调底座，接着插入四根立杆，将水平杆、斜杆通过扣接头上的楔形插销扣接在立杆的连接盘上形成基本的架体单元，并以此向外扩展搭设成整体支撑体系。垂直方向应搭完一层以后再搭设次层，以此类推。

4) 可调底座应准确地放置在定位线上，并保持水平，垫板应平整、无翘曲，不得采用已开裂垫板。

5) 立杆应通过立杆连接套管连接，在同一水平高度内相邻立杆连接套管接头的位置应错开；水平杆扣接头与连接盘通过插销连接，采用榔头击紧插销至指定刻度，保证水平杆与立杆可靠连接。

6) 每搭完一步支模架后，应及时校正水平杆步距，立杆的纵、横距，立杆的垂直偏差与水平杆的水平偏差。控制立杆的垂直偏差不应大于 $H/500$，且不得大于 50mm。

7) 模板支架应设置扫地水平杆，可调底座调节螺母离地高度不得大于 300mm，作为扫地杆的水平杆离地高度应小于 550mm。

8) 模板支架立杆可调托座伸出顶层水平杆的悬臂长度严禁超过 650mm，可调托座插入立杆长度不得小于 150mm；架体最顶层和最底层的水平杆步距应比标准步距缩小一个盘扣间距。

9) 当可调底座调节螺母离地高度不大于 200mm 时，第一层步距可按照标准步距设置，且应设置竖向斜杆，并可间隔抽除第一层水平杆形成施工人员进入通道，与通道正交的两侧立杆间应设置竖向斜杆。

10) 当搭设高度超过 8m 的满堂模板支架时，竖向斜杆应满布设置，水平杆的步距不得大于 1.5m。模板支架搭设成独立方塔架时，每个侧面每步距均应设竖向斜杆。当有防扭转要求时，可在顶层及每隔 3 ~ 4 步增设水平层斜杆或钢管水平剪刀撑。

11）支架搭设完成后混凝土浇筑前应由项目技术负责人组织相关人员进行验收，验收合格后方可浇筑混凝土。

（4）主、次龙骨安装

1）本工程处于车站咽喉区，顶部弧形曲面均处于不断变化状态，每个断面弧度均不同，为了通过主龙骨解决弧形曲面弧形成型质量问题，通过市场调研，采用弯曲工字钢制作主龙骨来实现，每根工字钢弯曲弧度均不同，按照安装顺序，统一焊接、编号，方便安装。

2）次龙骨采用 8# 槽钢，利用钢丝和主龙骨连接固定。倒角底托及主龙骨和顶托位置通过加塞楔形白木方木，使受力面保持水平，确保施工安全。

（5）模板安装

1）模板的接缝严密不应漏浆，相邻错台不大于 2mm，在浇筑混凝土前，木模板浇水湿润，模板内不应有积水。

2）模板与混凝土的接触面应清理干净并涂刷隔离剂，隔离剂必须涂刷均匀，无堆坠，无漏空，不得采用影响结构性能或妨碍装饰工程施工的隔离剂。

3）浇筑混凝土前，模板内杂物应清理干净。

4）模板上下层接槎顺直，不错台，不漏浆。

5）当跨度等于或大于 4m 时，模板应起拱，起拱高度为跨度的 0.2%，且起拱高度不小于 20mm。顶板模板拼接缝处增加 80mm × 80mm 方木，确保拼缝密实。

（6）高大模架系统智慧化监控

1）由于高支模体系具有高度高、受力复杂、载荷大等特点，容易发生失稳倒塌事故，事故往往发生在混凝土浇筑期间，高大模板支撑系统局部失稳或变形过大、导致整体倒塌。由于事故发生突然，缺乏有效的监测，守模人员及混凝土浇筑人员等来不及撤离，往往给施工现场带来巨大的安全威胁。

2）为避免事故发生的突然性所造成的生命和财产损失，项目采用智能监测的手段，引入高支模安全监测系统，提前对架体位移、沉降等进行实时监测，对超限监测参数进行自动报警，便于采取相应的应急措施；同时在架体内接入高清摄像头，实现混凝土浇筑时模架支撑体系内无人化监控。

3）高支模安全监测系统采用了新型数字化检测系统进行实时监测，具有监测范围全面、参数采集实时、监测管理直观和监测响应及时等优点。

4）自动监测系统由监测终端、传输终端、服务器、显示终端、报警系统等组成。该系统中运用的检测终端是实时监测支模架的整体稳定性，捕捉和收集支模架的稳定性数据，并将监测数据回传到数据处理中心进行数据处理分析，见图 14.4-5 和图 14.4-6。出现险情时做出预警判断，当达到报警时立即进行报警。

5）以第一段为例，共布置 25 个监测点。

4. 实施效果

本技术的实施，解决了渐变双弧形顶板的模板支撑、加固和监测的难题，施工过程安全可靠，结构成型质量较好，为类似工程提供了借鉴。

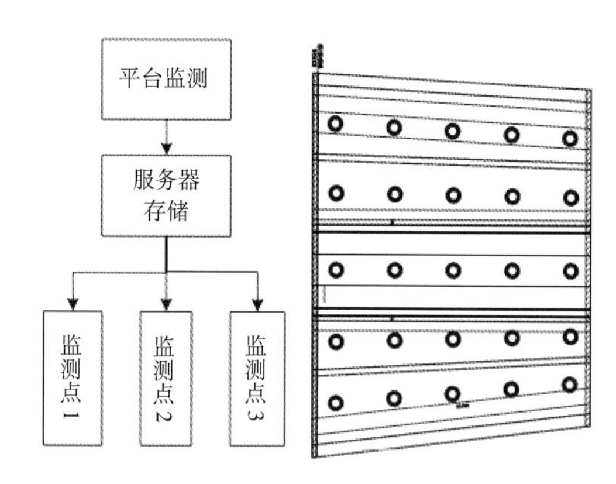

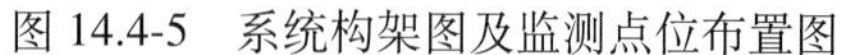
图 14.4-5 系统构架图及监测点位布置图

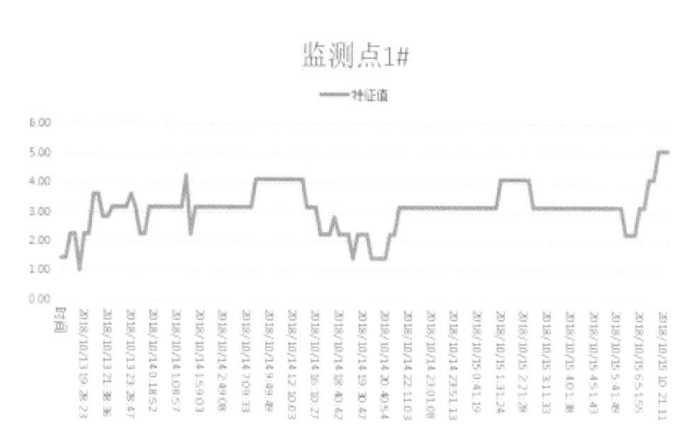

图 14.4-6 混凝土浇筑时监测终端实时点位监控

14.5 大跨度巨型钢拱结构施工技术

1. 技术背景

桂林两江国际机场 T2 航站楼位于桂林市临桂区两江机场内，T1 航站楼南侧，现状跑道东侧。本工程整体呈“U”字形，长 337m，宽 335m，分别由两个垂直指廊和一个中央大厅组成。T2 航站楼屋面是一个连续的曲面，依附在单层网壳主体钢结构之上，覆盖着从主楼到指廊的 U 形平面建筑，体现着“山水桂冠”的建筑设计理念。本工程钢结构是由中心区屋盖钢结构、指廊区屋盖钢结构、支撑拱钢结构、登机桥钢结构、钢连桥钢结构和钢浮岛钢结构六部分组成，总用钢量约 1.1 万 t（图 14.5-1）。

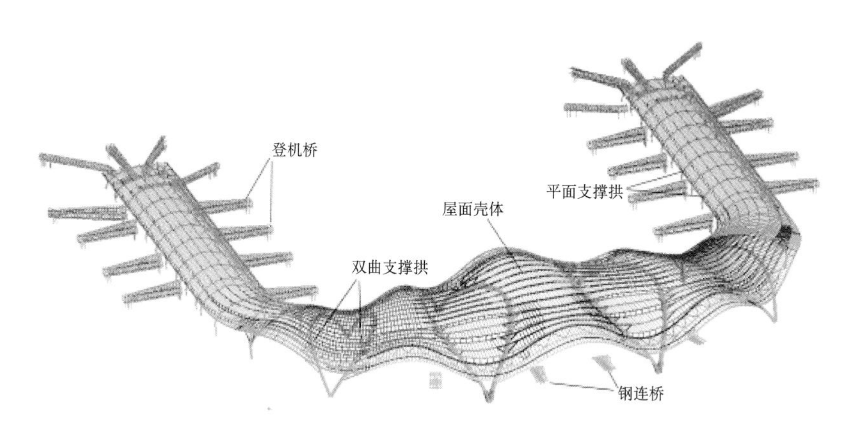

图 14.5-1 桂林两江国际机场 T2 航站楼钢结构屋盖示意图

（1）中心区屋盖钢结构

中心区屋盖钢结构采用由横梁与环梁围成的矩形网格，环梁为矩形钢管，截面高度自中部的 900mm 向两端的 500mm 依次变化。横梁为圆形钢管，钢管最大直径 351mm。单层壳体通过自拱身斜向伸出的与壳体环梁曲线近似相切的撑杆与支撑拱连接。中心区屋盖钢结构总重约 4600t。屋盖壳体杆件之间的节点均为刚接。如图 14.5-2 所示。

（2）指廊区屋盖钢结构

指廊区屋盖钢结构总重约 900t。指廊区屋盖钢结构与中心区屋盖同样采用由横梁与环梁围成的矩形网格，环梁为矩形钢管，横梁为圆形钢管，单层壳体通过斜向撑杆与平面实腹拱连接。所有拱在三层楼面处均与混凝土结构采用拉杆拉接，屋盖壳体杆件之间的节点均为刚接。在指廊与中心区连接处，环梁相连使两部分均匀过渡。如图 14.5-3 所示。

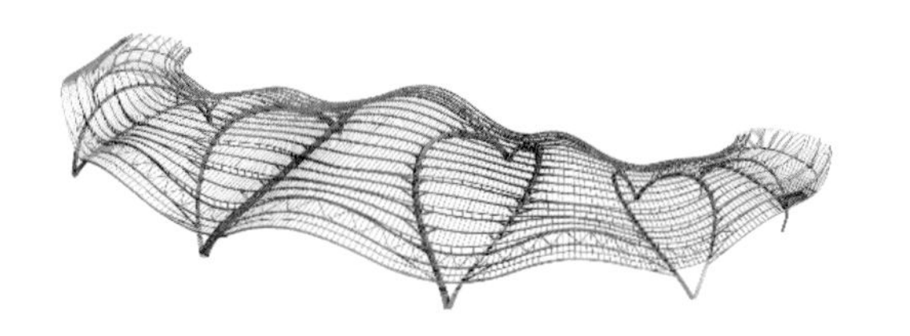

图 14.5-2　中央大厅屋盖钢结构

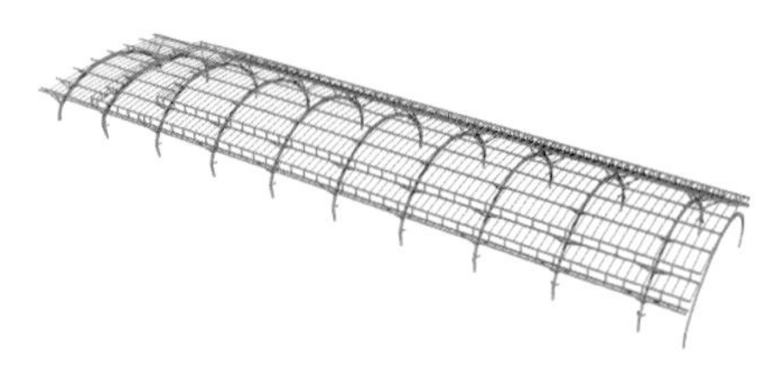

图 14.5-3　指廊区屋盖钢结构

（3）支撑拱

本工程支撑拱共有 36 个，其中南、北指廊区各 10 个，中心区有 16 个。中心区支撑拱为空间曲线实腹钢结构拱，整个中心区由 7 对相对朝向的弧形拱及端部两片平面拱组成，跨度分别为 118m、75m、45m、39m。支撑拱横截面为梯形截面，截面高度自支座向跨中逐渐变小。指廊实腹拱跨度为 38m，拱横截面为梯形截面，截面高度自支座向跨中逐渐变小，除中心区中部的四对支撑拱拱脚落地外，其余拱在三层楼面处与混凝土结构采用拉杆拉接。支撑拱总用钢量约 3800t。如图 14.5-4 所示。

（4）登机桥

登机桥固定端一端与航站楼主体连接，另一端设有开口，与登机桥活动端衔接。航站楼有登机桥固定端 23 个，其中北指廊有 12 个，南指廊有 11 个。登机桥为钢立柱支撑的钢桁架结构，登机桥主要分成 4 类，其中 1A 类登机桥 39.3m × 5.5m，单重 53t；2A 类登机桥 43.2m × 4.4m，单重 36t；1B 类登机桥 41.4m × 5.3m，单重 60t；2B 类登机桥 32.4m × 2.4m，单重 30t。登机桥总用钢量约 1200t。见图 14.5-5。

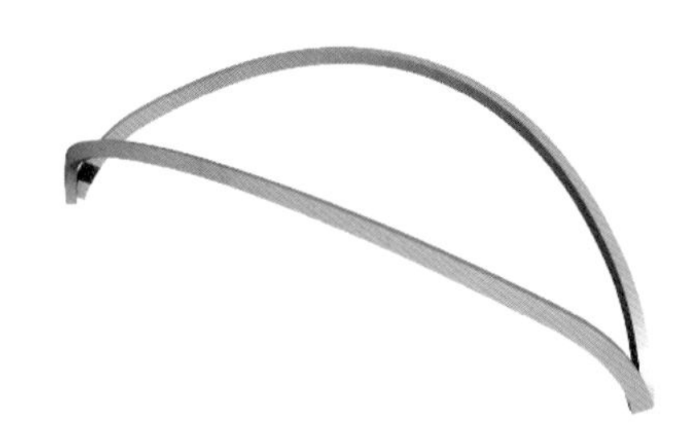

图 14.5-4　支撑拱结构

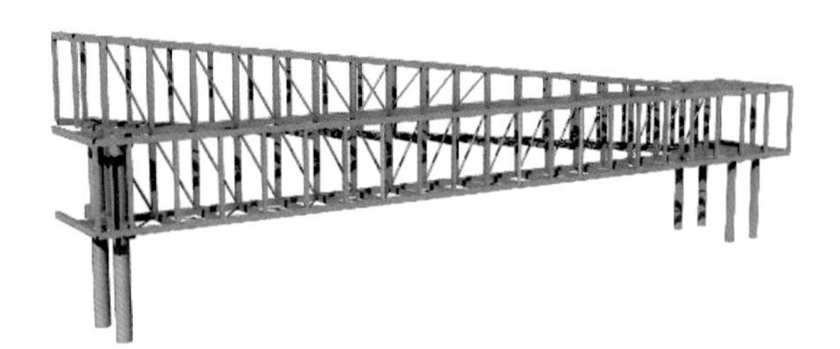

图 14.5-5　登机桥钢结构

（5）钢连桥钢结构

钢连桥位于航站楼内三层楼前入口处，结构标高 9.6m，连接高架桥与出发大厅。由南向北依次编号为 1 ~ 4 号，钢连桥 1、4 号，长度约 13.6m，宽度约 8.2m，钢连桥 2、3 号，长度约

19.4m，宽度约 8.2m。钢连桥为柱支钢梁结构，钢连桥一端通过铰接支座支撑于室内混凝土柱，另一端支撑于高架桥桥墩悬挑牛腿的滑动支座上，总用钢量约 150t。见图 14.5-6。

（6）钢浮岛钢结构

钢浮岛钢结构分为中心区部分和指廊部分，中心区部分钢浮岛位于值机大厅两侧，指廊部分钢浮岛位于指廊通道两侧，层高分别为 4.5m 和 4.4m。钢浮岛以钢柱及钢梁为支撑结构，钢柱截面为空心圆柱，钢梁为 H 型截面梁，顶面铺压型钢板。指廊部分钢浮岛柱间设有水平角钢支撑，总用钢量约 500t。见图 14.5-7。

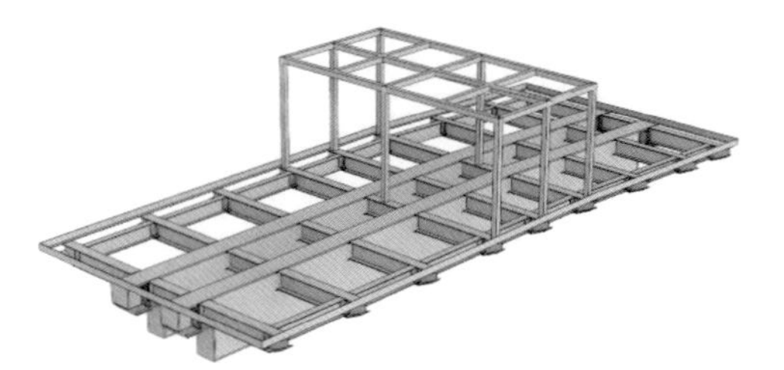

图 14.5-6 钢连桥钢结构

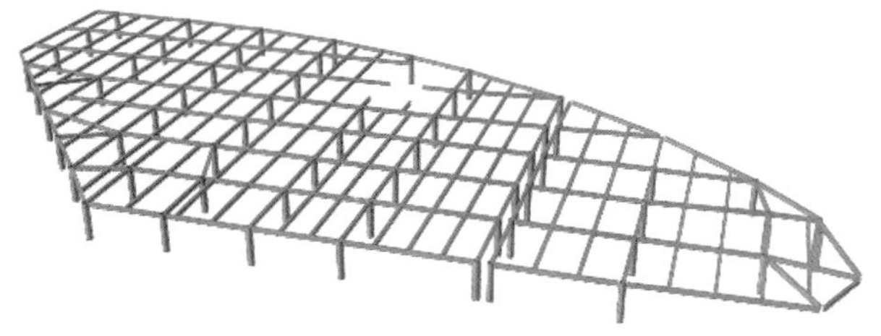

图 14.5-7 钢浮岛钢结构

2. 技术要点

（1）超大异型拱脚施工技术

1）拱脚的尺寸较大、单重较大且安装精度要求高，为保证拱脚的安装精度，在拱脚的安装过程中采用定位板进行定位。

2）为了配合拱脚分段安装，除混凝土需要分层浇筑外，钢筋的侧面钢筋、面筋以及地面以上外包结构的钢筋必须采用分次、分段多次安装的方法以确保拱脚安装。

3）本工程空间支撑拱均通过拱脚与钢筋混凝土基础连接，拱脚承台除了受垂直方向荷载作用外还受到水平方向荷载作用。通过设置 H 型钢式抗剪键能够有效地提高承台抗剪能力。

（2）大跨度钢拱网架结构安装技术

1）钢结构屋盖为空间曲面支撑拱支撑的单层网壳结构体系。支撑拱采用三点吊装法，屋面网片采用四点吊装法。

2）明确屋面钢结构安装顺序。首先进行支撑拱的安装，随后从空陆两侧同时推进屋盖网片的安装并在跨中进行小区域的合拢。通过尽早地实现拱间结构的安装，使其形成一个区域整体，能增大屋盖整体刚度。

（3）大跨度巨型钢拱屋盖分段卸载模拟分析及施工技术

1）为提前介入幕墙和屋面的施工，通过模拟计算分析可采用分区分阶段卸载的方式来实现。即将现场屋盖根据支撑拱位置分为三个大区，安装区比卸载区多一跨的前提下，可以开展局部区域屋盖的卸载施工。

2）对不同节点需制定合适的卸载方法，根据模拟计算结果，本工程屋盖卸载采用直接切割法，支撑拱卸载采用油缸卸载法。

3）直接切割法工艺流程：卸载前在柱头支撑上标记 5mm 刻度线→用气割缓慢削割 5mm，使拱自然下落→按上述步骤，分阶段卸载拱 5mm，直至卸载完成。

4）油缸卸载法工艺流程：吊装到位，安装卸载油缸→卸载油缸伸缸，将拱顶升至脱离支撑上表面 5mm 处→取出 10mm 厚垫板→卸载油缸缩缸，拱降至支撑上表面，拱卸载 10mm →按上述步骤，分阶段卸载拱 5mm，直至卸载完成。

3. 施工工艺

（1）拱脚概况

为了实现大跨度钢结构拱屋盖，并保证结构受力合理，桂林两江国际机场 T2 航站楼中心区屋顶采用双向双曲拱脚结构体系，由四个双向双曲拱壳结构支撑。拱壳底部为支撑双向双曲拱的拱脚支座承台。拱脚作为中心区钢结构支撑体系的支座，结构设计、空间受力复杂、自重大，单个拱脚最大自重达 117.7t、最小重量为 42.2t，属于异型多面复杂构件，施工难度大。拱脚支座承台为拱脚构件与桩基之间传递荷载结构，承台尺寸最大达约 24 × 16.8m，厚度分别为 3700mm、4750mm，见图 14.5-8 和图 14.5-9。

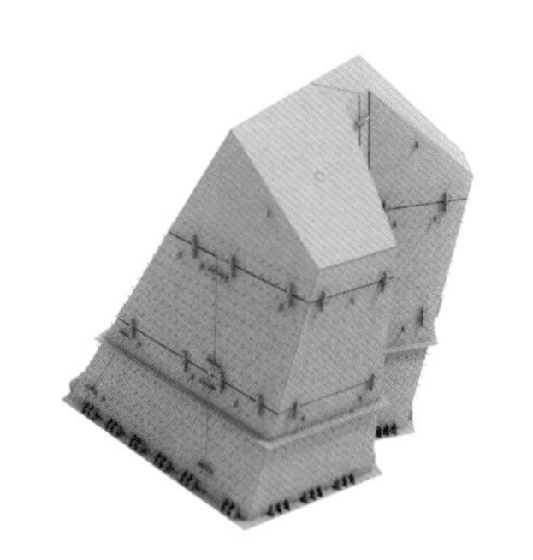

图 14.5-8　钢结构拱脚

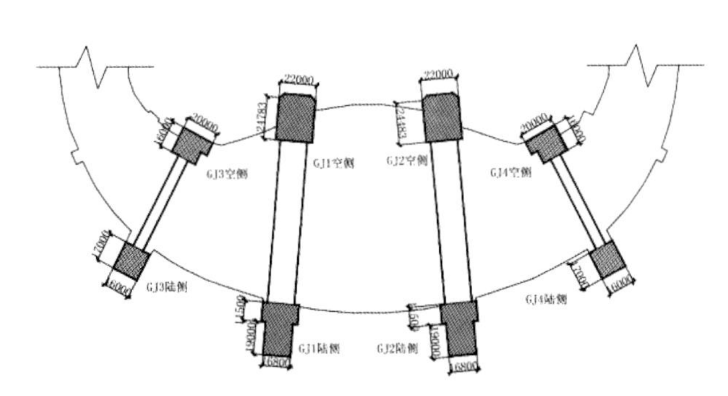

图 14.5-9　拱脚承台分布图（阴影部位）

（2）异型拱脚构件分段

由于拱脚的尺寸较大，考虑运输条件和现场安装方便，将 G1、G2 拱脚分成 11 大块，分块后单块最大重量 20.3t；G3、G4 拱脚分成 5 大块，单块最大重量为 13.3t。拱脚的具体分段方式，见图 14.5-10 和图 14.5-11。

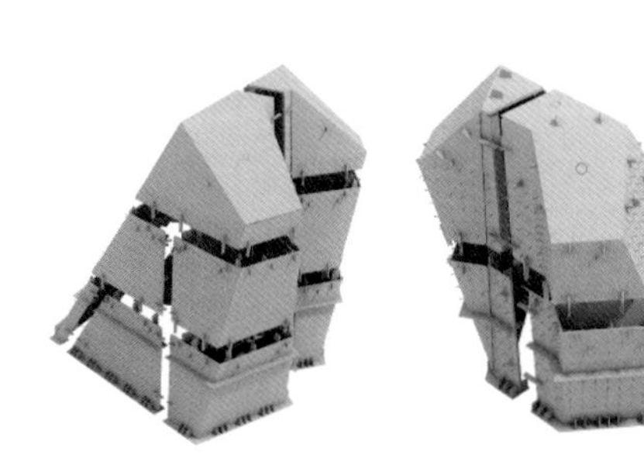

图 14.5-10　拱脚分段示意图

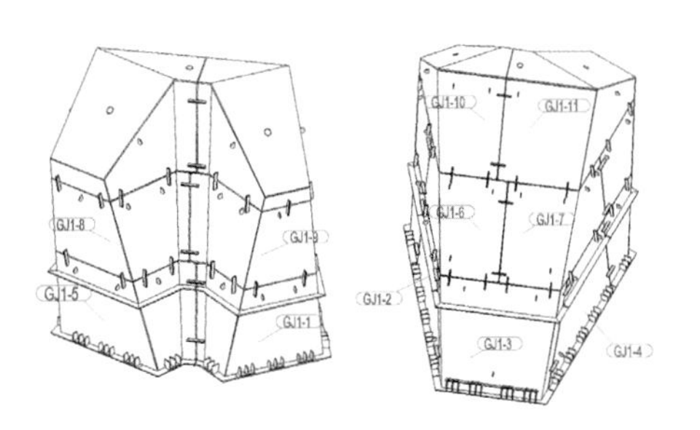

图 14.5-11　拱脚分段编号图

（3）异型拱脚施工工艺与流程

1）施工工艺流程

测量定位→定位板制作及固定→抗剪键安装→混凝土分段浇筑→钢构件分块吊装焊接→拱脚外包斜墙钢筋绑扎及支模→外包混凝土浇筑。

2）测量定位

在绑扎完毕的承台拱脚基础面筋上测设出对应地脚螺栓固定环板的控制轴线，并在承台垫层或底面钢筋上标识。

拱脚作为整个钢结构的基础部分，其预埋精度直接关系到后续钢结构的安装定位，所以必须严格控制地拱脚的安装精度。拱脚埋件以埋件分割线作为主要控制轴线，在拱脚埋件下层环板标高位置安装定位支架，将控制轴线投测至定位板上。测量要点如下：

3）定位板制作及固定（图 14.5-12、图 14.5-13）

定位板分块安装，将地脚螺栓穿入定位板中，使各地脚螺栓顶部至同一水平面内，达到设计要求位置。在螺栓螺纹部分涂上黄油，包上油纸，并加套管保护，然后整体吊装在角钢支撑架上，并将环板控制线与角钢支撑架上测放的控制线对齐。调整后，环板间相互焊接固定。

由于空间支撑拱均通过拱脚与钢筋混凝土基础连接，拱脚的尺寸较大、单重较大且安装精度要求高，为保证拱脚的安装精度，在拱脚的安装过程中采用定位板进行定位，其制作要求如下：

材质：拱脚定板选用 Q235 钢板，厚度为 10mm 钢板制作。

制作：拱脚的定位板的制作由工厂制作完成加工，定位钢板螺栓孔径比其穿过螺栓直径大 2mm。

图 14.5-12 定位环板安装

图 14.5-13 拱脚螺栓的定位环板支架

定位环板安装支架需现场制作。支架长宽为 80cm × 60cm，支架制作采用∟80 × 8 角钢，支架底部与承台底筋焊接固定，支架高度根据螺栓定位环板顶标高及环板高度调节。螺栓定位环板搁置在角钢支架上焊接固定。且待环板定位准确无误后，在环板每个面上焊接不少于 2 道∟80 × 8 的角钢斜撑与承台底筋加固，防止螺栓定位环板在钢筋绑扎及混凝土浇筑过程中偏位或变形。

(4) 抗剪键安装（图 14.5-14、图 14.5-15）

为保障两次浇筑的拱脚整体受力，需在两次浇筑的平面间安插抗剪键，并用角钢进行相互拉结，防止混凝土浇筑过程中偏位。

二次浇筑面位置位于拱脚承台面往下 1450mm 处，在轴力，剪力，弯矩组合作用下，轴力提供有利作用，剪力通过抗剪槽来抵抗，弯矩作用则通过预埋 H 型钢来抵抗。

根据计算，抗剪键采用 H400 × 200 × 12 × 16 和 H400 × 200 × 10 × 14 型钢。抗剪键自承台底部生根，G3、G4 空陆侧拱脚承台每根抗剪键长度为 3.35m，G1、G2 空陆侧拱脚承台每根抗剪键长度为 4.35m。抗剪件沿着短边方向均布设置 8 个，沿着长边方向均匀设置 15 个能满足要求。

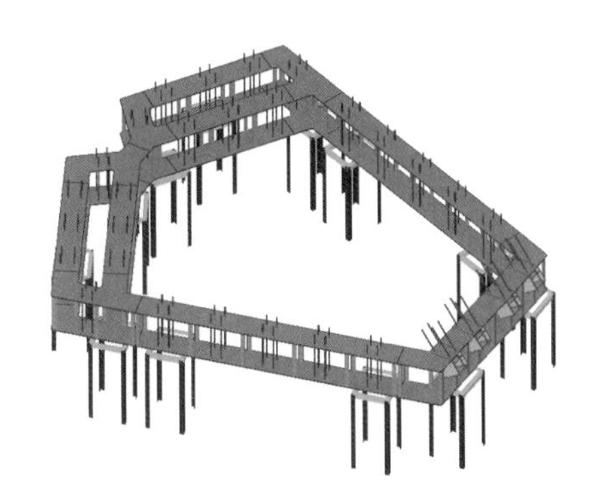

图 14.5-14 拱定位环板安装支架示意图

图 14.5-15 抗剪键安装

(5) 混凝土分段浇筑

拱脚承台混凝土采用分段浇筑，分段根据埋件的地脚螺栓标高、承台顶面标高和埋件内混凝土面高度进行。因此每个承台竖向分四段进行混凝土浇筑（承台分段浇筑时若不满足承台整体性，采取增设型钢构件进行抗剪）。

(6) 钢构件分块吊装焊接（图 14.5-16 ～图 14.5-22）

混凝土浇筑完成并达到承载要求强度后，利用汽车式起重机依次进行钢拱脚构件分块吊装。吊装过程中进行焊接内部加劲板，绑扎拱脚内部钢筋。

(7) 拱脚外包斜墙钢筋绑扎及支模

拱吊装焊接完成后进行外包钢筋绑扎，拱脚外侧钢筋绑扎完成后进行支模，钢筋承台面以上拱脚外包斜墙模板采用木模板加钢管扣件支撑加固。模板面板采用 18 厚覆膜多层板，竖向次背楞为 50mm × 100mm 木方 @300mm，ϕ48 双钢管主背楞 @500mm，M14 对拉螺杆内侧与拱脚钢板焊接牢固，外侧蝴蝶扣与双钢管主背楞扣紧，纵横间距 500mm。对拉螺杆外端面板位置设置塑料垫圈，模板拆除后将对拉螺杆切除，对拉螺杆眼采用 1：2.5 水泥砂浆封堵抹平。

当拱脚外包斜墙向拱脚内侧倾斜时，混凝土浇筑时，从墙顶竖向振捣无法实现，因此需在墙上侧面模板上预留振捣孔。振捣孔尺寸 200mm × 200mm，纵横间距 1000mm 设置，墙顶 1m 范围内不留。振捣完成，待混凝土浇筑到位后，洞口用预先做好的小块模板及时封闭，并固定牢固，避免上空。

当拱脚外包斜墙向拱脚外侧倾斜时，增加扣件钢管脚手架支顶，钢管脚手架沿墙高方向每隔两道模板钢管主背楞设置一排，水平间距为 900mm，钢管脚手架支撑杆底部垫木方垫块并设置钢筋地锚，便于斜墙立杆的稳固；顶部采用可调 U 形顶托与双钢管主背楞顶紧，钢管脚手架支撑立杆与地面夹角为 60°，底部设置纵横扫地杆，垂直支撑立杆设置纵横水平杆，步距≤ 1200mm。

完成盖板的焊接，预留灌浆孔，并且焊接第一段支撑拱。

(8) 外包混凝土浇筑

完成承台顶面以下的拱脚内混凝土与拱脚以外承台混凝土的浇筑。

(9) 大跨度支撑拱结构

1) 利用 2 台 150t 汽车式起重机和 2 台 100t 汽车式起重机分块安装拱脚。

2) 进行拱临时胎架位置的放线定位，完成临时胎架的搭设并复测各临时胎架上定位板的位置和标高（图 14.5-23、图 14.5-24）。

图 14.5-16 第一块构件安装

图 14.5-17 第二块构件安装

图 14.5-18 对称焊接分段 3、分段 4

图 14.5-19 补全后盖并焊接内侧加劲板

图 14.5-20 依次进行后续分段吊装

图 14.5-21 支撑拱焊接

图 14.5-22 外包剪力墙及承台上部混凝土浇筑

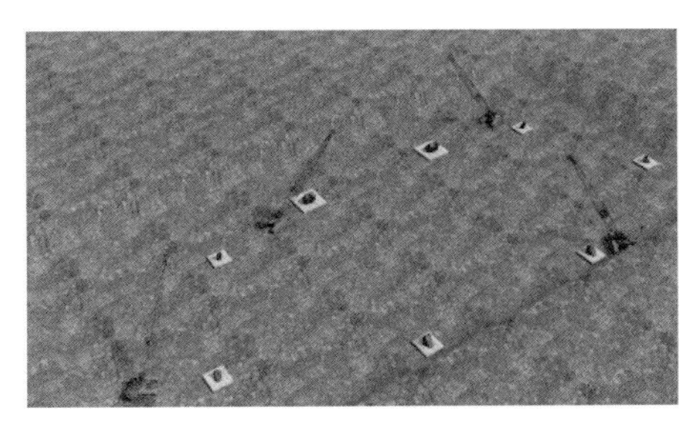

图 14.5-23 安装拱脚

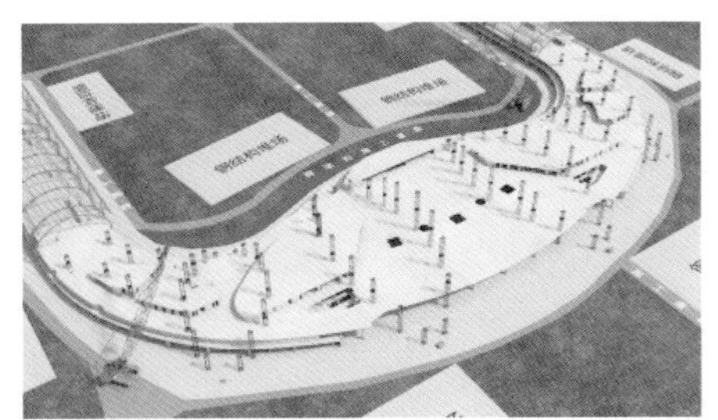

图 14.5-24 拱临时胎架位置的放线定位

3）空侧端和陆侧端用履带吊同时安装 G1 ~ G4 第一段拱；

4）安装 G1 ~ G4 剩余拱（图 14.5-25、图 14.5-26）；

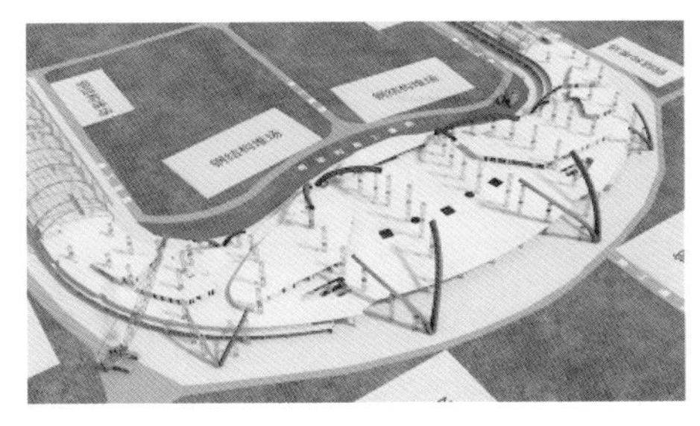

图 14.5-25 安装 G1 ~ G4 第一段拱

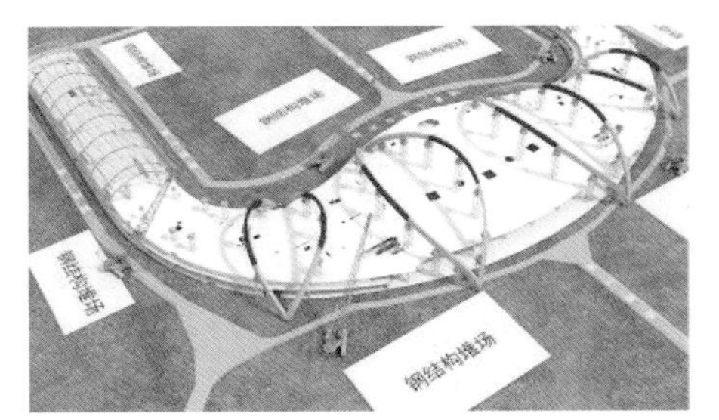

图 14.5-26 安装 G1 ~ G4 剩余拱

5）安装 G5 ~ G8 第一段拱；

6）安装 G5 ~ G8 剩余拱，拱安装完成（图 14.5-27、图 14.5-28）。

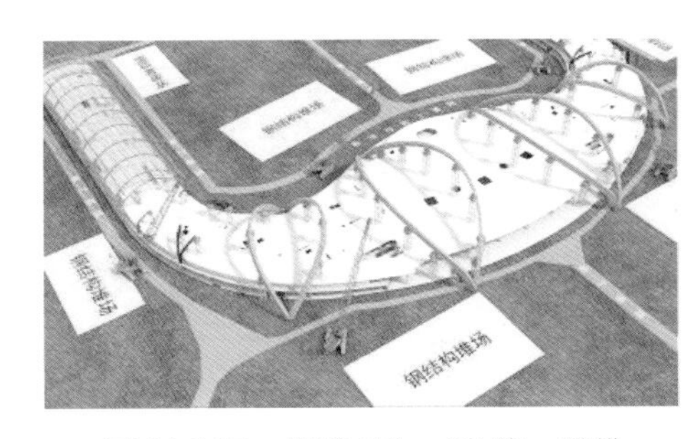

图 14.5-27 安装 G5 ~ G8 第一段拱

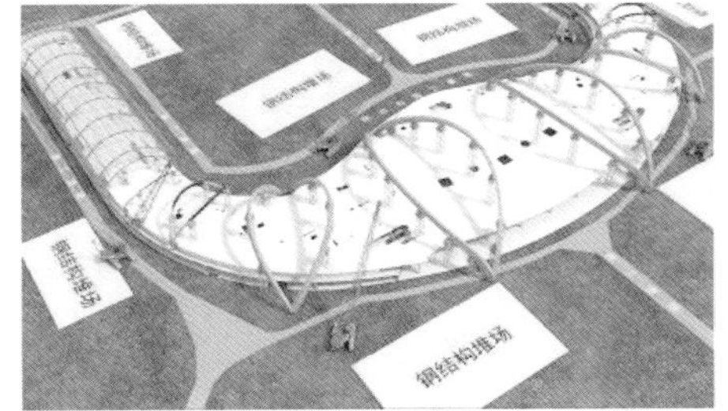

图 14.5-28 安装 G5 ~ G8 剩余拱

4. 实施效果

桂林两江国际机场航站楼在钢结构施工期间，相继采取了钢结构主要构件加工技术、钢结构高精度测量技术、支撑体系模拟计算及设计技术、超大异型拱脚施工技术、大跨度钢拱网架结构安装技术、大跨度钢拱屋盖分段卸载模拟分析及施工技术、三维扫描技术，解决了大跨度巨型钢拱结构加工、定位、安装、卸载等技术难题。从第三方检测结果来看，最大变形 97mm，最大应力 85MPa，屋盖整体沉降变形符合设计和规范要求。

在航站楼的建设过程中，形成的大跨度巨型钢拱结构施工技术研究成果，对工程进度、质量、安全及企业成本等各方面起到了很好的促进作用。

第六篇　航站楼民航特色专项低碳建造关键技术

随着机场信息化、数字化、智能化的发展，越来越多的信息弱电系统采用基于网络的体系结构，大量的数据、语音和视频信息传输需要综合布线系统提供链路支持。民航机场在开展运营工作的过程中，运用了较多的弱电系统。民航专业工程的高质量施工为民航机场的整体运营提供便利。

机场民航特色工程是在机场建设和运营中，根据民航行业特点和技术要求，实施的一系列具有民航特色的工程和技术。智能化选项包括人脸识别、5G技术、自助防爆测温闸机等。另包括自助值机、自助行李托运、智能机器人等。

此外，机场民航特色工程还包括机场安全防范技术、信息化技术、环保技术和节能技术等。在此补充介绍不停航施工的组织与管理技术。

第 15 章　航站楼民航专业工程施工技术

民航机场在开展运营工作的过程中，运用了较多的弱电系统。本章主要介绍民航专业工程施工技术，其中登机桥施工技术获得省级工法一项，机场不停航施工技术获国际领先水平。民航专业工程的高质量施工为民航机场的整体运营提供便利。

民航专业工程以设计为主，安装施工难度不大，在此做简要功能和技术介绍。

15.1　行李处理系统施工技术

1. 概述

机场航站楼行李系统是指对旅客托运行李进行称重、安全检查、输送、识别、分拣、监控等处理的一套机械化输送和处理系统。行李系统一般由若干子系统组成：离港系统、到港系统、中转系统、分拣系统、早到行李储存系统、大件行李系统、自助办票系统、安检系统、控制系统、信息系统等。

行李处理系统采用自动分拣模式，交运行李安检系统对离港行李 100% 安检，采用柜台双通道安检机 + 小型 CT 机模式，集中判读、集中开包。早到存储系统采用在线存储方式，分拣末端采用滑槽形式，国际采用转盘 + 滑槽组合形式。整个行李系统由多个协同工作的子系统构成，主要包括以下内容：始发行李系统、分拣行李系统、到港行李系统、中转行李系统、早到行李系统、大件行李系统、空筐回收系统、应急备份系统、信息与控制系统、城铁接口预留。

根据航班及旅客性质，又分为国际和国内。交运行李在旅客值机托运后、中转行李在后台，需要经过包括双通道 X 光安检、CT 安检（如需）、人工查验等多级别的安全检查等。此外，除以机械设备为主的输送线系统外，还设有与之配套后台控制系统，通过组建局域网及相连的计算机系统，保障整个系统的顺利运行。

2. 施工方法要点

（1）施工工艺流程

施工前准备工作→设备安装→托板、皮带安装→滚筒安装→电机安装→电气安装→系统调试→试运行→检测验收。

（2）行李处理系统施工方法，见表 15.1-1。

行李处理系统施工方法 表 15.1-1

序号	项目	内容
1	施工准备	检查设备机架、皮带、电机、地脚螺栓的规格、数量及材质是否符合要求。对拟参加工程施工的技术人员、管理人员和技术工人进行技术交底，组织学习技术规范和有关规定，明确各自职责，掌握有关标准和方法，自觉以各自的工作质量来保证工程质量
2	设备就位	由于设备是安装在钢平台上，因此需要将设备从地面移动到钢平台上，在此过程中容易出现设备油漆被撞坏情况，为避免此情况发生，组织相关人员专职负责此项工作，对其培训，进行严格检查与考核，发现问题及时处理
3	设备安装放线、调平	在操作电脑上安装系统客户端软件，并测试前端设备，将设备调试至合适即可
4	设备安装	根据定位线将机架安装在对应的钢平台上，对脚杯进行初定高度，将护板用连接板连接
5	托板与皮带安装	将托板放在皮带里固定在护板上，通过调节螺栓对托板进行调平
6	滚筒安装	滚筒包括动力滚筒、从动滚筒、托滚、张紧滚筒、防跑偏滚筒，运用螺栓与固定块将滚筒固定在护板上
7	电机安装	运用扭力臂将电机固定在机架
8	电气安装	行李处理系统电气施工内容主要包括：成套控制柜安装、桥架线缆敷设、穿管接线等工作
9	系统调试	保证信息管理系统与 PLC 及外部各机场信息系统能够有序、顺畅、稳定、受控地进行相关数据的发送和接收，各接口在收到相应的数据以后，能够正确可靠地按照协议进行解析和转换并完成相应的日志及异常处理等功能。同时，在获得数据前后，内部独立及与外部关联的业务模块皆能够各自可靠工作

(3) 施工过程控制

在施工过程中应有一个准确并较为持久的测量控制系统，开工前应根据相关单位提供的土建基准点及工艺平面布置图上的基准柱进行施工放线，并建立 X-Y 平面坐标系，根据设 X-Y 平面坐标系对系统设备位置线（就位设备的中心线）进行放线。

在完成设备的位置线后，应根据现场设备位置线检测安装平面的平整度，安装平面的平整度必须达到技术要求后方可施工。

测量平整度的仪器用经纬仪或水准仪。

在行李处理系统输送设备的施工中，根据系统设备平面工艺布置图以及施工现场的实际工艺平面布置情况，确定各行李处理系统单机设备的组装、吊装位置和方位。科学安排单机设备的施工顺序，否则会影响下台设备的施工空间，其他设备的施工将无法进行。

施工预埋期间，加大图纸会审力度，特别注意给水排水、通风空调、电气等专业图纸与行李分拣系统图纸是否匹配，各系统的电源、水源、风源的接口问题，避免施工中出现真空现象。

施工期间，与行李系统安装施工协调，精确定位预留预埋件，对设备基础进行复测，如发生变更，及时进行修改。

安装过程中注意行李系统输送皮带的净高度、倾斜度及走向，以免发生冲突。当机电安装工程与行李处理系统发生冲突时，优先考虑行李处理系统安装施工。

单机设备的安装和调试严格按照公司技术要求进行，并以现行《民用机场航站楼行李处理系统检测验收规范》为检测标准。

3. 适用范围

本技术适用于改建和扩建工程的机场航站楼行李系统的安装和调试工程，新建工程的机场航站楼行李系统的安装和调整。

4. 实施效果

机场行李处理系统 BHS 是机场施工建设和生产运营的重要部分，高度集成了机械、电气、控制等的自动化系统，行李处理系统的高质量施工确保着旅客行李安全、可靠、及时和准确的输送，对整个机场高效、平稳运行有着重要意义，见图 15.1-1 ~图 15.1-3。

图 15.1-1 行李高速小车系统

图 15.1-2 深圳宝安国际机场行李系统

图 15.1-3 成都天府国际机场行李系统

15.2 安检信息管理系统施工技术

1. 概述

机场工程安检系统为专业工程，系统为安检岗位配置相应的终端及配套设备。主要由后台及应用软件、安检岗位终端、音视频设备和网络组成。

安检信息管理系统是集旅客值机交运行李照片采集、旅客身份验证、肖像采集、安检过程录像、行李开包录像、安检人员管理和布控信息管理于一体的综合性安全信息管理系统。系统通过计算机网络，建立安检信息管理系统服务器和数据库，综合利用机场现有安全检查设施和信息资源，提高安检质量，规范安检管理，最大限度地确保空防安全。

2. 施工方法要点

(1) 施工工艺流程

技术资料复核→机柜安装→系统配置→通透性测试→网络管理软件测试→系统安全性测试→设备容错测试。

(2) 安检信息管理系统施工方法，见表15.2-1。

安检信息管理系统施工方法　　表15.2-1

序号	施工步骤	主要方法
1	机架安装	(1) 机架排放位置应符合设计图的要求。机架摆放应整齐牢固，垂直误差小于总高度的1‰，应与地面有可靠的固定，人为的摇动时不应产生明显的晃动； (2) 所有机架的保护地安装均应良好
2	线缆连接	(1) 缆线的终端和连接必须严格按照设计和施工的有关技术标准以及生产厂家的要求执行。布放电缆的规格、路由和位置应符合施工图设计的要求，电缆排列必须整齐美观，外皮无损伤； (2) 各种设备连接电缆必须在走线架或槽道上布放，要求缆线必须捆扎牢固、整齐、布置有序，不应混乱无章； (3) 直流电源线接续时应连接牢固，接头接触良好，保证电压降指标及对地电位符合设计要求
3	系统检测	(1) 计算机网络系统的检测应包括连通性检测、路由检测、容错功能检测、网络管理功能检测； (2) 连通性检测方法可采用相关测试命令进行测试，或根据设计要求使用网络测试仪测试网络的连通性

3. 适用范围

本技术适用于改建和扩建工程的机场航站楼安检信息系统的安装和调试工程，新建工程的机场航站楼安检信息系统的安装和调整。

4. 实施效果

机场现场安检信息系统实施为机场建立多层次的立体防范体系，提高了机场的安全防范能力，填补了航空安全漏洞，保障了乘客人身安全。

15.3 行李处理系统输送机设备安装技术

1. 概述

一般行李系统包括离港系统和到港系统。大型机场离港系统一般采用行李自动处理的方式，该系统通常包括十余千米的输送机、值机岛设备、多台自动分拣机、水平分流器及垂直分流器等设备。行李自动处理设备运行流程：值机输送机→收集输送机→普通输送机（实现值机与分拣设备连接及输送机备份的作用）→自动分拣机（通常一备一用）→离港行李转盘或离港输送机（某航班某时段单独使用）。

大型机场行李自动处理系统机械设备种类多、数量大、安装地点分散，单条输送线距离长，容易质量失控。通过航站楼行李自动处理系统机械设备的安装验证，提高安装自动分拣机的质量等级、系统精确放线控制设备安装精度、输送机的标准化组装及垂直分流器的精确定位等技术措施，可以有效控制工程质量。

2. 施工方法要点

（1）按照设备发货随机文件的内容对设备的零部件型号及数量进行清点，确保零部件齐全，并且确定在运输过程中没有被损坏；如果有零部件丢失或损坏，于7d内凭货物收据与机场物流系统公司联系。

（2）仔细检查以整体形式发货的部件和驱动装置，确保其所有连接件的连接牢靠。通常头部机架组件、尾部机架组件和驱动机架组件采用部件形式发货，而中间机架组件采用散件形式发货。

（3）设备就位前，按系统工艺平面布置图和有关基础、支承建筑结构的实测资料，确定主要设备的纵向线和横向线以及基准标高点，作为设备安装的基准。

（4）按照系统工艺平面布置图仔细核对各机架组件的规格尺寸和安装位置。注意：

首先应按照安装施工计划确定设备的安装顺序，参照系统工艺平面布置图确定设备的安装位置和物流方向等信息。

通常中间机架组件采用长度为2850mm的标准模块，根据系统工艺平面布置的需要，也有特殊长度尺寸规格的中间机架组件。

（5）遵照安装手册中的装配要求，在施工现场的指定安装区域将以散件形式发到现场的中间机架组件装配成一个总体。

（6）将装配完成的中间机架组件运到系统工艺平面布置图中要求的位置进行安装，确保中间机架组件的长度尺寸正确，安装方向与设备运行方向一致。

根据安装现场条件和通道的具体情况，使用叉车、起重吊车等合适的起吊工具对设备的部件进行举升或移动作业，并确保安全。

（7）随设备一起提供的紧固件将中间机架组件和尾部机架组件连接起来；将支腿组件按照系统工艺平面布置图所示意的位置安装在上述机架组件相应位置上，调整支腿组件的可调地脚使输送面高度满足系统工艺平面布置图的要求。

（8）用水平尺检查机架组件的输送带托板沿宽度方向是否已调整为水平状态，可通过调整相邻支腿组件上的可调地脚实现；同时用水平尺将支腿组件的立柱调整至与安装基础平面呈垂直的状态。

(9) 照上述方法，用随设备一起提供的紧固件依次将尾部机架组件、中间机架组件、驱动机架组件和头部机架组件等连接成一个总体；支腿组件按照系统工艺平面布置图所示位置安装在上述机架组件相应位置上，调整支腿组件的可调地脚使输送面高度满足系统工艺平面布置图的要求，并将支腿组件的支腿立柱调整至与安装基础平面呈垂直的状态。安装过程中要求将支腿组件的支腿立柱调整与安装基础平面垂直；输送带托板沿宽度方向呈水平。

(10) 照上述方法，完成整条输送线的安装工作。为方便长规格的输送带现场硫化粘接操作，驱动机架组件自身或与其相邻的中间机架组件设置有可拆卸式侧导向护栏。

在对长规格输送带进行粘接硫化成闭环状态前，不要将可拆卸式侧导向护栏安装在相应的机架组件上，同时应保管好被拆下的“可拆卸式侧导向护栏”及相关配套附件，以方便今后的安装工作。按照系统工艺平面布置图所示物料流向，正确安装驱动机架组件，确保电机减速机旋转方向正确。

(11) 确保机架组件上的相邻输送带托板过渡连接处平整光滑，这能降低输送带运行过程中的噪声和延缓输送带的磨损。

(12) 再次检查“支腿组件”的支腿立柱调整与安装基础平面是否垂直，输送带托板沿宽度方向是否呈水平状态；调整“支腿组件”上的可调地脚使输送面高度满足系统工艺平面布置图的要求。

(13) 参照系统工艺平面布置图，用随设备一起提供的连接附件（如胀锚螺栓等）将支腿组件与安装基础面（如地面）连接牢靠。

当设备由若干段机架组件组成时，必须确保输送设备各段连接成直线状态并且不出现扭曲现象。为达到该安装要求，最简单的方法是采用从输送线的一端向另一端延伸的安装方法。

(14) 阅读随机提供的资料，将符合要求的输送带（请仔细核对输送带的型号、规格和长度等信息）按照正确的输送带运行路径安装输送带，并将输送带的两端留在带可拆卸式侧导向护栏的机架组件上。

(15) 当输送带的粘接硫化工序完成后，在驱动机架组件处进行输送带张紧操作，并将可拆卸式侧导向护栏及相关配套附件安装到设备上。

(16) 对输送带需进行现场粘接硫化作业的设备依次按步骤（14）、（15）完成输送带现场粘接工作。

(17) 通过上述步骤完成整条输送线的安装工作，此时设备已具备了通电条件。警告：在其他安装人员没有明确知道设备将要运行前，不要启动设备或系统。

(18) 在接通电源后，应及时启动设备对其运行稳定性进行检查。

(19) 逐台检查每台设备的输送带运行状态，当出现输送带跑偏时应及时进行调整。

(20) 用符合系统要求（如重量要求）的测试行李对设备进行负荷运行测试。

(21) 当设备为不锈钢材质时，在最终检测和验收时按照要求撕去设备表面的保护膜，并根据去除保护膜后的情况进行抛光处理。

3. 适用范围

本技术适用于改建和扩建工程的机场航站楼机场行李处理系统输送机机械设备安装和调试工程，新建工程的机场航站楼机场行李处理系统输送机机械设备安装和调整。

4. 实施效果

机场行李系统是保证航班正常运行的重要设备，行李系统设备的高质量安装有效地保障了设备运行的可靠性和使用寿命，见图 15.3-1。

图 15.3-1 成都天府国际机场行李处理系统输送机机械设备系统

15.4 航班信息显示系统施工技术

1. 概述

机场工程航显系统为专业工程，航班信息显示系统简称 FIDS，是机场面对旅客的主要系统，承担着为旅客及送接站人员提供全方位的信息服务。对旅客来说，FIDS 就是分布在机场各处（离港大厅、值机柜台、候机厅、登机口、到港行李转盘、到港大厅，以及其他旅客所能到达的区域）的各种显示屏（LCD、LED、PDP 等）。对离港旅客，从进入航站楼起，航显系统先后提供了离港航班信息、值机岛岛头引导信息、值机柜台引导信息、登机口引导信息；对进港旅客，航显系统提供了行李转盘引导信息；对迎接旅访客员，航显系统提供进港航班信息；除此以外，航显系统还要对各类人员提供不同功能的临时消息，同时还需要在各种显示信息中插播广告。

2. 施工方法要点

（1）航显系统施工流程

设备安装→线缆敷设→服务器安装→单元调试→系统调试。

（2）航显系统施工方法

1）前端设备安装

航班信息显示系统前端设备主要为显示屏。由于主体浇筑时已植入显示屏基础件，所以显示屏安装时，只需要将显示屏固定至基础件上，然后使用红外水平仪调节显示屏至“横平竖直”即可。

2）服务器安装

使用螺丝刀、水平尺等工具将服务器安装至机柜内，然后安装后台管理软件。

3）系统调试

在操作电脑上安装系统客户端软件，并测试显示屏，将显示屏画面调试至合适即可。

（3）航显系统调试内容，见表 15.4-1。

航显系统调试内容　表 15.4-1

航显系统内部调试	机房服务器设备的安装调试
	机房服务器操作系统、数据库、FIDS 核心软件的安装和调试
	PDP/LED/LCD/ 智能键盘驱动软件调试
	前端显示设备发布逻辑调试
	与时钟系统接口联调
相关子系统联调	与集成系统的接口软件测试
	与广播系统的接口软件测试

(4) 航显系统施工技术措施

1) 终端显示设备安装在固定的机架和机柜上，当安装在柜内时，应有通风散热措施，并注意电磁屏蔽。

2) 终端显示设备的安装位置应使屏幕不受外来光直射，当有不可避免的光照时，应有避光措施。

3) 终端显示设备的外部可调部分，应便于操作。

4) 终端显示设备应结合环境进行安装，特殊环境下应采用相应的保护措施。

5) 做好系统测试，达到设计标准。

3. 适用范围

本技术适用于改建和扩建工程的机场航站楼航班信息显示系统的安装和调试工程，新建工程的机场航站楼航班信息显示系统的安装和调整。

4. 实施效果

航班信息显示系统正常运行能够实时发布航班动态信息，并能实时发布旅客须知、紧急通知等内容，帮助工作人员和旅客完成值机、候机、登机、行李提取等流程，从而保障机场的正常运行，提升机场服务品质，提高运行效率。

15.5　离港控制系统施工技术

1. 概述

机场离港控制系统为专业工程，离港控制系统后台是集中式系统，按照一类离港系统设计，并具有本地备份功能，在与主机通信中断的情况下可保证进出港业务的连续性。系统由应用软件、离港前端、离港后台和离港网络四部分组成。

离港系统全称离港控制系统 DCS，是航空公司旅客服务大型联机事务处理系统。分为旅客值机（CKI）、载重平衡（LDP）、航班数据控制（FDC）三大部分。

离港系统内部主要依靠报文为信息传递方式。而各种报文格式遵循 IATA 标准，离港系统可以根据航班数据自动组织生成各种商务电报，并根据需要发送到不同地址。离港系统电报传送不但可以在内部进行，还可以将报文传送到其他具有报文处理功能的系统，如 SITA 的转报系统。

离港系统使用七字地址作为报文传送目的地的识别标识。标识分为两种：一种只是在离港系统内部使用，每个地址对应系统中一台设备，如终端或打印机，系统中每台设备均根据唯一的 PID 号识别，发到此种地址上的报文在系统内部即可传递；另一种为系统外部的七字地址，如 SITA 地址或其他转报系统的地址，每个地址一般对应一台设备，发到此种地址的报文通过离港系统与相关转报系统的接口传到转报系统，再由转报系统传送到对应的设备上。

2. 施工方法要点

（1）施工工艺流程

技术资料复核→机柜安装→系统配置→通透性测试→网络管理软件测试→系统安全性测试→设备容错测试。

（2）离港控制系统施工方法，见表 15.5-1。

离港控制系统施工方法 **表 15.5-1**

序号	施工步骤	主要方法
1	机架安装	（1）机架排放位置应符合设计图的要求。机架摆放应整齐牢固，垂直误差小于总高度的 1‰，应与地面有可靠的固定，人为的摇动时不应产生明显的晃动； （2）所有机架的保护地安装均应良好
2	机柜安装	（1）将机柜安放到规划好的位置，确定机柜的前后面，并使机柜的地脚对准相应的标线上的地脚定位标记； （2）检查机柜的水平度，调整机柜的高度，使机柜达到水平状态，然后锁紧机柜地脚上的锁紧螺母，使锁紧螺母紧贴在机柜的底平面； （3）机柜配件安装包括机柜螺丝扣、托盘、总接地线、机柜门、机柜门接地线、总接地线的安装。机柜门接地线连接门接地点和机柜下围框上的接地螺钉
3	线缆连接	（1）缆线的终端和连接必须严格按照设计和施工的有关技术标准以及生产厂家的要求执行。布放电缆的规格、路由和位置应符合施工图设计的要求，电缆排列必须整齐美观，外皮无损伤； （2）各种设备连接电缆必须在走线架或槽道上布放，要求缆线必须捆扎牢固、整齐、布置有序，不应混乱无章。直流电源线接续时应连接牢固，接头接触良好，保证电压降指标及对地电位符合设计要求； （3）电力电缆和通信线缆应分离布放；电缆转弯应均匀圆滑，弯弧外部应保持垂直，水平成直线。为今后扩容布放电缆留有余地，施工时将工程布放的电缆尽量集中靠走线道一侧布放。要求采用有纹塑料护套保护双头尾纤，靠走线道一侧布放
4	系统检测	（1）计算机网络系统的检测应包括连通性检测、路由检测、容错功能检测、网络管理功能检测； （2）连通性检测方法可采用相关测试命令进行测试，或根据设计要求使用网络测试仪测试网络的连通性

（3）离港系统施工技术措施，见表 15.5-2。

离港系统施工技术措施 **表 15.5-2**

序号	施工步骤	技术措施
1	信息插座端接	（1）信息插座应牢靠地安装在平坦的地方，外面有盖板。安装在活动地板或地面上的信息插座，应固定在接线盒内。安装在墙体上的插座，应高出地面 300mm，若地面采用活动地板时，应加上活动地板内净高尺寸； （2）固定螺钉需拧紧，不应有松动现象； （3）信息插座应有标签，以颜色、图形、文字表示所接终端设备的类型

续表

序号	施工步骤	技术措施
2	机柜安装	(1) 底座安装应牢固，应按设计图的防水、防潮、防震、防静电要求进行施工； (2) 机房内机柜的安放应竖直，柜面水平，垂直偏差不大于1‰，水平偏差不大于3mm，机柜之间缝隙不大于1mm； (3) 机台表面应完整，无损伤，螺丝坚固，每平方米表面凹凸度应小于1mm； (4) 机内接插件和设备接触可靠，接线应符合设计要求，接线端子各种标志应齐全，保持良好； (5) 配线设备、接地体、保护接地、导线截面、颜色应符合设计要求； (6) 所有机柜应设接地端子，并良好连接接入接地端排； (7) 所有设备应由专业工程师按产品安装手册安装； (8) 安装完的设备应及时填写工程设备安装表格，并存档

3. 适用范围

改建和扩建工程的机场航站楼离港控制系统的安装和调试工程，新建工程的机场航站楼离港控制系统的安装和调整。

4. 实施效果

离港控制系统DCS的正常运行为机场提供航班值机、航班控制、登机操作、平衡数据、数据维护和综合信息服务等功能，提高了机场的整体服务水平和工作效率，减少手工操作带来的误差，同时作为航空公司的基础商务系统，可为航空公司经营决策和政府行业监管提供数据支持。

15.6 自助登机验证管理系统施工技术

1. 概述

机场自助登机验证管理系统为专业工程，机场自助登机系统，一般包括乘客身份识别系统、离港数据系统、载重检测系统等。

乘客身份识别系统包括多种可自动验票的识别器——身份证识别器、登机牌识别器、指纹识别器、脸部识别器等。

机场自助登机验证管理系统需满足以下要求：旅客实用化定制，需要根据实际需求灵活定制外观与功能，从而满足实际应用需求与匹配机场环境；稳定性要求高，寿命长久；安全性要求高，检测精准，避免夹伤行人，全面保护行人的通行安全；便于检修；兼容性强，需很好地兼容防爆检测、人体测温、人脸识别、证件、票务、二维码识别等系统。

2. 施工方法要点

(1) 施工工艺流程

设备安装→线缆敷设→服务器安装→单元调试→系统调试。

(2) 自助登记验证管理系统施工方法，见表15.6-1。

自助登记验证管理系统施工方法 表 15.6-1

序号	施工步骤	主要方法
1	设备安装	(1) 自助登机验证管理系统前端设备主要为自助值机仪器、身份验证闸机等； (2) 由于主体浇筑时已植入基础件，所以设备安装时，只需要将设备固定至基础件上，然后使用红外水平仪调节设备至“横平竖直”即可
2	线缆敷设	(1) 放线时，在电缆端头、电缆接头、拐弯处及夹层内、隧道、竖井两端等地方，应标注记号和装设标志牌，标志牌上注明线路编号及起止地点； (2) 并联的电缆应有顺序号，标志牌的字迹要清晰，不易脱落，标志牌规格必须统一，材质能防腐，挂装应牢固； (3) 在桥架、线槽内敷设电缆时，敷设电缆的截面面积不应超过线槽截面面积的 40%，在线槽内敷设应排列整齐，不应交叉、重叠、扭曲、不应有接头，每隔 1.5m 应进行绑扎，绑扎应牢固。强、弱电电缆不应敷设在同一线槽内，敷设在一起时，应有隔板
3	服务器安装	(1) 使用螺丝刀、水平尺等工具将服务器安装至机柜内； (2) 安装后台管理软件
4	系统调试	(1) 在操作电脑上安装系统客户端软件； (2) 测试前端设备，将设备调试至合适即可

(3) 施工技术保证措施

1) 底座安装应牢固，按设计图的防水、防潮、防震、防静电要求进行施工；

2) 机房内机柜的安放应竖直，柜面水平，垂直偏差不大于 1‰，水平偏差不大于 3mm，机柜之间缝隙不大于 1mm；

3) 机台表面应完整，无损伤，螺丝坚固，每平方米表面凹凸度应小于 1mm；

4) 机内接插件和设备接触可靠，接线应符合设计要求，接线端子各种标志应齐全，保持良好；

5) 配线设备、接地体、保护接地、导线截面、颜色应符合设计要求；

6) 所有机柜应设接地端子，并良好连接接入接地端排；

7) 所有设备应由专业工程师按产品安装手册安装。

3. 适用范围

本技术适用于改建和扩建工程的机场航站楼自助登记验证管理系统的安装和调试工程，新建工程的机场航站楼自助登记验证管理系统的安装和调整。

4. 实施效果

成都天府机场 A 指廊 16 个登机口，35 个自助登机通道搭建人脸识别自助登机系统，旅客平均通关时间 7s/ 人，最快可实现 4s/ 人。人脸识别自助登机系统的使用提升了机场和航空安全性，同时减少了航服工作人员的机械重复的工作，有效改善服务质量。

15.7 登机桥升降、行走系统施工技术

1. 概述

登机桥是连接候机楼固定廊桥和各种飞机的活动通道，作为一种承重机械，其组成结构的力

学性能、电气控制系统的安全可靠性不仅会影响到此类产品的稳定运行，更关系到旅客的生命安全。飞机停靠泊位后，由操作者操作登机桥由接机口与飞机舱门连接。旅客通过时，飞机高度会随着自身承重而发生变化。此时，跟踪轮装置将飞机的位置变化信号实时自动发送给操作台控制系统，并发送指令使登机桥随飞机舱门高度的变化一致。为确保靠接飞机安全有效，技术上一般还采用PLC对登机桥复杂的机电系统进行控制。

2. 施工方法要点

（1）施工注意事项

1）在调试安装过程中，综合考虑系统输入输出设备的兼容性，变频器务必始终保持接地同时力求将进线电抗器安装在两行走轮回路上。

2）在编辑PLC程序时，为避免变频器受到损坏，在行走电机机械的抱闸松开前应当先让变频器脱离电网连接。

3）操纵手柄在启动时处于向前或者向后状态下，登机桥都能以三挡速度平稳运行，操纵杆控制程序、变频器驱动程序应运行良好无漏洞。

4）对PLC系统须进行经常性检查与维护，保证PLC的正常运行。对PLC系统的日常维护主要有供电电源、运行环境、安装状态、I/O模块的检查。检查中还可利用PLC和触摸屏组合系统进行综合分析和逻辑判断，通过交换界面迅速了解登机桥状态参数及性能。

5）在登机桥旋转运动、伸缩运动、轮架旋转等极限位置应设置电气限位。

6）登机桥外挂飞机地面电源、飞机地面空调等设备时，应与行走系统互锁，即外挂设备与飞机接合时，登机桥不能移动，在登机桥的操作面板上应有互锁状态提示。操作人员可操纵操作面板上的握持运行控制装置，超越互锁，使登机桥低速运行。

7）为防止登机桥之间发生碰撞，应设置距离探测装置。

8）登机桥行走系统应设置制动装置。登机桥断电时，通过制动装置使登机桥自动停止运动。

9）登机桥在运行过程中，当断电或紧急停止时，其行走制动距离应不大于100mm。

10）当系统发生故障时，登机桥应具有应急撤桥功能，且撤离飞机1000mm的时间应不超过10min。对于电机驱动的登机桥还应提供专用的撤桥牵引装置。

（2）安全检验

1）登机桥做升降运动到极限位置，检查电气限位功能。

2）检查登机桥是否具有升降装置运动同步功能。当不同步累计值超过规定值时，登机桥是否有锁止升降运动和报警功能。

3）登机桥做旋转、伸缩、轮架旋转运动到极限位置，检查电气限位功能。

4）目视检查。

5）切断电源，检查登机桥是否具有应急撤桥功能。测量撤离规定距离所需时间，测量结果精确到1s。

3. 适用范围

本技术适用于改建和扩建工程的机场航站楼登机桥设备安装和调试工程，新建工程的机场航站楼登机桥设备安装和调试工程。

4. 实施效果

登机桥的高质量施工及安全检查保障了机场平稳运行和旅客安全，见图15.7-1。

图 15.7-1 成都天府国际机场登机桥安装效果

第 16 章　航站楼不停航施工组织与管理

不停航施工就是在机场不关闭或者部分时段关闭并按照航班计划接收和放行航空器的情况下，在飞行区内实施工程施工。这不包括平时在飞行区实施的维修工作，直飞航班的施工特点是施工条件很差，协调工作量很大。如果能提前做好安全管理的计划，就可以有效地预防。确保施工人员的人身安全平稳运行具有重要的现实意义。

机场不停航施工组织与管理具有以下特点：

（1）施工时间短。机场改扩建工程，特别是警戒线内停航后施工，往往只有几个小时。另外，受备降航班和航班延误的影响，施工时间可能更短。

（2）安全要求高。所有进出人员和车辆持通行证并接受安全检查，进出施工现场按指定路线。施工时对技术指标要求高，如警戒线内管线改造没有施工完毕，为不影响正常航班安全飞行，通航验收前应按照规范指标要求必须回填压实。施工时对安全的要求比较高，如：施工渣土、粉尘对跑道和飞行安全的影响。

（3）涉及部门多。原有排水、管线、道路等设施在改扩建工程施工往往会被影响到，如对通信导航设施、灯光线路的影响。因此施工方案在确定时，必须和相关部门先进行联系，决定可行性方案。

（4）施工成本高。因为要考虑不停航施工，施工有效时间减少，加大了施工的成本，机械利用率低。

（5）作业面小。通常改扩建工程在原有设施的附近，为了尽可能减小对运营条件和原有设施的影响，施工作业面往往只能选择较小的范围。

16.1　机场不停航施工管理方法及措施

1. 概述

对于机场不停航施工，要根据项目的实际情况，首先视察机场环境，制订切实可行的施工方案和施工管理机制，确保项目不会影响机场建设运营，从而实现项目按时完成。

机场不停航施工最根本的优势就是，能够解决实现飞行任务和机场内部施工之间存在的冲突，可以实现飞行和机场多个施工项目同时进行。但是也存在着一定的问题，也是十分关键的问题，安全风险十分突出。怎样解决安全问题属于工作的重点和难点所在，然而因为工程项目的不一样，施工所处的地区也不一样，项目周期以及战线的不同，使用的管理方式也不相同。严格地讲，不停航施工不存在固定的方式以及模式需要必须遵循，这也是不停航施工最关键的问题，因此，解决安全问题是难点也是核心所在。

2. 施工方法要点

（1）施工前的管理措施

想要真正意义上的实现不停航施工，对于直达航班机场建设做好部门协调沟通工作是非常重要的，并且做好各单位之间的沟通，就必须成立一个联合工程指挥部。其中，指挥部的成员主要包括民航机场、施工企业、监理单位以及指挥部等。在开工前，相关施工企业应该对施工当天的天气情况有一个准确把握。与此同时，民航机场的飞行计划也是需要关注的重点，整个工程的施工需要配合飞行计划进行。另外，要实时与机场控制塔保持联系，准确掌握飞机的起降时间，以此来最终确定施工技术人员的进场以及离场时间。值得注意的是，在没有得到民航局引导之前，禁止施工技术人员进场作业，以免发生危险。

在工程正式施工前，项目经理部应该时刻与相关主管部门以及其他协作单位保持沟通，尽可能地扫清一切施工障碍，疏通施工渠道，为施工创造提供一个和谐的环境。除此之外，要对民航机场的周边环境进行实地勘察，有效清除可能影响施工的各种因素，从而保证施工的顺利展开。

（2）对施工进度的管理

实施不停航施工，可利用的时间较短，这就需要相关人员能严格把控施工进度，确保工程能在限定时间内保质保量地完成。由于不停航施工工程会涉及包括飞行跑道、排水系统、助航灯光及电缆以及其他相关设施的改建以及扩建，难免会存在平行交叉作业的情况，为合理安排各工程的施工顺序，相关部门应该在正式开工前，就编制分项工程详细的网络施工计划，以此来确保工期。举例来说，在进行机坪的改扩建工程时，需要在开工前确定每日加铺量，并充分考虑夜间施工和多工序平行作业对摊铺机作业的不利影响，将摊铺机的工作效率作为确定每日加铺量的参考依据。此外，在一天的工作结束后，应该对当天的摊铺量进行统计，并与计划摊铺量进行对比，如存在差异应该找出造成这种现象的原因，并采取有效措施来避免出现类似现象，从而保证在施工工期内完成沥青摊铺工序。

（3）对施工安全的管理

在民航机场一旦发生事故，往往就会造成严重后果，在不停航施工时更是如此。所以，做好不停航施工的安全管理就至关重要。首先，要组建一支专门负责安全管理的团队，并制定相应的安全管理制度。在施工过程中，严格按照制度规定行事，从而确保安全管理工作的有序进行。其中，安全管理人员应该与民航机场控制塔台保持实时联系，并对飞行区内的施工作业进行全过程监管。施工技术人员、施工材料以及机械设备等要进入施工现场要经过管理人员允许，且施工通行道路不得影响机场的正常运营。此外，搭建一个有效的安全平台，通过现场监控，指挥中心与相关项目负责人联系，工作项目通过安全平台进行调度。在施工过程中，应定期建立安全检查人员对项目进行检查，并对通信平台进行维修，以保证信息平台能够快速、高效地传递信息。不同项目的管理者需要能够共享安全信息，以使不同的项目能够通过安全平台快速获取所需内容。整个工程施工完毕后，应该对施工现场特别是飞机跑道上遗留的各种杂物、FOD，比如碎石、土、砂粒、轻质漂浮物等进行清除，以免发生安全事故。

（4）对地基的处理要求

在民航机场实行不停航施工，对施工工期的要求较为严苛，而在处理地基时，相关施工企业可以采取以下几种方式，比如开挖置换法、土工隔栅法、垫层法以及冲击压实法等。其中，在新增对接道口的施工中，施工技术人员可以灵活运用喷射注浆法来对土基进行加固，这样可以有效提高土基的强度，并在降低土体压缩性的同时，改善土基动力特性，从而为之后的施工奠定基础。

（5）对地下管线的保护措施

在民航机场的地下分布着多条地下管线，而这也是保证机场正常运营的核心，如果在不经意间对地下管线造成了微小破坏，就会酿成严重后果，给机场带来巨大损失。所以，在不停航施工中，要时刻将对地下管线的保护作为施工管理的重点。第一，在工程开工前，应该对民航机场地下管线的分布、种类、位置及其相关参数等进行全面彻底的了解，可以通过与机场的交流沟通，参照机场档案馆提供的机场竣工图纸来进行。另外，针对地下管线的参数也可以通过询问机场相关部门来进行确认。第二，对不同材质以及功能的管线制订不同的保护方案。保护供水管线，要在施工影响区域外新建一道给水管线，在管道建成后就可以将供水线路改线，之后拆除原有管道。其中，新建管道可以采取湿贫混凝土进行回填；保护金属管线，首先找准金属管线的位置，进行人工开挖，借助无缝钢管或者玻璃钢管来保护暴露出来的金属管线，最后利用湿贫混凝土进行包裹；保护输油管道，对输油管道可以采取坑道保护方案。

（6）不停航施工管理措施（见表16.1-1）

不停航施工管理措施　　表16.1-1

序号	管理分类	管理要求	风险源	管理措施
1	不停航管理	根据中国民用航空总局公布的《民用机场不停航施工管理规定》中，在跑道有飞行活动期间，禁止在跑道端之外300m以内、跑道中心线两侧75m以内的区域进行任何施工作业	（1）跑道侵入：是指施工人员或无关人员、物体闯入飞行区跑滑系统区域内。 （2）围界入侵：是指人为破坏、自然损坏、施工质量，围界不符合标准容易造成人或动物入侵等	工期前期根据现场考察，在保证机场正常运作及满足工程的施工要求的前提下，采用切实可行有针对性的措施，如夜间航班间歇期施工等
2	外线拆改	机场改扩建区域存在众多正在使用的地下管线，该管线使用安全等级极高，在完成管线迁改的同时还需保证航站楼正常运营	管线及机场设施损坏	利用地下无损探测技术+GPS三维定位技术+BIM综合排布技术进行管线迁改工作
3	人员管理	根据机场公安要求，进场人员、车辆均需对其实名报备，机场公安将调查相应人员案底，一旦发现有不良记录的人员，将强制要求其离场	—	（1）项目部安全管理小组与机场现场指挥机构和机场公安派出所建立可靠的通信联系，施工期间设专人值守，确保联系通畅。 （2）建立每日情况通报制度，及时向机场管理和公安局汇报工程进展，通报将要进入的人员、车辆及需要配合协调解决的问题等，既配合对方，同时也取得对方的配合与支持

续表

序号	管理分类	管理要求	风险源	管理措施
4	限高管理	按照《民用机场飞行区技术标准》规定，机场净空保护区范围为机场规划跑道中心线两侧各10km、跑道端外20km的区域，由限制面和外水平面组成。限制面内的建设项目，其建设高度（指最高点含构筑物及附属设施）不得超过机场远期净空保护区的限高	航行通告：是指不及时传递施工信息，不按标准程序发布航行通告	原则上，10km内限高30m，20km内限高150m，超过这个数字的高度，需报民航管理局批准
5	交通组织管理	施工运输车辆未经民航部门批准，不得擅自进入飞行区，不得妨碍现有飞行区正常工作环境和工作秩序。场外交通尽量避免机场接送站拥堵路线冲突，将施工车辆对机场日常运行的影响降至最小	新建道口关闭标志、关闭灯光未按时设置	（1）把现场道路交通标志布置齐全，道路行驶方向标以箭头指示，不许驶入的标以禁行标志，路边设置限速标志等。 （2）建立临时交通岗，设交通安全员2名，随时疏导现场交通拥挤现象。 （3）征得业主及航管局同意，环现场布置除监视现场施工情况外，同时监控临时道路交通状况。 （4）出入口设保安两名24h值班，内部车辆配现场车证，外部车辆首先用门口电话或对讲机与内部联系，征得同意后方可放行驶入，其他无关车辆均不得入内。同时保安做好车辆出、入记录，以方便查询
6	FOD管理	漂浮物、扬尘、烟雾：施工道路不洒水，土堆不覆盖，用土车辆不遮盖造成扬尘影响飞行安全；塑料袋、彩条布、彩钢板等杂物被大风吹起进入空域或在围界周边、下滑地段燃烧杂物引起烟雾影响飞行安全	道面遗留FOD	（1）安排专职保洁人员，负责安全围界内施工区域的保洁工作，重点确保施工区域的清洁。施工区域内每日退场前必须打扫干净，防止松散颗粒、易漂浮物残留，危及飞行安全。 （2）对施工中易漂浮的物体、堆放的材料加以遮盖，防止被风或航空器尾流吹散。大于5级风时安排专职人员对现场材料覆盖情况进行全方位检查核实。 （3）安排专职洒水车随时洒水以防扬尘
7	照明管理	现场定向照明	—	规划施工区域灯光照射方向且所有照明灯具增加定向灯罩，重点控制塔式起重机镝灯、加工场射灯朝向，满足施工要求照度即可，避免使用大功率射灯以及频闪灯，积极主动与机场指挥部及机场塔台管理部门沟通，杜绝灯光影响机场运行或飞机起降的隐患

续表

序号	管理分类	管理要求	风险源	管理措施
8	通信工具管理	通信频段不得干扰机场内部通信	通信导航：是指施工原因影响通信导航设备正常使用	所有进场的设备均在项目部备案，备案资料包括机械设备进场计划表、机械设备规格、数量、无线电波频率、噪声级别等参数。由项目部向监理工程师申报并获得批准后方可组织采购进场。无线电波超标的机械设备严禁入场。此项工作由安环部和物资部进行监督管理。确需进场使用的设备，采取抑制干扰的措施，经机场当局同意后进场投入使用，项目部设专人进行监督管理

3. 适用范围

机场不停航施工技术适用于改建和扩建工程的机场航站楼区域的不停航施工。

4. 实施效果

机场不停航施工技术实施期间在安全技术上采取周密措施，确保不影响机场正常运营；从技术上详细规划，确保符合民航飞行区技术标准；在组织上加强管理，保证按照拟定好的施工方案按步骤进行；过程控制和现场管理中重视细节，着重解决和落实各项施工措施。同时，参照当地机场不停航施工管理要求，高效完成不停航施工。

16.2　超大型航空港不停航施工组织

1. 工程背景

根据杭州萧山国际机场总体规划现有的三个航站楼改造后可服务 4000 万旅客量，新建 T4 航站楼的设计容量为 5000 万人次。

杭州萧山国际机场经先后两期工程的实施，机场已形成由两条跑道及滑行道系统、T1+T3 国内航站楼、T2 国际航站楼及相应配套设施构成的航站区，三期工程为新建 T4 航站楼及陆侧交通中心工程，包括旅客航站楼（含北侧三条指廊）、航站楼地下空间开发、室外附属工程、原有建筑改建等。

新建 T4 航站楼属于既有航站楼的扩建工程，施工场区临近旧航站楼，与东侧的交通中心、北侧的飞行区和地铁站同步施工，正北方向和正南方向有既有航站楼运营的飞行跑道。本项目占据了进出既有航站楼的主要道路，需设置临时保通道路并对道路的数次翻交来保障航站楼的不停航运营，南侧的飞行跑道围建局部位于本标段范围内，交通中心的施工道路穿插于本标段施工场地内，旅客航站楼与高铁站通过转换层结构进行共建。

2. 不停航施工组织管理重难点

（1）机场超负荷状态下的不停航运行

1）老航站楼正常运营情况下的车辆管理

本工程施工时，需保证机场的正常运营，社会车辆进出老航站楼的保通道路需保证畅通，且施工车辆禁止从保通道路上进出，交通组织困难，且施工期间施工车辆流动性大，车辆管理难度大。

2）不停航要求下材料及机械管理难度大

本工程涉及大量材料的使用，包括钢筋、模板、混凝土、钢构件、周转材料、小型工具等，材料管理难度大，材料留滞将会给机场运营带来极大的安全隐患。且施工期间需使用到大量的施工机械，包括塔式起重机、人货梯、汽车式起重机、履带式起重机以及其他的施工机械，进场的机械在使用过程中若操作不当，会影响机场的正常运行。

3）人员管理

本工程工体量大，工期紧，为了顺利完成施工任务，高峰期投入劳动力数量众多，管理难度大。

（2）施工与社会车辆交叉干扰条件下的场内外交通疏导组织

本工程施工时，场区内存在地铁施工、前期工程施工、相邻标段交叉施工、老航站楼拆改施工等一系列复杂的施工工况，考虑到老航站楼的正常运营及飞行区安全，以及社会车辆、大巴车、出租车等车辆的正常通行，部分道路不允许施工车辆通行，现场大型机械及材料进出场不便，且本工程与社会车辆进出场的主通道存在多处交叉施工的地方，施工交通组织难。

（3）管理总承包模式下对参建各方施工的衔接与配合管理

本标段涉及的专业众多，协调和配合的工作量大，要求施工总承包对工程进行全面管理、组织、协调和配合，并保证整个标段施工过程的安全、进度、工程质量和文明施工，责任重大。施工总承包服务工作量大，涉及面广。

另外本工程设有施工管理总承包方，本标段的承包人与施工管理总承包方为同一单位。施工管理总承包负责杭州萧山国际机场三期项目新建航站楼及陆侧交通中心工程包括不限于航站楼、交通中心、飞行区及其他专业工程与设备的施工管理，以及施工过程中与前期工程（前期市政工程、桩基及围护工程）的衔接与配合、与交通中心的衔接与配合、与高铁施工的衔接与配合、与地铁施工的衔接与配合及与飞行区施工的衔接与配合；并且承担在本工程建设阶段并包括通过竣工验收后直至试运行期间的本工程的质量、工期、安全、文明施工等各项管理责任，对发包人总负责，实施工程施工的总管理、总控制、总协调。

（4）大体量施工任务在工期极端紧张条件下的高品质建造

工程体量巨大，结构复杂，钢结构桁架节点多、拼装节点繁杂，处理难度大；装饰装修异型结构多、面广；机电安装系统功能齐全；工程施工质量标准高。招标文件要求总工期为900日历天，在2021年底完成，以保证亚运会的顺利实施，工期非常紧张。

3. 管理策划及实施

为了确保高质量、高标准、严要求出色完成施工任务，实现建设目标，在过程中实行精细化管理和协调。总承包管理模式的组织协调工作是全方位、全过程的，如何实现过程中的统筹管理以及面对复杂工况的情况下的施工组织显得格外重要，项目通过精心的策划来对整个项目做到时时把控。

（1）针对不停航运行施工的施工管控

1）不停航部署实施前，针对各部位进行编制专项施工方案，如不停航防护搭设专项施工方案、南北指廊保通道路翻浇专项施工方案、高架下保通道路改道专项施工方案等，且上述专项施工方案必须获得监理、指挥部和机场相关运行部门的审批，审批完成后方可组织实施。

2）联合成立安全保障小组

为保障现场不停航运行的安全管理，杜绝现场安全事项，特针对不停航成立以技术组为支撑，后勤组保障的不停航管理部，并明确部门职责及各管理岗位职责。

3）夯实区域划分、确保隐患消除

项目部加强前期策划，依据施工面积和难度划分若干不停航管理区域，实行区域负责机制和网格化管理，加强不停航施工隐患识别与消除，有效整合各个资源，层层落实责任制，实现服务精细化，及时有效地将不停航施工隐患扼杀在摇篮里，并进行每日巡查，各区域分工及负责人。

4）建立健全每日管理流程，同时现场各不停航区域，设置专人进行协调，制定专项汇报流程，各区域将需处理事项进行分类后明确汇报单位。

5）加强材料进出场管理

本工程涉及大量材料的使用，包括消耗性材料、周转性材料、小型工具等，严禁出现材料滞留情况，尤其是禁区施工，不得发生材料滞留不停航区域情况，确保机场运营不出现安全隐患。

6）机械管理

①本工程涉及大量的施工机械使用，包括塔式起重机、人货梯以及其他的施工机械，进场的机械设备无线电波干扰、塔式起重机不得发生碰撞主楼长廊情况，以及为防止施工机械使用过程中出现故障等，现场安排专职机械管理员对各个施工机械进行统一管理，随坏随修，保证不停航施工不受影响。

②施工机具须停放在指定安全区域内。机场开放运行期间，必须严格控制施工机械的活动范围，杜绝出现机具、车辆侵入飞行活动区或超越机场净空限制面等情况。

7）车辆管理

为保证管理目标的顺利实现，须严格执行不停航施工管理方案，其中涉及施工人员办理施工证、施工车辆办理通行证等。

8）施工人员管理

进场的施工人员都需持证上岗，进场后，首先进行人员犯罪记录查询，组织进行入场及安全教育，并进行实名制管理，办理门禁卡，发放相关劳保用品。

9）安全管理制度及措施

本工程将在不停航条件下进行，根据《民用机场运行安全管理规定》的有关要求，应制定严格的不停航施工制度以确保施工期间的安全。制定不停航施工制度时应从技术角度充分考虑不停航施工的实际情况、采用有效的施工手段以确保不停航施工的合理可行。同时，从组织施工角度应建立严谨高效的现场指挥协调机构，以确保工程顺利有序进行，及时处理突发事故。

10）成立应急保障小组

为强化对突发事件的应对和管理，明确突发事件处置程序，沟通有效、及时，提高突发事件的应对处理能力，做到反应敏捷、响应迅速、组织得力、施救有效，最大限度减少事故损失，保障机场正常运行；建立以项目经理为组长、安全总监为副组长，现场各区责任工程师为组员的应急保障小组，负责整个施工现场的应急汇报与处置工作，并接入杭州萧山国际机场现有的应急响应机制中。

（2）交通疏导施工管理

根据现场施工条件，制定现场施工车辆进出场路线图，施工车辆与社会车辆分道进出，保证现场施工，同时为了保证航站楼的正常运营，场内设置保通道路，用于社会车辆进出场，施工时与保通道路交叉部位需做好防护措施以及保通道路的翻浇。

场外施工车辆交通方案需分两阶段组织。第一阶段对 13 号路进行道路施工，可在前半段南侧提供双向 4 车道临时便道，后半段北侧提供双向 2 车道施工便道，其余部分进行道路施工。施工完成后，利用已修好道路通行施工车辆，再进行其他部分道路施工。施工车辆途经 13 号路、14 号路东侧进出施工现场，见图 16.2-1。

第二阶段为 2019 年 12 月至 2021 年 12 月，此阶段 13 号路道路施工完成，可提供双向 4 车道，施工车辆途经 13 号路、14 号路东侧进出施工现场，见图 16.2-2。

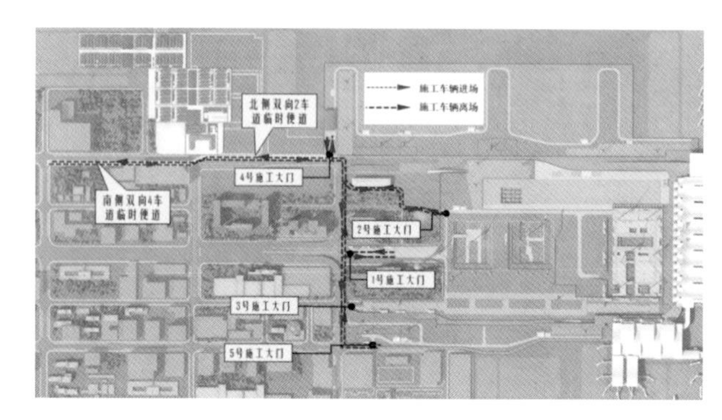

图 16.2-1 第一阶段施工车辆进出路线

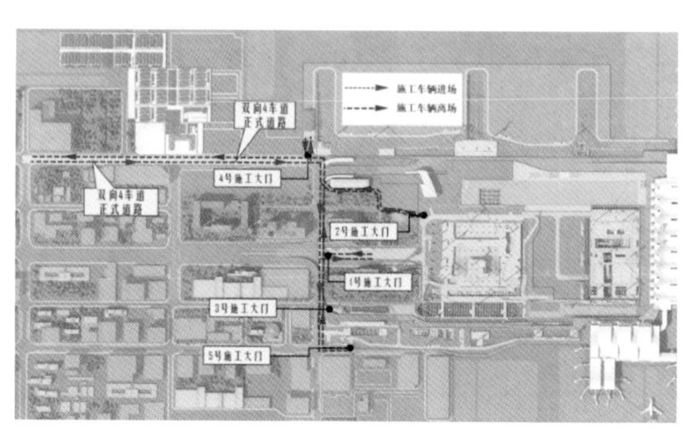

图 16.2-2 第二阶段施工车辆进出路线

场内交通方面，根据施工工况及现场施工道路变化，分四个阶段考虑。

1）第一阶段：2019 年 7 月至 2020 年 2 月

此阶段 C1 区进行土方开挖及地下室结构施工。利用 C1 区逆作法上盖及 B 区未施工区域形成道路，土方车辆通过 I 标段 4 号大门进入，装土后经 I 标段 1 号大门离场。材料运输车辆经 I 标段 1 号大门进入，装卸材料后经 I 标段 1 号大门离场。

2）第二阶段：2020 年 2 月至 2021 年 1 月

此阶段 C1 区进行土方开挖、地下室结构、地上结构施工，C2、C3 及 B1 区进行土方开挖、支撑栈桥及地下室施工，原位于 B1 区的施工道路需拆除，利用 B2 区未开挖区域及 C1 区地下室顶板形成道路，场内道路在场地西北角向西接入 I 标段航站楼主楼场地。土方车辆通过 I 标段 2 号大门进入，装土后经 I 标段 1 号大门离场。材料运输车辆经 I 标段 1 号大门进入，装卸材料后经 I 标段 1 号大门离场。

3）第三阶段：2021 年 2 月至 2021 年 7 月

此阶段 C1 区及 B1 区进行地上结构施工，B2 进行土方开挖及地下室结构施工，利用 C1、B1 区地下室顶板形成道路，场内道路在场地西北角及场地西侧接入 I 标段航站楼主楼场地。2 号大门供 B2 区土方车进出，C1 区、B1 区及 B2 结构施工材料运输车辆通过 I 标段 1 号大门进入，装卸材料后经 I 标段 1 号大门离场。

4）第四阶段：2021 年 7 月至竣工

此阶段地下室顶板全部形成，利用本工程地下室顶板及北侧已竣工地铁上盖形成道路。场地西北角通往 I 标段北指廊及北长廊场地道路停用，场内道路在西侧接入 I 标段航站楼主楼场地，材料运输车辆通过 I 标段 1、2 号大门进入，装卸材料后经 I 标段 1 号大门离场，见图 16.2-3。

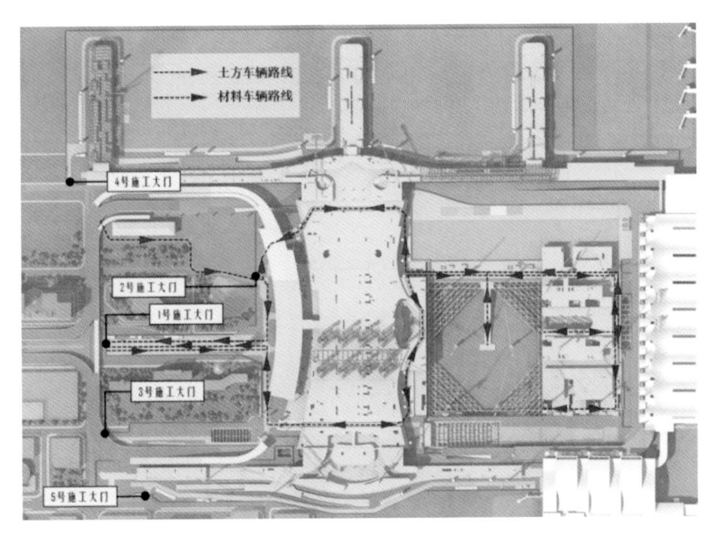

图 16.2-3　场内交通施工组织示意图

（3）施工总承包管理模式的精细管理

1）组建具有丰富的大型机场施工管理经验的总包管理团队。施工总承包项目团队和管理总承包项目团队分开设置，作为施工总承包时仍须接受施工管理总承包的日常管理，受施工管理总承包方制定的各项规定的约束。

2）合理配备总承包管理团队，其中施工总承包项目管理团队设置 10 个职能部门，配备管理人员 84 人；施工管理总承包项目管理团队设置 6 个职能部门，配备管理人员 50 人，人员构成覆盖全部专业。

3）结合项目特点和施工进展，动态调整施工总包管理架构，先后按专业组建主体（含钢结构）、机电、幕墙、精装修、电梯五大专业工程协调管理团队。根据施工区域和场地交通受制情况，将一标段划分为 4 个施工区段，施工一区包括航站楼主楼区，施工二区包括北长廊北指廊区，施工三区包括南长廊区和高铁站区，施工四区包括市政配套工程和南北行李通道。每个标段设置独立的土建项目部，针对深化设计、机电管线综合平衡、垂直运输、联合调试等进行针对性协调，确保总包协调管理的专业化和高效化。

4）健全各项总包管理制度，细化协调管理工作流程，明确责任分工，严格合同管理，关键专业适当提高违约金，实施履约过程动态跟踪，出现问题及时主动调整。

5）应用 Aconex、BIM、远程验收系统、视频监控系统、P6 等信息化管理手段辅助总包管理，提高管理效率。

6）秉承“服务业主，无分外之事，管理分包，无不管之事”的理念，对工程整体负责，确保工期、质量、安全等管理目标的完成。

7）在施工期间向其他承包人（供货人）有条件提供现场现有的场地、通道、水源电源、脚手架、垂直运输设备（无论是否属于施工总承包单位资产）等，包括提供措施的所有养护、及时维修工作等。

8）施工总承包在本标段开工前期，召集相关单位共同研究界面施工可能遇到的问题和采取的对策。若一单位先施工时，另一单位还没有进场，施工总承包站在后者的立场与前者协调。决不能因后者未进场而对前者采取方便的态度，影响后者的利益。凡属需要施工总承包配合、协调的工作，相关单位都要提前以书面的形式通知施工总承包，施工总承包的批示或指令将作为执行的依据，若一方未按照批示执行，影响到另一方的利益，违约者将承担一切责任和必要的经济处罚。

9）在协调过程中，始终本着大局观念，统筹考虑的整体原则。各单位也要服从施工总承包的决议。

（4）针对工程体量大及施工标准高、时间短的施工管理：

1）编制项目整体施工组织设计，根据施工部署安排，合理安排现场施工顺序，提前策划人、材、机等资源的投入计划。

2）进场后根据桩基分区分块移交的顺序，将整个项目划分为若干区域进行施工，并且航站楼及航站楼地下空间开发区同步实施，以航站楼施工为关键线路，编制关键节点移交计划，实施精细的工期目标管理，制定工期奖罚管理办法。

3）充分发挥人才和资源整合优势，投入充足的劳动力、机械、材料等资源；采用土方泵送的施工工艺，缩短土方开挖时间。

4）主体结构分区分块验收，提前插入装饰、机电等专业工程施工。

5）确保行李通道结构施工进度，提前进行行李系统施工。

6）运用计算机信息化辅助管理等手段，对各种资源需求、材料及设备等生产要素的配置进行动态管理，确保工程如期完成。

7）充分发挥企业在以往大型机场项目施工中积累的丰富经验和技术优势，对包括深化设计、关键技术方案在内的影响工期的方面提前做出设计与论证，运用 BIM 4D 技术辅助管理等手段，采取先进施工技术措施为工期管理提供最直接的根本保障。

4. 效果评价

本工程作为浙江省重点基础设施建设工程，结合工程特点及周边环境以及机场不停航运行的要求，通过前期精心策划，严格按照既定方案认真组织施工，采用泥浆泵送施工技术减少了桩基及围护施工阶段泥浆外运的问题，从而最大限度地缓解了机场交通运行压力，同时保证了关键节点施工工期，得到各界人士的一致好评。

16.3 不停航改扩建机场纵横作业面的交通导改策略

1. 概况

在不停航需求的指引下，大型改扩建机场在建设过程中如何解决社会车辆出行机场交通线路与施工现场工作面之间的矛盾，将是影响此类工程完美履约、赢取社会好评的关键因素。

在大型改扩建机场不停航项目中，庞大数据的日均车流量使得联络机场内外的交通路线显得尤为关键，而不停航下复杂多元的施工工况无疑给机场在改扩建过程中增大了施工难度；为达成机场建设目标，需要施工管理人员在施工部署时具有前瞻性和大局性，组织规划具备科学性和适宜性，策略实施具有灵活性和可控性。本次不停航改扩建机场施工过程中，针对机场重要交通路线——东西联络隧道与北行李通道施工作业面之间的工况冲突，通过多种方案对比分析，最终采用最优解的东西联络隧道向南导改的策略，因地制宜、科学有效地解决了交通导改难题，保障了北行李通道作业有效工作面。

2. 工程概况

杭州萧山国际机场三期项目为大型改扩建机场不停航项目；施工过程中为保证既有机场的不停航运行，确保社会车辆正常通行为机场不停航运行的关键。东西联络隧道为沟通东西两侧的交通要道，日均进出联络通道车辆 9000 ~ 10000 辆。此外，行李系统是航站楼工程的关键工序，能否按时完成直接决定了航站楼能否按时启用。而行李机房是行李系统的“心脏”，体量超大，工期紧，为保证进度，最大限度给行李机房设备安装创造条件，需及时对北行李通道启动施工。

拟建北行李道埋深 8m，宽度 24m，北行通道穿过三条道路：1）北保通道路（由于行李通道施工，已停用）；2）原社会车辆上高架桥道路；3）东西联络隧道。因此，北行李通道施工作业面势必与东西联络隧道交通线路产生冲突；为使不停航下北行李通道准时施工完成，需要对该纵横作业面进行交通导改，确保目标达成，见图 16.3-1。

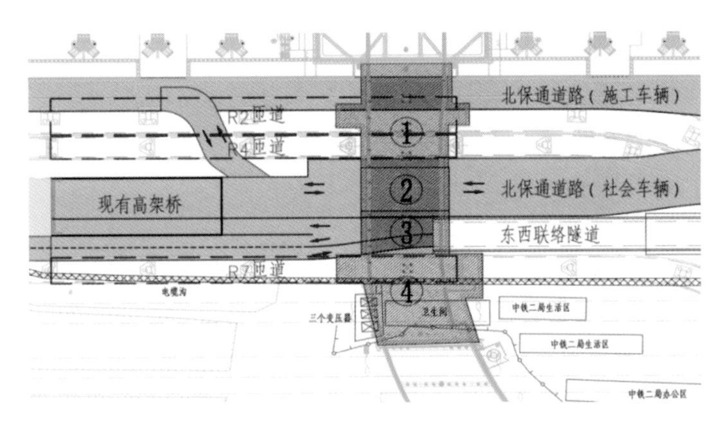

图 16.3-1　北行李通道周边交通概况

3. 交通导改策略

（1）导改工况分析

北行李通道不仅有着三条东西走向的交通路线贯穿而过，同时其下方管线更是错综复杂，据现状统计，该区域共计 10 条东西走向管线：2 条污水、3 路电缆、1 条雨水、2 条给水、1 条燃气、1 条通信；南北走向管线有 1 条污水管横穿隧道；因此北行李通道无论是地下还是地上，其工况都极其复杂，无疑给交通导改带来了巨大的难度与挑战。

通过多次实地勘察及与机场各方组会研究，最终确认影响东西联络通道导改的原因。

因此，为科学有效、因地制宜地制定相关纵横作业面的交通导改策略，则需要权衡考虑以下几点：1）交通导改过程中管线保护的施工难度；2）导改后交通线路的质量安全保障性和设计合理性；3）东西联络隧道运行使用的功能性和机场员工通勤的重要性。

（2）导改策略确定

本次纵横作业面交通导改，其初步导改方案共有如下 3 种：1）东西联络隧道向北导改；2）东西隧道向南导改；3）封闭东西联络通道。

东西联络隧道向北导改：该方案导改线路较短、工程量小，同时导改过程中涉及管线迁改少；因此就施工难度和工程量而言，本方案具备较好的经济性。但是，若往北导改交通，北侧紧邻北长廊施工场地，空间受限。且隧道路面与室外道路高差达 2.5m，必须对隧道路面进行放坡垫高处理（放坡长度 50m）、封闭隧道进行大面积改造，由于距离隧道口较近，垫高后导致隧道净空减小，巴士车辆无法通行，需要凿除顶板结构，此方式对隧道结构损伤较大，实施周期较长。总而言之，该方案安全质量保障和导改完成后隧道线路设计合理性较差，见图 16.3-2 和图 16.3-3。

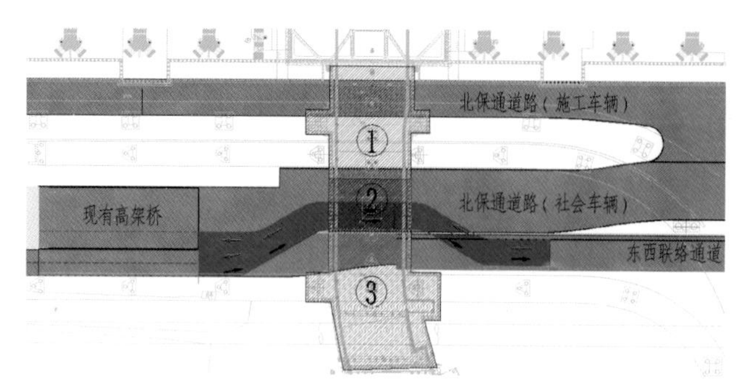

图 16.3-2 向北导改路线平面图

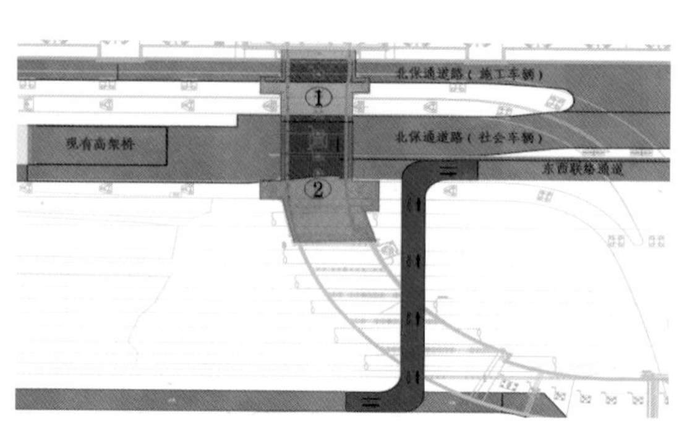

图 16.3-3 向南导改路线平面图

东西隧道向南导改：向南导改需在施工期间短期封闭东西联络隧道，同时导改过程中涉及多条管线迁改，因此就管线保护而言，其施工难度有所增大。然而，该导改方案的隧道封闭时间短，对机场运行影响小；同时该导改线路相对安全，不易拥堵，导改线形及走向具有较好的科学合理性和安全质量保障性。

封闭东西联络通道：为避让东西联络隧道 7 ~ 9 月通勤高峰，同时为最大限度减小四周环境对施工影响，拟将北行李通道划分为四个施工段，第三段（隧道段）独立施工，提前实施，确保在 7 月 30 日前施工完成，另管线施工随此段一并进行。该导改方案节约施工工期和成本，但过长的封闭时间对机场运行影响大，协调难度高；同时四个施工段的划分造就了工作面狭小，增大了施工难度。

通过多因素、全方位的综合考量，在保障导改线路质量安全的前提下，更好地服务于机场、利好于现场施工作业，最终确定最佳导改方案为：东西联络隧道向南导改策略。

（3）导改策略实施

为使东西联络隧道向南导改策略有效实施，需要做到如下几点：

1）与业主、其他施工单位及机场各部门的有效联动，对道路施工中提前进行占道备案，现场多岗指导部署；

2）制订详细的道路导改附属设施的方案，合理编制施工进度计划：方案细化，进度跟踪，严格执行；

3）合理组织施工，加强对接，合理安排交叉、穿插施工；

4）按照机场管理规定设置标识标牌，合理设计纵横坡避免排水不畅造成道路积水，合理设计道路线形，延长放坡距离保障线路安全质量性；

5）加强地下管线保护：多级联控，做好管线交底，合理设置管线标识；

6）确保施工过程中社会车辆安全通行：施工作业时，需要有专人进行现场安全防护指导，合理布置围挡、搭设防护棚；

7）确保各单位施工车辆通行不受影响，设置专人协调交通保证现场进度不受影响。

4. 实施效果

本次纵横作业面交通导改，通过采取东西联络隧道向南导改的方案，在导改施工过程中：钢便桥搭设施工→道路段开挖换填→路基修筑→碎石垫层铺设、边坡修整→铺设水泥稳定碎石、预制路灯标识基座→隧道挡墙切割、道路排水沟修筑、道路电线预埋设→沥青混凝土摊铺、标识标牌岗亭安装→围护安装、标线划分；最终如期完成导改工作，因地制宜、科学有效地解决了交通导改难题，保障了北行李通道作业有效工作面和施工期间东西联络通道正常运行。

（1）目标效果

如期完成东西联络通道向11号路导改工作，保证了施工期间东西联络通道正常运行，施工期间无安全事故、无质量事故、无堵车事件。本次导改作业的顺利完成不仅解决了不停航下纵横作业面的交通组织难题，同时该导改方案立足于施工现场实际工况，科学合理，为大型改扩建机场不停航施工中交通导改积累了经验。

（2）安全效益

本次导改作业过程中，无任何安全事故发生；导改作业完成后，避免了施工车辆与社会车辆混流，方便管理，同时导改后道路在施工现场穿行距离短，更加安全。此外，导改交通线形将原来的四岔路口调整为两个丁字路口，交通更加顺畅安全。

（3）社会效益

保证了施工期间东西联络通道的正常运转，确保机场不停航运行不受影响，受到各界一致好评。此外，有效交通导改满足旅客出行安全畅通，航空公司上下班便捷，无投诉，体现企业为民服务责任感，赢得了广泛社会人士好评。

5. 小结

本次不停航改扩建机场施工过程中，针对机场重要交通路线——东西联络隧道与北行李通道施工作业面之间的工况冲突，在多种方案对比分析下，最终采纳东西联络隧道向南导改的策略，该策略确保了北行李通道作业有效工作面，科学有效地解决了交通导改难题，其意义如下：

（1）安全质量方面：通过方案选比，北导改方案安全隐患大且临近大基坑增加了意外风险，且导改路线致使北行李施工区域分段进行，增加了接头施工缝数量从而影响北行李通道施工质量；封闭式方案增大机场路况压力且影响后勤保障，而向南导改方案既能保证交通畅通又能保障施工质量，故而优选向南导改方案。

（2）实现双赢：满足业主要求，满足机场不停航及机场早日交付使用；鉴于东西联络通道为机场工作人员出行必经之路，车流量大，通过交通导改为施工整体计划创造有利条件。行之有效的导改方案能节约施工成本的同时，通过设计优化能实现互利互惠。

（3）新思维导向：改扩建机场不停航项目新思考方式，应用整体性思维方式，通过最因地制宜的交通导改方案来推动节点计划稳定向前，为今后此类工程提供借鉴。

第七篇 四型机场场道工程低碳建造关键技术

机场飞行区道面作为直接供飞机起飞、着陆、滑行的基础设施，其使用性能为保证运行安全的重中之重。随着我国民航业飞速发展，国家“十四五”规划进一步提速机场建设，机场飞行区的规格标准与机场道面的品质要求不断提高。

本篇主要介绍机场高填方施工技术、基层工程关键技术、不停航施工管理措施，其中机场道面混凝土铺筑一体化施工技术突破传统人工作业实现场道施工机械化、自动化，是机场场道工程施工领域的重大革新，对机场建设高质量发展具有显著意义。

第 17 章　机场道高填方施工技术

山区机场的跑道平整区通常跨越复杂的地形地质单元，形成了挖填交替、土石方量巨大、填料类型众多、性质复杂的高填方和高边坡。机场跑道的适航性对山区机场高填方变形和稳定提出了极为严格的要求，一旦出现事故，将造成巨大的社会影响和经济损失。目前国内外相关基础研究严重滞后于工程建设，尚无成熟理论和技术标准来支撑和规范山区机场高填方的设计和施工。

结合近年在新疆、青海、云贵、川渝、甘肃、山西等地项目施工实践，初步总结形成高填方施工技术，在今后的工程实践中可以不断补充完善。民航局在 2017 年发布《民用机场高填方工程技术规范》MH/T 5035，旨在统一民用机场高填方工程的勘测、设计、施工、检验和监测技术标准，对提高高填方机场勘测、设计、施工、监测及质量检验水平，保证高填方机场工程质量具有重要意义。

17.1　机场场道变形监测施工技术

1. 技术概况

机场道面和附属设施需土基密实、达到设计承载力，在环境作用下保持稳定可靠。一般情况下，土方和地基处理工程施工完成后留置一个周期，如经历一个雨季或自然沉降一年。工程实践过程中，为加快施工进度，土方和地基处理施工常常采用流水施工，做好过程质量评估和变形监测是一项重要工作。

在进行高填方、真空预压、堆载预压以及强夯施工等地基处理方式时，设计方案通常会建议业主组织第三方进行变形监测，包括沉降监测、位移监测；涉及地下捷运系统、下穿通道等特殊地下构筑物工程时，视情况需要，进行挠度监测、转动角监测和振动监测等。

对原地基及填筑体表面进行沉降监测，实时掌握填筑体、原地基沉降趋势和变形发展规律，分析地基的变形性状及机理，研究不同深度填筑体压缩过程和原地基土体固结过程，预测、判断施工过程中及工后沉降和差异沉降。

采用明挖的大断面管廊或捷运通道，以及堆载、真空预压、高填方等地基处理工艺应按要求进行水平位移监测，确保既有结构稳定，保证开挖施工和地基处理施工安全。

2. 技术特点

（1）通过变形监测技术，把握变形规律，预测沉降量，评价分析监测结果，为填筑速率及上部结构层铺筑时间提供依据；为信息化施工和优化设计提供依据；为工程建设评价与使用状况评价提供依据。

（2）变形监测期间与现场各专业单位施工存在交叉，需沟通协调好各单位间先后施工顺序，避免出现干扰、冲突，影响正常施工作业及监测工作。

（3）现场非监测人员监测点保护意识淡薄，要做好场内作业人员的保护方案交底工作。变形监测过程中，落实监测点的保护措施，若遭到损坏，恢复难度较大，造成监测数据的中断，影响监测结果的准确性。

3. 采取措施

工艺流程见图 17.1-1。

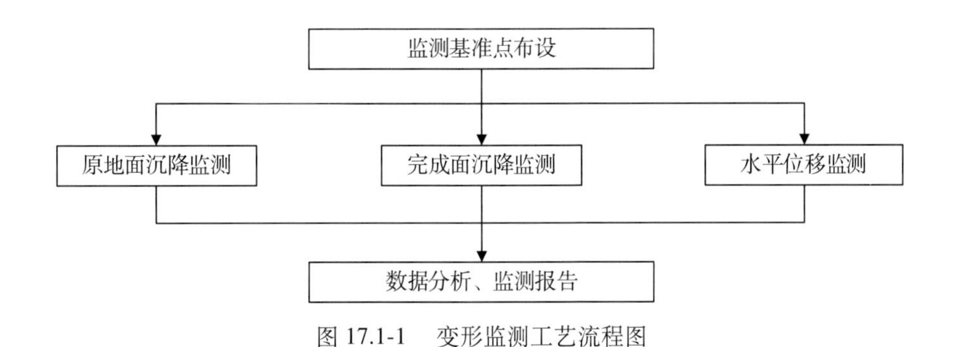

图 17.1-1　变形监测工艺流程图

（1）监测基准点布设

1）保证所有监测工作的统一，提高监测数据的精度，使监测工作有效地指导工程施工，监测工作采用整体布设，分级布网的原则。首先布设统一的监测基准点控制网，在此基础上布设监测点（孔）。

2）基准点可分为沉降基准点和位移基准点。根据现行行业标准《建筑变形测量规范》JGJ 8中的有关技术要求，基准点应布设在变形影响范围以外，且位置稳定、易于长期保存的地方，宜避开高压线。基准点数不少于 3 个，基准点之间应形成闭合环。基准点应在埋设达到稳定后方可开始进行监测，稳定期不宜少于 7d。高程控制网与施工高程系统进行联测，确定各基准点的高程值。高程控制网监测按照二级水准测量要求执行。

3）监测期间定期联测以检验其稳定性，并采用砖砌防护墩防护等有效保护措施，保证其在整个监测期间的正常使用。监测基准点定期复测。

4）高程控制网布设、过程监测使用高精度电子水准仪及配套铟瓦尺。在标尺分划线成像清晰和稳定的条件下进行监测。不得在日出后或日落前约半小时、太阳中天前后、风力大于四级、气温突变时以及标尺分划线的成像跳动而难以照准时进行监测。阴天可全天监测。

5）各监测点埋设后，及时测定监测初始值，取得基准数据，监测次数不少于 2 次，直至稳定后作为动态监测的初始测值。

（2）原地面沉降监测

原地面沉降标埋设在清除表层草皮土后的地面以下，深度在 0.5 ~ 1.0m，沉降标由钢或钢筋混凝土底板、金属测杆和保护套管组成。底板尺寸不小于 50cm × 50cm × 3cm，测杆直径为 4cm。埋设时，沉降板底槽应平整，其下铺设 60cm × 60cm × 20cm 砂垫层。随着填土的增高，测杆和套管也应相应接高，接高时其垂直偏差率不大于 1.5%，接高后测杆及套管封盖的高度不超出土面 50cm。接高后的测杆顶面应略高于套管，套管上口应加盖封住管口，以避免填料落入管内影响测杆的下沉自由度。

监测点应根据工程的具体情况选 1 ~ 2 个典型填方段布置。每个典型填方段，宜沿跑道道肩边线填方高的一侧布置 2 ~ 3 个（孔）监测点。每个监测点（孔）的分层沉降标（环）沿垂直方向均匀布置，埋设间距不宜大于 10m，总数不宜少于 4 个，原地基表面应埋设沉降标（环）。地面坡度大或原地基条件复杂时，在跑道道肩边线的另一侧相对位置应增设一个测点（孔）。

（3）完成面沉降监测

1）当填筑体填筑至设计高程时，对填筑体完成面进行沉降监测，以了解填筑体自身的工后沉降情况，为确定上部结构铺设时间提供可靠依据。

2）完成面沉降标布设在填筑体完成面内，首先挖出圆柱形坑洞，底部浇筑混凝土柱，在混凝土中间位置埋设钢筋，钢筋顶面设置成圆弧状，最后在上部安装钢保护盖，保护盖顶面与填筑体完成面持平，见图 17.1-2。

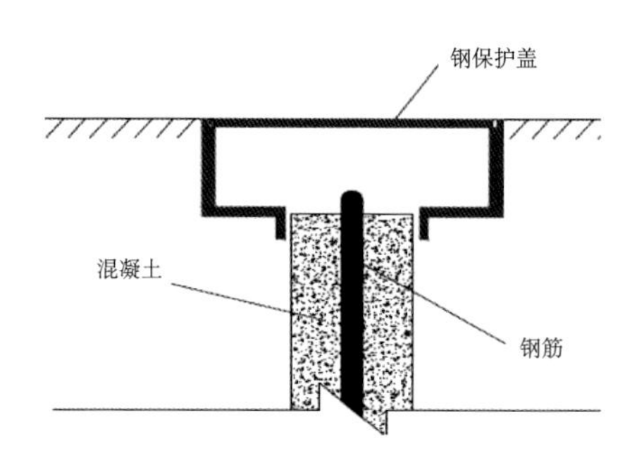

图 17.1-2 完成面沉降监测点埋设方法示意图

3）监测点沿跑道、平行滑行道中心线布置，机坪区域的测点按方格网布置，间距为 50 ~ 100m，填方高度大、地面坡度大时取最小值，填方高度最大处或计算沉降量最大处应设监测点，填挖交界处、地面坡度突变地段应酌情增设观测点；当垂直跑道方向地面坡度较大时，应在相应的道肩边线位置增设监测点。联络道、其他滑行道可参考上述原则布置。机坪区域的测点按方格网布置，测点间距一般为 50 ~ 100m。

（4）水平位移监测

采用钻孔方式埋设带导槽 PVC 管，测斜管管径为 ϕ70mm，内壁有二组互成 90° 的纵向导槽，导槽控制了测试方位。埋设时，应保证让一组导槽垂直于填方体，另一组平行于填方体边线。

1）测斜仪采用性能稳定的测斜仪进行，见图 17.1-3。

2）钻进过程中采用泥浆或套管护壁，钻孔过程中随时测量孔斜，以确保孔斜不大于 1.5%，钻孔孔底应穿透软弱土进入相对不动层 1m 以上。

3）调整测斜导管内十字导槽方向与监测断面方向需保持一致。

4）表面位移监测点应沿垂直坡顶线方向布置监测断面，通过坡脚线最低处断面为主要监测断面。每个监测断面应分别在坡顶、坡脚、坡面上和坡顶内侧布置监测点，坡面上测点一般设置在马道上，竖向间距可为 15 ~ 30m。

内部位移监测点应根据工程的具体情况选 1 ~ 2 个典型填方边坡布置。每个典型填方段，宜沿表面位移监测断面布置 1 ~ 2 个内部位移监测断面。每个监测断面应分别在坡顶、坡面上和坡顶内侧布置监测点，坡面上测点一般设置在马道上，竖向间距可为 25 ~ 40m。内部位移监测点附近应有表面位移监测点，见图 17.1-4。

水平位移监测时间与监测周期要求：同上述原地面沉降监测时间与监测周期要求。

图 17.1-3　边坡监测系统

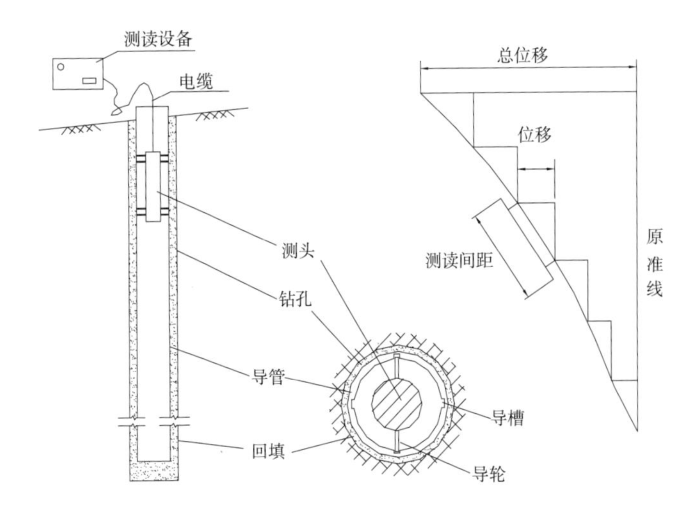

图 17.1-4　测斜仪工作原理示意图

（5）监测报告

1）每次监测后应立即对原始数据或监测值进行填报制图，异常值的剔除、初步分析和整理等工作，并将检验过的数据输入计算机的数据库管理系统。

2）按规定的格式和内容，及时向建设方上报监测成果日报、阶段报告，监测成果日报每天及时汇总并于测读当天将书面和电子文件提交给设计。供发建设方及设计方据此对施工情况进行评估，提出调整设计参数、改变工程施工方法和工艺要求的建议。

3）阶段报告包括监测成果，绘出监测对象的时间 - 位移曲线图或应力时态曲线图，并作出简要的变形分析报告。

4）工程竣工后，将监测资料整理归档，并纳入竣工文件。监测成果报告必须加盖监测单位公章，并经项目负责人和技术负责人签字。

5）全部监测结束后一个月，提交监测总结报告。

4. 技术适用范围

适用于新建和改（扩）建民用航空运输机场工程及军民合用机场民用部分的工程变形监测。例如高填方、下穿通道基坑开挖、真空预压、堆载等地基处理施工工艺中变形监测。

5. 技术实施效果

（1）原地基、填筑体表面沉降监测

原地基沉降、填筑体表面沉降监测资料可反映地基在荷载作用下的变形特性。利用实测沉降资料可推算出最终沉降量，分析工后沉降。

（2）水平位移监测

坡面位移监测和边坡水平位移监测。水平位移监测是控制填土荷载下地基稳定性和由于侧向位移所引起附加沉降大小的重要依据。利用水平位移资料指导边坡填土速率，监测边坡稳定性。

17.2 西北地区大体量高填方施工技术

1. 技术概况

以乌鲁木齐改扩建机场项目为依托，针对西北地区高填方项目特点从 BIM+GIS 技术应用、填料的含盐量“双控”、填筑工艺优化、数字化技术应用、填筑交界面处理、填筑质量“双检”六个方面进行突破创新，形成西北地区大体量高填方施工技术。

2. 技术特点

（1）高填方施工前通过 BIM+GIS 技术进行高填方施工策划，将现场采集的原地面、需特殊处理的区域及施工回填区段划分、分层回填、回填交界面、土基顶面的坐标、高程等数据进行整合，建立 BIM 模型并进行模型推演。

（2）对填料含盐量“双控”：一是对填筑料料源每 10000m^3 进行 1 次含盐量检测；二是碾压完成面每 2000m^2 进行 1 次含盐量检测。通过料源和碾压完成面填料含盐量的双重控制，确保填筑体含盐量符合要求。

（3）填筑工艺优化：工程上常见碾压顺序为静压—弱振—强振—静压收面，根据现场填料情况，改变振动顺序，先强振后弱振，达到上下都密实，数据对比发现整体压实度效果更好。

（4）数字化技术应用：高填方施工采用数字化监控技术对填筑体施工质量进行监控。通过给每台施工机械安装数字化监控设备实时远程监控，可方便地在移动端查看每个施工区域的碾压遍数、碾压轨迹等情况，辅助现场施工人员对现场施工质量进行确认和管控，有效确保了碾压质量。

（5）填筑交界面处理：对填筑交界面每一碾压层按 1∶2 坡度预留台阶，分层碾压填筑每 6m 厚度时，对填筑交界面边坡进行一次 3000kN·m 能级强夯补强处理，并在交界面处两侧 5m 范围内铺设三向土工格栅。有效确保了填筑质量和填筑体的稳定性，减少不均匀沉降。

（6）填筑质量“双检”：一是采用固体体积率法，对每一碾压填筑层每 2000m^2 检测压实度 1 次；二是采用瑞雷波法检测压实质量，每 10m 厚每 10000m^2 检测 1 次。本工法通过每一碾压层固体体积率检测法和每 10m 厚碾压层瑞雷波法对填筑压实质量的双检控制，有效保证了填筑体的填筑质量。

3. 采取措施

（1）BIM+GIS 技术运用

1）高填方施工前通过 BIM+GIS 技术进行施工策划，并指导现场施工。将现场采集的原地面、需特殊处理的区域，以及施工回填区段划分、分层回填、回填交界面、土基顶面的坐标、高程等数据进行整合，建立 BIM 模型。

2）通过 BIM+GIS 技术完成高边坡和搭接边坡的地形数据制作和挖填方量的计算，偏差为 2%。有效提高了土方计量效率，降低了出错率，见图 17.2-1。

（2）填筑料进场检测

1）根据设计要求，飞行区道面影响区所填圆砾应级配良好（$Cu \geqslant 5$、$Cc=1 \sim 3$），易溶盐含量不大于 0.3%。

2）对料源进行取样击实，获得回填料最大干密度 2.36g/cm^3，土粒比重 2.65g/cm^3，集料最佳含水量 4.5%，细粒土含量 18% ~ 25%，集料不均匀系数 $Cu=34.31$，曲率系数 $Cc=2.07$，集配良好，

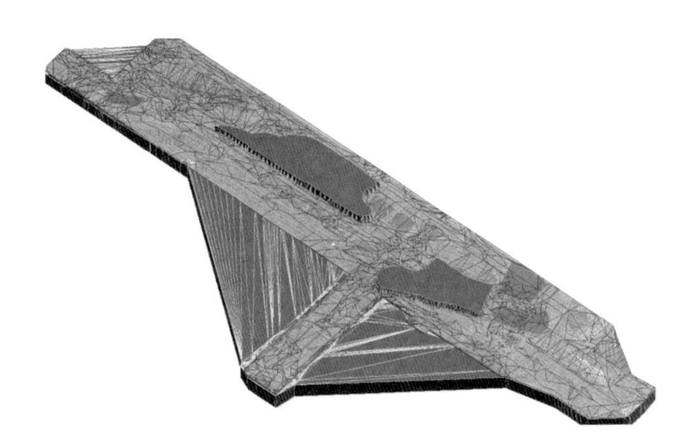

图 17.2-1　BIM+GIS 土方处理模型

适合道槽区土方填筑。

3）填筑料料源每 10000m^3 进行 1 次含盐量检测，经检测，易溶盐含量不大于 0.3%，符合填筑要求。

（3）测量放线

采用 10m × 10m 方格网对填筑区进行划分（洒白石灰）并计算每格方格网需料量，方便卸料控制。在填筑区每个方格网角点位置用回填料做灰饼，灰饼高度与虚铺厚度齐平，表面用白灰打点，用来控制虚铺厚度。填筑区四周用 PVC 塑料管做花杆，花杆上用红色胶带进行标识，以便于回填过程中灰饼出现破坏的情况下对场内回填土厚度进行控制。

（4）数字化设备安装、填筑工艺优化

1）采用后退法卸料。安排专人指挥，根据 10m × 10m 的方格网进行卸料，确保卸料均匀。

2）使用装载机、推土机、刮平机依次施工将填料推平。按照事先设置的灰饼及花杆标识进行平整，虚铺厚度不大于 40cm，虚铺系数为 1：1.25，压实厚度不大于 32cm，平整度≤ 20mm。

3）填料最大粒径不大于压实层厚度的 2/3，且不得大于 20cm。如有超粒径石料应及时清除。

4）碾压前需进行洒水，控制回填料含水率为最佳含水率 ±2%。

5）采用 26t 压路机进行碾压。改变传统振动顺序，先强振后弱振，达到上下都密实，整体压实度效果最好。经试验确定碾压遍数 8 遍，碾压速度宜控制在 2 ~ 3km/h。先静压 1 遍、然后强振碾压 3 遍、弱振碾压 3 遍，最后静压 1 遍收面，见图 17.2-2 和图 17.2-3。

图 17.2-2　土方碾压前洒水

图 17.2-3　土方碾压

6）碾压应从低到、从边到中、先轻后重的作业顺序进行。每次碾压主轮应重叠 1/3 ~ 1/2 轮宽；应达到无漏压、无死角、确保碾压均匀。

7）高填方施工采用数字化监控技术对施工质量进行监控，通过给机械安装数字化监控设备实时远程监控，由北斗高精度时空定位和物联传感技术对施工过程数据进行采集，然后由智慧施工管理对数据进行统计分析、展示和报警。辅助现场施工人员对现场施工质量进行确认和管控，将事后质量控制转化为事前质量控制，确保高填方施工质量，见图 17.2-4。

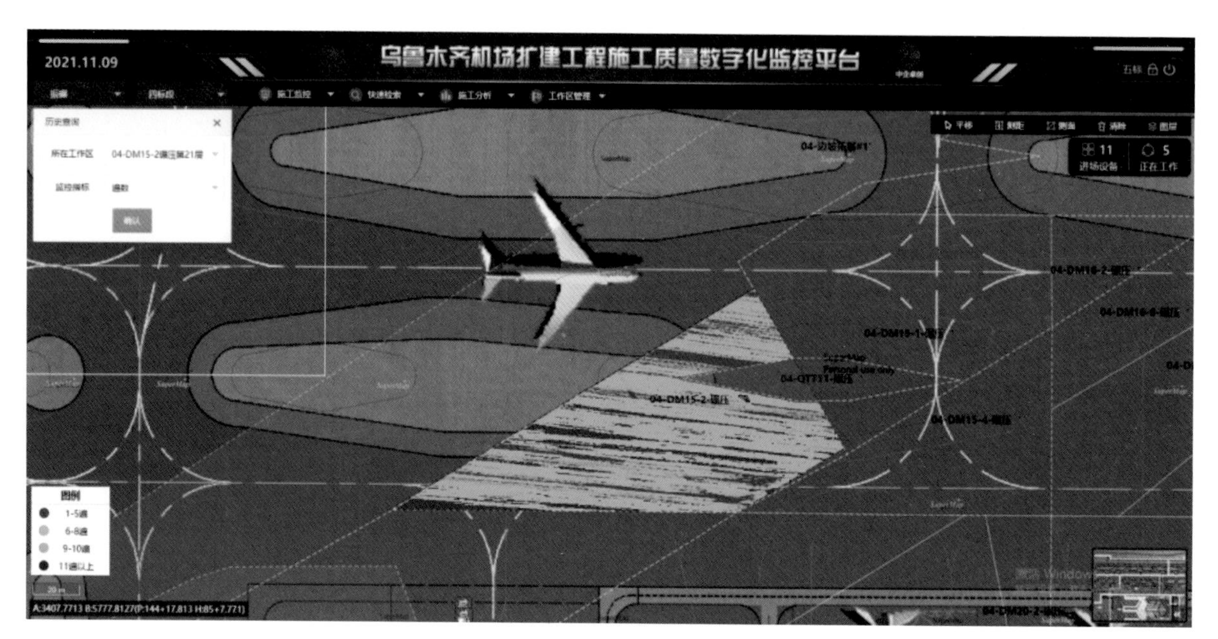

图 17.2-4 施工区域的碾压遍数监控画面

（5）检测验收

1）采用土方压实度检测一体机进行土方填筑固体体积率快速检测。通过埋入土体中的探针对土体施加射频电压，获取土体的电特性常数（电压、电流和相位）。由检测一体机进行快速检测，然后通过灌水法对异常检测点进行复检，既提高检测效率，又保证数据的准确性和可靠性。

2）异常检测点采用“一种便携式固体体积率检测找平装置”，找平装置由钢圈、定位环、可调螺杆、水平尺四部分组成。机场土石方填筑固体体积率检测试验中，在原检测原理的基础上，增加一环形钢圈，通过调整钢圈形成水平面，有效避免因地基不平整导致固体体积率灌水法检测试坑体积的数据误差。每填筑一层，进行含盐量检测，随同固体体积率检测进行填料取样。采用瑞雷波法检测压实质量。

（6）填筑交界面处理

1）填筑时按 1∶2 预留台阶，台阶顶面向内侧倾斜，台阶高度为 50cm，见图 17.2-5。

2）分层碾压每填筑 6m 进行一次 3000kN·m 能级强夯处理。强夯补强范围为搭接坡底线两侧均不小于 30m。强夯处理为 1 遍 3000kN·m 点夯 +1 遍 1000kN·m 满夯，见图 17.2-6。

3）在交界面处两侧 5m 范围内铺设三向土工格栅。三向格栅材质、性能应符合设计要求。

图 17.2-5　预留台阶

图 17.2-6　强夯补强

4. 技术适用范围

适用于西北地区大体量高填方工程，回填料为级配良好的圆砾，主要采用振动碾压施工工艺。

5. 技术实施效果

应用于乌鲁木齐国际机场改扩建飞行区场道工程，BIM+GIS 技术应用产生效益显著；采用数字化监控技术应用减少了因过程控制不合格导致的返工费。为西北地区高填方施工积累丰富经验并进行推广，提升我国民用机场行业技术水平，通过高质量建造，助推四型机场建设。

第 18 章　场道基层工程关键技术

机场场道基层位于面层与土基之间，主要承受由面层传递下来的飞机荷载，并将荷载向下分布，是机场道面的主要承重结构层。因此，基层应具有足够的强度和刚度及足够的水稳定性和抗冻性，以保障整体道面的强度与稳定。

基层按照结构层的刚度可以分为柔性基层、半刚性基层和刚性基层。柔性基层普遍采用沥青稳定类碎石、级配碎石等，优点是属于黏弹性材料，有一定自愈能力，具有较好的疲劳性能和水稳定性，不易随温度、湿度变化产生裂缝，因此一般不会出现反射裂缝问题。缺点是刚度比较低，在同样的交通荷载下柔性基层比较厚，投资成本比较高。半刚性基层主要为石灰粉煤灰稳定碎石、水泥稳定碎石等，优点是承载力大、刚度大、弯沉小而且投资经济，缺点是对温度、湿度变化敏感，温缩、干缩变形大，属于脆性材料，容易开裂造成反射裂缝问题。

基层通常设计为两层，即上基层和下基层。对于下基层材料的要求可低于上基层。设置下基层的目的在于充分利用当地材料，减薄上基层的厚度和降低工程造价。

18.1　场道反射裂缝防治技术

1. 技术概况

机场场道面层施工完成后，因为基层开裂，在裂缝处应力集中导致面层在同一位置开裂的现象，称为反射裂缝。为有效防控反射裂缝，可在道面混凝土板和基层之间设置道面隔离层。隔离层一般分为透水隔离层和不透水隔离层，其中透水隔离层的主要作用为防止基层裂缝对道面作用形成反射裂缝；不透水隔离层除防止道面形成反射裂缝外，还具有防止道面降水渗入基层、垫层及土基，防止膨胀土、盐渍土等不良土质浸水引起的性状改变。

本技术主要涉及土工布隔离层、沥青复合封层及细粒式（砂粒式）沥青混合料隔离层。

2. 技术特点难点

（1）由于机场基层裂缝导致面层相同部位受到相同应力从而产生裂缝，是当前机场道面面层主要病害之一，本技术可以有效防止基层裂缝处的应力向面层传递，避免反射裂缝。

（2）沥青复合封层是目前常用的基层与面层之间的不透水隔离层，可以有效防止面层水渗入基层导致的冻融破坏。

（3）细粒式（砂粒式）沥青混合料隔离层作为另外一种不透水隔离层，具有施工简便、造价较沥青复合封层低廉的特点。

（4）机场场道工程隔离层种类较多，每种隔离层的选用需要根据现场施工条件、隔离要求等选择透水或不透水隔离层，每种隔离层的原材和配合比也不尽相同，隔离层的设计及选用是本技术的难点。

3. 采取措施

（1）土工布隔离层

1）施工准备

检查土工布的外观，记录并修补损伤、孔洞等缺陷。施工时各种工序做到专人专项负责，铺设施工现场严格制定并遵守防火防毒措施，由专人负责，对现场操作人员的劳动保护要做到位。

2）基层处理

检查并确认基层已具备铺设土工布的条件，基层表面平整、无裂痕、无泥泞、无洼陷、坡度均匀一致，铺布内的平直度应平缓变化。保持基层表面干净干燥平整，土工布沿摊铺方向铺设，铺设宽度宽出基层边15cm（或执行设计要求），见图18.1-1。

3）土工布铺设

在铺设土工布时，需注意避免石头、尖锐物体或沥青漆等破坏、污损土工布，同时应注意有可能给接下来的连接带来困难的物质（如石屑、尘土或水分）进入土工布或其下面，见图18.1-2。

图18.1-1 基层处理

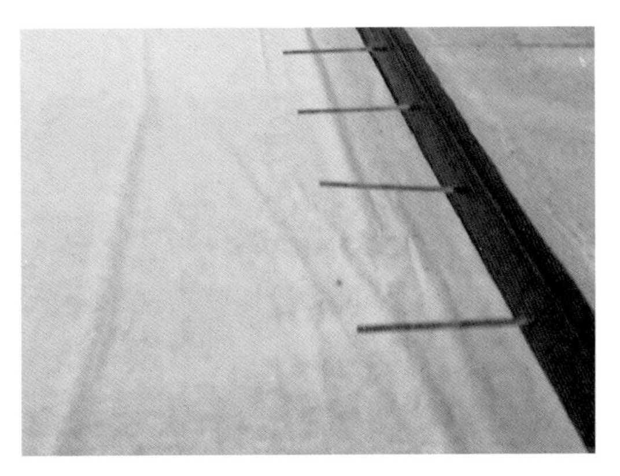

图18.1-2 土工布铺设

（2）沥青复合封层

沥青复合封层为不透水隔离层，由沥青同步碎石下封层和双层微表处组成。

沥青同步碎石封层是采用专用设备，将沥青和单一粒径碎石同步、均匀地洒（撒）布在工作面上，经碾压而形成的功能层。微表处是采用适当级配的石屑或机制砂、填料与改性乳化沥青、外掺剂和水按一定比例拌和而成的稀浆混合料，并使用专用设备均匀地摊铺在工作面上，经碾压而形成的封层。

1）工艺流程见图18.1-3。

2）施工方法

①施工放样

根据施工区域的实际情况确定设备的作业范围和施工顺序，并现场放样。

②装料

装入料斗的石料宜与料斗左右挡板的高度基本持平。

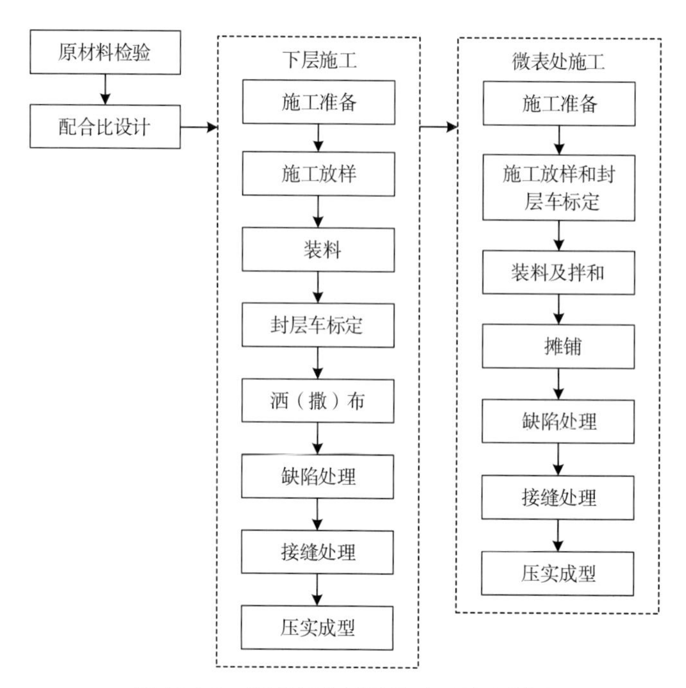

图 18.1-3 沥青复合封层施工工艺流程图

③封层车标定

开始施工前，应对集料用量、沥青用量、沥青温度以及行驶速度等参数进行标定。

④洒（撒）布，见图 18.1-4。

图 18.1-4 下层（同步碎石封层）施工

同步碎石封层车应行驶平稳、匀速，保证接缝平顺。施工第一幅和最后一幅时，应在施工范围边缘一侧集料撒布器上加挡板；施工中间幅时，应保持沥青喷洒宽度比石料的撒布宽度多 80 ~ 100mm。

⑤接缝处理

横缝宜采用对接法处理，即在作业段起点和终点处放置与作业段同宽，长度不小于 1m 的铁板或者油毡纸，如图 18.1-5（a）所示；纵缝对接时，同步碎石封层车行驶应直顺，相邻两幅集料撒布应对齐，沥青洒布应重叠，但是重叠宽度不宜超过 100mm，见图 18.1-5（b）和图 18.1-5（c）。接缝处局部缺陷应进行人工处理。

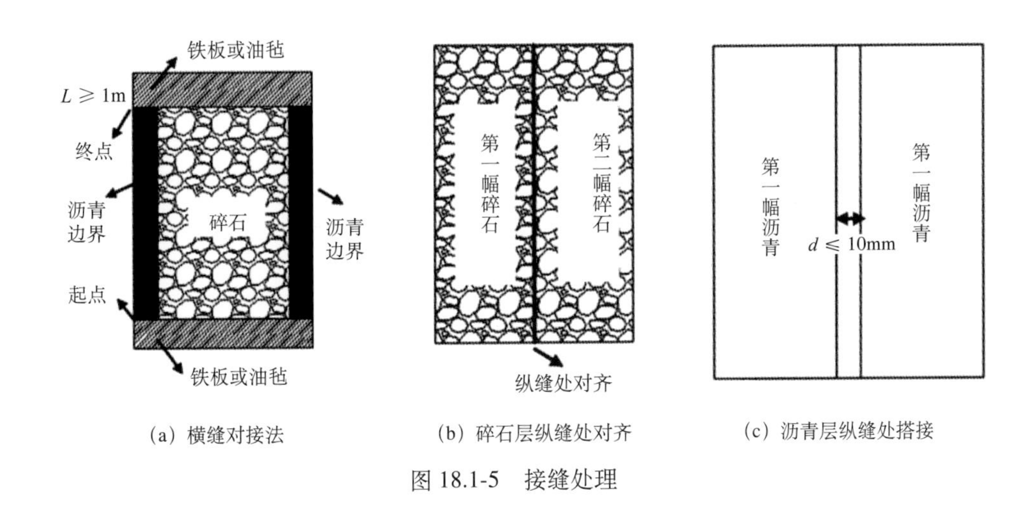

（a）横缝对接法　（b）碎石层纵缝处对齐　（c）沥青层纵缝处搭接

图 18.1-5　接缝处理

⑥压实成型

同步碎石封层铺设完毕后，采用 26t 以上的胶轮压路机进行 2 ~ 4 遍碾压。碾压时，应遵循先两边后中间、先慢后快的原则，碾压时每次轮迹重叠 300mm。碾压速度控制在 1.8 ~ 2.4km/h，碾压过程中压路机不宜刹车或掉头。

（3）微表处

1）施工准备

全面检查并清除下层表面松动的碎石。配置微表处封层车、胶轮压路机、装载机、自带搅拌装置的乳化沥青罐等。通过试验段施工，对配合比进行验证和调整，并确定施工参数。

2）施工放样和封层车标定

根据施工区域的实际情况确定封层车的作业范围和施工顺序，并现场放样，同时对封层车进行施工前标定。

3）装料及拌和

将集料、改性乳化沥青、填料、水、添加剂等分别装入封层车的相应料箱，并通过封层车自带搅拌设备对材料进行拌和。

4）摊铺

摊铺槽内混合料超过 1/3 时开始摊铺，封层车应以 12 ~ 18km/h 的速度匀速、顺直行驶，施工时应保证摊铺厚度均匀一致。

5）接缝处理

从横缝处开始摊铺时应低速缓慢前移，出现过厚起拱现象时应人工找平。纵缝对接位置应进行预洒水处理，并对接缝凸出部分进行处理。

6）压实成型

当微表处混合料已经开始破乳并初步成型后（破乳时间的试验室测定方法符合规范要求），应立即采用 26t 以上胶轮压路机以 1.8 ~ 2.4km/h 的行驶速度匀速、平稳碾压 3 ~ 5 遍，确保碾压挤出的水分充分蒸发，见图 18.1-6 和图 18.1-7。

图 18.1-6 微表处摊铺

图 18.1-7 压实成型

(4) 细粒式（砂粒式）沥青混合料隔离层

细粒式沥青混合料是由一定比例的粗集料、细集料、填料和沥青，经过加热、拌和形成的集料最大公称粒径为 9.5mm 的连续级配混合料。

1）工艺流程见图 18.1-8。

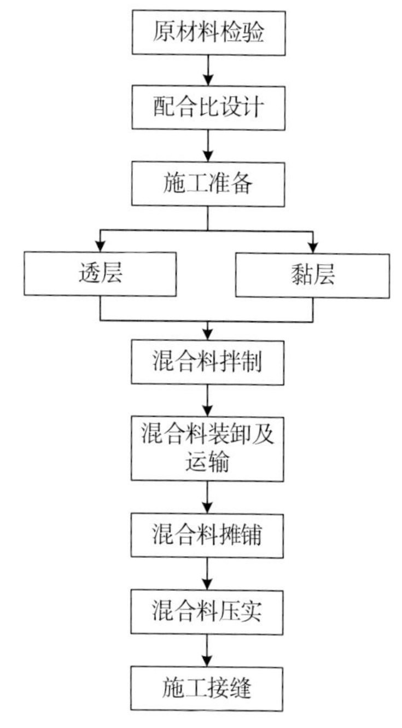

图 18.1-8 细粒式（砂粒式）沥青混合料隔离层施工工艺流程图

2）施工方法

①施工准备。施工前应对下卧层高程进行复测，并检查下卧层质量，符合要求后铺筑隔离层。

②透层。沥青隔离层下水泥稳定类基层上应喷洒透层油。透层油应在沥青混合料铺筑前喷洒。

③黏层。在碾压混凝土、贫混凝土，或旧混凝土道面上铺设细粒式（砂粒式）沥青混合料隔离层前，应喷洒黏层油。黏层油宜采用智能型沥青洒布车喷洒，洒布均匀。

④混合料拌制。拌和设备的生产能力应满足施工进度要求，且施工时不得超出设备额定生产率。开始生产时，未达到出料温度要求的集料应废弃。

⑤混合料装卸及运输。沥青混合料宜采用大吨位自卸卡车运输，运输能力应大于拌和设备生产能力。运输车使用前后应将车厢清洗干净，并涂刷隔离剂或防胶粘剂。运输车在拌和设备储料仓下宜多次前后移动位置，平衡装料，以减小混合料离析。

⑥混合料摊铺。沥青混合料摊铺宜采用履带式全自动控制摊铺机。摊铺机的摊铺速度宜控制在2～5m/min内，并与拌和设备生产能力相协调；摊铺机应连续、均匀、稳定地进行摊铺作业。

⑦混合料压实。宜采用双钢轮压路机进行压实，碾压速度均匀、缓慢，碾压速度应不超过6km/h，初压应紧跟摊铺机，复压长度不宜超过60～80m，至无明显轮迹时结束。

4. 小结

机场新建水泥混凝土道面的面层与水泥稳定集料基层之间。在机场旧水泥混凝土道面上铺设隔离式水泥混凝土加铺层时，旧道面与新道面之间。该技术能有效防止反射裂缝的产生，降低机场道面混凝土出现断板或贯通性裂缝的风险，提高机场道面的使用性能，目前在机场场道工程中广泛应用。沥青隔离层还具有隔离、防水、应力缓冲、耐冲刷等功能，有效提高机场道面耐久性，防止发生板底脱空等一系列工程病害。实施效果见图18.1-9和图18.1-10。

图18.1-9 细粒式（砂粒式）沥青混合料隔离层压实

图18.1-10 土工布隔离层

18.2 场道水稳基层双层连续摊铺技术

1. 技术概况

在水泥稳定碎石基层下层碾压成型后，立即实施并在下层水稳混合料水泥初凝之前完成上层的摊铺碾压成型作业，做到“同步摊铺、分层碾压、一次成型”，从而实现保证质量、降低工期成本、提高功效的目的。

2. 技术特点难点

（1）节约养生时间

传统分层摊铺情况下需要先施工下基层，下基层养生 7d 之后才能施工上基层。本技术省去了下基层养生时间，大大提高施工效率。

（2）整体性好

上基层摊铺时，下基层水稳混合料水泥尚未完全凝结，上、下基层界面处水泥可以相互胶结，其上基层水泥部分渗透至下基层发生水化作用，上、下基层水泥同时形成强度，不易出现接缝。同时骨料相互嵌入，有效提高层间的抗剪性能，使层间具有较好的整体性。

（3）水泥要求高

必须在下层水稳基层材料的水泥初凝时间之前完成上层水稳基层的全部摊铺碾压工作，在这种要求下，每层水稳基层材料的施工容许时间不能超过水泥初凝时间的一半，给水泥产品的初凝时间和质量稳定性提出了更高的要求。

（4）施工组织压力大

上下基层施工流水段需科学策划，衔接紧密。下基层现行作业段落终压结束后，须马上进行各断面点位标高的测量，动态修正上层摊铺厚度，迅速启动上基层混合料运输、摊铺、碾压施工程序。上下基层施工组织存在密集型交叉，需要加大现场调配力度。

3. 采取措施

（1）工艺流程

（2）施工方法

1）施工准备

下承层（土基或垫层）经监理单位验收合格后，方可进行水泥稳定碎石基层施工。摊铺前，须将下承层表面杂物清除、整理干净并洒水湿润，避免水稳料中水分被吸收。

2）试验段施工

①正式施工前铺筑 $500m^2$ 以上的试验段，通过试验段施工检验集料配合比例；材料的松铺系数；压实机械的选择和组合，压实的顺序、速度和遍数；拌和、运输、摊铺和碾压机械的协调和配合；施工缝的控制与处理；上基层摊铺时自卸车车辙处理方法；上基层施工对下基层的扰动情况；实际初凝情况与试验数据对比；机械运行速度；密实度的控制方法；确定每天作业的长度等内容。

②摊铺长度

上基层必须在下基层水泥初凝之前碾压完毕，施工段长度不能超过一个限定值，根据实际施工情况，通过总结，得到下面的验算公式：

$$t_1+2\ (s/v+t_2)\ \leqslant t_3$$

式中 t_1——从下基层水稳料开始搅拌到下基层开始摊铺的时间（min）；

s——每幅的摊铺长度（m）；

v——摊铺机摊铺时的速度平均值（m/min）；

t_2——摊铺完成至终碾完毕的延迟时间（min）；

t_3——水泥的初凝时间（min）。

根据经验 v=2.5 ~ 3m/min，t_2=15min，已知 t_3 ≥ 180min，拟取 t_1=60min，通过计算可得 s ≤ 112.5m，拟取每幅的摊铺长度为 100m，能够满足要求。再根据试验段施工进一步试验确定。

限制摊铺长度的意义包括：确保每一幅的上基层都能在本幅下基层水泥初凝前施工完毕；最大限度避免纵向施工冷缝的产生；确保机械设备调度有序等。

3）混合料生产拌和，见图 18.2-1。

图 18.2-1　混合料生产拌和

混合料拌和要求计量准确、拌合均匀。拌和时间根据机械设备性能确定，以混合料拌和均匀、色泽一致为准。每天开拌前，应对拌合机械设备进行严格检查，要保证水泥、石料、用水量等的计量控制符合配合比，对碎石进行含水量测定，以校核配合比，并根据气温变化情况适当增减水量，以保证混合料碾压时最大限度地接近最佳含水量。含水量可高于最佳含水量 0.5% ~ 1.5%，不宜超过 2%。

4）混合料运输

混合料运输采用自卸机动车，并以最短时间运到摊铺现场。混合料从拌合站运至摊铺现场时应保持水分，必要时应对运料车辆加盖。运输道路路况应良好，避免运料车剧烈颠簸，致使混合料产生离析现象。混合料运到现场后，应采用沥青混凝土摊铺机或稳定土摊铺机摊铺混合料，摊铺机宜连续摊铺。

5）下层测量放线

沿道面边线和中线每隔 100m 采用全站仪设置平面与高程控制点。平面定位放线。下基层定位放线是在经验收合格的土基层（垫层）上，根据道面横向宽度和摊铺机的幅宽，设定道面横向摊铺机摊铺幅数及每一幅的宽度，并在现场沿纵向用白灰放出每一幅边线，幅长控制在 100m。布设高程控制点。沿每幅边线，根据道面设计分仓图，横向 10m 左右布设一个高程控制点，施工前要根据各点坐标及设计高程、确定的摊铺厚度、虚铺系数计算出相应的摊铺面层高程数据，施工中测量人员用水准仪逐点设定并加以控制，见图 18.2-2。

6）下层摊铺、碾压、检测

①机械编组

摊铺、碾压机械编为两组，每组摊铺机、轻型压路机、振动压路机各一台，统一调度，一组负责下基层，另一组负责上基层。

图 18.2-2 测量控制桩设置

②摊铺

混合料的摊铺采用全幅摊铺机全幅宽摊铺。摊铺机装有自动找平装置，采用“走线法”进行摊铺。摊铺开始前，调整熨平板下面的垫木，使高度达到松铺层表面高度。采用先手动摊铺行走至调好摊铺厚度后再采用自动摊铺行走。为保证摊铺的连续性，摊铺前及过程中须有 3～4 车料的储备。摊铺过程中由专人随时在两端检查松铺的标高及观看行车导线防止掉落影响摊铺厚度，厚度不符合要求时马上调整，保证松铺标高与钢丝齐平。在摊铺现场有施工人员随时处理边、角等局部不平整（增、减、补料）、摊铺不到的地方，出现离析时及时进行加料翻拌，见图 18.2-3。

图 18.2-3 混合料摊铺

③碾压

采用轻型压路机，由高到低，以 2.5km/h 行走速度前进、后退均静压，每轮重叠 30cm，停机接头形成 45° 梯形碾压一遍，使摊铺好的水稳料经预压呈稳定状态。采用振动压路机，行走速度 2.5km/h，压路机碾压中保证压路机行驶平稳、匀速无冲击现象；起、停振稳定、及时，做到均匀无漏压。采用轻型压路机，采用划弧线方式前后均振动对梯形碾压接头进行来回三次碾压，使碾压过的道面与未碾压道面形成平滑过渡，保证碾压接头处的平整度，见图 18.2-4。

④检测

随后现场采用灌砂法测定压实度，经监理工程师认可达到设计要求后，方进行下道工序。

图 18.2-4 混合料碾压

7）上层测量放线

①下层碾压完成检测合格后，须立即安排洒水车进行洒水，随即进行上层的平面定位放线及布设高程控制点。

②平面定位放线。上基层定位放线是在检验合格的下基层上，根据道面横向宽度和摊铺机的幅宽，设定道面横向摊铺机摊铺幅数及每一幅的宽度，并在现场沿纵向用白灰放出每一幅边线。同时上下层之间的横向接缝错开 5m 以上，纵缝错开 0.5m 以上。

③布设高程控制点。高程控制上层同下层控制。

8）上层摊铺、碾压、检测

①根据上述每幅摊铺长度计算，从下基层水稳料开始搅拌到下基层开始摊铺的时间为 60min，下基层摊铺所用时间约为 100m ÷ 2.5m/min=40min，下基层摊铺完成至终碾完毕所用时间为 15min，至上基层终碾完成共用 170min，满足下基层水稳材料的水泥初凝时间之前完成上基层碾压的要求。

②进行上层摊铺，摊铺工艺同下层。摊铺时混合料运输车应缓行，禁止急刹车。同时要按照规范要求留取强度试件。

③上层摊铺完成后立即进行整形碾压，碾压工艺同下层。

④随后现场采用灌砂法测定压实度，经监理工程师认可达到设计要求后，方进行下道工序。

⑤应在下层水稳基层水泥初凝时间之前完成上层水稳基层的全部摊铺及碾压工作。

9）养生

对下基层而言，利用上基层覆盖进行保湿养生；对上基层而言，碾压成型后及时采用人工洒水、覆盖蓄水性好的土工织物保湿养生。在整个养生期内必须保持潮湿状态，养生期不少于 7d，见图 18.2-5。

4. 小结

机场场道工程需进行基层双层连续摊铺施工，如不停航施工或应急抢修条件下基层的快速铺筑。工期较紧的新建或扩建跑道、滑行道、停机坪及道路工程的基层。

该工艺采用 2 台以上摊铺机进行摊铺，相配套的压路机及运输车数量较少，场地周转便利，非常适合场地有限或其他原因不适合投入大量机械、工程质量要求高、工期紧的工程，尤其适合机场改扩建工程、不停航施工。该工艺两组机械分工明确，施工具有明显的周期性，即两套拌合站供料速度基本一致，两台摊铺机摊铺速度基本一致。可以节省养生使用的土工织物的投入，并减少养生投入的人工。可以有效解决施工工期与施工质量之间的矛盾，加快了工程的进度。实施效果见图 18.2-6。

图 18.2-5 洒水覆盖养生

图 18.2-6 水稳基层双层连续摊铺

18.3 机场道面混凝土铺筑一体化施工技术

1. 技术背景

机场道面混凝土施工过程中需要给予高度重视，制订科学有效的施工方案，避免施工裂缝、蜂窝、麻面等问题出现。

现阶段道面混凝土施工仍处于半机械施工状态，各项施工工艺仍需大量人工完成，导致作业人员的施工经验是影响道面质量好坏的重要因素，且成熟场道劳务工人短缺。通过施工数据及现场观摩发现，道面存在塌边现象、邻板差不可控、抹面机在混凝土表面留有明显的鱼尾纹，原有滑模摊铺机无法直接适用于机场水泥道面的建设。随着国内机场建设任务需求的高速增长，且由于劳动力成本逐年提高的现状，自研成为机械化改造提升的必经之路。

2. 技术概况

传统人工铺筑机场道面混凝土施工工艺是在摊铺混凝土后，主要通过高频排式振捣器振捣、木行夯振平、滚筒揉浆等工艺，提高混凝土密实性、平整性以及表面砂浆均匀性。自动定长行走摊铺机通过将木行夯、滚筒集成于一体化，在有限的设备空间内设置行夯振实、滚筒搓揉功能，实现场道施工机械化、自动化，见图 18.3-1。

图 18.3-1 自动定长行走摊铺机

3. 技术特点

（1）实现场道施工机械化、自动化。通过将木行夯、滚筒集成于一体化，在有限的设备空间内设置行夯振实、滚筒搓揉功能，改善传统机场道面混凝土施工中机械化施工程度低的现状。

（2）降低人工使用数量，减轻作业工人劳动强度。通过使用机场道面混凝土铺筑一体化设备，代替部分行夯振平、滚筒揉浆工艺，改善传统人工铺筑工艺中人工密集度高、劳动强度大的现状。

（3）提高施工效率。将行夯振平与第一道滚筒作业集成于一体化施工，较传统作业中分别由人工拉动木行夯与滚筒有更快速的施工效率。

（4）降低施工成本。较传统作业中一个作业面可减少约3个人工，且减少的人工中作业强度很高，在大面积施工中可有效降低用工成本。

（5）提高机械摊铺质量。通过分体式、模块化设计，最大限度模拟人工作业，达到人工作业的质量效果，较滑模摊铺机械施工中道面存在塌边现象、邻板差不可控等质量问题有很大改善。

4. 工艺流程

（1）施工准备

1）人员交底、机具配置、测量放线等施工组织到位。

2）原材料检验及配合比设计满足施工要求，原材料检验合格后方可进场。

3）采用拌合站进行混合料拌和，采用自卸车将混合料运输至施工现场。

（2）支模

1）钢模板应具有足够的刚度，不易变形，钢板厚度应不小于 5mm。钢模板应做到标准化、系列化，装拆方便，便于运输，其各部尺寸应符合设计要求。在模板加工前，应与生产厂家就企口形状、板块细节尺寸等信息进行确认，相关记录作为合同附件。

2）模板应支立准确、稳固，接头紧密平顺，不应有前后错槎和高低不平等。模板接头、模板与基层接触处，不应漏浆。模板与混凝土接触面应涂隔离剂。模板支立后，可采用角钢三角支架式、滑兰螺栓式或蝴蝶结式支撑固定，见图 18.3-2 ~图 18.3-4。

3）模板固定牢固程度要能保证在自行排式高频振捣器、自动定长行走摊铺机、滚筒等设备、机具往复作用下，不得出现位移、变形、跑模等现象。其中自动定长行走摊铺机重量约 1t。

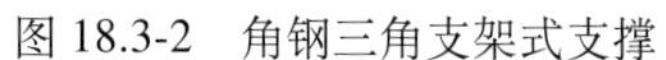
图 18.3-2 角钢三角支架式支撑

图 18.3-3 滑兰螺栓式支撑

图 18.3-4 蝴蝶结式支撑

（3）混合料摊铺

1）由专人指挥车辆卸料，卸料应分两次，防止在卸料时骨料向一侧滚落集中，导致成品侧面出现蜂窝麻面现象。

2）摊铺混合料所用工具以及操作方法不应使混合料产生离析现象，边角部位使用扣锹法，不得扬洒；挖掘机布料不得碰撞模板，不得挖掘破坏基层。

（4）混合料振捣

1）道面结构层厚度25cm以上使用自行高频排式振捣器，正常作业行走速度每分钟不大于0.8m，该速率应在试验段施工时验证并在日常施工中坚持每天校正；厚度18～25cm可以使用普通自行排式振捣器。

2）振捣器作业时应观察振捣效果和气泡溢出情况，并监视各条振捣棒在运行中有无不正常声音或停振、漏振现象，发现异常应立即停机。振捣器不能碰撞模板、钢筋、灯座、传力杆等，也不能扰动基层。当有些预埋件无法避开时，可卸掉适量的棒头以避免碰撞，由人工用插入式振捣棒补振其缺振的部位。

（5）机械振平、揉浆

1）自动定长行走摊铺机两侧行走轮置于两侧模板之上，由专人操作控制。每次开机前必须先进行滚筒复位，待滚筒恢复至原点，即与木行夯平行后，开启木行夯振动与滚筒自动摆动。行走过程中注意，如与模板方向发生偏离则及时控制两侧行走轮进退，同时根据揉浆效果可调整行走速度，见图18.3-5和图18.3-6。

图 18.3-5 控制台

图 18.3-6 行走轮

2）木行夯装置垂直振动，可压下表层骨料，进一步振实、整平；双滚筒装置错位布置，以滚筒中点为轴心，左右两侧交叉前进、后退，第一程滚动揉浆，第二程错位搓揉，如此往复，进一步整平、提浆。行夯振平与滚筒揉浆集成于一体化设备，两工艺同时进行，一次成型，见图 18.3-7。

图 18.3-7　双滚筒错位布置

3）作业过程中，应有专人进行补料，铲高补低，严禁大挖大填，见图 18.3-8。

图 18.3-8　设备作业前

4）作业完毕后，混凝土表面应有一层 3 ~ 5mm 厚的乳浆，以保证混凝土表层骨料分布均匀、密实和表面砂浆均匀，确保做面质量，见图 18.3-9。

图 18.3-9　设备作业后

（6）人工滚筒

1）传统滚筒揉浆工艺需要两道滚筒，4 名人工，进行 4 遍揉浆，即每道滚筒由 2 名人工进行 2 遍揉浆。本技术已经机械揉浆，仅需再进行一道滚筒作业即可进一步提浆，使表层砂浆均匀分布。

2）滚动揉浆。2 名作业人员保持手环尽可能与混凝土道面纵向平行，这样可以减少滚筒牵引关节的阻力，使滚筒可以顺畅滚动，进行滚动揉浆，确保粒径≥ 2.36mm 的砂嵌入 3 ~ 5mm 砂浆层之下。

3）错位搓揉。2 名作业人员手握手环向相反方向反复做重复动作，使得滚筒自身以中点为轴心，两端前后摇摆，夹角控制在 25° ~ 35° ，按照这样的动作缓缓向前移动。作用在于其一是进一步提高砂浆的均匀性，其二是实现道面板系统面的找平，由于目前是通过模板的高程来控制道面实体高程，所以滚筒在基于模板基础上，对混凝土道面尤其是两侧模板中间部位进行更好的找平工作。

（7）表面做面、拉毛

1）混凝土道面做面有多种工艺组合，一般可采用“3 道木抹 +2 道铁抹”，并配合铝合金刮平尺刮平。前两遍用木抹搓揉，然后用木抹进行整平，使泛浆更均匀分布在混凝土表面，浆厚达 3 ~ 5mm，此时需用 3m 直尺进行压痕检查并及时找平，最后再用铁抹进行压砂收浆。抹面后，表面应平整、密实、不露砂、无砂眼、抹痕、气泡、龟裂等现象。

2）根据拉毛设计深度要求选择不同的拉毛工具组合。拉毛时机与气温、风力及混合料的坍落度等因素有关。若拉毛太早，则易产生露石；若拉毛太迟，同样也不能清除抹子印迹。根据施工经验，拉毛时在毛刷前有一定厚度（3 ~ 5mm）砂浆，但不积聚，且能均匀地铺在混凝土表面为最佳拉毛时机，或以手指按混凝土表面起痕，但又不粘浆为宜。在这时拉毛，能保证表面纹理均匀，且易达到设计要求的粗糙度，总的原则是宜早不宜晚。

（8）养护

1）混凝土面层终凝后（用手指轻压道面不显痕迹）及时进行养护，混凝土养护采用无纺土工布养护，采用干净的养护材料覆盖，保证混凝土表面处于湿润状态；根据天气温度情况，适量洒水养护。当混凝土拆模后，其侧面及时覆盖并洒水养护。养护用水与搅拌用水相同，水温与新浇筑的面层混凝土温度差不大于 15℃。

2）养护期开始后，在道面板上将浇筑时间、方向、长度用红漆标识，字高 8cm、宋体、红色，以利于养护作业，养护时间不得少于 14d，见图 18.3-10 和图 18.3-11。

图 18.3-10 覆盖养护布

图 18.3-11 洒水养护

5. 小结

自动定长行走摊铺机将机场道面混凝土振实、揉浆工艺集成于一体化，实现场道施工机械化、自动化，降低人工使用数量，减轻作业工人劳动强度，提高施工效率，降低施工成本，提高机械摊铺质量，解决传统施工中机械化施工程度低、人工密集度高、施工效率低、进口大型装备过于昂贵且成品质量不稳定的问题，具有广泛的推广应用前景。

相比于人工摊铺机场道面混凝土传统且成熟的工艺，机场道面混凝土铺筑一体化设备是在机场场道工程施工领域的重大革新，是人力转为机械的重要标志，对机场建设高质量发展具有显著意义。下一步将扩大机械化作业程度，在有限的设备空间内设置布料、振捣、刮浆、搓揉、整平等功能，提高道面混凝土摊铺、振实实效，改进整平、提浆、刮浆效果，大幅降低人工使用数量，提升施工效率。

附　录　中建八局承建的机场航站楼和场道项目列表

序号	机场航站楼项目	承接单位	开工日期	场道工程项目	开工日期
1	江苏南京禄口国际机场航站楼	中建八局三公司	199502	山西吕梁民用机场土方及地基处理工程施工第一标段	201010
2	海南海口美兰国际机场 T1 航站	中建八局华南公司	199702	浙江温州永强机场飞行区改扩建工程土方和地基处理工程（二标段）	201011
3	沈阳桃仙国际机场 T2 航站楼	中建八局东北公司	199904	贵州贵阳龙洞堡国际机场扩建工程场道工程 003 标段	201012
4	陕西西安咸阳国际机场扩建	中建八局三公司	200102	浙江温州永强机场飞行区地基处理及土方工程	201101
5	广东广州白云国际机场 T1 航站楼	中建八局华南公司	200108	湖北省神农架机场建设工程场道工程施工 1 标段	201104
6	辽宁大连周水子国际机场航站楼（T1/T2/T3）	中建八局东北公司	200212	上海浦东国际机场商飞配套五跑道第一阶段工程项目飞行区地基处理及排水工程	201104
7	海外：阿尔及利亚布迈丁国际机场航站楼	中建八局海外公司	200301	河北邯郸机场飞行区扩建工程	201105
8	山东济南遥墙国际机场航站区扩建	中建八局青岛公司	200304	上海浦东国际机场第五跑道工程第一阶段项目道面及附属设施工程	201111
9	北京首都机场 3 号航站楼	中建八局安装公司	200408	天津滨海国际机场二期扩建工程飞行区场道工程施工 TJ-2011-F2 标段	201202
10	云南昆明长水新机场航站楼	中建八局南方公司	200809	贵州凯里黄平民用机场跑道东北端净空优化处理工程	201303
11	湖南长沙黄花机场航站楼一期	中建八局西南公司	200906	湖北武汉天河机场三期建设工程飞行区场道工程 WHTH-F5 标段施工	201308
12	安徽合肥新桥国际机场改扩建	中建八局二公司	200909	浙江温州永强机场飞行区改扩建工程道面工程	201310
13	广东深圳宝安国际机场 T2/T3 航站楼	中建八局华南公司	201002	上海浦东国际机场南机坪扩建工程场地平整工程	201404
14	广东深圳机场航站区扩建工程 T3 航站楼二标	中建八局华南公司	201003	甘肃陇南成州民用机场高填方跑道土基处理试验及灾害防治工程	201406

续表

序号	机场航站楼项目	承接单位	开工日期	场道工程项目	开工日期
15	海外：毛里求斯 SSR 国际机场	中建八局海外公司	201003	广东广州白云国际机场扩建工程航站区站坪工程（三标段）	201407
16	山西大同机场航站区扩建一标段	中建八局西南公司	201006	湖北十堰武当山民用机场飞行区场道土石方、边坡及排水施工项目	201408
17	福建泉州晋江机场改建工程新建航站楼	中建八局南方公司	201007	沧源民用机场土石方及地基处理工程	201409
18	河北石家庄国际机场改扩建	中建八局二公司	201012	上海浦东国际机场东机坪工程场道及附属设施工程	201411
19	贵阳龙洞堡国际机场航站楼 T2 扩建	中建八局青岛公司	201103	浙江温州永强机场新建航站区配套工程站坪场道工程二标段	201501
20	沈阳桃仙国际机场 T3 航站楼	中建八局东北公司	201104	湖北十堰武当山民用机场东段预留远期土石方工程（预留远期跑道）及净空处理工程施工项目（一标段）	201504
21	天津滨海国际机场 T2 航站楼	中建八局华北公司	201105	云南澜沧民用机场土石方及地基处理工程 T2 标段	201504
22	天津滨海机场交通中心	中建八局华北公司	201112	辽宁沈阳桃仙国际机场北灯光站巡场路改造工程	201505
23	江苏南京禄口国际机场 T1 航站楼改扩建	中建八局三公司	201201	辽宁沈阳桃仙机场部分二期站坪修补工程 02 标段	201506
24	广西南宁吴圩国际机场 T2 航站楼	中建八局南方公司	201201	浙江杭州萧山国际机场快件运输枢纽基地配套机坪扩建工程（场道工程）	201507
25	江苏南京禄口国际机场二期建设工程 T2 航站楼	中建八局三公司	201201	浙江杭州萧山国际机场国际峰会专用机坪及滑行道工程（场道工程）（标段二）	201507
26	山东济南遥墙国际机场南指廊扩建	中建八局青岛公司	201303	辽宁兴城某机场场道工程	201509
27	重庆江北国际机场 T3A 航站楼	中建八局西南公司	201305	天津空港经济区庞巴迪一期项目停机坪工程	201509
28	浙江温州永强机场新建航站楼	中建八局二公司	201310	湖北荆门漳河机场改扩建工程	201511
29	河南郑州新郑国际机场二期扩建工程 T2 航站楼	中建八局一公司	201312	四川成都双流国际机场 C 滑行道贯通工程场道工程施工	201602
30	山东日照机场航站楼	中建八局二公司	201403	北京新机场飞行区场道工程（FXQ-CD-004 标段）	201603
31	宁夏银川河东国际机场三期扩建工程新建 T3 航站楼	中建八局西北公司	201409	新疆图木舒克民用机场工程飞行区场道工程施工（Ⅲ合同段）	201604
32	江苏徐州观音机场二期扩建工程投资建设	中建八局三公司	201412	青海格尔木机场改扩建工程飞行区站坪工程	201604

续表

序号	机场航站楼项目	承接单位	开工日期	场道工程项目	开工日期
33	广东广州新白云国际机场交通中心	中建八局华南公司	201501	内蒙古呼伦贝尔海拉尔机场扩建工程机场场道工程	201605
34	吉林长春龙嘉机场二期扩建	中建八局东北公司	201508	四川攀枝花机场东侧边坡排水沟改造工程施工	201607
35	山东青岛新机场航站楼及站前高架	中建八局四公司	201509	海南三亚凤凰机场国际航站楼新建登机廊桥及配套工程（站坪部分）	201607
36	广西桂林两江国际机场航站楼及站坪配套设施扩建	中建八局南方公司	201510	海南海口美兰国际机场二期扩建项目飞行区场道及附属工程（FXQ-CD-004 标段）施工	201609
37	北京大兴国际机场停车楼及综合服务楼	中建八局华北公司	201606	江苏射阳县通用机场民航场道专业工程	201611
38	江苏盐城南洋国际机场 T2 航站楼	中建八局总承包公司	201608	91395 部队端保险道硬化及库前坪工程	201703
39	海南海口美兰国际机场二期扩建项目 T2 航站楼	中建八局华南公司	201610	北京首都机场中跑道南端联络道口改造项目场道工程	201704
40	江苏南通兴东机场航站区改扩建	中建八局三公司	201701	辽宁朝阳机场新建通用航空平行滑行道工程施工	201704
41	四川成都天府国际机场 T1 航站楼	中建八局西南公司	201711	内蒙古呼和浩特白塔国际机场航班备降保障工程场道工程二标段	201704
42	四川宜宾五粮液机场航站楼	中建八局西南公司	201801	新疆阿勒泰机场改扩建工程飞行区场道工程施工三标段	201705
43	陕西榆林榆阳机场二期扩建	中建八局西北公司	201804	青海贵德通用机场项目场道工程土方及地基处理工程	201707
44	北京大兴国际机场人防工程	中建八局华北公司	201804	海南海口美兰国际机场二期扩建工程玉屋溪改道暗涵工程（1 标段）施工	201803
45	海外：泰国素万那普国际机场航站楼	中建八局总承包公司	201808	海南海口美兰国际机场二期扩建项目飞行区辅助设施建筑单体工程（2 标段）施工	201803
46	浙江温州机场 T2 航站楼	中建八局上海公司	201808	海南三亚凤凰机场西区货运机坪（兼公务机坪）工程 II 标段	201804
47	山东济南遥墙国际机场北指廊扩建	中建八局发展建设公司	201808	青海贵德通用机场项目场道工程道面工程	201804
48	西藏拉萨贡嘎机场 T1 和 T2 航站楼整体改扩建	中建八局西南公司	201809	宜昌三峡机场改扩建项目飞行区场道及附属工程（2 标段）	201807
49	云南昆明长水新机场扩建	中建八局南方公司	201809	安徽芜湖宣城民用机场飞行区场道及附属工程施工一标段	201808
50	广东深圳新机场卫星厅	中建八局华南公司	201811	海南海口美兰国际机场二期扩建工程飞行区道桥基坑支护工程施工	201809

续表

序号	机场航站楼项目	承接单位	开工日期	场道工程项目	开工日期
51	江苏连云港花果山机场航站楼及附属工程	中建八局上海公司	201909	天津滨海国际机场西区飞行区改造工程场道工程（FXD-CD-004 标段）施工	201809
52	吉林长白山机场扩建工程——航站楼	中建八局东北公司	201904	云南凤庆通用机场试验段工程施工	201812
53	广东韶关机场军民合用工程航站区及工作区	中建八局华南公司	201906	海南“1802 工程”北进场道路、拖机道及校靶坪工程	201901
54	广东湛江吴川机场航站楼	中建八局华南公司	201907	江苏连云港民用机场迁建工程地基处理试验项目（二阶段）	201902
55	浙江杭州萧山国际机场航站楼三期	中建八局总承包公司	201907	江苏无锡丁蜀通用机场场道工程	201908
56	内蒙古赤峰军民合用机场航站楼改扩建	中建八局东北公司	201908	江苏连云港民用机场迁建工程飞行区场道及附属工程二标段	201909
57	新疆乌鲁木齐国际机场航站楼改扩建	中建八局西北公司	202005	新疆于田民用机场工程场道及附属设施工程（二标段）	201911
58	河北沧州机场航站楼	中建八局二公司	202005	河北 31014 工程	202006
59	内蒙古呼和浩特新机场航站楼	中建八局西北公司	202007	甘肃 31105 工程	202006
60	江西南昌昌北国际机场 T2 航站楼 C 指廊延伸工程	中建八局华中建设公司	202009	山东济南遥墙国际机场二期改扩建工程岩土工程现场试验施工	202202
61	山东临沂费县通用机场航站楼	中建八局二公司	202010	内蒙古呼和浩特新机场飞行区场道工程（FXQ-CD-06）标段施工	202009
62	重庆江北国际机场 T3B 航站楼	中建八局西南公司	202011	山东费县通用机场项目飞行区场道工程（施工）	202010
63	山东烟台蓬莱国际机场二期工程 T2 航站楼	中建八局四公司	202012	辽宁 31100 工程	202104
64	山东济宁机场迁建项目航站楼	中建八局一公司	202012	乌鲁木齐国际机场改扩建工程机场工程飞行区场道工程 FXQ-CD- 第六合同包（04 标段、05 标段、08 标段）工程	202105
65	甘肃兰州中川国际机场航站楼	中建八局西北公司	202012	河北 31149 工程	202106
66	陕西西安咸阳国际机场航站楼三期扩建	中建八局西北公司	202107	重庆江北国际机场 T3B 航站楼及第四跑道工程飞行区场道工程 001 标段	202109
67	浙江台州机场改扩建工程航站楼	中建八局上海公司	202102	山东济南遥墙国际机场飞行区部分道面维修项目	202206
68	广州白云国际机场三期扩建工程西四指廊	中建八局华南公司	202111	山东济南遥墙国际机场二期改扩建工程东飞行区场道工程（二标段）	202212
69	山东临沂启阳机场航站楼改扩建及附属工程一标段	中建八局发展建设公司	202112	山东枣庄新建民用机场项目飞行区场道工程	202303
70	湖南长沙黄花机场航站楼二期	中建八局华中建设公司	202202	海南 1309 工程场道工程	202306
71	福建厦门新机场项目一标段航站楼	中建八局华南公司	202204		

续表

序号	机场航站楼项目	承接单位	开工日期	场道工程项目	开工日期
72	青海西宁曹家堡机场三期扩建工程	中建八局西北公司	202204		
73	安徽亳州民用机场航站楼	中建八局三公司	202204		
74	山西太原武宿国际机场三期改扩建工程 T3 航站楼	中建八局东北公司	202212		
75	安徽蚌埠民用机场航站区航站楼及附属工程	中建八局总承包公司	202304		
76	福建福州长乐国际机场航站楼二期扩建	中建八局总承包公司	202305		
77	吉林长春机场 T1 航站楼改造工程	中建八局东北公司	202308		
78	山东济南遥墙国际机场航站楼二期改扩建	中建八局发展建设公司	202309		

说明：统计起始时间 1995 年 2 月 1 日至 2023 年 9 月 15 日。

后 记

四型机场有平安、绿色、智慧、人文的功能属性，正在各地全面开展建设。航站楼建筑作为大型公共建筑的代表，技术实施难度大，值得深入研究和系统总结。

中建八局承建的各类航站楼建筑和场道工程，项目建设和专著编写过程中得到建设单位、设计院、局内外领导、专家、学者、同仁的大力支持，再次表示衷心的感谢！

1. 本书各章节项目载体的建设单位

（排名不分先后。中建八局承建的机场项目众多，只列举本书相关章节所在项目载体的建设单位）

建设单位	人员
（1）青岛国际机场集团有限公司	魏　刚、许哲文
（2）首都机场集团有限公司	王长益、姚亚波
（3）海口美兰国际机场有限责任公司	胡东伟、王　贞
（4）四川省机场集团有限公司	伍　丁、伍文杰
（5）杭州萧山国际机场有限公司	李晓富、陈　怡
（6）深圳市机场（集团）有限公司	杨海斌、姚远东
（7）呼和浩特机场建设管理投资有限责任公司	麻永华、韩喜威
（8）乌鲁木齐临空开发建设投资集团有限公司	尚晓刚、赵振飚
（9）重庆机场集团有限公司	肖　锋、任　毅
（10）山东省机场管理集团烟台国际机场有限公司	张广义、孙宏飞
（11）甘肃省民航机场集团有限公司	何有善、冶张全
（12）西部机场集团有限公司	李晓威、邓卫娟
（13）湖南省机场管理集团有限公司	姚英杰、洪　鑫
（14）厦门翔业集团有限公司	苏玉荣、姚晓之
（15）元翔（福州）国际航空港有限公司	刘玉海、任怀君
（16）西部机场集团青海机场有限公司	杨　鑫、邓伟平
（17）广东省机场管理集团有限公司	张永真、阮　柯
（18）云南机场集团有限公司	吴　凡、姜良闽
（19）广西机场管理集团有限责任公司	刘　丹、钟兴汉
（20）天津滨海国际机场二期扩建工程指挥部	杨凯峰、陈　平
（21）盐城南洋机场有限责任公司	嵇绍宏、朱德芳
（22）中国民用航空西藏自治区管理局建设项目管理中心	王治红、谢文明
（23）济南国际机场建设有限公司	范　涛、王　静

2. 中建八局四型机场工程低碳建造综合指导

李永明、周可璋、章维成、孙维才、韩兴争、亓立刚、沈健、苗良田、刘书冬、邓明胜、王涛、王文元、徐建林、哈小平、王华平、于金伟、赵树强、储小彬、方思忠、熊知平、李未、李本勇、王桂玲、李忠卫、马俊、吴建国、张晓勇、刘永福、叶现楼、潘玉珀、周德军、潘鹏、苏亚武等。(排名不分先后)

3. 本书主要编写人员

李永明、亓立刚、马明磊、张家诚、龚顺明、刘志渊、阮诗鹏、韩磊、桂强、陈兴华、赵圣婴；许向阳、梁伟奇、柏海、曹海良、于浩、栾蔚、李超、麦麦提明、马振和；李彪、詹进生、石鹏、郭洪波、张新潮、王晓丽、陈波林、陈晓伟、马俊达、詹鹏程；刘鹏、罗利刚、李宗阳、曹巍、匡卫国、钟恩、熊建东、何宣仿、杜佐龙、许金福；曹浩、陈华、陈新喜、潘钧俊、赵辉、司法强、文杨、陈星、牛辉；卢宁、丁党盛、谢海波、张志华、姜明明、曾捷、侯少文、曹传鹏；李伟、许岳峰、马希振、岳军政、赵兴柱、张思涛、韩玉辉；黄贵、唐际宇、林忠和、王维、莫凡、程海林、梁海波；王路波、杨扬、高建华、王聪、孔德玺、周媛杰；孙加齐、樊警雷、林鹏、田文星、薛瑞、丁学平、徐步洲；陈江、王立方、王军、刘帅帅、董贯波；房海波、邵俊祥、韩璐、陈刚、王静；程建军、陈刚、严宝峰、梅江涛、蒋文祥、杨诚、黄海；王涛、白羽、李鹏飞、蒋海波、潘东旭；周光毅、王岩峰、张杰、张志威、李乐；张世阳、任培文、林文彪、李小勇、马景栋；王磊、朱健、刘鹏；孙晓阳、张帅；王红成；韩冰；徐玉飞、战胜、李刚、包戴鹏；邓程来等。(局属公司排名不分先后)

本书编写过程得到四型机场课题组和合作单位的支持。中国建筑西南设计研究院有限公司：邱小勇、潘磊、谭奔、吴鑫、邓邦祈、曹峻川、杨基炜、冯艳玲、诸宇歌、钟光浒、刘东升、袁渊、钟辉智、窦枚、周扬、张雷；上海交通大学：杨健；华东建筑设计研究院有限公司：王峰；上海济光职业技术学院：李书谊；北京中企卓创科技发展有限公司：孙施曼等。

已出版的《中建八局匠心营造系列丛书》　　**附表 1**

序号	书名	出版单位	出版时间
1	艺术殿堂　匠心营造——大型剧院工程综合施工技术	中国建筑工业出版社	2018 年 3 月
2	国家名片　匠心营造——杭州国际博览中心综合施工技术	中国建筑工业出版社	2019 年 9 月
3	菩提禅境　匠心营造——现代佛教建筑关键施工技术	中国建筑工业出版社	2019 年 9 月
4	北方之钻　匠心营造——天津周大福金融中心综合施工技术	中国建筑工业出版社	2019 年 9 月
5	DIAMOND SKYSCRAPER——Comprehensive Construction Technology of Tianjin CHOW TAI FOOK Financial Centre(北方之钻　匠心营造英文版)	中国建筑工业出版社	2021 年 3 月
6	深坑酒店　匠心营造——上海佘山世茂洲际酒店综合施工技术	中国建筑工业出版社	2022 年 1 月